Holzfrei

Nr. 21 1953
S. 3185—3344 27. Mai

# Chemisches Zentralblatt

Vollständiges Repertorium für alle Zweige der reinen und angewandten Chemie

Im Auftrage der Deutschen Akademie der Wissenschaften zu Berlin, der Akademie der Wissenschaften zu Göttingen und der Gesellschaft Deutscher Chemiker
herausgegeben von
Prof. Dr. Maximilian Pflücke

Chefredakteure: Dr. Eugen Klever und Prof. Dr. Maximilian Pflücke

124. Jahrgang
1953

Akademie-Verlag GmbH., Berlin — Verlag Chemie, GmbH., Weinheim/Bergstr.

## Inhalt

# Namenregister

Chemisches Zentralblatt

1953 Nr. 21 27. Mai

## Geschichte. Unterricht.

**E. H. Vogelenzang,** *I. M. Kolthoff, 25 Jahre Hochschullehrer. 1. Oktober 1927—1952.* Beschreibung des Werdeganges u. der wissenschaftlichen Bedeutung des holländ. Analytikers KOLTHOFF (geb. 11. 2. 1894 in Almelo) anläßlich seiner 25jährigen Lehrtätigkeit in Minneapolis an der Universität von Minnesota. (Pharmac. Weekbl. **87.** 693—95. 27/9. 1952.) WESLY. 1

**N. Ja. Buben, W. W. Wojewodski** und **N. D. Ssokolow,** *Die wissenschaftliche Tätigkeit von W. N. Kondratjew (zum 50. Geburtstag).* Kurze Angaben über die Arbeitsgebiete des bekannten Physikochemikers. (Успехи Химии [Fortschr. Chem.] **21.** 988—95. Aug. 1952. Moskau.) ULMANN. 1

**George Taylor,** *H. E. Cox, 1892—1951.* (HENRY EDWARD COX, geb. 25. XI. 1892 in Lowestoft; gest. 21. XI. 1951 in London), seit 1923 Public Analyst and Consulting Chemist in London, schrieb u. a. „The chemical analysis of foods". (J. chem. Soc. [London] **1952.** 1190—91. März.) ZAUNICK. 1

**A. Jackman,** *Charles Kenneth Tinkler, 1881—1951.* Von 1915—1947 Prof. der Chemie am King's College of Household and Social Science der Universität London, arbeitete über Berberinalkaloide, später über Chemie des Petroleums. (J. chem. Soc. [London] **1952.** 1191—92. März.) ZAUNICK. 1

**O. Zekert,** *Die Lebenswanderung des Paracelsus.* Lebensbeschreibung des PARACELSUS mit guter Wiedergabe einiger Originale von Rezepten, des Grabmals sowie von zwei Porträts. (Österr. Apotheker-Ztg. **5.** 503—06. 8/9. 1951.) KERN. 1

**M. I. Prochorow,** *Die Rolle russischer Gelehrter bei der Entdeckung und Ausarbeitung bakteriologischer Methoden zur Bekämpfung schädlicher Nagetiere.* Vf. weist nach, daß die Einführung der bakteriol. Bekämpfung von schädlichen Nagern zu Unrecht LÖFFLER zugeschrieben wird, da bereits 1878 dieses Verf. von METSCHNIKOW prakt. angewandt wurde. Außerdem haben METSCHNIKOW u. andere russ. Forscher auch die Nährböden für die Kultivierung der pathogenen Bakterien aufgefunden. Es wird vorgeschlagen, die bisher zu Unrecht nach DANYSZ bezeichneten Bakterien als ISSATSCHENKO-Bakterien zu bezeichnen. (Микробиология [Mikrobiologie] **21.** 109—15. Jan./Febr. 1952. Leningrad, Allunions Wiss. Forschungsinst. für landw. Mikrobiol.) LEBTAG. 2

**Georg Edmund Dann,** *Weltweite Pharmaziegeschichte.* Übersicht über die Bestrebungen u. den Stand der pharmaziegeschichtlichen Forschung in verschied. Ländern. (Österr. Apotheker-Ztg. **5.** 497—503. 8/9. 1951.) KERN. 2

**D. A. Wittop Koning,** *Die belgischen Pharmakopöen.* Übersicht über die seit 1560 in Belgien erschienenen Pharmakopöen. (Pharmac. Weekbl. **87.** 144—48. 1/3. 1952.) WESLY. 2

**P. H. Brans,** *Eine niederländisch-indische Pharmakopöe.* Übersicht über die in Niederl.-Indien seit 1746 u. anderwärts erschienenen Pharmakopöen. (Pharmac. Weekbl. **87** 149—52. 1/3. 1952.) WESLY. 2

**J. C. de Keuning,** *Über die Geschichte des Thymians.* Übersicht über die Anwendung des Thymians in der Heilkunde im Laufe der Geschichte. (Pharmac. Weekbl. **87.** 101—05. 16/2. 1952.) WESLY. 2

**M. M. Karnauchow,** *Erz-Martin-Prozeß der Gebrüder Gorjainow.* Beschreibung des von JU. M. u. A. M. GORJAINOW patentierten u. 1894 in Jekaterinoslaw (jetzt Dnepropetrowsk) eingeführten Verf., darin bestehend, daß das mit Kalk gemischte Erz nach der völligen Schmelzung mit festem oder geschmolzenem Gußeisen versetzt wird, das direkt aus dem Hochofen kommt. (Известия Академии Наук СССР, Отделение Технических Наук [Nachr. Akad. Wiss. UdSSR, Abt. techn. Wiss.] **1952.** 1507—11. Okt.) LEBTAG. 2

**K. A. Jensen,** *Probleme einer internationalen chemischen Nomenklatur.* Vf. weist auf die Notwendigkeit hin, ein möglichst international einheitliche Nomenklatur für chem. Begriffe, Elemente u. Verbb. zu schaffen. Neue Bezeichnungen sollten nach Möglichkeit nur von griech. u. latein. Wortstämmen abgeleitet werden. Auch sollte bei der Wahl von Bezeichnungen auf ihre Anwendbarkeit in fremden Sprachen Rücksicht genommen werden. Dies könnte z. B. auch dadurch geschehen, daß man die Schreibweise in den verschied. Sprachen möglichst vereinheitlicht (z. B. im Deutschen Calcium, nicht Kalzium). Weiter schlägt Vf. in diesem Zusammenhang vor, die STOCKsche Nomenklatur anorgan. Verbb. dahin abzuändern, daß an Stelle der nationalen die latein. Bezeichnungen der Stammelemente verwendet werden, also z. B. statt Eisen(II)-sulfat Ferrum(II)-sulfat, statt Kupfer(I)-chlorid Cuprum(I)-chlorid gesetzt wird. (Acta chem. scand. **6.** 73—90. 1952. Kopenhagen, Univ., Chem. Labor.) B. REUTER. 4

---

**A. Barclay,** Pure chemistry · a brief outline of its history and development. Pt I: Historical review. London. H. M. S. O. 1953. (88 S. m. Abb ) 3 s. 6 d.

**F. F. Cartwright,** The English pioneers of anaesthesia. London J Wright & Sons. 1952 (350 S. m. Abb.) 21 s.

**Ronald D. Gray,** Goethe the alchemist; a study of alchemical symbolism in Goethe's literary and scientific works. New York: Cambridge Univ. Press. 1953. (321 S. m. Abb u. Diagr.) $ 7,—.

# A. Allgemeine und physikalische Chemie.

**A. d'Abro,** The rise of the new physics (Formerly titled "Decline of Mechanism"). 2nd. ed. New York Dover Pubns. 1952. (994 S. m. Abb. u. Diagr ) $ 8,—

**José María Cavanillas,** Breves Nociones de Nomenclatura y Formulación Química. Tercera edición. Madrid. Dossat. 1953. (72 S.) ptas. 20,—.

**Hans Eduard Fierz-David,** Die Entwicklungsgeschichte der Chemie 2 erw. Aufl. Basel: Birkhäuser 1952. (XVI + 429 S. m. Abb. u. 20 Taf ) fr. 24,95.

**A. Findlay,** General and inorganic chemistry. London: Methuen. 1953. (256 S.) 8 s. 6 d.

## A₁. Kernphysik und Kernchemie.

**P. Jordan,** *Über die Erhaltungssätze der Physik.* 2. Mitt. (1. vgl. C. **1952.** 5522.) Diskussion des allg. Schemas einer speziell-relativist. doppelt eichinvarianten Theorie. (Z. Naturforsch. **7a.** 701—02. Nov. 1952. Hamburg.) GERHARD SCHMIDT. 80

**B. H. Bransden** und **A. Dalgarno,** *Eine Variationsmethode für strahlungslose Übergänge.* Strahlungslose Übergänge können im allg. mittels einer zeitunabhängigen Störungstheorie dargestellt werden. Da der Anfangszustand instabil ist, läßt sich die entsprechende Wellenfunktion als eine Summe von Termen, von denen viele nicht abgeschlossen sind, angeben. Das so aufgestellte Syst. ist demnach einem Zusammenstoßkomplex analog, dessen Aufbrechen durch eine zeitunabhängige Theorie beschrieben werden kann. Ein Vgl. der Variationsmethoden u. der gewöhnlichen Störungsbehandlung wird für eine Anzahl von Eigenionisationen bei *He* ausgeführt. (Physic. Rev. [2] **88.** 148. 1/10. 1952. Belfast, Queen's Univ., Dep. of Phys., u. Dep. of Appl. Math.) GERHARD SCHMIDT. 80

**C. D. Anderson, R. B. Leighton, F. H. Shelton** und **S. D. Wanlass,** *Allgemeine Eigenschaften des $V^0$-Teilchenzerfalls.* (Vgl. ARMENTEROS u. Mitarbeiter, C. **1952.** 6323.) (Sitzungsbericht.) Auf 25 000 WILSON-Aufnahmen (Magnetfeld 5000 Gauß,) die in Seehöhe u. in ca. 1750 m Höhe bei einer Unters. der durchdringenden Schauer hergestellt wurden, zeigten sich 136 $V^0$-Teilchenzerfälle. Mehr als 80% dieser Zerfälle lieferten ein leichtes negatives u. ein schweres positives Teilchen. Messungen der M. zeigten, daß das negative Teilchen häufig ein $\pi$-Meson, jedoch in einigen Fällen wahrscheinlich ein $\mu$-Meson ist. Die M. des positiven Teilchens stimmt oft mit der eines Protons überein, in einigen Fällen liegt sie etwas niedriger (1200—1500 $m_e$). In 9 Fällen ist die M. des positiven Teilchens weniger als 700 $m_e$ u. in einem dieser Fälle besitzt das negative Teilchen eine größere M. als 1100 $m_e$. Nur in wenigen Fällen kann ein Zerfall in zwei $\pi$-Mesonen angenommen werden. (Physic. Rev. [2] **87.** 183. 1/7. 1952. California Inst. of Technol.) GERHARD SCHMIDT. 85

**S. D. Wanlass, R. B. Leighton, W. L. Alford, C. D. Anderson** und **F. H. Shelton,** *Energiefreigabe beim $V^0$-Zerfall.* (Vgl. vorst. Ref.) (Sitzungsbericht.) Für 88 der l. c. angeführten Fälle wurde der Q-Wert des $V^0$-Zerfalls berechnet. Ein Zweikörperzerfall in $\pi$ + p wurde für jene Fälle angenommen, bei denen sich die Ggw. eines schweren positiven Teilchens zeigte. Die so erhaltenen Q-Werte erstreckten sich von 10 MeV bis über 250 MeV. Eine große Anzahl von Fällen kann in Ausdrücken von zwei diskreten Q-Werten bei 35±3 MeV u. 75±5 MeV, jedoch nicht durch einen Q-Wert um 45 MeV, beschrieben werden. Eine kontinuierliche Verteilung ohne oder mit einigen diskreten Werten kann nicht ausgeschlossen werden. (Physic. Rev. [2] **87.** 183. 1/7. 1952.) GERHARD SCHMIDT. 85

**F. H. Shelton, S. D. Wanlass** und **R. B. Leighton,** *Erzeugung von $V^0$-Teilchen.* (Vgl. vorst. Reff.) (Sitzungsbericht.) In 32 der l. c. angeführten Fälle wurde das $V^0$-Teilchen bei einer Kern-Rk. in einer 2,5 cm dicken Pb-Platte innerhalb der Nebelkammer erzeugt. Vier dieser Ereignisse wurden durch neutrale Teilchen, 4 durch geladene Teilchen, die allein auftreten, u. 24 durch geladene Teilchen, die selbst Sekundärteilchen sind, eingeleitet. Die durch neutrale u. geladene Teilchen hervorgerufene relative Anzahl von $V^0$-Teilchen läßt vermuten, daß die Mehrzahl der $V^0$-Teilchen eher durch Mesonen als durch Nucleonen erzeugt wird. Die Winkelverteilung der $V^0$-Bahnen bzgl. der Richtung des auslösenden Teilchens ist im wesentlichen von 0—20° konstant, wo sie scharf um einen Faktor 3 abfällt u. im wesentlichen bis ca. 50° wieder konstant ist. Dieser Befund läßt die Ggw. von 2 Arten von $V^0$-Teilchen vermuten, wobei eine vorläufige Analyse anzeigt, daß die Gruppe mit dem höheren Einschnittswinkel mit der 35±3 MeV-Gruppe ident. ist. Die Energien der auslösenden Teilchen erstrecken sich von 5 bis auf mehr als $25 \cdot 10^9$ eV. (Physic. Rev. [2] **87.** 183. 1/7. 1952.) GERHARD SCHMIDT. 85

**W. F. Fry,** *Anomale π-μ-Zerfälle in photographischen Emulsionen.* In C 2- u. G 5-Platten wurden insgesamt 10686 $\pi \rightarrow \mu$-Zerfälle beobachtet, bei denen die Spuren beider Teilchen in der Emulsion enden. Darunter wurden 13 anomale Ereignisse festgestellt. Wenn man von den Fällen, die durch Zerfall im Flug erklärt werden können, absieht, u. die verstärkte Wahrscheinlichkeit, daß kurze μ-Spuren in der Emulsion enden, berücksichtigt, so beträgt der Anteil der anomalen Zerfälle mit einer μ-Spur kleiner als 480 μ $2{,}8 \cdot 10^{-4} \pm 1{,}2 \cdot 10^{-4}$. Sowohl die Häufigkeit der Ereignisse als auch die Energieverteilung der μ-Mesonen ist in Übereinstimmung mit der Theorie der Emission weicher Photonen. (Physic. Rev. [2] **86.** 418—19. 1/5. 1952. Chicago, Ill., Univ., Dep. of Phys.) WIEDEMANN. 90

**Hugh Bradner** und **Bayard Rankin,** *Wechselwirkungen schneller Mesonen in Kernemulsionen.* 1. Mitt. *$\pi^-$-Mesonen.* Mit dem Cyclotron erzeugte $\pi^-$-Mesonen wurden im Magnetfeld des Cyclotrons zu 35±2 MeV gebündelt u. monochromatisiert. Die in ILFORD G 5-Emulsionen erhaltenen $\pi^-$-Mesonenbahnen wurden auf Streuung, Sterne u. Verschwinden während des Fluges untersucht. 65% der Mesonenbahn liegen oberhalb 30 MeV im Beobachtungsbereich, während die restlichen 35% sich bis 20 MeV herunter verteilen. Die Aussonderung energiereicher Teilchen u. ihre Identifizierung durch Kleinwinkelstreuung u. Korndichte werden diskutiert. Auf 902 cm Bahnlänge treten 5 Vernichtungen u. 26 Streuungen mit mehr als 30° auf, davon sind 4 nachweislich unelast. mit Energieübertragung von mehr als 18 MeV. Der kombinierte Wirkungsquerschnitt für Sterne, Vernichtung u. unelast. Streuung ist gleich dem Wirkungsquerschnitt für elast. Streuung. Der gemessene Wert für totale Kernwechselwrkg. ist statist. vergleichbar mit einer kombinierten Kernfläche der entsprechenden Elemente *O, C, Br* u. *Ag.* (Physic. Rev. [2] **87.** 547—52. 15/8. 1952. Berkeley, Calif., Univ., Dep. of Phys., Radiat. Labor.) GERHARD SCHMIDT. 90

**Bayard Rankin** und **Hugh Bradner,** *Wechselwirkungen schneller Mesonen in Kernemulsionen.* 2. Mitt. *$\pi^+$-Mesonen.* (1. vgl. vorst. Ref.) Die im äußeren Protonenbündel des Cyclotrons erzeugten $\pi^+$-Mesonen wurden mit einem Hilfsmagneten abgelenkt u. in ILFORD G 5-Emulsionen nachgewiesen. Die Unterss. wurden in gleicher Weise wie l. c. durchgeführt, jedoch wurde eine besondere Technik entwickelt, um Kleinwinkelstreuungen genauer zu erfassen. Die durchschnittliche Anfangsenergie der $\pi^+$-Mesonen von 45,5 MeV ist ein wenig höher als die der $\pi^-$-Mesonen. Weniger als 18% der beobachteten Bahn liegen unter 30 MeV u. 98% sind über 22 MeV. Auf 902 cm Bahnlänge wurden keine Vernichtungen gefunden. Bei 5 Streuungen über 30° wurde keine unelast. Streuung beobachtet. Eine statist. obere Grenze für den Wirkungsquerschnitt der $\pi^+$-Streuung an *H* wurde zu $2{,}3 \cdot 10^{-26}$ cm² bestimmt. (Physic. Rev. [2] **87.** 553—57. 15/8. 1952.)
GERHARD SCHMIDT. 90

**Carl C. Grosjean,** *Die exakte mathematische Theorie der Mehrfachstreuung von Teilchen in einem unbegrenzten Medium.* Der isotrope Fall wird nach der exakten Theorie, das unbegrenzte Medium nach der allg. Theorie der Mehrfachstreuung behandelt. Die theoret. Betrachtungen werden auf den Fall therm. Neutronen angewandt. (Verh. Kon. vlaamse Acad. Wetensch., Letteren schone Kunsten België, Kl. Wetensch. **13.** Nr. 36. 1—156. 1951. Gent, Rijksuniv., Natuurkund. Labor.) GERHARD SCHMIDT. 90

**B. A. Chartres** und **H. Messel,** *Momente der Winkelverteilung für Kernzusammenstöße hoher Energie.* Vff. führen die Ergebnisse für $\Theta^2$-Werte bei der Streuung von Nucleonen an, die sich aus energiereichen Zusammenstößen in leichten u. schweren Elementen ergeben. Zur Bezeichnung werden die von MESSEL u. GREEN (vgl. C. **1953.** 964) aufgestellten genauen Ausdrücke für das zweite Moment u. den neuen differentiellen Wirkungsquerschnitt verwendet. (Physic. Rev. [2] **87.** 748—49. 1/9. 1952. Adelaide, Univ.)
GERHARD SCHMIDT. 90

**William D. Warters** und **Edmund A. Milne,** *Elastische Streuung von $^7Li + p$ und $^{12}C + p$.* (Sitzungsbericht.) Ein Doppelfokusmagnetspektrometer wurde zur Beobachtung der Streuung der Protonen über einen kontinuierlichen Winkelbereich von 0—160° verwendet. Die Meßgenauigkeit betrug 0,1%. Für $^7Li$ wurden Werte nahe der 440 keV-Resonanz bei 50, 70, 90, 145 u. 160° aufgenommen. Für $^{12}C$ wurden nahe der 456 keV-Resonanz Werte für alle 10° zwischen 40 u. 160° erhalten. Eine vorläufige Analyse der Werte zeigt, daß das 456 keV-Niveau wahrscheinlich ein $^2S_{1/2}$-Zustand in $^{13}N$ ist. (Physic. Rev. [2] **85.** 761. 15/2. 1952; Bull. Amer. physic. Soc. **26.** Nr. 8. 13. 27/12. 1951. California Inst. of Technol., Kellogg Radiat. Labor.) GERHARD SCHMIDT. 90

**H. S. W. Massey** und **C. B. O. Mohr,** *Starke Kopplung bei unelastischen Zusammenstößen von Elektronen mit Atomen.* Vff. zeigen, daß in den Fällen, in denen die Anregung hauptsächlich über Elektronenaustausch vor sich geht, die Austauschkopplung zu stark für Annäherungsmethoden ist, die für ihren Geltungsbereich schwache Kopplung annehmen. Unter Verwendung eines schemat. Modells werden exakte Lösungen für starke Austauschkopplung erhalten u. mit den verschied. Approximationen für schwache Kopplung verglichen. Es zeigt sich, daß die BORN-OPPENHEIMER-Approximation niemals bei niedrigen Elektronenenergien anwendbar ist. Wird jedoch die Ablenkung der einfallenden u. gestreuten Wellen durch das Feld des Atoms als korrekt zugelassen, können bedeutend bessere Ergebnisse erhalten werden. (Proc. physic. Soc., Sect. A **65.** 845—53. 1/10. 1952. London, Univ. Coll., Dep. of Phys.; Melbourne, Univ., Dep. of Phys.) GERHARD SCHMIDT. 90

**Ju. K. Chochlow,** *Kernphotoeffekt bei hohen Energien.* Unter Benutzung des Modells freier Teilchen betrachtet Vf. den Kernphotoeffekt bei Energien des Photons von 100 bis 300 MeV. Die Wechselwrkg. der Nucleonen wird durch ein Potential $(g^2/r)\exp(-\lambda r)$ beschrieben. Vf. leitet eine Formel für den differentiellen u. totalen Wirkungsquerschnitt für den Kernphotoeffekt an einem Kern mit der Massenzahl A ab u. untersucht das Verh. des Kerns u. der Nucleonen nach Absorption des Photons. (Журнал Экспериментальной и Теоретической Физики [J. exp. theoret. Physik] **23.** 241—45. Sept. 1952. Physikal. Lebedew-Inst. der Akad. der Wiss. der UdSSR.) AMBERGER. 103

**B. Bruno** und **S. Depken,** *Photozerfall des Deuterons bei hohen Energien.* Vff. berechnen den Beitrag zum Wirkungsquerschnitt bei den Prozessen, bei denen ein $\pi$-Meson von einem der Kerne emittiert wird, ein Photon aufnimmt u. dann von einem anderen Kern absorbiert wird. Die Kerne werden nichtrelativist. behandelt, im Zwischen- u. Endzustand werden ebene Wellen benutzt. Der Grundzustand des Deuterons wird durch eine Wellenfunktion der HULTHÉNschen Form beschrieben. Die pseudoskalare Mesonentheorie wird angewendet. Die Ergebnisse stimmen befriedigend mit den Messungen überein. Vff. geben Gründe an, warum bei hohen Energien der angenommene Prozeß der indirekten Photonenabsorption über die direkte Absorption von Photonen durch die Kerne überwiegt. (Physic. Rev. [2] **86.** 1054. 15/6. 1952. Stockholm, Univ., Inst. of Math. Phys.) E. HEINRICH. 103

**W. A. Wenzel** und **Ward Whaling,** *Wirkungsquerschnitt der D(d, p)³H-Reaktion.* (Sitzungsbericht.) Mit Deuteronen von 25—550 keV wurde ein $D_2O$-Eis-Target beschossen, um aus der Protonenausbeute u. dem Bremsquerschnitt von Eis auf den Wirkungsquerschnitt der Rk. $D(d, p)^3H$ zu schließen. Die Winkelverteilung über den Deuteronenenergiebereich von 200—550 keV wurde für 80—170° in 10°-Intervallen aufgenommen. Bei kleineren Energien wurde ein Asymmetriefaktor benutzt, um den Gesamtwirkungsquerschnitt aus den beobachteten Ausbeuten bei 150° zu berechnen. Die Ergebnisse sind für $\sigma$ (in barn) bei entsprechender Deuteronenenergie (in keV) $6,4 \cdot 10^{-4}$ (25), $4,3 \cdot 10^{-3}$ (50), $1,7 \cdot 10^{-2}$ (100), $3,3 \cdot 10^{-2}$ (200), $4,7 \cdot 10^{-2}$ (300), $5,7 \cdot 10^{-2}$ (400) u. $6,5 \cdot 10^2$ barn (500 keV). Beobachtungen von Protonen u. Tritonen im 16 in.-Doppelfokusmagnetanalysator ließen den Wirkungsquerschnitt bei Energien oberhalb 200 keV bestimmen. Die nach dieser Meth. erhaltenen Werte liegen bis 20% unter den oben angegebenen. (Physic. Rev. [2] **85.** 761. 15/2. 1952; Bull. Amer. physic. Soc. **26.** Nr. 8. 13. 27/12. 1951. California Inst. of Technol., Kellogg Radiat. Labor.) GERHARD SCHMIDT. 103

**Ward Whaling** und **W. A. Wenzel,** *Der Bremsquerschnitt von Eis.* (Vgl. vorst. Ref.) (Sitzungsbericht.) Der Bremsquerschnitt $\varepsilon = (1/N)\, dE/dx$ für Protonen in $D_2O$-Eis wurde mit Protonen von 50—550 keV untersucht. Mit dem 16 in.-Doppelfokusmagnetanalysator wurde die Energie der unter 90° von einem reinem *Cu*-Target gestreuten Protonen $E_p$ sowie die Energieänderung $\Delta E_p$ der gestreuten Protonen an einer mit einer dünnen $D_2O$-Eisschicht beladenen Cu-Platte bestimmt. Die relativen Werte von $\varepsilon$ als eine Funktion der Protonenenergie wurden aus der Änderung von $\Delta E_p$ mit $E_p$ berechnet. Für $E_p$ (in keV) ergaben sich folgende $\varepsilon$-Werte ($10^{-15}$ eV/cm²) 19 (20), 25 (50), 26 (100), 22 (200), 17 (300), 14 (400) u. $\varepsilon = 12$ ($E_p = 500$ keV). (Physic. Rev. [2] **85.** 761. 15/2. 1952; Bull. Amer. physic. Soc. **26.** Nr. 8. 13. 27/12. 1951.) GERHARD SCHMIDT. 103

**Mario Verde**, *Berichtigung: Theorie der Photospaltung und Bildung von $^3H$ und $^3He$.* (Vgl. C. **1951.** I. 423.) Fehlerberichtigung. Das Maximum des Wirkungsquerschnitts von $^3$He verschiebt sich zu 27 MeV. (Helv. physica Acta **24.** 298. 10/7. 1951. Zürich, ETH, Phys. Inst.) SPEER. 103

**Robert B. Day** und **Torben Huus**, *Niveaus niedriger Energie in $^7Be$ und $^{10}B$.* (Sitzungsbericht.) Mit einem NaJ-Scintillationsspektrometer wurde die $\gamma$-Strahlung aus der Rk. $^{10}$B (p, $\alpha$)$^7$Be bestimmt. Im Bereich unterhalb 1 MeV fanden Vff. $\gamma$-Strahlen mit 178$\pm$10, 432$\pm$2 u. 718$\pm$5 keV-Energie. Die Energie des ersten Strahls wird durch die Energie des $\gamma$-Strahls aus der Ta-Unterlage des Targets beeinflußt, jedoch stimmen die Energie u. Intensität des 178 keV-$\gamma$-Strahls mit der Darst. einer COMPTON-Streuung des 432 keV-$\gamma$-Strahls überein. Der zweite $\gamma$-Strahl stammt aus einem $^7$Be-Niveau, während der dritte wahrscheinlich durch unelast. Streuung in $^{10}$B hervorgerufen wird. Anregungskurven für die beiden letzten Strahlen bis 2,7 MeV Beschußenergie lassen für die 432 keV-Strahlung eine einfache breite Resonanz bei 1,52 MeV erkennen. Der Wirkungsquerschnitt ($4\pi\cdot\sigma_{90°}$) für den 718 keV-Strahl nimmt gleichmäßig von $5\cdot10^{-4}$ barn bei 1,52 MeV bis 0,02 barn bei 2,65 MeV zu. (Physic. Rev [2] **85.** 761. 15/2. 1952; Bull. Amer. physic. Soc. **26.** Nr. 8. 13. 27/12. 1951. California Inst. of Technol., Kellogg Radiat. Labor.) GERHARD SCHMIDT. 103

**Torben Huus** und **Robert B. Day**, *Untersuchung der Reaktion $^{11}B(p,\gamma)^{12}C$.* (Vgl. vorst. Ref.) (Sitzungsbericht.) Vff. untersuchen die Anregungskurve der Rk. $^{11}$B(p, $\gamma$)$^{12}$C mit einem NaJ-Scintillationszähler im Energiebereich der Protonen ($E_p$) von 0,14 bis 2,7 MeV. Neben der bekannten Resonanz bei 0,162 MeV wurden zwei weitere Resonanzen bei 0,67 u. 1,37 MeV gefunden. Die $\gamma$-Energien ($E_\gamma$) wurden aus dem Impulshöhenspektr. durch Vgl. mit dem 2,62 MeV-ThC''-$\gamma$-Strahl gewonnen. Die berechneten Wirkungsquerschnitte $\sigma$ (in $10^{-28}$ cm$^2$) sind bei $E_p$ = 0,162, 1,1 ($E_\gamma$ = 4,45, 11,6), bei $E_p$ = 0,67, 0,4 ($E_\gamma$ = 4,44, 12,0, 16,4) u. bei $E_p$ = 1,37 MeV 0,4 ($E_\gamma$ = 4,45, 12,7, 16,9 MeV). Die Werte bestätigen die Existenz eines Kaskadenüberganges über das bekannte 4,45 MeV-Niveau in $^{12}$C. Der Kaskadenübergang steht nur in Resonanz mit den beiden unteren Resonanzen, der Grundzustandsübergang nur mit der 1,37 MeV-Resonanz. Die Ergebnisse stimmen mit der Darst. überein, wonach die beiden breiten Resonanzen ein umgekehrtes Dublett sind, die durch s-Wellenprotonen gebildet worden sind. (Physic. Rev. [2] **85.** 761. 15/2. 1952; Bull. Amer. physic. Soc. **26.** Nr. 8. 13. 27/12. 1951.) GERHARD SCHMIDT. 103

**H. H. Woodbury, R. B. Day** und **A. V. Tollestrup**, *Messungen von $\gamma$-Strahlen bei der Reaktion $^{13}C(p,\gamma)^{14}N$.* (Sitzungsbericht.) Ein C-Target mit 60% $^{13}$C, ca. 20 keV stark bei 1,7 MeV, wurde mit Protonen verschied. Resonanzenergien beschossen. Ein NaJ-Scintillationsspektrometer diente zur Messung der $\gamma$-Energien ($E_\gamma$). Zu jeder Resonanzenergie $E_R$ (MeV) gehört eine Anregungsenergie $E_x$ (MeV) des Compoundkerns $^{14}$N. Für $E_R$ 0,55 ist $E_\gamma$ = 1,6, 2,3, 4,1, 8,0 ($E_x$ = 8,05); für $E_R$ = 1,16 ist $E_\gamma$ = 1,6, 2,3, 4,0, 4,6 ($E_x$ = 8,62); für $E_R$ = 1,25 ist $E_\gamma$ = 8,7 ($E_x$ = 8,70); für $E_R$ = 1,76 ist $E_\gamma$ = 9,2 ($E_x$ = 9,18) u. für $E_R$ = 2,1 ist $E_\gamma$ = 4,5, 5,0 ($E_x$ = 9,49) MeV. (Physic. Rev. [2] **85.** 760. 15/2. 1952; Bull. Amer. physic. Soc. **26.** Nr. 8. 12. 27/12. 1951. California Inst. of Technol., Kellogg Radiat. Labor.) GERHARD SCHMIDT. 103

**A. V. Tollestrup, R. B. Day** und **H. H. Woodbury**, *Ein neuer $\gamma$-Strahl aus $^{12}C + p$.* (Vgl. vorst. Ref.) (Sitzungsbericht.) Mit einem NaJ-Scintillationsspektrometer wurde die $\gamma$-Strahlung aus der Rk. $^{12}$C + p untersucht. Bei Protonenenergien zwischen 1,2 u. 2,5 MeV wurde mit $\pm$4% Genauigkeit ein neuer $\gamma$-Strahl gefunden, dessen Energie durch $E_\gamma$ = 0,92 ($E_p$ −0,46) MeV gegeben ist. Da der neue $\gamma$-Strahl nicht zusammen mit der bekannten 2,4 MeV-$\gamma$-Strahlung beobachtet wurde, wird angenommen, daß der neue $\gamma$-Strahl beim Übergang in den 2,4 MeV-Zustand von $^{13}N$, das anschließend in ein Proton u. $^{12}$C zerfällt, entsteht. (Physic. Rev. [2] **85.** 760—61. 15/2. 1952; Bull. Amer. physic. Soc. **26.** Nr. 8. 12. 27/12. 1951.) GERHARD SCHMIDT. 103

**J.-P. Blaser, P. Marmier** und **M. Sempert**, *Anregungsfunktion der Kernreaktion $^{14}N(p,\alpha)^{11}C$.* Die Herst. stickstoffhaltiger Folien erfolgte durch Sedimentation von $NH_4Cl$-Nebel auf dünnem Al. Die so erhaltenen Schichten (Dicke einige Zehntel $\mu$) erwiesen sich als außerordentlich homogen u. genügend widerstandsfähig, um mehrere Bestrahlungen auszuhalten. Die Aktivität der Folien ist prakt. reine $^{11}$C-Aktivität, da die Schwelle der Rk. $^{14}$N(p, n)$^{14}$O oberhalb 7 MeV liegt u. die Cl (p, n) Ar-Rkk. nicht stören. Der absol. Wirkungsquerschnitt wurde durch Absolutbest. der Aktivität gemessen. Die 4 Resonanzen (11,2, 12,2, 12,5 u. 13,0 MeV) entsprechen Anregungsniveaus des Zwischenkerns $^{15}$O. Der allg. Verlauf des Wirkungsquerschnittes mit der Energie läßt sich durch Vgl. verschied. Prozesse qualitativ erklären. Der Verlauf der Anregungskurve zeigt verhältnismäßig schwach ausgeprägten Resonanzcharakter, was vermuten läßt, daß ein Gebiet relativ großer Niveaudichten u. beträchtlicher Niveaubreiten vorliegt. Der Wirkungsquerschnitt wird mit Hilfe der WEISSKOPFschen Theorie abgeschätzt. (Helv. physica Acta **25.** 442—44. 15/9. 1952. Zürich, ETH.) GERHARD SCHMIDT. 103

**P. Huber, E. Baldinger** und **W. G. Proctor,** *(n, α)-Reaktion an* $^{16}O$. Vff. untersuchen in einer Druckionisationskammer (2 at) die Rk. $^{16}O$ (n, α)$^{13}C$. Die Impulse wurden in einem 19-Kanalimpulsspektrographen registriert. Das Maximum der Impulskurve läßt sich durch eine GAUSS-Kurve gut approximieren. Unter der Annahme eines Energieverlustes von 32,40 eV pro Ionenpaar in $O_2$ finden Vff. als Gesamtenergie der Reaktionsprodd. $E_R$ = 1,71±0,02 MeV. Bei Benutzung eines Q-Wertes von 3,256±0,018 MeV für die (d,d)-Rk. (vgl. HORNYAK, LAURITSEN, MORRISON u. FOWLER, C. **1951.** I. 3144) u. unter der Voraussetzung einer Neutronenenergie von 4,09±0,06 MeV ergibt sich der Q-Wert der $^{16}O$ (n, α)$^{13}C$-Rk. zu 2,38±0,16 MeV. (Helv. physica Acta **24.** 302—04. 20/9. 1951. Basel.) WEIGEL. 103

**A. Wennerblom, K. E. Zimen** und **E. Ehn,** *Silicium 31: Seine Abtrennung von bestrahltem Phosphor, seine Halbwertszeit und β-Energie.* Als günstige Darstellungsmeth. erwies sich die Bestrahlung von $P_4S_3$ (I) mit schnellen Neutronen. Das bestrahlte I wird pulverisiert, in $CS_2$ gelöst u. zentrifugiert. Die klare, nur einen sehr geringen %-Satz der Si-Aktivität enthaltende Lsg. wird abdekantiert. Der 50—100 mg betragende, infolge Oxydation von I durch Luft gebildete u. aus $P_2O_3$ u. S bestehende Rückstand enthält fast die gesamte Aktivität u. wird nach Zugabe von 2 ml einer 5—10 mg $SiO_2$ enthaltenden Lsg. durch Erwärmen mit 0,5 g NaOH gelöst. Durch sorgfältiges Zugeben von HCl wird die rotbraune Lsg. entfärbt; dabei fällt etwas NaCl aus. Die Lsg. wird dann rasch zur Trockne eingedampft u. der Rückstand zur Abscheidung von $SiO_2$ mit HCl befeuchtet u. 10 Min. erhitzt. Nach Zugabe von 100 ml warmem, mit einigen Tropfen konz. HCl versetztem W. wird das $SiO_2$, welches das gesamte $^{31}Si$ enthält, abfiltriert, mit A. u. Ae. getrocknet u. gemessen. Nach Entfernung des $SiO_2$ enthält das Filtrat noch $^{32}P$, das bei der Bestrahlung von I nach $^{32}S(n,p)^{32}P$ gebildet u. ebenfalls an den $P_2O_3$ + S-Rückstand adsorbiert. wurde. Mittlere Halbwertszeit des $^{31}Si$, berechnet aus Zerfallsmessungen, 157,1±0,7 Min. Maximalenergie $E_{max}$ der β-Strahlung (bestimmt durch Messung der Absorption in Al u. FEATHER-Analyse der erhaltenen Absorptionskurve) 1,48 MeV für eine Maximalreichweite in Al von 0,671 g/cm². (Svensk kem. Tidskr. **63.** 207—10. 1951. Göteborg, Chalmers Univ. of Technol., Labor. for Nucl. Chem.) GEDSCHOLD. 103

**Georg W. Rodeback** und **James S. Allen,** *Neutrinorückstöße nach dem Einfang von Hüllenelektronen in* $^{37}Ar$. Ausführliche Darst. des C. **1952.** 2462 referierten Sitzungsberichtes. Vgl. auch C. **1952.** 1443. (Physic. Rev. [2] **86.** 446—50. 15/5. 1952. Urbana, Ill., Univ., Dep. of Phys.) WEIGEL. 103

**D. Maeder, P. Preiswerk** und **A. Steinemann,** *Die Zerfallsreihe* $^{51}Mn$–$^{51}Cr$–$^{51}V$ *und der Spin der Mn-Isotope.* Das von Vff. korr. Zerfallsschema enthält nur noch ein Anregungsniveau von $^{51}V$. Der Konversionskoeff. des 320 keV-Überganges u. das Verzweigungsverhältnis der Übergänge vom Cr nach dem Grundzustand u. dem angeregten Zustand $^{51}V$ werden bestimmt. Der Konversionskoeff. beträgt $1,5 \cdot 10^{-3}$ u. entspricht magnet. Dipolstrahlung. Die Best. des Verzweigungsverhältnisses erfordert die Kenntnis der Anzahl emittierter γ-Quanten u. Röntgenquanten pro Zerfall. Die Absolutintensität der Röntgenstrahlung bestimmten Vff. mit Hilfe eines Impulsspektrographen, an den ein Methan–Ar-gefülltes Proportionalzählrohr angeschlossen war. Unter Berücksichtigung der Fluorescenzausbeute ergibt sich aus diesen Messungen, daß 21% der Zerfälle über das angeregte Niveau führen. In Übereinstimmung mit dem Konversionskoeff. zeigt das Ergebnis, daß die Spindifferenz der beiden $^{51}V$-Zustände höchstens 1 betragen kann. Das Zerfallsschema wird im Zusammenhang mit den Spinwerten der Mn- u. Cr-Isotope betrachtet. (Helv. physica Acta **25.** 461—63. 15/9. 1952. Zürich, ETH.) GERHARD SCHMIDT. 103

**Raymond W. Hayward,** *Der Zerfall von* $^{105}Ag$ *und* $^{106}Ag$. (Sitzungsbericht.) Mit Magnetlinsen- u. Scintillationsspektrometer wurden die K-Einfangaktivitäten von $^{105}Ag$ u. $^{106}Ag$, aus *Rh* durch (α, n)- u. (α, 2n)- sowie aus *Pd* durch (d, n)- u. (d, 2n)-Rkk. entstanden, mit Cyclotronstrahlen untersucht. Die beobachteten Konversions- u. Photoelektronenspitzen entsprechen 19 verschied. Übergängen. Die beobachteten Übergangsenergien in $^{105}Ag$ sind 62, 112, 154, 180, 281, 321, 343, 393 u. 444 keV, in $^{106}Ag$ 222, 399, 409, 511, 620, 717, 815, 1040, 1220 u. 1550 keV (wahrscheinlicher Fehler ca. ±1%). γ-γ-Koinzidenzen wurden in beiden Ag-Isotopen, in $^{105}Ag$ bes. zwischen dem 62 keV-γ- u. dem 281 keV-γ-Strahl, beobachtet. K- u. L-Konversionsverhältnisse wurden für die intensiveren Strahlungen bestimmt. (Physic. Rev. [2] **85.** 760. 15/2. 1952; Bull. Amer. physic. Soc. **26.** Nr. 8. 12. 27/12. 1951. Nat. Bur. of Stand.) GERHARD SCHMIDT. 103

**Robert Stump,** *β-γ-Polarisationskorrelation in* $^{124}Sb$. Die Polarisationsbeobachtungen an $^{124}Sb$ wurden in einer von METZGER u. DEUTSCH (C. **1950.** II. 2764) entwickelten

Anordnung durchgeführt. Als Quelle diente eine dünne $^{124}$Sb-Schicht auf Nylon. Die Meßanordnung bestand aus einem Scintillationszähler mit großem Anthracenkristall zur Streuung der Strahlung durch COMPTON-Stoß. Als Detektor der gestreuten Strahlung dienten zwei NaJ-Zähler. Zur Best. der Polarisationsbeziehung wurde die Zahl von Dreifachkoinzidenzen zwischen dem $\beta$-, $\gamma$- u. den gestreuten $\gamma$-Strahlen für zwei Streurichtungen gemessen. Das Verhältnis der beobachteten Dreifachkoinzidenzen für ca. 200 mg/cm$^2$ Al u. für ca. 400 mg/cm$^2$ Al wird zu 0,93$\pm$0,04 bzw. 0,89$\pm$0,11 angegeben. Die $\gamma$-Übergänge scheinen ohne Paritätsänderung vor sich zu gehen. Die Ergebnisse sind mit den von verschied. Autoren erhaltenen Werten in Einklang. (Physic. Rev. [2] **86.** 249. 15/4. 1952. Lawrence, Kans., Univ., Dep. of Phys. and Astron.) GERHARD SCHMIDT. 103

**Joe Keagy Bair, Fred C. Maienschein** und **William B. Baker,** *Doppelkristallspektrometerergebnisse mit nichtparallelen $\gamma$-Strahlen.* Mit einem Doppelkristallspektrometer vom HOFSTADTER-Typ (C. **1951.** I. 1834) wurden die $\gamma$-Spektren von $^{137}Cs$ u. $^{60}Co$ (25 mC) aufgenommen, wobei wegen nichtparalleler Strahlen beträchtlich größere NaJ-Kristalle verwendet werden konnten. Die punktförmige $\gamma$-Quelle befand sich nahe dem COMPTON-Elektronen messenden Kristall. Der große Kristalldetektor war gegen den direkten Strahl abgeschirmt. Die Genauigkeit der App. entspricht derjenigen der HOFSTADTER-Anordnung. Der Gebrauch größerer Kristalle u. nichtparalleler Strahlen ermöglicht jedoch größere Empfindlichkeiten. Die experimentellen Wirksamkeiten stimmen mit den berechneten überein. Von $^{60}$Co wurde außerdem das Einkristallspektr. (Kristallhöhe u. Länge je 1½ in.) gemessen. Der Einfl. des Materials u. der Oberflächenbedingungen des Kristalls auf das Auflösungsvermögen werden erörtert. (Physic. Rev. [2] **81.** 283–84. 15/1. 1951. Oak Ridge, Tenn., NEPA Div., Fairchild Engng. and Airplane Corp.)
GERHARD SCHMIDT. 103

**Evani Kondaiah,** *Einige Kernzerfälle und die Kernschalentheorie.* Die künstlichen radioakt. Isotope von $^{103}Ru$, $^{103m}Rh$, $^{109}Pd$, $^{109m}Ag$, $^{141}Ce$, $^{143}Ce$, $^{143}Pr$, $^{147}Nd$, $^{149}Pm$ u. $^{193}Os$ wurden mit $\beta$-Spektrometern u. Koinzidenzmethoden untersucht. Nach einer Beschreibung der Meßmethoden u. Meßgeräte u. einer Erörterung der Kerntheorie werden die Meßergebnisse über die Radioaktivität der Kerne, die Zerfallsschemata u. Spinzuordnungen mitgeteilt. Einige isomere Übergänge werden neu klassifiziert. (Ark. Fysik **4.** Nr. 2. 81–158. 1952. Stockholm, Nobel-Inst. of Phys.) WERNER SCHULZ. 103

**James Chadwick,** *Die Anfänge der Atombombe.* Vortrag über den engl. Anteil an der Entw. der Atombombe. (J. Franklin Inst. **252.** 453–55. Dez. 1951. Cambridge, Univ., Gonville u. Cains Coll.) GERHARD SCHMIDT. 105

**D. J. Stern,** *Die Verwendung von Instrumenten zum Aufspüren und zur Analyse radioaktiver Mineralien.* Übersicht über die Instrumenten- u. Analysentechnik für mineralog.-geolog. Zwecke. (South African Mining Engng. J. **63.** 125–31. 27/9. 1952. Protea Holdings Ltd.) GERHARD SCHMIDT. 112

**G. A. Sawyer, W. R. Arnold, J. A. Phillips, E. J. Stovall jr.** und **J. L. Tuck,** *SiO-Filme.* (Sitzungsbericht.) Durch Verdampfung auf Zaponunterlagen wurden SiO-Filme von 8 $\mu$g/cm$^2$ hergestellt, die 3 mm Gasdruck aushalten u. mehrere $\mu$A von 30 keV-Deuteronen mit 5 keV Verlust durchlassen. (Physic. Rev. [2] **86.** 583. 15/5.; Bull. Amer. physic. Soc. **27.** Nr. 1. 8. 31/1. 1952. Los Alamos Scient. Labor.) H. HAUSWALD. 112

**D. J. Littler,** *Eine Methode zur absoluten Eichung von Neutronenquellen.* Durch Eintauchen einer Ra–Be-Neutronenquelle in den Meiler u. Messung der dadurch veränderten Reproduktionskonstanten eicht Vf. die Quelle mit einer Genauigkeit von $\pm$5%. Zur Best. der Meilerkonstanten wird die gleiche Messung mit einer $Na_2CO_3$- oder P-Probe vorgenommen u. die absol. $\beta$-Aktivität nach der Raumwinkelmeth. bestimmt. Die Eichung einer Quelle, enthaltend 1,290 mg Ra als Sulfat in Mischung mit 12 g Be, ergab für die Neutronenintensität 9,3·10$^6$ n/Sek. ($\pm$4½%). (Proc. physic. Soc., Sect. A **64.** 638–47. Juli 1951. Harwell, Berks., A. E. Res. Establ.) H. HAUSWALD. 112

**Michele Della Corte, Tito Fazzini** und **Simone Franchetti,** *Einfache gesteuerte Wilson-Kammer.* Die beschriebene, durch Zählrohre gesteuerte WILSON-Kammer ist für Unterss. von Höhenstrahlen bestimmt. Vff. besprechen Einzelheiten der Konstruktion u. teilen einige mit der Kammer aufgenommene Ergebnisse mit. (Ricerca sci. **22.** 1743–48. Sept. 1952. Firenze, Univ., Ist. di Fis.) R. K. MÜLLER. 112

**R. P. Martin,** *Elektronische Apparatur für in vivo-Untersuchungen von Pflanzen.* Der Verbleib radioakt. Tracer im lebenden Organismus läßt sich mit einer Anordnung verfolgen, bei der die Ausschläge aus einer Anzahl von Zählern über eine bestimmte Zeitstrecke aufgezeichnet werden können. Vf. konstruiert einen Stromkreis, bei dem unter Verwendung nur eines Untersetzers bis zu vier Proben gezählt werden können. Die elektron. Anordnung dieses Syst., das aus relaisgesteuerten Rotationsstufenschaltern besteht, wird wiedergegeben. (Nucleonics **10.** Nr. 1. 50—53. Jan. 1952. Oxford, Univ., Dep. of Agricult.) GERHARD SCHMIDT. 112

**N. G. Ssuschkin, I. A. Kowner** und **Je. N. Wtorow,** *Elektronensensitometrie.* Für 12 photograph. Plattensorten sowjet. Produktion wird die Abhängigkeit der Plattenschwärzung von der Elektronenladungsdichte bei verschied. Strahlspannungen experimentell untersucht. Einige für die Gestalt der so erhaltenen Schwärzungskurven charakterist. Parameter (Empfindlichkeit, Kontrastwrkg., optimale Schwärzung) werden definiert u. Zahlenwerte dieser Parameter für die Strahlspannungen 30, 60 u. 80 kV in einer Tabelle zusammengestellt. (Известия Академии Наук СССР, Серия Физическая [Nachr. Akad. Wiss. UdSSR, physik. Ser.] **15.** 395—402. Juli/Aug. 1951. Moskau, Energet. Molotow-Inst.) LENZ. 112

**W. S. Emmerich, Y. Nogami, L. A. Kiley** und **J. D. Kurbatov,** *Elektronenbahnen in einem Magnetlinsenspektrometer.* (Sitzungsbericht.) Auf Grund graph. Elektronenbahnbest. wurden Blendensysteme für ein Magnetlinsenspektrometer entworfen. Konversionselektronen des 134 keV-Überganges in $^{144}Pr$ wurden mit einer Auflösung von 4% u. einer Durchlässigkeit von ca. 3% gemessen. Mit einem anderen für höhere Energien berechneten Blendensyst. wurden die Konversionselektronen des 662 keV-Überganges in $^{137}Ba$ aufgelöst. (Physic. Rev. [2] **87.** 194. 1/7. 1952. Ohio State Univ.) LENZ. 112

## $A_2$ Optisches Verhalten der Materie.

**G. Elwert,** *Verallgemeinerte Ionisationsformel eines Plasmas.* Vf. versucht, eine verallgemeinerte Ionisationsformel anzugeben, die die SAHA-Gleichung, die Ionisationsformel der Gasnebel u. die Ionisationsgleichung der Sonnencorona als Sonderfälle enthält. Damit sind auch die Bedingungen, unter denen die einzelnen Formeln gelten, sowie die Übergänge zwischen ihnen zu übersehen. (Z. Naturforsch. **7a.** 703—08. Nov. 1952. Tübingen, Univ., Astronom. Inst.) GERHARD SCHMIDT. 113

**W. Petrie,** *Rotationstemperaturen der Vegard-Kaplan-Nordlichtbanden.* Im Gebiet von 220 km über der Erdoberfläche zeigt die Teilchendichte an, daß dort eine Temp. von 1000° K herrscht, während nach VEGARDs Unterss. der Rotationsstruktur der Nordlicht-$N_2^+$-Banden Tempp. um 350° K in einer Höhe von 200 km zu herrschen scheinen. Es ist aber nicht anzunehmen, daß die Rotationsstruktur der $N_2^+$-Banden, die aus erlaubten Übergängen hervorgehen, nicht die richtige Temp. anzeigen sollen; noch mehr gilt dies für Banden verbotener Übergänge. Vf. macht zahlreiche Aufnahmen der VEGARD-KAPLAN-Banden des $N_2$ u. findet für die mittlere Temp. von fünf VEGARD-KAPLAN-Banden im Wellenlängenbereich von $\lambda$ = 3400—3800 Å eine Temp. von 850° K. Eine endgültige Entscheidung über die Temperaturfrage kann erst nach weiteren Unterss. der Banden bei höherer Dispersion gefällt werden. (Physic. Rev. [2] **86.** 790—91. 1/6. 1952. Saskatoon, Saskatchewan, Can., Univ. of Saskatchewan, Phys. Dep.) D. HAHN. 113

**J. H. Shaw** und **J. N. Howard,** *Eine quantitative Bestimmung des Vorkommens von tellurischem CO oberhalb Columbus, Ohio.* Im Sonnenspektr. wurden bei 4,7 $\mu$ Linien, der 0-1-Absorptionsbande des CO beobachtet u. die Absorption tellur. Ursprungs zugeschrieben. Vff. machen genaue Messungen, um die Menge des atmosphär. CO oberhalb Columbus zu bestimmen, u. beobachten die R(2)-Linie der Fundamentalbande des CO im Sonnenspektr. an einigen Tagen im Januar u. Februar 1952. Eine Abb. zeigt das Sonnenspektr. bei 4,7 $\mu$. Eine weitere Figur gibt die totale Absorption der R(2)-Linie für verschied. Sonnenhöhen an. (Physic. Rev. [2] **87.** 380—81. 15/7. 1952. Columbus, O., Ohio State Univ., Dep. of Phys. and Astronomy.) D. HAHN. 113

**W. S. Benedict, H. H. Claassen** und **J. H. Shaw,** *Absorptionsspektrum von Wasserdampf zwischen 4,5 und 13 $\mu$.* Frühere Unterss. hatten ergeben, daß die Intensitäten der Sonnenspektren von der Menge $H_2O$-Dampf in der Atmosphäre abhängig sind. Vff. nehmen im Gebiet von 4,5—13 $\mu$ die Absorptionsspektren von $H_2O$-Dampf mit einer genau angebenen App. auf. Es werden verschied. Absorptionsweglängen u. $H_2O$-Dampfkonzz. bei 1 at benutzt. Viele der beobachteten Linien im Sonnenspektr. werden als $H_2O$-Dampflinien identifiziert. Die Rotationsanalyse ergibt, daß die meisten der Linien entweder Rotations- oder Rotationsschwingungsübergängen der $\nu_2$-Grundbande des $H_2O$-Dampfmol. zuzuordnen sind. Einige der Linien gehören den Übergängen $(2\nu_2-\nu_2)$, $(\nu_1-\nu_2)$ u. $(\nu_3-\nu_2)$ an. (J. Res. nat. Bur. Standards **49.** 91—132. Aug. 1952. Baltimore, Md., Johns Hopkins Univ.; Norman, Okla., Univ. of Oklahoma, Dep. of Phys.; Columbus, O., Univ.) D. HAHN. 113

**H. K. Hughes,** *Nomenklaturvorschlag für angewandte Spektroskopie. Bericht Nr. 6 des Joint Committee on Nomenclature in Applied Spectroscopy der Society for Applied Spectroscopy und der American Society for Testing Materials.* Es wird eine umfangreiche Liste mit Vorschlägen für Begriffe u. Definitionen auf dem Gebiet der angewandten

Spektroskopie sowie mit allg. Grundsätzen für die Vereinheitlichung der Nomenklatur im angelsächs. Schrifttum vorgelegt. (Analytic. Chem. **24.** 1349—54. Aug. 1952. Summit, N. J., Celanese Corp. of America.) B. REUTER. 114

**P. Pluvinage,** *Neue Reihe von Näherungslösungen für bestimmte nichttrennbare Schrödinger-Gleichungen. Anwendung auf den Grundzustand von Helium.* Systemat. Erklärung eines Bildungsmodus von Approximativlösungen der SCHRÖDINGER-Gleichung der Atome mit 2 Elektronen. Werden die Wellenfunktionen als Modellfunktionen in einem Variationsproblem benutzt, so läßt sich der Eigenwert des Grundzustandes von He zu 1,3⁰/₀₀ u. das Ionisationspotential zu 4,5⁰/₀₀ angeben. Die Meth. kann auch dann angewandt werden, wenn die gewöhnliche Störungstheorie keine befriedigenden Ergebnisse liefert. (J. Physique Radium **12.** 789—92. Okt. 1951. Strasbourg, Fac. des Sci.) GERHARD SCHMIDT. 114

**P. A. Lee, E. A. Stewardson** und **J. E. Wilson,** *Die $M_V$-Absorptionskanten von Tm und Er und der Ursprung der Er-$M_V$-Absorptionslinien.* Mit einem fokussierenden Spektrometer wurde das Absorptionsspektr. von Tm im Bereich der $M_V$-Kante untersucht. $M_{IV}$ wurde nicht gefunden, im Bereich von $M_V$ tritt eine schmale Absorptionslinie auf. Die Photometerkurve deutet darauf hin, daß tatsächlich zwei unaufgelöste Absorptionslinien verschied. Intensität vorliegen, von denen die langwelligere dem Übergang von $M_V$ in ein unbesetztes 4f-Niveau zugeschrieben wird. Mit dieser Interpretation wird die Wellenlänge der eigentlichen $M_V$-Kante zu 8469,5 $\pm$ 3 XE gefunden, in Übereinstimmung mit dem aus $L_{III}$ u. $L_{\alpha_1}$ berechneten Wert. Diese Übereinstimmung ist vermutlich darauf zurückzuführen, daß die Frequenz von $TmL_{\alpha_1}$ in den Tabellen zu klein angenommen ist; jedenfalls hat für andere Elemente der Seltenen Erden die Differenz zwischen den beobachteten u. berechneten Zahlen einen kleinen, aber reellen negativen Wert. Bei $ErM_V$ scheinen die Verhältnisse ähnlich zu liegen; mit der gleichen Interpretation red. sich dort die Diskrepanz zwischen beobachtetem u. berechnetem Wert von —15 eV auf —12 eV. (Proc. physic. Soc., Sect. A **65.** 668—69. 1/8. 1952. Leicester Univ. Coll., Phys. Dep.) FAESSLER. 116

**G. Ortner** und **S. Salim,** *Lichtemission von Polonium.* Das sichtbare Spektr. des von Po (a) von der Oberfläche direkt u. (b) von dem Luftvol. unmittelbar über der Oberfläche emittierten Lichtes wird mit Hilfe eines Nachthimmelspektrographen (Belichtungszeit 1 Woche) aufgenommen. Bei (a) zeigen sich eine Reihe von — meistens schwachen — Linien zwischen 3700 u. 6000 Å über einem Untergrund kontinuierlicher Banden. Die Linien werden u. a. einfach ionisierten O-Atomen, die vermutlich an Po-Atome gebunden sind zugeordnet. Bei (b) werden nur eine stärkere Linie sowie die kontinuierlichen Banden beobachtet, für die eine Deutung noch nicht gegeben wird. (Nature [London] **169.** 1060 bis 1061. 21/6. 1952. Cairo, Fouad I. Univ., Fac. of Sci., Phys. Dep.) RUDOLPH. 118

**S. M. Naudé** und **T. J. Hugo,** *Das Bandenspektrum von AsH.* KIMBALL u. BATES (Nature [London] **128.** [1931.] 969) hatten bereits das Bandenspektr. von AsH in einer $H_2$-Atmosphäre in einem Bogenspektr. aufgenommen, wobei die niedrigere Elektrode (Kathode) As enthielt. Bei 32380,2 $cm^{-1}$ u. 31639,9 $cm^{-1}$ konnten sie zwei Banden beobachten. Vff. versuchten, diese Banden zu photographieren, aber ohne Erfolg. Es ist daher anzunehmen, daß diese beiden Banden mit den P- u. R-Zweigen des $^2\Sigma$-$\Pi^2$-Syst. des CH verwechselt worden sind. (Nature [London] **170.** 289—90. 16/8. 1952. Pretoria, Nat. Phys. Labor., Council for Scientific and Ind. Res.) D. HAHN. 118

**Nicolo Acquista** und **Earle K. Plyler,** *Eichwellenlängen im Gebiet von 0,6 bis 2,6 μ.* Um Prismeninstrumente genau zu eichen, werden viele Absorptionsbanden u. Emissionslinien von bekannten Wellenlängen benötigt. In der vorliegenden Arbeit werden im Gebiet von 0,6—2,6 μ die Wellenlängen von zwanzig Absorptionsbanden sowie einigen Emissionslinien von *Kr* im nahen Infrarot ausgemessen (Tabellen u. Abb.). Die Kenntnis dieser Linien verhilft zur Best. zusätzlicher Eichpunkte für Prismeninstrumente. Die ausgemessenen Banden gehören den Absorptionsspektren von *Didym-Glas, 1.2.4-Trichlorbenzol,* $CS_2$ u. *Polystyrol* an. (J. Res. nat. Bur. Standards **49.** 13—16. Juli 1952. Washington.) D. HAHN. 120

**David F. Eggers jr.** und **Bryce L. Crawford jr.,** *Schwingungsintensitäten.* 3. Mitt. *Kohlendioxyd und Stickstoffoxydul.* (2. vgl. CRAWFORD, J. chem. Physics **20.** [1952.] 977.) Absolutmessungen der Intensität von infraroten Schwingungsbanden ergeben in Verbindung mit den bekannten (harmon. u. anharmon.) Potentialkonstanten eine Möglichkeit, die Veränderung des Dipolmomentes mit der Schwingungsweite zu ermitteln. Zu diesem Zwecke werden mit einem im einzelnen beschrieben Verf. zwei Grund- u. vier Kombinationsbanden von $CO_2$ u. drei Grund- u. drei Kombinationsbanden von $N_2O$ gemessen u. mit Hilfe einer Störungsrechnung ausgewertet. (J. chem. Physics **19.** 1554—61. Dez. 1951. Minneapolis, Minn., Univ., School of Chem.) K. L. WOLF. 120

**James W. Simmons, Wallace E. Anderson** und **Walter Gordy,** *Das Mikrowellenspektrum und die Molekülkonstanten von Cyanwasserstoff.* Berichtigung der C. **1951.** I. 1268 referierten Arbeit, wo die Frequenzen von $H^{12}C^{14}N$ u. $H^{13}C^{14}N$ um 30 MHz zu gering angegeben waren. Ferner werden neue Meßergebnisse mitgeteilt, aus denen sich der CH (CD)-Abstand u. der CN-Abstand zu 1,0637 u. 1,1563 Å ergeben. (Physic. Rev. [2] **86.** 1055—56. 15/6. 1952.) KIRSCHSTEIN. 121

**Robert Rath,** *Die Bestimmung des Brechvermögens und des optischen Achsenwinkels monokliner Kristalle nach der asymmetrischen Prismenmethode.* Vf. beschreibt ein Verf., an monoklinen Kristallen Brechungsindices, opt. Achsenwinkel u. die Dispersion zu bestimmen. Es ist ein Verf. der asymm. Prismenmeth., dessen mathemat. Ableitung ausführlich gegeben wird. Die drei Varianten der Meth. werden am prakt. Beispiel des monoklinen *Amyrolins* dargestellt. (Heidelberger Beitr. Mineralog. Petrogr. **3.** 131—46. 1952. Hannover, TH, Minerlog. Inst.) HILLER. 122

**Th. P. J. Botden,** *Energieübertragung und -transport durch Resonanzprozesse in luminescierenden Festkörpern.* Untersucht wird die Energieübertragung in sensibilisierten Phosphoren vom Sensibilisator auf den Aktivator. Die bestehenden Theorien werden diskutiert, u. für die brauchbar erscheinenden wird das theoret. Verhältnis der Quantenausbeuten für Sensibilisator u. Aktivator berechnet. Es ergibt sich, daß dieses Verhältnis mit steigender Sensibilsatorkonz. u. konstanter Aktivatorkonz. nicht ansteigt. Die Ergebnisse von Unterss. an $Ca_3(PO_4)_2$*-Ce-Mn,* $Sr_3(PO_4)_2$*-Sn-Mn,* 3 $Ca_3(PO_4)_2 \cdot CaF_2$*-Sb-Mn,* $Ca_2P_2O_7$*-Sn-Mn* u. $Mg_2P_2O_7$*-Ce-Th-Mn* stehen im Widerspruch hierzu. Zur, Deutung dieser Ergebnisse nimmt Vf. an, daß in der Umgebung eines Sensibilisators sich k-Kationenplätze befinden u. daß ein Übergang von Anregungsenergie vom Sensibilisator zum Aktivator stattfinden kann, wenn dieser in einem dieser Plätze lokalisiert ist. Wenn sich auf den k-Plätzen kein Aktivator befindet, kann die Energie durch Transport über andere Sensibilisatoren einen Aktivator erreichen. Es gibt *l*-Plätze, auf denen ein hierfür geeigneter Sensibilisator sitzen kann. Die Energieübertragung sowohl zwischen zwei Sensibilisatoren als auch zwischen einem Sensibilisator u. einem Aktivator findet durch Resonanzprozesse statt. Es werden Formeln zur Berechnung von k u. *l* aus den experimentellen Daten abgeleitet. Im letzten Teil der Arbeit wird festgestellt, daß es möglich ist, ausgehend von dem Modell von MOTT u. SEITZ ein schemat. Bild von dem Energieübergang in sensibilisierten Phosphoren sowie von der Temperaturabhängigkeit der Ausbeute dieses Überganges zu geben. Bes. eingehend wird in diesem Zusammenhang der Fall des $Ca_3(PO_4)_2$-Ce-Mn behandelt. (Philips Res. Rep. **7.** 197—235. Juni 1952. Eindhoven.) R. LEVI. 125

**F. D. Klement** und **N. I. Iwanowa,** *Über die Möglichkeit und die Bedingungen der „kalten" Gewinnung von Kristallphosphoren und die Luminescenzmethode zur Untersuchung der Diffusion in fester Phase.* Vff. geben einen ausführlichen Überblick über die auf „kaltem" Wege gewinnbaren Leuchtstoffe. Die Temperaturbedingungen der Phosphorentstehung werden in erster Linie durch die Diffusion des Aktivators im Grundmaterial bestimmt. Vf. zeigt die Anwendungsmöglichkeit der Luminescenz zur Unters. der Diffusion in Festkörpern an *Alkali-, Erdalkali-* u. *Cd-Halogeniden* als Grundmaterial u. *Tl, Pb, Mn, Cu, Ag* als Aktivatoren. (Журнал Физической Химии [J. physik. Chem.] **25.** 869—77. Juli 1951. Leningrad, Shdanow-Univ., Physikal. Inst.) AMBERGER. 125

## $A_3$. Elektrizität. Magnetismus. Elektrochemie.

**Georg Schmitz,** *Zur Theorie der wandstabilisierten Bogensäule.* Es wird eine vereinfachte Meth. zur Berechnung der Energiebilanz eines wandstabilisierten Lichtbogens angegeben. (Z. Naturforsch. **5a.** 571. Okt. 1950. Troisdorf-Oberlar.) R. LEVI. 131

**C. H. Bachman, Harold Eubank** und **George Hall,** *Hohlkathode für die Untersuchung positiver Ionen in Kathodenstrahlröhren.* Beschreibung einer App. zur Identifizierung von positiven Ionen im Strahlenbündel einer Kathodenstrahlröhre. Von einer Hohlkathode geht ein doppelseitiges Fokussierungssyst. für positive u. negative Ionen aus; die positiven Ionen können durch ein Magnetfeld abgelenkt werden. Es zeigt sich, daß die meisten Ionen im Anfangsstadium der Elektronenbeschleunigung erzeugt werden. Die Ionenströme besitzen in Abhängigkeit von der Elektronenenergie einen ausgeprägte Sättigungscharakter. (J. appl. Physics **22.** 1208—10. Sept. 1951. Syracuse, N. Y., Univ., Phys. Dep.) SPEER. 131

**R. W. Crowe, A. H. Sharbaugh** und **J. K. Bragg,** *Kathodeneffekte beim dielektrischen Durchschlag.* (Sitzungsbericht.) Bei Durchschlagsmessungen an Isolierschichten gehen die Eigg. der Kathode in die gemessene Durchbruchfeldstärke ein. Kommt es infolge Kaltemission der Kathode zur Ausbldg. einer negativen Raumladung, so deformiert diese das ursprüngliche elektr. Feld. Es ist möglich, in einer halbquantitativen Betrachtung den

Einfl. der Vakuumaustrittsarbeit u. — bei einer elektrolyt. Kathode — der Konz. an negativen Ionen auf den Durchschlag zu klären. Die genannten Eigg. bestimmen außerdem auch die Zeit bis zum Eintreten des Durchschlages. (Physic. Rev. [2] **86.** 641. 15/5. 1952. Gen. Electr. Res. Labor.) REUSSE. 132

**L. S. Palmer,** *Die Dielektrizitätskonstante von Wasser in feuchtem Ton.* Die starke Abhängigkeit der DK. von feuchtem Ton vom Wassergeh. kann nicht durch die Annahme einfacher Mischung von Tonteilchen mit W. erklärt werden. Dagegen findet diese Abhängigkeit eine befriedigende theoret. Erklärung durch die Annahme, trockener Ton bestehe aus dicht bepackten, mit einer Wasserschicht überzogenen Tonteilchen in Luft, feuchter Ton dagegen aus gleichförmig in W. verteilten Tonteilchen. Dabei muß dem an den Ton gebundenen W. eine DK. von ca. 3 gegenüber ca. 80 des freien W. zugeschrieben werden. (Proc. physic. Soc., Sect. B **65.** 674—78. 1/9. 1952. Hull, Univ. Coll.) K. L. WOLF. 132

**Shang-yi Ch'en** und **Wei-cheng Li,** *Der Einfluß des Gasdrucks in elektrischen Glühlampen auf die Polarität des gleichgerichteten Stromes.* Bei n. wechselstrombetriebenen Glühlampen mit einer leitenden Schicht außen auf dem Glaskolben läßt sich ein Gleichstrom zwischen dieser Schicht u. dem mittleren Potential der Fadenspannung nachweisen. Für $N_2$ u. *Ar* als Füllgas ist für Drucke über ca. 100 mm Hg das Potential der Schicht immer positiv, der Strom in der Größenordnung von einigen mA. Der Strom fällt mit abnehmendem Druck u. ändert bei ca. 1 mm Hg sein Vorzeichen, um bei ca. 0,1 mm Hg sein positives Maximum zu erreichen. Wird die innere Kolbenoberfläche mit metall. *Na* beschichtet, so ist das Schichtpotential in jedem Fall positiv. (J. appl. Physics **23.** 228—33. Febr. 1952. Eugene, Ore., Univ. of Oregon, Phys. Dep.; Peking, Yenching Univ., Phys. Dep.) PIEPLOW. 135

**Paul Görlich,** *Zur Frage der Anwendung von Widerstandszellen.* Die Anwendung von Widerstandszellen für die objektive Photometrie hat trotz ihrer großen Inkonstanz durch das Bekanntwerden von Zellen mit besonderen Eigg. wieder an Interesse gewonnen. Zellen aus *CdS, CdSe* u. *CdTe* zeigen eine bisher nicht beobachtete Empfindlichkeit im sichtbaren Spektralbereich (über $10^5$ $\mu$A/l m). Durch Zellen aus *PbS, PbSe* u. *PbTe* kann der erfaßbare Spektralbereich bis zu Wellenlängen von 6 $\mu$ ins ultrarote Gebiet ausgedehnt werden. Schließlich war es möglich, sogenannte Bleiglanznetzzellen herzustellen, die eine ähnliche spektrale Verteilung aufweisen wie PbS-Zellen, aber bis 40000 Hz frequenzunabhängig sind. Es werden Anwendungsgebiete für diese neuen Zellen genannt, z. B. in der Tonfilm- u. Fernsehtechnik. Die Intensitätsabhängigkeit der Strom- bzw. Spannungsänderungen sowie ihre Empfindlichkeit wird erörtert. Als Meßanordnung kommen das Galvanometer, verbunden mit einer Kompensation des Dunkelstroms, ein Gleichstromverstärker sowie ein Wechselstromverstärker mit Modulation der einfallenden Strahlung in Frage, wovon die letztere Meth. am sichersten arbeitet. Unter Zugrundelegung dieser Meßmeth. wird für PbS-Zellen die untere Nachweisgrenze angegeben. Die Inkonstanz der behandelten Zellen wird diskutiert, wobei zwischen irreversibler u. reversibler Inkonstanz unterschieden wird. Sowohl die Bleiglanznetzzellen als auch die CdS- bzw. CdSe-Zellen sind den PbS- bzw. PbSe-Zellen hinsichtlich der Konstanz überlegen. (Z. Naturforsch. **5a.** 563—68. Okt. 1950.) R. LEVI. 135

**Fritz Michelssen,** *Einige Bemerkungen zu voranstehendem Bericht von Paul Görlich.* (Vgl. vorst. Ref.) Vf. weist auf eigene ältere, bisher unveröffentlichte Arbeiten über Bleiglanzphotozellen hin. Er hatte gefunden, daß die maximale Empfindlichkeit solcher Zellen bei ca. 2,5 $\mu$ liegt. Vf. hatte ferner gezeigt, daß feinkörniger sardin. Bleiglanz bes. günstige Eigg. besitzt, u. hatte sich auch mit der Verwendung solcher Zellen für Fernbildzerleger beschäftigt. (Z. Naturforsch. **5a.** 568—69. Okt. 1950. Berlin-Friedenau.) R. LEVI. 135

**B. Kockel,** *Energiebänder und Zwischenbandterme im gestörten Kronig-Potential.* Das KRONIG-Modell ist geeignet, in einfacher Weise in Begriff u. Eigg. der Energiebänder einzuführen u. Veränderungen zu beschreiben, die durch Störungen der Periodizität des Potentialverlaufs verursacht werden. Es werden zunächst die Wellenfunktionen zum ungestörten KRONIG-Potential aufgestellt, dann wird gezeigt, wie man durch Einführen einer Störung in das KRONIG-Potential dadurch, daß eine einzelne Zelle ein um ein Störpotential geändertes Potential besitzt, das Auftreten von Zwischenbandtermen ableiten kann. Eine graph. Darst. zeigt die Abhängigkeit der Lage dieser Terme von der Größe des Störpotentials. Im Zusammenhang hiermit wird die Vorstellung von verbogenen u. schiefliegenden Energiebändern krit. erörtert, es werden drei Möglichkeiten für die Bedeutung solcher verbogenen Bänder herausgearbeitet. (Z. Naturforsch. **7a.** 10—16. Jan. 1952. Leipzig, Univ., Theoret.-Physikal. Inst.) R. LEVI. 135

**E. N. Wyler** und **F. C. Todd,** *Relative Änderung der Gleichstrom- und Impulsemission von Mischungen von Oxyden Seltener Erden.* (Sitzungsbericht.) Folgende Oxydgemische wurden in einer Diode mit Pt-Anode auf ihre therm. Elektronenemission untersucht: $Nd_2O_3$ + $Gd_2O_3$, $Dy_2O_3$ + $Gd_2O_3$, $Tb_2O_3$ + $Gd_2O_3$. Bes. wurde geprüft, ob der empir. ermittelte Befund, daß Schichten, die bei Anodengleichspannung hohe Emission liefern, dies auch bei Impulsspannungen tun, ebenso in umgekehrtem Sinne gilt. Nach den Verss. der Vff. gilt dies nicht allg., da für Impulsströme u. ihre Höhe neben der Anodenspannung auch der Querwiderstand der Oxydschicht u. etwaige Restgase verantwortlich sind. Bei den Messungen mit den genannten Oxyden konnte eine Beziehung zwischen dem Verhältnis Impulsstrom/Gleichstrom u. der Bldg. fester Lsgg. der Schichtkomponenten sowie neuer Phasen abgeleitet werden. (Physic. Rev. [2] **86**. 640—41. 15/5. 1952. Battelle Memorial Inst.) REUSSE. 135

**Jean Dickey**, *Neue Aspekte der photoelektrischen Emission von Na und K.* Der äußere photoelektr. Effekt aufgedampfter dicker Na- u. K-Schichten wurde mit Bestrahlungsenergien bis zu $h \cdot \nu = 6{,}71$ eV untersucht. Bis zu 1,5 eV oberhalb des Schwellenwertes folgt die Energieverteilung der emittierten Elektronen der von DUBRIDGE für den einfachen photoelektr. Effekt an idealen Metallen abgeleiteten Verteilung. Bei höheren $h \cdot \nu$-Werten nimmt der Anteil der energiearmen Elektronen stark zu. Ferner wird der Einfl. studiert, den die Struktur der Metalloberflächen auf die spektrale Verteilung der Quantenausbeute hat. Spiegelnde Oberflächen geben eine weiche Verteilungskurve, matte dagegen liefern ein ausgeprägtes Maximum. Die Energieverteilung bei einem gegebenen $h \cdot \nu$-Wert ist unabhängig von der Oberfläche. Das von der Theorie abweichende Auftreten energiearmer Elektronen wird erörtert. Als Erklärung kommt in Frage, daß angeregte Elektronen durch Streuung an anderen Elektronen ihre Energie vor der Emission verlieren oder daß ein Photoelektron nicht die gesamte Energie eines anregenden Photons auf sich vereinigt, weil ein zweites Elektron an Stelle des ganzen Kristalls den Rückstoßimpuls aufnimmt, ferner eine Modifizierung des einfachen FERMI-Bandes, die einen Anfangsenergiezustand bewirkt, der viel weiter unterhalb der Oberflächenbarriere liegt, als man angenommen hatte. Eine Beziehung zwischen der spektralen Verteilung u. der Energieverteilung aufzustellen, erscheint nicht angängig, da die spektrale Verteilung in zu unübersichtlicher Weise von der Oberflächenstruktur abhängt. Anzeichen für das Vorliegen eines Volumeneffekts ergeben sich aus den spektralen Daten nicht. (Physic. Rev. [2] **81**. 612—16. 15/2. 1951. Schenectady, N. Y., General Electric Res. Labor.) R. LEVI. 135

**A. W. Ewald**, *Über die Photoleitfähigkeit von Thalliumsulfidzellen.* Vf. untersucht das An- u. Abklingverh. von $Tl_2S$-Zellen bei verschied. Lichtintensitäten u. Temperaturen. Die Anfangssteigungen der An- u. Abklingkurven sind unter gleichen Versuchsbedingungen innerhalb der Fehlergrenze gleich. Die Anfangssteigungen der Anklingkurven verschied. Präpp. bei verschied. Lichtintensitäten sind angenähert, aber nicht exakt, proportional dem Wert $I/(\sigma_1 - \sigma_d)$, wo $\sigma_d$ die Dunkelleitfähigkeit u. $\sigma_1$ die stationäre Helleitfähigkeit sind. Die Temperaturabhängigkeit der Dunkelleitfähigkeit sowie der Helleitfähigkeit bei verschied. Lichtintensitäten wurde in einem Temperaturgebiet gemessen, in dem die opt. Anregung groß ist gegen die thermische. Die Leitfähigkeit steigt in jedem Falle mit der Temperatur. Die bereits bekannte Abhängigkeit des stationären Photostromes von der Quadratwurzel der Lichtintensität legte eine Deutung auf Grund eines homogenen Modells nahe, bei dem die durch Bestrahlung gebildeten Ladungsträger nach einem bimol. Gesetz rekombinieren. Ein Vgl. des auf Grund dieser Annahme berechneten An- u. Abklingverh. mit dem experimentell beobachteten zeigt, daß hierfür nicht das einfache bimol. Gesetz gelten kann, sondern daß die Rekombination durch einen Sekundärprozeß verzögert wird, dem durch eine modifizierte Rekombinationsfunktion Rechnung getragen werden muß. Die Versuchsergebnisse zeigen ferner, daß die Beweglichkeit der Ladungsträger temperaturabhängig ist, u. zwar wurde eine exponentielle Abhängigkeit von der Temp. mit einer Aktivierungsenergie von 0,19 eV gefunden. Diese Temperaturabhängigkeit, die im Widerspruch zu einem homogenen Modell steht, deutet auf die Anwesenheit von Barrieren hin. Die Gleichheit der Anfangssteigungen von An- u. Abklingkurven zeigt, daß diese Barrieren für den Photoeffekt keine bedeutende Rolle spielen, also in ihrer Höhe weitgehend unempfindlich gegen Bestrahlung sind. (Physic. Rev. [2] **81**. 607—11. 15/2. 1951. Ann Arbor, Mich., Univ. of Michigan, Randall Labor. of Phys.) R. LEVI. 135

**B. J. Rothlein**, *Der photoelektrische Effekt von p-n-Grenzschichten in der Oberfläche von Germanium.* (Sitzungsbericht.) Oberflächengrenzschichten von Ge sind als Photoelemente gut brauchbar. Ihr Rauschen kann klein gehalten werden. (Physic. Rev. [2] **83**. 228. 1/7.; Bull. Amer. physic. Soc. **26**. Nr. 3. 37. 26/4. 1951. Sylvania Electric Products, Inc.) SPEER. 135

**M. A. Leontowitsch** und **Ss. M. Rytow**, *Über das differentielle Gesetz für die Intensität der elektrischen Fluktuationen und deren Beeinflussung durch den Skin-Effekt.* Unter

Zugrundelegung der quasistationären Bedingung entwickeln Vff. die Korrelationsfunktion des durch die integrale EMK. der elektr. Wärmefluktuationen bedingten elektr. Nebenfeldes, deren spektrale Intensität durch die NYQUISTsche Formel gegeben wird. Für die die quasistationäre Bedingung befriedigende Frequenz erhalten Vff. einen Ausdruck für die durch ein willkürlich über das Drahtvol. verteiltes Nebenfeld bedingte integrale EMK. u. zeigen, daß es für die Proportionalität der spektralen Intensität der integralen Zusatz-EMK. mit dem wirksamen Widerstand genügt, anzunehmen, daß der Korrelationsradius $\alpha$ klein ist sowohl gegenüber dem Drahtradius als auch gegenüber der Dicke der SKIN-Schicht. (Журнал Экспериментальной и Теоретической Физики [J. exp. theoret. Physik] **23.** 246—52. Sept. 1952. Physikal. Lebedew-Inst. der Akad. der Wiss. der UdSSR.) AMBERGER. 136

**M. J. Druyvesteyn** und **J. A. Manintveld,** *Die Änderung des elektrischen Widerstandes von Gold durch Kaltbehandlung bei der Temperatur der flüssigen Luft und seine Rückveränderung durch vorübergehendes Erhitzen.* Ein weichgeglühter Au-Draht wurde bei der Temp. der fl. Luft um ca. 7% gedehnt, was eine relative Widerstandserhöhung von 1,5% zur Folge hatte. Der Draht wurde dann 2 bzw. 5 Min. auf Tempp. zwischen —150 u. +100° erhitzt u. darauf der Widerstand wieder bei der Temp. der fl. Luft gemessen. Bei einer Erhitzungsdauer von 2 Min. beginnt der zusätzlich erzeugte Widerstand von 1,5% bei einer Behandlungstemp. von —50° auf 1,2% u. bei +35° auf 1,05% abzufallen. Bei einer Erhitzungsdauer von 5 Min. beginnt der Widerstandsabfall jeweils bereits bei etwas tieferer Temperatur. Die Ergebnisse sind in einer Kurve wiedergegeben. Es wird angenommen, daß der bei +35° verschwindende Widerstand durch Leerstellen im Gitter u. der bei —50° verschwindende durch Konglomerate von zwei oder mehr Leerstellen hervorgerufen wird. Die mechan. Eigg. werden durch das Tempern nicht verändert. (Nature [London] **168.** 868—69. 17/11. 1951. Delft, Techn. Univ., Labor. for Techn. Phys.) R. LEVI. 136

**George B. Yntema,** *Der Einfluß der Korngröße auf die magnetische Widerstandsänderung von polykristallinem Kupfer.* (Sitzungsbericht.) Die Änderung des elektr. Widerstandes in einem magnet. Felde wurde bei 4° K bei drei Cu-Proben gemessen. Dabei zeigte sich ein starker Einfl. der Korngröße auf den Effekt, wobei die magnet. Widerstandsänderung bei der Probe mit der kleinsten Korngröße ca. 3,5mal so groß wie bei der Probe mit den größten Kristallkörnern ist, obwohl der Widerstand im Nullfeld bei der feinkörnigen Probe nur 0,44mal der Wert der grobkörnigen Probe ist. (Physic. Rev. [2] **86.** 598. 15/5; Bull. Amer. physic. Soc. **27.** Nr. 1. 23. 31/1. 1952. Yale Iniv.) FAHLENBRACH. 136

**R. W. Telessnin** und **Je. F. Kuritzyna,** *Über den Einfluß des entmagnetisierenden Feldes auf die magnetische Viscosität.* Vff. finden auf Grund der früher (Доклады Академии Наук СССР [Ber. Akad. Wiss. UdSSR] [N. S.] **75.** [1950.] Nr. 5) gefundenen Beziehung zwischen der Relaxationszeit u. der differentiellen magnet. Susceptibilität $\chi_d$ ihre Vorstellung bestätigt, wonach die magnet. Viscosität durch die magnet. Eigg. des Körpers u. nicht der Substanz bestimmt werden u. die Kurven der magnet. Zähigkeit als Funktionen des äußeren u. nicht des inneren Feldes behandelt werden müssen. (Доклады Академии Наук СССР [Ber. Akad. Wiss. UdSSR] [N. S.] **84.** 477—78. 21/5. 1952. Moskau, Lomonossow-Univ., Wiss. Forschungsinst. für Phys.) AMBERGER. 137

**W. G. Schindler, T. R. McGuire, Louis N. Howard** und **J. Samuel Smart,** *Die magnetischen Eigenschaften der Chromite.* (Sitzungsbericht.) Zwischen 77 u. 1300° K wird die magnet. Susceptibilität einer Reihe von Chromiten untersucht, d. h. von ferritähnlichen Stoffen der chem. Zus. $MCr_2O_4$, wobei M das Symbol für ein zweiwertiges Metall ist. Mg- u. Zn-Chromite befolgen das CURIE-WEISSsche Gesetz mit negativen $\Theta$-Werten, u. sind daher antiferromagnetisch. Mn-, Co-, Ni- u. Cu-Chromite werden bei tiefen Tempp. ferrimagnet., u. zwar $CuCr_2O_4$ bei 135° K; $CoCr_2O_4$ bei 110° K, $MnCr_2O_4$ u. $NiCr_2O_4$ dicht unterhalb 77° K. Die Messung der Sättigungsmagnetisierungen der zuletzt genannten Chromite bei 4,2° K u. 7400 Oe ergibt folgende Molekularmomente in BOHRschen Magnetonen ($\mu_B$): $MnCr_2O_4 = 1,5\,\mu_B$, $CoCr_2O_4 = 0,2\,\mu_B$, $NiCr_2O_4 = 0,3\,\mu_B$ u. $CuCr_2O_4 = 0,7\,\mu_B$. (Physic. Rev. [2] **86.** 599. 15/5.; Bull. Amer. physic. Soc. **27.** Nr. 1. 24. 31/1. 1952. U. S. Naval Ordnance Labor.) FAHLENBRACH. 137

**G. T. Rado, R. W. Wright, W. H. Emerson** und **A. Terris,** *Die Temperaturabhängigkeit des magnetischen Spektrums eines Ferrits.* (Sitzungsbericht.) Vff. zeigen, daß die früher (vgl. C. **1951.** I. 2847) bei Raumtemp. festgestellten natürlichen Resonanzfrequenzen $\omega_0'$ u. $\omega_0''$ eines beliebigen Ferrits für den gleichen Stoff erhalten bleiben, wenn die Temp. zwischen 77 u. 411° K verändert wird. Mit abnehmender Temp. nehmen sowohl $\omega_0'$ (Drehprozesse) als auch $\omega_0''$ (Wandverschiebungen) um ungefähr 500% zu. $\omega_0'/\omega_0''$

bleibt aber unabhängig von der Temperatur. Die Anfangssusceptibilität $\chi_0 = \chi_0' + \chi_0''$ nimmt mit der Temp. ab. Unterss. an feinstkörnigen Pulvern (ein Korn gleich einem Elementarbereich) zeigen, daß dabei $\chi_0$ (Drehprozesse) temperaturunabhängig bis 300° K bleibt. Das Ergebnis: $\omega_0'/\omega_0''$ temperaturunabhängig, wenn $\chi_0'$ temperaturunabhängig ist, konnte theoret. abgeleitet werden, bei der Voraussetzung, daß die Drehprozesse u. Wandverschiebungen durch Kristall- u. Formanisotropie u. nicht durch Spannungsanisotropie bestimmt werden. Dabei ist die Beziehung unabhängig vom LANDÉschen g-Faktor. (Physic. Rev. [2] **86.** 599. 15/5.; Bull. Amer. physic. Soc. **27.** Nr. 1. 24. 31/1. 1952. Naval Res. Labor.) FAHLENBRACH. 137

**S. Ramaseshan** und **G. Suryan,** *Paramagnetische Resonanz bei dreiwertigem Molybdän.* Grüne, in Paraffin haltbare Kristalle, vermutlich der Zus. $K_2MoCl_5$, ergaben bei 3 cm scharfe Resonanz. Der g-Wert ist 1,76 ± 0,02, die Halbwertbreite 190 Oersted. Die aus Susceptibilitätswerten berechneten g-Werte von $K_3MoCl_6 \cdot 12\ H_2O$ bzw. $Mo(SCN)_6(NH_3)_4 \cdot 4\ H_2O$ sind 1,86 bzw. 1,92; bemerkenswert ist, daß $Mo^{3+}$, wie $Cr^{3+}$ u. $V^{2+}$, auch im polykristallinem Zustande ein scharfes Resonanzspektr. zeigt. Auch $Cu^{2+}$-Salze zeigen scharfe Resonanz, was dort auf Austauschwechselwrkg. zurückgeführt wird. Ähnliches dürfte bei $Mo^{3+}$ der Fall sein. (Physic. Rev. [2] **84.** 593. 1/11. 1951. Bangalore, Indien, Indian Inst. of Sci., Phys. Dep.) KLEMM. 137

**Georges J. Béné,** *Beitrag zur Untersuchung der magnetischen Kernmomente.* Unters. der magnet. Kernresonanz von Proton u. F-Kern nach der BLOCHschen Meth. der Kerninduktion in schwachen, eisenlosen HELMHOLTZschen Magnetfeldern (ca. 350 Gauß). Die Resonanzfelder des F-Kerns u. des Protons wurden in einer einzigen, aus einer wss. Lsg. von $BeF_2$ bestehenden Probe verglichen. Der gyromagnet. Faktor des F-Kerns in Einheiten desjenigen des Protons wurde zu 0,940 76 ± 0,000 05 in guter Übereinstimmung mit den Werten gefunden, die alle in stärkeren Magnetfeldern mit Eisenkern gewonnen wurden. Die kernmagnet. Resonanz des Protons im Felde eines Elektromagneten mit Eisenkern wurde mit derjenigen im Luftfelde verglichen, wobei kein 1°/₀₀ überschreitender Unterschied festgestellt wurde. Aus der Unters. der Homogenität des HELMHOLTZ-Feldes wurde eine Meth. zur Messung der transversalen Relaxationszeit der Kerne entwickelt. (Helv. physica Acta **24.** 367—88. 20/9. 1951. Genève, Univ., Inst. de Phys.) CONRAD. 137

**G. J. Béné, P. M. Denis** und **R. C. Extermann,** *Untersuchung der kernmagnetischen Resonanz in einem Luftfeld.* (Vgl. vorst. Ref.) Gekürzte Wiedergabe der Ergebnisse. (Helv. physica Acta **24.** 304—07. 20/9. 1951.) CONRAD. 137

**Yu Ting, F. K. Biard** und **Dudley Williams,** *Kernmagnetisches Moment von $^{115}In$.* (Sitzungsbericht.) In einer gesätt. Lsg. von $In(NO_3)_3$ in 30%ig. $HNO_3$ wurde eine dem $^{115}In$ zugeschriebene kernmagnet. Resonanzlinie beobachtet. Ein Vgl. mit der $^{45}Sc$-Linie im gleichen magnet. Feld ergab das Frequenzverhältnis $\nu_{In}/\nu_{Sc}$ = 0,902 292 ± 0,000 010, woraus sich der Wert $\mu_{In}$ = 5,509 45 ± 0,000 11 Kernmagnetonen unter Annahme eines Kernspins I = 9/2 ergibt. Der Wert ist noch nicht auf die diamagnet. Effekte der Schalenelektronen u. den leicht paramagnet. Effekt des benutzten $Mn(NO_3)_2$-Katalysators korrigiert. (Physic. Rev. [2] **86.** 618. 15/5.; Bull. Amer. physic. Soc. **27.** Nr. 1. 43. 31/1. 1952. Ohio State Univ.) CONRAD. 137

**S. Tolansky** und **H. Rahbek,** *Messungen der Amplituden von Mikroschwingungen unter Verwendung einer mikroskopischen „light-cut"-Technik.* Vff. maßen mit der von TOLANSKY (C. **1953.** 1857) abgeänderten „light-cut"-Technik von SCHMALTZ die Schwingungsamplituden eines *Monel*-Stabes, der durch Magnetostriktionsmethoden angeregt worden war. Die Meth. ist jedoch nur für Schwingungsamplituden $> 1\ \mu$ anwendbar. Die Durchführung des Vers. wird genau beschrieben. In dem vorliegenden Fall betrug die Schwingungsamplitude senkrecht zur Oberfläche 10 $\mu$. (Nature [London] **169.** 1060. 21/6. 1952. Englefield Green, Surrey, Univ. of London, Royal Holloway Coll.) GOTTFRIED. 137

**F. H. Spedding, P. E. Porter** und **J. M. Wright,** *Leitfähigkeit wässeriger Lösungen von Chloriden einiger Seltener Erden bei 25°.* Die Äquivalentleitfähigkeit wss. Lsgg. von $LaCl_3$, $CoCl_3$, $PrCl_3$, $NdCl_3$, $SmCl_3$, $EuCl_3$, $ErCl_3$ u. $YCl_3$ wurde bei Konzz. zwischen 0,0004 n u. 0,1 n gemessen. Beginnend beim $NdCl_3$ bis zum $YCl_3$ wurde ein regelmäßiges Ansteigen der auf unendliche Verdünnung extrapolierten Äquivalentleitfähigkeit gefunden. Dieses Verh. war auf Grund der ansteigenden Ionenradien in dieser Reihe zu erwarten. Die ersten drei Elemente La, Ce u. Pr zeigen keine regelmäßige Änderung der Leitfähigkeit, was im Widerspruch zu der n. regelmäßigen Änderung der Eigg. der Seltenen Erden steht. Vff. halten es für möglich, daß diese Ionen infolge ihres immer größer werdenden Radius mit einer zweiten Koordinationszahl auftreten können, so daß in der Lsg. ein Gleichgewicht zwischen zwei verschied. Hydratkomplexen existiert. Auch in den krist.

Hydraten werden verschied. Hydratationszahlen beobachtet. (J. Amer. chem. Soc. **74.** 2055—58. 20/4. 1952. Ames, Io., Iowa State Coll., Inst. for Atomic Res., u. Dep. of Chem.) R. LEVI. 138

**George Manecke,** *Konzentrationsbestimmung von Alkaliionen mit Hilfe von Membranelektroden.* Vf. prüft die Möglichkeit, durch Messung von Membranpotentialen Alkaliionenkonzz. in Lsg. zu bestimmen. Zu diesem Zweck wird der Potentialverlauf an einer Kationaustauschermembran untersucht. Auf der einen Seite der Membran befindet sich stets eine KCl-Lsg. mit gleicher Konz., während auf der anderen Membranseite dagegen die Gesamtkonz., sowie die Zus. der Elektrolytlsg. variiert werden. Die auftretenden Potentiale werden diskutiert u. auf den Fall beschränkt, bei dem die Konz. der Außenlsg. im Verhältnis zur Festionenkonz. der Membran klein ist. Es ergibt sich, daß die Membranelektrode zur Konzentrationsbest. gut zu gebrauchen ist, sofern die Lsgg. auf den beiden Membranseiten nur ein u. denselben Elektrolyten enthalten. Liegen dagegen Gemische verschied. Ionenarten vor, so ergeben sich bei der Konzentrationsbest. Fehler von 10%, da dann das sich einstellende Membranpotential nicht mehr allein von der Gesamtkonz. der Ionen, sondern auch noch von der jeweiligen Zus. der Elektrolytgemische abhängt. (Z. Elektrochem. angew. physik. Chem. **55.** 672—75. Dez. 1951. Berlin-Dahlem, Kaiser-Wilhelm-Inst. für physikal. Chem. u. Elektrochem.) SURAWSKI. 138

**W. F. Luder,** *Brønsted- und Lewis-Acidität.* Vf. nimmt bezug auf eine Bemerkung von CARVALHO FERREIRA (C. **1952.** 1128) der die Elektronentheorie der Säuren u. Basen des Vf. stark angegriffen hatte u. behauptete, es sei notwendig, die „BRØNSTED- u. LEWIS-Acidität" einzeln zu untersuchen. An Hand verschied. Elektronengleichungen zeigt Vf., daß beide Theorien in bezug auf die Verdrängungs-Rkk. von Wasserstoffsäuren absol. ident. sind. (J. chem. Physics **20.** 525. März 1952. Boston, Mass., Northeastern Univ.) E. HEINRICH. 139

**Lyle R. Dawson** und **Edward J. Griffith,** *Kryoskopische Studien über Lösungen von Kaliumchlorid, Ammoniumchlorid, Essig-, Propion- und Benzoesäure in Formamid.* Mit Hilfe kryoskop. Messungen wurde die mol. Gefrierpunktserniedrigung des Formamids zu $3{,}56_6{}^0$ bestimmt. Auf die gleiche Weise wurden die Dissoziationsgrade von KCl, $NH_4Cl$, Essigsäure (**I**), Propionsäure (**II**) u. Benzoesäure (**III**) bestimmt. Die Aktivitätskoeffizienten für Lsgg. mit 0,02—0,15 Mol pro 1000 g Lösungsm. wurden nach LEWIS u. RANDALL (Thermodynamics, McGraw Hill Book, Co., Inc., New York 1923) berechnet. Es wurde festgestellt, daß sich $NH_4Cl$ hinsichtlich des Dissoziationsgrades ebenso wie im W. verhielt, während für KCl in Formamid größere Werte erhalten wurden. Ebenso wurden für **I**, **II** u. **III** stärkere Dissoziation u. größere Aktivitätskoeffizienten der undissoziierten Moll. als in W. beobachtet. Der $p_H$-Wert von **III** fiel mit der Zeit, was nach Ansicht der Vff. auf eine chem. Rk. mit Bldg. von Benzamid u. Ameisensäure zurückzuführen ist. Die Aktivitäten von KCl u. $NH_4Cl$ waren ca. 8% größer als in Wasser. (J. physic. Chem. **56.** 281—83. Febr. 1952. Lexington, Ky., Univ. of Kentucky, Dep. of Chem.) KLAFFKE. 139

**R. J. Newcombe,** *Die Quecksilbertropfelektrode.* Es wurde bisher die Auffassung vertreten, daß sich die Oberfläche in eine Elektrolytlsg. fallender Hg-Tropfen verhältnismäßig langsam auflädt, so daß bei sehr schneller Tropfenfolge die Hg-Ionen keine Zeit haben, an einen Tropfen heranzukommen, bevor er abreißt. Neue Verss., bei denen ein Normalkalomelhalbelement in Serie mit einer Hg-Tropfelektrode geschaltet u. die Potentialdifferenz in der ganzen Anordnung mit Hilfe eines Kathodenstrahloscillographen gemessen wurde, zeigten, daß dies nicht den Tatsachen entspricht. Der Zeitraum nach Bldg. eines Tropfens, während dessen sich keine positive Ladung auf der Tropfenoberfläche sammelt, nimmt mit steigender Tropfgeschwindigkeit ab. Bei einer Tropfgeschwindigkeit von 2 Sek. pro Tropfen beträgt sie 0,014 Sek. u. bei 0,2 Sek. pro Tropfen 0,007 Sekunden. Diese Erscheinung wird dadurch erklärt, daß bei schneller Tropffolge die durch Aufladung eines einzelnen Tropfens verursachte Verringerung der Hg-Ionenkonz. in seiner Umgebung geringer ist als bei schneller Tropffolge, die Heranführung neuer, für die Aufladung des nächsten Tropfens erforderlicher Hg-Ionen also geringere Zeit beansprucht. (Nature [London] **169.** 240. 9/2. 1952. Exeter, Univ. Coll.) R. LEVI. 142

**A. Rius, J. Llopis** und **I. M. Tordesillas,** *Passivierung von Platin in Lösungen von Chlorwasserstoffsäure.* **3. Mitt.** *Quantitative Untersuchung seiner anodischen Auflösung.* (Vgl. C. **1951.** I. 2399.) Solange bei der anod. Auflsg. von Pt in 3—7 nHCl das Potential negativer ist als das krit. Passivierungspotential (ca. 0,910 V) löst sich Pt mit einer Geschwindigkeit, die prakt. der Einheit entspricht als $Pt^{4+}$; bei einem positiveren Potential sinkt die Geschwindigkeit auf null oder nahezu null, jedoch wirkt bei über 6 nHCl das im Anolyten gelöste $Cl_2$ korrodierend, wodurch die Ergebnisse verschleiert werden. Bei Zusatz von *Trichloressigsäure* (**I**) in konstanter Konz. nimmt die Lösungsgeschwindigkeit des Pt bei Erhöhung der HCl-Konz. von 3,5 auf 5,5n plötzlich zu; wird dagegen die I-Konz. in nHCl erhöht, dann tritt diese plötzliche Zunahme erst beim Übergang von 5,5- zu 7,5mol. Konz. an I ein. Zusatz von $AlCl_3$ begünstigt die anod. Lsg. des Pt in HCl. Teilweiser Ersatz von HCl durch Chloride (bei gleichbleibender $Cl^-$-Konz.) setzt die Lösungsgeschwindigkeit herab. (An. Real Soc. españ. Física Quím., Ser. B **48.** 193—98. März 1952. Madrid, Inst. A. de G. Rocasolano de Quím-fís.) R. K. MÜLLER. 143

---

**David Shoenberg**, Superconductivity. 2nd ed. New York: Cambridge Univ. Press. 1952. (266 S. m. Abb. u. Diagr.) $ 6,—.

## A$_4$. Thermodynamik. Thermochemie.

**Reimar Lüst**, *Die Entwicklung einer um einen Zentralkörper rotierenden Gasmasse. 1. Mitt. Lösungen der hydrodynamischen Gleichungen mit turbulenter Reibung.* Theoret. mathemat. Arbeit. (Z. Naturforsch. **7a.** 87—98. Jan. 1952. Göttingen, Max-Planck-Inst. für Phys.) R. LEVI. 146

**Eleonore Trefftz**, *Zur Entwicklung einer rotierenden Gasmasse.* (Vgl. vorst. Ref.) Theoret. mathemat. Arbeit. (Z. Naturforsch. **7a.** 99—103. Jan. 1952. Göttingen, Max-Planck-Inst. für Phys.) R. LEVI. 146

**P. Wegener** und **G. Lundquist**, *Kondensation von Wasserdampf im Schlagrohr unter 150° K.* In einem Schlagrohr von 20×20 cm wurde feuchte Luft unter genau kontrollierten Bedingungen (Druck, Feuchte, Temp.) ausgedehnt. Eine Schlagwelle wurde in den Kanal geschickt, die Geschwindigkeit wird gemessen, die MACH-Zahl durch den Winkel der Schlagwelle bestimmt, die Schallgeschwindigkeit u. Temp. berechnet. Die vorhandene Wasserkondensation wird nach einer Art Schlierenmeth. festgestellt, bei der das von den Tröpfchen zerstreute Licht beobachtet u. auf einem Oscillographenschirm aufgefangen wird. Es werden Kondensationen von Wassertropfen bei 130° K festgestellt. (J. appl. Physics **22.** 233. Febr. 1951. White Oak, Silver Spring, Md., U. S. Naval Ordnance Labor.) MIETHING. 148

**S. Chu Liang**, *Einige Messungen der thermischen Transpiration.* Bei Druckmessungen in Rohren bei sehr tiefen Tempp., bei denen sich das Manometer auf Raumtemp. befindet, spielt die Transpiration eine um so größere Rolle, je niedriger der Druck u. je länger die mittlere freie Weglänge der Moll. im Verhältnis zum Rohrdurchmesser ist. Sie muß berücksichtigt werden. Um sie zu messen, werden die absol. u. relative Meth. angewandt. Die absol. wurde früher behandelt; die bei der relativen Meth. benutzte App. sowie ausgeführte Messungen u. Resultate werden beschrieben. Der Druck wird mit McLEOD-Manometer in einem weiten u. engen Rohr bis zu tiefen Tempp. (195° bzw. 77,3° K) absinkend u. wieder ansteigend gemessen. Es werden *He*, $H_2$, $N_2$, *Ar* untersucht. Die Gase werden sorgfältig gereinigt u. getrocknet. Es wird eine empir. Gleichung für die Druckverhältnisse aufgestellt u. die Konstanten werden durch Vers. festgelegt. Zum Schluß werden Dampfdruckmessungen bei 77,3° K an *Xe* u. *Kr* ausgeführt u. nach Transpirationskorrekturen mit Messungen nach der Literatur verglichen. Dabei wurde für Kr 1,754 $\pm$0,002 mm u. für Xe 1,93$\pm$0,01·$10^{-3}$ mm erhalten. (J. appl. Physics **22.** 148—53. Febr. 1951. Ottawa, Can., Nat. Res. Council.) MIETHING. 150

**Vikt. I. Spitzyn, W. I. Schosstak** und **M. A. Mejerow**, *Untersuchung der Flüchtigkeit der Alkalichloride bei hoher Temperatur.* Die Best. des Beginns der merklichen Verdampfung von Alkalichloriden in Luft ergab folgende Tempp.: *LiCl* 550°, *NaCl* 750°, *KCl* 650°, *RbCl* 650° u. *CsCl* 550°. Im HCl- bzw. Wasserdampfstrom liegen die entsprechenden Tempp. im wesentlichen im gleichen Gebiet ($\pm$50°). Die merkliche Flüchtigkeit liegt bei den Alkalimetallen um 50° (LiCl u. NaCl), 75° (RbCl), 100° (CsCl) u. 130° (KCl) unterhalb des F. der entsprechenden Verbindungen. Die Verdampfungsgeschwindigkeit der Alkalichloride ist im Wasserdampfstrom wesentlich höher als beim Erhitzen in Luft oder HCl. Der Prozeß ist dabei zwischen 550 u. 800° nicht von einer Hydrolyse begleitet. (Журнал Общей Химии [J. allg. Chem.] **22.** (**84.**) 758—64. Mai 1952.) KLEVER. 150

**Alan M. Nathan**, *Eine dynamische Methode zur Messung der spezifischen Wärme von Metallen.* Metallstäbe von 3 mm Durchmesser u. 20 cm Länge werden elektr. mit einer Geschwindigkeit von 1000°/Sek. bis 1000°/Min. erhitzt, dabei wird die Temp. mit Pt/PtRh-Thermoelementen oscillograph. gemessen. Aus der Anheizkurve wird unter Berücksichtigung der elektr. Leistung die spezif. Wärme berechnet. Die Erwärmungskurve zeigt bei Eisenstäben einen Knick beim CURIE-Punkt, der im Mittel bei 769,4$\pm$3,4° liegt. Die Anwärmzeit beträgt zwischen 1,5 u. 5,5 Sekunden. (J. appl. Physics **22.** 234—35. Febr. 1951. University Heights, N. Y., NewYork Univ., Res. Div.) MIETHING. 151

**W. I. Chotkewitsch** und **N. N. Bagrow**, *Impulsmethode zur Bestimmung der Wärmekapazität.* Vff. beschreiben ein dem von NATHAN (vgl. vorst. Ref.) angegebenen analoges

Gerät, bei dem die Proben als Drähte von 0,08—0,3 mm Durchmesser u. 50—15 mm Länge durch Stromimpulse erhitzt werden, woraus sich aus den Meßdaten u. bei bekanntem Widerstandskoeff. die Wärmekapazität des betreffenden Metalls, wie z. B. von *Cu, W, Mo* u. *Cd* (Abweichungen < 3%) berechnen läßt. Die Meth. erlaubt es auch Phasenübergänge zu registrieren, wie z. B. das Auftreten der fl. Phase bei einer *Pb–In-Legierung* mit 24 At.-% Pb. (Доклады Академии Наук СССР [Ber. Akad. Wiss. UdSSR] [N. S.] **81.** 1055—57. 21/12. 1951. Charkow, Gorki-Univ.) AMBERGER. 151

**Herbert Broida** und **Walter Kane,** *Vielflächige Flammen mit Wasserstoff und Kohlenwasserstoffen.* Vff. untersuchen den Einfl. von Zusätzen wie *He, Ar,* $N_2$ auf die Temp., Flammengeschwindigkeit u. Flammenausbldg. bei der Verbrennung vorgemischter Gasgemische in Brennern mit runder Öffnung. Dabei wurde oft das Auftreten von „polyedr. Flammen" beobachtet, das sind Flammen, die nicht den gewohnten leuchtenden Konus zeigen, sondern deren Fläche in mehrere helle (bis zu 16) u. dunkle Streifen unterteilt ist. Die Flammenform ist noch deutlicher erkennbar, wenn dem unverbrannten Gas verdampftes NaCl zugesetzt wird. Diese, auch an reinen $H_2/O_2$-Gemischen beobachtete Erscheinung tritt bes. dann auf, wenn die Grenzbedingungen zur Aufrechterhaltung der Verbrennung annähernd erreicht sind, z. B. in $H_2/O_2$-Flammen bei Zusätzen von 60—80% Ar oder $N_2$. GARSIDE u. JACKSON (C. **1952.** 5049) erkannten bereits, daß die beschriebene Ausbldg. der Flammen auf Diffusionsvorgänge zurückzuführen ist. Erhärtet wird diese Ansicht dadurch, daß es, wie Vff. zeigten, nur schwer ist, die Ausbldg. der polyedr. Flammen bei Zusatz von He zu $H_2$-Flammen zu erhalten u. daß die Ausbldg. bei Zusatz von He zu *Propan*/Luft-Gemischen ganz unterbleibt. Die Erscheinung tritt in *Acetylen*/$O_2$-Flammen deswegen nicht auf, weil die Diffusionsgeschwindigkeiten von $O_2$ u. $C_2H_2$ etwa gleich sind. (J. chem. Physics **20.** 1042—43. Juni 1952. Washington, D. C., Nat. Bur. of Standards.) ROEDER. 157

**L. C. Lichty,** *Bestimmung der Flammengeschwindigkeit an der Spitze der Bunsenbrennerflamme.* Die von Vf. auf Grund der Daten von LEWIS u. VON ELBE ausgeführten thermodynam. Unterss. bzgl. der Flammengeschwindigkeit von der Spitze einer Bunsenbrennerflamme für ein Gemisch von 7,5% Naturgas u. 92,5% Luft haben ergeben, daß die kleinste mögliche Flammengeschwindigkeit für eine im Gasstrom zentral gelegene Gasschicht bei keinerlei Wärmeübertragung u. konstantem Strömungsquerschnitt in der Flammenzone 64 cm/sec, bei einer angenommenen Vergrößerung des Strömungsquerschnittes von 50 u. 100% bei zu vernachlässigender Wärmeübertragung 85 u. 102 cm/sec beträgt. Demzufolge dürfte die tatsächliche Geschwindigkeit der Flamme für eine zentrale Gasschicht 80—90 cm/sec sein. Eine Wärmeübertragung auf diese zentrale Gasschicht erfolgt nur von der eigenen Flamme her u. ist von relativ geringem Ausmaße (kleiner als 2%). (Ind. Engng. Chem. **44.** 1395—98. Juni 1952. New Haven, Conn., Yale Univ.) OPPERMANN. 157

**Stone D. Cooley** und **Robbin C. Anderson,** *Untersuchungen über Flammenausbreitung mittels der Bromwasserstoffreaktion.* Die Verbrennungen von $H_2$–$Br_2$-Gasgemischen, die mit einem in einem Messinggehäuse befindlichen, aus Borsilicatglas bestehenden Brenner ausgeführt wurden, zeigten, daß die maximale Verbrennungsgeschwindigkeit von ca. 32 cm/sec bei einer durchschnittlichen Entzündungstemp. von 50° bei 740—750 mm Druck bei etwas über 40 Mol-% Br liegt. Hierbei ist es ganz gleich, ob der Verbrennungsvorgang in $N_2$- oder $CO_2$-Atmosphäre stattfindet, welche Größe der Brenner hat oder ob er eine vertikale, geneigte bzw. horizontale Lage einnimmt. Bei hohen Entzündungstempp., z. B. 210°, scheint sich die maximale Verbrennungsgeschwindigkeit (ca. 82 cm/sec) nach der Seite der niedrigeren Br-Gehh. (ca. 39 Mol.-% $Br_2$) zu verschieben. Die Verbrennungsgeschwindigkeit steigt mit steigender Temp. des in den Brenner eintretenden $H_2$–$Br_2$-Gasgemisches, u. die beobachteten maximalen Verbrennungsgeschwindigkeiten liegen im Bereich der maximalen H-Atomdiffusion. (Ind. Engng. Chem. **44.** 1402—06. Juni 1952. Austin, Tex., Univ. of Texas, Dep. of Chem., u. Defense Res. Labor.) OPPERMANN. 157

---

**Erwin Schrödinger,** Statistical thermodynamics; a course of seminar lectures delivered in January—March 1944, at the School of Theoretical Physics, Dublin Institute for Advanced Studies. 2nd ed. New York: Cambridge Univ. Press. 1952. (95 S.) $ 1,75.

## $A_5$. Grenzschichtforschung. Kolloidchemie.

**Werner Schaaffs,** *Untersuchungen an Liesegangschen Ringen.* Vf. untersucht die Frage, ob bei der Bldg. der LIESEGANGschen Ringe nicht ein übergeordnetes Prinzip vorliegen könnte, für welches Übersättigung, Koagulation, Adsorption usw. nur als Indicator, nicht aber als eigentliche Ursache dient. An Hand experimenteller Unterss. an den Systemen $AgNO_3$–$K_2Cr_2O_7$ in *Gelatine* u. Umkehrsyst., $Pb(NO_3)_2$–$KJ$ in *Agar* u. Umkehrsyst., $AgNO_3$–$K_2CrO_4$ in Gelatine u. wellenmechan. Betrachtungen auf Grund der

DE BROGLIEschen Materiewellengleichung stellt Vf. fest, daß ein bestimmtes Vielfaches — vorzugsweise das 8fache — des Prod. aus dem Ringabstand, der Molekülmasse des in stark überschüssiger Menge diffundierenden Stoffes u. der Bildungsgeschwindigkeit der Ringe den Wert des PLANKschen Wirkungsquantums ergibt. Dieses Ergebnis muß durch weitere experimentelle Unterss. noch sichergestellt werden. (Kolloid-Z. **128.** 92—99. Sept. 1952. Berlin-Siemensstadt.) G. HEINRICH. 164

**Gerhard Schmid** und **Hans Schwarz,** *Zur Elektrochemie feinporiger Capillarsysteme.* 4. Mitt. *Dialysepotentiale.* (3. vgl. C. **1953. 3043.**) Es werden Dialysepotentiale in verd. *KCl*-Lsgg. wechselnder Konzz. an einer Reihe von *Kollodium*-Membranen abgestufter Porengröße u. die elektrochem. Aktivität gemessen. Das Konzentrationsverhältnis der beiden Lsgg. zu beiden Seiten der Membran beträgt in jedem Verf. 1 : 2 bei einer Strömungsgeschwindigkeit von 650 $cm^3$ in 2 Minuten. Diese reicht aus, um innerhalb der sonstigen Meßfehlergrenze auf das richtige Dialysenpotential zu kommen. Vff. beschreiben ihre Meßanordnung u. diskutieren an Hand der MEYER- u. SIEVERSschen Formel $E_\delta = RT/F_0 \cdot \ln \left[c_2 \sqrt{(2c_1/A)^2 + 1} + 1/c_1 \sqrt{(2c_2/A)^2 + 1} + 1\right]$ die Meßergebnisse, deren Berechnung aus den Leitfähigkeitsdaten derselben Membranen bis auf wenige mV genau gelingt. Die beobachteten Werte liegen durchweg ca. 3 mV niedriger als die berechneten Werte. Vff. führen diese Abweichungen auf eine Ungleichheit der Porengröße zurück. (Z. Elektrochem. angew. physik. Chem. **55.** 684—89. Dez. 1951. Stuttgart, TH, Labor. für physikal. Chem. u. Elektrochem.) SURAWSKI. 170

**Georges Urbain,** *Messung der Viscosität synthetischer Schlacken im System FeO–$SiO_2$–$TiO_2$.* Mit Hilfe der Meth. der Schwingungsdämpfung u. einer näher beschriebenen App. werden die Viscositätskurven für das Syst. FeO–$SiO_2$ bei 1300 u. 1400° aufgenommen, die mit den Befunden von KOSAKEWITSCH bzw. BOWDEN u. SCHAIRER gut übereinstimmen. Für jede der sieben geprüften Mischungen zeigen die Viscositäts–Temp.-Kurven in der Nähe der Liquidustemp. einen steilen Anstieg, entsprechend dem Auftreten einer festen Phase. Im tern. Syst. FeO–$SiO_2$–$TiO_2$ bleibt — soweit es bis 1450° fl. ist — die Viscosität im FeO-reichen Gebiet konstant (0,2 Poise); bei 39% $SiO_2$ zeigt sich ein steiler Viscositätsanstieg, während das $TiO_2$-reiche Gebiet einen kontinuierlichen Verlauf zeigt u. die dem Fayalit entsprechende Anomalie nicht sehr deutlich zum Ausdruck kommt. (C. R. hebd. Séances Acad. Sci. **232.** 330—32. 22/1. 1951.) HENTSCHEL. 172

**H. Kramers,** *Über die „Viscosität" eines Stromlaufs mit strömenden festen Körpern.* Die Viscosität in den Strömungsläufen wird mit einem Viscosimeter bestimmt, bei dem das Drehmoment eines rotierenden Flügelrades gemessen wird. Die strömenden Körper sind *Flußsand* mit 75—210 μ Durchmesser, *Silicagel* mit 105—150 μ u. *Scotchlite-Glasperlen* mit 150—420 μ Durchmesser in strömender Luft. Es wurde das Drehmoment in Abhängigkeit von der Geschwindigkeit der Kügelchen u. des Luftstroms, sowie von der Höhe des Flügelrades im Strombett bestimmt. Resultate sind in Kurven wiedergegeben. (Chem. Engng. Sci. **1.** 35—37. Okt. 1951. Delft, Techn. Univ., Labor. für physik. Technol.) MIETHING. 173

**F. Höppler,** *Messungen des rheologischen und thixotropen Verhaltens von Bentonitsuspensionen.* Hydrogele von *Naturbentonit* (I) (*Montmorillonit*) u. *Kunstbentonit* (II), die bei der elektronenmkr. Unters. keine wesentlichen Strukturunterschiede aufweisen, nur ist I feiner lamellar dispergiert, werden bei verschied. Scherspannungen im Rheoviscosimeter ausgemessen. Dieses vom Vf. neukonstruierte Viscosimeter wird im einzelnen beschrieben u. die Meßmethodik eingehend erläutert. Beide Bentonite erreichen erst nach vier Tagen einen stabilen Quellungszustand, wobei I ein festeres Gel bildet als II. Hinsichtlich der Lage u. Form der Fließkurve unterscheiden sich die beiden Gele stark, I fließt reinplast. u. hat einen höheren Fließpunkt, während II quasiplast. fließt. Die Thixotropeigg. sind bei I stärker ausgeprägt u. die Regenerationszeiten sind bedeutend kürzer als bei II. Bei Zugabe kleiner Alkalimengen (Soda) ändert sich das thixotrope u. das Fließverh. beider Bentonite in verschied. Weise. (Kolloid-Z. **128.** 87—92. Sept. 1952. Medingen bei Dresden.) G. HEINRICH. 173

**M. Zimmermann,** *Schnellprüfung von Austauschern.* Vf. beschreibt ein Verf., um durch Schnellprüfung einen Vgl. der verschied. Austauscher zu ermöglichen (Ersatz für langwierige Filterverss.). Die Prüfung erfolgt durch Rütteln einer 2,5 Liter-Flasche mit 2 Liter Härtewasser u. 2,5 g Austauscher u. Probenahmen nach 6, 12, 30 u. 50 Min. sowie Best. des Geh. von CaO u. MgO durch die Komplexonmethode. Aus der Härteabnahme des W. ergibt sich die Härteaufnahme des Austauschers, dessen Wasseraufnahme bzw. Quellung jedoch beachtet u. im Sondervers. bestimmt. werden muß. Die Verhältnisse beim n. Filtervers. (mit *Wofatit KS, C, Dowex 50* u. *Permutit S*), die bessere Austauschwrkg. von Feinmaterial (unter 1 mm) u. ihre Ursachen sowie der raschere Austausch des H-Ions im Vgl. zum Na-Ion werden besprochen. Ein Vgl. der Ergebnisse von

Schüttel- u. Filtermeth. zeigt überraschende Übereinstimmungen. Bei Regenerationen ist der Einfl. der Regeneriermittelmengen auf den Austausch erkennbar. Die Bedeutung der Regenerierzeit, die Abnahme der nutzbaren Volumenkapazität u. der Austausch von $Fe^{3+}$-Ion wird erörtert; es werden Resultate über einen Austausch von Mg- u. Ca-Härte nebeneinander (Verhältnis 1 : 4,5) gegen eine größere Anzahl von Harzen angegeben. (Angew. Chem. **64.** 107. 21/2. 1952. Leverkusen, Farbenfabriken Bayer, Bayerwerk.) Wingchen. 176

**K. H. Gustavson** und **Britta Holm,** *Die Wirkung des Vernetzungsgrades von Kationenaustauschharzen auf deren Reaktion mit Chromkomplexen.* Durch Zusatz von 5—25% *Divinylbenzol* (I) zur Polymerisationsmischung werden Polystyrolaustauschharze mit steigendem Vernetzungsgrad hergestellt. Aus einer Lsg., die nur $[Cr(H_2O)_6]Cl_3$-Komplexe enthält, wird von Harzen mit bis zu 15% **I** alles Cr aufgenommen, ein Harz mit 25% **I** nimmt nur 28% des Cr auf. Aus einer $[Cr(CO \cdot NH_2)_2]Cl_3$-Lsg. nimmt das 15% **I** enthaltende Harz nur 12% Cr u. das 25%ig. Harz überhaupt kein Cr auf. Verss. mit den hydratationsisomeren Cl-Komplexen des Cr zeigten, daß aus Komplexen, die das Cl in der inneren Sphäre enthalten, von einem 25% **I** enthaltenden Harz bis zu 40% Cr aufgenommen werden, also wesentlich mehr als aus $[Cr(H_2O)_6]Cl_3$-Lösungen. Eine eindeutige Erklärung hierfür steht noch aus. Aus Lsgg., die einen zweikernigen Diolkomplex enthalten, werden nur 19% Cr von dem 25%ig. Harz aufgenommen. Einige Unterss. mit Perchlorsäure–Chrom-Komplexen zeigten ebenfalls, daß mit wachsender Verkettung des Harzes u. steigender Molekülgröße des Komplexes die Aufnahme des Cr geringer wird. Zu beobachten ist allerdings, daß in einigen Lsgg. ein Teil des Cr als neutraler Komplex vorliegt, der von einem Austauschharz natürlich überhaupt nicht gebunden wird. Mit bas. Cr-Komplexen, die häufig sehr hochmol. sind, konnten die Ergebnisse bestätigt werden. Es zeigte sich, daß in einigen Lsgg. neben den aggregierten Cr-Komplexen auch einkernige Verbb. enthalten sind. (Svensk kem. Tidskr. **64.** 137—45. 1952. Stockholm, Garverinäringens Forskningsinst.) Gabriele Günther. 177

**Ido Leden,** *Die Verwendung eines Anionenaustauschharzes zur Feststellung der Gegenwart von anionischen Komplexen in einigen Cadmium- und Kupfersalzen.* Cd- u. Cu-Salzlsgg., die zum Teil auch wechselnde Mengen des entsprechenden Na-Salzes enthalten werden über einen Amberlite IR A 100 filtriert u. die Lsg. mit $H_2O$ wieder aus dem Harz ausgewaschen. Die zur vollständigen Entfernung des Kations aus dem Harz benötigte $H_2O$-Menge wird als Maß für die Tendenz zur Bldg. anion. Komplexe in den Salzlsgg. benutzt. In *$CdSO_4$*- u. *$Cd(ClO_4)_2$*-Lsgg. ist eine solche Anionenkomplexbldg. nicht nachzuweisen, während *$CdCl_2$*-Lsgg. eine schwache u. *$CdJ_2$*-Lsgg. eine starke Komplexbldg. zeigen. Die Ergebnisse an *$Cu(ClO_4)_2$*-, *$CuCl_2$*- u. *Cu-Acetat*-Lsgg. stehen in guter Übereinstimmung mit bisherigen Unterss. über die Anionenkomplexbldg. in diesen Lsgg.; nur in *$CuSO_4$*-Lsgg. ist die am Austauschharz beobachtete Neigung zur Komplexbldg. geringer als nach der Literatur zu erwarten war. (Svensk kem. Tidskr. **64.** 145—49. 1952. Gothenburg, Chalmers Inst. of Techn., Dep. of Inorg. Chem.) Gabriele Günther. 177

## $A_6$. Strukturforschung.

**Joseph L. Leon,** *Ein geeichter Objekttisch für das R.C.A.-Elektronenmikroskop.* Um das Wiederfinden einer bestimmten Stelle im Elektronenmikroskop zu erleichtern, konstruierte Vf. ein Zählwerk, das durch ein Zahnradgetriebe mit dem Objektverstellknopf verbunden ist. (Rev. sci. Instruments **23.** 189—90. April 1952.) Hartmann-Fahnenbrock. 181

**Juan María Torroja, José Luis Amorós** und **Emilio Pajares Díaz,** *Über eine neue Kammer zum direkten Aufzeichnen des reziproken Gitters.* Ausgehend von den theoret. Unterss. von Jong u. Bouman (Z. Kristallogr., Mineralog. Petrogr. **99.** [1938.] 456) haben Vff. eine Röntgenkammer konstruiert, die auf dem Prinzip von Jong u. Bouman fußt, u. bei der Diagramme mit konstantem Kegel erhalten werden. Die Kammer wird näher beschrieben. (Rev. Ci. apl. **6.** 325—30. Juli/Aug. 1952.) Pistor. 181

**A. L. Mackay,** *Aufsetzbarer Fluorescenzschirm für Röntgenstrahlengoniometer.* Es wird ein auf Röntgenstrahlgoniometer aufsetzbarer Fluorescenzschirm beschrieben, wodurch die Einstellung der Kamera erleichtert werden soll. (J. sci. Instruments **29.** 28. Jan. 1952. London, Univ., Birkbeck Coll., Res. Labor.) v. Harlem. 181

**F. Seel,** *Begriffsbildungen zur Valenztheorie.* Vf. benutzt an Stelle der verschiedenartigen u. oft unklaren valenztheoret. Begriffe folgende vier Definitionen: 1. Die Zahl der Atombindungen, die ein Atom bzw. Atomion betätigt, wird als dessen Bindigkeit bezeichnet. 2. Die Ladungszahl eines Atom- oder Molekülions wird als dessen Wertigkeit definiert. 3. Die Ladungszahlen der Atome bzw. Atomionen, die sich bei der Aufspaltung eines Mol. oder Molekülions unter gleichmäßiger Verteilung der Elektronen der Atombindungen auf die Bindungspartner („Homolyse") ergeben, werden als formale Ladungen bezeichnet. 4. Wird ein Molekülverband jedoch in der Weise aufgespalten, daß die Valenzelektronen ungleichartiger Bindungspartner dem elektronegativeren Atom („Heterolyse"), die gleichartigen Bindungspartner gleichmäßig beiden Partnern zugeteilt werden, so bezeichnet man die sich so ergebenden Ladungszahlen als die Oxydationszahlen der Elemente in der betreffenden Verbindung. Die Ermittlung der Oxydationszahl wird durch folgende Regeln erleichtert: In erster Linie alle Metalle, sowie B u. Si stets positiv, F stets −1, in zweiter Linie H +1, in dritter Linie O −2 u. schließlich die übrigen Halogene −1. Die Oxydationszahlen der anderen Elemente ergeben sich dann daraus, daß die Summe der Oxydationszahlen gleich der Ladung des Syst. sein muß. — Beispiele. (Z. Naturforsch. **7b.** 482—83. Aug. 1952. Würzburg, Univ., Chem. Inst.) B. REUTER. 182

**Eolo Scrocco** und **Oriano Salvetti**, *Untersuchung einiger in den Problemen der Molekülstruktur auftretender Integrale.* Unter den behandelten Integralen ist das Integral $\int \varphi_A(1)\,\varphi_b(1)\,(2/r_{12})\,\varphi_b(2)\varphi_b(2)\,d\tau$, für das Vff. eine Lösung geben ($\varphi_l$ = SLATERsche Atomfunktionen). Für dieses Integral u. für die Durchdringungsintegrale $\int V_a\,\varphi_b\,\varphi_b\,d\tau$ u. $\int V_a\,\varphi_a\,\varphi_b\,d\tau$ werden Zahlenwerte gegeben, die für eine Gruppe von Parametern gelten, die für den Atomabstand u. die wirksame Ladung zweier Zentren charakterist. sind. (Ricerca sci. **22.** 1766—75. Sept. 1952. Bologna, Centro di Stud. per la Chim. fis. e idrol.) R. K. MÜLLER. 182

**Hs. H. Günthard, E. Heilbronner** und **B. Messikommer**, *Moleküleigenfunktionen bestimmter Symmetrie: Linearkombinationen von S-Funktionen.* Für die wichtigsten endlichen Punktsymmetriegruppen werden vollständige Systeme irreduzibler Darstellungen angegeben. Vff. gehen dabei von Atom-Einelektronen-Eigenfunktionen aus u. bilden aus diesen durch Linearkombination Molekül-Einelektronen-Eigenfunktionen nullter Näherung (MO). Die zu berechnenden MO's können direkt zum Aufstellen der irreduziblen Bestandteile der Säkulargleichung bei MO-Problemen der theoret. Chemie verwendet werden. (Helv. chim. Acta **35.** 2149—69. 1/12. 1952. Zürich, ETH, Organ.-chem. Inst.) GERHARD SCHMIDT. 182

**Massimo Simonetta** und **Verner Schomaker**, *Die Berechnung der Koeffizienten von Coulomb- und Austauschintegralen in Matrixelementen unter Einbeziehung polarer Singulettstrukturen.* Ausgehend von den PAULINGschen Regeln zur Berechnung von Matrixelementen für kovalente Strukturen wird gezeigt, wie es möglich ist, die Behandlung der Valenzbindung auf polare Strukturen auszudehnen. Es wird auf die bei dieser Rechnung benutzten neuen Typen von Integralen hingewiesen u. ein einfaches Verf. zur Ermittlung ihrer Koeffizienten angegeben. Die Anwendung der ganzen Meth. auf ein spezielles Problem des Bzl. wird demonstriert. (J. chem. Physics **19.** 649—53. Mai 1951. Pasadena, Calif., California Inst. of Technol., Gates and Crellin Labors.) R. LEVI. 182

**P. R. Rowland**, *Die Formgebung von Metallkristallen.* Um Metalleinkristalle aus einer Schmelze in Gestalt von Kugeln, flachen Streifen oder anderen Probestücken für chem. u. physikal. Unterss. zu gewinnen, werden vorher entsprechend geformte Metallproben in einem Tiegel fest mit Graphit- oder Magnesitpulver eingestampft. Bei langsamem Abkühlen aus der Schmelze entstehen Einkristalle mit der gewünschten Gestalt. Außerdem wird eine einfache Technik beschrieben, um eine zu einer gegebenen Kristallfläche parallele Oberfläche für Elektronenbeugung herzustellen. In einer Cu-Platte wird der Kristall in eine mittlere Bohrung entsprechend eingesetzt u. mit der Cu-Platte zusammen geschliffen, dann geätzt u. elektrolyt. poliert. (Trans. Faraday Soc. **47.** 193—94. Febr. 1951. London, Guy's Hosp. Med. School, Biochem. and Chem. Dep.) KLEFFNER. 190

**Paul Bastien** und **Jean Pokorny**, *Einfluß von Verunreinigungen und der Rekristallisation auf die Kristallorientierungen in Kupferdrähten und gewalztem Kupfer.* Heiß gezogener Cu-Draht u. kalt gewalzte Barren wurden in reinem Zustand u. nach Beimengung von *Sb, Bi, As* u. *Ag* röntgenograph. untersucht. Es wurde festgestellt, daß in allen Fällen Kristallisation nach [1 1 1] bevorzugt wurde. Desorientierung durch Verunreinigungen ging im wesentlichen auf Kosten der nach [1 0 0] orientierten Kristalle. Bei Rekristallisation durch Erhitzen zwischen 300 u. 500° trat eine schnelle Verminderung der nach [1 1 1] u. eine schwache Verminderung der nach [1 0 0] orientierten Kristalle auf. Bei 500° lag das Maximum der Desorientierung. Bei weiterem Erhitzen auf 1000° wurde eine Verstärkung der Orientierung nach [1 1 1] festgestellt, die nach Ansicht der Vff. nicht auf eine Vermehrung der entsprechend orientierten Teilchen, sondern auf eine Vergrößerung der bereits nach [1 1 1] orientierten Kristalle auf Kosten der desorientierten Kristalle zurückzuführen ist. (C. R. hebd. Séances Acad. Sci. **232.** 2447—49. 25/6. 1951.) KLAFFKE. 190

**W. Epprecht**, *Über einige technisch wichtige Kristallreaktionen.* Vf. berichtet über die Polymorphie des *Fe* u. über den Einfl. von Beimengungen, wie *Ni, Cr* u. *C*, auf die

Kristallstrukturen u. ihre gegenseitigen Umwandlungen. (Vjschr. naturforsch. Ges. Zürich **97.** 82–92. 30/6. 1952. Zürich, ETH.) H. W. LEVI. 195

**J. Intrater, L. C. Chang** und **T. A. Read,** *Einfluß von Spannungen auf die Temperatur der diffusionslosen Umwandlung in Au–Cd-Einkristallen.* (Sitzungsbericht.) Bei 60° erfolgt bei einer Au–Cd-Legierung mit 47,5 At.-% Cd ein Phasenwechsel erster Ordnung von einer CsCl-Struktur bei höheren Tempp. zu einer orthorhomb. Kristallstruktur. Die Umwandlung verläuft über einen Scherungsmechanismus mit einer Gestaltsänderung der Probe u. einer Temperaturhysterese von ungefähr 10°. Vff. zeigen, daß ohne Veränderung der Temperaturhysterese durch eine äußere Scherungsbeanspruchung die Temp. der Umwandlung verändert werden kann. Daraus kann die latente Umwandlungswärme zu 0,40 cal/g nach der CLAUSIUS-CLAPEYRONschen Zustandsgleichung berechnet werden. (Physic. Rev. [2] **86.** 598. 15/5.; Bull. Amer. physic. Soc. **27.** Nr. 1. 23. 31/1. 1952. New York, Columbia Univ.) FAHLENBRACH. 197

**R. Smoluchowski** und **R. Flannagan,** *Korngrenzendiffusion von Zink in Kupfer.* (Sitzungsbericht.) Die Eindringtiefe von Zn in Cu längs Korngrenzen wird in Abhängigkeit von dem Winkel zwischen den beiden Kristallen bestimmt u. nimmt mit zunehmendem Winkel mit einem Maximum bei einem Winkel von 45° zu. Der maximale Winkel nimmt mit zunehmender Temp. zu. Das Volumeneindringen des Zn ist bei Raumtemp. nur bei Winkeln $< 20°$ größer als die Korngrenzendiffusion. Nach höheren Tempp. überwiegt die Volumendiffusion für alle Winkel. (Physic. Rev. [2] **86.** 598. 15/5.; Bull. Amer. physic. Soc. **27.** Nr. 1. 23. 31/1. 1952. Carnegie Inst. of Technol.) FAHLENBRACH. 197

**A. S. Nowick,** *Über die Aktivierungsenergie der Korngrenzenviscosität in Metallen.* (Sitzungsbericht.) (Vgl. C. **1952.** 21.) Es wird gezeigt, daß die Aktivierungsenergie der viscosen Verschiebung der Korngrenzen nicht genau mit der Aktivierungsenergie für die Volumendiffusion übereinstimmt. Die Messung der Temperaturabhängigkeit der inneren Reibung bin. Legierungen wie *α-Ag–Zn* oder *α-Messing* die nichtelast. Effekte durch Atomorientierungen zeigen, ergibt zwei Maxima, von denen das bei tieferen Tempp. der Volumendiffusion, das bei höheren Tempp. der viscosen Korngrenzenverschiebung zugeschrieben wird. Die Aktivierungsenergie für den letzteren Mechanismus ist in beiden Fällen um ungefähr 10% größer als die Aktivierungsenergie für die Volumendiffusion, so daß in beiden Fällen die inneren Vorgänge verschieden sind. (Physic. Rev. [2] **86.** 597. 15/5.; Bull. Amer. physic. Soc. **27.** Nr. 1. 22. 31/1. 1952. Yale Univ.) FAHLENBRACH. 197

**Italo Barducci,** *Untersuchung über die innere Reibung in Zinn–Blei-Legierungen.* Die innere Reibung von Sn–Pb-Legierungen mit 10, 30, 63 (eutekt.) u. 90% Sn, sowie der reinen Metalle wird zwischen gewöhnlicher Temp. u. dem F. durch Messung akust. Frequenzen untersucht. Die in Abb. mitgeteilten u. im einzelnen besprochenen Ergebnisse stehen im wesentlichen in Übereinstimmung mit den heutigen theoret. Kenntnissen, wonach die Relaxationszeit sich mit der Temp. nach einer Exponentialgleichung ändert $\tau = \tau_0 \cdot e^{H/RT}$ (H = Aktivierungswärme). Für reines Sn ergibt sich H = 23000 cal. Schwieriger zu deuten ist das Verh. von Sn bei ca. 100° u. von 10% Sn enthaltender Pb-Legierung bei 200°. (Ricerca sci. **22.** 1733–42. Sept. 1952. Roma, Ist., naz. di Ultracustica O. M. Corbino.) R. K. MÜLLER. 200

**P. Grodzinski,** *Die „elastische" und „plastische" Härte von harten Materialien.* Bei der Mehrzahl der Mikrohärteprüfungen muß der Eindruckstempel zurückbewegt werden, bevor der Eindruck gemessen werden kann. Das ist vor allem bei den Apparaten der Fall, wo der Eindruckstempel an der Frontlinse des Mikroskopobjektivs (ZEISS-HANNEMANN; COOKES, TROUGHTON u. SIMMS) befestigt ist. Alle diese Apparate messen daher nur die plast. Härte. Bei verlängerten Eindruckstempeln u. teilweise bei Pyramiden mit quadrat. Grundflächen kann angenommen werden, daß die Erholung in Richtung der Diagonalen Null ist. Dieses scheint für große Deformationen korrekt zu sein, ist aber bisher noch nicht für kleine Deformationen an harten Materialien erprobt. Zur Best. der elast. Härte kann die Probe mit einem dünnen, aufgedampften Ag-Film (0,1 μ) versehen werden. Dieser weist nach dem Eindruck keine Erholung auf. Die Meth. gestattet, eine große Anzahl von Prüfungen nebeneinander vorzunehmen. Es werden folgende Materialien nach der neuen Meth. untersucht: *$B_4C$, SiC,* synthet. *Carborund* u. *Diamant.* Bei jedem Beispiel wird die charakterist. Lastdeformation mit einem Doppelkegeldiamanten an a) polierten u. gereinigten Oberflächen, b) an polierter Ag-Oberfläche (Ag-Block), c) an polierter Oberfläche mit einem aufgedampften Ag-Film (0,1 μ) bestimmt. Die Ergebnisse werden in ein doppellogarithm. Diagramm (Last–Eindrucklänge) eingetragen. Die Werte von a) u. b) liegen auf einer Geraden. Unter 5 g Belastung (Punkt 1) werden bei c) Werte erhalten, die denen von massivem Ag entsprechen. Die Kurve von c) biegt langsam um u. nähert sich bei Punkt 1 der Kurve b). Bei c) u. nach einer Korrektur bzgl. der Dicke der Ag-Schicht, bei der korr. Kurve d) treten plast. u. elast. Deformationen zusammen auf. Da Kurve a) nur die plast. Deformation zeigt, ist die horizontale Differenz zwischen a) u. d) die elast. Deformation. Von den untersuchten Materialien scheinen SiC keine elast. u. Diamant keine plast. Härte zu haben. (Nature [London] **169.** 925—26. 31/5. 1952. London, Ind. Diamond Inf. Bureau, Ind. Distrib. Ltd.) KLEFFNER. 200

**Albert Kochendörfer,** *Die Dauerstandfestigkeit und ihr Zusammenhang mit anderen Festigkeitseigenschaften in physikalischer Betrachtungsweise.* Behandelt werden das bildsame Verh. von Einkristallen, die Ausbldg. von Gleitbändern, Bedeutung des Schubspannungsgesetzes, Abhängigkeit der krit. Schubspannung u. der Verfestigung von der Temp. u. der Verformungsgeschwindigkeit, Bedeutung der Versetzungen, Anwendung der Gesetzmäßigkeiten auf das bildsame Verh. von Vielkristallen, Bedeutung des Gitterbaues u. der Korngrenzen, Fließen bei gleichbleibender Spannung, Zustandekommen der drei Abschnitte der Fließkurve, Temperatureinfl. u. Möglichkeiten zur Beeinflussung der Kriechkurve u. damit der Dauerstandfestigkeit. — Diskussion. (Arch. Eisenhüttenwes. **23.** 183—92. Mai/Juni 1952. Stuttgart, TH, u. Max-Planck-Inst. für Metallforschung.) HABBEL. 200

**A. J. Forty,** *Zerreißrichtungen in der Spaltoberfläche von Muskovitglimmer.* Wird in die (0 0 1)-Fläche von Muskovitglimmer ein Loch geschlagen, so zeigt der entstandene Schlagstern nicht Winkel von 60°, sondern 3 charakterist. Winkel von 63, 54 u. 63°. Dieselben Winkel werden in Zerreißlinien der Spaltflächen gefunden. Der Hauptstrahl folgt der a-Achse, 2 andere sind unter 63° dazu geneigt u. haben die Indices [0 1 0] [7 6 0] u. [$\bar{7}$ 6 0]. Es ist überraschend, daß eine Regelmäßigkeit mit so hohen Indices verbunden ist. Eine Überstruktur von Al-Ionen in der Spaltebene des Muskovitglimmers erscheint möglich, wenn der Ersatz eines Si-Ions von jeweils 4 Ionen durch ein Al-Ion nach der chem. Formel $KAl_2(AlSi_3O_{10})(OH)_2$ systemat. ist. Diese Überstruktur, welche durch Röntgenunterss. aber nicht bestätigt wurde, kann eine niedere Symmetrie als das pseudohexagonale $SiO_4$-Tetraeder aufweisen. Eine zufriedenstellende Erklärung, welche auch die Änderung der Zerreißfestigkeit mit der Temp. berücksichtigt, beruht auf der elast. Anisotropie von Glimmer. Dabei kann vermutet werden, daß die Ebene der Schlagrißausbreitung von der Ebene der minimalen Spaltungsenergie (1 1 0) abweicht, nämlich zu einer Nachbarebene, wo der Elastizitätsmodul ein Minimum ist u. der Riß den größten Betrag an Spannungsenergie auslöst. Dabei können auch [0 1 0], [7 6 0] u. [$\bar{7}$ 6 0] Richtungen erwartet werden. Eine Erklärung für Richtungen mit solch hohen Indices wäre gegeben, wenn der Muskovitkristall unsichtbare Schlagsterne aufweist. Diese sind in der Tat beobachtet worden. Dann folgen die Reißlinien beim Spalten den Schlagrissen u. haben infolgedessen auch dieselben Winkel: 63, 54 u. 63°. (Research **4.** 94—95. Febr. 1951 Bristol, Univ., H. H. Wills Physic. Labor.) KLEFFNER. 200

**M. S. Ahmed,** *Thermische Schwingungen in kubischen Kristallen.* Es wurden die Beziehungen zwischen den diffusen Interferenzen u. den nichtradialen Interferenzstreifen auf diffusen LAUE-Diagrammen, ihre Bedeutung auf Grund der WALLER-JAHNschen Theorie u. dem Bindungszustand der Atome für eine Reihe kub. Kristalle nichtmol. u. mol. Typs untersucht. Zur Unters. gelangten *LiF, KCl, NaCl* u. *Hexamethylentetramin.* Die elast. Konstanten der Kristalle wurden der Literatur entnommen. Obgleich LiF eine NaCl-Struktur besitzt, ist sein elast. Verh. verschieden von dem von KCl u. NaCl. Es war daher zu erwarten, daß auch die diffuse Röntgenstreuung des LiF von der des KCl bzw. NaCl abweichen sollte, was auch experimentell festgestellt werden konnte. Ebenso waren die auf monochromat. Aufnahmen des LiF auftretenden nichtradialen Interferenzstreifen verschieden von denen des KCl. Es besteht jedoch eine Beziehung zwischen der charakterist. Form der diffusen Interferenzen u. den nichtradialen Interferenzstreifen im Falle von KCl u. LiF. Dagegen besteht diese Beziehung nicht für das kub. kristallisierende Hexamethylentetramin. In einem solchen Kristall, wo das geschlossenen Mol. nahezu kugelförmig ist, schwingt das Mol. als Ganzes; ferner treten Schwingungen der Atome innerhalb des Mol. auf. Diese letzteren Schwingungen haben Frequenzen, die im allg. sehr viel höher sind als die der elast. Schwingungen des Gitters als Ganzen. Die akust. u. opt. Frequenzen sind in einem solchen Kristall verschieden, u. daher besteht die Unabhängigkeit der diffusen Interferenzen von den Interferenzstreifen. (Acta crystallogr. [Copenhagen] **5.** 587—91. 10/9. 1952. London, Univ. Coll.) GOTTFRIED. 200

---

**C. S. Barrett,** Structure of metals. 2nd. rev. ed. London: McGraw-Hill. 1953. (661 S. m. Abb.) 72 s. 6 d.

## $A_7$. Gleichgewichte. Kinetik.

**David Altman** und **Barnet Adelman,** *Gleichgewichtsmessungen zwischen Wasser und Hydrazin in der Dampfphase.* Das Gleichgewicht zwischen $N_2H_4$ u. W. in der Dampfphase wird bestimmt durch Messung der Druckänderung bei konstantem Volumen. Die Rk.

erfolgt nach der Gleichung $N_2H_4 \cdot H_2O$ (g) (I) = $N_2H_4$ (g) + $H_2O$ (g). Die Gewichtskonstante für die Dissoziation beträgt bei 98,8° K = 2,19 at, die Dissoziationswärme $\Delta H = 13{,}97 \pm 0{,}10$ kcal u. die Entropieänderung der Rk. $\Delta S^0_{298} = 39{,}1 \pm 0{,}4$ cal/Grad. Für die Entropie von I berechnen Vff. $S^0_{298}$ [I] = 63,4 cal/Grad/Mol, für die Bildungswärme $\Delta H_f^{298}$ [I] = −4902 kcal/Mol. Aus den Meßergebnissen diskutierten Vff., daß nur ein Hydrat, I, im Temperatur- u. Druckbereich von $5 < t < 90°$ u. $2 < p < 10$ mm existiert. Dies steht in Übereinstimmung mit dem von SSEMISCHIN (Журнал Общей Химии [J. allg. Chemie] **8.** [1938.] 654) gefundenen Ergebnis in fl. Phase. Graph. Darst. der Druck–Temperatur-Beziehung, der log K-Werte gegen 1/T u. eine Beschreibung der Versuchsdurchführung vgl. Original. (J. Amer. chem. Soc. **74.** 3742—44. 5/8. 1952. Pasadena, Calif., California Inst. of Technol., Jet Propulsion Labor.) SPARMANN. 221

**E. B. Sandell** und **J. J. Neumayer**, *Das Löslichkeitsprodukt von Silber-p-diäthylaminobenzylidenrhodanat.* In einer 20%ig. äthylalkoh. Lsg. bestimmen Vff. das Löslichkeitsprod. von Silber-p-diäthylaminobenzylidenrhodanat (I) durch Mischen verd. Lsgg. von $AgNO_3$ u. alkoh. *Diäthylaminobenzylidenrhodanin* (II) bei $p_H$-Werten von 1,39—1,75. Nach der Gleichgewichtseinstellung werden in aliquoten Teilen des Filtrats die Ag-Konz. nach dem Abrauchen mit $HClO_4$ durch photometr. Best. nach der Rhodaninmeth. bei eingestellter Acidität, die Konz. an II nach Zugabe von KCN u. NaOH durch Messung der Durchlässigkeit der gelben Lsg. bei 470 mμ ermittelt. Da das Mol-Verhältnis Ag/II für I 1/1 beträgt, keine weiteren komplexbildenden Anionen vorliegen u. das $Ag^+$ bei den angewandten Aciditäten nicht hydrolysiert, kann die analyt. ermittelte $Ag^+$-Konz. gleich der in das Löslichkeitsprod. eingehenden gesetzt werden. Das Löslichkeitsprod. $[Ag^+][R^-]$ berechnet sich so zu $8 \cdot 10^{-19}$. Danach ist I noch schwerer lösl. als $Ag_2S$. (Analytica chim. Acta [Amsterdam] **5.** 445—47. Okt. 1951. Minneapolis, Minn., Univ. of Minnesota, School of Chem.) WEITBRECHT. 224

**R. A. Jones** und **C. A. Winkler**, *Reaktionen in dissoziiertem Wasserdampf.* Wasserdampf wurde bei einem Druck von ca. 0,1 mm Hg durch eine Glimmentladung zur Dissoziation gebracht. Die erhaltenen Prodd. wurden in einer Falle bei —78 bis —195° aufgefangen. Bei allen Tempp. wurde W. erhalten. $O_2$ entwich oberhalb —120° bei allen Prodd., die sich unter —150° gebildet hatten. $H_2O_2$ bildete sich bei allen Tempp. unter —120°. Die Ausbeuten an allen Prodd. waren umgekehrt proportional der Fallentemperatur. Zwischenschalten von Reaktionsgefäßen in verschied. Formen zwischen Entladungsrohr u. Falle hatte bei steigendem Vol. der Reaktionsgefäße ein kontinuierliches Sinken der $H_2O_2$-Ausbeute zur Folge, während die Wasserausbeute zunächst sank, dann aber bis zu einem Grenzwert zunahm. Um den Einfl. der Oberfläche festzustellen, wurden die Reaktionsgefäße mit Pyrexglaswolle gefüllt, was die Wasserausbeute nicht beeinflußte, aber die $H_2O_2$- u. $O_2$-Ausbeuten verringerte. In Übereinstimmung mit den Arbeiten anderer Autoren schlagen Vff. einen Reaktionsmechanismus vor, dem die Zers. des Wasserdampfes zu OH, H u. $O_2$ zugrunde liegt. (Canad. J. Chem. **29.** 1010—21. Nov. 1951. Montreal, Que., McGill Univ., Phys.-Chem. Labor.) KLAFFKE. 225

**Walter J. Moore**, *Kinetik der Oxydschichtbildung auf Zink.* Die Diffusion von Zn in ZnO geht wahrscheinlich über $Zn^{2+}$-Ionen auf Zwischengitterplätzen. Bei der Oxydation von Zn stammen die Zwischengitterionen aus einer festen Lsg. von Zn in ZnO u. nicht aus der Dissoziation von ZnO. Die Aktivierungsenergie für die Diffusion von Zn in ZnO ergibt sich auf Grund dieser Annahme zu 47 kcal, ein Wert, der erheblich über der beobachteten Aktivierungsenergie für die Oxydation von Zn liegt. Wenn man nun annimmt, daß die $Zn^{2+}$-Ionen auf Zwischengitterplätzen nicht durch Dissoziation von Zn-Atomen auf Zwischengitterplätzen, sondern durch Elektronenübergang von einem Zn-Atom zu einem adsorbierten O-Atom entstehen, so ergibt sich eine Aktivierungsenergie von 32 kcal, die sich in annehmbarer Übereinstimmung mit dem experimentellen Wert von 29 kcal befindet. Die Annahmen eines Elektronenüberganges zum O-Atom erklärt auch die Abhängigkeit der parabol. Geschwindigkeitskonstante vom $O_2$-Druck. Die Tatsache, daß an dem geschwindigkeitsbestimmenden Schritt adsorbierter $O_2$ beteiligt ist, erklärt ferner die Beobachtung, daß die Druckabhängigkeit von k einer LANGMUIR-Isotherme in $p_{O_2}$ u. nicht in $p_{O_2}{}^{1/2}$ folgt. Der angenommene Mechanismus ist nicht in der Lage, die Unabhängigkeit der Geschwindigkeit vom $O_2$-Partialdruck in einem $O_2/N_2$-Gemisch sowie die Möglichkeit von Korngrenzendiffusion von Zn oder $O_2$ zu erklären. (Vgl. auch C. **1952.** 818.) (J. chem. Physics **20.** 764. April 1952. Bristol, Univ., H. H. Wills Phys. Labor.) R. LEVI. 225

**A. Sánchez Cabello**, *Kinetik der Zersetzung von Dioxalmanganit in sauren Medien.* 1. Mitt. *Experimentelle Ergebnisse.* (Vgl. C. **1952.** 2804.) Die Aktivierungsenergie der Zers. von *Dioxalmanganit* (I) in Ggw. von HCl u. $HNO_3$ wird, unabhängig davon, ob die Induktionsperiode unterdrückt wird oder nicht, zu $19{,}9_6$ bzw. $20{,}5_5$ kcal bestimmt, unterscheidet sich also nicht wesentlich von derjenigen in $H_2SO_4$; das Anion scheint demnach keine besondere Rolle zu spielen. Die Anfangskonz. des $Mn^{2+}$ ist ohne Einfl. auf die Zersetzungsgeschwindigkeit des I, dagegen wird mit zunehmender Konz. der Oxalsäure Abnahme der Zersetzungsgeschwindigkeit festgestellt, die der Gleichung von ARRHENIUS entspricht u. zu einer mittleren Aktivierungsenergie von 20,4 kcal führt. (An. Real Soc. españ. Física Quím., Ser. B **48.** 207—14. März 1952. Valladolid, Univ., Inst. A. de G. Rocasolano.) R. K. MÜLLER. 225

**S. Senent** und **A. Sánchez Cabello,** *Kinetik der Zersetzung von Dioxalmanganit in sauren Medien.* 2. Mitt. *Deutung des Reaktionsmechanismus.* (1. vgl. vorst. Ref.) Es wird angenommen, daß bei der Zers. von Dioxalmanganit (I) in sauren Medien eine Komplexverb. von I mit dem Anion der Säure als Zwischenprod. auftritt: $Mn(C_2O_4)_2, 2X^- \rightarrow Mn^{2+} + 2X^- + CO_2 + CO_2H^-$; $2CO_2H^- \rightarrow C_2O_4H^- + H^+$. Aus den Gleichgewichtskonstanten $K_c = [Mn(C_2O_4)_2]^-/[Mn(CH_2O_4)^+][C_2H_4^{2+}]$; $K_1 = [C_2O_4H^-][H^+]/[C_2O_4H_2]$; $K_2 = [C_2O_4^{2+}][H^+]/[C_2O_4H^-]$ ergibt sich als Wert für die experimentell gefundene Geschwindigkeitskonstante: $k_{exp} = k_1 - k_2K_cK_1K_2 \cdot C_{Ox+}/[H^+]^2$. Es wird gezeigt, daß $k_2K_c$ unabhängig von der Temp. konstant (Mittelwert $2{,}32 \cdot 10^3$) ist u. der umgekehrten Geschwindigkeitskonstanten k entspricht. (An. Real Soc. españ. Física Quím., Ser. B. **48.** 215 bis 222. März 1952.) R. K. MÜLLER. 225

---

**A. Seidell,** Solubilities of inorganic and organic compounds. Supplement. London: MacMillan. 1952. (IV + 1254 S.) 95 s.

# B. Anorganische Chemie.

**K. D. Reeve,** *Die Elektropositivität der Halogene.* Es wird untersucht, in welchem Maße die Halogene elektropositiven Charakter besitzen, d. h. in der Lage sind, positive Ionen zu bilden oder in Verbb. als Träger positiver Ladungen aufzutreten. Das elektropositivste Halogen, das *At*, zeigt bereits stark metall. Eigg., durch $H_2S$ z. B. wird ein Sulfid gefällt. J tritt als positiver Bestandteil in den J-Halogenverbb. auf u. bildet in Lsg. folgende Ionen: $J^+$, $J_{2n+1}^+$, $J^{3+}$, $JCl_2^+$ u. $JF_4^+$, wovon die beiden letzten nicht mit Sicherheit bekannt sind. $J^+$ tritt auch in J-Salzen, wie $JClO_4$, u. bei der Dissoziation von *JOH* neben $JO^+$ auf. Es gibt auch Salze vom $J^{3+}$, wie z. B. $JPO_4$ u. $J(ClO_4)_3$. In organ. J-Verbb. treten die Ionen $RJ_2^+$ (Iodoso), $R_2J^+$ (Jodonium) u. $Py_nJ^+$ mit $n = 1$ oder 2 auf. Die Ionen $JO^+$, $JO_2^+$ u. $JO_3^+$ schließlich sind nicht mit Sicherheit bekannt. Entsprechend sind beim Br folgende Ionen bekannt: $Br^+$, $BrF_2^+$ u. $RR'NHBr^+$, sowie nicht mit Sicherheit $R_2Br^+$, $Py_2Br^+$ u. $BrO_2^+$. Beim Cl ist ebenfalls das $Cl^+$-Ion bekannt, ferner $Et_2NHCl^+$ u. nicht mit Sicherheit $Py_2Cl^+$, $R_2Cl^+$ (Chloronium) u. $ClO_3^+$. Vom F sind positive Ionen nicht bekannt. (Rev. pure appl. Chem. **2.** 108—24. Juni 1952. Univ. of Tasmania, u. Hobart Technical College.) R. LEVI. 245

**H. G. Thode, H. Kleerekoper** und **D. McElcheran,** *Isotopenfraktionierung bei der bakteriellen Reduktion von Sulfat.* Es wird die in der Natur durch Schwefelbakterien verursachte Red. von Sulfaten zu Sulfiden bzgl. der dabei gegebenenfalls zu erwartenden S-Isotopenfraktionierung unter Laboratoriumsbedingungen untersucht. 9 Liter einer Sulfatlsg. bekannter Isotopenzus. werden mit reduzierend wirkendem *Vibrio desulfuricans* (I) geimpft. Zur Aufrechterhaltung anaerober Bedingungen u. zur raschen Entfernung des gebildeten $H_2S$ aus der Lsg. wird reiner $N_2$ durch die Lsg. geleitet. Die Isotopenzus. des gebildeten $H_2S$ wird mit der des ursprünglichen Sulfates verglichen. Bei 23—25° verhält sich $^{32}S/^{34}S$ im $H_2S$ zu $^{32}S/^{34}S$ im Sulfat wie 1,010—1,012. Das durch die Reduktionswrkg. von I gebildete $H_2S$ ist demnach um ca. 1% ärmer an $^{34}S$ als das Ausgangssulfat. (Research **4.** 581—82. Dez. 1951. Hamilton, Ont., McMaster Univ., Hamilton Coll.) GEDSCHOLD. 253

**J. Macnamara** und **H. G. Thode,** *Die Verteilung von $^{34}S$ in der Natur und der Ursprung der natürlichen Schwefellager.* Vff. geben eine Zusammenstellung der $^{32}S/^{34}S$-Verhältnisse zahlreicher S-Proben bekannter Herkunft. Dabei zeigt es sich, daß diese Verhältnisse bei S-Proben organ. Ursprungs durchschnittlich bei 22,23—22,71 (± 0,01), bei solchen vulkan. Herkunft bei 21,81—22,07 (±0,01) liegen. S organ. Ursprungs ist demnach um ca. 4,5% ärmer an $^{34}S$ als das S vulkan. Herkunft. Auf Grund dieser Tatsache wird auch geschlossen, daß die S-Lager bei Girgenti/Sizilien vulkan. Ursprungs sind, da ihr $^{32}S/^{34}S$-Verhältnis 22,03 ± 0,01 beträgt. Bzgl. der bei bakterieller Red. von Sulfat auftretenden Isotopenfraktionierung vgl. vorst. Referat. Die Unters. von aus einem See in der Cyrenaika stammenden S u. Sulfat, wobei das S durch bakterielle Red. von $SO_4^{2-}$ zu $H_2S$ (Vibrio desulfuricans) u. durch Oxydation des $H_2S$ zu S (Purpurbakterien) gebildet wurde, ergab ein $^{32}S/^{34}S$-Verhältnis von 22,57 für S u. von 22,88 für Sulfat. Isotopenfraktionierungsfaktor 1,032. Dies ergibt eine Fraktionierung, die beträchtlich höher ist, als sie bei den l. c. angegebenen Laborverss. erzielt wurde. (Research **4.** 582—83. Dez. 1951. Hamilton, Ont., McMaster Univ., Hamilton Coll.) GEDSCHOLD. 253

**G. A. Sachartschenko,** *Thermische Analyse der binären Systeme: $CdBr_2$–$ZnBr_2$, $CdBr_2$–$PbBr_2$, $CdBr_2$–$AgBr$.* Zur Unters. der Löslichkeit von $ZnBr_2$, $PbBr_2$ u. AgBr in $CdBr_2$ als Lösungsm. wurden die Zustandsdiagramme der bin. Systeme aufgenommen. Der F. des $CdBr_2$ wurde zu 575° bestimmt. Die Schmelzdiagramme der Systeme $CdBr_2$–$PbBr_2$ u. $CdBr_2$–$ZnBr_2$ gehören zu den Systemen mit einem Eutekticum mit 82% $PbBr_2$ bei 344° bzw. 75,5% $ZnBr_2$ bei 364°. Das Diagramm des Syst. $CdBr_2$–AgBr weist auf die Existenz einer instabilen Verb. hin, die prakt. bei 449° vollständig dissoziiert ist. Die Löslichkeit der untersuchten Bromide ist in geschmolzenem $CdBr_2$ unbegrenzt. (Журнал Общей Химии [J. allg. Chem.] **21.** (**83.**) 453—56. März 1951.) Klever. 289

**Henri Guérin** und **Robert Boulitrop,** *Über die Quecksilber(I)- und Quecksilber(II)-arsenate.* Es wurde das Syst. $As_2O_5$–$Hg_2O$–$H_2O$ bei 60° untersucht. Es existieren die Verbb. $As_2O_5 \cdot 3\, Hg_2O$ ($Hg_3AsO_4$) (**I**) u. $As_2O_5 \cdot Hg_2O$ ($HgAsO_3$) (**II**). **I** ist in Lsgg. mit $\leq$ 25% $As_2O_5$ beständig. Braune Kristalle der D. 84. Prakt. unlösl. in Wasser. Darst. durch Umsetzung von 50%ig. Arsensäure mit einer 10%ig. Lsg. von $Hg_2(NO_3)_2$ in 2%ig. $HNO_3$. Bei ungenügender $As_2O_5$-Konz. fällt ein gelber Nd. $As_2O_5 \cdot 3\, Hg_2O \cdot HgNO_3$. Das mikrokrist. **II** ist nur in Lsgg. mit >25% $As_2O_5$ beständig. Darst. durch Behandeln des Orthoarsenates mit Arsensäure. **II** hydrolysiert langsam. Beim Erhitzen zerfallen **I** u. **II** wie folgt: $As_2O_5 \cdot 3\, Hg_2O \xrightarrow{300^\circ} As_2O_5 \cdot 3\, HgO + 3\, Hg$; $As_2O_5 \cdot Hg_2O \xrightarrow{400^\circ} As_2O_5 \cdot HgO + Hg$. **I** u. **II** lassen sich durch Red. der entsprechenden Hg(II)-Salze nicht erhalten. (C. R. hebd. Séances Acad. Sci. **232.** 65—67. 3/1. 1951.) H.-A. Lehmann. 290

**Jean Flahaut,** *Darstellung und Kristallstruktur von Aluminiumsulfid, $Al_2S_3$.* Reines krist. $Al_2O_3$ wird nach einem modifizierten Verf. von Fonzes-Diakon dadurch erhalten, daß man in einem Graphittiegel ein mit S überschichtetes Gemisch aus S u. Al-Feilspänen durch Kurzschlußzündung zur Rk. bringt, das Rohprod. durch 6std. Erhitzen bei 1150° u. bei einem Vakuum von einigen cm Hg von überschüssigem Al befreit u. schließlich die geschmolzene M. sehr langsam abkühlen läßt; man erhält so 1—3 mm große Kristalle, die, mit einem Schutzlack aus Canadabalsam versehen, für eine röntgenograph. Vermessung geeignet sind; dieselbe ergibt für $Al_2S_3$ die Raumgruppe $D_6^h$ mit den Gitterkonstanten $a = 6{,}423 \pm 0{,}003$ u. $c = 17{,}83 \pm 0{,}02$. Aus der gemessenen $D._4^0$ von 2,32 folgt bei $Z = 6$; $D._{\text{röntg}}$ 2,33. (C. R. hebd. Séances Acad. Sci. **232.** 334—36. 22/1. 1951.) Hentschel. 294

**Aurelio Burdese** und **Cesare Brisi,** *Feste ternäre Lösungen zwischen Kalk, Tonerde und Eisenoxyd vom Typ $CaO \cdot 6(Al, Fe)_2O_3$.* (Vgl. C. **1953.** 1776.) Die durch Eindampfen von Lsgg. der Nitratgemische, mehrstd. Erhitzen auf 1000° u. 12std. Erhitzen auf 1250° hergestellten festen Lsgg. vom Typ $CaO \cdot 6(Al, Fe)_2O_3$ werden röntgenograph. u. magnet. untersucht. Die Gitterkonstanten nehmen von $CaO \cdot 6\, Al_2O_3$ (hexagonal, $a_0 = 5{,}53_6$, $c_0 = 21{,}82_0$) linear zu bis zu $CaO \cdot 3\, Al_2O_3 \cdot 3\, Fe_2O_3$ ($a_0 = 5{,}71_1$, $c_0 = 22{,}45_0$). Bei 58 Mol-% Ersatz von $Al_2O_3$ durch $Fe_2O_3$ wird schon freies $Fe_2O_3$ gefunden. Auch die Zunahme der magnet. Susceptibilität bestätigt das Vorliegen einer größeren Zone paramagnet. Mischkristalle bis zur genannten Grenze. (Ann. Chimica **41.** 564—68. Aug. 1951. Turin, Politecn., Ist. di Chim. gen. ed appl., u. Ist. di Metallurgia.) R. K. Müller. 354

**P. T. Carter** und **M. Ibrahim,** *Das ternäre System $Na_2O$–$FeO$–$SiO_2$.* Mit Hilfe von Mikroaufnahmen an Dünnschliffen der Schmelzen unter Anwendung eines Hochtemperaturmikroskops sowie mit Röntgenstrahlenbeugungsaufnahmen wird das Teilgebiet FeO–2 $Na_2O \cdot SiO_2$–$SiO_2$ im tern. Syst. FeO–$Na_2O$–$SiO_2$ näher untersucht. Dabei wurde eine tern. Verb. $Na_2O \cdot FeO \cdot SiO_2$ festgestellt, die bei ca. 976° inkongruent schm., wobei der dann gebildete Wüstit bei 985° in Lsg. geht. Bei Raumtemp. ist die Verteilung der Phasen wie folgt: 1. 2 $FeO \cdot SiO_2$–$Na_2O \cdot 2\, SiO_2$–$SiO_2$; 2. FeO–$Na_2O \cdot 2\, SiO_2$–2 $FeO \cdot SiO_2$; 3. FeO–$Na_2O \cdot FeO \cdot SiO_2$–$Na_2O \cdot 2\, SiO_2$; 4. $Na_2O \cdot FeO \cdot SiO_2$–$Na_2O \cdot SiO_2$–$Na_2O \cdot 2SiO_2$; 5. $Na_2O \cdot FeO \cdot SiO_2$–2 $Na_2O \cdot SiO_2$–$Na_2O \cdot SiO_2$; 6. FeO–2 $Na_2O \cdot SiO_2$–$Na_2O \cdot FeO \cdot SiO_2$; 7. FeO–$Na_2O$–2 $Na_2O \cdot SiO_2$. Die Liquidusfläche ist durch verhältnismäßig niedrige FF. gekennzeichnet. Ein wichtiges Merkmal ist die starke Schmelzpunkterniedrigung der $SiO_2$-reichen FeO–$SiO_2$-Schmelzen, die durch sehr geringe Zusätze von $Na_2O$ erfolgt. Wahrscheinlich findet beim Schmelzen in Eisentiegeln die Rk. Fe(fest) + $Na_2O$ (fl.) = FeO (fl.) + 2 Na(Dampf) statt, wodurch sich der beim Einschmelzen der Komponenten bei 1220° eintretende Gewichtsverlust erklärt. (J. Soc. Glass Technol. **36.** Trans. 142—63. Juni 1952.) Hentschel. 354.

**H. Kahler, B. J. Lloyd jr.** und **M. Eden,** *Elektronenmikroskopische und andere Untersuchungen über einen Kupfer–Cystin-Komplex.* Präpariert man Cystin auf Netze mit Formvarfilmen, so bilden sich Anhäufungen von feinen Fasern. Ähnliche Fasern erhält man, wenn man Cu-Salze mit Cystinlsg. zusammen auf Ni-Netze präpariert. Die Fasern sind nicht in der Lsg. vorhanden, sondern bilden sich beim Trocknen. Ihr Durchmesser beträgt 85 Å. Der Komplex in Lsg. besteht aus kleinen Einheiten, die sich bei $p_H$ 3—8,8 zu langen Fasern zusammenlagern. Vff. untersuchten viele verschied. Aminosäuren mit Cu u. viele Metallsalze mit Cystin vermischt, ohne ähnliche Faserbildungen zu beobachten. 2 $H^+$-Ionen werden für jeden gebildeten Cu–Cystin-Komplex frei. Das Verhältnis Cu:Cystin im Komplex ist immer 1:1. (J. physic. Chem. **56.** 768—70. Juni 1952.) Hartmann-Fahnenbrock. 358

# C. Mineralogische und geologische Chemie.

**Georg Kalb,** *Die Kristalltracht von Bravoit und Pyrit als Kriterium zur Beurteilung der Isomorphie.* Vf. untersucht die Kristallmorphologie von Pyrit u. Bravoit auf den Imprägnationslagerstätten im Buntsandstein der Nordeifel. Pyrit tritt nur in Hexaedern, Bravoit nur in Pentagondodekaedern auf. Es wurden eine Reihe von typ. Verwachsungen beobachtet, derart, daß ein Kern der einen Kristallart von einer Schale der anderen umgeben ist. Wenn die Schale im Vgl. zum Kern dick ist, so zeigt sich nur die ihrer Kristallart zukommende Tracht, ist sie dünn, so macht sich auch die Tracht des Kerns bemerkbar. Vf. schließt aus den Beobachtungen, daß Pyrit u. Bravoit, wenn man unter letzterem eisenreiche $NiS_2$-Kristalle versteht, keine Mischkristalle, sondern nur parallele Verwachsungen bildet. Es wird die Hypothese aufgestellt, daß isomorphe Kristallarten, die — unter gleichen Bedingungen entstanden — verschied. Trachten aufweisen, keine Mischkristalle bilden können. (Neues Jb. Mineralog., Mh. **1952.** 90—93. März. Köln.) W. H. Levi. 372

**Edgar D. Mountain,** *Die Entstehung von Silcret.* Vork. von Silcret in Südafrika auf Schichten von Tillit, die nach der Tiefe zu von Weiß über Gelb, Braun u. Grün zu der blaugrauen Farbe von frischem Material wechseln, gaben den Anlaß zu einer chem. Unters. der Tillitschichten, sowohl der frischen als auch der schon verwitterten obersten weißen Tonschicht unterhalb des Silcrets, um die Entstehung des letzteren auf Grund der Analysenergebnisse zu erklären. Um die absol. Zunahme u. Abnahme an Bestandteilen infolge Verwitterung zu erhalten, wurde das spezif. Gewicht bestimmt u. die Analysenergebnisse auf Vol. umgerechnet. Die absol. Werte zeigen tatsächlich einen Verlust an $SiO_2$ u. $Al_2O_3$ bei der Verwitterung von Tillit zu weißem Ton. Nicht zu erklären ist der $TiO_2$-Geh. des Silcrets, da kein Verlust an $TiO_2$ bei der Verwitterung des Tillits eintritt. Dies deutet auf den chem. Ursprung des Minerals. Die Erdoberflächengestalt zur Zeit der Bldg. des Silcrets hat insofern einen Einfl. auf die Herkunft der $SiO_2$, als bei schräger Oberfläche Wittebergquarzit u. bei ebener Fläche der darunterliegende Tillit, aus dem $SiO_2$ ausgelaugt wurde, den Ursprung bilden. (South African J. Sci. **48.** 201—04. Jan. 1952. Grahamtown, Rhodes Univ.) Dickhaut. 378

**L. J. Spencer,** *Neunzehnte Liste von neuen Mineralnamen.* Liste von 220 neuen Mineralnamen mit Entdecker u. Literaturangaben. (Mineralog. Mag. J. mineralog. Soc. **29.** 974—98. Sept. 1952.) Hiller. 380

**Gerald M. Friedman,** *Högbomit.* In den Schmirgellagerstätten von Nord Carolina wurde ein neues Vork. von Högbomit entdeckt. Das Mineral ist eine sek. Bldg. aus Spinell u. jünger als der mitvorkommende Korund. (Bull. geol. Soc. America **62.** 1440—41. Dez. 1951. Cincinnati, Calif., Univ.) Ensslin. 380

**G. F. Claringbull,** *Nakrit von Groby, Leicestershire.* Von Groby, Leicestershire, wird als erstes brit. Vork. Nakrit beschrieben. Es wurde in einem von Quarzadern durchsetzten Syenit gefunden u. röntgenograph. bestimmt. Die d-Werte der Röntgeninterferenzen sind angegeben. Hauptbrechungsindex 1,560. (Mineralog. Mag. J. mineralog. Soc. **29.** 973. Sept. 1952.) Hiller. 380

**Oleg von Knorring, G. W. Brindley** und **K. Hunter,** *Nakrit von Hirvivaara, Nordkarelien, Finnland.* In *Cyanit* führendem Quarzit vom Berg Hirvivaara in Nordkarelien wurde zwischen Quarzkristallen in Höhlungen Nakrit in dichten Massen u. radial angeordneten Plättchen von 5 mm Durchmesser gefunden. Farbe leicht grün, andererseits auch gelbbraun, nicht pleochroitisch. Die Paragenese ist in Reihenfolge der Bldg. *Quarz,* Nakrit, *Anatas* u. *Kaolinit.* Letzterer ist vielleicht sek. Ursprungs. Analyse: $SiO_2$ 44,36 (46,32), $TiO_2$, $Al_2O_3$, $Fe_2O_3$ 38,60 (39,70), MnO (Sp.), MgO (Sp.), CaO (0,08), $H_2O^-$ 2,90 (0,00), $H_2O^+$ 14,48 (14,21) %. Optik: $n_\alpha = 1{,}560$, $n_\beta = 1{,}566$, $n_\gamma = 1{,}568$, opt. negativ. D. = 2,60. Dehydrationskurven u. Röntgendiagramme mit d-Werten werden angegeben. Gitterkonstanten: a = 8,91; b = 5,14; c = 7,16 kX, $\beta = 90^0 20'$. (Mineralog. Mag. J. mineralog. Soc. **29.** 963—72. Sept. 1952. Leeds, Univ., Dep. of Geol., Physics Labor.) Hiller. 380

**Arthur Russell** (unter Mitarbeit von **E. A. Vincent**), *Über das Vorkommen von Türkis in Cornwall.* Auf der Bunny Mine, St. Austell, Cornwall, wird das Vork. von Türkis beobachtet. Reichere Funde von Gunheath 670 yards SW Bunny Mine werden beschrieben, die in Schichten u. Bändern bis 7 cm Dicke im *Quarz* auftreten. Begleiter sind *Wavellit* u. *Chinaclay*, ferner *Turmalin*, *Gilbertit* u. an einer Stelle gediegen Cu. Unter dem Mikroskop erweist sich der Türkis als Aggregat dünner Nädelchen, die auch im reinsten Material *Kaolinit* u. Quarz enthalten. D. = 2,69—2,70. Analyse nach Abzug von 0,5% Quarz u. dem Rest $SiO_2$ als Kaolinit: $P_2O_5$ 33,82, $Al_2O_3$ 33,94, $Fe_2O_3$ 4,07, FeO 0,16, CuO 9,84, $H_2O^+$ 17,94, $H_2O^-$ 0,23%. Formel: $Cu_{1,05}$ (Al, $Fe)_{6,12}P_{4,06}H_{17,24}O_{29}$. (Mineralog. Mag. J. mineralog. Soc. **29.** 909—12. Sept. 1952.) HILLER. 380

**Edward P. Kaiser** und **Lincoln R. Page**, *Verteilung der Uranlagerstätten in den Vereinigten Staaten.* Es werden tekton. U-Lagerstätten wie Gänge, Breccien, Schlote, Pegmatite u. pyrometasomat. Abscheidungen u. sedimentäre Bildungen wie Phosphat, Kohleschiefer u. Lignite, Kalke u. Dolomite, Lager von Carnotittyp u. Caliche-Lager unterschieden. Die ersteren sind meist Spät-Cretaceischen u. tert. Alters, nur wenige sind präcambr. oder jurassisch. Die Carnotite sind mesozoisch u. die reichsten sedimentären Lager jurrass. Alters. (Bull. geol. Soc. America **62.** 1537. Dez. 1951. Denver, Colo., U.S. Geol. Survey.) ENSSLIN .384

**Donald G. Wyant, Ernest P. Beroni** und **Harry C. Granger**, *Einige Uranlagerstätten in Sandstein.* Die jurass. Uranlagerstätten des Coloradoplateaus sind lange bekannt. Daneben treten solche in Sandsteinen palaeozoischen bis tert. Alters auf. Man kann dabei U–V-Lager, Cu–U–V–Steinholz-Lager, uranhaltige Asphaltlager u. carbonat. Lager unterscheiden. Die Uranmineralien kommen in Linsen tonigen Sandsteins oder Konglomerats zusammen mit Eisenoxyden, Kohlenstoff u. Kupferverbb. vor. (Bull. geol. Soc. America **62.** 1544. Dez. 1951.) ENSSLIN. 384

**Arno Schüller**, *Die Diorite von Dessau. Ein Beispiel für Ichor-Metamorphose.* Petrograph. u. chem. Unterss. an Dioriten u. Graniten aus Bohrungen von Dessau zeigen große Ähnlichkeiten dieser Gesteine mit analogen vom Kyffhäuser. Sie lassen eine Ichor-Metamorphose, d. h. Alkalimetasomatose von den Porenräumen aus, erkennen. Die Zufuhr von Albitmol. zeigt sich an einer Glomeroblastenbldg. u. erneuter körniger Texturentwicklung. Neben der Verdrängung der prim. Plagioklase durch saurere zeigt sich eine Alkalisierung u. Enteisenung der *Hornblenden.* Die magmat. Ausgangsgesteine: Diorit, Quarzdiorit, Biotitdiorit, Gabbrodiorit u. Hornblendedegabbro zeigen neben der Alkalisierung eine Muskovitisierung der bas. *Plagioklase* u. eine Biotitisierung der Hornblenden. Diese Veränderung der Gesteine wird mit solchen in Thüringen u. Odenwald–Spessart in Verbindung gesetzt. Sie ist bei Dessau an der Grenze metamorph–nichtmetamorph. 7 Gesteinsanalysen werden mitgeteilt. (Heidelberger Beitr. Mineralog. Petrogr. **3.** 77—96. 1952. Berlin.) HILLER. 385

**Erwin Nickel**, *Die mineralfazielle Stellung des Hornblendegabbros im Gebirgszug von Heppenheim-Lindenfels (Odenwald).* Die Hornblendegabbros im Gebirgszug von Heppenheim-Lindenfels (Odenwald) werden auf ihre mineralfazielle Stellung untersucht. Das Schwergewicht liegt dabei auf der weitgreifenden Analyse der *Hornblenden* u. *Plagioklase.* Es ergibt sich dabei, daß gabbroide Magmen, die am Lindenfelser u. Landenauer Buch als grobkörnige, gleichförmige Gabbros anstehen, in kristalline Schiefer eingedrungen sind. Um diese homophanen Zentren herum stehen wahllos verteilt neben u. in indifferenten Gabbros u. Dioriten einzelne jetzt gabbroide Gesteine an, die regenerierte Altbestände verraten. In diesen Gesteinen bilden sich bevorzugt Hornblendeblasten. In der unmittelbaren Nähe der homophanen Zentren werden sie zu reliktfreien Gabbros umkristallisiert. Weiter entfernt werden die verschied. Schiefer, Amphibolite u. Hornfelse nur angeheizt u. mit pegmatit. Lsgg. durchsetzt u. mit Hornblenden infiziert. (Heidelberger Beitr. Mineralog. Petrogr. **3.** 97—123. 1952. Münster/Westf.) HILLER. 385

**P. G. Werbitzki**, *Über die Mikropegmatitdurchwachsungen in Quarzdiabasen des mittleren Dneprgebietes.* Die Mikropegmatitdurchwachsungen von Quarz u. *Kalifeldspat* füllen die Zwischenräume zwischen den einzelnen Körnern der Plagioklase u. Pyroxene: spitzwinklige, bis zu 0,7 mm große Bildungen; die einzelnen Durchwachsungszweige darin sind 0,01—0,05 mm lang, 0,004—0,008 mm breit. Ihre Feldspatkomponenten stehen dem Anorthoklas näher als dem üblichen Orthoklas: $N'_g = 1,529$, $N_m = 1,528$, $N'_p = 1,523$. Die tragenden Quarzdiabasen stehen in ihrer Zus. näher zu den Dioriten als den n. Basalten. Die Quarzdiabase des mittleren Dneprgebietes sind als ein Bindeglied zwischen dem Basaltmagma u. jenem der Granitoide zu betrachten. (Доклады Академии Наук СССР [Ber. Akad. Wiss. UdSSR] [N. S.] **81.** 1125—28. 21/12. 1951.) v. WILPERT. 385

**Seppo Wilska**, *Spurenelemente in finnischen Grund- und Grubenwässern.* Vf. untersucht spektralanalyt. Grund-, Gruben- u. Oberflächenwässer Finnlands. Allg. kommen vor: *Al, Ba, Cu, Fe, Mn, Sr, Zn,* seltener *Co, Cr, Ni, Pb.* Die Konz. der *Alkalimetalle* entsprechen denen in Eruptivgesteinen, wenn die jeweiligen Eigg. u. das Verh. der Elemente bei der Verwitterung berücksichtigt wird. *Li* u. Pb kommen häufig, wenn auch in kleinen Konzz. vor. *Cs* wurde nur in 9 von 36 Proben u. stets in Konz. unter der quantitativen Bestimmungsgrenze gefunden. Allg. wurde Armut an *B* festgestellt, im Osten u. Südosten des Landes sogar B-Defizit. Unterschiede im B-Geh. bei Küsten- u. Binnenlandproben wurden nicht festgestellt. Die Grubenwässer waren meist reich an Schwermetallen, wobei aber das Hauptmetall der Grube in deren Wässern, z. B. auch im W. der Bohrlöcher, nur in geringer Konz. auftrat. Auf die Bedeutung der Spurenelemente im W. für die Geochemie, Physiologie u. das Prospektieren von Lagerstätten wird eingegangen. (Suomalaisen Tiedeakatemian Toimituksia [Ann. Acad. Sci. fennicae], Sarja A. II. **1952.** Nr. 46. 1—76. Helsinki.) HILLER. 393

# D. Organische Chemie.

## $D_1$. Allgemeine und theoretische organische Chemie.

**K. A. Andrianow** und **N. N. Ssokolow,** *Chemismus der Bildung von Organopolysiloxanen.* Bei massenspektrograph. Unters. der Zersetzungsprodd. von *Oktamethylcyclotetrasiloxan* (**I**), $[(CH_3)_2SiO]_4$, *Dimethylpolysiloxan* (**II**), $[(CH_3)_2SiO]_n$, *Dimethylphenylpolysiloxan* (**III**), $[(CH_3)_2SiOSi(C_6H_5)O_2]_n$, *Diäthylpolysiloxan* (**IV**), $[(C_2H_5)_2SiO]_n$, *Dibutylpolysiloxan* (**V**), $[(C_4H_9)_2SiO]_n$, *Diamylpolysiloxan* (**VI**), $[(C_5H_{11})_2SiO]_n$ u. der Hydrolysenprodd. von *Dimethyldichlorsilan* (**VII**) wurde u. a. das Auftreten von *Dialkylsilanon,* $(R)_2SiO$, festgestellt. (Im Falle Alkyl = $C_2H_5$, $C_4H_9$ u. $C_5H_{11}$ zers. sich dieses weiter unter Bldg. von $CH_3$- u. $CH_2$-Radikalen.) Dies wirft neues Licht auf den Mechanismus der Bldg. von Organopolysiloxanen durch Hydrolyse der Si-organ. monomeren Verbb. in wss. Medium. Verss. ergaben, daß bei den Verbb. $R_2SiX_2$ (R = Alkyl oder Aryl; X = Cl oder Alkoxy) bei Einw. von genügend W. Hydrolyse zu $R_2Si(OH)_2$ momentan erfolgt. Das entstandene Dialkyldioxysilan kann in 2 Richtungen weiter reagieren. Entweder laufen die Rkk. $2\,R_2Si(OH)_2 \rightarrow HOSi(R_2)OSi(R_2)OH + H_2O$; $HOSi(R_2)OSi(R_2)OH + R_2Si(OH)_2 \rightarrow HOSi(R_2)OSi(R_2)OSi(R_2)OH + H_2O$ usw. ab, die zu höhermol. Prodd. führen, oder es entstehen durch intramol. Wasserabspaltung, $R_2Si(OH)_2 \rightarrow R_2SiO + H_2O$, Dialkylsilanone, die sich sofort zu $(R_2SiO)_n$ polymerisieren oder nach dem Schema $R_2SiO + HOSi(R_2)OSi(R_2)OH \rightarrow HOSi(R_2)OSi(R_2)OSi(R_2)OH$ usw. reagieren. In wss. Medium konkurrieren alle Rkk. miteinander, in nichtwss. Medium in Ggw. einer unzureichenden Menge W. dagegen kommen die Rkk. der 2. Art kaum zur Entwicklung.

Versuche: Angewendet wurden jeweils 0,5 g im evakuierten Massenspektrographen bei 150—200° (**I** bei Zimmertemp.). Die Hydrolysenprodd. von **VII** wurden in der App. selbst durch Mischen des Dampfes von **VII** mit Wasserdampf erzeugt. Nachst. werden nur diejenigen Moll. u. Sprengstücke von Moll., die die Siloxanbindung charakterisieren, in % der Gesamtzahl angegeben. **I**: $[(CH_3)_2SiO]^+$, 5,6; $[(CH_3)_2SiO]_2^+$, 5,2; $[(CH_3)_2SiO]_3^+$, 5,6; $[(CH_3)_2SiO]_4^+$, 6,2. — **II**: $[(CH_3)_2SiO]^+$, 4,9 u. 3,6 (bei 150 bzw. 200°); $[(CH_3)_2SiO]_2^+$, 3,7 u. 4,2 (bei 150 bzw. 200°). — **III**: $[(CH_3)_2SiO]^+$, 4,2; $[C_6H_5SiO]_2^+$ 4,6; $[C_6H_5SiO]_3^+$ 2,1. — **IV**: $[CH_2SiO]^+$, 5,2; $[(CH_2)_2SiO]^+$ 4,3; $[(CH_2)_3SiO]^+$, 2,2. — **V**: $[(CH_2)_2SiO]^+$, 1,7; $[(CH_2)_4SiO]^+$, 2,9; $[(CH_2)_5SiO]^+$, 1,7; $[ CH_2)_6SiO]^+$ ,1,2; $[(C_4H_9)_2SiO]^+$, 1,0. — **VI**: $[(CH_2)_4SiO]^+$, 2,2; $[C_5H_{11})SiO]^+$, 1,9; $[(CH_2)_6SiO]^+$, 1,3; $[CH_2)_7SiO]^+$, 3,8; $[(CH_2)_8SiO]^+$, 3,5; $[(C_5H_{11}) (CH_2)_4SiO]^+$, 1,5; $[(C_5H_{11})_2SiO]^+$, 0,8. — **VII**: $H^+$, 2,1; $H_2^+$, 1,3; $CH_2^+$, 1,7; $CH_3^+$, 3,4; $^{35}Cl^+$, 6,8; $^{37}Cl^+$, 2,1; $Si^{35}Cl^+$, 3,7; $Si^{37}Cl^+$, 2,6; $[(CH_3)_2SiO]^+$, 1,3; $[(CH_3)_2SiOH]^+$, 1,3; $[(CH_3)_2Si(OH)_2]^+$, 4,3; $[(CH_3)_2SiOOH]^+$, 5,5; $[(CH_3)_2Si^{35}Cl]^+$, 5,1; $[(CH_3)_2Si^{35}Cl(OH)]^+$, 17; $[(CH_3)_2Si^{37}Cl(OH)]^+$, 18; $[CH_3Si^{35}Cl_2]^+$, 17. (Доклады Академии Наук СССР [Ber. Akad. Wiss. UdSSR] [N. S.] **82.** 909—12. 21/2. 1952.)

QUECK. D 100

**C. D. Cooper** und **F. W. Noegel,** *Absorptionsspektren von 1.4-$C_6H_4(CF_3)_2$ und 1.3.5-$C_6H_3(CF_3)_3$ im nahen Ultraviolett.* (Sitzungsbericht.) Die Gas- u. Lösungsspektren im UV von *1.4-$C_6H_4(CF_3)_2$* (**I**) u. *1.3.5-$C_6H_3(CF_3)_3$* (**II**) wurden gemessen. Beide Gasspektren waren diffus. Das Spektr. von **I** zeigt eine Bande bei 37460 $cm^{-1}$ mit Frequenzen des angeregten Zustandes von 210, 540, 770 u. 1020 $cm^{-1}$. Im Spektr. von **II** wurde die intensive Bande bei 38670 $cm^{-1}$ für eine 0,1-Bande angesehen. Da das Spektr. diffus ist, kann die Lage der 0,0-Bande nicht genau festgelegt werden; doch läßt die Lage der 0,1-Bande auf eine Violettverschiebung gegenüber dem Benzolspektr. schließen. (Physic. Rev. [2] **87.** 169. 1/7. 1952. Univ. of Georgia.) D. BRÜCK. D 118

**Herbert E. Ungnade** und **Robert W. Lamb,** *Die Absorptionsspektren von Benzoesäure und Estern.* Die Absorptionsspektren von *Benzoesäure* (**I**) u. ihrem *Methyl-, Äthyl-, Isopropyl-, Isoamyl-, n-Hexyl-* u. *n-Decylester* wurden in Cyclohexan, Dioxan, Methyl-, Äthyl-, Isopropyl-, tert.-Butylalkohol, Chlf. u. W. sowie in verschied. Lösungsgemischen gemessen. Die Spektren zeigen alle eine B-Bande bei $\sim$230 m$\mu$, log $\varepsilon$ $\sim$4, u. eine C-Bande bei $\sim$280 m$\mu$, log $\varepsilon$ $\sim$2,8—2,9. Eine Konzentrationsabhängigkeit wird nur für **I** in W.

u. in Cyclohexan beobachtet. Die Absorptionskurve von **I** hat in W. nur ein einziges breites C-Maximum, in weniger polaren Lösungsmitteln zeigt sich Feinstruktur, in Cyclohexan können 3 Untermaxima unterschieden werden. Die Spektren von Benzoesäurealkylestern sind konzentrationsunabhängig u. unabhängig von einer Änderung des R von Methyl bis n-Decyl. Verschied. Lösungsmittel haben nur geringe Wrkg. auf die Feinstruktur. Das Spektr. der Ester ähnelt dem der **I** am meisten in alkoh. Lsg. u. unterscheidet sich am stärksten in nichtpolaren Lösungsmitteln. Undissoziierte **I** (in HCl) u. Methylbenzoat in W. haben ident. Kurven. Aus der Absorption wird auf Dimerisation, Wechselwrkg. mit dem Lösungsm. u. Ionisation geschlossen. (J. Amer. chem. Soc. **74.** 3789—94. 5/8. 1952. Las Vegas, N. Mex., Highland Univ., Chem. Dep.) D. BRÜCK. D 118

**H. E. Ungnade, E. E. Pickett, Louis Rubin** und **Elizabeth Youse,** *Absorptionsspektren von den Methoxy -(und Oxy-) phenoxybenzoesäuren.* Das Spektr. des *Diphenyläthers* zeigt ein schwaches längerwelliges u. ein intensives kürzerwelliges Maximum, $\lambda_{max}$ (log $\varepsilon$) 2250 Å (4,01), 2780 (3,26). Durch Einführung einer Oxy- oder Methoxygruppe wird eine gleiche geringe Rotverschiebung hervorgerufen, die von o $<$ m $<$ p steigt. Bei Einführung einer Carboxylgruppe zeigt das Spektr. (*o-* u. *m-Phenoxybenzoesäure*) ebenfalls eine geringe Rotverschiebung, während das Spektr. der *p-Phenoxybenzoesäure* stark verändert ist u. ein intensives Maximum bei 2550 Å (4,2) zeigt. Den Spektren der drei Phenoxybenzoesäuren sind die Spektren der entsprechenden *Methoxy-* u. *Oxybenzoesäuren* nahezu gleich, nur das Spektr. der o-Oxybenzoesäure fällt heraus. Seine langwellige Bande zeigt eine erhebliche Rotverschiebung. Das wird auf eine Wasserstoffbrückenbindung zwischen der Carboxyl- u. Oxygruppe zurückgeführt. Diese Wasserstoffbrückenbindung wird auch bei den vier isomeren *o-Oxyphenoxybenzoesäuren* beobachtet, während der Ersatz der Methoxygruppe durch die Oxygruppe bei den meisten *Methoxyphenoxybenzoesäuren* das Spektr. nicht verändert, wird es stark geändert, wenn die Carboxyl- u. Oxygruppe benachbart stehen. Die Bldg. einer H-Brückenbindung macht sich auch in den Dissoziationskonstanten u. den Infrarotspektren dieser Verbb. bemerkbar. UV-Spektren u. Maximatabellen der *Monooxy-* u. *-methoxydiphenyläther,* der *Monooxy-, -methoxy-* u. *-phenoxybenzoesäuren,* von *2.3-Dimethoxybenzoesäure* u. der *Monooxy-* u. *-methoxyphenoxybenzoesäuren* sind gegeben. Von den Oxybenzoesäuren, -diphenyläthern u. -phenoxybenzoesäuren sowie von den Phenoxybenzoesäuren sind auch die Infrarotbanden angegeben. (J. org. Chemistry **16.** 1318—26. Sept. 1951. Columbia, Miss., Univ., Dep. of Chem. and Agricult. Chem., u. Las Vegas, N. Mex., Highland Univ., Chem. Dep.) D. BRÜCK. D 118

**Earle K. Plyler** und **W. S. Benedict,** *Die Feinstruktur von einigen Infrarotbanden von Methylenhalogeniden.* (Vgl. C. **1952.** 5225.) Mit einem hochauflösenden Gitterspektrometer untersuchen Vff. im Gebiet von 1,6—2,3 $\mu$ die Infrarotabsorptionsspektren von $CH_2Cl_2$, $CH_2BrCl$ u. $CH_2Br_2$, um die Molekülkonstanten aus den Spektren dieser Moll. zu bestimmen. Alle Banden sind Kombinationen von Grundschwingungen, die im Methylenradikal lokalisiert sind. Sie erscheinen daher auch für jedes Mol. bei nahezu denselben Frequenzen. Die Abstände $[A'' - (B'' + C'')/2]$ betragen für $CH_2Cl_2$ 0,955 $cm^{-1}$, für $CH_2BrCl$ 0,898 $cm^{-1}$ u. für $CH_2Br_2$ 0,821 $cm^{-1}$. Aus diesen vorliegenden Daten allein lassen sich die Molekulardimensionen schwer bestimmen, wenn aber Tetraederstruktur angenommen wird, so erhält man für den Abstand C—Cl 1,70 Å, für C—Br 1,83 Å. Wächst der Halogen-C-Halogen-Winkel auf 112° an, so ist der C—Cl-Abstand in guter Übereinstimmung mit der aus Elektronbeugungsaufnahmen geschlossenen Entfernung 1,766 Å u. bei C—Br 1,907 Å in $CH_2Br_2$ sowie 1,911 Å in $CH_2BrCl$. (J. Res. nat. Bur. Standards **49.** 1—6. Juli 1952. Washington.) D. HAHN. D 120

**Putcha Venkateswarlu,** *Das Infrarotspektrum von Methylcyanid.* Bei früheren Unterss. über das Infrarotspektr. von Methylcyanid hatte Vf. (C. **1952.** 1968) sowohl im fl. wie gasförmigen Zustand sieben der acht Fundamentalen beobachtet; die achte Fundamentale $\nu_8$ (e), die der entarteten C—C≡N-Bindungsschwingung entspricht, lag außerhalb des benutzten Wellenlängenbereiches. Unterss. im Bereich von 460—250 $cm^{-1}$ ergaben, daß die Bande, die $\nu_8$ (e) entspricht, im gasförmigen Zustand bei 361 $cm^{-1}$ u. im fl. Zustand bei 379 $cm^{-1}$ liegt. Beachtenswert ist der große Unterschied zwischen den Bandenzentren im gasförmigen u. fl. Zustand. Dieser Unterschied wurde vom Vf. (vgl. l. c.) auch für die Obertonbande $2\nu_8$ (A) beobachtet, die für das Gas bei 717 $cm^{-1}$ u. für die Fl. bei 749 $cm^{-1}$ liegt. Die $\nu_8$-Bande bei 361 $cm^{-1}$ war nicht aufgelöst u. zeigte ein starkes zentrales Maximum; damit ist auch der für $\zeta_8$ früher (vgl. l. c.) errechnete hohe Wert zu erklären. (J. chem. Physics **20.** 923. Mai 1952. Cambridge, Mass., Inst. of Technol., Spectroscopy Labor., u. Dep. of Chem.) GOTTFRIED. D 120

**Harris Rosenkrantz, Ade T. Milhorat** und **Milton Farber,** *Infrarotabsorption von Sterinen.* 1. Mitt. *Ergosterin und verwandte Sterine.* (Vgl. ROSENKRANTZ u. Mitarbeiter,

Proc. Soc. exp. Biol. Med. **76.** [1951.] 326.) *Stigmasterin, Ergosterin* (**I**), *α-* u. *γ-Dihydroergosterin* (**II**), *α-* (**III**), *β-* (**IV**) u. *γ-Ergostenol* (**V**), *Ergostanol* (**VI**), *Ergostan* (**VII**), *Ergostanon* (**VIII**), *α-Spinasterin, Vitamin* $D_2$ (**IX**), *α-* (**X**) u. *γ-Ergostenylacetat* (**XI**) u. *Ergostanylacetat* (**XII**) wurden in kristalliner Form, wegen Luftempfindlichkeit zum Teil in inerter Atmosphäre, spektrophotometr. im Bereich von 2—16 μ untersucht. Die Spektren unterschieden sich trotz vieler gemeinsamer Ähnlichkeiten, so daß eine Differenzierung möglich ist. Die für OH-Bindung charakterist. Bande (2,85—2,93 μ) wurde bei allen Verbb. außer **VII, VIII, X, XI** u. **XII** beobachtet. Die angular gesätt. CH-Bindung (6,8 bis 8,9 μ) konnte bei **VI, VII** u. **VIII** nachgewiesen werden. Für C=O charakterist. Absorption (5,8 μ) wies **VIII** auf, während **X, XI** u. **XII** die Ester-C=O-Bindung bei 5,75 μ zeigten. **IX** absorbierte wegen der C=C-Gruppe bei 6 μ, **I** bei 6,2. Außer bei **V** u. **XI** wurde Absorption bei 7,2 μ ($C-CH_3$) beobachtet. Das Absorptionsdublett bei 7,88 u. 8,03 μ, charakterist. für C—O, haben **X** u. **XII**. Die bei **I, II, III** u. **IV** auftretende Absorption in der Nähe von 5,8 μ wird der Verunreinigung durch Oxydationsprodd. zugeschrieben. (J. biol. Chemistry **195.** 503—07. April 1952. New York, N. Y., Cornell Univ., Med. Coll., Dep. of Med. and Psychiatry; New York Hosp.) LOCH. D 120

**Harris Rosenkrantz, Ade T. Milhorat** und **Milton Farber**, *Infrarotabsorption von Sterinen.* **2.** Mitt. *Cholesterin und verwandte Sterine.* (1. vgl. vorst. Ref.) Die Infrarotabsorption (2—16 μ) folgender Verbb. wurde zwischen Steinsalzplättchen untersucht: *Cholestan* (**I**), *$\Delta^{2(\text{oder }3)}$-Cholesten* (**II**), *Cholestanon-(3)* (**III**), *$\Delta^4$-Cholestenon-(3)* (**IV**), *Koprostanol* (**V**), *Epikoprostanol* (**VI**), *Cholestanol* (**VII**), *Epicholestanol* (**VIII**), *Cholesterin* (**IX**), *7-Ketocholesterin* (**X**), *7-Ketocholestanol* (**XI**), *4-Oxycholesterin* (**XII**), *Ätioallocholan-17-ol-3-on* (**XIII**), *Ätiocholan-3β-ol-17-on* (**XIV**) u. *$\Delta^{2.4}$-Cholestadien.* Die gesätt. **IX**-Derivv. zeigten die OH-Bande im längerwelligen Gebiet als **IX** u. **X** (2,82 μ), mit Ausnahme von **XII**, das eine ungewöhnliche Glykolgruppierung bei $C_{(3)}-C_{(4)}$ besitzt. Eine ungewöhnliche Doppelbande in diesem Gebiet zeigt **X**, was auf Ketoenoltautomerie zurückgeführt wird. Die C—H-Absorptionsbanden entsprechen den Erwartungen. Die mannigfaltigen C=O- u. C=C-Banden werden besprochen. Bei den C—O-Banden konnten im Gebiet zwischen 9 u. 10 μ die cis-trans-Konfigurationen der $C_{(3)}$-OH-Gruppe u. des $C_{(5)}$-H-Atoms unterschieden werden. *$C_{(3)}$-β-cis-$C_{(5)}$*-**V** absorbiert bei 9,61 μ, *$C_{(3)}$-α-trans-$C_{(5)}$*-**VI** bei 9,4 u. 9,62 μ, *$C_{(3)}$-β-trans-$C_{(5)}$*-**VII** bei 9,3 u. 9,61 μ u. *$C_{(3)}$-α-cis-$C_{(5)}$*-**VIII** bei 9,63 u. 9,96 μ. (J. biol. Chemistry **195.** 509—14. April 1952.) LOCH. D 120

**Gerhard Klages**, *Der Kerr-Effekt in Onsager-Flüssigkeiten.* Das ONSAGERsche innere Feld wird zur Berechnung der mol. KERR-Konstanten in polaren Fll. verwendet. Für *Aceton, Chlf., o-Dichlorbenzol, Pyridin, Chlorbenzol, Nitrobenzol, Methylenchlorid, Methyläthylketon, Ae., n-Propylchlorid* u. *Äthylenchlorid* werden die so aus Gas- u. Flüssigkeitsmessungen berechneten Werte miteinander verglichen. Für starre Moll. mit kleiner opt. Anisotropie ergibt sich dabei gute Übereinstimmung, während bei Moll. mit innerer Beweglichkeit Abweichungen auftreten, die mit einer Verschiedenheit ihrer mittleren Form in den beiden Aggregatzuständen in Zusammenhang gebracht werden. Auch starre Moll. mit größerer opt. Anisotropie verhalten sich nicht wie ONSAGER-Fll., so daß man bei ihnen noch eine Flüssigkeitsstruktur im Sinne der KIRKWOODschen Rotationsbehinderung berücksichtigen muß. (Z. Naturforsch. **7a.** 669—76. Okt. 1952. Mainz, Joh.-Gutenberg-Univ., Phys. Inst.) NIEMITZ. D 122

**W. F. Watson**, *Der Einfluß von Phenylhydrazin auf die Fluorescenz von Chlorophyll in Lösung.* Auslöschung u. Sensibilisierung der Fluorescenz von *Chlorophyll a* u. *b* durch *Phenylhydrazin* (**I**) in verschied. Lösungsmitteln (im Vakuum) werden untersucht. Die Fluorescenz von Chlorophyll a in Methanol wird durch **I** entsprechend der STERN-VOLMER-Gleichung gelöscht (Löschkonstante 3,2 $Mol^{-1} \cdot$ Liter). Die Auslöschung, die ohne Änderung des Absorptionsspektr. erfolgt, ist nach Vf. auf eine im Dunkeln erfolgende Bldg. eines Additionskomplexes zurückzuführen. Die Auslöschung in Aceton erfolgt zunächst ähnlich wie in Methanol, geht aber bald wieder zurück bis zur Wiederherst. der ursprünglichen Fluorescenzhelligkeit (langsame Phenylhydrazonbldg. aus **I** u. Aceton). Die Fluorescenz von Chlorophyll b wird stärker durch **I** gelöscht, sein Absorptionsspektr. wird dabei verändert. In nicht polaren Lösungsmitteln (Bzl. u. n-Heptan) fluoresciert Chlorophyll a nicht. Durch Zusatz von **I** wird jedoch eine mit dessen Konz. wachsende Fluorescenz hervorgerufen, die bei größeren Konzz. des **I** (>0,01 Mol/Liter) jedoch wieder gelöscht wird. Änderungen des Absorptionsspektr. des Chlorophylls begleiten die Sensibilisierung. Die Sensibilisierung u. die Auslöschung der Chlorophyllfluorescenz durch **I** werden durch einen Mechanismus zu deuten versucht, bei dem ein Mol. des **I** auf zwei verschied. Weisen sich an ein Chlorophyllmol. hängen kann. (Trans. Faraday Soc. **48.** 526—30. Juni 1952. Welwyn Garden City, Herts.) RUDOLPH. D 125

**H. Schüler, L. Reinebeck** und **R. Köberle**, *Über das Auftreten von gemeinsamen Bruchstücken (mehratomige Radikale?) bei Benzolderivaten in der Glimmentladung.* 1. Mitt.

*Über das „V-Spektrum" der Monoderivate des Benzols.* Bei Anregung von Monosubstitutionsprodd. des Bzl. in der positiven Säule einer Glimmentladung treten im Bereich von 4450—4900 Å neue Emissionsbanden auf (sogenannte V-Spektren), die in Absorption nicht beobachtet werden. Diese V-Spektren werden bei allen Moll., die eine Gruppe $C_6H_5CH_2$— enthalten, wie *Toluol, Äthylbenzol, n-Propylbenzol, Phenylessigsäure, Phenyläthylchlorid, Phenyl-n-propylchlorid, Benzylamin, Diphenylmethan* u. *Dibenzyl*, beobachtet. Sie werden aber nicht bei *Diphenyl, Chlorbenzol, Anilin, Phenol, Anisol, Thiophenol, Benzonitril, Nitrobenzol, Azobenzol, Benzaldehyd, Acetophenon, Benzophenon, Benzoesäure, Benzoesäureäthylester, Benzamid, Benzoylchlorid* gefunden. Die V-Spektren werden nicht Übergängen zwischen angeregten Zuständen zugeordnet, obwohl ihre Termdifferenzen dem Übergang von 3. zum 4. angeregten Zustand, also der Termdifferenz 59679—37484 = 22195 $cm^{-1}$ etwa entspricht, da Termdifferenzen, die Übergängen zwischen anderen angeregten Zuständen entsprechen, unter den gleichen Verhältnissen nicht beobachtet werden. Es wird vielmehr angenommen, daß es sich bei den V-Spektren um das Leuchten von Molekülbruchstücken handelt, deren Bldg. eine Eig. der höher angeregten Molekülzustände ist. Dem Träger des V-Spektr. kann nur eine der Konfigurationen $C_6H_5$; $C_6H_5$–C; $C_6H_5$–CH oder $C_6H_5$–$CH_2$ zukommen. (Z. Naturforsch. **7a.** 421—27. Juni 1952. Hechingen, Max-Planck-Ges., Forschungsstelle für Spektroskopie.)
D. BRÜCK. D 131

**H. Schüler, L. Reinebeck** und **R. Köberle,** *Über das Auftreten von gemeinsamen Bruchstücken (mehratomige Radikale?) bei Benzolderivaten in der Glimmentladung.* 2. Mitt. *Über das Auftreten von Bruchstückleuchten bei disubstituiertem Benzol.* (1. vgl. vorst. Ref.) In Fortführung der Unterss. über das Entstehen von Molekülbruchstücken bei Anregung organ. Substanzen in der Glimmentladung werden bei *o-*, *m-* u. *p-Xylol* u. bei *Mesitylen* ebenfalls neue Spektren im Sichtbaren beobachtet. Auch *Inden, Hydrinden* u. *Tetralin* zeigen intensive Spektren im gleichen Spektralgebiet. Als Träger dieser Spektren werden freie Radikale diskutiert. (Z. Naturforsch. **7a.** 428—30. Juni 1952.) D. BRÜCK. D 131

**John D. Hoffman,** *Behinderte zwischenmolekulare Rotation im festen Zustand: Thermische und dielektrische Erscheinungen bei Langkettenverbindungen.* Ziel der Unters. ist die Auffindung einer Beziehung zwischen behinderter Rotation im festen Zustand u. therm. u. dielektr. Eigg. langkettiger Verbindungen. In einem theoret. Teil wird die Rotation von Kettenmoll. um ihre Längsachse betrachtet. Es wird angenommen, daß für die Behinderung der Rotation ein tiefes u. z weniger tiefe Minima bestehen; z liegt nach Modellen zwischen 8 u. 18. Nach BRAGG-WILLIAMS wird der Rotationsgrad als Funktion der red. Temp. berechnet, daraus ergeben sich therm. u. dielektr. Übergänge erster Ordnung. Für dies Modell läßt sich ferner nach ONSAGER die DK., ferner die Relaxation errechnen. Experimentell wurden DK. u. dielektr. Verluste bei 1 u. 10 kHz von *n-Dokosylbromid, n-Triakontylbromid* u. *n-Octakosan* gemessen in großen Temperaturbereichen, so daß fl. Zustand u. fester Zustand freier u. behinderter Rotation erfaßt wurden. Gemessen wurden ferner die spezif. Wärmen u. die Abkühlungskurven. Vgl. von Theorie u. Experiment ergibt: z muß gleich 12 sein, theoret. Voraussage eines Überganges erster Ordnung ist bestätigt. Rotation ist sowohl oberhalb wie unterhalb der Übergangstemp. behindert; es existieren zwei Relaxationszeiten unterhalb der Umwandlungstemp., Resonanzabsorption wird nicht beobachtet. Übergangstempp. einer homologen Reihe steigen fast linear mit der Kettenlänge. Es wird wahrscheinlich gemacht, daß die Kettenmoll. als Ganzes u. nicht die polaren Gruppen unabhängig rotieren. (J. chem. Physics **20.** 541—49. April 1952. Schenectady, N. Y., General Electric Res. Labor.)
K. L. WOLF. D 132

**E. D. Bergmann, J. Hoarau, A. Pacault, A. Pullman** und **B. Pullman,** *Experimentelle und theoretische Untersuchungen über die diamagnetische Anisotropie von aromatischen, nichtbenzoiden Verbindungen und von chinoiden Systemen.* Nach einer Analyse der verschied. Definitionen der diamagnet. Anisotropie vergleichen Vff. für ca. 40 aromat. nichtbenzoide Verbb. u. Chinone die theoret. Werte für die Anisotropie mit den experimentell gefundenen. In sehr guter Übereinstimmung mit der Theorie wird das Verhältnis für die Anisotropie der Fulven- u. Chinodimethankerne zu $\sim 1/4$ gefunden. Die experimentelle Anisotropie der Heptafulven- oder Heptafulvalenderivv., die stark von der theoret. erwarteten abweicht, bestätigen eine früher gemachte Schlußfolgerung aus der Unters. der Absorptionsspektren (BERTHIER, MAYOL, PULLMAN, J. Physique Radium **12.** [1951.] 717), daß die heptagonalen konjugierten Kerne nicht eben sind. Ebenso bestätigt der Unterschied zwischen den theoret. u. beobachteten Werten für die Anisotropie des *Acenaphthylens* ein früheres Ergebnis (PULLMAN u. Mitarbeiter, C. **1952.** 6990), nach dem die Konjugation zwischen der Äthylenbindung u. dem Naphthalinkern hier teilweise unterbrochen ist. Demgegenüber hat die teilweise Nichtebenheit des *Dibiphenylenäthylens* keinen merklichen Einfl. auf den Wert seiner Anisotropie. Obgleich die Anisotropie der nichtbenzoiden aromat. Verbb. im allg. kleiner ist als die Anisotropie der isomeren benzoiden Verbb., ist diese Regel nicht immer gültig, die Anisotropie des *Azulens* z. B. ist größer als die des Naphthalins. Es besteht somit keine einfache Beziehung zwischen der diamagnet. Anisotropie u. der Resonanzenergie der konjugierten Moleküle. In einigen sehr speziellen Fällen, wie beim *p-Benzochinon*, sind Theorie u. Beobachtung in Übereinstimmung u. zeigen, daß die Verschiebung der $\pi$-Elektronen hier eine Verminderung des Diamagnetismus ergibt an Stelle der gewöhnlichen Vergrößerung. Bestätigt wird der spezif. Charakter des Pentalenkerns. Im einzelnen wurden außer den bisher genannten Verbb. untersucht: *Isopropylideninden, Benzylideninden, Cinnamylideninden, Butylidenfluoren, Benzylidenfluoren, Benzhydrylidenfluoren, Cinnamylidenfluoren, 1-Biphenylen-4.4-diphenylbutadien, 1.1-Diphenyläthylen, 2.3;6.7-Dibenzoheptafulven, α-Phenyldibenzoheptafulven, Dibenzocycloheptatrienon* u. *-dienon, Anthron, Xanthon, Thioxanthon, Fluorenon, Tetrabenzoheptafulvalen, 1-Fluorenyliden-2.3;6.7-dibenzocycloheptatrien, Tetraphenyläthylen, Dixanthylen, Dibiphenylenbutadien, 1.1.4.4-Tetraphenylbutadien, Dibiphenylenbutatrien, 1.1.4.4-Tetraphenylbutatrien, Tetraphenyl-p-benzochinodimethan, Tetraphenyl-1.4-naphthochinodimethan, Tetraphenylanthrachinodimethan, 1.4-Naphthochinon, Anthrachinon, Bianthron, Helianthron, Benzhydrylidenanthron, Fluorenylidenanthron, Benzophenon, Acenaphthen, Fluoranthen, 1.4-Dimethyl-* u. *-Diphenyldibenzopentalen.* (J. Chim. physique Physico-Chim. biol. **49.** 474—80. Sept. 1952. Rehovoth, Israel, Weizmann Inst. of Sci., Paris, Sorbonne, u. Inst. du Radium, u. Bordeaux, Fac. des Sci.) v. HARLEM. D 137

**H. Milton Peek** und **Terrell L. Hill**, *Elektrostatische Wechselwirkung in aliphatischen Dicarbonsäuren und die Kirkwood-Westheimer-Theorie.* Vff. bestimmten mittels der Meth. von SPEAKMAN (J. chem. Soc. [London] **1940.** 855) die Dissoziationskonstanten gesätt. Dicarbonsäuren (*Bernstein-, Glutar-, Adipin-, Pimelin-, Kork-, Azelain-, Sebacinsäure, Dodecan-* u. *Tetradecandisäure*) bei 25° in 20 Gew.-%-ig. $CH_3OH$-W.-Lösung. Die Ergebnisse u. die für W. als Lösungsm. in der Literatur verfügbaren Konstanten werden im Sinne der Theorie von KIRKWOOD u. WESTHEIMER analysiert, die gute Übereinstimmung mit den experimentellen Befunden ergibt. (J. Amer. chem. Soc. **73.** 5304—07. Nov. 1951. Bethesda, Md., Univ. of Rochester, Dep. of Chem., u. Naval Med. Res. Inst.)
NIEMITZ. D 139

**Stefan Goldschmidt** und **Erich Stöckl**, *Die Elektrolyse von fettsauren Salzen in Gegenwart von polymerisierbaren Stoffen.* Bei der Elektrolyse fettsaurer Salze in ihren wasserfreien Säuren entstehen prim. Radikale. In Ggw. von Styrol (**I**) oder Acrylsäurenitril (**II**) führen diese zur Polymerisation, doch entstehen hierbei in der Hauptsache niederpolymerisierte Verbindungen. Aus Na-Acetat (**III**) in Essigsäure (**IV**) in Ggw. von **I** wurde beim Arbeiten mit Diaphragma neben hemikoll. Prodd. vom Durchschnitts-Mol.-Gew. 3000—4000 die Mesoform des *γ-δ-Diphenylhexans* (**V**, $C_{18}H_{22}$, aus Methanol, F. 92,5°) erhalten. Bei einer Elektrolyse ohne Diaphragma erhielten Vff. das *Acetat* (**VI**) *des Hydratropaalkohols* ($C_{11}H_{14}O_2$, Kp.$_{10}$ 103—106°, *Hydratropaalkohol, p-Nitrobenzoat,* F. 64°), **V** u. ein fluorescierendes *Öl,* $C_{19}H_{22}O_2$, Kp.$_{0,1}$ 143°. **VI** kann nur durch sukzessive Rk. von **I** mit je einem Acetoxy- u. einem Methylradikal entstanden sein. — Aus K-Propionat in Propionsäure in Ggw. von **I** wurde *meso-δ.ε-Diphenyloctan* ($C_{20}H_{26}$, aus Methanol, F. 99°) erhalten. Die Rk. verläuft also analog der des Acetats. Ein Vers., **III** in **IV** in Ggw. von **II** zu elektrolysieren, lieferte ein *Öl,* $C_8H_{12}N_2$, Kp.$_{766}$ 280°, das also aus 2 Moll. Acrylsäurenitril u. 2 Methylradikalen aufgebaut ist. Welches der drei möglichen Isomeren vorliegt, wurde noch nicht geklärt. (Chem. Ber. **85.** 630—34. 1952. München, TH, Org. Chem. Inst.)
GABRIELE GÜNTHER. D 141

**R. W. Brockman** und **D. E. Pearson**, *Der Einfluß von Substituenten auf die polarographischen Halbwellenpotentiale von Benzophenonen und Derivaten.* Um die Verallgemeinerung von SHIKATA u. TACHI (J. chem. Soc. Japan [Nippon Kwagaku Kwaishi] **53.** [1932.] 834), daß organ. Carbonylgruppen um so leichter polarograph. reduzierbar sind, je mehr elektronanziehende Gruppen benachbart sind, zu prüfen, untersuchten Vff. folgende substituierte *Benzophenone* (**I**) u. **I**-Derivv. (in Klammern die $E_{1/2}$-Werte negativ): **I** (1,165), *4-Amino-* (1,161), *4.4'-Dimethoxy-* (1,260), *4.4'-Dimethyl-* (1,187), *4-Methoxy-* (**II**, 1,194), *4-tert.-Butyl-* (1,166), *4-Methyl-* (1,165), *4-Chlor-4'-methyl-* (1,102), *4-Chlor-* (1,093), *4-Brom-* (**III**, 1,051), *3-Brom-* (1,021), *4.4'-Dichlor-* (1,002) u. *3.3'-Dibrom-* (0,913)*-benzophenon,* ferner **I**-*Hydrazon* (—0,96), *-Oxim* (0,983), α- (0,973) u. β-**II**-*Oxim* (0,977), α- (0,932) u. β-**III**-*Oxim* (0,937), **I**-*Semicarbazon* (1,104), α- (1,114) u. β-**II**-*Semicarbazon* (1,117), α- (1,048) u. β-**III**-*Semicarbazon* (1,050). Aus diesen Ergebnissen können folgende Schlüsse gezogen werden: 1. Der von PASTERNAK (vgl. C. **1949. I.** 374) vorgeschlagene Mechanismus für die Red. von **I** steht in Einklang mit den vorliegenden Befunden. 2. Die Verallgemeinerung von SHIKATA u. TACHI besteht zu Recht, d. h. elektronanziehende Gruppen verschieben die Halbwellenpotentiale nach weniger negativen Werten, jedoch ist der Einfl. ziemlich gering, die Neigung ist ca. 0,25 V pro HAMMETT-Einheit. 3. Bei Ggw. von mehr als einem Substituenten sind die HAMMETT-$\sigma$-Werte annähernd additiv. 4. Der $\sigma$-Wert für die Aminogruppe ist unter den angewandten Bedingungen ($p_H$ 5,2, Zus. der Lsg.: 0,1n STOCK-Puffer, 0,1nKCl, $10^{-3}$ bis $10^{-4}$ mol. an Keton je nach Löslichkeit, 0,02 g Gelatine pro 100 cm³ u. 40 cm³ $CH_3OH$ pro 100 cm³ der Lsg.) nicht brauchbar, da in der sauren Lsg. die elektronlockernde Fähigkeit der Aminogruppe infolge teilweiser Salzbldg. verringert ist. 5. In den untersuchten I-Derivv. ist der Gruppeneinfl. von noch geringerer Bedeutung u. verschwindet sicherlich ganz in den syn-anti-Isomeren. (J. Amer. chem. Soc. **74**. 4128—29. 20/8. 1952. Nashville, Tenn., Vanderbilt Univ., Furman Chem. Labor.) NIEMITZ. D 142

**P. H. Wise, K. T. Serijan** und **I. A. Goodman**, *Beziehungen zwischen physikalischen Eigenschaften und der Molekularstruktur einiger dicyclischer Kohlenwasserstoffe mit hoher Verbrennungswärme pro Volumeneinheit.* Bestimmt wurden F., Kp., $D.^{20}$, $n_D^{20}$, kinemat. Viscosität $\eta$ bei 98,89°, 37,78° u. 0°, Verbrennungswärme W für KW-stoffe der 2-n-Alkylbiphenyl-, 1.1- u. $\alpha.\omega$-Diphenylalkan-, 1.1- u. $\alpha.\omega$-Dicyclohexylalkanreihe sowie das Verhältnis der Verbrennungswärmen der verschied. Substanzen zu denen des Flugzeugtreibstoffs AN–F–58 für Turbodüsenjäger. Unter allen untersuchten Verbb. hat *1.1-Diphenylbutan* den niedrigsten F. (—28,4°) u. eine Verbrennungswärme von 1059000 Btu/cuft, welche 18% größer ist als die des Vergleichstreibstoffs AN–F–58. Untersucht wurden *Diphenyl* (**I**), *2-Methyldiphenyl* (**II**), *2-Äthyldiphenyl* (**III**), *2-n-Propyldiphenyl* (**IV**), *2n-Butyldiphenyl* (**V**), *Diphenylmethan* (**VI**), *1.1-Diphenyläthan* (**VII**), *1.1-Diphenylpropan* (**VIII**), *1.1-Diphenylbutan* (**IX**), *Dicyclohexyl* (**X**), *Dicyclohexylmethan* (**XI**), *1.1-Dicyclohexyläthan* (**XII**), *1.1-Dicyclohexylpropan* (**XIII**) u. *1.1-Dicyclohexylbutan* (**XIV**), *1.2-Diphenyläthan* (**XV**), *1.3-Diphenylpropan* (**XVI**), *1.4-Diphenylbutan* (**XVII**), *1.2-Dicyclohexyläthan* (**XVIII**), *1.3-Dicyclohexylpropan* (**XIX**) u. *1.4-Dicyclohexylbutan* (**XX**). In zahlreichen Diagrammen werden die gefundenen Daten der einzelnen Verbindungsserien miteinander verglichen. — Daten in der Reihenfolge F., $Kp._{760}$, $D.^{20}$, $\eta^{98,89}$, $\eta^{37,78}$, $\eta^{0}$ [Centistokes], $n_D^{20}$, W [kcal/Mol]: **I**, 69,2°; 255,0°; 1,041; 0,992; —; —; —; 1443,5. — **II**, —0,20°; 255,3°; 1,01134; 1,06; 3,18; 13,3; 1,5914; 1598,2. — **III**, —6,13°; 265,97°; 0,99671; 1,17; 3,44; 13,8; 1,5805; 1739,0. — **IV**, —11,26°; 277,22°; 0,98018; 1,33; 4,44; 22,4; 1,5696; 1886,5. — **V**, —13,71° u. —9,65°; 291,20°; 0,96763; 1,43; 4,87; 24,7; 1,5604; 2030,0. — **VI**, 25,20°; 246,27°; 1,00592; 0,965; 2,22; —; 1,5776; 1593,5. — **VII**, —18,01; 272,63; 0,99961; 1,10; 2,90; 8,92; 1,5725; 1733,8. — **VIII**, 13,29°; 283,22°; 0,98663; 1,23; 3,72; —; 1,5643; 1886,5. — **IX**, —28,38° u. —25,2°; 294,29°; 0,97498; 1,38; 4,70; 24,8; 1,5568; 2032,9. — **X**, 3,50°; 238,87°; 0,88604; 1,23; 3,07; —; 1,4796; 1700,0. — **XI**, —18,69°, 252,77°; 0,87646; 1,43; 4,10; 13,0; 1,4763; 1845,9. — **XII**, —20,98°; 271,17°; 0,89309; 1,76; 5,59; 21,3; 1,4845; 1997,5. — **XIII**, —23,46°; 282,31°; 0,89299; 1,83; 6,41; 32,9; 1,4848; 2138,8. — **XIV**, —10,46°; 292,97°; 0,89021; 2,10; 9,64; 88,3; 1,4843; 2285,8. — **XV**, 51,16°; 280,49°; —; 1,14; —; —; —; 1741,5. — **XVI**, —20,78°; 298°; 0,97972; 1,31; 3,64; 12,38; 1,5594; 1886,5. — **XVII**, 52,27°; 315,91°; — ; 1,49; —; —; —; 2032,9. — **XVIII**, 11,44°; 274,38°; 0,87380; 1,72; 5,38; —; 1,4759; 1997,5. — **XIX**, —14,80°; 291,69°; 0,87128; 1,96; 6,39; 24,9; 1,4752; 2156,2. — **XX**, 11,62°; 309,0°; 0,87027; 2,19; 7,58; —; 1,4751; 2285,7. — *ANF* **58**, $D.^{60}_{60}$ 0,769; W 18625 Btu/lb. (Nat. Advisory Committee Aeronaut., Rep. 1003. 1—10. 1951.) DU MONT. D 155

**J. Glazer** und **A. E. Alexander**, *Die Polymorphie der monomolekularen Schicht von Hexadecyl- und Octadecylharnstoff.* Mit der LANGMUIR-ADAMSschen Waage wurde die Kompressionskurve der monomol. Schichten von *Monooctadecylharnstoff* (**I**) auf 0,001 mol. NaCl-Lsg. bei 22° aufgenommen. Die Verss. zeigen das Vorliegen einer $\alpha$- u. einer $\beta$-Form von **I**; der Platzbedarf beim Kompressionsdruck p = 0 beträgt 19,5 ($\alpha$) bzw. 25,5 ($\beta$) Å²/Molekül. Die $\alpha$-Form ist gelartig, die $\beta$-Form fest. Das Oberflächenmoment beträgt bei 18,3 Å² 335 mD für $\alpha$ u. bei 25,5 Å² 320 für $\beta$. Vff. nehmen an, daß die $\beta$-Form aus einem zweidimensionalen Netzwerk aus den durch Wasserstoffbrücken verbundenen polaren Gruppen von **I** besteht u. daß dieses flach auf der Wasseroberfläche liegt. Bei der Umwandlung von $\beta$ in $\alpha$ soll ein Aufbrechen der Wasserstoffbrücken erfolgen, wobei die polare Gruppe in das W. eintaucht u. sich senkrecht zur Oberfläche stellt. Ähnliche Ergebnisse wurden für *Monohexadecylharnstoff* (**II**) erhalten mit 19,4 ($\alpha$) bzw. 25,5 ($\beta$) Å²/Molekül. Weiter wurde zwischen 10 u. 28° die Temperaturabhängigkeit des Umwandlungsdruckes $p_{trans}$ für **I** u. **II** bestimmt. $p_{trans}$ fällt linear mit steigender Temp. ab. Die Energie für die Umwandlung $\beta \rightarrow \alpha$ ergibt sich daraus zu 4450 ± 20 cal/Mol für **I** u. zu 4350 ± 20 für **II**. Der Betrag 4450 setzt sich zusammen aus 900 cal infolge der Kohäsion zwischen den 18 $CH_2$-Gruppen u. 3550 cal für die Wasserstoffbrücken. Daraus ergibt sich pro N—H···O-Brücke der Wert 1780 cal. Bei Anwesenheit starker Säuren (z. B. von $H_2SO_4$)

wird die Stärke der Brücke beträchtlich erniedrigt; gleichzeitig bildet sich eine dritte mit $\gamma$ bezeichnete Konfiguration der monomol. Schicht von I aus, die auf die Bldg. eines Salzes zwischen I u. der Säure zurückgeführt wird. (Trans. Faraday Soc. **47.** 401—09. April 1951. Cambridge, Univ., Dep. of Coll. Sci.) FUCHS. D 166

**Taro Tachibana,** *Grenzwert für die Filmdicke organischer Stoffe.* Über einem monomol. Film von Stearinsäure (I) auf W. wurde eine Antigen–Antikörper-Rk. verfolgt. Erst bei 5facher Filmlage wird die spezif. Adsorption des Antikörpers auf der Antigenschicht verhindert. Der Film der I wird erst gleichmäßig bei 5facher Übereinanderlagerung. Um eine feste Oberfläche durch einen anderen festen Körper völlig zu bedecken, scheint eine gewisse Grenzdicke nötig. Dies wird auch zur Erklärung der von ROTHEN (Advances Protein Chem. **3.** [1947.] 123) sowie SINGER (C. **1951.** I. 2023) beobachteten Erscheinungen statt deren Annahme einer bes. weitreichenden Feldwrkg. herangezogen. (Kagaku [Science] **21.** 86. Febr. 1951. Tokyo, Univ. [Orig.: japan.]) SCHULER. D 176

**Jules Duchesne,** *Hybridisierung und Molekülstruktur.* In den Gruppen $CH_3CCH$ u. $CF_3CCH$ betragen die HCH- u. FCF-Winkel 107,5° u. weichen damit vom idealen Tetraederwinkel nicht unerheblich ab, ebenso bleiben die C—C-Bindungsabstände mit 1,46 Å deutlich hinter dem aus den kovalenten Bindungsradien errechneten Wert von 1,57 Å zurück. Die Ursache für dieses Verh. sieht Vf. in einer Zunahme des s-Charakters der C—C-Bindung, hervorgerufen durch Störung der bastardisierten Atombahnen der $CH_3$- bzw. $CF_3$-Gruppe. Die C—C-Bindung läßt sich bei solcher Substitution besser durch Annahme von $sp^2 + sp$ statt durch $sp^3 + sp$-Bahnen darstellen; mit dieser Annahme errechnet sich ein C—C-Abstand von 1,478 Å, der in guter Übereinstimmung mit dem obigen experimentell ermittelten Wert steht. (J. chem. Physics **20.** 540. März 1952. Cointe-Sclessin, Belgien, Univ. von Lüttich, Inst. of Astrophys.) ZIMMER. D 182

**E. Amble,** *Struktur und Dipolmoment des Trioxans.* Der $J=1 \rightarrow 2$-Übergang des *Trioxans* $^{12}C_3H_6{}^{16}O_2$ (21094,3 MHz) u. die $J = 1 \rightarrow 2$-Übergänge des $^{12}C_2{}^{13}CH_6{}^{16}O_2$ (für K = 0: 20900 MHz, K = 1: 20804 MHz) werden beobachtet. Das Mol. ist symm., u. die den beobachteten Frequenzen am ehesten entsprechende Form ist die des sesselförmigen Rings mit einem C—O-Abstand von 1,41 Å u. dem Winkel C—O—C = O—C—O = **109°,** während der aus Elektronenbeugungsmessungen erhaltene Winkel etwas größer ist. Das Dipolmoment der Moll. wird zu 2,08±0,1 Debye berechnet (in benzol. Lsg. 2,18 Debye.) (Physic. Rev. [2] **83.** 210. 1/7.; Bull. Amer. physic. Soc. **26.** Nr. 3. 19. 26/4. 1951. Columbia Univ.) RUMPF. D 182

**D. P. Craig,** *Cyclobutadien und einige andere pseudoaromatische Verbindungen.* Konjugiert ungesätt. Ringsysteme, deren C-Atomzahl ein Vielfaches von 4 ist, die dabei planar sind u. eine Symmetrieebene durch 2 $\pi$-Elektronenzentren besitzen, werden vom Vf. als „pseudoaromat.“ bezeichnet. Zu diesen Systemen gehören die noch nicht dargestellten KW-stoffe *Cyclobutadien* (I), *Pentalen, Heptalen* u. *symm.-Indacen.* Vf. zeigt, daß diese Moll. sich durch anomale Symmetrieeigg. des Grundzustandes auszeichnen. Berechnungen nach der Valenzbindungsmeth. u. Molekülbahnmeth. in Analogie zu den aromat. KW-stoffen geben in diesem Fall nicht die richtigen Eigenwerte der $\pi$-Elektronenenergie u. zu hohe Resonanzenergie; Vf. berechnet nach nicht-empir. Verf. die wirklichen, niedrigsten Anregungsenergien für I u. *Bicyclobutadien.* Da die Resonanzstabilisierung gering ist, sollten die pseudoaromat. Verbb. ungesätt. Verh. zeigen u. ungleiche C—C-Abstände besitzen. Das nichtebene *Cyclooctatetraen* wird kurz besprochen. Im Gegensatz zu diesem sollte ein kondensiertes Ringsyst. aus 2 konjugiert ungesätt. Achtringen fast aromat. Verh. zeigen. (J. chem. Soc. [London] **1951.** 3175—82. Nov. London, Univ. Coll., William Ramsay u. Ralph Forster Labors.) KRESZE. D 184

**W. Cochran** und **Bruce R. Penfold,** *Die Kristallstruktur von l-Glutamin.* Halbdurchsichtige Nädelchen von l-Glutamin wurden durch Rekristallisation aus W. zwischen 0 u. 5° erhalten. Die rhomb. Elementarzelle hat die Dimensionen a = 16,01 Å, b = 7,76 Å, c = 5,10 Å (alle ±0,3%). Raumgruppe ist $P\,2_1\,2_1\,2_1$; Z = 4. Die Struktur wurde durch Elektronendichteprojektionen auf (0 0 1) u. (0 1 0) aufgeklärt. Folgende Parameter wurden festgelegt (Bezifferung vgl. nebenst. Figur): $C_1$ (x in Å) = 0,77; (y in Å) = 1,82; (Z in Å) = 3,55; $C_2$ 1,83; 2,93; 3,60; $C_3$ 1,46; 4,11; 4,39; $C_4$ 2,56; 5,13; 4,49; $C_5$ 3,87; 4,56; 5,01; $N_1$ 0,89; 0,91; 2,66; $N_2$ 2,76; 5,80; 3,15; $O_1$ —0,14; 1,82; 4,43; $O_2$ 3,87; 4,19; 6,17; $O_3$ 4,78; 4,38; 4,14. Die Parameter der H-Atome wurden aus den C- u. N-Lagen berechnet. Es werden die folgenden Werte (in Å) angegeben: $H_1$ 2,09; 3,25; 2,65; $H_2$ 2,71; 2,57; 3,97; $H_3$ 1,17; 3,78; 5,34; $H_4$ 0,58; 4,51; 3,96; $H_5$ 2,21; 5,87; 5,11;

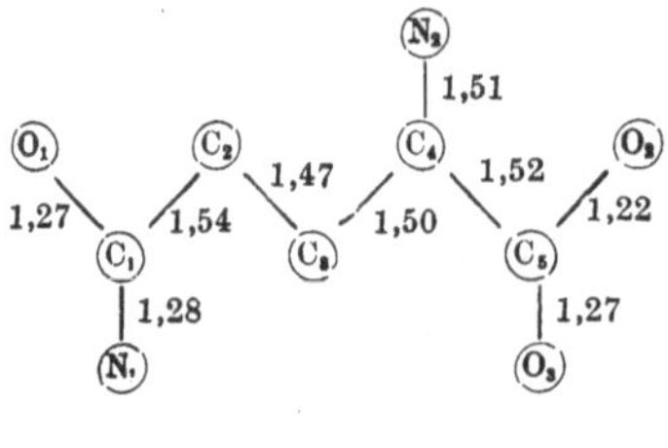

$H_6$ 0,59; −0,06; 2,34; $H_7$ 1,82; 0,72; 2,05; $H_8$ 1,79; 5,80; 2,67; $H_9$ 3,25; 6,54; 3,48; $H_{10}$ 3,20; 5,16; 2,38. Die intramol. Bindungslängen sind aus der Figur ersichtlich. Es wird auf eine Beziehung zwischen dem Doppelbindungscharakter der C—N-Bindung der Amidgruppe u. der Reaktionsfähigkeit dieser Gruppe in l-Glutamin u. Acetamid hingewiesen. Die Dimensionen der Carboxyl- u. Aminogruppen wurden mit denen von l-Threonin, dl-Alanin u. l-Oxyprolin verglichen. Der kürzere $C_5$—$O_2$-Abstand enthält das O-Atom, an das zwei H-Atome gebunden sind; das $O_3$-Atom besitzt dagegen nur eine H-Bindung. Es wird angenommen, daß das Mol. in der dipolaren Form ist mit drei an das Amino-N-Atom gebundenen H-Atomen. Der mittlere C—C-Abstand beträgt 1,51 Å. Das vorherrschende Kennzeichen der intramol. Packung ist die H-Bindung zwischen Amino- u. Carboxylgruppen, die die $N_2$- u. $O_2$-Atome spiralenartig um die Schraubenachsen senkrecht zu (0 1 0) verbinden. Der Einfl. einer solchen Bindung wird durch die elektrostat. Kräfte begünstigt, die zwischen diesen entgegengesetzt geladenen Gruppen bestehen u. aus denen starke Kohäsion in der b-Richtung resultiert. Kohäsion in der c-Richtung kann erklärt werden durch die H-Bindungen, die die Amidgruppen spiralenartig um die Schraubenachsen senkrecht zu (0 0 1) binden. (Acta crystallogr. [Copenhagen] **5.** 644—53. 10/9. 1952. Cambridge, England, Cavendish Labor., Crystallographic Labor.)
GOTTFRIED. D 195

**Jaime González Carreró**, *Über die Verbindungen der Borsäure mit Polyalkoholen und Alkoholsäuren.* 2. Mitt. *Stabilisierung von Natriumperborat in Lösung.* (Vgl. An. Real. Soc. españ. Física Quím., Ser. B **45.** [1949.] 1259.) Als Zusätze zur Stabilisierung des Geh. an akt. O von Perboratlsgg. werden Polyoxyverbb. untersucht, die imstande sind, die Acidität der Borsäure zu erhöhen u. damit die Hydrolyse des $H_2O_2$ im alkal. Gebiet zu vermindern. Es werden die durch steigende Zusätze von *Ca-Gluconat* (**I**), *Glycerin* (**II**) u. *Mannit* (**III**) bewirkten $p_H$-Änderungen einer 0,1n Na-Metaboratlsg. bestimmt, da auch im Perborat $NaBO_2 \cdot H_2O_2 \cdot H_2O$ nur das $NaBO_2$ durch die Zusätze Einfl. auf die $p_H$-Änderung hat. Da die $p_H$-Best. — potentiometr. oder colorimetr. — in Ggw. von $H_2O_2$ nicht möglich ist u. das $H_2O_2$ prakt. keinen Einfl. auf das $p_H$ der Perboratlsg. hat, wird es zuvor zerstört (mit $MnO_2$, das im Gegensatz zu $PbO_2$ u. Osmiumsäure $H_2O_2$ total zerstört u. keinen Einfl. auf das $p_H$ der Lsg. hat). Alle 3 Zusätze verringern die Alkalität der Lösung. Die Änderung des Geh. an akt. O mit der Zeit unter dem Einfl. dieser Zusätze wird jodometr. verfolgt (Verss. bei gewöhnlicher Temp. in diffusem Licht sowie bei 3—4° im Dunkeln). Die erhaltenen % O/Zeit-Kurven zeigen deutlich die Verlangsamung, bei **III** die weitgehende Verhinderung des O-Verlustes. Daneben wird das Abnehmen des O-Geh. bei 2std. Erhitzen der Lsgg. bei 70° bestimmt. Auffallend ist in beiden Versuchsreihen das schnelle Absinken des O-Geh. bei **II**-haltigen Lsgg.; die Annahme, daß dies durch Schwermetallspuren verursacht ist, wird gestützt durch Verss. mit Zusatz von 0,1% *8-Oxychinolin* (**IV**, *Oxin*), durch das die ungünstige Wrkg. aufgehoben wird, auch nach Entfernen von **IV** mittels Chloroform. Als guter Stabilisator wirkt eine durch Schütteln mit **IV** gereinigte u. dann von **IV** befreite **I**-Lsg. (O-Geh. nach 2 Std. bei 70° 99,07%). Der Wrkg. des Stabilisators überlagert sich eine nachteilige Wrkg. auf die Perboratlsg. infolge Oxydation des Zusatzes durch $H_2O_2$; bei sehr hohen Stabilisatorzusätzen sinkt der O-Geh. schnell, u. bei Mineralsäurezusatz wird Aufbrausen der Lsg. unter $CO_2$-Entw. beobachtet. Trotz dieser störenden Nebenwirkungen halten Vff. die stabilisierende Wrkg. der Polyoxyverbb. in geeigneter Konz. auf den akt. O-Geh. der Perboratlsgg. für erwiesen. (An. Real Soc. españ. Física Quím., Ser. B **47.** 121—30. Febr. 1951. Santiago, Inst. „Alonso Barba", Secc. de Quím. Anal.)
v. DECHEND. D 223

**C. M. Oualline jr.** und **M. Van Winkle**, *Ternäre flüssige Systeme. Heptanol-(3)-Wasser-Essigsäure und Heptanol-(3)-Wasser-Äthylalkohol.* Die Eigg. des käuflichen Heptanol-(3) (**I**, Kp. 156,2°, $D.^{20}{}_{20}$ 0,822) werden bes. in bezug auf seine Verwendung als Lösungsm. untersucht. Es werden die Zustandsdiagramme der Systeme **I**–Essigsäure–W. u. **I**–A.–W. aufgestellt u. die Daten über Löslichkeit u. Verteilung in Diagrammen u. Tabellen angegeben. (Ind. Engng. Chem. **44.** 1668—70. Juli 1952. Austin, Tex., Univ.)
MIETHING. D 224

**A. D. Jenkins**, *Die Darstellung und Dimerisation von Methylketen.* Vf. stellte in 90%ig. Ausbeute *Methylketen* (**I**) aus Propionsäureanhydrid durch therm. Zers. bei niedrigen Drucken dar u. untersucht die Kinetik der Dimerisierung von **I** durch manometr. Verfolgung der Dampfphasen-Rk. bei Anfangsdrucken von ca. 200 mm Hg zwischen 0 u. 94,7° u. den Einfl. der Oberfläche des Reaktionsgefäßes. Die Rk. im gewöhnlichen Kolben bei 20° zeigte keine reproduzierbaren Werte, die Reaktionsordnung war zwischen 1 u. 2, die Rk. bei 0° schien schneller als die bei 20° zu verlaufen. Um eine heterogene Rk. nachzuweisen, wurde die Oberfläche des Reaktionsgefäßes durch Glasrohrstücke auf das 8fache vergrößert u. so eine Rk. 2. Ordnung erhalten. Die Reaktionsgeschwindigkeitskonstante $k_2$ betrug bei 20° 1,02 Liter/Mol·Sek. gegenüber ca. 0,31 im gewöhnlichen

Kolben. Da das Reaktionsgefäß nicht nach jeder Meßreihe vom gebildeten Dimeren befreit wurde, zeigen die $k_2$ wahrscheinlich infolge Polymerisation im Dimeren einen geringen Gang zu größeren Werten. So war $k_2$ bei 30,3°: 0,52–1,10; bei 62,1–62,4°: 0,26–0,46; bei 82,8°: 0,24–0,30; bei 94,7°: 0,22. Mit steigender Temp. wurde eine Vergrößerung der Anfangsperiode der Rk., die der nullten Ordnung folgt, bemerkt. Für den nach 2–3 Tagen bei allen Tempp. vorhandenen Restdruck macht Vf. eine Verunreinigung in I verantwortlich, die aber durch wiederholte Dest. bei –80° nicht beseitigt werden konnte. Während Auskleidung der Oberfläche des Reaktionsgefäßes mit Paraffin oder Hydrochinon ohne Wrkg. war, verminderte Silicon (fl. 1107) stark die Anfangsgeschwindigkeit der Reaktion. Vf. erklärt das Zusammentreffen der 2. Reaktionsordnung mit dem Einfl. der Oberfläche durch Adsorption des Monomeren an der Wand u. folgende bimol. Rk. in der adsorbierten Phase. Visuelle Beobachtung der Rk. zeigte in Übereinstimmung, daß im Innern des Reaktionsgefäßes keine Nebel des Dimeren auftreten. Da trotz Temperatur- u. Druckänderung die Rk. stets 2. Ordnung war, handelt es sich nach HINSHELWOOD um eine wahre bimol. Reaktion. Als geschwindigkeitsbestimmender Schritt kommt entweder die Rk. zwischen 2 adsorbierten I-Moll. oder die zwischen einem Mol. der adsorbierten u. einem der Gasphase in Betracht. Die Aktivierungsenergie beträgt –3,7 kcal/Mol, der negative Wert wird der Temperaturabhängigkeit der Adsorption zugeschrieben, nicht aber einer reversiblen, zu einem Gleichgewicht führenden Dimerisation, da der Enddruck nach ∞-Zeit unabhängig von der Temp. war. — Darst. von *Methylketen* (I), $Kp._{760}$ –56°, fahlgrüne Fl., D. beim Kp. ca. 1,0, widerlicher Geruch, durch Eintropfen von Propionsäureanhydrid bei 5 mm Hg in einen 150° heißen Kolben u. Leiten der Dämpfe über einen Kontakt bei 550° (Kontaktzeit ca. $10^{-2}$ Sek.) u. Kondensieren in Kühlfallen (fl. Luft). — *Dimeres*, $Kp._{12}$ ca. 60°. Außer Dimerem wurde auch wenig *Tetrameres* gefunden, dessen Bildungsmechanismus noch unklar ist. (J. chem. Soc. [London] **1952.** 2563–68. Juli. Maidenhead, Berks., Courtaulds Ltd., Res. Labor.)

GNAUCK. D 225

**D. A. Craw** und **G. C. Israel,** *Die Kinetik der Chlorhydrinbildung.* 3. Mitt. *Die Reaktion zwischen unterchloriger Säure und Crotonsäure bei konstantem* $p_H$. (2. vgl. ISRAEL, C. **1952.** 6832.) Vff. untersuchten die Kinetik der Rk. zwischen *HOCl* u. *Crotonsäure* (I) u. *Crotonat* (II) in Lsg. bei konstantem Molverhältnis I:II = 1,096, entsprechend dem Anfangs-$p_H$-Wert 4,73 bei 25,00° ohne Verwendung anderer Puffer. Die Konz. an HOCl wurde zwischen 1 u. $4,3 \cdot 10^{-3}$ Mol/Liter, die von I + II zwischen 2,0 u. 12,0 Mol/Liter variiert. Es wurden die Anfangsgeschwindigkeiten der Rk. sowie nach 7 Min. der $p_H$ bestimmt. Als Reaktionsgeschwindigkeitsgleichung wurde gefunden: $v = k_2^I [HOCl]([RCOOH] + [RCOO^-]) + (k_2^{II} + k_3^{II}[RCOOH])[HOCl]^2$, wobei $k_2^I = 4,5$ Liter/Mol·Min., $k_2^{II} = 4,0$ Liter/Mol·Min., $k_3^{II} = 2,1$ Liter²/Mol²·Min.². Das erste Glied ist möglicherweise komplex u. stellt die Additionsgeschwindigkeit von HOCl an nichtionisiertes I sowie an II dar u. enthält vielleicht die Bildungsgeschwindigkeit von Crotonhypochlorit RCOOCl aus I u. HOCl. Das zweite Glied $k_2^{II} \cdot [HOCl]^2$ gibt die Bildungsgeschwindigkeit von $Cl_2O$ nach $2HOCl \rightarrow Cl_2O + H_2O$ wieder. Der Unterschied zwischen dem früher (vgl. 2. Mitt.) erhaltenen Wert für $k_2^{II}$ von 8,2 wird mit der Ggw. von $Hg(ClO)_2$ in der Reaktionslsg. bei den früheren Arbeiten erklärt. An Stelle über in HOCl lösl. gelbem HgO wurde HOCl über Wismuthydroxyd aufbewahrt. Das dritte Glied der Geschwindigkeitsgleichung repräsentiert die Bildungsgeschwindigkeit von $Cl_2O$ aus HOCl unter der katalyt. Wrkg. von nicht ionisierter I, da angenommen wird, daß Crotonation dabei unwirksam ist. Die geringe Abnahme des $p_H$-Werts während der Rk. wird der Zugabe von HOCl u. Bldg. von *Chloroxybuttersäure* u. ihren Salzen zugeschrieben. (J. chem. Soc. [London] **1952.** 550–53. Febr. Hobart, Tasmanien, Univ.) GNAUCK. D 225

**D. Ssokolski, L. Buwalkina** und **A. Buchman,** *Kinetik der Hydrierung von Zimtsäure.* Die Geschwindigkeit der Hydrierung von *Zimtsäure* (I) in 96%ig. A. am Skelett-Ni-Katalysator bei 0 u. 25° ist bei 300 Schüttelbewegungen des Hydriergefäßes je Min. unabhängig von weiterer Erhöhung der Mischintensität. Sie ist direkt proportional der Menge des Katalysators. Die Rk. verläuft nach der 1. Ordnung; die Aktivierungsenergie des Prozesses beträgt 9000 ± 1000 cal/Mol. Der Katalysator wird aus einer 50% Ni u. 50% Al enthaltenden Legierung hergestellt. Man erwärmt 1 g zerkleinertes Material mit 80 cm³ 20%ig. NaOH am besten 2 Std. auf sd. Wasserbad u. wäscht mit W. u. Alkohol. Zur Hydrierung werden 0,5 g I in 25 cm³ 96%ig. A. u. 0,56 g Katalysator (aus 1 g Legierung) angewendet. Der Katalysator kann ohne Aktivitätseinbuße für 3–4 Verss. verwendet werden. (Журнал Общей Химии [J. allg. Chem.] **22.** (**84.**) 558–63. April 1952. Kasach. Kirow-Univ., Lehrstuhl für Katalyse u. techn. Chemie.) TROFIMOW. D 225

**Francis E. Condon,** *Beziehung zwischen den Geschwindigkeiten der Halogenierung und den Basizitäten der Methylbenzole.* Die relativen Geschwindigkeiten der Halogenierung sämtlicher Methylbenzole außer Hexamethylbenzol, bezogen auf m-Xylol, wurde als

Summe der relativen Teilgeschwindigkeiten der Halogenierung der einzelnen unsubstituierten Ring-C-Atome berechnet. Letztere ergaben sich als Prod. der relativen Teilgeschwindigkeiten 600; 5 u. 870 entsprechend der Ggw. einer o-, m- oder p-ständigen Methylgruppe. Ähnlich, aber basierend auf gemessenen relativen Basizitäten einiger höher methylierter Benzole (Gleichgewichtskonstanten bei Rk. mit $HF \cdot BF_3$), wurden die relativen Basizitäten der obigen Verbb., bezogen auf m-Xylol, berechnet. Hier werden die relativen Teilbasizitäten eines unsubstituierten Ring-C-Atoms auf Grund einer o-, m- bzw. p-ständigen Methylgruppe gleich 103, 3,1 bzw. 145. Für die errechneten Werte ergab sich die Beziehung log (relative Halogenierungsgeschwindigkeit) = 1,27 log (relative Basizität) + konstans. Da das Verhältnis log (relative Teilgeschwindigkeit der Halogenierung bzgl. o-, m- oder p-Methyl) zu log (relative Teilbasizität bzgl. o-, m- oder p-Methyl) log 600/log 103 = log 5/log 3,1 = log 870/log 145 = **1,39** $\pm$ 0,03 ist, wird angenommen, daß dieser Wert gleich der Steigung 1,27 der Geraden sein sollte. Die Differenz wird auf die Ungenauigkeit des Wertes für die relative Basizität des Toluols zurückgeführt. Die HAMMETsche Beziehung $\log K/K_0 = \varrho\sigma$ wurde formell auf die relative Teilhalogenierung bzgl. m- bzw. p-Methyl u. die relative Teilbasizität bzgl. m- bzw. p-Methyl angewendet. Da die mit den bekannten $\sigma$-Werten für m- bzw. p-Methyl erhaltenen $\varrho$-Werte sowohl für die Halogenierung wie auch für die Basizität stark differieren, wird vorgeschlagen, für die Rk. an aromat. Ring-C-Atomen besondere $\sigma$-Werte einzuführen. (J. Amer. chem. Soc. **74.** 2528—29. 20/5. 1952. Bartlesville, Okla., Phillips Petroleum Comp., Res. Div.)
MANTHEY. D 225

**Serge May, Michel Sarraf, Alain Vobauré** und **Pascaline Daudel,** *Jodaustausch zwischen Jodbenzol und Natriumjodid. Jodbenzol* u. *NaJ** (mit radioakt. $^{131}J$) wurden in sek.-Octylalkohol 3 Std. auf 240° erhitzt u. das Ausmaß des J-Austausches durch Best. der Aktivität des J in der organ. u. wss. Phase untersucht. Bei Variation der NaJ*-Konz. läßt sich dann die Reaktiongeschwindigkeitskonstante berechnen. Die Rk. ergab sich als monomol. mit einem $k = 5-9 \cdot 10^{-5}$ [$h^{-1}$?]. Die Rk. scheint jedoch etwas verwickelter zu sein, denn bei Änderung der Reaktionszeit ist die Konstanz geringer. KRISTJANSON u. WINKLER (Canad. J. Chem. **29.** [1951.] 154) erhielten bei analoger Rk. in Acetonitril einen Wert für $k = 100 \cdot 10^{-5}$ (als monomol. Rk.). (C. R. hebd. Séances Acad. Sci. **233.** 744—45. 1/10. 1951.)
DU MONT. D 225

**Cyrus O. Guss** und **Homer R. Williams,** *Die Wirkung von Lösungsmittel und Temperatur auf die basenkatalysierte Reaktion von Styroloxyd mit Phenol.* Bei der basenkatalysierten Rk. von *Styroloxyd* (**I**) mit Phenolen ist das Verhältnis von gebildetem prim. zu sek. Alkohol eine Funktion von Lösungsm. u. Temperatur. Ist nur überschüssiges Phenol Lösungsm., so wird fast ausschließlich prim. Alkohol gebildet, wobei Angriff auf den Kern unter Bldg. von Phenolalkoholen, wie *2-[2-Oxyphenyl]-2-phenyläthanol* (F. 71—74°) u. *2-[4-Oxyphenyl]-2-phenyläthanol* (F. 88—90°), stattfindet. Der prim. Alkohol entsteht in einer Rk. 1. Ordnung aus einem über H gebundenen Komplex zwischen Oxyd u. Hydroxylverb., während sek. Alkohol in einer bimol. Rk. gebildet wird. Die Rk. von I mit überschüssigem $\beta$-Naphthol in W. gibt große Mengen von *2-[2-Oxynaphthyl-(1)]-2-phenyläthanol* u. sehr wenig Ätheralkohol. In Dioxan als Lösungsm. wurden prim. u. sek. Ätheralkohol in fast gleichen Mengen, aber viel weniger Phenolalkohol gefunden. Statt **I** wurde auch *p-Nitrostyroloxyd* verwendet. Die Menge an gebildetem prim. Alkohol betrug bei einer Versuchsreihe bei Verwendung der Lösungsmittel Tetrahydrofuran + Methanol 28%, Tetrahydrofuran 43%, Dioxan 47%, Acetal 55%, A. 57%, Allylalkohol 64%, Methanol 69%, Nitrobenzol 71%, Toluol 72%, Thiophen 73%, W. 77%, Phenol 88%. Erhöhung der Temp. verringert die Menge an gebildetem prim. Alkohol, weil die Bldg. der H-Bindung zwischen Oxyd u. Hydroxylverb. verzögert wird. Es wird der Reaktionsablauf diskutiert u. versucht, eine Erklärung dafür zu geben. (J. org. Chemistry **16.** 1809—16. Dez. 1951. Los Angeles, Calif., Univ., Dep. of Chem.)
MATTNER. D 225

**André Étienne** und **Alexandre Staehelin,** *Photochemie von meso-Azanaphthacen und angularen Benzologen, die aus dem linearen Benzisatin entstehen.* Kondensation von 5.6-Benzisatin (**I**) mit Cyclohexanon nach PFITZINGER liefert *1.2.3.4-Tetrahydro-5-azanaphthacencarbonsäure-(12)* ($C_{18}H_{15}O_2N$, gelbe Platten aus Essigsäure, F. 364—365°), die bei 300° zu *1.2.3.4-Tetrahydro-5-azanaphthacen* ($C_{17}H_{15}N$, hellgelbe Nadeln durch Sublimation, F. 170—171°) decarboxyliert wird u. nach Dehydrierung zu *Benzo-[b]-acridin* (**II,** $C_{17}H_{11}N$, orangefarbene Blättchen durch Sublimation, F. 225—226°) einer $CrO_3$-Oxydation zu *5-Azanaphthacenchinon-(6.11)* ($C_{17}H_9O_2N$, hellgebe Nadeln aus Essigsäure F. 304—305°) unterworfen wird. Analoge Rk. von **I** mit $\alpha$-Tetralon liefert *5.6-Dihydrodibenzo-[b:h]-acridincarbonsäure-(7)* ($C_{22}H_{15}O_2N$, gelbe Nadeln aus Essigsäure, F. 317 bis 319°). Hieraus wie vorst. *Dibenzo-[b:h]-acridin* (**III,** $C_{21}H_{13}N$, gelbe Nadeln aus Bzl., F. 194—195°) u. *Dibenzo-[b:h]-acridindion-(8.13)* (**VI,** $C_{21}H_{11}O_2N$, dimorph, Nadeln,

F. 265—267°, u. hellgelbe Prismen, F. 304—306°). Analog aus **I** u. β-Tetralon *5.6-Dihydrodibenzo-[a:i]-acridincarbonsäure-(14)* ($C_{22}H_{15}O_2N$, gelbe Nadeln aus Essigsäure, F. 358—360°) u. hieraus *Dibenzo-[a:i]-acridin* (**IV**, $C_{21}H_{13}N$, gelbe Nadeln aus Bzl., F. 207 bis 208°) u. *Dibenzo-[a:i]-acridindion-(8.13)* ($C_{21}H_{11}O_2N$, dimorph, Nadeln vom F. 274 bis 276° u. hellgelbe Prismen vom F. 291—293°). — In photochem. Beziehung zeigen **II**, **III** u. **IV** analoge Eigg. wie 1-Azanthracen (**V**) u. Acridin. Wie **V** sind sie in der Lage, eine Photooxydation einzugehen, u. bilden in benzolverd. $CS_2$-Lsg. *meso-Chinone*, jedoch ließ sich nur das von **III** (Peroxydbrücke in 8.13-Stellung, $C_{21}H_{13}O_2N$, hellgelbe Kristalle, F. 195—200°) kristallin fassen, das bei schnellem Erhitzen $O_2$ abgibt, bei langsamem Erhitzen jedoch **VI** bildet. Bei Belichtung in äther. Lsg. bilden **II**, **III** u. **IV** nahezu farblose, dimere Prodd., die in keinem Lösungsm. lösl. sind, unterhalb 300° schm. u. bei langsamem Erwärmen wieder monomerisieren. (C. R. hebd. Séances Acad. Sci. **234**. 1453—55. 31/3. 1952.) LEHWALD. D 226

**Herbert C. Brown** und **Howard W. Pearsall**, *Die Einwirkung des Katalysatorenpaares Aluminiumchlorid–Chlorwasserstoff auf Toluol bei tiefen Temperaturen; die Natur der Friedel-Craftsschen Komplexe.* (Vorläufige Mitt. vgl. C. **1951**. II. 1265.) Vff. untersuchen die Rk. zwischen *Toluol* (**I**) u. *$AlCl_3$* (**II**) ohne u. in Ggw. von gasförmiger *HCl* (**III**) bei tiefen Tempp. (—80°). Sie zeigen, daß **I** u. **II** nicht miteinander reagieren, **II** in **I** auch unlösl. ist; wird nun **III** eingeleitet, löst sich **II** auf, u. es bildet sich eine grüne Lsg.; diese Rk. ist vollkommen reversibel; denn unter vermindertem Druck läßt sich **III** abdest., **I** u. **II** werden unverändert zurückerhalten. Die Rk. verläuft also unter Ausbildung von Solvaten der *Aluminiumchloridchlorwasserstoffsäure*, wobei vorerst noch nicht entschieden wird, ob die Komplexe als $[ArH^+][AlCl_4^-]$ **I** als chinoides, resonanzfähiges Kation enthalten oder besser als π-Komplexe nach DEWAR (C. **1946**. I. 168) zu formulieren sind. Die vorst. Rk. wird hinsichtlich des **III**-Druckes quantitativ untersucht; aus den beobachteten Drucken lassen sich Komplexe der Form $ArH^+AlX_4^-$, $ArH^+Al_2X_7^-$, $ArH^+Al_3X_{10}^-$, $ArH^+Al_4X_{13}^-$ . . . $R^+[AlX_4 \cdot n\,AlX_3]^-$ wahrscheinlich machen. Diese Komplexe sehen Vff. als wesentlich für das Zustandekommen einer FRIEDEL-CRAFTSschen Rk. an; denn sie stellen ein stark polares Medium dar, in dem Kryptoionen sich bilden u. reagieren können. (J. Amer. chem. Soc. **74**. 191—95. 5/1. 1952. Lafayette, Ind., Wayne Univ., Dep. of Chem., u. Purdue Univ., Dep. of Chem.) ZIMMER. D 227

## $D_2$. Präparative organische Chemie. Naturstoffe.

**William E. Truce** und **Anna M. Murphy**, *Die Herstellung von Sulfinsäuren.* Übersicht über die gebräuchlichsten Verff., wie Red. von Sulfonylhalogeniden, Sulfinierung von Organometallverbb., FRIEDEL-CRAFTS-Sulfinierung von Aromaten, Austausch einer Diazoniumgruppe, alkal. Spaltung von Sulfonen, Umlagerungen einiger o-substituierter aromat. Sulfone u. andere, zur Herst. von *Sulfinsäuren.* — 316 Literaturangaben. (Chem. Reviews **48**. 69—124. Febr. 1951. Lafayette, Ind., Purdue Univ., Dep. of Chem.) ZIMMER. 450

**L. P. McHatton** und **M. J. Soulal**, *Ungewöhnliche Reaktionen des Thalliums.* 1. Mitt. *Alkoxyde und Aryloxyde des Thalliums als oxydierende Agentien. Thallium(I)-alkoxyde* u. *-aryloxyde* oxydieren *Benzoine* nach $Ar \cdot CO \cdot CH(OH)Ar + 2\,TlOR \rightarrow (Ar \cdot CO)_2 + 2\,Tl + 2\,ROH$ quantitativ zu den entsprechenden *Diketonen. Aliphat. Acyloine* werden dagegen nicht oxydiert, sondern geben n. Tl-Derivate. — Die Tl(I)-Alkoxyde stellen Vff. bequem aus 3%ig. Tl-Amalgam u. den entsprechenden Alkoholen, Phenolen oder Enolen in $O_2$-angereicherter Luft her. Das Tl-Deriv. (**III**) des *Benzylacetessigsäureäthylesters* analog herzustellen gelang nicht; es entstanden Tl(I)-Acetat (**I**) u. das *Tl-Deriv.* (**IV**) des *Phenylbrenztraubensäureäthylesters*, die auch das auf anderem Wege gebildete **III** mit Tl-Amalgam u. $O_2$ in Bzl. gab. Ähnlich reagierte *3-Benzylpentandion-(2.4)* (**V**): Neben **I** wurde *Benzylmethyldiketon* erhalten.

V e r s u c h e: *Tl(I)-Alkoxyde* u. *-Aryloxyde* wurden durch Rk. eines 3%ig. Tl-Amalgams mit der Hydroxylverb. in Bzl. unter Durchleiten von $O_2$ erhalten; durch Bzn. ließ sich das Tl-Deriv. ausfällen, das im allg. aus A. umkrist. oder aus Bzl. gefällt wurde. Es wurden dargestellt: *Tl(I)-Phenolat*, F. 233°. — *Tl(I)-o-Kresolat*, F. 164° (Zers.). — *Tl(I)-m-Kresolat*, F. 199°. — *Tl(I)-p-Kresolat*, F. 203°. — *Tl(I)-o-Methoxyphenolat*, F. 163°. — *Tl(I)-m-Methoxyphenolat*, F. 147°. — *Tl(I)-p-Methoxyphenolat*, F. 196°. — *Tl(I)-Thymolat*, F. 164° (Zers.). — *Tl(I)-Carvacrolat*, F. 158—160° (Zers.). — *Tl(I)-Eugenolat*, F. 148—152° (Zers.; Pyridin). — *Tl(I)-Acetessigsäureäthylesterverb.*, F. 88°. — *Tl(I)-Äthylacetessigsäureäthylesterverb.*, F. 170° (Zers.). — *Benzil*, aus Benzoin (86% [Ausbeute]), *Anisil*, aus Anisoin (91%), *Piperil*, aus Piperoin (97%), *Furil*, aus Furoin (82%), u. *$C_6H_5CO \cdot CO \cdot C_4H_3O$*, aus $C_6H_5CHOH \cdot CO \cdot C_4H_3O$ (92%), wurden hergestellt, indem zu der Lsg. des Acyloins in Bzl. $C_2H_5OTl$ (**II**) gegeben, vom ausgefallenen metall. Tl abfiltriert, überschüssiges Alkoxyd durch Eisessig u. alkoh. KJ ausgefällt u. danach vom Lösungsm. abdest. u. aus A. umkrist. wurde. Die anderen Tl-Verbb. reagieren, wie orientierende Verss. ergaben, ebenso. — *Tl(I)-Deriv. des Acetoins*, $C_4H_7O_2Tl$, Plättchen, F. 162° (Zers.): **II**-Lsg. wurde zu einer benzol. Lsg. von Acetoin gegeben, wobei sich das gesuchte Prod. sofort kristallin abschied; durch Lösen in A. u. Fällen mit Bzl. wurde es gereinigt. — *Tl(I)-Deriv. des Butyroins*, $C_8H_{15}O_2Tl$, Plättchen, F. 129°, bildete sich analog; die Ausbeuten sind hoch. — Benzylacetessigsäureäthylester wurde, wie bei den Acyloinen beschrieben, oxydiert; es wurde als Nd. *Tl(I)-Acetat* (**I**), $C_2H_3O_2Tl$, erhalten, identifiziert durch Zers. mit KJ u. Überführung in *p-Nitrobenzylacetat*, F. 78°, u. *p-Bromphenacylacetat*, F. 85°, aus dem Filtrat wurde durch Leichtbenzin das *Tl(I)-Deriv. des Phenylbrenztraubensäureäthylesters* (**IV**), $C_{11}H_{11}O_3Tl$, als gelbe M. gewonnen; nach Zers. mittels KJ wurde ein positiver $FeCl_3$-Test sowie ein *Phenylhydrazon*, F. 89°, u. ein *Semicarbazon*, F. 164°, erhalten. — *Tl(I)-Deriv. des Benzylacetessigsäureäthylesters* (**III**), $C_{13}H_{15}O_3Tl$, zersetzliche M., aus **II** u. dem Ester in Bzl.; dieses Prod. gab nach dem Schütteln mit Tl-Amalgam u. $O_2$ **I** u. **IV**. — *Benzylmethyldiketon* (*Osazon*, F. 171°), wurde neben **I** als Oxydationsprod. von 3-Benzylpentandion-(2.4) (**V**) erhalten. — *Tl(I)-Deriv. von* **V**, $C_{12}H_{13}O_2Tl$, gelbes Pulver, F. 78°, aus **V** u. **II** in Bzl. u. Fällen mit Leichtbenzin; leicht oxydierbar an der Luft. (J. chem. Soc. [London] **1952**. 2771—73. Juli. London, Acton Techn. Coll.) ZIMMER. 450

**Philip Pomerantz**, *Synthese und physikalische Eigenschaften von n-Heptan und 2.2.4-Trimethylpentan.* Es werden die Synthesen von größeren Mengen an völlig reinem *n-Heptan* (**I**) u. *2.2.4.Trimethylpentan* (**II**) mitgeteilt. **I** u. **II** sollen als Standardpräpp. zur Best. der Octanzahl in Kraftstoffen dienen; **I** soll außerdem noch als Standard für Tieftemperaturcalorimeter dienen. Einige physikal. Eigg. von **I** u. **II** wurden äußerst genau bestimmt: **I**, Reinheitsgrad 99,9984%, F. $-90,604 \pm 0,005°$, $Kp._{760}$ 98,422°, $\Delta$Kp./mm Hg 0,0448°, $n_D^{20}$ 1,38756, $n_D^{25}$ 1,38519, $D.^{20}$ 0,68366, $D.^{25}$ 0,67937; **II**, Reinheitsgrad 99,998%, F. $-107,388°$, $Kp._{760}$ 99,236°, $\Delta$Kp./mm Hg 0,0462°, $n_D^{20}$ 1,39142, $n_D^{25}$ 1,38893, $D.^{20}$ 0,69188, $D.^{25}$ 0,68783. — *Heptanol-(2)* (**V**), $Kp._{760}$ 159,7°, aus Heptanon-(2) ($Kp._{760}$ 151,03°, $D.^{20}$ 0,81570, $D.^{25}$ 0,81166, $n_D^{20}$ 1,40878, $n_D^{25}$ 1,40666) durch Hydrierung in Ggw. von Ni-Katalysator, $D.^{20}$ 0,8167, $D.^{25}$ 0,8129, $n_D^{20}$ 1,4203, $n_D^{25}$ 1,4182. **V** wurde zu Hepten mittels konz. $H_2SO_4$ dehydratisiert, welches dann in Ggw. von Ni-Katalysator zu **I** hydriert wurde. Alle Zwischenprodd. wurden durch sorgfältigste Fraktionierung gereinigt. **II** wurde aus 2.4.4-Trimethylpenten-(1) (**IV**), (durch Fraktionierung von *Diisobutylen* [**III**] erhalten) durch Hydrierung erhalten; **IV**, F. $-93,508°$, $Kp._{760}$ 101,46°, $D.^{20}$ 0,71512, $D.^{25}$ 0,71081, $n_D^{20}$ 1,40857, $n_D^{25}$ 1,40592; *2.4.4-Trimethylpenten-(2)* (**VI**), F. $-103,321°$, $Kp._{760}$ 104,94°, $D.^{20}$ 0,72177, $D.^{25}$ 0,71755, $n_D^{20}$ 1,41611, $n_D^{25}$ 1,41337. — Käufliches **III** besteht aus 80,7% **IV**, 17,6% **VI**, insgesamt 1,1% *3.4.4-Trimethylpenten-(2)* u. *2.3.4-Trimethylpenten-(2)*, insgesamt 0,4% *2.3.3-Trimethylpenten-(1)*, *2.3.4-Trimethylpenten-(1)* u. *5.5-Dimethylhexen-(2)*, u. 0,2% Alkoholen, Ketonen u. a. niedrigsd. Produkten. (J. Res. nat. Bur. Standards **48**. 76—81. Jan. 1952. Washington.)

ZIMMER. 510

**E. J. Barber, L. L. Burger** und **G. H. Cady**, *Fluorierung von Pentanen mit Kobalttrifluorid.* Vff. untersuchten die Fluorierung von *n-Pentan* (**I**), *Isopentan* (**II**), *Neopentan* (*tert.-Pentan*) (**III**) u. *Cyclopentan* (**IV**) mit $CoF_3$. Das Ausgangsmaterial wurde im $N_2$-Strom verdampft u. über das in einer Cu-App. befindliche $CoF_3$ geleitet. Die Temp. betrug am Eingang in den Reaktionsraum 175° u. am Ausgang 325°. Die Fluorierungsprodd. wurden nochmals bei 300—325° über $CoF_3$ geleitet, wodurch die Ausbeuten an Perfluorverbb. gesteigert werden konnten. — Aus **I** entstehen hauptsächlich *Perfluor-n-pentan* ($n$-$C_5F_{12}$) u. $n$-$C_5HF_{11}$ sowie $n$-$C_5H_2F_{10}$ u. Spuren *cyclo*-$C_5F_{10}$. — **II** liefert *Perfluorisopentan* neben geringen Mengen *iso*-$C_5HF_{11}$. — Aus **III** entstehen *iso*-$C_5F_{12}$, *iso*-$C_5HF_{11}$ u. tiefer sd. Prodd., darunter $n$-$C_4F_{10}$, *iso*-$C_4F_{10}$ u. $C_4HF_9$; aber überraschenderweise kein Perfluorneopentan. Demnach müssen Umlagerungen des C-Gerüstes u. Kettenspaltungen eintreten. — **IV** gibt *Perfluorcyclopentan*, *cyclo*-$C_5HF_9$ u. etwas $n$-$C_5F_{12}$. Alle Prodd. enthalten geringe Mengen ungesätt. Verbb., die $KMnO_4$ entfärben, aber nicht mit $Br_2$ reagieren. — Auf Grund dieser Beobachtungen werden zur Deutung des Reaktionsmechanismus bei der Fluorierung von KW-stoffen mit $CoF_3$ folgenden Reaktionstypen angenommen: a) Bldg. von freien Radikalen gemäß $RH + CoF_3 = R\cdot + HF + CoF_2$; b) sofortige Umsetzung der Radikale mit $CoF_3$ nach $R\cdot + CoF_3 = RF + CoF_2$; c) therm. Zers., bes. der Monofluorverbb., unter Austritt von HF gemäß $C_5H_{11}F = C_5H_{10} + HF$; d) Anlagerung von $F_2$ an die Doppelbindungen; e) Verschiebung einer Doppelbindung unter Ringschluß. Die bei fortschreitender Fluorierung erforderliche höhere Reaktionstemp. hat ihren Grund darin, daß die Substitution der letzten H-Atome infolge der durch die $-CF_2$-Gruppen bedingten Bindungsfestigung erschwert ist. (J. Amer. chem. Soc. **73**. 4241—43. Sept. 1951. Washington, Univ., Dep. of Chem. and Chem. Engng.) FORCHE. 510

**Leland L. Burger** und **George H. Cady**, *Physikalische Eigenschaften der Perfluorpentane.* (Vgl. vorst. Ref.) Von den sorgfältig gereinigten Verbb. *Perfluor-n-pentan* (**I**), *Perfluorisopentan* (**II**) u. *Perfluorcyclopentan* (**III**) wurden Kp., F., Umwandlungspunkte, D. u. Viscosität bei verschied. Tempp. bestimmt u. mit den Werten der entsprechenden KW-stoffe verglichen. In den Eigg. von **I** u. **II** bestehen gewisse Gemeinsamkeiten; die Abweichungen liegen umgekehrt wie bei den KW-stoffen. Die beiden cycl. Verbb. zeigen Ähnlichkeiten in ihren Schmelzeigg.; ihre hohen FF. entsprechen der symm. Struktur der Moleküle. **I** u. **II** unterscheiden sich von den zugehörigen KW-stoffen durch ihre niedrigen Schmelzentropien u. durch die Tatsache, daß **II** höher als **I** schmilzt. Auch die höhere D. u. die geringere Flüchtigkeit von **II** im Vgl. zu **I**, sowie die Viscositätsunterschiede stehen im Gegensatz zu den umgekehrten Verhältnissen bei den entsprechenden KW-stoffen. Aus der theoret. Betrachtung der Viscositätswerte ist zu schließen, daß die Fluorkohlenstoffmoll. entweder enger gepackt oder weniger biegsam als die KW-stoffmoll. sind; die letztere Annahme ist die wahrscheinlichere. Bemerkenswert sind die hohen Ausdehnungskoeffizienten der fl. Fluorkohlenstoffe u. ihre starke Temperaturabhängigkeit. — *n-*$C_5F_{12}$ (**I**), Kp. 29,3°; F. —125,2° ($\Delta S = 11$); D.$^{20}$ 1,620; D.$^{Kp.}$ 1,585; Mol.-Vol. bei 20° 178, beim Kp. 182; Ausdehnungskoeff. 0,00197 bei 15°; $\eta_{20}$ 4,94; $\eta_{Kp.}$ 4,38; Kompressibilität $33 \cdot 10^{-5}$ at$^{-1}$ bei 25°. — *Iso-*$C_5F_{12}$ (**II**), Kp. 30,1°; F. —96,5° ($\Delta S = 2$); D.$^{20}$ 1,664; D.$^{Kp.}$ 1,631; Mol.-Vol. bei 20° 173, beim Kp. 177; Ausdehnungskoeff. 0,00193 bei 15°; $\eta_{20}$ 6,28; $\eta_{Kp.}$ 5,36. — *Cyclo-*$C_5F_{10}$ (**III**), Kp. 22,5°; F. 10,5° ($\Delta S = 3$); D.$^{20}$ 1,645; D.$^{Kp.}$ 1,637; Mol.-Vol. bei 20° 152, beim Kp. 153; Ausdehnungskoeff. 0,00193 bei 15°; $\eta_{20}$ 7,67; $\eta_{Kp.}$ 7,27. — *n-*$C_5H_{12}$, Kp. 36,1°; F. —129,6° ($\Delta S = 14{,}0$); D.$^{20}$ 0,626; D.$^{Kp.}$ 0,611; Mol.-Vol. bei 20° 115, beim Kp. 118; Ausdehnungskoeff. 0,00153 bei 15°; $\eta_{20}$ 2,32; $\eta_{Kp.}$ 2,01. — *Iso-*$C_5H_{12}$, Kp. 28,0°; F. —160,4° ($\Delta S = 10{,}9$); D.$^{20}$ 0,620; D.$^{Kp.}$ 0,613; Mol.-Vol. bei 20° 116, beim Kp. 118; Ausdehnungskoeff. 0,00155 bei 15°; $\eta_{20}$ 2,23; $\eta_{Kp.}$ 2,08. — *Cyclo-*$C_5H_{10}$, Kp. 49,5°; F. —94,0° ($\Delta S = 0{,}807$); D.$^{20}$ 0,746; D.$^{Kp.}$ 0,715; Mol.-Vol. bei 20° 94, beim Kp. 98; Ausdehnungskoeff. 0,00126 bei 15°; $\eta_{20}$ 4,37; $\eta_{Kp.}$ 3,25. (J. Amer. chem. Soc. **73**. 4243—46. Sept. 1951.) FCRCHE. 510

**A. N. Nessmejanow, W. A. Ssasonowa** und **Je. I. Wassiljewa**, *β.β'-Dibromsubstituierte Äther. β.β'-Dibromsubstituierte Äther* wurden aus Äthylenoxyd durch gleichzeitige Einw. von $Br_2$ u. ungesätt. KW-stoffen (Äthylen, Propylen, Isobutylen u. Cyclohexen) hergestellt. Bei Anwendung von Äthylen entstanden *β.β'-Dibromdiäthyläther* (**I**) u. als Nebenprodd. *Äthylenglykol-di-β-bromäthyläther* (**II**), *Diäthylenglykol-di-β-bromäthyläther* (**III**) u. *Äthylendibromid* (**IV**). Auch die anderen ungesätt. KW-stoffe lieferten Nebenprodukte.

Versuche: Rk. mit $C_2H_4$. Zu 41 g Äthylenoxyd läßt man unter Rühren u. Kühlen mit Schnee + NaCl 116 g $Br_2$ unter gleichzeitigem Durchleiten von $C_2H_4$ so schnell zutropfen, daß das Gemisch immer gelb ist; nach Eingießen in W. u. Entfärben mit $Na_2CO_3$-Lsg. wird fraktioniert. Erhalten werden 44% **I**, 10% **II**, 22% **IV** u. **III** (?%). *β.β'-Dibromdiäthyläther* („*Bromex*") (**I**), $C_4H_8OBr_2$, Kp.$_4$ 74—75°; D.$^{20}_{4}$ 1,8450; $n_D^{20}$ 1,5150; Mol.-Refr. ($[MR]_D$) 37,91. *Äthylenglykol-di-β-bromäthyläther* (**II**), $C_6H_{12}O_2Br_2$, Kp.$_3$ 117—118°; D.$^{20}_{4}$ 1,6777; $n_D^{20}$ 1,5038; $[MR]_D$ 48,70. *Diäthylenglykol-di-β-bromäthyläther* (**III**), $C_8H_{16}O_3 \cdot Br_2$, Kp.$_8$ 156—159°; D.$^{20}_{4}$ 1,5686; $n_D^{20}$ 1,4971; $[MR]_D$ 59,71. — *Vinyl-β-bromyläther*, $C_4H_7OBr$, Kp.$_{757}$ 125,5—127°. 20 g **I** werden mit 19 g gepulvertem NaOH auf 204—270° (Badtemp.) erhitzt; D.$^{20}_{4}$ 1,4117; $n_D^{20}$ 1,4705; $[MR]_D$ 29,79; 30%. Reagiert mit akt. Mg in Ae. oder Na unter Ausscheiden von $C_2H_4$ u. $C_2H_2$. — Bei der Rk. mit Propylen wurden nachst. Prodd. erhalten. *β-Bromäthyl-β'-bromisopropyläther* (**V**), $C_5H_{10}OBr_2$, Kp. 64—65°; D.$^{20}_{4}$ 1,7229; $n_D^{20}$ 1,5035; 58%. *Äthylenglykol-β-bromäthyläther-β'-bromisopropyläther*, $C_7H_{14}O_2Br_2$, Kp.$_3$ 112—113°; D.$^{20}_{4}$ 1,5854; $n_D^{20}$ 1,4960; 6%. *Propylendibromid*; 6%. — Aus **V** wurde mit Anilin *2-Methyl-N-phenylmorpholin*, Kp.$_3$ 93—94°; D.$^{20}_{4}$ 1,0550; $n_D^{20}$ 1,5550; 65%, gewonnen, hieraus nach der Meth. von COTTLE u. Mitarbeitern (vgl. C. **1946**. I. 609) die *p-Nitrosoverb.*, $C_{11}H_{14}O_2N_2$, F. 69—70° (aus wss. Aceton); 85%, u. hieraus beim Behandeln mit $NaHSO_3$ *2-Methylmorpholin*, Kp. 133°; $n_D^{25}$ 1,4450. — Die Rk. mit Isobutylen ergab nachst. Produkte. *β-Bromäthyl-β'-brom-tert.-butyläther*, $C_6H_{12}OBr_2$, Kp.$_2$ 84—85°; D.$^{20}_{4}$ 1,6264; $n_D^{20}$ 1,4996 u. (ohne Mitwrkg. von Äthylenoxyd) *1,2-Dibrom-2-methylpropan*. — Rk. mit Cyclohexen. Zu 80 g Äthylenoxyd läßt man bei —10° gleichzeitig 107,7 g $Br_2$ u. 55 g Cyclohexen zutropfen, sonst analog Vorst.; erhalten wurden nachst. Verbindungen. *2-Bromcyclohexanol-(1)-β-bromäthyläther* (**VI**), $C_8H_{14}OBr_2$, Kp.$_3$ 110°; D.$^{20}_{4}$ 1,6233; $n_D^{20}$ 1,5256; $[MR]_D$ 54,01; 78%. *Äthylenglykol-2-bromcyclohexyl-(1)-äther*]-[*β-bromäthyläther*], $C_{10}H_{18}O_2Br_2$, Kp.$_4$ 148°; D.$^{20}_{4}$ 1,5330; $n_D^{20}$ 1,5172; $[MR]_D$ 64,99; 4%. — *Cyclohexen-(1)-ol-(3)-β-äthoxyäthyläther*, $C_{10}H_{18}O_2$, Kp.$_5$ 72°, bei 3std. Kochen von **VI** mit alkoh. KOH; D.$^{20}_{4}$ 0,9445; $n_D^{20}$ 1,4573; 37%. Gibt mit konz. $H_2SO_4$ in A. eine rotviolette Färbung. Mit Na bei 190—200° entsteht *Cyclohexadien*; Nachw. durch Überführung in *1.2.3.4-Tetrabromcyclohexan* u. das *Addukt* mit *Maleinsäureanhydrid.* — *1-Äthoxy-2-β-bromäthoxycyclohexan*, $C_{10}H_{19}O_2Br$, $Kp._{5,5}$ 116°; aus 50 g **VI** u. gesätt. alkoh. Lsg. von 18 g KOH, 1 Woche bei Zimmertemp.; $D.^{20}_4$ 1,2376; $n_D^{20}$ 1,4795. (Известия Академии Наук СССР, Отделение Химических Наук [Nachr. Akad. Wiss. UdSSR, Abt. chem. Wiss.] **1951**. 708—13. Nov./Dez. Moskau, Lomonossow-Univ.) v. WILPERT. 560

**Erich Schneider,** *Darstellung und Eigenschaften von Alkylschwefelhalogeniden.* Methylmercaptan u. Dimethyldisulfid bilden bei —15° mit $Cl_2$ in $CCl_4$ das *Dichlorid des Dimethyldisulfids*, das sich beim Erwärmen zu *Methylschwefelchlorid* (**I**) zers. u. am besten salzartig, $[CH_3 \cdot S(Cl) \cdot S \cdot CH_3]^+Cl^-$, formuliert wird, da der therm. Zerfall anders verläuft als der der Dichloride einfacher Thioäther, die α-halogenierte Thioäther liefern. Ein entsprechendes Dibromid konnte nicht isoliert werden; auch aus anderen Mercaptanen oder Disulfiden wurden mit $Cl_2$ oder $Br_2$ keine Dihalogenide, sondern sofort die meist unbeständigen *Alkylschwefelhalogenide* erhalten, die nicht isolierbar sind, aber mit Äthylen *β-halogenierte Thioäther* liefern. Prim. Alkylschwefelchloride werden unter Einfl. des Lichts unter HCl-Abspaltung zersetzt. **I** geht dabei über in $ClCH_2$–SCl (**II**). Im Gegensatz zu FUSON u. Mitarbeiter (C. **1946**. I. 313) erhielt Vf. aus β-Chloräthylschwefelchlorid u. $C_2H_2$ *[β-Chlorvinyl]-[β-chloräthyl]-sulfid* (**IV**) nur als Nebenprod. neben einem sehr viscosen Öl, das *α.β-Dichlor-α.β-bis-[β-chloräthylmercapto]-äthan* (**V**) zu sein scheint. **V** spaltet HCl zu *α-Chlor-α.β-bis-[β-chloräthylmercapto]-äthylen* ab.

Versuche: *Dichlorid des Dimethyldisulfids*, $C_2H_6Cl_2S_2$, aus $CH_3SH$ u. $Cl_2$ in $CCl_4$ bei —15°. — *Methylschwefelchlorid* (**I**), $CH_3ClS$, $Kp._{60}$ 20—23°, orangerote Fl., aus vorst. Verb. durch Erwärmen auf Zimmertemperatur. — *Methyl-[β-bromäthyl]-sulfid*, $C_3H_7BrS$, $Kp._{18}$ 57—58°, aus $CH_3SH$ u. $Br_2$ in $CCl_4$ bei —20° u. Einleiten von $C_2H_4$ bei Raumtemperatur. — *Äthyl-[β-bromäthyl]-sulfid*, $C_4H_9BrS$, $Kp._{12}$ 55—57°, analog aus $C_2H_5SH$. — *Benzyl-[β-bromäthyl]-sulfid*, $C_9H_{11}BrS$, $Kp._{0,2}$ 111°, analog aus Benzylmercaptan. — *[β-Chloräthyl]-[β-bromäthyl]-sulfid*, $C_4H_8ClBrS$, $Kp._{0,3}$ 65—66°, E. 14°, aus β-Chloräthylmercaptan. — *Chlormethylschwefelchlorid* (**II**), $CH_2Cl_2S$, $Kp._{12}$ 25°, aus **I** im Rohr im Sonnenlicht. — *Chlormethyl-[β-chloräthyl]-sulfid*, $C_3H_6Cl_2S$, $Kp._{14}$ 79°, aus **II** mit $C_2H_4$. — *[α.β-Dichloräthyl]-[β-chloräthyl]-sulfid* (**III**), $C_4H_7Cl_3S$, nicht unzers. destillierbar, blaßgelbes Öl, aus α.β-Dichloräthylschwefelchlorid u. $C_2H_4$. — *[β-Chlorvinyl]-[β-chloräthyl]-sulfid* (**IV**) u. *[α-Chlorvinyl]-β-chloräthylsulfid*, $C_4H_6Cl_2S$, $Kp._{0,4}$ 44—46° (Gemisch), aus **III** bei der Dest. an der Ölpumpe. — **IV**, $C_4H_6Cl_2S$, $Kp._{0,3}$ 42°, aus β-Chloräthylschwefelchlorid u. $C_2H_2$ in $CCl_4$ aus Vorlauf. — *α.β-Dichlor-α.β-bis-[β-chloräthylmercapto]-äthan* (**V**), $C_6H_{10}Cl_4S_2$, viscoses gelbes Öl, als Rückstand der Dest. von **IV**. — *[β-Chlorvinyl]-[β-chloräthyl]-sulfon*, $C_4H_6O_2Cl_2S$, F. 40°, aus **IV** mit Phthalmonopersäure; aus A. Nadeln. — *α-Chlor-α.β-bis-[β-chloräthylmercapto]-äthylen*, $C_6H_9Cl_3S_2$, durch Erhitzen von **V** auf 80°; bis 0,1 Torr undestillierbar. — *α-Chlor-α.β-bis-[β-chloräthylsulfonyl]-äthylen*, $C_6H_9O_4Cl_3S_2$, F. 102—103°, aus verd. A. Nadeln. (Chem. Ber. **84**. 911—16. 1951. Marburg/Lahn, Univ., Pharmazeut.-chem. Inst.) RUSKE. 600

**J. T. Hays, G. F. Hager, H. M. Engelmann** und **H. M. Spurlin,** *Kondensation von Formaldehyd mit Verbindungen, die aktiven Wasserstoff enthalten.* Die katalyt. Kondensation von $CH_2O$ mit Ketonen liefert in der Gasphase ungesätt. Ketone, in fl. Phase höchstens 50% Ausbeute, nach Angaben der Vff. nur 30% an Monomethylolderiv. des verwendeten Ketons. Vff. geben als Neben-Rkk. 1. die Rk. mit mehr als einem Mol. $CH_2O$, 2. Cyclisierung, Dehydratation u. Polymerisation der prim. gebildeten Verbb. u. 3. Selbstkondensation der Ausgangsverbb. an. Um diese Neben-Rkk. zu vermeiden, entwickelten Vff. zwei Apparate, die im wesentlichen aus Siedekolben, Fraktionieraufsatz u. Rückflußkühler bestehen, in denen das Keton zum Sieden erhitzt wird, während $CH_2O$ u. Alkali von oben zutropfen. Das Alkali wird im Siedekolben durch eine nichtflüchtige Säure neutralisiert. Für die Ausbeute ist die Tropfgeschwindigkeit des $CH_2O$ maßgeblich. Nur noch die Selbstkondensation von $CH_2O$ tritt als Neben-Rk. auf. Mit Aceton wurden bei einem $p_H$ von 10,5 der $CH_2O$–NaOH-Lsg. Ausbeuten an *Butanol-(1)-on-(3)* ($Kp._{12}$ 73 bis 76°, $n_D^{20}$ 1,4290) bis zu 85%, bezogen auf $CH_2O$, erzielt, mit Methyläthylketon unter gleichen Bedingungen, aber größerer Reaktionsgeschwindigkeit, eine gleiche Ausbeute an *2-Methylbutanol-(1)-on-(3)* ($Kp._{20}$ 92—95°, $n_D^{20}$ 1,4326). Verwendet man die Ketone im Überschuß, so erhält man bis zu 97% Ausbeute, bezogen auf Keton. Aus Diäthylketon entstehen 75% *5-Oxy-4-methylpentanon-(3)* ($Kp._{30}$ 109—111°), aus Nitromethan 64% *β-Nitroäthanol* ($Kp._{78}$ 95—99°). (J. Amer. chem. Soc. **73**. 5369—73. Nov. 1951. Wilmington, Del., Hercules Powder Comp.) KLEINWÄCHTER. 700

**Murray Hauptschein, Joseph F. O'Brien, Charles S. Stokes** und **Robert Filler,** *Fluorierte Ester.* 1. Mitt. *Ester von Perfluormono- und -dicarbonsäuren mit 1.1-Dihydrogenperfluoralkoholen und α.α.ω.ω-Tetrahydrogenperfluorglykolen.* Während sich Perfluor-n-buttersäure (I) nicht mit 1.1-Dihydrogenperfluor-n-butanol ($CF_3CF_2CF_2-CH_2OH$) (**IV**) verestern läßt, setzt sich **IV** mit n-Perfluorbutyrylchlorid (**II**) langsam zu *Perfluorbuttersäure-1.1-dihydrogenperfluorbutylester* u. schneller mit Perfluoroctanoylchlorid (**III**) zu *Perfluoroctansäure-1.1-dihydrogenperfluorbutylester* um. Analog erhält man aus Trifluoräthylalkohol (**V**) mit **II** den *Perfluorbuttersäure-1.1-dihydrogenperfluoräthylester*. Die Rk. ist auch auf Diole anwendbar. So entsteht bei der Umsetzung von überschüssigem **II** mit 1.1.5.5-Tetrahydrogenperfluorpentandiol-(1.5) (**VI**) das *1.1.5.5-Tetrahydrogenpentandiol-(1.5)-di-[perfluor-n-butyrat]*, mit 1.1.6.6-Tetrahydrogenperfluorhexandiol-(1.6) (**VII**) das *1.1.6.6-Tetrahydrogenhexandiol-(1.6)-di-[perfluor-n-butyrat]*. — Nach diesem Verf. sind auch Bis-[1.1-dihydrogenperfluoralkyl]-ester von Perfluordicarbonsäuren zugänglich; allerdings fehlen noch gute Methoden zur Gewinnung der Perfluordicarbonsäurechloride mit befriedigenden Ausbeuten. Aus rohem Perfluoradipinsäurechlorid wurde mit **IV** ein Diester zweifelhafter Reinheit erhalten. Gut gelingt die Synth. von *Perfluorglutarsäure-bis-[1.1-dihydrogenperfluor-n-butyl]-ester* (**IX**): Die Umsetzung von Perfluorglutarsäureanhydrid (**VIII**) mit 2 Mol **IV** liefert 58,8% des Diesters **IX** u. 26,1% des *Halbesters* **X**, welcher sich durch Behandlung mit $PCl_5$ zu dem *Esterchlorid* **XI** u. dessen Umsetzung mit der äquimol. Menge **IV** leicht in **IX** überführen läßt. Der Monoester **X** ist therm. stabil, aber wasserlösl. u. hydrolyseempfindlich. — Bei der Umsetzung von **VIII** mit α.α.ω.ω-Tetrahydrogenperfluorglykolen bilden sich Kondensationspolymere des Typs $-[-OOC\cdot(CF_2)_3COOCH_2(CF_2)_nCH_2-]_n$. — Die dargestellten Ester u. Diester sind unbrennbar u. in W. unlöslich. Von 10%ig. $K_2CO_3$-Lsg. werden sie nur langsam hydrolysiert, von 10%ig. KOH aber leicht verseift. Allg. ist die Hydrolysegeschwindigkeit der hochfluorierten Ester größer als diejenige der fluorärmeren Ester.

Versuche: *n-Perfluorbutyrylchlorid* (**II**), aus **I** mit überschüssigem $PCl_5$; >90% (Ausbeute). — *Perfluoroctanoylchlorid* (**III**), $C_7F_{15}COCl$, Kp.$_{744}$ 129—130°, $n_D^{25}$ 1,3025; durch Zusammenschütteln von 207 g Perfluoroctansäure u. 104,3 g $PCl_5$ u. 4std. Kochen am Rückflußkühler; 58%. — *1.1-Dihydrogenperfluor-n-butanol* (**IV**), aus **II** mit $LiAlH_4$; 87—90%. — *α.α.ω.ω-Tetrahydrogenperfluorpentandiol-(1.5)* (**VI**), Kp.$_{10}$ 111,5°; aus Perfluorglutarsäurediäthylester mit $LiAlH_4$; 86%. — *α.α.ω.ω-Tetrahydrogenperfluorhexandiol-(1.6)* (**VII**), Kp.$_3$ 100°; aus Perfluoradipinsäurediäthylester mit $LiAlH_4$; 85%. — *Perfluorbuttersäure-1.1-dihydrogenperfluor-n-butylester*, $C_3F_7-COOCH_2-C_3F_7$, Kp.$_{760}$ 124°; durch Zutropfen von 51,15 g **II** zu 40 g **IV**, 2tägiges Kochen, Waschen des Prod. mit 10%ig. $K_2CO_3$-Lsg., Trocknen über $MgSO_4$ u. Rektifikation; D.$^0_4$ 1,7057, D.$^{21,2}_4$ 1,6547, $n_D^0$ 1,2961, $n_D^{21,2}$ 1,2875; Umsatz 40%, Ausbeute nahezu 100%. — *Perfluoroctansäure-1.1-dihydrogenperfluor-n-butylester*, $C_7F_{15}-COOCH_2-C_3F_7$, Kp.$_{35}$ 81,5°; analog aus 34 g **III** u. 13 g **IV** in 10 Std.; D.$^{25}_4$ 1,7565, $n_D^{15}$ 1,2997, $n_D^{25}$ 1,2960; Umsatz 61%, Ausbeute fast 100%. — *Perfluorbuttersäure-2.2.2-trifluoräthylester*, Kp.$_{737}$ 92°; aus **II** u. **V** in 2½ Tagen; D.$^{25}_4$ 1,565, $n_D^{25}$ 1,278; Umsatz 25%. — *1.1.5.5-Tetrahydrogenperfluorpentandiol-(1.5)-di-[perfluor-n-butyrat]*, $C_3F_7-COOCH_2-(CF_2)_3-CH_2OOC-C_3F_7$, Kp.$_{30}$ 131°; aus **VI** u. **II** in 2 Tagen bei Tempp. bis 150°; D.$^0_4$ 1,7550°, D.$^{23}_4$ 1,7085, $n_D^0$ 1,3222, $n_D^{23}$ 1,3140; 62%. — *1.1.6.6-Tetrahydrogenperfluorhexandiol-(1.6)-di-[perfluor-n-butyrat]*, $C_3F_7-COO\cdot CH_2-(CF_2)_4-CH_2OOC-C_3F_7$, Kp.$_{1,5}$ 85°; aus **VII** u. **II**; D.$^{25}_4$ 1,734, $n_D^{25}$ 1,3160; Umsatz 30,6%, Ausbeute 71,6%. — Bei der Umsetzung von 25 g **VIII** mit 93,6 g **IV** in 2 Tagen bei 180° entstehen 58,8% *Perfluorglutarsäure-bis-[1.1-dihydrogenperfluor-n-butyl]-ester* (**IX**), $C_3F_7-CH_2OOC-(CF_2)_3-COOCH_2-C_3F_7$, Kp.$_{30}$ 129°, D.$^{24}_4$ 1,7090, $n_D^{24}$ 1,3142; u. 26,1% *Perfluorglutarsäuremono-[1.1-dihydrogenperfluor-n-butyl]-ester* (**X**), $C_3F_7-CH_2\cdot OOC-(CF_2)_3-COOH$, Kp.$_8$ 117°, $n_D^{22}$ 1,3285; liefert bei der Behandlung mit $PCl_5$ (10% Überschuß) 69% *Perfluorglutarsäuremono-[1.1-dihydrogenperfluor-n-butyl]-esterchlorid* (**XI**), $C_3F_7-CH_2OOC-(CF_2)_3-COCl$, Kp.$_{42}$ 95°, $n_D^{21}$ 1,3299. (J. Amer. chem. Soc. **75**. 87—89. 5/1. 1953. Philadelphia, Pa., Temple Univ., Res. Inst., u. Wright Air Development Center, Materials Labor.) FORCHE. 800

**Theodore M. Burton** und **Wynn B. Fife**, *Darstellung einer Reihe von Fettsäurecarbäthoxymethylestern. Chloressigsäureäthylester*, Kp.$_{646}$ 136—136,6°, aus der Säure; 85,5% (Ausbeute). Hieraus wurden über die Na-Salze die *Carbäthoxymethylester* der nachst. Fettsäuren erhalten (die Zahlen bedeuten der Reihe nach: Ausbeute, Kp.$_{60}$, $n_D^{20}$, D.$^{20}_{20}$): *Essigsäure* 44%, 108°, 1,40999, 1,0893. — *Propionsäure*, 53%, 109°, 1,41296, 1,0550. — *n-Buttersäure*, 61%, 131°, 1,41677, 1,0314. — *Isobuttersäure*, 54%, 123°, 1,41354, 1,0215. — *n-Valeriansäure*, 77%, 144°, 1,42049, 1,0159. — *Isovaleriansäure*, 60%, 137°, 1,41880, 1,0093. — *α-Methylbuttersäure*, 81%, 136°, 1,41926, 1,0109. — *α.α'-Dimethylpropionsäure*, 75%, 124°, 1,41507, 1,0012. — *n-Capronsäure*, 70%, 155°, 1,42521, 1,0011. — *n-Önanthsäure*, 91%, 179°, 1,42911, 0,9723. (J. Amer. chem. Soc. **74**. 3935—36. 5/8.1952. Logan, Utah, Agricult. Coll., Dep. of Chem.) E. BECKER. 810

**Jerker Porath**, *Die Konfiguration der optisch-aktiven α-Methyl-α-äthylbernsteinsäure.* Die Konfiguration obengenannter Verb. wird mittels der Meth. der Best. der Misch.-FF.

mit opt.-akt. Äthylbernsteinsäure bestimmt. Die Verbb. mit gleichem Drehsinn besitzen die gleiche Konfiguration. (Ark. Kemi **3**. Nr. 21. 163—66. Upsala, Univ., Chem. Inst., Organ. Dep.) L. Fischer. 820

**Friedrich Nerdel** und **Erich Henkel**, *Neue Methoden zur Spaltung racemischer Carbonylverbindungen.* 1. Mitt. *d-Tartramidsäurehydrazid, ein neues optisch aktives Carbonylreagens.* Das aus d-Weinsäuredimethylester über *d-Tartramidsäuremethylester* (**II**) leicht erhältliche *d-Tartramidsäurehydrazid* (**I**) liefert mit einer Reihe von Carbonylverbb. gut krist. *d-Tatramidsäurehydrazone*, für die die Bezeichnung *d-Tartramazone* vorgeschlagen wird u. aus denen die Carbonylverbb. mit verd. $H_2SO_4$ bequem wieder erhältlich sind. Keine krist. Derivv. konnten aus Pentanol-(2)-on-(3) u. -(4), 3-Methylhexanon-(4) (**III**) u. -(5) sowie Di-n-butylketon gewonnen werden. Am Beispiel des *rac. 3.7-Dimethyloctanals* (**V**) konnte gezeigt werden, daß **I** zur Antipodenspaltung von rac. Carbonylverbb. verwendet werden kann, wenn es auch, ebenso wie die bisher in der Literatur beschriebenen opt.-akt. Carbonylreagentien, kein universelles Mittel hierfür ist. Diese Beschränkung zeigte sich auch wieder beim l-Menthyl-N-aminocarbamat (**IV**; vgl. Woodward u. Mitarbeiter, J. Amer. chem. Soc. **63**. [1941.] 120), das mit dl-**III** zwar ein gut krist. Deriv. lieferte, das aber beim Umkristallisieren keine Differenzierung des Drehwertes zeigte.

V e r s u c h e: *dl-3-Methylhexanon-(4)-carbo-l-menthoxyhydrazon*, $C_{18}H_{34}O_2N_2$, F. 136 bis 137,5° (PAe.), durch 3std. Kochen von 5,5 g **III** u. 8,5 g **IV** in $CH_3OH$ u. Stehen über Nacht; 13,1 g feine seidige Nadeln, $[\alpha]_D^{19}$ —55,1° (c = 1,57 in $CH_3OH$), der Drehwert änderte sich nach mehrfachem Umkristallisieren aus PAe. oder Cyclohexan (in A., Chlf., Bzl. oder Dioxan ist die Löslichkeit zu groß) nicht merklich. — *d-Tartramidsäuremethylester* (**II**), $C_5H_9O_5N$, F. 136,5—140° (geringes Sintern ab 129°), durch Veresterung von *d-Weinsäure* {$[\alpha]_D^{18}$ +13,7° (c = 4,79 in W.)} zum *Dimethylester* {Kp.$_{12}$ 153—154°, $[\alpha]_D^{22}$ +3,06° (c = 5,9 in $CH_3OH$); 89% (Ausbeute)}, von dem 101 g mehrere Tage mit methanol. $NH_3$ unter Kühlung stehengelassen wurden; die ausgefallenen 75 g Kristalle enthielten noch *d-Tartramid* (F. 195°), von dem **II** infolge seiner leichteren Löslichkeit durch Aufnehmen in heißem $CH_3OH$ u. schnelle Filtration befreit wurde; aus Dioxan, dann Chlf. + $CH_3OH$ glänzende Blättchen, $[\alpha]_D^{22.5}$ +62,9° (1,2102 g in 20 cm³ W.); 31%. Die Rotationsdispersion von **II** wird angegeben. — *d-Tartramidsäurehydrazid* (**I**), $C_4H_9O_4N_3$, F. 152° (unter $NH_3$-Entw., erneute Zers. bei 197—198°), aus **II** in $CH_3OH$ mit 90%ig. Hydrazinhydrat (10 Std. Stehen); $[\alpha]_D^{21}$ +124,0° (0,3088 g in 20 cm³ W.); 92%. Die Rotationsdispersion von **I** wird angegeben. — *Benzaldehyd-d-tartramazon*, $C_{11}H_{13}O_4N_3$, F. 202,5—203° (Zers.), aus 1 g **I** in 5 cm³ W. + 2 cm³ $CH_3OH$ u. 0,8 g Benzaldehyd; 1,3 g Kristalle, $[\alpha]_D^{17}$ +152,5° (c = 0,2 in $CH_3OH$). — *Äthyl-n-amylacetaldehyd-d-tartramazon*, $C_{13}H_{25}O_4N_3$, F. 170,5—171,5° ($CH_3OH$–Chlf. 3:1), durch ½std. Kochen von 2 g **I** u. 2,2 cm³ Äthyl-n-amylacetaldehyd (Kp.$_{14}$ 70,5—71,5°; vgl. C. **1952**. 3310) in Glykolmonomethyläther oder $CH_3OH$ u. Zugabe von W.; $[\alpha]_D^{18}$ +83,6° (c = 0,812 in $CH_3OH$); 2,6 g. — *Acetophenon-d-tartramazon*, $C_{12}H_{15}O_4N_3$, F. 191—192° (A. oder Chlf.-$CH_3OH$ 4:1), durch 4½std. Kochen von 1,3 g **I** u. 2 cm³ Acetophenon in $CH_3OH$; $[\alpha]_D^{18}$ +144,4° (c = 0,313 in $CH_3OH$); 2 g. Beim 2std. Erhitzen der Komponenten in Glykolmonomethyläther bildeten sich *Methylphenylketazin* (F. 117,5—119°) u. ein nicht identifiziertes Prod. vom F. 232—233° (Zers.). — *Methyl-n-nonylketon-d-tartramazon*, $C_{15}H_{29}O_4N_3$, F. 134 bis 136,5° (A.), aus **I** u. Methyl-n-nonylketon in W. + $CH_3OH$ (5 Std. Stehen); $[\alpha]_D^{17}$ +69° (c = 0,217 in $CH_3OH$). — Analog nachst. d - T a r t r a m a z o n e: *Anisaldehyd-*, F. 208—210° (Zers.). — *Butyraldehyd-*, F. 190—191°. — *Caprylaldehyd-*, F. 183—185° (Zers.). — *Pelargonaldehyd-*, F. 181,5—183° (Zers.). — *dl-Hydratropaaldehyd-*, F. 142 bis 145° (Sintern ab 135°). — *Äthyl-n-amylketon-*, F. 173—175,5°. — *d-3-Methylcyclohexanon-*, F. 174—175°. — *3.7-Dimethyloctanal-d-tartamazon*, $C_{14}H_{27}O_4N_3$, F. 139—144° (Sintern ab 129,5°), aus 8,7 cm³ rac. **V** (Kp.$_{12}$ 81—85°) u. 7,5 g **I** in W. + $CH_3OH$; aus A. 7,5 g Kristalle, $[\alpha]_D^{23}$ +72,1° (c = 0,847 in A.). Fraktionierte Kristallisation aus A. ergab eine Kopffraktion vom F. 132—134° (Sintern ab 125°), $[\alpha]_D^{20}$ +75,3° (c = 0,837 in A.), deren Hydrolyse mit verd. $H_2SO_4$ auf dem Wasserbad 1,2 g (+)-**V** lieferte, Kp.$_{13}$84°, $[\alpha]_D^{20}$ +6,19° (homogen, $l$ = 1). (Chem. Ber. **85**. 1138—44. 1952. Berlin-Chlb., TU, Organ.-Chem. Inst.) Spaeth. 850

**Werner Deuschel**, *Notiz über die Darstellung von Formylessigsäureäthylester.* Vf. stellt fest, daß auch ohne CO-Druck Ameisensäureester (**III**) u. Essigsäureester (**II**) zu *Formylessigsäureäthylester* (**I**) kondensieren. — *Na-Salz von* **I**, durch Zutropfen von 0,5 (Mol) A. zu 0,5 Na in 100 cm³ Ae., nach Kochen über Nacht u. Kühlen auf —15° Zutropfen von 0,5 **III** u. 0,5 **II**, Stehen bei —10° u. nach Verdünnen mit Ae. 12 Std. bei Zimmertemp. ($H_2$-Entw.) u. Kühlen mit Eis–Kochsalz-Mischung; gelber Nd.; 66,5% Ausbeute. (Helv. chim. Acta **35**. 1587. 1/8. 1952, Freiburg, Schweiz, Univ., Chem. Inst.) Lehwald. 860

**K. Balenović**, **D. Cerar** und **Z. Fuks**, *Eine Synthese der* (+)-*β-Aminobuttersäure aus* L*-Alanin.* Durch Anwendung der Arndt-Eistert-Synth. auf das aus L-Alanin (I) dargestellte (—)-*1-Diazo-3-phthalimidobutanon-(2)* (**II**) wurde (+)-*β-Aminobuttersäure* mit 38% Ausbeute (bezogen auf **I**) dargestellt.

Versuche: *N-Phthaloyl-L-alanylchlorid*, $C_{11}H_8O_3NCl$, aus N-Phthaloyl-L-alanin ($[\alpha]_D^{31}$ —17,5°) u. $SOCl_2$ (1 Std. bei 60°); Kp.$_{15}$ 186—192°, Kp.$_1$ 135°, F. 38° (PAe.), $[\alpha]_D^{17}$ —36,4±0,5° (c = 0,20 in Bzl.); 92% (Ausbeute). — (—)-*1-Diazo-3-phthalimidobutanon-(2)* (**II**), $C_{12}H_9O_3N_3$, aus vorst. Verb. in Bzl. mit $CH_2N_2$ in Ae. (24 Std.); aus Essigester–PAe., F. 88°, $[\alpha]_D^{18}$ —69,3±1° (c = 0,48 in Essigester); 85,2%. — (+)-*β-Phthalimidobuttersäuremethylester* (**III**), $C_{13}H_{13}O_4N$, durch allmähliche Zugabe (in 3 Std.) einer $Ag_2O$-Suspension zu einer sd. methanol. **II**-Lsg.; aus PAe. u. nach Sublimation bei 110°/0,01 mm, F. 38°, $[\alpha]_D^{16}$ +26,3±1° (c = 0,26 in Bzl.); 65%. — (+)-*β-Aminobuttersäure*, $C_4H_9O_2N$, durch 7std. Erhitzen von **III** in Eisessig + 50%ig. HJ u. Durchgeben der wss. Lsg. des krist. Hydrojodids durch eine Säule von Amberlit IR-4 B; aus $CH_3OH$, F. 212°, $[\alpha]_D^{19}$ +37,07±1° (c = 6,0 in W.); 89%. (J. chem. Soc. [London] **1952.** 3316—17. Aug. Zagreb, Univ., Chem. Labor.) K. F. MÜLLER. 950

**R. O. Atkinson,** *Mannich-Basen von Acylaminomalonestern und eine Synthese der DL-Asparaginsäure.* Es gelang die Darst. krit. MANNICH-Basen (**I** bzw. **II**) des *Acetamido-* u. *Formamidomalonesters*, deren Methojodide stabil sind. Die Kondensation des **II**-Methojodids mit NaCN u. Hydrolyse des Kondensationsprod. ergibt *Asparaginsäure.*

Versuche: *α-Acetamido-α-dimethylaminomethylmalonsäurediäthylester* (**I**), $C_{12}H_{22}O_5N_2$, durch Zugabe von Acetamidomalonsäurediäthylester u. 40%ig. $CH_2O$ zu einer bei 0° mit Eisessig behandelten 33%ig. $HN(CH_3)_2$-Lsg. (30 Min. bei Raumtemp.) u. Zugabe von 20%ig. NaOH zur auf —10° abgekühlten Lsg.; Kristallabscheidung, F. 50 bis 51°; 73% (Ausbeute). *Methojodid*, $C_{13}H_{25}O_5N_2J$, F. 384°; 47,1%. — *α-Formamido-α-dimethylaminomethylmalonsäurediäthylester* (**II**), $C_{11}H_{20}O_5N_2$, analog aus Formamidomalonester; Platten, F. 77—78°; 100%. *Methojodid*, $C_{12}H_{23}O_5N_2J$, F. 318—319°; 47,5%. — *DL-Asparaginsäure*, $C_4H_7O_4N$, durch Erwärmen vorst. Methojodids mit wss. NaCN-Lsg. auf dem Wasserbad (3 Std.), Eindampfen zur Trockene u. 6std. Erhitzen des Rückstands mit HCl; aus W.; 71%. (J. chem. Soc. [London] **1952.** 3317—18. Aug. London, Brit. Drug Houses Ltd., Amino Acids Dep.) K. F. MÜLLER. 950

**H. Breederveld** und **H. I. Waterman,** *Substitution von Chlor im Siliciumtetrachlorid durch Dimethylamino-, Diäthylamino- und Piperidingruppen.* Vff. stellen durch Umsatz von $SiCl_4$ (**I**) oder Chlorsilanen mit Dialkylaminen einige neue Alkylaminosilane u. -chlorsilane her. Bei der Nacharbeitung einiger älterer u. neuerer Vorschriften wurde gefunden, daß das von LEONARD (J. Amer. chem. Soc. **43.** [1921.] 2618) als Hydrochlorid des Tetrapiperidinosilan, $Si(C_5H_{10}N \cdot HCl)_4$, angesehene Prod. Piperidinhydrochlorid ist; als Anilinhydrochlorid erwies sich das von TROST (Canad. J. chem. **29.** [1951.] 877) hergestellte Hydrochlorid des Tetraanilinosilans, $SiCl_4(C_6H_5NH_2)_4$. Weiterhin wurde die von ANDERSON (J. Amer. chem. Soc. **74.** [1952.] 1421) als Tetra-[dimethylamino]-silan angesprochene Verb. als *Tri-[dimethylamino]-chlorsilan* erkannt.

Versuche: *Diäthylaminotrichlorsilan*, Kp.$_{17}$ 55—60°, F. < —30°, durch Zugabe von 2 Mol Diäthylamin (**II**) in Ae. zu einer äther. Lsg. von 1 Mol $SiCl_4$ (**I**); 45% (Ausbeute). *Di-[diäthylamino]-dichlorsilan* (**III**), Kp.$_{11}$ 99—104°, F. < —30°, $D.^{20}_4$ 1,0324, $n_D^{20}$ 1,4514, aus 4 Mol **II** u. 1 Mol **I**; 53%. *Tri-[diäthylamino]-chlorsilan* (**IV**), Kp.$_{16}$ 134 bis 137°, F. —9 bis —7°, $D.^{20}_4$ 0,9497, $n_D^{20}$ 1,4569, durch 8std. Erhitzen von 0,5 Mol **III** mit 2 Mol **II** in Bzl. (bei Zimmertemp. tritt keine Rk. ein); 39%. *Tetra-[diäthylamino]-silan* (**V**) konnte aus **IV** u. **II** selbst durch 12std. Erhitzen im Rohr auf 320° nicht erhalten werden. **V** konnte auch durch Umsatz von **IV** mit Li-Diäthylamid nicht erhalten werden. *Piperidinotrichlorsilan* (**VI**), Kp.$_{17}$ 101—106°, F. < —30°, aus 3 Mol **I** u. 2 Mol Piperidin (**VII**) in Ae.; 26%. *Dipiperidinodichlorsilan* (**VIII**), Kp.$_{17}$ 150—155°, F. 9—11° (Aceton), $D.^{20}_4$ 1,1440, $n_D^{20}$ 1,4935, aus **I** u. **VII**; 27%. **VIII**, Kp.$_{19}$ 158—163°, wurde auch aus **VI** u. *Tripiperidinochlorsilan* (**IX**) nach 6std. Erhitzen auf 260° im Rohr erhalten; 39%. **IX**, Kp.$_3$ 155—158°, F. 77,8—78,5° (Aceton), aus **I** u. **VII** nach 6std. Sieden in Bzl.; 72%. *Tetrapiperidinosilan*, Kp.$_2$ 181—182°, F. 81,5—82,1° (Aceton), aus **IX** u. **VII** durch 6std. Erhitzen auf 250° im Rohr; 16%. *Tri-[dimethylamino]-chlorsilan* (**X**), F. 2,5—3,5°, $D.^{20}_4$ 0,9753, $n_D^{20}$ 1,4417, zu einer äther. Lsg. von Dimethylamin wurde **I** zugegeben u. dest.; 60% (Rohausbeute), Reinigung durch Ausfrieren. *Tetra-[dimethylamino]-silan*, Kp.$_{13}$ 72—75°, F. 12—15°, $D.^{20}_4$ 0,8851, $n_D^{20}$ 1,4436, aus **X** u. Dimethylamin in Bzl. nach 6std. Erhitzen im Rohr; 35%. Anilin u. **I** reagierten nach vorst. Verff. nicht. (Research **5.** 537—39. Nov. 1952. Delft, Univ., Labor. of Chem. Engng.) ZIMMER. 980

**B. N. Afanassjew** und **P. A. Zyganowa,** *Über die Reaktion von metallischem Eisen mit Äthylbromid.* Die Rk. von Fe mit $C_2H_5Br$ führt zur Bldg. eines äquimol. Gemisches von *Diäthylferribromid* u. *Äthylferridibromid*: $2Fe + 3C_2H_5Br \rightarrow (C_2H_5)_2FeBr + C_2H_5 \cdot FeBr_2$. Hierdurch wird erstmalig die Existenz Fe-organ. Verbb. bewiesen. — Man schüttelt

mit HCl angeätztes, gewaschenes u. getrocknetes Fe-Pulver mit überschüssigem $C_2H_5Br$, gießt die Lsg. von unverbrauchtem Fe ab u. dampft auf dem Wasserbad ein. Nach längerem Aufbewahren im Vakuumexsiccator orangerote, unter Zers. schm. Kristalle. Die Lsgg. in Ae. u. Bzl. sind rot; W. zers.; Ausbeute gering. (Журнал Общей Химии [J. allg. Chem.] **21.** (**83.**) 485—86. März 1951. Swerdlowsk, Landwirtschaftl. Inst.)
v. PEZOLD. 980

**Nathan Kornblum** und **Stephen A. Herbert jr.**, *α-Phenyläthylalkohol.* α-Phenyläthylalkohol (**II**) von 98,6±0,2 Mol-% Reinheit wird dargestellt; die Eigg. werden in Abhängigkeit von der Reinheit geprüft. Der gemessene Brechungsindex wird mit Literaturwerten verglichen. — *Saurer Phthalsäure-α-phenyläthylester* (**I**), F. 107—108° (Bzl.), aus käuflichem rac. Phenylmethylcarbinol (**II**; $n_D^{20}$ 1,5271) nach ELIEL (C. **1950.** II. 1226); 62—77% Ausbeute. — *α-Phenyläthylalkohol* (**II**), E. 19,15±0,56°, aus **I** durch Zers. mit wss. NaOH unter $N_2$ mit anschließender Wasserdampfdest.; nach Abtrennen u. Trocknen war **II** farblos, geruchlos u. gab keine Keton-Rk.; Aufbewahren von **II** im Quarzgefäß im Dunkeln u . über Drierit 7 Monate eprgab keine Änderung; $n_D^{20}$ 1,5265, 98,6±0,2 Mol-Reinheit. — *Acetophenon-2.4-dinitro henylhydrazon*, F. 248—249°, aus einer Probe von **II**, die der Einw. von Sonne u. W. 15Tage ausgesetzt war, mit 2.4-Dinitrophenylhydrazin. (J. Amer. chem. Soc. **73.** 5890—91. Dez. 1951. Lafayette, Ind., Purdue Univ., Dep. of Chem.)
L. FISCHER. 1070

**Ed. F. Degering, Harold J. Gryting** und **P. A. Tetrault,** *Alkylierung gewisser phenolischer Verbindungen.* Vff. haben die Alkylierung von o- u. p-Kresol u. o-Chlor- u. p-Chlorphenol mit Capryl-, Cetyl- u. Laurylalkohol in Ggw. von $ZnCl_2$ untersucht, wobei bis auf wenige Fälle die entstandenen Verbb. trotz sorgfältiger Dest. über Kolonnen geringe Mengen an Isomeren enthielten.

Versuche (Kpp. korr.): *4-[Cetyl-(2)]-2-methylphenol*, $Kp._1$ 174,5°, aus Cetylalkohol u. o-Kresol mit $ZnCl_2$ unter Rühren bei 175—180° (5 Std.), nach Aufarbeiten mehrfache Rektifikation $D.^{20}$ 0,8981, $n_D^{20}$ 1,4916, Mol.-Refr. 107,08; daneben *1.2-Dicetoxybenzol*, F. 53—54°. — Analog: *4-Methyl-2-[octyl-(2)]-phenol*, $Kp._6$ 140,4°, $D^{20}$ 0,9319, $n_D^{20}$ 1,5057, Mol.-Refr. 69,97. — *2-Methyl-4-[octyl-(2)]-phenol*, $Kp._2$ 133,5°, sowohl mit Octanol-(2) als auch Octanol-(1), $D.^{20}$ 0,9324, $n_D^{20}$ 1,5069, Mol.-Refr. 70,08. — *4-Chlor-2-[octyl-(2)]-phenol*, $Kp._4$ 147,9°, $D.^{20}$ 1,0302, $n_D^{20}$ 1,5181, Mol.-Refr. 70,62. — *2-Chlor-4-[octyl-(2)]-phenol*, $Kp._5$ 139,4°, $D.^{20}$ 1,0248, $n_D^{20}$ 1,5117, Mol.-Refr. 70,25. — *2-[Dodecyl-(2)]-4-methylphenol*, $Kp._2$ 175°, $D.^{20}$ 0,9089, $n_D^{20}$ 1,4955, Mol.-Refr. 88,54. — *4-[Dodecyl-(2)]-2-methylphenol*, $Kp._2$ 157,5°, $D.^{20}$ 0,9113, $n_D^{20}$ 1,4976, Mol.-Refr. 88,63. — *4-Cheor-2-[dodecyl-(2)]-phenol*, $Kp._{2,5}$ 182°, $D.^{20}$ 0,9772, $n_D^{20}$ 1,5037, Mol.-Refr. 88,89. — *2-Cheor-4-[dodecyl-(2)]-phenol*. $Kp._2$ 164°, $D.^{20}$ 0,9656, $n_D^{20}$ 1,4995, Mol.-Refr. 90,04. — *2-[Cetyl-(2)]-4-methylphenol*, $Kp._7$ 222,5°, $D.^{20}$ 0,8992, $n_D^{20}$ 1,4914, Mol.-Refr. 107,03. — *2-[Cetyl-(2)]-4-chlorphenol*, $Kp._2$ 197°, $D.^{20}$ 0,9635, $n_D^{20}$ 1,5015, Mol.-Refr. 107,78. — *4-[Cetyl-(2)]-2-chlorphenol*, $Kp._{0,75}$ 176°, $D.^{20}$ 0,9549, $n_D^{20}$ 1,4967, Mol.-Refr. 107,91. — *4-[Decyl-(2)]-2-methylphenol*, $Kp._{2,25}$ 150—153°, $D.^{20}$ 0,9215, $n_D^{20}$ 1,5017, Mol.-Refr. 79,92 — Die folgenden Ketone wurden aus dem entsprechend alkylierten o-Kresol nach FRIEDEL-CRAFTS mit Chloracetylchlorid oder Chlorpropionylchlorid hergestellt. *Chlormethyl-5-[octyl-(2)]-2-oxy-3-methylphenylketon*, $Kp._{3,0}$ 186—188°, $D.^{20}$ 1,0486, $n_D^{20}$ 1,5188, Mol.-Refr. 85,85. *Pyridiniumchlorid*, F. 200—200,5°. — *2-Chloräthyl-5-[octyl-(2)]-2-oxy-3t-mehylphenylketon*, $Kp._{2,4-5}$ 184—187°, $D.^{20}$ 1,0345, $n_D^{20}$ 1,5055, Mol.-Refr. 89,13. — *Chlormethyl-5-[decyl-(2)]-2-oxy-3-methylphenylketon*, $Kp._{1,8}$ 176—177°, $D.^{20}$ 1,0301, $n_D^{20}$ 1,5184, Mol.-Refr. 95,49. *Pyridiniumchlorid*, F. 186—187°. (J. Amer. chem. Soc. **74.** 3599—3601. 20/7. 1952. Purdue Univ.)
L. FISCHER. 1180

**Arthur F. Ferris** und **William D. Emmons,** *Doppelte Umsetzungen von Silbersalzen in Lösung.* 1. Mitt. *Die Synthese von Acyltrifluoracetaten.* Gemischte Anhydride des Typs *$CF_3$—COO—COR* entstehen durch Umsetzung von *Ag-Trifluoracetat* mit einem Säurechlorid in Ae. nach der Rk. $CF_3COOAg + ROCl \rightarrow CF_3-COO-COR + AgCl$. Das Prod. muß aus dem Reaktionsgemisch durch „Flash-Dest." entfernt werden; andernfalls erfolgt Austausch zu den symm. Anhydriden gemäß $2CF_3COO-COR \rightarrow CF_3-COO-CO-CF_3 + R-COO-COR$. In manchen Fällen verläuft diese Austausch-Rk. so schnell, daß man nur das symm. Anhydrid erhält. So entstehen aus o- u. p-Chlorbenzoylchlorid nur o- bzw. p-Chlorbenzoesäureanhydrid. — Die Acyltrifluoracetate sind außerordentlich reaktionsfähige Verbindungen. In Berührung mit feuchter Luft werden sie in kurzer Zeit vollständig hydrolysiert.

Versuche: *Benzoyltrifluoracetat* ($R = C_6H_5$), $Kp._{1,7}$ 57—58°, $n_D^{20}$ 1,4524; durch Zugabe einer Lsg. von 28,1 g Benzoylchlorid in 50 $cm^3$ wasserfreiem Ae. zu einer Lsg. von 42,8 g Ag-Trifluoracetat in 200 $cm^3$ Ae.; nach 30 Min. Abfiltrieren des gebildeten AgCl, Abdampfen des Ae. bei vermindertem Druck u. Flash-Dest. des Rückstands bei 1 mm u. 120° Außentemp.; 80% (Ausbeute). — *o-Methoxybenzoyltrifluoracetat* (R =

o-$CH_3OC_6H_4$), Kp.$_{0,4}$ 83–84°, $n_D^{20}$ 1,4717; 44%. – *Furoyltrifluoracetat* (R = $C_4H_3O$), Kp.$_{0,6}$ 42–43°, $n_D^{20}$ 1,4310; 64%. – *Phenylacetyltrifluoracetat* (R = $C_6H_5CH_2$), Kp.$_{0,3}$ 57–58°, $n_D^{20}$ 1,4445; 58%. – *Lauroyltrifluoracetat* [R = $CH_3(CH_2)_{10}$], Kp.$_{0,05}$ 90–91°, F. 12–14°, $n_D^{20}$ 1,4039; 59%. (J. Amer. chem. Soc. **75.** 232–33. 5/1. 1953. Huntsville, Ala., Redstone Arsenal Res. Div., Röhm and Haas Comp., Josiah Gorgas Labor.) FORCHE. 1210

**Robert West, Severo Ornstein, Donald McKee** und **Robert Layzer,** *Methylester substituierter Benzoesäuren. p-Phenoxybenzoesäure,* aus p-Bromdiphenyläther nach GRIGNARD, F. 158–160° (korr.); 55% (Ausbeute). *Methylester,* $C_{14}H_{12}O_3$, F. 59,5–60° (korr.), orthorhomb. Kristalle aus Methanol–W.; 65%. – *p-Äthoxybenzoesäuremethylester,* $C_{10}H_{12}O_3$, F. 37,5–38° (korr.), Kp. 260° (korr.), orthorhomb. Kristalle aus Methanol–W. oder Ligroin; 75%. Beide genannten Ester gleichen in ihren kristallograph. Eigg. dem Anissäuremethylester. – *3.4-Dichlorbenzoesäuremethylester,* $C_8H_6O_2Cl_2$, F. 46,5–47,5° (korr.), Kp. 248° (korr.), lange prismat. Nadeln aus Methanol; 81%. (J. Amer. chem. Soc. **74.** 3960. 5/8. 1952. Cambridge, Mass., Harvard Univ., Mallinckrodt Chem. Labor.) E. BECKER. 1250

**B. I. Ardaschew** und **M. M. Kurbatow,** *Über die Umsetzung von α.β-ungesättigten Aldehyden mit aromatischen Aminen.* 3. Mitt. *Über Diphenylaminacrolein.* (1. u. 2. vgl. Журнал Общей Химии [J. allg. Chem.] **16.** (**78.**) [1946.] 47–54.) 60 g Diphenylamin (I) u. 25 cm³ Acrolein wurden im geschlossenen Gefäß 8–10 Std. auf dem Wasserbad erhitzt; nach 4 std. Kühlen mit Eis wurde mit A. behandelt. Beim Aufsieden des A. fielen 45 g krist. „*Diphenylaminacrolein*" aus (weitere 10–13 g aus der Mutterlauge, F. 145°. Wahrscheinlich hat die Verb. die Konst. von *1.3-Bis-[diphenylamino]-propen,* $C_{27}H_{24}N_2$; Mol.-Gew. 376,3, 371,7. Wird durch verd. HCl hydrolysiert. Beim Erhitzen auf 270°/20 mm erfolgt Verharzung unter Abspaltung von I. Die Verb. ist nicht mit der von LEEDS (Ber. dtsch. chem. Ges. **15.** [1882.] 1158) erhaltenen identisch. (Журнал Общей Химии [J. allg. Chem.] **20.** (**82.**) 466–68. März 1950. Rostow/Don, Molotow-Univ.) v. WILPERT. 1310

**Paul M. Maginnity** und **John L. Eisenmann,** *Abkömmlinge von o-, m- und p-Aminobenzotrifluorid.* 2. Mitt. *Azomethine, welche die Trifluormethylgruppe enthalten.* (1. vgl. MAGINNITY u. GAULIN, C. **1952.** 2156). Von o-, m- u. p-Aminobenzotrifluorid ausgehend wurden 33 Azomethine mit einer oder zwei $CF_3$-Gruppen dargestellt.

Versuche: *p-Aminobenzotrifluorid* wurde aus p-Nitrotoluol über *p-Nitrobenzalbromid* u. *p-Nitrobenzotribromid* nach dem Verf. von JONES (C. **1949.** I. 376) mit einigen Abänderungen dargestellt. – *m-Trifluormethylbenzaldehyd,* Kp.$_{52}$ 93–94°; durch Diazotierung von m-Aminobenzotrifluorid, Überführung in *m-Trifluormethylbenzonitril* (Kp.$_{30}$ 94–95°) u. dessen Red. nach dem Verf. von STEPHEN (vgl. WILLIAMS, J. Amer. chem. Soc. **61.** [1939.] 2248); 78%. – Zur Darst. der Azomethine wurden gleiche Mengen (1,5–2,5 g) des Amins u. des Aldehyds im Ölbad oder auf einer Heizplatte 10–15 Min. erhitzt, bis kein W. mehr abgegeben wird, langsam abgekühlt u. in ca. 50 g Eiswassermischung gegossen. Feste Prodd. wurden aus A. umkrist., fl. Prodd. mit Ae. aufgenommen u. im Vakuum destilliert. Die Pikrate wurden durch Versetzen einer Lsg. von ca. 0,2 g der Base mit einer gesätt. Pikrinsäurelsg. in A. oder Bzl. gebildet u. aus Eisessig umkristallisiert. Folgende *Azomethine* der Zus. $Ar-CH=N-C_6H_4-R$ wurden dargestellt (FF. korr.): $C_{14}H_{10}NF_3$ ($Ar = C_6H_5$, $R = o\text{-}CF_3$), braune Nadeln, F. 61–62°. – $C_{14}H_{10}NF_3$ ($Ar = C_6H_5$, $R = m\text{-}CF_3$), Täfelchen, F. 66–67°. *Pikrat,* F. 124–126°. – $C_{14}H_{10}NF_3$ ($Ar = C_6H_5$, $R = p\text{-}CF_3$), Nadeln, F. 65°. *Pikrat,* F. 121,5–123°. – $C_{15}H_{12}NF_3$ ($Ar = m\text{-}CH_3C_6H_4$, $R = p\text{-}CF_3$), gelbbraune Kristalle, F. 19–21°. *Pikrat,* F. 138–139°. – $C_{15}H_{12}NF_3$ ($Ar = p\text{-}CH_3C_6H_4$, $R = p\text{-}CF_3$), Täfelchen, F. 114–115°. *Pikrat,* F. 159 bis 160°. – $C_{16}H_{12}NF_3$ ($Ar = C_6H_5CH=CH$, $R = m\text{-}CF_3$), gelbe Täfelchen, F. 102,5–103°. *Pikrat,* F. 153,5–154,5°. – $C_{16}H_{12}NF_3$ ($Ar = C_6H_5CH=CH$, $R = p\text{-}CF_3$), gelbe Kristalle, F. 98,5–101°. *Pikrat,* F. 140–141°. – $C_{15}H_{12}ONF_3$ ($Ar = o\text{-}CH_3OC_6H_4$, $R = m\text{-}CF_3$), Nadeln, F. 43–44°. *Pikrat,* F. 144,5–145,5°. – $C_{15}H_{12}ONF_3$ ($Ar = p\text{-}CH_3OC_6H_4$, $R = m\text{-}CF_3$), Täfelchen, F. 41–41,5°. *Pikrat,* F. 181,5–183,5°. – $C_{15}H_{12}ONF_3$ ($Ar = p\text{-}CH_3OC_6H_4$, $R = p\text{-}CF_3$), Kristalle, F. 84,5–85,5°. *Pikrat,* F. 183,5–185°. – $C_{16}H_{14}O_2NF_3$ ($Ar = 2.3\text{-}(CH_3O)_2\cdot C_6H_3$, $R = m\text{-}CF_3$), feine Nadeln, F. 44,0–44,5°. *Pikrat,* F. 95–96,5° (aus A.). – $C_{16}H_{14}O_2NF_3$ ($Ar = 2.3\text{-}(CH_3O)_2C_6H_3$, $R = p\text{-}CF_3$), gelbbraune Kristalle, F. 87–88°. *Pikrat,* F. 133,5–135°. – $C_{16}H_{14}O_2NF_3$ ($Ar = 3.4\text{-}(CH_3O)_2C_6H_3$, $R = m\text{-}CF_3$), Kristalle, F. 76–76,5°. *Pikrat,* F. 159,5–161°. – $C_{16}H_{14}O_2NF_3$ ($Ar = 3.4\text{-}(CH_3O)_2C_6H_3$, $R = p\text{-}CF_3$), gelbe Kristalle, F. 90–90,5°. *Pikrat,* F. 188,5–189°. – $C_{15}H_9NF_6$ ($Ar = m\text{-}CF_3C_6H_4$, $R = o\text{-}CF_3$), Täfelchen, F. 50–50,5°. – $C_{15}H_9NF_6$ ($Ar = m\text{-}CF_3C_6H_4$, $R = m\text{-}CF_3$), Nadeln, F. 53,5–54°. – $C_{14}H_{10}ONF_3$ ($Ar = p\text{-}HOC_6H_4$, $R = m\text{-}CF_3$), Nadeln, F. 170 bis 171°. *Pikrat,* F. 203,5–205°. – $C_{14}H_{10}ONF_3$ ($Ar = o\text{-}HOC_6H_4$, $R = m\text{-}CF_3$), gelbe Täfelchen, F. 82–83°. *Pikrat,* F. 144,5–145,5°. – $C_{14}H_{10}NF_3$ ($Ar = m\text{-}CF_3C_6H_4$, $R = H$), hellbraune Prismen, F. 47–47,5°. *Pikrat,* F. 159–161°. – $C_{15}H_{12}NF_3$ ($Ar =$

*m-CF₃C₆H₄, R = p-CH₃*), feine Nadeln, F. 39,5–40°. *Pikrat*, F. 164–166°. – $C_{15}H_{12}\cdot ONF_3$ (*Ar = m-CF₃C₆H₄, R = p-OCH₃*), Täfelchen, F. 41–41,5°. *Pikrat*, F. 159–160° (Zers.). – $C_{14}H_{10}ONF_3$ (*Ar = m-CF₃C₆H₄, R = p-OH*), feine hellbraune Nadeln, F. 79 bis 81°. *Pikrat*, F. 188–189,5° (Zers.). – $C_{15}H_{12}NF_3$ (*Ar = m-CH₃C₆H₄, R = o-CF₃*), gelbes Öl, Kp.$_8$ 134–135°. – $C_{15}H_{12}NF_3$ (*Ar = m-CH₃C₆H₄, R = m-CF₃*), gelbes Öl, Kp.$_{43}$ 208–210°. *Pikrat*, F. 132–133°. – $C_{15}H_{12}NF_3$ (*Ar = p-CH₃C₆H₄, R = o-CF₃*), gelbes Öl, Kp.$_8$ 134–139°. – $C_{15}H_{12}NF_3$ (*Ar = p-CH₃C₆H₄, R = m-CF₃*), gelbes Öl, Kp.$_{17}$ 171–173°. *Pikrat*, F. 153,5–154,5°. – $C_{16}H_{12}NF_3$ (*Ar = C₆H₅CH=CH, R = o-CF₃*), viscoses gelbes Öl, Kp.$_8$ 165–168°. *Pikrat*, F. 132–133,5°. – $C_{16}H_{14}NF_3$ (*Ar = C₆H₅·CH₂CH₂, R = o-CF₃*), zähes orangefarbenes Öl, Kp.$_8$ 220–228°. – $C_{16}H_{14}NF_3$ (*Ar = C₆H₅·CH₂CH₂, R = m-CF₃*), zähes orangefarbenes Öl, Kp.$_{43}$ 287–289°. *Pikrat*, F. 114,5 bis 116,5° (Bzl.). – $C_{15}H_{12}ONF_3$ (*Ar = o-CH₃OC₆H₄, R = o-CF₃*), gelbes Öl, Kp.$_8$ 152–154°. *Pikrat*, F. 87–88°. – $C_{15}H_{12}ONF_3$ (*Ar = p-CH₃OC₆H₄, R = o-CF₃*), zähes orangefarbenes Öl, Kp.$_8$ 158–162°. – $C_{16}H_{14}O_2NF_3$ (*Ar = 2.3-(CH₃O)₂C₆H₃, R = o-CF₃*), gelbes Öl, Kp.$_8$ 164–167°. – $C_{16}H_{14}O_2NF_3$ (*Ar = 3.4-(CH₃O)₂C₆H₃, R = o-CF₃*), gelbes Öl, Kp.$_8$ 176–180°. (J. Amer. chem. Soc. **74**. 6119–21. 5/12. 1952. Chestnut Hill, Mass., Boston Coll., Dep. of Chem.) FORCHE. 1310

**H.-G. Schäfer**, *Versuche zur Darstellung spezieller Kieselsäureester (Silicone) unter teilweisem Ersatz von Silicium durch Bor.* Die Darst. von *Triäthylsilylphenylborat* (**I**) aus dem sauren Ag-Salz der Phenylborsäure u. Triäthylbromsilan in Bzl. (Ausbeute 18,6%) oder ohne Lösungsm. (19,4%) wird beschrieben; I, F. 150°, Nadeln, lösl. in Bzl. u. Äther. Aus der Existenz von I wird auf

$$HO{-}\underset{\displaystyle C_6H_5}{\underset{|}{B}}OSi(C_2H_5)_3 \qquad I$$

die Beständigkeit von Verbb. vom Typ $\gt Si-O-B\lt$ u. damit auf die Existenzmöglichkeit von temperaturbeständigen, splitterfreien Bor–Silicon-Gläsern geschlossen. (Bergakademie, Freiberger Forschh., Nr. 2., Ausg. C **1951**. Nr. 1. 19–20. Juni. Freiberg/Sa.) RUMPF. 1380

**Daniel F. Herman** und **Walter K. Nelson**, *Isolierung einer Verbindung, die die kovalente Titan–Kohlenstoff-Bindung enthält.* Die Rk. von $C_6H_5MgBr$ mit der gleichmol. Menge Butyltitanat führt zu einem instabilen u. daher nicht isolierbaren Phenyltitanderivat. Bei der Rk. zwischen Li-Phenyl u. Isopropyltitanat fällt dagegen ein stabiler unlösl. Komplex der analyt. Zus. $C_6H_5Ti(OC_3H_7)_3\cdot LiBr\cdot(C_2H_5O)_2O$ (**I**) aus. **I** reagiert mit $TiCl_4$ nach $I + {}^1/_4 TiCl_4 \rightarrow C_6H_5Ti(OC_3H_7)_3\,(II) + LiCl + LiBr + {}^1/_4 Ti(OC_3H_7)_4 + (C_2H_5)_2O$ unter Bldg. des *Phenyltitantriisopropylats* (**II**), F. 88–90°, das sich unterhalb 10° unter $N_2$ unzers. aufbewahren läßt. **II** gibt in äther. Lsg. langsam einen positiven GILMAN-Test u. oxydiert sich mit $O_2$ schnell zu einem Phenolderivat. Mit W. reagiert **II** zu *Titansäure, Butanol* (Isopropanol?; der Referent) u. *Bzl.*; mit Diphenylketon bildet sich langsam *Triphenylcarbinol*; beim Behandeln mit festem $CO_2$ bildet sich dagegen keine Benzoesäure. Die Ti-C-Bindung zerfällt spontan nach $C_6H_5{:}Ti\lt \rightarrow C_6H_5^{\bullet} + Ti^{3+}$ unter Bldg. von freien Phenylradikalen; diese wurden durch Auslösung der Polymerisation von Styrol nachgewiesen. Alle angeführten Rkk. werden auch von den äther. Lsgg. der aus $C_6H_5MgBr$ u. Alkyltitanaten gebildeten, nicht isolierten Verbb. gegeben. (J. Amer. chem. Soc. **74**. 2693. 20/5. 1952. Sayreville, N. J., Nat. Lead Co., Titanium Div., Res. Labors.) ZIMMER. 1380

**Je. M. Panow** und **K. A. Kotscheschkow**, *Metallorganische Analoge von Benzoe- und p-Toluylsäure. Phenylplumbon- und p-Tolylplumbonsäure. Phenylplumbonsäure* (**I**), $C_6H_5PbOOH$, wurde durch Mischen einer Lsg. von 2,7 g Phenylbleitriisobutyrat in 50 ml absol. A. u. 60 ml 5%ig. $NH_3$ u. Trocknen des mit W., A. u. Ae. gewaschenen Nd. während 1 Std. 20 Min. im Vakuum bei 100° gewonnen; 88,5% (Ausbeute). **I** ist gelblich, amorph, unschmelzbar. Leichtlösl. in Mineralsäuren u. organ. Säuren. Die mit letzteren entstehenden Salze $C_6H_5PbX_3$ (X = Säurerest) sind in sd. W. stark hydrolysiert; die Lsgg. reagieren sauer. Frisch bereitet, löst sich **I** in 15–20%ig., nach Trocknen nur in 40–50%ig. Alkalilauge; unlösl. in $Na_2CO_3$- oder $NH_3$-Lösung. Bei längerem Trocknen (6 Std.) bei 100°/Vakuum entsteht das *Anhydrid*, $(C_6H_5PbO)_2O$. – *p-Tolylplumbonsäure* (**II**), $CH_3\cdot C_6H_4PbOOH$; aus p-Tolylbleitriacetat analog Vorst.; weiß, amorph, unschmelzbar; 60%. – *p-Tolylbleitrimethacrylat*, $CH_3C_6H_4Pb[O_2CC(CH_3){=}CH_2]_3$, aus frisch hergestellter **II** beim Verreiben mit wenig mehr als der theoret. Menge Methacrylsäure; man verd. mit Bzl., filtriert u. entfernt das Lösungsm. im Vakuumexsiccator; aus Hexan Nadeln; Zers. >120°. (Доклады Академии Наук СССР [Ber. Akad. Wiss. UdSSR] [N. S.] **85**. 1293–95. 21/8. 1952. Physikal.-Chem. Karpow-Inst.) WIEDEMANN. 1380

**Hans-Werner Wanzlick**, *Die Dehydrierung des 1.3-Dibenzalcyclopentanons-(2).* Die Dehydrierung von 1.3-Dibenzalcyclopentanon-(2) (**I**) zu *3.5-Dibenzalcyclopenten-(1)-on-(4)* (**II**) auf 2 verschied. Wegen wurde untersucht: Mit N-Bromsuccinimid (**III**) wurde II unmittelbar erhalten, mit $SeO_2$ in $CH_3COOH$ ließ sich dagegen ein Zwischenprod. isolieren, dem die Konst. *4-Benzal-2-[α-acetoxybenzyl]-cyclopenten-(1)-on-(3)* (**IV**) zukommt u. das mit verd. Lauge in **II** übergeht. Daß **IV** die angegebene Struktur u. nicht die des isomeren 4-Acetoxy-1.3-dibenzalcyclopentanons-(2) hat, ergibt sich bes. aus seiner Farblosigkeit, während alle Dibenzalverbb. der Cyclopentanonreihe gelb sind. Auch bei der Rk. von **I** mit **III** kann ein analoges, sehr labiles Zwischenprod. angenommen werden, das aus dem n. Prod. der Bromierung von **I** durch Allylumlagerung entsteht u. das dann $Br^-$ zum Synion **Va** ←→ **Vb** abspaltet, das in der Grenzform **Va** unter $H^+$-Verlust in **II** übergeht. Dieser Reaktionsverlauf wird

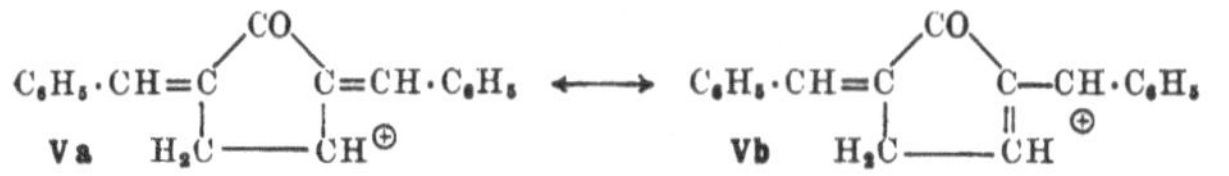

bes. durch die Beobachtung wahrscheinlich gemacht, daß bei verschied. Ansätzen die HBr-Abspaltung vorzeitig zum Stillstand kam, aber in Anwesenheit geringer Wassermengen (Entfernen des Kühlers) wieder einsetzte; unter dem polarisierenden Einfl. von Wasserspuren kommt es zur Ausbldg. von **Va** ←→ **Vb**. — Die Dehydrierung von **I** zu **II** mit $SeO_2$ über **IV** zeigt, daß diese Dehydrierung u. die acetylierende Oxydation von Olefinen von einem gemeinsamen Primärschritt her zu verstehen sind; der Grund für die Allylumlagerung ist wohl in dem Bestreben der Doppelbindung zu suchen, in den Ring hineinzuwandern, auch wenn damit eine vorhandene Konjugation aufgehoben wird. Die Überführung von **IV** in **II** wird so gedeutet, daß zunächst anomale Esterverseifung von **IV** zu **Va** ←→ **Vb** stattfindet, das dann in **II** übergeht. Dieser kryptoion. Mechanismus wird an weiteren Beispielen erhärtet: In **IV** verhält sich die Acetoxygruppe wie ein sehr bewegliches Halogenatom, mit wasserfreiem Na-Phenolat werden z. B. die beiden *allylisomeren Phenoxyderivv.* (**VI** u. **VII**) gebildet, von denen **VI** auch aus **IV** u. wss. Na-Phenolat erhältlich ist; aus beiden entsteht durch Abspaltung von $C_6H_5OH$ mit Säuren oder Laugen **II**. Stärkere Basen, wie $NaOCH_3$, reagieren mit **IV** dagegen direkt zu **II**. In Ggw. von $J_2$ gibt **IV** mit Phenol unter Ausbldg. einer neuen C–C-Bindung *4-Benzal-2-[α-(p-oxyphenyl)-benzyl]-cyclopenten-(1)-on-(3)*. — Der verhältnismäßig große Schmelzpunktunterschied zwischen **I** u. **II** (40°) wird auf ster. Verschiedenheit zurückgeführt.

Versuche: *3.5-Dibenzalcyclopenten-(1)-on-(4)* (**II**), $C_{19}H_{14}O$, F. 150°, durch 2std. Kochen von **I** in $CCl_4$ mit **III**, wobei ab u. zu der Kühler entfernt wurde; aus Trichloräthylen–A. grünstichig-gelbe Blättchen; 53% (Ausbeute). — *4-Benzal-2-[α-acetoxybenzyl]-cyclopenten-(1)-on-(3)* (**IV**), $C_{21}H_{18}O_3$, F. 119—121°, durch 10 Min. Kochen von **I** mit $SeO_2$ in feuchtem Eisessig (F. 12°) u. 2tägiges Stehen; aus $CH_3OH$ Prismen; 59%; ging bei der Titration in $CH_3OH$ mit n/10 NaOH bei 40° in **II** über. — *4-Phenoxy-1.3-dibenzalcyclopentanon-(2)* (**VI**), $C_{25}H_{20}O_2$, aus **IV** in Aceton mit Phenol in 10%ig. wss. NaOH unter Kühlung; feine gelbe Nadeln; 71%; zers. sich bei 202—203° in **II** u. Phenol. — **VI** u. *4-Benzal-2-[α-phenoxybenzyl]-cyclopenten-(1)-on-(3)* (**VII**), $C_{25}H_{20}O_2$, F. 129—131° ($CH_3OH$), aus Na-Phenolat in Bzl. (Phenol + Na-Pulver) + Dioxan u. **IV**; nach Zugabe von $CH_3OH$ wurde **VI** als Nd. (40%) u. **VII** aus dem Filtrat durch Versetzen mit W. u. Eindampfen der Benzolschicht erhalten; 32%. — *4-Benzal-2-[α-(p-oxyphenyl)-benzyl]-cyclopenten-(1)-on-(3)*, $C_{25}H_{20}O_2$, durch 6tägiges Stehen von **IV**, Phenol, Bzl. u. etwas $J_2$ bei 25—30°, Zugabe von W., Stehen über Nacht, Abgießen, Lösen des Wandbelages in verd. methanol. KOH u. Ausfällen mit verd. Essigsäure; 54%. *Methyläther*, F. 140—145°, aus A. Nadeln; daraus durch $KMnO_4$-Oxydation *p-Methoxybenzophenon*, F. u. Misch.-F. 61—62°. — *1.3-Dibenzylcyclopentanon-(2)*, E. 30°, durch 3½std. Kochen von **I** oder **II** mit RANEY-Ni in Cyclohexen. (Chem. Ber. **86**. 41—47. 1953. Berlin-Charlottenburg, TU, Organ.-Chem. Inst.) SPAETH. 1960

**Robert P. Zelinski, Byron W. Turnquest** und **Eugene C. Martin**, *Synthese von d-p-[α-Oxybenzyl]-phenylessigsäure.* p-Benzoylbenzoylchlorid (**IV**) wurde nach ARNDT-EISTERT in *p-Benzoyl-ω-diazoacetophenon* (**I**) übergeführt; durch WOLFFsche Umlagerung konnte daraus *p-Benzoylphenylacetamid* erhalten werden. Hydrolyse u. anschließende Red. mit $NaBH_4$ führte zur *dl-p-[α-Oxybenzyl]-phenylessigsäure* (**III**), deren *d*-Form mit Hilfe von Strychnin isoliert wurde.

Versuche: *p-Benzoyl-ω-diazoacetophenon* (**I**), $C_{15}H_{10}O_2N_2$, F. 116—117°, aus **IV** in Ae. bei 8° mit $CH_2N_2$ u. chromatograph. Reinigung; 93% (Ausbeute). Benzophenon reagiert nicht mit $CH_2N_2$. — *p-Benzoyl-ω-chloracetophenon*, $C_{15}H_{11}O_2Cl$, F. 86,5—88° (PAe.), aus **I** in Dioxan mit konz. HCl; 27%. Oxydation mit NaOJ lieferte *p-Benzoylbenzoesäure*, F. 195—196°, Misch.-F. 195—199°. — *p-Benzoylphenylacetamid*, $C_{15}H_{13}O_2N$, F. 136—137° (W.), durch Erhitzen von **I** in Dioxan mit einer $NH_4OH$–$AgNO_3$-Lsg.; 61%. Durch Erhitzen mit $Ag_2O$ u. $Na_2S_2O_3$ konnte **I** nur in geringer Ausbeute direkt in *p-Benzoylphenylessigsäure* (**II**) übergeführt werden. Verss., über den Ester durch Erhitzen von **I** mit absol. A. u. $Ag_2O$ die Umlagerung zu erreichen, lieferten nur ein rotes Öl. — **II**, $C_{15}H_{12}O_3$, F. 112—114° (Bzl.–PAe. 1:1), durch Verseifen vorst. Verb.; 91%. *Methyl-*

*ester*, $C_{16}H_{14}O_3$, F. 56—58° (PAe.); 92%. — *dl-p-[α-Oxybenzyl]-phenylessigsäure* (**III**), $C_{15}H_{14}O_3$, F. 108—109° (Bzl.), durch Red. vorst. Methylesters mit Aluminiumisopropylat; 9%; oder durch selektive Red. von **II** mit $NaBH_4$ bei 60—75°; 91%. —*d*-**III**, F. 121,5 bis 123°, $[\alpha]_D^{25}$ +2,8° (Dioxan, c = 5,9), über das *Strychninsalz*, $C_{36}H_{36}O_5N_2$, F. 120—127° (Dioxan–W. 1:1), $[\alpha]_D^{25}$ —27° ($CH_3OH$, c = 0,6). — Verss. zur Spaltung von **III** über das *l-α-Phenyläthylaminsalz*, $C_{23}H_{25}O_3N$, F. 140—142°, $[\alpha]_D^{25}$ —5,9° (A., c = 5), u. über das *Chinolin*-Salz, $C_{35}H_{38}O_5N_2$, F. 204—206°, $[\alpha]_D^{25}$ —114° ($CH_3OH$, c = 0,4), mißlangen. Mit Brucin, d-Desoxyephedrin, Chinidin u. Cinchonin konnte auch keine Spaltung erreicht werden. — *p-Benzoylacetophenon* (**V**), $C_{15}H_{12}O_2$, F. 83—84°, nach CASON (J. Amer. chem. Soc. **68.** [1946.] 2078) aus **IV** u. Dimethylcadmium, anschließend Hydrolyse mit $H_2SO_4$, Kochen des in Bzl. aufgenommenen Reaktionsprod. mit 50%ig. HCOOH u. konz. $H_2SO_4$ u. chromatograph. Reinigung; 42%. HJO-Oxydation lieferte *Jodoform* u. *p-Benzoylbenzoesäure*; 20%. — Bei Verwendung von Methyljodid statt Methylbromid zur Darst. von Dimethylcadmium wurde eine Verb. vom F. 106—107° (71%) erhalten, deren Konst. noch aufgeklärt wird. — **II** konnte auch aus **V** durch Kochen mit S u. Morpholin u. Hydrolyse mit 50%ig. $H_2SO_4$ u. $CH_3COOH$ dargestellt werden; 48%. (J. Amer. chem. Soc. **73.** 5521—23. Dez. 1951. Chicago, Ill., De Paul Univ., Dep. of Chem.) FAASS. 2450

**Walter J. Gensler** und **Carlos M. Samour**, *Synthese von 2-[3'.4'.5'-Trimethoxybenzoyl]-piperonylsäure.* Die Darst. von *2-[3'.4'.5'-Trimethoxybenzoyl]-piperonylsäure* (**I**) wird beschrieben (vgl. C. **1951.** I. 2016).

Versuche (FF. korr.): *Piperonylidennitromethan*, aus Piperonal in A. mit Nitromethan u. wss. Äthylamin, F. 162—163°; lange gelbe Nadeln, 97% (Ausbeute). — *Homopiperonylamin*, Kp.$_{0,1}$ 82°, durch Red. vorst. Verb. mit $LiAlH_4$ in Dioxan; 60%. — *N-[Trimethoxybenzoyl]-homopiperonylamin*, $C_{19}H_{21}O_6N$, F. 135,2—135,7°, durch Acetylierung vorst. Verb. nach SCHOTTEN-BAUMANN mit Trimethylgalloylchlorid; 80%. — *1-[3'.4'.5'-Trimethoxyphenyl]-6.7-methylendioxy-3.4-dihydroisochinolin* (**II**), $C_{19}H_{19}O_5N$, F. 160,2—160,6° (Bzl., PAe.), durch Cyclisierung vorst. Verb. mit $POCl_3$ in Toluol u. Alkalisieren; 93—97,4%. — *2-[3'.4'.5'-Trimethoxybenzoyl]-4.5-methylendioxystyrol*, $C_{19}H_{18}O_6$, hellgelbe Kristalle aus $CH_3OH$, F. 139,2—139,8°. **II**, Methylsulfat u. 40%ig. NaOH-Lsg. wurden 18 Std. auf dem Wasserbad erhitzt; 98%. — *2-[3'.4'.5'-Trimethoxybenzoyl]-piperonylsäure* (**I**), $C_{18}H_{16}O_8$, F. 215,2—215,7° ($CH_3OH$), aus vorst. Verb. durch Oxydation mit $KMnO_4$ in Aceton; 55% neben 35% unverändertem Ausgangsmaterial. **I** konnte auch aus Pikropodophyllin durch Oxydation nach SPÄTH u. Mitarbeitern (Ber. dtsch. chem. Ges. **66.** [1933.] 125) erhalten werden, Decarboxylierung lieferte *3.4.5-Trimethoxy-3'.4'-methylendioxybenzophenon*, F. 125,3—126,5°. **I**-*Äthylester*, $C_{20}H_{20}O_8$, F. 96,5—97° (wss. $CH_3OH$); 81%. (J. Amer. chem. Soc. **73.** 5555—57. Dez. 1951. Boston, Univ., Chem. Dep.) FAASS. 2470

**Kurt Alder** und **Oswald Wolff**, *Über die substituierende Addition beim Hydrinden-, Dialin-, Tetralin- und Naphthalin-Typ. Mit Beiträgen zur Reaktion von Friedel und Crafts.* 10. Mitt. *über substituierende Addition.* (9. vgl. C. **1953. 1322.**) Bei der Addition von Maleinsäureanhydrid (**I**) an Hydrinden entstehen die *Anhydride* der beiden stereoisomeren *α-Hydrindylbernsteinsäuren* (**IIa** u. **IIb**), die durch Erhitzen oder Behandeln mit $NaOCH_3$ bis zu einem Gleichgewicht ineinander umwandelbar sind. FRIEDEL-CRAFTS-Rk. hiermit liefert *cis-* bzw. *trans-3.4.5.11-Tetrahydroacenaphthenon-(5)-carbonsäure-(3)*, deren Struktur durch CLEMMENSEN-Red. zu den stereoisomeren *3.4.5.11-Tetrahydroacenaphthencarbonsäuren-(3)* bewiesen wurde, die beide bei der Dehydrierung dieselbe *Acenaphthencarbonsäure-(3)* u. daraus durch Decarboxylierung *Acenaphthen* lieferten; u. zwar dürfte die Umlagerung bei der aus **IIb** erhaltenen Säure an $C_{(4)}$ eingetreten u. als Übergang einer cis- in eine trans-Form zu deuten sein, denn der Methylester der (cis)-Säure aus **IIb** geht mit $NaOCH_3$ in den Methylester der aus **IIa** erhaltenen (trans)-Säure über (die Bezeichnungen cis u. trans beziehen sich auf die H-Atome an $C_{(3)}$ u. $C_{(4)}$). Auch bei der Rk. von **I** mit Tetralin entstehen 2 stereoisomere *α-Tetralylbernsteinsäuren* (**IIIa** u. **IIIb**), ebenfalls ineinander umwandelbar, die durch Dehydrierung die bekannte *α-Naphthylbernsteinsäure* (**X**) bilden. FRIEDEL-CRAFTS-Rk. mit **IIIa** u. **IIIb** liefert unter Bldg. eines 5- bzw. 6-Ringes *cis-* u. *trans-3.4.5.11-Tetrahydroacenaphthenon-(1)-essigsäure-(2)* (**IVa** u. **IVb**) u. *cis-* u. *trans-4.5.6.12-Tetrahydroperinaphthindanon-(1)-carbonsäure-(3)* (**Vb** u. **Va**), u. zwar aus **IIIa** die cis-Verb. **IVa** u. die trans-Verb. **Va** u. umgekehrt aus **IIIb** die trans-Verb. **IVb** u. die cis-Verb. **Vb**; **Vb** läßt sich therm. zu **Va**, **IVa** zu **IVb** umlagern. Red. von **Va** nach CLEMMENSEN lieferte *trans-* (**VIIa**), von **Vb** *cis-4.5.6.12-Tetrahydroperinaphthindancarbonsäure-(3)* (**VIIb**), während aus **IVa** u. **IVb** dieselbe *trans-3.4.5.11-Tetrahydroacenaphthyl-(2)-essigsäure* (**VI**) entstand. Dehydrierung von **VI** ergab *Acenaphthyl-(2)-essigsäure*, von **VIIa** u. **VIIb** *Perinaphthindancarbonsäure-(4)*, die zu *1-Methylacenaphthen* bzw. *Perinaphthindan* decarboxyliert wurden. Quantitative Verss. zeigen, daß **IIIa** u. **IIIb** im Verhältnis 1:2, bei Ringschluß von **IIIa**, **IVa** u. **Va** im Verhältnis 1:9 entstehen, aus **IIIb** dagegen **Vb** u. **IVb** 1:1. Der Grund für dieses unterschiedliche Mengenverhältnis wird darin gesehen, daß ster. die Bldg. der trans-Verb., strukturell diejenige der Perinaphthindenform begünstigt ist, beide Einflüsse begünstigen die Bldg. von **Va** aus **IIIa** gleichsinnig, während sie bei **IIIb** einander entgegengesetzt wirken. — Bei Anlagerung von **I** an 1.4-Dihydronaphthalin verhält sich dieses wie ein einfaches Olefin u. es tritt unter Wanderung der Doppelbindung in die 1.2-Stellung Addition an $C_{(3)}$ ein. Addition von **I** an 1.2-Dihydronaphthalin erfolgt nur unter energ. Bedingungen zu 2 diastereoisomeren Anhydriden, deren *freie Säuren* (**VIIIa** u. **b**) bei Hydrierung **IIIa** u. **IIIb** bilden. Für **VIIIa** u. **b** sind die Strukturen [$\Delta^1$-, $\Delta^2$- u. $\Delta^3$-*Dihydronaphthyl-(1)*]-*bernsteinsäure* möglich. Die erste Struktur konnte durch Synth. der Säure aus α-Tetralon u. Brombernsteinsäureester nach REFORMATSKI u. durch Ozonabbau, bei dem eine Säure mit der gleichen C-Atomzahl entsteht, ausgeschlossen werden. Einw. von HOBr auf **VIIIa** bzw. **b** lieferte 2 *Bromlactone*, die beim Vers. eines Austausches von Br gegen CN zu **X** dehydriert wurden. FRIEDEL-CRAFTS-Rk. mit **VIIIa** oder **b** erfolgt unter Dehydrierung zu *4.5-Benzoindanon-(1)-carbosäure-(3)* (**IX**; identifiziert durch Red. zu *4.5-Benzoindancarbonsäure-(3)* u. $CO_2$-Abspaltung zu *4.5-Benzoindan*). Aus diesen Ergebnissen läßt sich noch nicht sicher zwischen der $\Delta^2$- u. $\Delta^3$-Struktur für **VIII** entscheiden, jedoch ziehen Vff. letztere vor. — Bei der Addition von **I** an Naphthalin entsteht das Anhydrid von **X**, das bei der FRIEDEL-CRAFTS-Rk. *Perinaphthindanon-(1)-carbonsäure-(3)* liefert. Wird dagegen die Rk. in der Na–Al-Chloridschmelze durchgeführt (vgl. D. R. P. **554 879**), so bildet sich **IX**.

Versuche: *Hydrinden*, Kp.$_{20}$ 70°, aus Inden durch Hydrierung mit RANEY-Ni bei Raumtemp./100 at unter Rühren (2 Std.); >90% (Ausbeute). — *α-Hydrindylbernsteinsäure*, $C_{13}H_{14}O_4$, aus 120 g vorst. Verb. u. 50 g **I** bei Ggw. von etwas $J_2$ durch 6std. Erhitzen im Autoklaven auf 250—260° (Druckanstieg auf 10 at), Dest., Verseifen der Fraktion Kp.$_{0,01}$ 125—130 mit NaOH, Ansäuern u. Verreiben der erhaltenen Kristallmasse mit Ae.; als Rückstand *Isomeres B* (**IIb**), F. 200—201°, derbe Prismen aus 50%ig. Essigsäure; 30 g. Aus dem Filtrat *Isomeres A* (**IIa**), F. 143—144° (Zers.), Nadeln aus W.; 25 g. *Anhydrid* von **IIb**, $C_{13}H_{12}O_3$, F. 70°, mit Acetylchlorid bei Raumtemp.; Nadeln aus Bzl. + PAe.; das Anhydrid von **IIa** krist. nicht. — Umlagerungen: a) Aus 3 g **IIb**-*Methylester* (mit $CH_2N_2$) entstehen bei 6std. Kochen in 10%ig. $NaOCH_3$-Lsg., Zufügen von W., Abdest. des Methanols u. Ansäuern 1,6 g **IIb** + 1,4 g **IIa**. b) Aus 3 g **IIa** durch Behandlung wie vorst. **IIa** + **IIb** 1:1. c) Aus 3,5 g **IIb** durch 2std. Erhitzen auf 250°, Lösen in Aceton, Aufkochen mit W., Eindampfen u. Verreiben mit Ae. als Rückstand 1,6 g **IIb** u. aus dem Ätherextrakt 1,4 g **IIa**. d) Aus **IIa** wie vorst. **IIa** u. **IIb** 1:1. — *cis-3.4.5.11-Tetrahydroacenaphthenon-(5)-carbonsäure-(3)*, $C_{13}H_{12}O_3$, F. 212°, durch Eintragen von 13 g $AlCl_3$ in Nitrobenzol in eine turbinierte Lsg. von 12 g **IIb**-Anhydrid in Nitrobenzol u. 2std. Rühren bei Raumtemp.; Nadeln aus Essigester; 11 g. *trans-Verb.*, F. 187° (Zers.), aus 12 g Anhydrid von **IIa** wie vorst.; Blöckchen aus Essigester; 11 g. — *cis-3.4.5.11-Tetrahydroacenaphthencarbonsäure-(3)*, $C_{13}H_{14}O_2$, F. 165°, aus 10 g vorst. cis-Ketosäure durch 12std. Kochen in HCl mit amalgamierter Zn-Folie u. Ausschütteln mit Bzl. + Ae.; Rhomboeder aus Essigester + PAe.; 8 g. *Methylester*, $C_{14}H_{16}O_2$, F. 63 bis 64° (Methanol). *trans-Verb.*, $C_{13}H_{14}O_2$, F. 182°, aus vorst. trans-Ketosäure durch Red. wie vorst.; Spieße aus Essigester. *Methylester*, ölig. Umlagerung wie oben gelingt nur von cis- in trans-Verb. fast quantitativ. — *Acenaphthen*, $C_{12}H_{10}$, F. 93—94° (Methanol), aus 7,1 g vorst. trans-Säuremethylesters (oder aus der cis- oder trans-Säure) durch Erhitzen mit einem Pd-Kohle-Katalysator auf 270° unter $N_2$ u. nach Beendigung der Gasentw. kurz auf 300°, Extrahieren mit Essigester, Abdampfen, Verseifen mit 10%ig. methanol. KOH u. Ausäthern; 0,9 g. *Pikrat*, $C_{18}H_{13}O_7N_3$, F. 160—161°, orangefarbene Nadeln aus Methanol. — *Acenaphthencarbonsäure-(3)*, $C_{13}H_{10}O_2$, F. 255—256° (Eisessig), aus vorst. alkal. Lsg. durch Ansäuern; 5,5 g. *Methylester*, $C_{14}H_{12}O_2$, F. 80° (Methanol). — *ac-α-Tetralylbernsteinsäure*, $C_{14}H_{16}O_4$, durch 6std. Erhitzen von 100 g **I** u. 200 g Tetralin (+ etwas $J_2$) auf 270—280° im Autoklaven, Abnutschen (11 g Bernsteinsäureanhydrid als Rückstand), Hochvakuumdest., Behandeln der Fraktion Kp.$_{0,01}$ 125—130° mit gesätt. Sodalsg., Aufnehmen des gebildeten Na-Salzes in W., Ansäuern mit HCl, Ausäthern u. Verreiben des Abdampfrückstandes mit Acetonitril *Isomeres A* (**IIIa**), F. 163°, Nadeln aus W.; gegenüber alkal. $KMnO_4$ stabil. *Dimethylester*, Kp.$_{0,005}$ 98—99°. *Dihydrazid*, $C_{14}H_{20}O_2N_4$, F. 186—187° (Zers.; wss. Methanol). *Isomeres B* (**IIIb**), $C_{14}H_{16}O_4 \cdot {}^2/_3\, C_6H_6$, F. 159°, aus dem Filtrat der Sodalsg. durch Ansäuern u. Anreiben mit Acetonitril; Blöckchen aus Bzl.; Ausbeuteverhältnis von **IIIa** zu **IIIb** = 1:2. *Dimethylester*, $C_{16}H_{20}O_4$, Kp.$_{0,005}$ 88—89°, F. 49—50°, Nadeln aus Methanol. *Dihydrazid*, F. 188—189° (Zers.; Methanol); bei Darst. der Dihydrazide in der Wärme tritt zum Teil Umlagerung ein. Bei Umlagerung von 5,5 g **IIIa**- oder **IIIb**-Methylester wie oben u. Verseifung entstehen 1,2 g **IIIa** + 3,5 g **IIIb**, bei therm. Umlagerung von 5 g **IIIa** entstehen 1,5 g **IIIa** u. 2,8 g **IIIb**, bei **IIIb** ergibt sich ebenfalls ein Verhältnis von **IIIa**:**IIIb** = 1:2. — *α-Naphthylbernsteinsäure* (**X**), $C_{14}H_{12}O_4$, F. 217—218°, durch Kochen von **IIIa** mit Acetylchlorid u. ½std. Erhitzen des Destillierrückstandes mit S auf 220°, dann 250°; Nadeln aus Essigester; ebenfalls dargestellt aus **IIIb** durch 20std. Kochen mit $SeO_2$ in Eisessig. — *trans-4.5.6.12-Tetrahydroperinaphthindanon-(1)-carbonsäure-(3)* (**Va**), $C_{14}H_{14}O_3$, F. 202°, aus 13 g **IIIa** durch Anhydridbldg. mit Acetylchlorid u. dann mit $AlCl_3$ wie oben; aus dem Rohprod. nach Verseifen mit Bzl. als Rückstand; Quadern aus viel Essigester; 9 g (roh). Aus dem benzol. Filtrat durch Einengen ein Kristallgemisch u. hieraus durch mechan. Trennung *cis-3.4.5.11-Tetrahydroacenaphthenon-(1)-essigsäure-(2)* (**IVa**), $C_{14}H_{14}O_3$, F. 110°; daneben etwas **IVb**. — Analoge FRIEDEL-CRAFTS-Rk. mit **IIIb** liefert die cis-Verb. **Vb**, F. 172°, u. die trans-Verb. **IVb**, F. 127°. Therm. Umlagerung von 1 g **Vb** ergibt 0,6 g **Va** u. 0,1 g **Vb**; **Va** lagert nicht um. *trans-4.5.6.12-Tetrahydroperinaphthindancarbonsäure-(3)* (**VIIa**), $C_{14}H_{16}O_2$, F. 145°, durch Red. von 8 g **Va** nach CLEMMENSEN; Blättchen aus Essigester; 6,5 g. *cis-Verb.* (**VIIb**), F. 141° (wss. Methanol), aus 5 g **Vb** wie vorst.; 4 g .— *trans-3.4.5.11-Tetrahydroacenaphthyl-(2)-essigsäure* (**VI**), $C_{14}H_{16}O_2$, F. 133—134°, aus 5 g **IVb** durch Red. wie vorst.; Nadeln aus Bzl. + PAe.; 4 g; oder ebenso aus **IVa**. — **VIIb** läßt sich zu 100% in **VIIa** umlagern, aber nicht umgekehrt. — *Perinaphthindan*, $C_{13}H_{12}$, F. 65°, $Kp._{12}$ 150°, a) aus 2 g **VIIa** durch 5std. Erhitzen mit 0,7 g Pd/Kohle auf 220—240°, langsam auf 300° steigernd u. Auskochen mit Essigester; glänzende Schuppen aus Methanol; 1 g; b) aus Perinaphthindancarbonsäure-(1) durch Decarboxylierung. *Pikrat*, $C_{19}H_{15}O_7N_3$, orangefarbene, seidige Nadeln aus Methanol, F. 149—150°. — *Peropyren*, $C_{26}H_{14}$, F. ca. 360°, aus der Pd-Kohle bei vorst. Rk. durch Auskochen mit Xylol; goldgelbe Blättchen. — *Perinaphthindancarbonsäure-(4)*, $C_{14}H_{12}O_2$, F. 175°, aus 12,5 g **VIIa** durch Verestern mit $CH_2N_2$ u. Dehydrierung wie vorst.; aus dem Rückstand des Essigesterextraktes nach Erwärmen mit 15%ig. alkoh. KOH, Versetzen mit W., Abdest. des Methanols u. Abblasen des gebildeten Perinaphthindans (1,8 g) aus dem alkal. Destillierrückstand; 9,1 g. — *1-Methylacenaphthen, Pikrat*, $C_{19}H_{15}O_7N_3$, F. 123—124°, aus **VI** durch Erhitzen mit Pd/Kohle wie oben; orangerote, seidige Nadeln aus Alkohol. — *Acenaphthyl-(1)-essigsäure*, $C_{14}H_{12}O_2$, F. 115°, aus 2 g **VI**-Methylester u. Pd/Kohle wie oben u. Verseifen mit methanol. KOH; glänzende Schuppen aus Methanol; 1 g; läßt sich ebenfalls aus **VI** durch Dehydrieren mit S darstellen. — *4-Acetamidoperinaphthindan*, $C_{15}\cdot H_{15}ON$, F. 209°, aus 8 g der 4-Carbonsäure durch Rk. mit Thionylchlorid, Umsatz des Säurechlorids ($Kp._{0,08}$ 115°) in Bzl. mit aktiviertem Na-Azid, nach Abklingen der Rk. Erwärmen auf dem Wasserbad, Zutropfen von sd. konz. HCl unter Abdest. des Lösungsm., Ausäthern, Alkalisieren der wss. sauren Lsg. mit 50%ig. KOH, Ausäthern u. Acetylieren; Nadeln aus Essigester; 4,3 g Amin, das nach Diazotierung mit β-Naphthol einen roten Farbstoff liefert. — *$\Delta^8$-Dihydronaphthyl-(1)-bernsteinsäure*, $C_{14}H_{14}O_4$, durch Zutropfen von 0,5 Mol **I** in Dioxybenzoldimethyläther zu einer auf 240° erhitzten Lsg. von 0,5 Mol 1.2-Dihydronaphthalin u. etwas Bis-[α-äthylphenyl]-hydrochinon (als Stabilisator) in gleichem Lösungsm. unter $CO_2$, nach weiterem 2std. Erhitzen mehrfache Rektifikation, Aufnehmen der Fraktion $Kp._{0,01}$ 125—135° in Aceton, Versetzen mit 10%ig. Sodalsg., Abdest. des Acetons u. Ansäuern; nach Auskochen mit Acetonitril als Rückstand *Isomeres B* (**VIIIb**), F. 210°, Nadeln aus Essigsäure; 2,8 g. *Dimethylester*, $C_{16}H_{18}O_4$, F. 68,5°, aus Methanol prismat. Nadeln. Aus dem Ätherauszug der Mutterlaugen u. den Acetonitrilmutterlaugen durch fraktionierte Kristallisation u. mechan. Auslese *Isomeres A* (**VIIIa**), F. 178—179°, 13 g. *Dimethylester*, F. 74°, Nadeln aus Methanol. Umlagerung wie vorst. erfolgt nur von **VIIIa** → **VIIIb**, nicht umgekehrt. Katalyt. Hydrierung von **VIIIa** bzw. **b** mit $PtO_2$ liefert **IIIa** bzw. **IIIb**. — *Bromlactonester* aus **VIIIb**, $C_{15}H_{15}O_4Br$, F. 104—105°, aus **VIIIb** durch Aufnehmen in Sodalsg., Zufügen von $Br_2$–W. bis zur bleibenden Färbung, Ansäuern u. Verestern des Nd. mit $CH_2N_2$; Nadeln aus Ae.; läßt sich auch aus dem Dimethylester von **VIIIb** durch Bromierung in Chlf. darstellen. — *Bromlactonester* aus **VIIIa**, $C_{15}H_{15}O_4Br$, F. 107° (Methanol), analog vorst. Verbindung. Verss., Br gegen CN durch Rk. mit KCN in sd. Methanol auszutauschen, ergaben statt dessen **X**. **X** entsteht auch beim Vers. der REFORMATSKI-Rk. des Bromlactonesters aus **VIIIb** mit α-Tetralon. — *Tetrahydrazid* $C_{14}H_{22}O_4N_8$, F. 163—165° (Zers.), durch 1std. Ozonisieren von **VIIIb** in Essigester, Versetzen mit verd. Essigsäure, 4tägiges Abdunstenlassen, Ausziehen des in Ae. aufgenommenen Rückstandes mit $NaHCO_3$-Lsg., Ansäuern Ausäthern, Verestern mit $CH_2N_2$ u. Behandeln des nichtkristallisierenden Esters mit $N_2H_4\cdot H_2O$. — *4.5-Benzoindanon-(1)-carbonsäure-(3)* (**IX**), $C_{14}H_{10}O_3$, F. 196°, a) aus **VIIIa** oder **VIIIb** über das Säurechlorid durch Rk. mit $AlCl_3$ in Nitrobenzol wie oben; Würfel aus Essigester; b) durch Zufügen von **I** u. Naphthalin zu einer auf 155° erhitzten Schmelze von NaCl + $AlCl_3$, nach Zerreiben der erkalteten Schmelze Aufnehmen in 2nHCl (Kühlen), Lösen der festen Bestandteile in $NaHCO_3$-Lsg., Ausäthern u. Ansäuern der alkal. Lösung. — *4.5-Benzoindancarbonsäure-(3)*, $C_{14}H_{12}O_2$, F. 152°, aus **IX** durch Red. mit amalgamiertem Zn + HCl; aus Bzl. + PAe. Schuppen. — *4,5-Benzoindan, Pikrat,* F. 110°, durch Erhitzen vorst. Verb. mit Pd/Kohle auf 240—260°. — *$\Delta^1$-Dihydronaphthyl-(1)-bernsteinsäure,* $C_{14}H_{14}O_4$, F. 181°, aus α-Tetralon u. Brombernsteinsäuredimethylester durch Erhitzen in Bzl. mit Zn-Folie + etwas $J_2$, nach 90 Min. Zers. mit 30%ig. $H_2SO_4$, Ausäthern, Hochvakuumdest., Kochen der Fraktion Kp.$_{0,01}$ 90—125° in Bzl. mit $P_2O_5$, Schütteln mit W. u. Verseifen des Benzolrückstandes mit 15%ig. methanol. KOH; Blöckchen aus Essigester. Ozonabbau des Methylesters wie vorst. lieferte *Hydrozimtsäure-o-carbonsäure,* $C_{10}H_{10}O_4$, F. 167—168°.— **X**-*Anhydrid,* $C_{14}H_{10}O_3$, F. 130°, aus Naphthalin u. **I** mit etwas Jod während 6 Std. bei 260° im Autoklaven; aus Bzl. gelbgrüne Schuppen. — *Perinaphthindanon-(1)-carbonsäure-(3),* $C_{14}H_{10}O_3$, F. 220° (verd. Essigsäure), aus vorst. Verb. durch Rk. mit $AlCl_3$ in Nitrobenzol. — *Perinaphthindancarbonsäure-(1),* $C_{14}H_{12}O_2$, F. 150°, aus vorst. Verb. durch Red. mit Zn + HCl; abgekantete Würfel. (Liebigs Ann. Chem. **576.** 182—214. 1952. Köln, Univ., Chem. Inst.) LEHWALD. 2600

**Martin Goldman** und **Ernest I. Becker,** *Eine neue Synthese von Aroylacrylsäure.* Es wird an einem Beispiel gezeigt, daß die DOEBNER-Kondensation für die Synth. von Aroylacrylsäuren verwendbar ist nach der allg. Gleichung: ArCOCHO + $CH_2(COOH)_2$ → ArCOCH=CH—COOH + $CO_2$ + $H_2O$.

Versuche: *Naphthyl-(2)-glyoxal,* aus Methylnaphthyl-(2)-keton durch Oxydation mit $SeO_2$; 75% (Ausbeute). — *β-[Naphthoyl-(2)]-acrylsäure,* $C_{14}H_{10}O_3$, F. 164 bis 166° (verd. A.), aus vorst. Verb. mit Malonsäure u. Pyridin durch 22std. Rühren, Aufnehmen des Reaktionsprod. in 5% $Na_2CO_3$-Lsg. u. Ausfällen mit Säure; 12%. Verb. zeigt schnellen BAEYER-Test u. positive Rk. mit Phenyl- u. 2.4-Dinitrophenylhydrazin, negativ mit TOLLENS u. SCHIFFS Reagens. — *β-[Naphthoyl-(2)]-propionsäure,* F. 170 bis 172°, durch Hydrierung vorst. Verb. in Ggw. von Pd/Kohle. (Nature [London] **170.** 35. 5/7. 1952. Brooklyn, N. Y., Polytechn. Inst.) ROSSOW. 2700

**R. B. Desai** und **Suresh Sethna,** *Untersuchungen über die Persulfatoxydation nach Elbs. 2. Mitt. Oxydation von α- und β-Naphtholen und einigen Naphtholderivaten.* (1. vgl. PARIKH u. SETHNA, C. **1951.** II. 2313.) Durch $K_2S_2O_8$ in alkal. Lsg. wurden α-Naphthol (I), 2-Acetyl-α-naphthol (II), 1-Oxynaphthoesäure-(2) (**III**) u. 4'-Methyl-α-pyrono-[5'.6':2.1]-naphthalin (**IV**) in 4-Stellung, β-Naphthol (**V**) u. 2-Oxynaphthoesäure-(3) (**VI**) in 1-Stellung, 4'-Methyl-α-pyrono-[5'.6':1.2]-naphthalin (**VII**) aber in 6-Stellung hydroxyliert.

Versuche: *1.4-Dioxynaphthalin* (**VIII**), F. 192° (A.), durch Einrühren (3 Std.) von 13,5 g $K_2S_2O_8$ in 270 cm³ W. in die Lsg. von 7,2 g **I** u. 10 g NaOH in 100 cm³ W. bei 0°, Stehen über Nacht im Eisschrank u. eben Ansäuern mit konz. HCl: 4 g schwarzer, nicht schm. Nd.; daraus mit A. etwas **I**; weiteres **I** (zusammen 1 g) durch Ausäthern des Filtrats; dieses mit 150 cm³ HCl ½ Std. wasserbaderhitzt; 1,4 g Nadeln. *Diacetylverb.,* F. 127°, aus verd. A. Tafeln. — *1.4-Dioxy-2-acetylnaphthalin,* F. 210°, aus 3,1 g **II** u. 3,4 g NaOH in 84 cm³ W. u. 15 cm³ Pyridin wie **VIII**; 2 g **II** durch eben Ansäuern zurück; dann wie **VIII**; aus A. 0,8 g gelbe Nädelchen. *2.4-Dinitrophenylhydrazon,* $C_{18}H_{14}\cdot O_6N_4$, F. 265—267° (Zers.), dunkelrote Nädelchen aus $CH_3COOH$–Pyridin. *Diacetylverb.* (**IX**), F. 100°, mit Acetanhydrid in Pyridin, aus A. braune Nadeln. — *1-Oxynaphthoesäure-(2)* (**III**), F. 194—195°, durch 4std. $CO_2$-Durchleiten durch das Gemisch von 15 g **I** u. je 30 g $KHCO_3$ u. Glycerin bei 120—125°; mit W. blieb **I** ungelöst; Filtrat mit konz. HCl gefällt; aus A. 7 g Nadeln. — *1.4-Dioxynaphthoesäure-(2),* F. 201—202°, aus 3,4 g **III** 0,8 g Nadeln aus $CH_3COOH$. *4-Acetylderiv.,* F. 194—195°, analog **IX**, Tafeln aus $CH_3\cdot$COOH. — *1.2-Dioxynaphthalin,* F. 103°, aus **V** analog **VIII**; Eindampfrückstand des Ae. mit PAe. extrahiert, Nadeln; Ausbeute sehr gering. — *1.2-Dioxynaphthoesäure-(3),* F. 235° (Zers.), aus 4,7 g **VI**: 2,5 g **VI** zurück; nach Erhitzen mit konz. HCl aus A. 0,8 g bräunlichgrüne Kristalle. *Diacetylverb.,* F. 210—211°, Nadeln aus $CH_3COOH$. — *4-Oxy-4'-methyl-α-pyrono-[5'.6':2.1]-naphthalin* (**X**), $C_{14}H_{10}O_3$, F. 288—289°, aus 2 g **IV** 0,2 g **IV** zurück u. 0,8 g gelbliche Nädelchen (verd. A.). *Acetylverb.,* $C_{16}H_{12}O_4$, F. 187—188°, aus A. gelbliche Nadeln. — *6-Oxy-4'-methyl-α-pyrono-[5'.6':1.2]-naphthalin,* $C_{14}H_{10}O_3$, F. 285—286°, aus 4 g **VII** 1,5 g **VII** zurück u. 0,2 g gelbe Nadeln aus verd. A.; wie bei **X** keine Farb-Rk. mit alkoh. $FeCl_3$. *Acetylverb.,* $C_{16}H_{12}O_4$, F. 190—191° (A.). (J. Indian chem. Soc. **28.** 213—17. April 1951. Bombay, Inst. of Sci., Org. Chem. Labors.) LEHMSTEDT. 2700

**J. H. van Rij, P. E. Verkade** und **B. M. Wepster,** *Herstellung von 2-Amino-3-nitronaphthalin.* Das bisher nur in unreinem Zustand bekannte *2-Amino-3-nitronaphthalin* (**I**) wurde durch Teilred. von *2.3-Dinitronaphthalin* (**II**) mit $Na_2S_2$ hergestellt.

Versuche: *2-Acetyl-5.6.7.8-tetrahydronaphthalin,* Kp.$_{15}$ 163—165°, durch Eintropfen von 150 g Tetralin, 98 g $CH_3COCl$ u. $CS_2$ in 180 g $AlCl_3$ u. 1500 g $CS_2$ $<10°$, nach 2std. Rühren Gießen auf Eis; 87% (Ausbeute). *Oxim,* F. 105—106°; 91%. — *2-Acetylamino-5.6.7.8-tetrahydronaphthalin* (**III**), F. 106—107°, aus dem Oxim u. $C_6H_5SO_2Cl$ in Pyridin; 75%. — *2-Acetylamino-3-nitro-5.6.7.8-tetrahydronaphthalin* (**IV**), F. 134 bis

135°, aus **III** nach SCHROETER (Liebigs Ann. Chem. **426.** [1922.] 65); 36%. — *2-Acetylaminonaphthalin*, F. 133—134°, aus 2-Aminonaphthalin in Bzl. mit Acetanhydrid; 96%; 100 g gaben mit RANEY-Ni in A. ($H_2$, 30—80 at, 120—125°, 2 Std.) 99,5 g rohes **III**, F. 86—89°, vermutlich mit dem 1.2.3.4-Tetrahydroisomeren ca. 1:1 verunreinigt. — **IV**, F. 134—135°, aus rohem **III** wie oben; durch W. gefällter Nd. in Bzl. gelöst, gewaschen u. verdampft; aus A.; 19%. — *2-Amino-3-nitro-5.6.7.8-tetrahydronaphthalin*, F. 126 bis 127°, aus **IV** nach VERKADE u. WITJENS (C. **1943.** II. 308); 96%. — *2-Nitroso-3-nitro-5.6.7.8-tetrahydronaphthalin* (**V**), F. 153—154° (Zers.), aus vorst. Verb. in $H_2SO_4$ mit $K_2S_2O_8$ (48 Std., 50—60°), dann nach KUHN (Ber. dtsch. chem. Ges. **70.** [1937.] 1314); 43%. — *2.3-Dinitro-5.6.7.8-tetrahydronaphthalin*, F. 106—107° (A.), aus **V** mit $H_2O_2$ u. $HNO_3$ (8 Min.) nach KUHN u. KLAVEREN (Ber. dtsch. chem. Ges. **71.** [1938.] 779); Farbe von **V** in Chlf. nicht grün, sondern braun; ; 81%. — *2.3-Dinitronaphthalin* (**II**), F. 174,5—175°, aus vorst. Verb. mit etwas mehr als 2 Mol $Br_2$ u. Ausziehen mit Bzl.; braungelbe Nadeln aus Bzl.; 43%. — *2-Amino-3-nitronaphthalin* (**I**), $C_{10}H_8O_2N_2$, F. 115 bis 116°, durch Einrühren (2 Std.) von 1,05 Mol ca. 50%ig. $Na_2S_2$ in die Lsg. von 2,5 g **II** in 100 cm³ $CH_3OH$, 5std. Kochen, Filtrieren u. Eindampfen; Benzolauszug des Rückstandes mit HCl-Gas gefällt; fast farblose Nadeln aus 4nHCl; mit $NH_4OH$ zers.: hellrote Kristalle aus Ligroin; 0,96 g. — *2-Acetylamino-3-nitronaphthalin*, $C_{12}H_{10}O_3N_2$, gelbe Kristalle aus Ligroin; fast 100%. (Recueil Trav. chim. Pays-Bas **70.** 236—40. März 1951. Delft, Techn. Univ., Labor. of Organ. Chem.) LEHMSTEDT. 2700

**Emil Buchta, Helmut Freytag** und **Helmut Bayer**, *Polycyclische Verbindungen.* 1. Mitt. *7-Methoxy- und 7-Acetoxy-1-methyl-2-äthylphenanthren.* Die Darst. der genannten Verbb. durch Anwendung bekannter Verff. wird beschrieben.

V e r s u c h e: (*β-[6-Methoxynaphthyl-(1)]-äthyl)-äthylmalonsäurediäthylester*, $C_{22}H_{28}O_5$, Kp.$_{0,03}$ 180—185°, durch 64std. Erhitzen von Na-Äthylmalonsäurediäthylester u. β-[6-Methoxynaphthyl-(1)]-äthylbromid in Xylol; 36,5% (Ausbeute). *Freie Säure*, $C_{18}H_{20}O_5$, F. 149—150° ($CO_2$-Entw.), durch 3std. Kochen mit 20%ig., methanol. KOH; aus Bzl. Kristalle. — *α-Äthyl-γ-[6-methoxynaphthyl-(1)]-buttersäure*, $C_{17}H_{20}O_3$, F. 90—92° (Bzl. + PAe.), durch Erhitzen vorst. Säure auf 160—170° bis zur Beendigung der $CO_2$-Entw.; Kp.$_{0,05}$ 184—185°; 97%. — *1-Keto-2-äthyl-7-methoxy-1.2.3.4-tetrahydrophenanthren* (**I**), $C_{17}H_{18}O_2$, F. 98—100° (Methanol), aus vorst. Säure in Ae. durch Überführung in das Säurechlorid mit $SOCl_2$ u. dessen Cyclisierung mit $SnCl_4$ in Bzl.; 85%. *2.4-Dinitrophenylhydrazon*, $C_{23}H_{22}O_5N_4$, F. 256—258° (Zers.; KOFLER-Block). — *1-Keto-2-äthyl-7-oxy-1.2.3.4-tetrahydrophenanthren*, $C_{16}H_{16}O_2$, F. 181° (Methanol), durch 5std. Kochen vorst. Verb. in Eisessig mit 48% ig. HBr. — *7-Methoxy-1-methyl-2-äthyl-3.4-dihydrophenanthren*, $C_{18}H_{20}O$, F. 120—122° (Dioxan + W.), aus **I** in Bzl. mit $CH_3MgJ$ in Ae.; 81,5%. — *7-Methoxy-1-methyl-2-äthylphenanthren*, $C_{18}H_{18}O$, F. 123 bis 124° (Eisessig), aus vorst. Verb. durch 2std. Erhitzen mit Schwefelblume auf 175°, dann kurze Zeit auf 210°; 80%. *Pikrat.* $C_{24}H_{21}O_8N_3$, F. 129—130°, aus A. orangerote Nadeln. — *7-Oxy-1-methyl-2-äthylphenanthren*, $C_{17}H_{16}O$, F. 179—180°, aus vorst. Verb. mit $CH_3MgJ$ in Ae. + Bzl., Abdampfen u. Erhitzen des Rückstandes ½ Std. am Steigrohr unter $H_2O$-Ausschluß auf 170—180° (Äthanentw.), Zufügen von HCl, Abdekantieren u. Aufnehmen in Ae.; Kristalle aus Bzl.; 69%. *7-Acetylderiv.*, $C_{19}H_{18}O_2$, F. 137 bis 138° (A.). (Liebigs Ann. Chem. **576.** 169—72. 1952. Erlangen, Univ., Chem. Labor.) LEHWALD. 2850

**Emil Buchta** und **Wilhelm Kallert**, *Polycyclische Verbindungen.* 2. Mitt. *Zwei Synthesen des 2-Methoxychrysens und die Konfigurationsbestimmung von α-Phenyl-β-[6-methoxynaphthyl-(1)]- und α-Phenyl-β-[naphthyl-(1)]-äthylen.* (1. vgl. vorst. Ref.) Das früher (Liebigs Ann. Chem. **573.** [1951.] 220) durch Einw. von $SnCl_4$ auf 6-Methoxy-1-[β-phenyläthyl]-3.4-dihydronaphthalin (**I**) erhaltene Öl ist nicht, wie seinerzeit angenommen, ein Isomeres von **I**, sondern ein durch Disproportionierung entstandenes Gemisch von *6-Methoxy-1-[β-phenyläthyl]-naphthalin* u. *6-Methoxy-1-[β-phenyläthyl]-tetralin.* **I** läßt sich durch Kochen in Bzl. mit $AlCl_3$ cyclisieren, jedoch ist die Ausbeute an *2-Methoxychrysen* (**II**) gering u. es entsteht als Hauptprod. wahrscheinlich ein Gemisch von stereoisomeren *Hexahydromethoxychrysenen*, das durch Dehydrieren mit S in **II** verwandelt werden kann. — Um festzustellen, ob das in der früheren Mitt. (l. c.) aus Chloranil u. **I** dargestellte *α-Phenyl-β-[6-methoxynaphthyl-(1)]-äthylen* (**IV**) cis- oder trans-Konfiguration aufweist, stellen Vff. aus [6-Methoxynaphthyl-(1)]-essigsäure durch PERKIN-Kondensation mit o-Nitrobenzaldehyd *α-[6-Methoxynaphthyl-(1)]-o-nitrozimtsäure* dar, aus der durch $CO_2$-Abspaltung *cis-α-[o-Nitrophenyl]-β-[6-methoxynaphthyl-(1)]-äthylen* (**VI**) u. hieraus durch Red. mit $Fe(OH)_2$ *cis-α-[o-Aminophenyl]-β-[6-methoxynaphthyl-(1)]-äthylen* (**III**) gewonnen wird. Da nach RUGGLI (Helv. chim. Acta **24.** [1941.] 173) nur die cis-Verb. zum Ringschluß befähigt ist u. sich **III** glatt zu **II** cyclisieren läßt, ist damit die cis-Konfiguration bewiesen. Eliminierung der $NH_2$-Gruppe von **III** zu **IV** gelang nicht, vielmehr bildete sich bei Einw. von Stannit oder unterphosphoriger Säure auf das Diazoniumsalz von **III II**. **VI** läßt sich durch Erhitzen mit etwas $J_2$ in Nitrobenzol in die *trans-Verb.* umwandeln, aus der durch Red., Diazotierung u. Einw. von Stannit **IV** entsteht, das mit dem früher dargestellten **IV** keine Misch.-F.-Depression zeigt u. demnach trans-Konfiguration hat. — Bei Nacharbeitung der Verss. von BERGMANN u. SCHAPIRO (vgl. C. **1948**. I. **1199**), die aus α-Naphthylamin u. Zimtsäure eine Verb. vom F. 148 bis 149° erhielten u. diese als *α-Phenyl-β-[naphthyl-(1)]-äthylen* (**V**) bezeichneten, erhalten Vff. **V** vom F. 72—73°. Wie für **IV** wird für **V** die trans-Konfiguration bewiesen.

Versuche: *6-Methoxy-1-[β-phenyläthyl]-naphthalin,* $C_{19}H_{18}O$, F. 48,5—49°, **I** durch 5tägiges Stehen mit $SnCl_4$ in $CS_2$ bei 20°, Verdünnen mit Ae., Zers. mit Eis + HCl, Dest. u. fraktionierte Kristallisation; Nadeln aus A.; 58% (Ausbeute). — *6-Methoxy-1-[β-phenyläthyl]-tetralin,* $C_{19}H_{22}O$, $Kp._{0,15}$ 170—171°, bei vorst. Rk. als nichtkrist. Öl; 5,5%. — *2-Methoxychrysen* (**II**), $C_{19}H_{14}O$, F. 249,5—250°, a) aus **I** durch 7std. Kochen in Bzl. mit $AlCl_3$, Zers. mit Eis + HCl, Nachmethylieren mit Dimethylsulfat in NaOH, 6std. Erhitzen des Benzolrückstandes mit S auf 200—230° u. wiederholte Sublimation bei 230—250°/10 mm; 6—12 % (roh); b) aus **III** durch Diazotieren in einem Gemisch von W.-A.-Tetrahydrofuran-HCl bei 0°, Zufügen von etwas Naturkupfer C, Filtrieren, Eindampfen u. Sublimation; 60%. — *α-[6-Methoxynaphthyl-(1)]-o-nitrozimtsäure,* $C_{20}H_{15}O_5N$, F. 190—191°, aus [6-Methoxynaphthyl-(1)]-essigsäure durch 9std. Erhitzen mit o-Nitrobenzaldehyd. in Acetanhydrid auf 130°, Zers. mit W., 1std. Kochen, Gießen in W., Aufnehmen des klebrigen Nd. mit 5%ig. $NH_3$ u. Ansäuern; gelbe Kristalle aus A.; 18%. — *cis-α-[o-Nitrophenyl]-β-[6-methoxynaphthyl-(1)]-äthylen* (**VI**), $C_{19}H_{15}O_3N$, F. 113°, aus vorst. Verb. durch Eintragen in Chinolin u. Erhitzen mit Cu-Chromit auf 230° u. Gießen in verd. HCl; gelbe Kristalle aus A.; 52%. — *cis-α-[o-Aminophenyl]-β-[6-methoxynaphthyl-(1)]-äthylen* (**III**), $C_{19}H_{17}ON$, F. 146°, aus **VI** durch Zutropfen der Lsg. in A. u. konz. $NH_3$ zu einer Lsg. von $FeSO_4$ in wss. A. unter Erwärmen; Blättchen aus A.; 70%; wird beim Stehen gelb. — *trans-α-[o-Nitrophenyl]-β-[6-methoxynaphthyl-(1)]-äthylen,* $C_{19}H_{15}O_3N$, F. 140°, aus **VI** durch 20 Min. langes Erhitzen in Nitrobenzol bei Ggw. von $J_2$ auf 210°; goldgelbe Schuppen aus A.; 66%. — *trans-α-[o-Aminophenyl]-β-[6-methoxynaphthyl-(1)]-äthylen, Hydrochlorid,* $C_{19}H_{18}ONCl$, F. 223° (A.), aus vorst. Verb. durch Red. mit $FeSO_4$ u. $NH_3$ wie oben u. Sublimation bei 200°/0,1 mm; 28%; wird gelb. *Acetylderiv.,* $C_{21}H_{19}O_2N$, F. 182°. — *trans-α-Phenyl-β-[6-methoxynaphthyl-(1)]-äthylen* (**IV**), $C_{19}H_{16}O$, F. 88,5—89° ($CH_3OH$), durch Diazotierung vorst. Amins wie oben u. Stehen mit $SnCl_2$ u. NaOH in W. 1 Std. bei 0° u. 30 Std. bei Raumtemp.; Sublimation bei 180 bis 200°/0,2 mm; 26%. — *trans-α-Phenyl-β-[naphthyl-(1)]-äthylen* (**V**), $C_{18}H_{14}$, F. 72—73°, durch Diazotierung von α-Naphthylamin in wss. HCl bei 0°, Zugabe von Zimtsäure in Aceton u. dann von Na-Acetat u. CuCl in W., Wasserdampfdest. u. Aufnehmen des Rückstandes in Benzol; nach Sublimation bei 220—230°/11 mm aus A. Nadeln; 10,5%. — *cis-α-[o-Nitrophenyl]-β-[naphthyl-(1)]-äthylen,* $C_{18}H_{13}O_2N$, F. 83—84°, durch Decarboxylierung von α-[Naphthyl-(1)]-o-nitrozimtsäure analog **VI**; nach Sublimation bei 200°/0,2 mm aus A. gelbe Kristalle; 42%. — *cis-α-[o-Aminophenyl]-β-[naphthyl-(1)]-äthylen, Hydrochlorid,* $C_{18}H_{16}NCl$, durch $Fe(OH)_2$-Red. vorst. Verb. analog **III**; wird hellviolett; 49%. *Acetylderiv.,* $C_{20}H_{17}ON$, F. 128,5—129°. — *Chrysen,* $C_{18}H_{12}$, F. 250,5—251° (Sublimation), aus vorst. Hydrochlorid analog **II**; 51%. — *trans-α-[o-Nitrophenyl]-β-[naphthyl-(1)]-äthylen,* $C_{18}H_{13}O_2N$, F. 122°, aus der cis-Verb. mit $J_2$ in Nitrobenzol bei 200 bis 210°; aus A. grünlichgelbe Kristalle; 45%. — *trans-α-[o-Aminophenyl]-β-[naphthyl-(1)]-äthylen, Hydrochlorid,* $C_{18}H_{16}NCl$, F. 197° (verd. A. + HCl), durch $Fe(OH)_2$-Red. vorst. Verb.; *Acetylderiv.,* F. 159—160°. Das Amin gibt durch Diazotierung u. Stannitbehandlung wie oben **V**; 20%. (Liebigs Ann. Chem. **576**. 172—81. 1952.) LEHWALD. 2950

**Endre Berner,** *Die Reaktion zwischen Acetylaceton und Citraconsäureanhydrid.* Acetylaceton reagiert mit *Citraconsäureanhydrid* (**I**) in 2 Stufen zu einem gut kristallisierenden Addukt **II**. **II** u. der Methylester von **II** zeigen Enol-Eigenschaften. **II** ist in Säuren stabil. Die Oxydation mit $KMnO_4$ liefert neben Brenztraubensäure u. Essigsäure α-Oxy-α-methylbernsteinsäure (**III**). Durch starkes Alkali zerfällt **II** über eine Zwischenstufe zum überwiegenden Teil in *β-Oxy-β-methyl-γ-ketovaleriansäure* (**IV**) u. Essigsäure u. zu einem geringen Teil in Aceton u. **III**, die jedoch nicht isoliert werden konnte. Ferner gibt **II** Rkk. auf Ketone u. C=C-Doppelbindungen. Vf. schreibt auf Grund des gesammelten Materials **II** folgende Formel zu: *4-Acetyl-2.5-dimethyl-3-keto-2.3-dihydrofuryl-2-essigsäure* (**II**). Ein ähnliches Addukt aus Propionylaceton u. **I** konnte nur als Dinitrophenylhydrazon krist. erhalten u. analysiert werden.

Versuche: *4-Acetyl-2.5-dimethyl-3-keto-2.3-dihydrofurylessigsäure* (**II**), $C_{10}H_{12}O_5$, F. 130° (W.), aus 2 Mol Acetylaceton u. 2 Mol **I** nach 1 Monat bei 95—100° in verschlossenem Glaskolben; nach Abtrennung der zur Kristallisation gebrachten 1. Fraktion Mutterlauge erneut erhitzen; insgesamt 47,5% (Ausbeute). *Dinitrophenylhydrazon,* $C_{16}H_{16}O_8N_4$,

F. 203° (A.). *Semicarbazon*, $C_{11}H_{15}O_5N_3$, F. 194° (W.). *Bromverb.* $C_{10}H_{11}O_5Br$, F. 95°, aus **II** + Br in Wasser. *Methylester*, $C_{11}H_{14}O_5$, F. 55° (PAe.), aus **II** mit Diazomethan. — *α-Oxy-α-methylbernsteinsäure* (**III**), $C_5H_8O_5$, F. 118—120° (Essigester), a) durch Oxydation von 10 g **II** in wss. Soda unter Rühren bei 0° mit 5%ig. $KMnO_4$-Lsg. in 2½ Std. u. Aufarbeiten, neben Essigsäure; b) zur Lsg. von 3,3 g NaOH u. 15 cm³ $Br_2$ in W. unter Kühlung u. Schütteln Lsg. von 1,46 g **IV** zugeben, das gebildete Bromoform mit 10 cm³ 5n$H_2SO_4$ entfernen, Lsg. eindampfen u. mit Ae. extrahieren; 1,2 g. — *2.4-Dinitrophenylhydrazon der Brenztraubensäure*, $C_9H_8O_6N_4$, F. 220° (A.) aus 2.4-Dinitrophenylhydrazon u. der bei der Oxydation von **II** entstehenden Brenztraubensäure. — *β-Oxy-β-methyl-γ-ketovaleriansäuresemicarbazon*, $C_7H_{13}O_4N_3$, F. 204° (W.); 10 g **II** wurden mit 125 cm³ 2nNaOH 2 Std. auf dem Dampfbad erhitzt, 30 cm³ 5n$H_2SO_4$ zugegeben, auf ⅓ des Vol. eingeengt u. mit Lsg. von 5 g Semicarbazidhydrochlorid u. 5 g K-Acetat versetzt; 7,9—8,2 g. — *β-Oxy-β-methyl-γ-ketovaleriansäure* (**IV**), $C_6H_{10}O_4$, aus 34 g vorst. Verb. mit 50 cm³ W. u. 100 cm³ 5n$H_2SO_4$ auf dem Dampfbad u. Ausschütteln mit Ae., Sirup; 19,9 g. *Dinitrophenylhydrazon*, $C_{12}H_{14}O_7N_4$, F. (175° A.). *Methylesterdinitrophenylhydrazon*, $C_{13}H_{16}O_7N_4$, F. 132° (A), aus **IV** u. Diazomethan u. nachfolgender Hydrazonbildung. — *Acetondinitrophenylhydrazon*, $C_9H_{10}O_4N_4$, F. 127° (A.), aus einer Probe bei der alkal. Zers. von **II**. — *β-Methylvaleriansäureamid*, $C_6H_{13}ON$, F. 125° (Essigester), aus **IV** in Ae. mit Al-Amalgam über Säurechlorid zum Amid. — *Dinitrophenylhydrazon des Adduktes aus Propionylaceton u.* **I**, $C_{17}H_{18}O_8N_4$, F. 194° (verd. A.), aus 20 cm³ Propionylaceton u. 16 cm³ **I** nach 7 Wochen bei 80°, Aufarbeiten u. Sirup mit Dinitrophenylhydrazon umsetzen. (Acta chem. scand. **6**. 646—53. 1952. Blinders-Oslo, Norwegen, Univ.) L. Fischer. 3061

**O. Brunner** und **Chr. Heck-Bleckmann**, *Über das 3-Äthylpyrrolidin und einige Derivate.* α-Äthyl-γ-butyrolacton gibt mit Chlorzinkammoniak durch 3std. Erhitzen auf 220—230° im Rohr *3-Äthylpyrrolidon-(2)* (**I**). Direkte Red. von **I** zu *3-Äthylpyrrolidin* (**II**) liefert unbefriedigende Ausbeuten. *3-Äthylthiopyrrolidon-(2)* (**III**), welches aus **I** durch Erhitzen mit $P_2S_5$ auf 120—130° entsteht, läßt sich jedoch glatt zu **II** reduzieren. Dieses kann auch auf folgendem Wege erhalten werden: Äthylbernsteinsäureanhydrid gibt bei Sättigung mit $NH_3$ bei 130—150° *α-Äthylsuccinimid.* Daraus entsteht durch elektrolyt. Red. ein Gemisch von **I** u. *4-Äthylpyrrolidon-(2)*, welches mit $P_2S_5$ ein Gemisch von **III** u. *4-Äthylthiopyrrolidon-(2)* liefert, das nun wieder elektrolyt. red. wird. **II** kann durch Wasserdampfdest. u. Herst. des als viscoses Öl anfallenden Hydrochlorids gereinigt werden. — Die Schiffsche Base aus Diäthylacetaldehyd u. Äthylamin gibt bei Red. *Äthyl-[2-äthylbutyl]-amin.* Daraus entsteht mit NaOBr über das N-Bromamin *1.3-Diäthylpyrrolidin.*

Versuche: *3-Äthylpyrrolidon-(2)* (**I**), $C_6H_{11}ON$, Kp.$_{10}$ 125—130°, Blättchen, F. 37—38°, leicht lösl. in W., A., Ae., Bzl., Benzin. — *Äthylsuccinimid*, $C_6H_9O_2N$, Kp.$_{11}$ 152°, F. 70° (Bzn.-Bzl.), lösl. in A., Aceton, Chlf., Essigester, Bzl., Ae., in W. unter Zersetzung. — Gemisch von **I** u. *4-Äthylpyrrolidon-(2)*, Öl, Kp.$_{10}$ 128°; 50—60% (Ausbeute). — *3-Äthylthiopyrrolidon-(2)* (**III**), $C_6H_{11}NS$, F. 94—95° (Ligroin); 30—31% krist., Rohausbeute an Thiopyrrolidongemisch bis zu 100%. — *3-Äthylpyrrolidin* (**II**), Öl; 50%. *Pikrat*, $C_{12}H_{16}O_7N_4$, gelbe Kristalle, F. 102—103°. *Styphnat*, $C_{12}H_{16}O_8N_4$, gelbe Nadeln, F. 180°. *Chloroplatinat*, $(C_6H_{13}N)_2 \cdot H_2PtCl_6$, orangerote Nadeln, F. 162—163° (W.). *Chloroaurat*, $C_6H_{13}N \cdot HAuCl_3$, goldgelbe Nadeln, F. 93° (W.). — *Äthyl-[2-äthylbutyl]-aminhydrochlorid*, $C_8H_{19}N \cdot HCl$, F. 217° (Aceton); 40%. — *1.3-Diäthylpyrrolidin*; 56%. *Pikrat*, $C_{14}H_{20}O_7N_4$, gelbe Nadeln, F. 134—135° (Vakuumröhrchen), lösl. in Alkohol. (Mh. Chem. **82**. 371—76; S.-B. Österr. Akad. Wiss., math.-naturwiss. Kl., Abt. IIa **160**. 371. 1951. Wien, Univ., I. Chem. Labor., u. Hochschule für Bodenkultur, Inst. für Chem.) W. Hoffmann. 3081

**Noël Lozac'h** und **Louis Legrand**, *Einwirkung von Phosphorpentasulfid auf β-Ketoester.* Durch Einw. von $P_2S_5$ auf β-Ketosäureester entstehen in bisher noch nicht geklärter Rk. *1.2-Dithiolthione-(3).*

Versuche: Durch 1std. Kochen von 22 g $P_2S_5$ u. 0,1 Mol β-Ketoester in Xylol, Zugabe von Bzl. u. A., Ausfällung des 1.2-Dithiolthions-(3) aus der Benzollsg. mit $HgCl_2$, Zers. des Komplexes in A. mit gesätt. wss. $Na_2S$-Lsg. u. Benzolextraktion wurden erhalten: *5-Methyl-1.2-dithiolthion-(3)*, $C_4H_4S_3$, F. 33°, aus Acetessigsäureäthylester. — *4.5-Cyclopentano-1.2-dithiolthion-(3)*, $C_6H_6S_3$, F. 119°, aus Cyclopentanoncarbonsäure-(2)-äthylester; braunviolette Nadeln; ließ sich nicht aus 1-Methylcyclopenten u. S darstellen. — *4.5-Cyclohexano-1.2-dithiolthion-(3)*, $C_7H_8S_3$, F. 92°, aus Cyclohexanoncarbonsäure-(2)-äthylester; orangefarbene Nadeln. — *5-Phenyl-1.2-dithiolthion-(3)*, $C_9H_6S_3$, F. 125—126°, aus Benzoylessigsäureäthylester; oder aus 1-Phenylpropen-(1) mit S; orangefarbene Kristalle. — *4-Methyl-5-phenyl-1.2-dithiolthion-(3)*, F. 103—104°, aus α-Benzoylpropionsäureäthylester; orangefarbene Kristalle. (C. R. hebd. Séances Acad. Sci. **234**. 1291—93. 17/3. 1952.) Spaeth. 3112

**Carl Tabb Bahner, Henry A. Rutter jr.** und **Lydia Moore Rives,** *Substituierte Benzimidazole.* Nachst. substituierte Benzimidazole wurden dargestellt: *5.7*(oder *4.6*)-*Dinitrobenzimidazol,* $C_7H_4O_4N_4$, F. 239—240° (Zers.), aus 1 g 1.2-Diamino-4.6-dinitrobenzol u. 0,37 g Ameisensäure (I) in 4nHCl, 40 Min. Kochen u. Neutralisieren; aus A. gelbe Kristalle; 0,50 g (Ausbeute). — *4*(oder *7*)-*Amino-6*(oder *5*)-*nitrobenzimidazol,* $C_7H_6O_2N_4$, F. 240—241° (Zers.), wie vorst. aus 3,36 g 5-Nitro-1.2.3-triaminobenzol u. 1,38 g **I**; aus A. gelbe Kristalle; 1 g. — *5*(oder *6*)-*Chlor-2-oxymethylbenzimidazol,* $C_8H_7ON_2Cl$, F. 206 bis 208° (Zers.; Essigester), aus p-Chlor-o-phenylendiamin u. Glykolsäure (**II**). — *5*(oder *6*)-*Nitro-2-oxymethylbenzimidazol,* $C_8H_7O_3N_3$, F. 194—195° (Zers.), aus p-Nitro-o-phenylendiamin u. **II**; aus Essigester gelbe Kristalle. — *5*(oder *6*)-*Chlorbenzimidazolhydrochlorid,* $C_7H_6N_2Cl_2$, F. 239—240° (Zers.; Isopropanol–Aceton), aus 5(oder 6)-Chlorbenzimidazol u. konz. HCl. — *5*(oder *6*)-*Aminobenzimidazoldihydrochlorid,* $C_7H_9N_3Cl_2$, F. 299° (Zers.), durch Zutropfen von Isopropanol zur gesätt. Lsg. von 5(oder 6)-Aminobenzimidazol in verd. HCl. (J. Amer. chem. Soc. **74.** 3689—90. 20/7. 1952. Jefferson City, Ter ., Carson-Newman Coll.) L. Fischer. 3122

**Merrill Rope, Robert W. Isensee** und **Lionel Joseph,** *Derivate von 2-Phenylbenzimidazol.* Nachst. *Benzimidazole* wurden durch $^3/_4$std. Einw. der entsprechenden halogenierten Benzoesäure auf o-Phenylendiamin bei 180° (bzw. 210° bei den p-Verbb.) erhalten (FF. auf dem Fischer-Johns-Block; Kristallisation aus verd. A.): *2-[o-Chlorphenyl]-*, $C_{13}H_9N_2Cl$, F. 234°; 41% (Ausbeute). *2-[m-Chlorphenyl]-*, F. 238°; 44%. *2-[p-Chlorphenyl]-*, F. 303°; 49%. *2-[o-Bromphenyl]-*, $C_{13}H_9N_2Br$, F. 246°; 22%. *2-[m-Bromphenyl]-*, F. 252°; 35%. *2-[p-Bromphenyl]-*, F. 299°; 31%. *2-[o-Jodphenyl]-*, $C_{13}H_9N_2J$, F. 258°; 26%. *2-[m-Jodphenyl]-*, F. 262°; 23%. *2-[p-Jodphenyl]-*, F. 308°; 22%. (J. Amer. chem. Soc. **74.** 1095—96. 20/2. 1952. San Diego, Calif., State Coll.) W. Hoffmann. 3122

**Gábor Fodor** und **Károly Koczka,** *Der stereochemische Ablauf der Umwandlung von 2-Ureidoalkohole in Oxazolidine.* 1. Mitt. Während alkal. Hydrolyse von O-Benzoyl-N-cyan-(±)-ephedrin (**I**) zu *Ephedrin* (**III**) führt, entsteht bei Hydrolyse mit Säuren in hoher Ausbeute unter Konfigurationsänderung *trans-2-Imino-3.4-dimethyl-5-phenyloxazolidin* (**IV**), das bei alkal. Hydrolyse *Pseudoephedrin* (**V**) liefert. Auch bei saurer Hydrolyse von N-Carbamylephedrin (**II**) entsteht **IV**. *N-Carbamylpseudoephedrin* (**VI**) gibt unter denselben Bedingungen ohne Konfigurationsänderung *trans-*(±)-*3.4-Dimethyl-5-phenyloxazolidon-*(*2*) (**VII**), dessen Konfiguration sich durch die Darst. aus **IV** mit $HNO_2$ ergibt. Dagegen reagieren **III** u. **V** mit BrCN unter Erhaltung der Konfiguration, wobei *cis-*(±)-*2-Imino-3.4-dimethyl-5-phenyloxazolidin* (**VIII**) bzw. **IV** erhalten werden. Die Mechanismen der beobachteten Rkk. werden diskutiert.

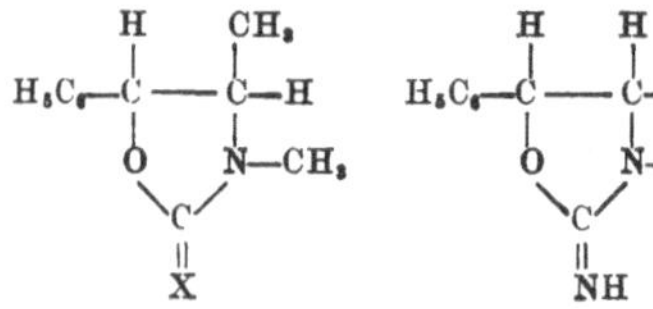

IV X = NH VIII

VII X = O

V e r s u c h e (Die Bezeichnungen cis- u. trans- beziehen sich bei den Aminoalkoholen auf die funktionellen Gruppen, bei den Oxazolidinen auf die Phenyl- u. C-Methylgruppe): (±)-*Ephedrin* (**III**), F. 72—74° (PAe.), $C_{10}H_{15}ON$, aus **I** mit methanol.-wss. NaOH durch 6std. Erhitzen; 93,5% (Ausbeute). — (±)-*trans-2-Imino-3.4-dimethyl-5-phenyloxazolidin* (**IV**), *Hydrochlorid,* $C_{11}H_{15}ON_2Cl$, F. 235° (Aceton + Methanol), aus **I** durch Erhitzen mit 2nHCl (6 Std.); 88%. Dieselbe Verb. wird aus **V** mit BrCN in Ae. + Bzl. erhalten. — (±)-*Pseudoephedrin* (**V**), F. 117—118° (Ae.), aus **IV**-Hydrochlorid durch Erhitzen mit wss. NaOH (4 Std.); 85%. — (±)-*N-Carbamylephedrin* (**II**), $C_{11}H_{16}O_2N_2$, F. 126—127° (Äthylacetat), aus **III**-Hydrochlorid durch Erhitzen mit KCNO in W. (2½ Std.), Platten; 57,7%. Gibt beim Erhitzen mit 2nHCl (3 Std.) **IV**-Hydrochlorid; 84%. — (±)-*N-Carbamylpseudoephedrin* (**VI**), $C_{11}H_{16}O_2N_2$, F. 140—141° (Äthylacetat), ebenso aus **V**-Hydrochlorid, Platten. Gibt beim Erhitzen mit verd. HCl (3 Std.) **VII**; 66%. — (±)-*trans-3.4-Dimethyl-5-phenyloxazolidon-*(*2*) (**VII**), $C_{11}H_{13}O_2N$, F. 59—61° (Ae. + PAe.); aus **V** mit $COCl_2$ in Bzl. durch 12std. Stehenlassen bei 20°, lange Nadeln; 35%. Daneben entsteht **VII**-Hydrochlorid; 64%. Dieselbe Verb. wird aus **IV**-Hydrochlorid mit $NaNO_2$ durch Erhitzen in verd. HCl (½ Std.) erhalten; 84%. — (±)-*Tetrahydro-2-keto-3.4-dimethyl-5-phenylglyoxalin,* F. 140—145°, aus **II** durch Verschmelzen mit Harnstoff + $NH_4Cl$ bei 170—175° (½ Std.) u. dann bei 200—210° (1 Std.); 65%. — (±)-*cis-2-Imino-3.4-dimethyl-5-phenyloxazolidin* (**VIII**), $C_{11}H_{14}ON_2$, F. 71—73° (Ae.), aus **III** mit BrCN in Ae. neben **III**-*Hydrobromid* (F. 186—188°). *Hydrochlorid,* $C_{11}H_{14}ON_2 \cdot HCl$ F. 217°. — (±)-*cis-2-Benzimido-3.4-dimethyl-5-phenyloxazolidin,* $C_{18}H_{18}O_2N_2$, F. 151 bis 153° (Äthylacetat), aus **VIII** mit $C_6H_5COCl$ in Pyridin bei 0° (2 Tage), Platten. Gibt bei Hydrolyse mit wss. NaOH (3 Std. Kochen) **III** (als *Hydrochlorid,* F. 184—186°) u. *Benz-*

*amid*; 73,2%. (J. chem. Soc. [London] **1952**. 850—54. März. Szeged, Ungarn, Univ., Inst. of organ. Chem.) K. FABER. 3132

**I. I. Lewkojew, N. N. Sweschnikow** und **N. Ss. Barwyn**, *Einfluß sterischer Hinderungen auf die Farbe von 5.6.5'.6'-tetrasubstituierten Thiacarbocyaninen. Bis-[3-äthyl-5-methoxy-6-acylaminobenzothiazol-(2)]-* u. *Bis-[3-äthyl-5-methoxy-6-acylmethylaminobenzothiazol-(2)]-trimethincyaninverbb.* (Acyl = $CH_3CO$ oder p-$CH_3C_6H_4SO_2$) wurden aus den quartären Salzen der entsprechenden 2-Methylbenzothiazole auf dem üblichen Wege (HAMER, J. chem. Soc. [London] **1927**. 2796) hergestellt, außerdem die aus ihnen durch Erhitzen mit HCl unter Abspaltung der Acylgruppe entstehenden Farbstoffe. Beim Vgl. dieser Verbb. mit den entsprechenden, in 5.5'-Stellung nicht substituierten, zeigte sich, daß Einführung von $CH_3O$ in 5.5'-Stellung bathochrome Verschiebung des Absorptionsmaximums hervorruft. Nur bei der 6.6'-Dimethylaminoverb. tritt hypsochrome Verschiebung ein. Es ist anzunehmen, daß aus ster. Gründen die $(CH_3)_2N$-Gruppe bei Eintritt eines voluminösen Substituenten in Nachbarstellung nicht mehr in einer Ebene mit dem Benzolring liegt u. die Wechselwrkg. mit dem chromophoren Syst. der Trimethingruppierung verhindert wird. Die auch bei den 5.5'-Dimethoxy-6.6'-acylmethylaminoverbb. zu erwartende hypsochrome Verschiebung tritt nicht ein. — Wellenlänge (mμ) des in alkoh. Lsg. bestimmten Absorptionsmaximums von *6.6'-disubstiuierten* (Substituent R) *Bis-[3-äthyl-5-methoxybenzothiazol-(2)]-trimethincyaninjodiden*: R = *H*, 576. R = *$NH_2$*, 616. R = *$CH_3NH$*, 630. R = *$(CH_3)_2N$*, 604. R = *$CH_3CONH$*, 598. R = *$CH_3CON(CH_3)$*, 583. R = *p-$CH_3C_6H_4SO_2NH$*, 592. R = *p-$CH_3C_6H_4SO_2N(CH_3)$*, 585. (Доклады Академии Наук СССР [Ber. Akad. Wiss. UdSSR] [N. S.] **85**. 805—08. 1/8. 1952. Allunions Wiss. Kinophoto-Forschungsinst.) WÖRFFEL. 3142

**Salvador Gil Quinzá** und **Pedro Ribosa Arnó**, *Neue quaternäre Ammoniumverbindung: Chaulmoogrylpyridiniumbromid.* Chaulmoograöl aus entschälten u. zerkleinerten Samen von *Calancoba Weltwischii* Gilg wurde mit alkoh. NaOH verseift, die Säure mit $H_2SO_4$ gefällt u. die *Chaulmoograsäure* nach An. Real Soc. españ. Física Quím. **43**. [1946.] 393 abgetrennt; F. 68,5°, $[\alpha]_D^{22}$ +60,3°. Hieraus *Butylester*, Kp.₉ 229°, der in Xylol + Isoamylalkohol zu Na in Xylol getropft *Chaulmoograalkohol* liefert, F. 36°, $[\alpha]_D^{23}$ +58,4°; 78% (Ausbeute); mit $PBr_3$ hieraus *Chaulmoogrylbromid* (**I**), $Kp._8$ 207°, $[\alpha]_D^{23}$ +42°; 67%; mit trockenem Pyridin im geschlossenen Rohr, 3 Std., 150°, *Chaulmoogrylpyridiniumbromid*, F. 52°, lösl. in W., die Lsg. schäumt stark; 84,3%. — **I** gibt mit Trimethylamin in absol. A. (7 Std., 80°) *Chaulmoogryltrimethylammoniumbromid*, F. 88°; 84,1%. (An. Real Soc. españ. Física Quím., Ser. B **48**. 345—50. April 1952. Barcelona, Inst. Quím. de Sarriá.) ALTPETER. 3231

**Karl W. Rosenmund** und **Felix Zymalkowski**, *Synthese und Eigenschaften des monomeren 1.2-Dihydrochinolins und einiger substituierter 1.2-Dihydrochinoline.* Chinolin (**I**) läßt sich mit $LiAlH_4$ zu *1.2-Dihydrochinolin* (**II**) hydrieren. **II** ist nicht nur in Ggw. von $O_2$, sondern auch unter $N_2$ unbeständig, wenn auch die Veränderung unter $N_2$ langsamer erfolgt. Beim Schütteln absorbiert **II** beträchtliche Mengen $O_2$ u. wirkt überhaupt als Reduktionsmittel. Ebenso wie **I** lassen sich 8-Methoxy- u. 4-Oxymethyl-2-phenylchinolin (**III**) zu den entsprechenden *1.2-Dihydroderivv.* reduzieren. Die erhaltenen Dihydrochinoline besitzen ein akt. H-Atom sowie im Pyridinring eine akt. Doppelbindung, die $H_2$ zu den *Tetrahydrochinolinen* anlagert.

Versuche: *1.2-Dihydrochinolin* (**II**), $C_9H_9N$, F. 57° (Ligroin), durch Zutropfen von **I** zu $LiAlH_4$ in sd. Ae., weiteres 5 std. Kochen unter Rühren u. Zers. mit W. bei 0°; $Kp._{0,4}$ 80°; 91% (Ausbeute). *Pikrat*, F. 205° ($CH_3OH$). **II** gab in alkoh. HCl mit $H_2$–Pd/$BaSO_4$ *Tetrahydrochinolin-Hydrochlorid*; *Sulfat*, F. 137°. — *N-Benzoyl-1.2-dihydrochinolin*, aus **II** u. $C_6H_5COCl$ in Pyridin; hellgelbes Öl. — *N-Benzoyltetrahydrochinolin*, F. u. Misch.-F. 78° ($CH_3OH$). — *N-Tosyl-1.2-dihydrochinolin*, $C_{16}H_{15}O_2NS$, F. 94° (Ligroin), aus **II** u. p-Toluolsulfochlorid in Pyridin; 71%. — *N-Tosyltetrahydrochinolin*, F. u. Misch.-F. 95°. — *N-Amidoformyl-1.2-dihydrochinolin*, $C_{10}H_{10}ON_2$, F. 148—149°, aus **II** in nHCl mit KOCN in W.; 67%. — *8-Methoxy-1.2-dihydrochinolin*, $C_9H_{11}ON$, $Kp._9$ 148°, analog **II**; 73%. — *8-Methoxy-N-benzoyl-1.2-dihydrochinolin*, $C_{17}H_{15}O_2N$, F. 140° (A.); 67%. — *8-Methoxy-N-benzoyltetrahydrochinolin*, $C_{17}H_{17}O_2N$, F. 131° (A.). — *4-Oxymethyl-2-phenyl-1.2-dihydrochinolin* (**IV**), durch Zutropfen von $LiAlH_4$ in Ae. zur sd. Lsg. von **III** oder von 2-Phenylcinchoninsäureester in Ae., 5 std. Rühren der sd. Mischung u. Zers. mit W.; 82%; ließ sich nicht unzers. destillieren. — *4-Acetoxymethyl-2-phenyl-N-acetyl-1.2-dihydrochinolin*, $C_{20}H_{19}O_3N$, F. 197°, aus **IV** durch 1 std. Kochen mit Acetanhydrid; aus Ae. Nadeln; 22%. — *2-Phenyl-N-phenylcarbaminyl-4-[O-phenylcarbaminyloxymethyl]-1.2-dihydrochinolin*, $C_{30}H_{25}O_3N_3$, F. 177° (Essigester), aus 0,5 g **IV** u. Phenylisocyanat in Bzl. während 3 Std. bei 100°; 0,2 g. (Chem. Ber. **86**. 37—41. 1953. Kiel, Univ., Pharmazeut. Inst.) SPAETH. 3231

**G. K. Hughes, N. K. Matheson, A. T. Norman** und **E. Ritchie**, *Die Entmethylierung von Methoxyacridonen.* Die Entmethylierung von *1-* (I), *2-* (II), *3-* (III) u. *4-Methoxy-10-methylycridon* (IV) (Bezifferung vgl. nebenst. Formel), deren Darst. nach bekannten Verff. beschrieben wird, wurde im Zusammenhang mit der Überführung der Acridonalkaloide in die Norderivv. unter nachst. Bedingungen untersucht: a) 1std. Kochen mit 1n wss.-alkoh. HCl, b) 8std. Kochen mit 2n wss.-alkoh. HCl, c) 8std. Kochen mit 4n wss.-alkoh. HCl, d) 5 Min. Erhitzen des Hydrochlorids auf 200°, e) 2std. Kochen mit konz. HBr. a) bewirkte keine Entmethylierung, b) u. c) wirkten nur auf **IV** zu 10 bzw. 25% ein, d) auf **IV** u. in geringem Maße auf **III**, nach e) wurden alle 4 Verbb. zu den entsprechenden *Oxy-10-methylacridonen* entmethyliert, von denen nur *4-Oxy-10-methylacridon* (V) einen scharfen F. aufweist, in verd. NaOH unlösl. ist u. mit $FeCl_3$ tiefgrüne Farb-Rk. gibt, während die anderen 3 Isomeren in verd. NaOH leicht lösl. sind u. mit $FeCl_3$ nur eine hellgelbe Färbung liefern. Das unterschiedliche Verh. von **IV** einerseits u. **I—III** andererseits wird damit erklärt, daß zunächst ein Proton am Carbonyl-O angelagert wird, dieses Additionsprod. kann nur bei **IV** durch eine H-Brückenbindung stabilisiert werden, die daher die Addition von $H^+$ erleichtert; Verlust der $CH_3$-Gruppe aus dem Additionsprod. führt im Fall von **IV** zu **V**, in dem eine noch stärkere H-Brückenbindung besteht u. dessen Bldg. daher begünstigt ist. In die Unterss. wurden ferner *1.4-Dimethoxy-10-methylacridon* u. *1-Methoxy-3.4-methylendioxy-10-methylacridon* einbezogen, von denen ersteres nach b) zu ca. 40% entmethyliert wurde, während letzteres bei a) bis d) unverändert blieb oder verharzte. Die in 10-Stellung unsubstituierten Methoxyacridone werden allg. schwerer entmethyliert als die 10-Methylverbb. **I—IV**, da bei ihnen der Protonadditionskomplex wieder ein $H^+$ vom N abspalten kann, wobei das Tautomere des ursprünglichen Acridons entsteht.

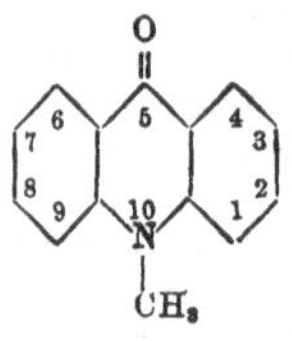

Versuche: *3-Methoxydiphenylamincarbonsäure-(2')*, $C_{14}H_{13}O_3N$, F. 137°, durch Zugabe von $K_2CO_3$, dann m-Anisidin u. Cu-Pulver zur heißen Lsg. von o-Chlorbenzoesäure in Amylalkohol, 1std. Kochen, Wasserdampfdest. u. Ansäuern des Rückstandes; aus Bzl. Nadeln; 50% (Ausbeute). Cyclisierung von 75 g der Säure mit $POCl_3$ lieferte 42 g *2-Methoxy-5-chloracridin* u. 12 g *4-Methoxyacridon* [F. 347° (Zers. nach vorherigem Sintern)], das mit weiterem $POCl_3$ *4-Methoxy-5-chloracridin* (VI) ergab. — *1-* u. *3-Methoxy-5-chloracridin* sowie *1-*, *2-*, *3-* u. *4-Methoxyacridon* wurden nach GLEU u. NITZSCHE (J. prakt. Chem. **153**. [1939.] 200) dargestellt. — *2.5-Dimethoxydiphenylamincarbonsäure-(2')*, $C_{15}H_{15}O_4N$, F. 163°, durch 4std. Kochen von Anthranilsäure, 2-Brom-1.4-dimethoxybenzol, $K_2CO_3$, CuCl u. Cyclohexanon; aus Bzl. blaßgelbe Nadeln; 45%. — *1.4-Dimethoxy-5-chloracridin*, $C_{15}H_{12}O_2NCl$, F. 142°, aus vorst. Verb. mit $POCl_3$ in Bzl.; grüngelbe Nadeln; ∼100%. — *1.4-Dimethoxyacridon*, $C_{15}H_{13}O_3N$, F. 221°, durch Hydrolyse vorst. Verb. mit 5nHCl während 2 Std. auf dem Wasserbad; aus A. gelbe Nadeln; 55%. — 10-Methylacridone, durch Überführung der 5-Chloracridone mit $NaOCH_3$ in die 5-Methoxyacridine u. deren Umlagerung durch Erhitzen mit $CH_3J$: *1-Methoxy-* (I), $C_{15}H_{13}O_2N$, F. 91°, aus Cyclohexan blaßgelbe Blättchen; 45%. — *2-Methoxy-* (II), F. 185°, aus A. blaßgelbe Nadeln; 55%. — *3-Methoxy-* (III), F. 143°, aus wss. A. oder Bzl.–PAe. gelbe Nadeln; 55%. — *4-Methoxy-* (IV), F. 165°, aus Bzl. cremefarbene Nadeln. — *1.4-Dimethoxy-*, $C_{16}H_{15}O_3N$, F. 80°, aus wss. A. gelbe Nadeln; 40%. — *4-Methoxy-1.2-methylendioxybenzol*, $C_8H_8O_3$, $Kp._{40}$ 134—136°, durch Methylierung von 4-Oxy-1.2-methylendioxybenzol mit Dimethylsulfat in 30%ig. KOH (1 Std. Wasserbad); 80%. — *5-Brom-4-methoxy-1.2-methylendioxybenzol*, $C_8H_7O_3Br$, F. 82°, a) durch Bromierung vorst. Verb. in Chlf.; $Kp._1$ 112—114°, aus wss. A. Nadeln; 90%; b) aus 4-Brom-5-nitro-1.2-methylendioxybenzol durch Red. mit Fe-Pulver in A. + konz. HCl zu *4-Brom-5-amino-1.2-methylendioxybenzol* ($C_7H_6O_2NBr$, F. 80°; 35%; *Acetylderiv.*, $C_9H_8O_3NBr$, F. 148°, aus A. Nadeln), dessen Diazotierung in Eisessig + $10nH_2SO_4$ bei 0°, Zers. des Diazoniumsalzes in W. am Sonnenlicht u. Methylierung des Prod. mit $(CH_3)_2SO_4$; 20%. — *2-Methoxy-4.5-methylendioxydiphenylamincarbonsäure-(2')*, $C_{15}H_{13}O_5N$, F. 220°, durch 2std. Erhitzen vorst. Verb. mit Anthranilsäure, Cu-Pulver u. Nitrobenzol auf 180—185°; aus A. gelbe Prismen; 35%. — *1-Methoxy-3.4-methylendioxy-5-chloracridin*, $C_{15}H_{10}O_3NCl$, F. 240° (Zers.), aus Xylol rote Nadeln; ∼100%. — *1.5-Dimethoxy-3.4-methylendioxyacridin*, $C_{16}H_{13}O_4N$, F. 187°, durch Zugabe von Na in $CH_3OH$ zur Lsg. vorst. Verb. in heißem Xylol, Abdest. des $CH_3OH$, ½std. Kochen u. Zugabe von PAe.; aus Bzl. orangefarbene Nadeln; 60%. — *1-Methoxy-3.4-methylendioxy-10-methylacridon*, $C_{16}H_{13}O_4N$, F. 164° durch 4std. Erwärmen vorst. Verb. mit $CH_3J$ auf 100°; aus Bzl. orangefarbene Nadeln; 75%. — *1-[m-Methoxyphenyliminomethyl]-cyclohexanon-(2)*, $C_{14}H_{17}O_2N$, F. 113°, durch Zugabe von m-Anisidin zur warmen Lsg. von Formylcyclohexanon in A.; kleine gelbe Platten; 75%. — *8-Methoxy-1.2.3.4-tetrahydroacridin*, $C_{14}H_{15}ON$, F. 61°, durch 12std. Kochen vorst. Verb. mit m-Anisidin·HCl u. $ZnCl_2$ in A.; $Kp._{20}$ 227—230°; 75%. *Pikrat*,

$C_{20}H_{18}O_8N_4$, F. 200—201° (Zers.), aus Aceton gelbe, verlängerte Sechsecke. — *2-Methoxyacridin*, F. 91°, durch 2std. Kochen vorst. Verb. in Diphenyläther mit Pd-Kohle; aus PAe. blaßgelbe Nadeln; 65%. *Methomethylsulfat*, $C_{16}H_{17}O_5NS$, F. 260° (Zers.), aus A. feine gelbe Nadeln. — *3-Methoxyacridin*, $C_{14}H_{11}ON$, F. 105°, wie vorst. aus 7-Methoxytetrahydroacridin; aus PAe. orangegelbe Nadeln; 80%. *Methomethylsulfat*, F. 227° (Zers.), aus A. kleine gelbe Nadeln. — *1-Methoxyacridin*, F. 134°, a) wie vorst. aus 9-Methoxytetrahydroacridin; aus Cyclohexan gelbe Nadeln; 15%; b) analog nachst. Verb.; 70%. *Methomethylsulfat*, F. 170°, aus absol. A. + Äthylacetat gelbe Nadeln. — *4-Methoxyacridin*, F. 122°. Das aus **VI** u. p-Toluolsulfonhydrazid in Chlf. hergestellte Addukt wurde auf dem Wasserbad mit wss. NaOH u. Äthylenglykol während 3 Std. erwärmt, verd. u. mit Bzl. extrahiert; aus dem Benzolrückstand durch Extraktion mit n/10 HCl, Alkalisieren, Benzolextraktion u. Chromatographie an $Al_2O_3$ gelbe Plättchen; 80%. *Methomethylsulfat*, F. 216—217° (Zers.), aus A. orangefarbene Nadeln. — Die Oxydation der entsprechenden Methomethylsulfate mit heißer alkal. $K_3[Fe(CN)_6]$-Lsg. ergab **I—IV**. — Durch Entmethylierung wurden nachst. 10-Methylacridone erhalten: *1-Oxy-*, $C_{14}H_{11}O_2N$, F. 260° (Zers.), kleine bräunlichgelbe Prismen. — *2-Oxy-*, F. 300° (Zers.), blaßgelbe Blättchen. — *3-Oxy-*, F. 295° (Zers.), gelbe Blättchen. — *4-Oxy-* (**V**), F. 190°, orangefarbene Nadeln. — *4-Oxy-1-methoxy-*, $C_{15}H_{13}O_3N$, F. 136°, orangefarbene Nadeln. — Ferner *4-Oxyacridon*, $C_{13}H_9O_2N$, F. 320° (Zers.), orangefarbene Nadeln. — *4-Oxy-1-methoxyacridon*, $C_{14}H_{11}O_3N$, F. 229°, orangefarbene Platten. (Austral. J. sci. Res., Ser. A **5**. 206—17. März 1952. Sydney, Univ., School of Chem.) SPAETH. 3231

**W. Davies, N. H. Olver** und **B. W. Wilson**, *Herstellung von Zwischenprodukten für die Fabrikation von Atebrin*. Zur Herst. von *Atebrin* wurden Methoden zur Darst. der Zwischenprodd. *2.4-Dichlorbenzoesäure* (**I**) u. *p-Nitroanisol* (**II**) ausgearbeitet, die von leicht erhältlichen Materialien ausgehen u. schnell u. ohne größere App. arbeiten. Zur Darst. von **I** wurde die Chlorierung von p-Toluolsulfonylchlorid (**V**) zu *2-Chlor-p-toluolsulfonylchlorid* (**VI**) in Ggw. von $SbCl_3$ oder besser TlCl (letzteres bleibt bei der Dest. zurück), Weiterchlorierung ohne Katalysator zu *2.4-Dichlorbenzotrichlorid* (**III**) u. Hydrolyse angewendet; als einzige Verunreinigung kann **III** hierbei etwas *2.4-Dichlorbenzylidendichlorid* enthalten. — Zur Darst. von **II** eignet sich die Umsetzung von p-Fluornitrobenzol mit methanol. KOH, die in wenigen Min. vor sich geht, während nach RICHARDSON (J. chem. Soc. [London] **1926**. 522) die Umsetzung von p-Chlornitrobenzol (**IV**) mit KOH in $CH_3OH$ 140 Std. erfordert; die Rk. läßt sich aber auch bei Verwendung von **IV** beschleunigen, wenn man in weniger verd. Lsgg. arbeitet. Die Best. von **II** u. **IV** nebeneinander ist leicht möglich durch Nitrierung, bei der vorzugsweise **II** zum nicht wasserdampfflüchtigen *2.4-Dinitroanisol* nitriert wird, während das unveränderte **IV** mit Wasserdampf abdest. werden kann. Zur Red. von **II** zu *p-Anisidin* ist die Hydrierung in Ggw. von RANEY-Ni geeignet. — Auf dem Wege zur Darst. von *5-Diäthylamino-2-aminopentan* wurde ferner aus Propandiol-(1.3) über *1-Chlor-3-brompropan* u. *1-Chlor-3-cyanpropan* *1-Diäthylamino-3-cyanpropan* hergestellt.

Versuche: *2-Chlor-p-toluolsulfonylchlorid* (**VI**), $Kp._{19}$ 155—156°, $Kp._{14}$ 147—150°, a) durch Einleiten von $Cl_2$ in die Lsg. von 150 g **V** (F. 68,5°) in PAe. in Ggw. von $SbCl_3$ bei 70—80° bis zur Gewichtszunahme von 28 g, Entfernen des $SbCl_3$ mit konz. HCl, Rühren mit warmem W., Benzolextraktion u. fraktionierte Dest.; 72% (Ausbeute), unter Berücksichtigung des wiedergewonnenen **V** 94%; b) wie vorst. in Ggw. von TlCl; 92%. — *2.4-Dichlorbenzotrichlorid* (**III**), $C_7H_3Cl_5$, F. 50° (PAe.), durch Chlorierung von 102 g **VI** bei 220—230°; $Kp._{19}$ 154°; 102 g. — *2.4-Dichlorbenzoesäure* (**I**), F. 163°, durch Verseifung vorst. Verb. a) durch 6std. Kochen mit wss. Sodalsg.; ~ 100%; b) mit $H_2SO_4$ (D. 1,870) während 2 Std. bei 55—60°, Gießen auf Eis u. Extraktion mit heißer Sodalsg.; 89%; als Nebenprod. wurde bei b) *2.4-Dichlorbenzaldehyd* isoliert, F. 72°; *p-Nitrophenylhydrazon*, $C_{13}H_9O_2N_3Cl_2$, F. 256—257°, aus Äthylacetat orangefarbene Nadeln; *2.4-Dinitrophenylhydrazon*, $C_{13}H_8O_4N_4Cl_2$, F. 224—225°, aus Toluol gelbe Kristalle; *Semicarbazon*, F. 247—248° (A.). — *p-Nitroanisol* (**II**), F. 51—52°, durch 16std. Kochen von **IV** mit KOH in $CH_3OH$, Gießen in W. u. Erwärmen auf 70°; $Kp._{16,5}$ 155—156,5°; 78,5%. — *1-Diäthylamino-3-cyanpropan*, $C_8H_{16}N_2$, $Kp._{40}$ 112—113°, durch ½std. Erwärmen von 1-Chlor-3-cyanpropan mit NaJ auf dem Wasserbad, 19std. Kochen mit $Na_2CO_3$ u. Diäthylamin, Ansäuern mit HCl u. Zugabe von 40%ig. NaOH; $n_D^{22}$ 1,4354; 75%. (Austral. J. sci. Res., Ser. A **5**. 198—205. März 1952. Melbourne, Univ., Organ. Chem. Labor.)

SPAETH. 3231

**Georg Varvoglis** und **Georg Tsatsaronis**, *Über einige Abkömmlinge des 1.4-Dithians*. Bei Verss. zur Darst. von *1.4-Dithiin* (**I**) wurde festgestellt, daß aus Thiodiglykolsäure u. $P_2S_3$ im Gegensatz zu den Angaben von LEVI (C. **1890**. II. 949) nur ein P-haltiges, unscharf sd. Öl, aber kein **I** entsteht, ebensowenig gelingt die Darst. von 2-Acetyl-1.4-dithiin. Ferner wurde bei der Einw. von $Na_2S$ auf 1.2-Dichloräthylen an Stelle von **I** nur

*Acetylen* gebildet, symm.-Tetrachlor- bzw. -Tetrabromäthan lieferten mit $Na_2S$ *1.1.2-Trichloräthylen* (Kp. 86°) bzw. *1.2-Dibromäthylen.* — Entgegen der Behauptung von MANSFELD [1886] läßt sich 1.4-Dithian (**II**) leicht zu *Tetrachlordithian* (**III**) chlorieren, in dem die Cl-Atome symm. angeordnet sein dürften. Die Cl-Abspaltung aus **III** zu **I** gelang weder mit Ag noch mit Cu-Bronze oder Zn in indifferenten Lösungsmitteln; mit Zn in Eisessig bilden sich nach längerem Kochen 2 Verbb. (**IV** u. **V**), für die auf Grund ihrer Eigg. — **IV** ist Cl-haltig u. zeigt grüne Halochromie, die halogenfreie Verb. **V** zeigt rote Halochromie, beide nehmen $Br_2$ auf, durch Kochen mit Zn-Staub in Eisessig geht **IV** in **V** über — die Strukturen **IVa** u. **Va** angenommen werden.

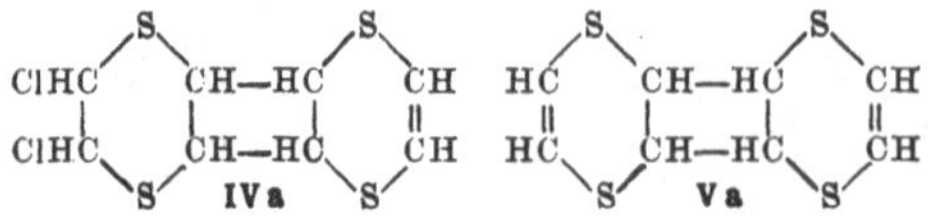


V e r s u c h e: *1.4-Dithiandicarbonsäure-(2.5)*, $C_6H_8O_4S_2$, F. 110° (Bzl.), aus *α.β*-Dibrompropionsäureäthylester in A. mit $Na_2S$ in wss. A. zunächst unter Kühlung, dann über Nacht bei Raumtemp. u. 3 Std. auf dem Wasserbad als *Diäthylester* [$Kp._{20}$ 62—66°; 38% (Ausbeute)], der mit methanol. KOH verseift wurde. *Dihydrazid*, F. 145°; 11% Die geplante Weiterverarbeitung über Diazid u. Diamin zum 2.5-Dichlordithian wurde wegen der geringen Ausbeute nicht durchgeführt. — *Tetrachlor-1.4-dithian* (**III**), $C_4H_4Cl_4S_2$, F. 195—196° (PAe.), durch Chlorierung von **II** in $CCl_4$ während 2—3 Std. unter Kühlung mit W.; gibt beim Erwärmen mit W. eine noch nicht identifizierte, Cl-freie Verbindung. — *Disulfoxyd von* **III**, $C_4H_4O_2Cl_4S_2$, F. 102° (Aceton), aus **III** mit rauchender $HNO_3$. — *Verb.* **IV**, $C_8H_8Cl_2S_4$, u. *Verb.* **V**, $Kp._{41}$ 60°, durch 32std. Kochen von **III** mit Zn-Staub in Eisessig, Neutralisation, Ae.-Extraktion, Chromatographie des Ae.-Rückstands aus PAe. an $Al_2O_3$, Entwickeln mit PAe.–Bzl. (1 : 1) u. Elution der nach ihrer verschied. Halochromie mit konz. $H_2SO_4$ geteilten Säule mit Bzl. + 1% $CH_3OH$; **IV** ist ein blaßgelbes, dickfl. Öl, **V** ein farbloses bewegliches Öl. Durch Kochen von **IV** in Eisessig mit Zn-Pulver geht es in **V** über. **V** gibt mit 1 Mol $Br_2$ ein *Dibromderiv.* ($C_8H_8Br_2S_4$, $Kp._{41}$ 84°, zeigt grüne Halochromie) u. mit überschüssigem $Br_2$ ein *Tetrabromid* [$C_8H_8Br_4S_4$, F. 104° (Zers.; Ae.), zeigt keine Halochromie]. Mit $Cl_2$ liefert **V** eine von **III** verschiedene Verbindung. (Chem. Ber. **86**. 19—25. 1953. Thessaloniki, Univ., Organ.-chem. Labor.) SPAETH. 3262

**E. C. Taylor jr.** und **P. Drenchko**, *Eine neue Synthese von 4.6-Diamino-2.5-dichlorpyrimidin. 4.6-Diamino-2.5-dichlorpyrimidin*, $C_4H_4N_4Cl_2$, F. 303—305° (aus Ae.–PAe. Nadeln), entsteht in 64%ig. Ausbeute bei 2std. Kochen von 4.6-Diamino-2-oxypyrimidin in überschüssigem $POCl_3$–$PCl_5$, Aufgießen auf Eis, Einstellen auf $p_H$ 8 u. Extrahieren des Nd. mit Aceton. Das Verf. scheint sich allg. zur Chlorierung von Pyrimidinen in 5-Stellung zu eignen. In Abwesenheit von $PCl_5$ tritt keine Rk. ein. (J. Amer. chem. Soc. **74**. 1101. 20/2. 1952. Urbana, Ill., Univ., Noyes Chem. Labor.) W. HOFFMANN. 3272

**Leland J. Kitchen** und **Edward S. Hanson**, *Vinylpyrazin. Vinylpyrazin* (**I**) wird aus *2-Methylpiperazin* (**II**) über *2-Methylpyrazin* (**III**) u. *2-Oxyäthylpyrazin* (**IV**) erhalten. Wird die Cyclisierung von N-[2-Oxypropyl]-äthylendiamin zu **II** in Butanol durchgeführt, entsteht zu erheblichem Anteil *1*(oder *4*)*-Butyl-2-methylpiperazin* (**V**), womit eine neue Meth. zur Synth. von N-Monoalkylverbb. des Piperazins gegeben ist. Die Dehydrierung von **II** zu **III** erfolgt am besten mit Cu–Chromit-Katalysator; RANEY-Ni ist weniger geeignet, u. bei Verwendung von Nitrobenzol bleibt **II** nach 25std. Kochen noch unverändert. Auch **V** läßt sich zu **III** umwandeln. Die Ausbeute an **IV** wird durch Spuren von **II** im Ausgangsmaterial **III** stark herabgesetzt. Bei der Darst. von *2-[2-Oxyäthyl]-pyridin* (**VI**) ist die Ausbeute besser als bei Gewinnung von **IV**, da im 2-Picolin der hemmende Einfl. eines zur Methylgruppe *β*-ständigen N-Atoms auf die Aktivität der Methylgruppe entfällt.

V e r s u c h e: *2-Methylpiperazin* (**II**), aus N-[2-Oxypropyl]-äthylendiamin mit RANEY-Ni a) bei n. Druck in Diäthylenglykoldiäthyläther; 50% (Ausbeute); b) im Autoklaven in Dioxan; 71—83%. — *1*(oder *4*)*-Butyl-2-methylpiperazin* (**V**), $Kp._{10}$ 81—83°, bei der Darst. von **II** in 8½std. Reaktionsdauer bei 200° im Autoklaven mit n-Butanol als Lösungsm.; $n_D^{20}$ 1,4607; 32%; daneben 35% **II**. — *Methylpyrazin* (**III**), a) durch 1std. Erhitzen von **II** mit RANEY-Ni in $(C_6H_5)_2O$ auf 230°; Kp. 132—142°; $n_D^{20}$ 1,4953 (Rohprod.); 11%; b) neben höher- u. niedrigersd. Fraktionen durch 7std. Erhitzen von **II** mit RANEY-Ni in Bzl. im Autoklaven auf 250°; Kp. 132—140°; $n_D^{20}$ 1,4874 (Rohprod.); 8%; c) durch Verdampfen einer benzol. Lsg. von **II**, Leiten des Dampfes durch ein mit Cu-Chromit-Katalysator gefülltes Rohr bei 475° in 3std. Reaktionsdauer u. Dest. des Reaktionsprod. durch eine mit Ni-Spänen gefüllte Kolonne; $Kp._{735}$ 135°; F. —30 bis —29,5°; $n_D^{20}$ 1,5048; $D.^{20}_4$ 1,021; 37—46%; d) aus **V** wie unter c) bei 500—530°; 31%. — *2-Oxyäthylpyrazin* (**IV**), $C_6H_8ON_2$, $Kp._{10}$ 128,5—129°, durch 4½std. Erhitzen von reinem **III** mit Paraformaldehyd (4,5 : 1 Mol) im Stahlautoklaven; gelbes viscoses Öl, $D.^{20}_4$ 1,163;

$n_D^{20}$ 1,5378; 38% (bezogen auf HCHO); unumgesetztes **III** wird zurückgewonnen. *α-Naphthylurethan*, F. 88,4—89,2° (wss. Methanol). — *2-[2-Oxyäthyl]-pyridin* (**VI**), $Kp._{10}$ 110—114°, durch 4std. Erhitzen von 2-Picolin mit Paraformaldehyd (6 : 1 Mol) auf 165° im Stahlautoklaven; $n_D^{20}$ 1,5374; 64% (bezogen auf HCHO). *Phenylurethan* (in Heptan), F. 123—125° (Aceton–Heptan); gibt bei der Dest. mit NaOH *Anilin* u. *2-Vinylpyridin*. — *Vinylpyrazin* (**I**), $C_6H_6N_2$, $Kp._{20}$ 60—62°, durch tropfenweise Zugabe von etwas Phenyl-β-naphthylamin enthaltendem **IV** zu festem KOH in einem Ni-Gefäß bei 170° u. Dest. über eine Kolonne; $D.^{20}$ 1,046; $n_D^{20}$ 1,5565; 80%; färbt sich allmählich rotbraun. *Pikrat*, F. 99,2—100,2° (A.). *Monojodmethylat*, $C_7H_9N_2J$, F. 126°, senfgelbes Pulver. — *Polyvinylpyrazin*, durch kurzes Erhitzen von **I** mit etwas tert.-Butylhydroperoxyd; braunes, in W. lösl. Reaktionsprodukt. (J. Amer. chem. Soc. **73.** 1838—39. 10/4. 1951. Akron, O., Firestone Tire & Rubber Co., Chem. & Phys. Res. Labors.)

W. HOFFMANN. 3272

**S. Bayne, G. A. Collie** und **J. A. Fewster**, *Isopropylidenderivate von Glucoson.* Aus den Glucosonen wurden die Triacetonverbb. dargestellt. *1.2; 2.3; 5.6-Triisopropyliden-D-glucosonhydrat* (**I**) ließ sich leicht zum *1.2; 2.3-Diisopropyliden-D-glucosonhydrat* (**II**) hydrolysieren, was auf eine Furanosestruktur dieser Verbb. hinweist. Aus **II** wurde *5.6-Diacetyl-1.2; 2.3-diisopropyliden-D-glucosonhydrat* (**III**) gewonnen. **III** verbraucht nur das den beiden Acetylgruppen entsprechende Alkali, hat also nicht die dem 2.3.4.6-Tetraacetyl-D-pyranosylglucosonhydrat entsprechende Struktur, da letzteres am $C_{(2)}$ ein saures H-Atom besitzt. Für die Struktur von **III** sind ferner aufschlußreich der Verbrauch von 1 Mol $NaJO_4$ unter Bldg. von 1 Mol Formaldehyd u. die Überführung in *5.6-Dimethyl-1.2; 2.3-diisopropyliden-D-glucosonhydrat* (**IV**) u. weiter in *5.6-Dimethyl-D-glucoson* (**V**). **V** liefert mit Perjodat *α.β-Dimethoxypropionsäure*. — Die Auffassungen verschied. Autoren über die Struktur des Glucosons werden erörtert.

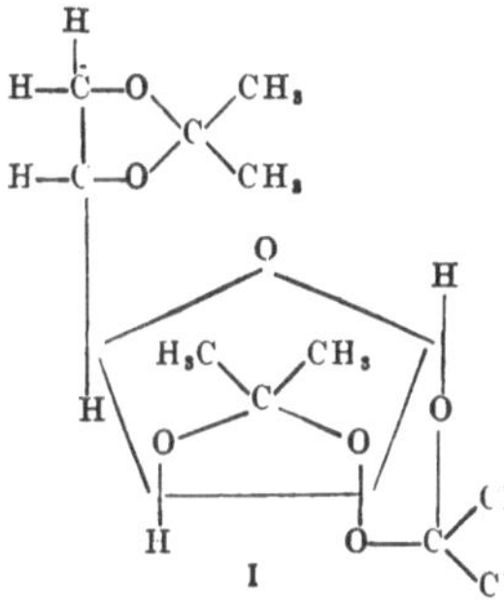

I

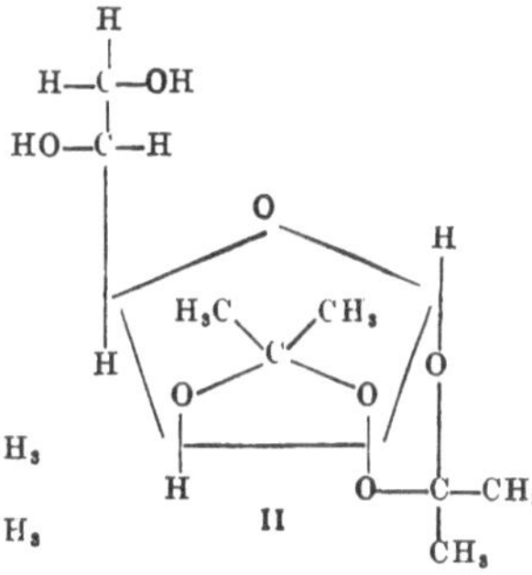

II

V e r s u c h e : *D-Glucosephenylosazon*, F. 208° (Zers.) aus Glucosehydrat (vgl. WEYGAND, Ber. dtsch. chem. Ges. **73.** [1940.] 1259) blaßgelbe Kristalle, $[\alpha]_D^{18}$ —58,5° → —36° in 24 Std. (c = 1,00 in Pyridin/A. 2 : 3); 72,5% (Ausbeute). Darst. auch aus N-p-Tolyl-D-isoglucosamin (vgl. WEYGAND) u. Phenylhydrazin in fast quantitativer Ausbeute. — *D-Glucoson* nach REICHSTEIN u. Mitarbeitern (Helv. chim. Acta **16.** [1933.] 561. 1069), schwach gelblicher dicker Sirup $[\alpha]_D^{15}$ —10,6° → +7,9° in 275 Std. (c = 8,52 in W.); 44,5%. Die Verb. gab mit BENEDICTs Arsenophosphorwolframsäure u. mit ADLERs Benzidinreagens Blaufärbungen u. reagierte mit FEHLINGscher Lsg. in der Kälte, nicht aber mit SCHIFFs Reagens. — *1.2; 2.3; 5.6-Triisopropyliden-D-glucosonhydrat* (**I**), $C_{15}H_{24}O_7$, F. 125°, aus D-Glucoson durch 8std. Schütteln mit Aceton u. $H_2SO_4$, $[\alpha]_D^{15}$ —6,6° (c = 2,12 in Methanol); 13,5%. **I** ließ sich weder mit Essigsäureanhydrid/Pyridin, noch mit Essigsäureanhydrid/Natriumacetat acetylieren u. weder mit Methyljodid/$Ag_2O$ noch mit Na-Dimethylsulfat methylieren. — *L-Glucosazon*, F. 205—206°, aus einem durch saure Zers. des Kondensationsprod. von L-Arabinose u. Nitromethan entstandenen Gemisch von L-Glucose u. L-Mannose durch Umsetzung mit Phenylhydrazinacetat, $[\alpha]_D^{16}$ +57° → +36° in 24 Std. (c = 1,00 in Pyridin/A. 2 : 3). — *L-Glucoson* aus vorst. Verb. durch Rückflußkochen mit Benzaldehyd in wss. A., farbloser Sirup; 40%. — *1.2; 2.3; 5.6-Triisopropyliden-L-glucosonhydrat*, F. 125°, aus vorst. Verb. entsprechend wie **I**, $[\alpha]_D^{16}$ +6,8° (c = 2,00 in Methanol); 11,5%. — *D-Glucoson* aus **I** durch 2std. Kochen mit Essigsäure, W. u. 0,1 n HCl (5 : 5 : 0,1), daraus über *D-Glucosazon 2-Phenyl-4-D-arabotetraoxybutyl-2.1.3-triazol*, F. 194°. — Die Hydrolyse von **I** zum Glucoson benötigte in 85% ig. Essigsäure bei 50° ca. 42 Std. (Abb. der Drehungsänderung dabei). — *1.2; 2.3-Diisopropyliden-D-glucosonhydrat* (**II**), aus **I** durch 10std. Hydrolyse in 85% ig. Essigsäure bei 50°, Sirup, reagiert nicht mit BENEDICTs Lsg. u. gibt nur sehr schwache Färbung mit Arsenophosphorwolframsäure. — *5.6-Diacetyl-1.2; 2.3-diisopropyliden-D-glucosonhydrat* (**III**), $C_{16}H_{24}O_9$, F. 70°, aus **II** durch 5std. Umsetzung mit Essigsäureanhydrid u. Na-Acetat bei 75°, prismat. Aggregate aus Ae./PAe., $[\alpha]_D^{18}$ +15,9° (c = 1,44 in Methanol); 75%. — Nach Entacetylierung von **III** durch 0,1 n NaOH bei 100° Verbrauch von 0,98 Mol $NaJO_4$, Mol in der Lsg. in 6 Std. u. Bldg. von 0,80 Mol Formaldehyd (keine Säure) in 24 Std.

sowie von *1.2; 2.3-Diisopropyliden-5-aldo-D-xylosonhydrat*, F. 158—159°. — *5.6-Dimethyl-1.2; 2.3-diisopropyliden-D-glucosonhydrat* (**IV**), $C_{14}H_{24}O_7$, Kp.$_{0,05}$ 90—110°, durch katalyt. Entacetylierung von **III** in Na-Methylat u. viermaliges Methylieren mit Methyljodid u. $Ag_2O$, Sirup, $[\alpha]_D^{20}$ +1,2° (c = 3,3 in Methanol); 43%. — *5.6-Dimethyl-D-glucoson* (**V**), aus **IV** durch 10min. Hydrolyse mit HCl bei 100° (nicht aus Lsg. isoliert). — *5.6-Dimethyl-D-glucose-p-bromphenylosazon*, F. 154°, aus Lsg. von **V** mit p-Bromphenylhydrazinhydrochlorid u. Na-Acetat. — *α.β-Dimethoxypropionsäure* aus Lsg. von **V** durch Perjodatoxydation (72 Std. bei Zimmertemp., vgl. SALMON u. POWELL, J. Amer. chem. Soc. **61.** [1939.] 3507), identifiziert als *p-Bromphenacylderivat*; 64,5% an letzterem bezogen auf **IV.** (J. chem. Soc. [London] **1952.** 2766—71. Juli. St. Andrews, Fife, Univ. Coll.)
WILLENBERG. 3400

**L. Hough** und **J. K. N. Jones,** *Die enzymatische Synthese von Heptosen.* D-Erythrose u. ihr 2.4-Äthylidenderiv. ergeben in Ggw. eines rohen Aldolasepräp. aus Erbsen mit Dioxyacetonphosphat (**II**) *Sedoheptulose* (**I**), die als krist. *Sedoheptulosan* u. dessen *Tetrabenzoat* identifiziert wird. Es wird die Bldg. von **I** in der Natur aus einem Fructosederiv. durch Spaltung zwischen $C_{(2)}$ u. $C_{(3)}$ unter Entstehung von Erythrose u. einem Glykolaldehydderiv. vermutet. Die Kondensation von Glykolaldehyd mit **II** ergibt jedoch keinen Heptosezucker. (Chem. and Ind. **1952.** 907. 13/9. Bristol, Univ., Chem. Dep.)
FAHRNLAENDER. 3400

**S. W. Pelletier** und **Walter A. Jacobs,** *Veratrumalkaloide.* 34. Mitt. *Umwandlung des Isorubijervins in Solanidin.* (33. vgl. JAFFE u. JACOBS, C. **1952.** 5742.) *Isorubijervin* (**I**; F. 236—238°, $[\alpha]_D^{29}$ +9,2° [A.]), wird mit p-Toluolsulfochlorid + Pyridin in das *prim. Monotosylderiv.* (**II**; $C_{34}H_{49}O_4NS$, F. 270—273° [Zers.], $[\alpha]_D^{30}$ —36° [absol. A.]); durch Al-tert.-Butylat oxydierbar zum entsprechenden *$\Delta^4$-3-Keton* (**III**; $C_{34}H_{47}O_4NS$, F. 316—319° [Zers.]; *Oxim*, $C_{34}H_{48}O_4N_2S$, F. 302—304° [Zers.]) u. weiter mit NaJ in Diäthylketon in das *Jodid* (**IV**; $C_{27}H_{42}ONJ$, F. 294—297° [Zers.], $[\alpha]_D^{30}$ —38° [absol. A.]) übergeführt, das bei der

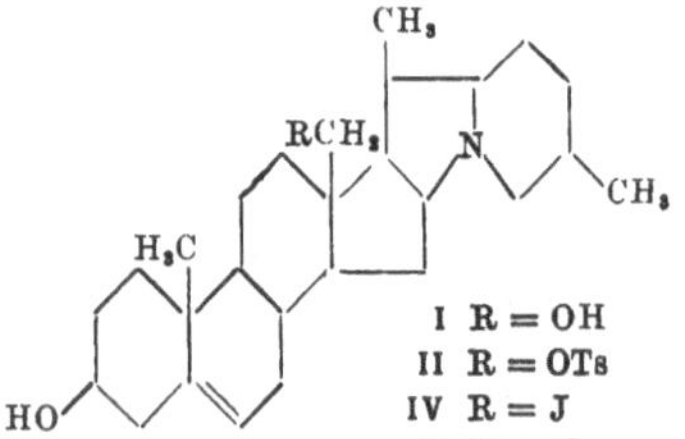


I R = OH
II R = OTs
IV R = J
V R = H

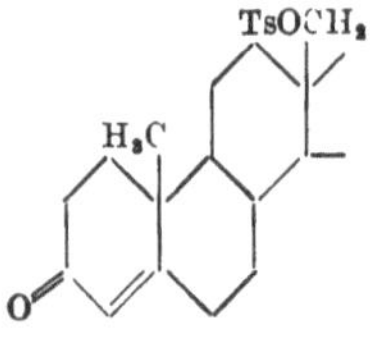


III

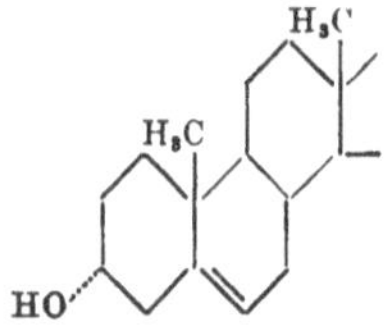


VI

Red. mit Na + A. (nicht aber mit Zn–Cu-Paar, Al–Amalgam, $H_2$ + Pd–$CaCO_3$ oder Zn + Essigsäure) ein mit Digitonin trennbares Gemisch von *Solanidin* (**V**; $C_{27}H_{43}ON$, F. 216 bis 218,5°, $[\alpha]_D^{34}$ —27,1° [Chlf.]) u. einer als *3α-Oxy-$\Delta^5$-solaniden* (**VI**) anzusprechenden Verb. ($C_{27}H_{43}ON$, F. 238—239°, $[\alpha]_D^{34}$ —12° [Chlf.]) liefert. Die prim. OH-Gruppe in dem auf diese Weise als Oxysolanidin erkannten **I** wird in Anbetracht der behinderten Austauschbarkeit des J in **IV** am C-Atom 18 angenommen, entsprechend den vorst. Formeln. (J. Amer. chem. Soc. **74.** 4218—19. 20/8. 1952. New York, N. Y., Rockefeller Inst. for Med. Research.)
BOIT. 3500

**H. Schmid, J. Kebrle** und **P. Karrer,** *Über Curarealkaloide aus Calebassen.* 7. Mitt. (6. vgl. C. **1952.** 1827.) Die aus Calebassencurare vom oberen Amazonas mit wss. u. eisessighaltigem $CH_3OH$ extrahierten u. von tert. Basen befreiten quartären Alkaloide werden als Reineckate gefällt, in die Chloride umgewandelt u. diese Filtration nach über saurem $Al_2O_3$ durch Verteilungschromatographie an Cellulosepulver unter Verwendung von Lösungsmittelgemisch C (wassergesätt. Methyläthylketon mit 1—3% $CH_3OH$) oder D (Essigester + Pyridin + W. 7,5 : 2,3 : 1,65) präparativ getrennt. Nach dieser Meth. (Beschreibung der Technik im Original) werden insgesamt 21 zum Teil neue Alkaloide in krist. Form (als Chloride oder Pikrate) isoliert u. zunächst durch Farb-Rkk. u. $R_c$-Werte ($R_c$ = Verhältnis der von dem betreffenden Alkaloidchlorid u. C-Curarin(I)-chlorid zurückgelegten Wege im Durchlaufpapierchromatogramm) charakterisiert. Im folgenden bedeutet a: $R_c$-Wert mit Lösungsm. C, b: $R_c$-Wert mit Lösungsm. D, c: Farb-Rk. mit konz. $H_2SO_4$, d: Farb-Rk. mit 50%ig. $H_2SO_4$, e: Farb-Rk. mit $H_2SO_4$ + $Ce(SO_4)_2$, f: Farb-Rk. mit konz. $HNO_3$. — *C-Alkaloid A*: a 0,23, b 0,55, c keine, d keine, e blauviolett → karmin, f karmin. — *C-Alkaloid B*: a 0,34, b 0,51, c keine, d keine, e rotviolett → blaßbraun, f braungrün → weinrot → blaßgelb. — *C-Alkaloid C*: a 0,34, b 0,51, c keine, d keine, e rotviolett → blaßbraun, f weinrot. — *C-Alkaloid D*: a 0,35, b 0,68, c keine, d keine, e rotviolett → blaßgelb, f gelbbraun → gelblich. — *C-Alkaloid E*: a 0,36, b 0,58, c braun, d violett, e blau → chromgrün, f chromgrün → gelbgrün. — *C-Toxiferin*: a 0,42, b 0,67, c keine, d blaßorange, e rotviolett → blaßrot, f braungrün → weinrot. — *C-Alkaloid F*: a 0,49, b 0,73, c keine, d keine, c blauviolett → karmin, f karmin. — *C-Alkaloid G*: a 0,65, b 0,73, c braun, d violett, e blau → chromgrün, f chromgrün → gelbgrün. — *C-Alkaloid H*: a 0,71, b 0,99, c keine, d keine, e rotviolett, f grünlichbraun → gelbbraun. — *C-Calebassin*: a 0,80, b 1,03, c keine, d keine, e blauviolett → karmin, f karmin. — *C-Alkaloid I*: a 0,89, b 1,06, c keine, d keine, e blauviolett → karmin, f karmin. — *C-Curarin*: a 1,00, b 1,00, c braun, d violett, e blau → chromgrün, f chromgrün → gelbgrün. — *C-Alkaloid J*: a 1,04, b 1,12, c keine, d keine, e rötlichorange, f gelbbraun. — *C-Alkaloid K*: a 1,22, b 1,14, c keine, d keine, e violett → blaßbraun, f rotbraun → hellgelb. — *C-Alkaloid UB*: a —, b 1,13, c keine, d keine, e karmin → blaßbraun, f keine. — *C-Calebassinin*: a 1,68, b 1,38, c keine, d keine, e karmin → blaßbraun, f keine. — *C-Fluorocurin*: a 2,10, b 1,70, c blaßorange, d gelb, e rotviolett → bräunlich, f braungrün → gelb. —*C-Fluorocurinin*: a 2,23, b 1,65, c karmin, d rotorange, e karmin → weinrot, f orange → orangebraun → bräunlichgelb. — *C-Fluorocurarin*: a 2,25, b 1,71, c citronengelb, d citronengelb, e blaugrün →gelbgrün, f gelb. — *C-Alkaloid L* : a 2,50, b 1,99, c keine, d keine, e rot, f keine. — *C-Alkaloid X*. a 3,5, b 4,9, c keine, d keine, e orange → rot, f intensiv rot. (Helv. chim. Acta **35.** 1864—79. 15/10. 1952. Zürich, Univ., Chem. Inst.) BOIT. 3500

**F. D. Collins** und **R. A. Morton**, *Untersuchungen über Rhodopsin.* 1. Mitt. *Extraktionsmethoden und Absorptionsspektrum.* Die Augen von Frosch, Ratte, Schaf, Rind u. mehreren Fischarten (Flußbarsch, Hecht, Schellfisch, Saibling [*Salvelinus willoughbii*]) wurden als Ausgangsmaterial für Sehpurpur untersucht, wobei 4 Extraktionsmethoden zur Anwendung kamen: a) Isolierung der frischen Retina mit 2%ig. Digitoninlsg. (**I**); b) *Alaun*-Meth.; Härtung der Retina in 4%ig. Kaliumalaunlsg., waschen mit 0,9%ig. NaCl-Lsg. u. neutraler Pufferlsg., Extraktion mit **I**; c) nach LYTHGOE unter Verwendung von Alaunlsg. an Stelle von saurem Puffer u. Weglassung der PAe.-Extraktion, d) die „Zucker"-Flotationsmeth. nach SAITO (Tohoku J. exp. Med. **32.** [1938.] 432) zur Abtrennung der äußeren Segmente der Sehstäbchen von der Retina. Meth. d) in Verbindung mit Alaunhärtung der Stäbchen war den übrigen Verff. überlegen. Als willkürlich gewähltes Arbeitskriterium der Reinheit (P) diente das Verhältnis der Extinktion $\lambda_{min}$ (meist bei ca. 400 m$\mu$): $\lambda_{max}$ (ca. 500 m$\mu$). Als hauptsächliche Verunreinigungen liegen vor: Von der *Rhodopsin* (**II**)-Eiweißkomponente herrührend verschied. Eiweiß, Melanin, Phospholipin. Die UV-Absorption von **II** kann nicht ausschließlich auf Tyrosin u. Tryptophan zurückgeführt werden. Eine Bande bei 250 m$\mu$ deutet auf die Ggw. von Purin oder Pyrimidin (als Nucleinsäure?) hin. Das Absorptionsmaximum war für Frosch-**II** 503 m$\mu$, für Ratten-**II** 498 m$\mu$, für Schaf- u. Ochsen-**II** 500 $\pm$ 1 m$\mu$, für Barsch u. Hecht-**II** 520 bis 530 m$\mu$ u. für Schellfisch-**II** ca. 500 m$\mu$. Es gelang, eine Lsg. von Frosch-**II** mit P = 0,24, einem bislang nicht erreichten Reinheitsgrad, darzustellen. (Biochem. J. **47.** 3—10. Juni/Juli 1950. Liverpool, Univ., Dep. of Biochem.) K. MAIER. 3550

**F. D. Collins** und **R. A. Morton**, *Untersuchungen über Rhodopsin.* 2. Mitt. *Indicatorgelb.* (1. vgl. vorst. Ref.) Das bei der Bestrahlung von *Rhodopsin* (**I**) entstehende Primärprod. ist das *„unbeständige" Orange*, das erste stabilere Prod. das *Indicatorgelb* (**II**). Im alkal. Gebiet ist $\lambda_{max}$ von **II** 365 m$\mu$, im sauren 440 m$\mu$. In **II** ist die ursprünglich in **I** vorhandene Verknüpfung von Trägerprotein u. chromophoren Gruppen noch erhalten. Die C-N-Bindung von **II** kommt demnach auch in **I** vor. Die Art dieser Verknüpfung ist wahrscheinlich die gleiche wie die der I-Analogen aus 2 Moll. *Retinen* (**V**) u. 1 Mol. $CH_3NH_2$ von BALL u. Mitarbeitern (Biochem. J. **45.** [1949.] 304). Verbb. vom Typ **III** absorbieren im alkal. Gebiet bei 365 m$\mu$,

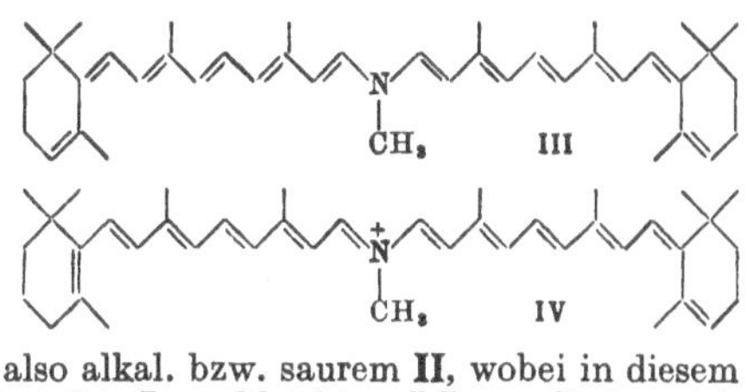


im sauren (Typ **IV**) bei 440 m$\mu$, entsprechen also alkal. bzw. saurem **II**, wobei in diesem an Stelle von $-CH_3$ die Eiweißkomponente tritt. In gebleichten I-Lsgg. finden sich wechselnde Mengen **V**, das anscheinend durch Hydrolyse von **II** entsteht. Unter bestimmten Bedingungen ist saures **II** teilweise in A. löslich. Beziehungen zwischen den mol. Extinktionskoeffizienten von **I**, **II** u. **V** werden diskutiert. **V** wurde aus frischer Retina (Frosch) unmittelbar nach dem Bleichen mit PAe. extrahiert. (Biochem. J. **47.** 10—18. Juni/Juli 1950.) K. MAIER. 3550

**F. D. Collins** und **R. A. Morton**, *Untersuchungen über Rhodopsin.* 3. Mitt. *Rhodopsin und „unbeständiges" Orange.* (2. vgl. vorst. Ref.) Bestrahlung von *Rhodopsin* (**I**) aus Frosch-, Ratten- u. Ochsenretina bei $-70^{0}$ u. anschließende Gleichgewichtseinstellung im Dunkeln bei Raumtemp. zeigt, daß eine 50%ig. Regeneration erfolgt, wobei $\lambda_{max}$

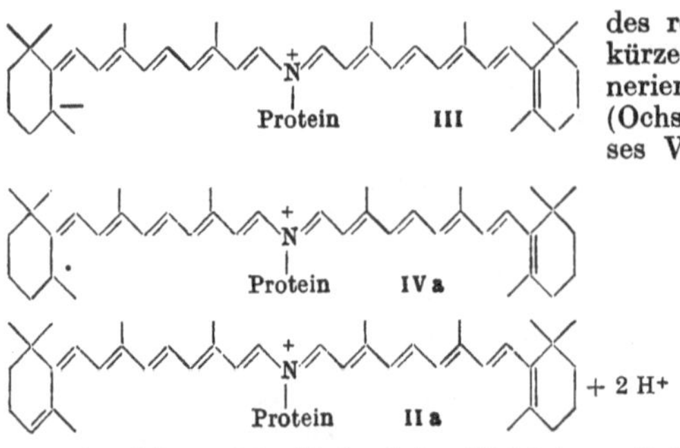


des regenerierten Materials ca. 8 m$\mu$ nach kürzeren Wellenlängen verschoben ist. Regeneriertes **I** wird daher zu *Isorhodopsin* (**Ia**) (Ochsen-**Ia**), $\lambda_{max}$ 492 m$\mu$. Zur Klärung dieses Vorgangs werden 3 Hypothesen diskutiert: 1. Umwandlung von **I** in *Indicatorgelb* (**II**) durch einen Oxydationsprozeß unter Verlust zweier Elektronen; 2. Struktur **III** für die chromophore Gruppe von **I**; 3. das Absorptionsspektr. von **Ia** beruht auf Ggw. eines einzigen **I**-Chromphors am Eiweißmol., während das von **I** auf 2 Chromophoren am gleichen Eiweißmol. zurückzuführen ist. Verlauf der Lichteinw.: **I** + nh$\nu$ → „*unbeständiger*" *Orange* (**IV**); 2 **IV** → **II** + **Ia**; **Ia** + nh$\nu$ → **IV**; 2 **IV** → usw. Einfrieren bei 70° stoppt die Rk. auf der **IV**-Stufe, Erwärmen auf Raumtemp. isoliert die therm. Rk. **IV** → **II**. Möglicherweise ist **IV** ein freies Radikal, das Dismutation erleidet. **I** verliert hiernach beim Übergang in **IV** ein Elektron: **I** + nh$\nu$ → **IV** + e$^-$. Die chromophore Gruppe von **IV** hat dementsprechend Struktur **IVa**, die bei Dismutation zu **II** in **IIa** übergeht. (Biochem. J. **47.** 18—24. Juni/Juli 1950.) K. MAIER. 3550

**Cécile Collin-Asselineau,** *Über die Cyclisierung des β-Oxyfarnesylessigsäureäthylesters.* Die Cyclisierung von *β-Oxyfarnesylessigsäureäthylester* [$(CH_3)_2C:CH\cdot CH_2\cdot CH_2\cdot C(CH_3):CH\cdot CH_2\cdot CH_2\cdot C(CH_3):CH\cdot CH(OH)\cdot CH_2\cdot COOC_2H_5$, Kp.$_{0,3}$ 172—175°, aus Farnesal u. Bromessigsäureäthylester nach REFORMATSKI; D.$^{15}_4$ 0,939, n$_D^{15}$ 1,4927] mit sd. HCOOH lieferte ein Gemisch von *hydroxylhaltigen* u. *dehydratisierten Estern,* aus dem durch vollständige Dehydratation ein Gemisch isomerer *bicycl. Ester* ($C_{19}H_{30}O_2$, Kp.$_{0,4}$ 110 bis 130°, D.$^{19}_4$ 0,977, n$_D^{19}$ 1,4939) erhalten wurde, das sich weder durch Dest. noch Chromatographie trennen ließ. Durch Verseifung wurde eine ölige *Säurefraktion* [$C_{17}H_{26}O_2$; 50% (Ausbeute)] erhalten u. daraus durch Lactonisierung, Verseifung u. fraktionierte Relactonisierung ein Gemisch öliger *Lactone* ($C_{17}H_{26}O_2$, Kp.$_{0,4}$ 150°, D.$^{18}_4$ 1,010, n$_D^{18}$ 1,5130), ein *krist. Lacton* (I) (F. 125°; 10%) u. eine nicht wieder spontan relactonisierbare *Oxysäure* ($C_{17}H_{28}O_3$, F. 185°). Für **I** wird die Struktur **Ia** angenommen, da es eine inerte Doppelbindung besitzt (nicht hydrierbar in Ggw. von RANEY-Ni oder $PtO_2$ bei 100°/100 at), die sich aber durch Bldg. eines *Epoxyds* ($C_{17}H_{26}O_3$, F. 202°) mit Perbenzoesäure u. durch

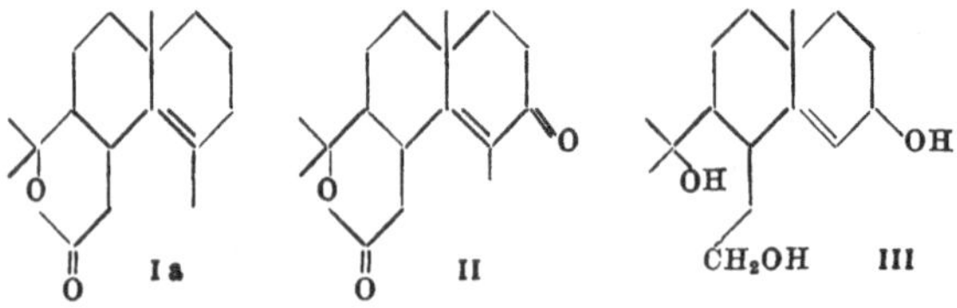


$CrO_3$-Oxydation zu einem *α.β-ungesätt. Keton* [**II?**; $C_{17}H_{24}O_3$, F. 187°, $\lambda_{max}$ 247 m$\mu$ ($\varepsilon$ = 14000)] nachweisen läßt. **I** zeigt zwischen 215 u. 320 m$\mu$ kein Maximum, nach dem Infrarotspektr. (Bande bei 5,8 m$\mu$) ist es ein $\delta$-Lacton mit tetrasubstituierter Doppelbindung. Red. des Ketolactons (**II?**) mit $LiAlH_4$ gab ein *Triol* (**III?**; $C_{17}H_{30}O_3$, F. 116°), das keine $HJO_4$ verbraucht, also keine 1.2-Glykolfunktion enthält. (C. R. hebd. Séances Acad. Sci. **235.** 634—36. 22/9. 1952.) SPAETH. 3600

**Seymour Bernstein** und **Karl J. Sax,** *$\Delta^{5.7}$-Steroide.* 5. Mitt. *7-Dehydrocholesterylmercaptan.* (4. vgl. C. **1951.** II. 3029.) Bei Fortführung der Herst. von $\Delta^{5.7}$-Steroiden gelang es Vff., *7-Dehydrocholesterylmercaptan* (**V**, *Provitamin-D$_3$-mercaptan*) aus Cholesterylmercaptan (**I**; $\Delta^5$-Cholesten-3$\beta$-thiol) über das bisher unbekannte *$\Delta^5$-Thiobenzoat* (**II**) wie folgt darzustellen: Behandlung von **II** mit N-Bromsuccinimid zum intermediären *7a (?)-Bromcholesterylthiobenzoat* (**III**), Dehydrobromierung zum *$\Delta^{5.7}$-Thiobenzoat* (**IV**) u. dessen Hydrolyse. Die Thiolgruppe an C$_{(3)}$ von **V** hat in Übereinstimmung mit den Ergebnissen von RALLS, DODSON u. RIEGEL (J. Amer. chem. Soc. **71.** [1949.] 3320) ebenso wie in **I** die $\beta$-Konfiguration. Weder **I** noch **V** geben mit Digitonin in 90%ig. A. ein schwerlösl. Digitonid. UV-Bestrahlung von **V** ergab ein Prod., das keine Vitamin-D-Aktivität zeigte. Infrarotabsorptionskurven s. Original.

V e r s u c h e [bei Angabe von zwei FF. 1. F. bei trüber, 2. F. bei klarer Schmelze; Best. der UV-Absorptionsmaxima (in m$\mu$) mit BECKMANN-Quarzspektrophotometer in Chlf./absol. A. (1:100 cm$^3$); Best. der opt. Drehung in Chlf. (2 cm$^3$, 1 dm Halbmikroröhre)]: *Cholesterylthioacetat* (*$\Delta^5$-Cholesten-3$\beta$-thiolacetat*), $C_{29}H_{48}OS$, F. 122,5—124,5° (Aceton), aus 4,6 g **I** durch Acetylierung mit 10 cm$^3$ Acetanhydrid in Pyridin bei Zimmertemp.; $[\alpha]_D^{30}$ —49,6°, $[\alpha]_{Hg}^{30}$ —59,5°; Mol.-Rotation ($[M]_D$) —220°; $\lambda_{max}$ 232,5—234

($\varepsilon$ = 4630); 3,8 g (Ausbeute). Verseifung mit $K_2CO_3$ in A. (4 Std.) oder mit KOH in A. (½ Std.), Ansäuern mit wenig Eisessig, Verdünnen mit W. u. Aufnehmen in Ae. ergibt neben *Cholesteryldisulfid* (F. u. Misch.-F. 144—145°) I zurück (F. 98—100° [Aceton/Methanol]; $[\alpha]_D^{29}$ —22,7°, $[\alpha]_{Hg}^{29}$ —26,8°; 88 bzw. 86%). — *Cholesterylthiobenzoat* (**II**; *Δ⁵-Cholesten-3β-thiolbenzoat*), $C_{34}H_{50}OS$, F. 160—162°, F. 188° (Aceton u. Äthylacetat/A.), durch tropfenweisen Zusatz von 2 cm³ Benzoylchlorid zu 3 g **I** in Pyridin unter Eiskühlung u. 67std. Stehen bei Zimmertemp.; $[\alpha]_D^{29}$ —27,3°, $[\alpha]_{Hg}^{29}$ —31,7°; $[M]_D$ —138°; 3,17 g; $\lambda_{max}$ 238—239 (11500), 269—271 (8350). — *7-Dehydrocholesterylthiobenzoat* (**IV**, *Δ⁵·⁷-Cholestadien-3β-thiolbenzoat*), $C_{34}H_{48}OS$, F. 163—165°, F. 210°, a) durch Erhitzen von **II** in PAe. (Kp. 64—66°, gereinigt mit konz. $H_2SO_4$ u. $KMnO_4$) + $CCl_4$ (15:85) mit N-Bromsuccinimid während 3,5 Min. unter Rückfluß u. Bestrahlung mit einer RSP-2-Lampe, Hinzufügen von symm.-Kollidin u. rasches Abkühlen auf 20°; nach Vakuumdest. des Filtrats Zufügen von Xylol u. (bei 140°) Kollidin, kurzes Erhitzen u. nach Reinigung Vakuumdest.; 26,6%; c) durch 15minütiges Erhitzen von **III** in Xylol mit symm.-Kollidin unter Rückfluß, aus Äthylacetat/A. u. Äthylacetat/Aceton Nadeln; 46,5%; als Nebenprod. aus der Mutterlauge *Δ⁴·⁶-Cholestadienylthiobenzoat* [F. 131—132,5°, F. 155° (roh); $\lambda_{max}$ 245 (29800), 272 (13700)]; d) durch Einw. von 0,3 cm³ $C_6H_5COCl$ auf 0,55 g **V** in Pyridin unter Eiskühlung, 48std. Stehenlassen bei Raumtemp. u. Eingeben in Eis/Essigsäure; 0,30 g; $[\alpha]_D^{30}$ +11,2°; $[\alpha]_{Hg}^{30}$ +16,2°; $[M]_D$ +56°; $\lambda_{max}$ 239 (13000), 274 (21400), 284 (20750), 295 (12400). — *7α(?)-Bromcholesterylthiobenzoat* [**III**, *Δ⁵-7α(?)-Bromcholesten-3β-thiolbenzoat*], $C_{34}H_{49}OBrS$, F. 153—157,5° (Zers.), aus 7,59 g **II**, 3,21 g N-Bromsuccinimid in 190 cm³ PAe. (s. oben) unter Rückfluß u. Bestrahlung (4 Min.); aus PAe. u. aus Aceton Nadeln; $[\alpha]_D^{32}$ —139,2°, $[\alpha]_{Hg}^{32}$ —159,8°; $[M]_D$ —814°; 1,8 g. — *7-Dehydrocholesterylmercaptan* (**V**, *Δ⁵·⁷-Cholestadien-3β-thiol*), $C_{27}H_{44}S$, F. 136,5—137,5°, a) durch Erhitzen von 1,3 g **IV** u. $K_2CO_3$ in A. während 3 Std. unter Rückfluß u. $N_2$; aus Aceton 0,85 g; $[\alpha]_D^{30}$ —90,9°, $[\alpha]_{Hg}^{30}$ —119,9°; $[M]_D$ —364°; $\lambda_{max}$ 273 (12800), 283 (13 550), 295 (7800); b) durch Erhitzen von 3,46 g **IV** u. 1 g KOH in A. während 30 Min. unter Rückfluß u. $N_2$; aus Bzl./Aceton u. aus Äthylacetat/Methanol 1,3 g. — *7-Dehydrocholesterylthioacetat* (*Δ⁵·⁷-Cholestadien-3β-thiolacetat*), $C_{29}H_{46}OS$, F. 111—112°, F. 135°, aus 0,20 g **V** in Pyridin u. 0,3 cm³ Acetanhydrid unter Eiskühlung, 18std. Stehen bei Raumtemp. u. Eingeben auf Eis/Essigsäure; 0,09 g; oder durch 40minütiges Erhitzen von 0,5 g **V** in 15 cm³ Acetanhydrid unter Rückfluß u. $N_2$; 0,48 g; aus Aceton/Methanol; $[\alpha]_D^{30}$ —33,0°, $[\alpha]_{Hg}^{30}$ —43,7°; $[M]_D$ —146; $\lambda_{max}$ 231—232 (Inflexion) (5490); 264—265,5 (Inflexion) (9000); 273,5 (12800); 284 (13800); 295,5 (7950). (J. org. Chemistry **16**. 685—93. Mai 1951. Pearl River, N. Y., Div. of Amer. Cyanamid Co., Lederle Labors.)
KOCK. 3700

**Rose Antonucci, Seymour Bernstein, Dominic Giancola** und **Karl J. Sax**, *Δ⁵·⁷-Steroide*. 6. Mitt. *Die Darstellung von Δ⁵·⁷-Steroidhormonen*. (5. vgl. vorst. Ref.). Mit N-Bromsuccinimid wurden nach der WOHL-ZIEGLER-Meth. aus Δ⁵-Steroiden Δ⁵—7-Bromsteroide u. durch anschließende HBr-Abspaltung Δ⁵·⁷-Steroide dargestellt, u. zwar *Δ⁵·⁷-Androstadien-3β-ol-17-on* (**II**), *Δ⁵·⁷-Androstadien-3β.17β-diol* (**V**), *Δ⁵·⁷-Pregnadien-3β-ol-20-on* (**VIII**), *Δ⁵·⁷-Pregnadien-3β.21-diol-20-on* (**IV**) u. deren Acetyl- u. Benzoylderivate.

Versuche (Bzgl. UV-Spektren u. opt. Drehung vgl. die Angaben im vorst. Ref.; Ausführung aller Rkk. u. Destillationen unter $N_2$): *Δ⁵-7α-Bromandrosten-3β-ol-17-onacetat*, $C_{21}H_{29}O_3Br$, F. 154,5—155° (Zers.). Ein Gemisch von Dehydroisoandrosteronacetat (**I**) u. N-Bromsuccinimid (NBS) in $CCl_4$ u. PAe. (vgl. vorst. Ref.) wurde gekocht u. 5 Min. belichtet, Filtrat im Vakuum bei Zimmertemp. u. darunter bis zur Kristallisation eingeengt u. der Rückstand mit PAe. versetzt; aus Bzl.–PAe. Nadeln; $[\alpha]_D^{20}$ —260,2°; $[\alpha]_{Hg}^{20}$ —313,6° (20,6 mg); $[M]_D$ —1064°; 61% (Ausbeute). — *Δ⁵·⁷-Androstadien-3β-ol-17-onacetat*, $C_{21}H_{28}O_3$, F. 158—160,5°, a) aus 1,12 g vorst. Acetat u. 1,5 cm³ Kollidin in 35 cm³ Xylol durch 15 Min. langes Kochen, Einengen im Vakuum u. Behandlung des öligen Rückstands mit PAe.; aus verd. Methanol; 0,2 g; b) aus **I** u. NBS in $CCl_4$ u. PAe. unter Kochen u. Belichtung (5 Min.), Zugabe von Kollidin, Einengen im Vakuum, 15 Min. langes Kochen des Rückstands mit Xylol, Einengen im Vakuum u. Behandeln des öligen Rückstands mit Methanol, aus verd. Methanol, PAe. sowie verd. Methanol; 28%; $[\alpha]_D^{26}$ —92,9°; $[\alpha]_{Hg}^{26}$ —117,2°; $[M]_D$ —305°; c) durch ½std. Kochen von 0,1 g **II** in 10 cm³ Acetanhydrid u. Entfernen des überschüssigen Acetanhydrids im Vakuum; nacheinander aus Methanol, verd. Methanol u. PAe.; $\lambda_{max}$ 271; 281; 292 ($\varepsilon$ = 11300; 11850; 6700). — *Δ⁵·⁷-Androstadien-3β-ol-17-on* (**II**), $C_{19}H_{26}O_2$, F. 187—189°, durch Einw. von 30 cm³ 5%ig. alkoh. $K_2CO_3$-Lsg. auf 0,5 g vorst. Acetat, Stehen über Nacht bei Zimmertemp. u. Fällung mit W.; 0,21 g, oder durch 1std. Kochen von 0,40 g nachst. Benzoat mit 0,1 g NaOH in 10 cm³ Methanol; 0,22 g; aus Bzl.–PAe.; $[\alpha]_{Hg}^{27}$ —159,7° (13,5 mμ; Chlf.); $[\alpha]_{Hg}^{27}$ —130,7°; $[\alpha]_{Hg}^{27}$ —154,3° (12,7 mg; absol. A.); $[M]_D$ —374°; $\lambda_{max}$ 271; 281,5; 293 ($\varepsilon$ = 10410; 10900; 6250). *Benzoat*, $C_{26}H_{30}O_3$, F. 253—256° (Zers.), aus 3,92 g Dehydroisoandrosteronbenzoat u. 2,14 g NBS in 50 cm³ $CCl_4$ u. 25 cm³ PAe. wie oben u. HBr-Abspaltung mit 5 cm³ Kollidin in 50 cm³ Xylol (Meth. **A**); aus Bzl.–Aceton; $[\alpha]_D^{26}$ —64,9°, $[\alpha]_{Hg}^{26}$ —82,0° (18,3 mg); $[M]_D$ —253°; $\lambda_{max}$ 229; 271; 281; 293 ($\varepsilon$ = 13500; 12600; 12800; 7000). Die Mutterlaugen lieferten aus Bzl.–Aceton u. aus Aceton-Methanol 3 Fraktionen, aus der letzten wurden 0,34 g *$\Delta^{4.6}$-Androstadien-3β-ol-17-onbenzoat*, F. 183—184° (unter Verfärbung), isoliert; $\lambda_{max}$ 238—239; 270; 281; 292—293 ($\varepsilon$ = 29 400; 4150; 3890; 1770). — *$\Delta^{5.7}$-Androstadien-3β.17β-dioldiacetat* (**III**), $C_{23}H_{32}O_4$, F. 135 bis 136,5°, a) nach **A** aus $\Delta^5$-Androsten-3β.17β-dioldiacetat; aus verd. Methanol u. verd. Aceton 19%; oder in analoger Rk. ohne $CCl_4$ u. PAe.; 27%; b) aus **V** durch Acetylierung in Pyridin; $[\alpha]_D^{21}$ —135,8°; $[\alpha]_{Hg}^{21}$ —172,1° (21,5 mg); $[M]_D$ —505°; $\lambda_{max}$ 270—271; 281; 292—292,5 ($\varepsilon$= 10800; 11300; 6400). — *$\Delta^{5.7}$-Androstadien-3β.17β-diol-3-acetat-17-benzoat*, $C_{28}H_{34}O_4$, F. 168,5—171°, aus $\Delta^5$-Androsten-3β.17β-diol-3-acetat-17-benzoat nach **A**; aus Aceton–Methanol Nadeln; oder aus nachst. Benzoat durch Acetylierung in Pyridin; $[\alpha]_D^{29}$ —44,7°; $[\alpha]_{Hg}^{29}$ —60,7° (17,45 mg); $[M]_D$ —194°; $\lambda_{max}$ 229; 271; 281; 292,5 ($\varepsilon$ = 14850; 12400; 12800; 6800). — *$\Delta^{5.7}$-Androstadien-3β.17β-diol-17-benzoat*, $C_{26}H_{32}O_3$, F. 201—204,5° (Zers.), aus 0,5 g vorst. Verb. in 5 cm³ Methanol u. 5 cm³ Methylenchlorid durch Verseifung mit 0,58 cm³ 1,7 n methanol. $K_2CO_3$-Lsg., Stehen über Nacht bei +3 bis +5°, Zufügen von verd. Essigsäure, Abdampfen des $CH_2Cl_2$ u. Zufügen von Methanol zum Rückstand, aus Methanol u. Aceton; $[\alpha]_D^{27}$ —91,7°; $[\alpha]_{Hg}^{27}$ —123° (10,25 mg); $[M]_D$ —359°; $\lambda_{max}$ 229; 271; 281; 292—293 ($\varepsilon$ = 12300; 10800; 11150; 5600). — *$\Delta^{5.7}$-Androstadien-3β.17β-diol* (**V**), $C_{19}H_{28}O_2$, F. 224—225,5°, aus 4,7 g **III** in 30 cm³ A. durch ½std. Kochen mit 55 cm³ 5%ig. alkoh. $K_2CO_3$-Lsg.; oder aus vorst. Benzoat; aus verd. A.; $[\alpha]_D^{27}$ —209,4°; $[\alpha]_{Hg}^{27}$ — 271,7° (10,6 mg, Pyridin); $[M]_D$ —603°; $\lambda_{max}$ 271; 281; 293 ($\varepsilon$ = 10500; 11000; 6150). *Dibenzoat*, $C_{33}H_{36}O_4$, F. 230,5—232,5°, aus **V** durch Benzoylierung; aus Bzl.-Aceton u. Aceton; $[\alpha]_D^{30}$ —32,5°; $[\alpha]_{Hg}^{30}$ —49,3° (19,05 mg); $[M]_D$ — 161°; $\lambda_{max}$ 229; 271; 281; 293 ($\varepsilon$ = 25900, 14000; 14200; 7250). — *$\Delta^{5.7}$-Pregnadien-3β-ol-20-onacetat* (**VI**), $C_{23}H_{32}O_3$, F. 165,5—167,5°, aus $\Delta^5$-Pregnen-3β-ol-20-onacetat nach **A**; aus verd. Methanol; 20—21%; oder aus 90 mg **VIII** durch Kochen (15 Min.) mit 10 cm³ Acetanhydrid; nach Entfernen des überschüssigen Acetanhydrids im Vakuum Rückstand in Aceton gelöst u. die Lsg. unter Zugabe von PAe. konz.; aus Aceton +PAe.; 35,5 mg; $[\alpha]_D^{29}$ —32,8°, $[\alpha]_{Hg}^{29}$ — 39,0° (9,75 mg); $[M]_D$ —117°; $\lambda_{max}$ 271,5; 282; 293,5 ($\varepsilon$ = 11350; 11950; 7100). Acetylierung mit Acetanhydrid u. Bortrifluoridätherat liefert ebenfalls **VI**. — *$\Delta^{5.7}$-Pregnadien-3β-ol-20-on* (**VIII**), $C_{21}H_{30}O_2$, F. 228—230°, aus **VI** mit methanol. $K_2CO_3$; aus Methanol; $[\alpha]_D^{29}$ — 79,3°; $[\alpha]_{Hg}^{29}$ — 101,7° (17,9 mg); $[M]_D$ —249°; $\lambda_{max}$ 272; 282,5; 294 ($\varepsilon$ = 11500; 12100; 7400). *Benzoat*, $C_{28}H_{34}O_3$, F. 227—229°, durch Benzoylierung von **VIII**; aus verd. Essigsäure u. aus Aceton + Methanol; $[\alpha]_D^{25}$ —6,9°; $[\alpha]_{Hg}^{25}$ —9,5° (37,8 mg); $[M]_D$ — 29°; $\lambda_{max}$ 229; 272; 282; 293,5 ($\varepsilon$ = 1300; 12350; 12700; 7225). — *$\Delta^{5.7}$-Pregnadien-3β.21-diol-20-ondiacetat* (**VII**), $C_{25}H_{34}O_5$, F. 142—143°, aus $\Delta^5$-Pregnen-3β.21-diol-20-ondiacetat (**X**); aus Methanol; 15%; oder aus **IV** durch Acetylierung in Pyridin; $[\alpha]_D^{28}$ —8,5° (18,8 mg); $[M]_D$ —35°; $\lambda_{max}$ 272; 282; 294 ($\varepsilon$ = 10400; 11100; 6450). — *$\Delta^{5.7}$-Pregnadien-3β.21-diol-20-on* (**IV**), $C_{21}H_{30}O_3$, F. 207—209,5°, aus **VII** durch Verseifung mit methanol. $K_2CO_3$ + $KHCO_3$-Lsg. oder methanol. $K_2CO_3$-Lsg.; aus Methanol; $[\alpha]_D^{26}$ —82,1° (19 mg); $[M]_D$ —270°; $\lambda_{max}$ 272; 282; 294 ($\varepsilon$ = 11950; 12600; 7600). *Dibenzoat*, $C_{35}H_{38}O_5$, F. 175—178° ($CH_3OH$), durch Benzoylierung von **IV** in Pyridin; $\lambda_{max}$ 229; 272; 282; 294 ($\varepsilon$ = 31800; 13400; 13850; 7460). (J. org. Chemistry **16**. 1126—33. Juli 1951.) MENZEL. 3750

**C. L. Gemmill** und **R. L. Plunkett**, *Die Kinetik der Hemmung der durch Kupfer (II)-chlorid katalysierten Ascorbinsäureoxydation durch Thyroxin.* In dem Syst. *$CuCl_2$–Ascorbinsäure* (**I**)–*Thyroxin* (**II**) wurde jeweils eine Komponente bei Konstanthaltung der beiden anderen variiert u. der Reaktionsablauf am $O_2$-Verbrauch verfolgt. Es konnte so gezeigt werden, daß die durch **II** gehemmte **I**-Oxydation in Ggw. von $CuCl_2$ auf der Bldg. eines spezif. Komplexes zwischen 1 Mol $CuCl_2$ u. 3 Mol **II** beruht. (Arch. Biochem. Biophysics **36**. 434—41. April 1952. Charlottesville, Va., Univ. of Virginia, Med. School, Dep. of Pharmacol.) KRUSEN. 3800

**Harold Conroy**, *Pikrotoxin*. 2. Mitt. *Das Gerüst des Pikrotoxinins. Die Totalsynthese von dl-Pikrotoxadien.* (1. vgl. C. **1952**. 6541.) *Pikrotoxadien* (**I**), ein Abbauprod. des Pikrotoxinins, besitzt, wie nicht nur aus der leichten Addition von Maleinsäureanhydrid (**II**) gefolgert wurde, sondern nun auch durch Synth. bewiesen werden konnte, cis-Konfiguration u. ist *cis-5-Isopropyl-8-methylhydrindadien-(4.6)*. 2-Methyl-2-carbäthoxycyclopentylidencyanessigester wurde mit Pd zum gesätt. Cyanessigester hydriert u. gab nach Verseifung u. Decarboxylierung *cis-2-Methyl-2-carboxycyclopentylessigsäure* (**III**). Durch Red. mit Al-Amalgam bildete sich dagegen nach Hydrolyse trans-**III**. Nach Überführung in den Halbester u. das Halbesterchlorid entstand durch Umsetzung mit Na-Malonester der Ketotriester, der durch Säurehydrolyse leicht *cis-2-Methyl-*

*2-carbäthoxycyclopentylaceton* (**IV**) ergab. Mit NaH u. einer Spur A. in Bzl. trat Ringschluß zu *cis-8-Methylhydrindandion-(5.7)-enol* (**V**) ein. Der Äthyläther von **V** gab nach Red. zum Alkohol mit $LiAlH_4$ *cis-8-Methylhydrindaen-(6)-on-(5)* (**VI**) u. daraus durch weitere Red. *cis-8-Methylhydrindanon-(5)*, das ein α.α'-Dibenzylidenderiv. bildete. Bei der Einw. von Isopropyl-Li auf **VI** entstanden *7-Isopropyl-8-methylhydrindanon-(5)* u. ein *KW-stoff*, der mit **II** erst in Ggw. von katalyt. Mengen $H_2SO_4$ ein Additionsprod. lieferte, das mit dem aus **I** u. **II** ein ident. Ultrarotspektr. hatte u. offenbar *cis-5-Isopropyliden-8-methylhydrindaen-(6)* (**VII**) war. Die Additionsverb. lieferte ein krist. Imid u. N-Phenylimid, die mit den entsprechenden Verbb. aus natürlichem **I** gleiche Infrarotspektren hatte. Als Gerüst für Pikrotoxinin wird hiernach *1.2.6.7.9-Pentoxy-1'.4-dicarboxy-5-isopropenyl-8-methylhydrindan* angesehen, das Vf. nicht mit Terpenen, sondern mit Sterinen für verwandt hält.

Versuche: *cis-2-Methyl-2-carboxycyclopentanessigsäure-(1)* (**III**), F. 110,1 bis 110,5°. 2-Methyl-2-carbäthoxycyclopentylidencyanessigsäureäthylester wird mit Pd-Kohle in A. hydriert u. mit 6nHCl hydrolysiert; 64% (Ausbeute). *Diäthylester*, $Kp._5$ 140°. — *cis-2-Methyl-2-carbäthoxycyclopentanacetylchlorid-(1)*, $Kp._{0,15}$ 82°. Vorst. Verb. wird zum Halbester verseift u. mit $SOCl_2$ in Bzl. chloriert; 81%. — *cis-2-Methyl-2-carbäthoxycyclopentylaceton* (**IV**), $Kp._{0,15}$ 79°, aus dem Säurechlorid, Malonester u. NaH in Bzl.; 57%. *2.4-Dinitrophenylhydrazon*, $C_{18}H_{24}O_6N_4$, F. 78,5—80,0°, goldgelbe Blättchen (A.). — *Enol des cis-8-Methylhydrindandions-(5.7)* (**V**), $C_{10}H_{14}O_2$, F. 146,3—146,5°. **IV** wird mit NaH u. einer Spur A. in Bzl. unter Rühren gekocht u. nach dem Abkühlen angesäuert, aus A./W. Nadeln; 86%. — *cis-5-Äthoxy-8-methylhydrindaen-(5)-on-(7)*, $C_{12}H_{18}O_2$, $Kp._{0,08}$ 85°, aus **V** mit A. u. etwas konz. $H_2SO_4$ in Bzl. unter Abscheidung des W.; $n_D^{25}$ 1,5094; 84%. — *cis-8-Methylhydrindaen-(6)-on-(5)* (**VI**), $C_{10}H_{14}O$, $Kp._{0,1}$ 50°, durch Red. vorst. Verb. mit $LiAlH_4$; $n_D^{25}$ 1,5003; 89%. *2.4-Dinitrophenylhydrazon*, $C_{16}H_{18}O_4N_4$, F. 138,3 bis 139,2°, orangerote Blättchen (A.). — *cis-8-Methylhydrindanon-(5)*, $C_{10}H_{16}O$, $Kp._1$ 57°; $n_D^{25}$ 1,4794. **VI** wird mit $PtO_2$ in $CH_3OH$ hydriert. *2.4-Dinitrophenylhydrazon*, $C_{16}H_{20}O_4N_4$, F. 126—128°, gelborange Nadeln (A.). — *4.6-Dibenzyliden-8-methylhydrindanon-(5)*, $C_{24}H_{24}O$, F. 118,5—119,5°, gelbe Nadeln (wss. $CH_3OH$); $\lambda_{max}$ 322 mμ. — *cis-5-Isopropyliden-8-methylhydrindaen-(6)* (**VII**). **VI** wird mit Isopropyl-Li in PAe. umgesetzt, *7-Isopropyl-8-methylhydrindanon-(5)* als *2.4-Dinitrophenylhydrazon*, $C_{19}H_{26}O_4N_4$, F. 140,5—144,5°, gelbe Nadeln, abgetrennt, das Lösungsm. abgetrieben u. der Rückstand aus PAe./Bzl. an $Al_2O_3$ chromatographiert. Mit PAe. wird der KW-stoff eluiert; 23%. — *cis-5-Isopropyl-8-methylhydrindadien-(4.6)-maleinsäureanhydridaddukt*, aus **VII** u. **II** in Ggw. einer Spur konz. $H_2SO_4$; Infrarotspektr. ident. mit **I**-**II**-Addukt. Beim Erhitzen mit $(NH_4)_2CO_3$ bei 130° bildete sich hieraus das *Imid*, $C_{17}H_{23}O_2N$, F. 158,2—159°. *Imid* aus dem Addukt von natürlichem **I** u. **II**, F. 147,6—148,3°; $[\alpha]_D^{20}$ —78° (c = 3,1, Chlf.), Blättchen. Beide Verbb. besaßen ident. Infrarotspektren. *N-Phenylimide*: aus synth. **I**: $C_{23}H_{27}O_2N$, F. 151 bis 152°; aus natürlichem **I**: F. 177,8—178,1; $[\alpha]_D^{20}$ —42° (c = 2,5 Chlf.), feine Nadeln. Die Infrarotspektren beider N-Phenylimide waren gleich. (J. Amer. chem. Soc. **74**. 3046—51. 20/6. 1952. New York, Harvard u. Columbia Univ., Dep. of Chem.) NEZEL. 3950

## D₃. Makromolekulare Chemie.

**Mario Baccaredda**, *Untersuchungsmethoden für Hochpolymere.* (Vgl. C. **1952**. 7266.) Zusammenfassende Darst. der chem. u. osmometr. Methoden zur Best. des Mol.-Gew. von Hochpolymeren mit Beschreibung verschied. Osmometer. — 40 Literaturangaben. (Materie plast. **18**. 65—72. März/April 1952.) K. FABER. 4000

**H. Batzer, H. Holtschmidt, F. Wiloth** und **B. Mohr**, *Über ein Verfahren zur Darstellung von Polykondensaten in Flüssigkeiten.* Durch Polykondensation von zweibas. Säuren bzw. Diestern mit Diolen in geeigneten Fll. kann man Polyester darstellen, welche höhere Mol.-Geww. aufweisen als die durch Schmelzkondensation erhaltenen Produkte. Gleichzeitig läßt sich die Reaktionsdauer wesentlich abkürzen. Dabei dient die Fl. (am besten waren Toluol u. Chlorbenzol geeignet) zum Abtransport der bei der Veresterung entstandenen Komponente. Der Einfl. verschied. Lösungsmittel, der Konz., des Katalysators u. anderer Faktoren wurde untersucht. Es wird gezeigt, daß die Polyester nur durch Kondensation u. nicht über eine Lactonpolymerisation entstanden sind. Verteilungsfunktionen solcher Lösungskondensate werden mit denen von Schmelzkondensaten verglichen. Die höheren Mol.-Geww. der Lösungskondensate werden durch zwei Umstände erklärt: die Ggw. des hydrophoben Lösungsm. hemmt die umgekehrte Rk. der Verseifung, da es außer der Entfernung des entstandenen W. auch die Esterbindungen durch eine hydrophobe Solvathülle weitgehend abschirmt; das Maximum der Massenverteilungsfunktionen liegt häufig im Bereich hoher Molekulargewichte. (Makromolekulare Chem. **7**. 82—103. Juli 1951. Freiburg/Br., Forschungsinst. für Makromol. Chem.) SCHÄFF. 4000

**Samuel Krimm** und **Arthur V. Tobolsky**, *Quantitative Röntgenstrahlenuntersuchungen an amorphen und kristallinen Polymeren. Quantitative Röntgenstrahlenbestimmung der Kristallinität in Polyäthylen.* Verschied. quantitative Beziehungen der Streuung für Polymere wurden experimentell untersucht, um ihre Gültigkeit als Voraussetzungen bei der Best. der Kristallinität mittels Röntgenstrahlen zu prüfen. Dies sind a) die Proportionalität zwischen der Streuungsintensität u. dem pt-Wert der Probe (p = D. u. t = Dicke des Materials); b) die Beziehung zwischen gleichen pt-Werten von zwei verschied. Proben desselben Materials u. den entsprechenden streuenden Massen; c) die Streuung von gleichen Massen eines Polymeren im amorphen u. im kristallinen Zustand, u. d) die Werte der totalen Streuungsintensität gleicher Massen von verschied. Polymeren. Es wurde, zunächst für *Polyäthylen* (**I**), gezeigt, daß der Prozentsatz an kristallinem Material in einem polykristallinen Polymeren quantitativ mittels Röntgenstrahlenstreuungsmethoden bestimmt werden kann. Die in dieser Unters. benutzte Meth., ein Vgl. der amorphen Streuung einer Probe mit der einer vollständig amorphen Probe, wurde zur Unters. der Veränderung der Kristallinität mit der Temp. bei gedehntem u. ungedehntem **I** angewandt. Der Vgl. zwischen den aus Röntgenstrahlenunterss. u. Dichtemessungen erhaltenen Resultaten wird am ungedehnten Material dargelegt. Die Meth. gestattet auch die Best. der Orientierung der Kristallite. Die aus der Röntgenstrahlenunters. erhaltenen Resultate stimmen im wesentlichen mit den früher aus der Spannungsdoppelbrechung bei gedehntem **I** gefundenen überein. Die Natur des Dehnungsvorganges ist bei starken u. bei geringen Verlängerungen verschieden. (J. Polymer Sci. **7**. 57—76. Juli 1951. Princeton, Univ., N. J., Textile Foundat., u. Frick Chem. Labor.) LANTZSCH. 4010

**J. A. Manson** und **L. H. Cragg**, *Normale und querverbundene Polystyrole.* 1. Mitt. *Huggin's k' als Maß für Nichtlinearität.* Polystyrol, das in Emulsion bei 55° u. fast vollständigem Umsatz polymerisiert war, wurde sorgfältig erster, zweiter u. dritter Fraktionierung ausgesetzt. In Butanon u. Bzl. wurden für die einzelnen Fraktionen innere Viscosität $[\eta]$ u. Anstiegskonstanten $\beta$ u. k' bestimmt. Für $[\eta]$ in Bzl. gilt im Bereich von 2,1—8,37 die Gleichung $\log [\eta]_{Bzl} = 0,31 + 1,231 \log [\eta]_{Butanon}$. In Butanon ist der Wert von k' 0,40±0,01, er ändert sich von 0,39 bei den niedrigen Fraktionen ($[\eta]$ in Butanon <2,00) bis 0,41 für die höchsten Fraktionen, im besseren Lösungsm. Bzl. liegen die entsprechenden Werte von k' 0,02 Einheiten niedriger. Proben querverbundener Polystyrole wurden durch Copolymerisation von Styrol mit kleineren Mengen Divinylbenzol erhalten. Für k' für die lösl. querverbundenen Arten — unfraktioniert u. fraktioniert — bestimmte Werte variierten in Butanon durchweg vom n. 0,40—1,14, je nach angewandtem Anteil Divinylbenzol. Es erhellt, daß k' ein empfindlicher Anzeiger von Unlinearität in polymeren Moll. ist, u. daß in Emulsionssystemen n. dargestellten Polystyrols die Moll. hauptsächlich linear sind. (Canad. J. Chem. **30**. 482—96. Juni 1952.) E. W. HAAS. 4010

**Maurice Letort** und **Julien Petry**, *Versuch einer Deutung der Bildung des Polyacetaldehyds durch polymerisierende Kristallisation des flüssigen Acetaldehyds.* (Vgl. C. **1951**. I. 1462.) Für die Bldg. des polymeren Acetaldehyds (**I**) geben Vff. eine Deutung an, die den Versuchsergebnissen über den Einfl. der Peroxydkonz. des monomeren **I**, der Kristallisationsgeschwindigkeit u. der Zahl der Keime auf den Umsatz der Rk. u. das Mol.-Gew. des entstandenen polymeren **I** entspricht. Nach dieser Theorie findet die Polymerisation an der Grenzfläche zwischen Kristall u. monomerer Fl., die Peroxydspuren enthält, statt. Die Kristalloberfläche orientiert die monomeren **I**-Moll.; die Kristallisation regt andererseits die Dissoziation des Peroxyds in freie Radikale an. Die Reaktionskinetik (Umsatz u. Mol.-Gew.) wird durch die Art des Kettenabbruchs stark beeinflußt. Dieser wird durch spontane Desaktivierung des radikal. Polymeren oder durch Rekombination zweier wachsender Radikale hervorgerufen. (J. Chim. physique Physico-Chim. biol. **48**. 594 bis 604. Nov./Dez. 1951.) SCHÄFF. 4010

**S. H. Pinner**, *Polymerisationsgeschwindigkeit von Methacrylsäure.* Bei $p_H$ 2,5 liegt *Methacrylsäure* (**I**) zu 98,5% als nichtdissoziierte Säure (**Ia**) vor, bei $p_H$ 5,9 aber zu 97% als dissoziierte Säure (**Ib**). Die Geschwindigkeitskonstante K der Polymerisation von **Ia** (Polymerisation in wss. Lsg. bei 66° unter Verwendung von $1,85 \cdot 10^{-4}$ Mol/Liter $K_2S_2O_8$, Konz. von **Ia** 0,58 Mol/Liter) wurde zu $1,53 \cdot 10^{-4}$, die von **Ib** aber zu $0,12 \cdot 10^{-4}$ bestimmt. Bei $p_H$-Werten, die zwischen 2,5 u. 5,9 liegen, sind **Ia** u. **Ib** gleichzeitig vorhanden, so daß nun eine Mischpolymerisation zwischen **Ia** u. **Ib** stattfindet; die relativen Reaktionsgeschwindigkeitskonstanten wurden zu $r_1 = 0,66$ (**Ia**) u. $r_2 = 0,08$ (**Ib**) ermittelt. Für die Geschwindigkeitskonstante $K_\alpha$ der Gesamt-Rk. der Mischpolymerisation, die eine Funktion des Dissoziationsgrades $\alpha$ von **I** ist, wird eine Beziehung abgeleitet, in die auch die genannten K- u. r-Werte eingehen. Es ist somit möglich, $K_\alpha$ hieraus zu berechnen. Die so erhaltenen Werte stimmen gut mit den gemessenen (Messungen für 6 $p_H$-Werte zwischen 2,5 u. 5,9) überein. Auf abweichende, von Katchalsky u. Blauer (vgl. C. **1952.** 5902) erhaltene Ergebnisse wird kurz eingegangen; hierbei wird noch gezeigt, daß das bei der Polymerisation intermediär auftretende Radikal von I stärker sauer ist als das in das fertige Polymerisat eingebaute I. (J. Polymer Sci. **9.** 282—85. Sept. 1952. Brooklyn, N. Y., Polytechn. Inst.) Fuchs. 4010

**John R. Schaefgen** und **Charles F. Trivisonno**, *Polyelektrolytverhalten von Polyamiden.* 2. Mitt. *Viscosität der Lösungen linearer und vielkettiger Polyamide in Ameisensäure.* (1. vgl. C. **1952. 6067.**) Wird das lineare *Poly-ε-capronamid* (**I**) in wasserfreier Ameisensäure aufgelöst, entstehen entlang der Kette positiv geladene Ammoniumionen, die eine Streckung der verknäuelten I-Moll. in verd. Lsg. u. damit einen steilen Anstieg der red. Viscosität bei Annäherung an die Konz. Null bedingen. Lineare Moll. nehmen auf Grund der Abstoßung der Ladungen innerhalb der Kette in den Grenzen der Nullkonz. eine stabförmige, vierkettige eine kreuzförmige u. achtkettige eine achtstrahlige Gestalt an. Lsgg. mit vier- oder achtkettigen Moll. müssen daher geringere Viscositäten als solche mit linearen Moll. zeigen, andererseits ist damit die Grenzviscosität eine empfindliche Probe auf Verzweigungen in Polymerenmolekülen. Vff. untersuchen lineare, vier- u. achtkettige I-Proben verschied. Mol.-Gew. u. finden als Beziehung zwischen red. Viscosität u. Konz. als beste Gleichung $\eta_{sp}/c = A/(1 + Bc) + D$ mit A, B u. D als Konstanten für ein gegebenes Polymerenmol. der Bedeutung, daß D der Grenzviscosität des ungeladenen verknäuelten Mol., A + D der Grenzviscosität des Polyions entspricht. Für jede Polymerenserie entspricht log (A + D) gegen log (Zahlenmittel-Mol.-Gew.) einer Geraden mit unterschiedlicher Steigung, log (A + D) gegen log (mittleres Viscositäts-Mol.-Gew.) entspricht ebenfalls einer Geraden, aus der folgt, daß bei gleichem Mol.-Gew. Verzweigung die Grenzviscosität des Polyions herabsetzt. (J. Amer. chem. Soc. **74.** 2715—17. 5/6. 1952. Akron, O., Goodyear Tire and Rubber Co., Res. Labor.) Ruske. 4010

**F. G. Lum** und **E. F. Carlston**, *Die Verwendung von Isophthalsäure in Kondensationspolymeren.* Zur Prüfung einer möglichen techn. Verwendung des in größten Mengen zur Verfügung stehenden m-Xylols u. der daraus erhältlichen *Isophthalsäure* (**I**) untersuchen Vff. die Unterschiede zwischen **I**, *Phthalsäure* (**II**) u. *Terephthalsäure* (**III**) bei der Verwendung in modifizierten Alkydharzen mit halbtrocknenden Ölen. Es wurden Harze mit 67% Sojabohnenöl u. 15% überschüssigem Glycerin oder Pentaerythrit dargestellt u. die Veresterungsgeschwindigkeit, Viscosität, therm. Stabilität u. filmbildende Eigg. untersucht. Alkydharze mit **I** oder **III** zeigen auch ausgezeichnete Viscositätsstabilität gegenüber Harzen mit **II** in ZnO enthaltenden Überzügen. Polyamide aus **I** u. Hexamethylendiamin (F. 208°) sowie solche, in denen ein Teil **I** durch **III** ersetzt ist (FF. mit 25% **III** 218°, 40% **III** 254°, 50% **III** 293°), zeigten gute Fasereigg. u. haben eine Dehnungsfestigkeit in der Größe der des Nylon. Auch der Polyester aus Äthylenglykol u. **I** (Erweichungspunkt 60°) ist in den durch den F. gegebenen Grenzen gut verwendbar u. wahrscheinlich zu einem wertvollen Polyester durch Einbau von die Vernetzung ermöglichenden Komponenten modifizierbar. — **II**-Anhydrid ist danach für Alkydharze weniger verwendbar als **I** oder **III**, da es hohe Sublimationsverluste bei der Polymerisation zeigt u. die Polymeren geringere therm. Stabilität aufweisen. Die geringere Reaktivität ist wahrscheinlich auf ster. Hinderung, Intraesterbldg. u. Alkoholabspaltung aus den Halbestern bei höherer Temp. zurückzuführen. Auch die Filmeigg. sind bei **I** u. **III**-Alkydharzen besser als bei den **II**-Harzen. (Ind. Engng. Chem. **44.** 1595—1600. Juli 1952. Richmond, Calif., Calif. Res. Corp.) Ruske. 4010

**C. W. Sweitzer** und **Francis Lyon**, *Oxydation von nichtvulkanisiertem Kaltkautschuk. Einfluß der Adsorption durch Ruß.* Am Beispiel von GR-S X-478 (5°-Kautschuk) beschreiben Vff. eine neue Adsorptionsmeth. (dry adsorption test) zur fortlaufenden Kontrolle der Kautschuk–Ruß-Gelbldg., die auch bei einem Anteil an unlösl. Kautschuk im Bereich von 3—30% anwendbar ist. Dabei ist ein guter Kontakt zwischen Ruß u. Kautschuk ohne Beeinflussung durch Lösungsm. (wie beim üblichen Adsorptionstest) oder durch Scherkräfte (wie beim Standardtest) gewährleistet. Diese Meth. zeigt dieRolle, welche die Adsorption spielt, u. ermöglicht eine Auswertung der gleichzeitig stattfindenden Oxydations-Rkk. u. eine Unters. der Art der Kautschuk–Ruß-Bindung. (Ind. Engng. Chem. **44.** 125—31. Jan. 1952. New York, N. Y., Columbian Carbon Co.) Schäff. 4030

**John S. Meek** und **Walter B. Trapp**, *Einige Diels-Alder-Reaktionen von Chloropren.* Die von Petrow u. Ssopow (Журнал Общей Химии [J. allg. Chem.] **17.** (**79.**) [1947.] 1295 u. 2228) für die Addukte aus Chloropren (**I**) u. Acrylonitril bzw. Acrolein vorgeschlagene Struktur wurde durch Kondensation von **I** mit Acrylsäure (**II**) zu *4-Chlor-1.2.5.6-tetrahydrobenzoesäure* (**III**) bestätigt. Das **I**-**II**-Addukt wurde ferner durch Bromierung mit N-Bromsuccinimid (**IV**) u. anschließende HBr-Abspaltung mit Triäthylamin (**V**) in *p-Chlorbenzoesäure* übergeführt. Addukte aus **I** u. Acrylsäuremethylester (**VI**), -äthylester (**VII**), Acrylsäurechlorid (**VIII**) bzw. Acrylamid (**IX**) ergaben nach Hydrolyse **III**. Die zu **III** isomere 3-Chlor-1.2.5.6-tetrahydrobenzoesäure konnte in keinem Falle nachgewiesen werden. Wie bei anderen, in 2 -Stellung substituierten Dienen bildet also **I** mit Acrylverbb. 1.4-disubstituierte Cyclohexane. Die Kondensation von **I** u. Anthracen bzw. Vinyläthyläther gelang nicht.

Versuche: 0,4 Mol **I**, 0,4 Mol **II** u. 0,1 g Hydrochinon wurden in einem Einschmelzrohr 20 Std. auf 120° erhitzt. 1,25 g der entstandenen *4-Chlor-1.2.5.6-tetrahydrobenzoesäure* (**III**), F. 113—114°, 3 g **IV** u. 0,1 g Benzoylperoxyd in 30 cm³ Bzl. wurden 6 Std. u. anschließend mit 17,2 g **V** 4 Std. zum Sieden erhitzt. Nach Ansäuern mit 50%ig. $H_2SO_4$ entstanden 0,51 g *p-Chlorbenzoesäure*, F. 241—242° (Reinigung über das *S-Benzylthiuroniumsalz*, $C_{15}H_{15}O_2N_2ClS$, F. 194,5—195,5°). *Anilid*, F. 192—194°. — 0,4 g 4-Oxo-cyclohexancarbonsäure u. 1,2 g $PCl_5$ in 25 cm³ Ae. wurden 2 Std. auf 31° erhitzt. Nach Abdampfen des Ae. wurde mit 10%ig. KOH hydrolysiert, dann mit verd. $H_2SO_4$ angesäuert u. mit Ae. extrahiert. Nach Verdampfen des Ae. wurde bei 90° im Vakuum sublimiert: 0,022 g **III**, F.- u. Misch-F. 111,5—112°. — Analog das **I-VI**-*Addukt*, $C_8H_{11} \cdot O_2Cl$, Kp.₂ 65°, $n_D^{20}$ 1,4860. **I-VII**-*Addukt*, $C_9H_{13}O_2Cl$, Kp.₂ 75°, $n_D^{20}$ 1,4782. **I-VIII**-*Addukt*, $C_7H_8OCl_2$, Kp.₂ 55°, $n_D^{20}$ 1,5122, $D.^{23}_4$ 1,2791. **I-IX**-*Addukt*, $C_7H_{10}ONCl$, F. 189,5 bis 191°. (J. Amer. chem. Soc. **74**. 2686—88. 20/5. 1952. Boulder, Colo., Univ., Dep. of Chem.) SCHÄFF. 4030

**R. Montgomery** und **F. Smith**, *Chemie der Kohlenhydrate*. Übersichtsbericht (bis Okt. 1951); Best. der absol. Konfiguration; Grund-Rkk. u. -Synthesen; Polysaccharide; Enzymuntersuchungen. — 301 Literaturangaben. (Annu. Rev. Biochem. **21**. 79—108. 1952. St. Paul, Minn., Univ. of Minnesota, Div. of Agricult. Biochem.) K. MAIER. 4050

**Henry B. Bull**, *Chemie der Aminosäuren und Proteine*. Übersichtbericht (bis Nov. 1951); Aminosäuren; Proteine; physikal. Methoden; Proteinstruktur. — 330 Literaturangaben. (Annu. Rev. Biochem. **21**. 179—208. 1952. Chicago, Ill., Northwestern Univ., Med. School, Biochem. Dep.) K. MAIER. 4070

**D.-G. Dervichian**, **G. Fournet** und **A. Guinier**, *Untersuchung der Veränderungen von bestimmten Proteinen nach der Methode der Kleinwinkelstreuung*. Inhaltlich ident. mit der C. **1952**. 7026 referierten Arbeit. (J. Chim. physique Physico-Chim. biol. **48**. 619. Nov./Dez. 1951. Paris, Inst. Pasteur.) WIEDEMANN.4070

**Robert C. Warner** und **Ione Weber**, *Die Darstellung von kristallisiertem Conalbumin*. Da *Conalbumin* (**I**) durch Säurebehandlung verändert wird, wurde eine Meth. zur Darst. bei mittlerem $p_H$ ausgearbeitet u. die Eigg. von freiem u. an Fe gebundenem **I** untersucht. Dem Filtrat von krist. *Ovalbumin* [$p_H$ 4,7, mit $(NH_4)_2SO_4$ (**II**) halbgesätt.] wurden 8 g **II**/100 cm³ zugesetzt, die **I**-Fraktion abfiltriert u. in der Kälte 3 Tage gegen dest. W. dialysiert. Das klare Dialysat wurde auf $p_H$ 6,8 u. 0,02 Mol NaCl-Geh. eingestellt, 50%ig. A. mit 0,02 Mol NaCl bei 0—2° bis zur Konz. von 20 Vol.-% u. dann dem Präcipitat kaltes W. bis zur Konz. von 3—4% zugesetzt u. auf Zimmertemp. erwärmt. Dann wurde ein Überschuß (50% Fe) von Ferrinitrat in 0,1 mol. Na-Citratlsg. zugegeben, desgleichen ein Überschuß von $NaHCO_3$. Das $p_H$ wurde mit $NH_3$ auf $p_H$ 9,2 gebracht, gegen 0,002 mol. $NH_3$-Lsg. dialysiert, das Filtrat auf $p_H$ 6 u. 0,02 Mol NaCl gebracht u. A. bis zur beginnenden Trübung (8—10%) zugesetzt. Nach Animpfen wurde der das krist. Präcipitat enthaltenden Lsg. 15—20% A. zugefügt u. die rötlichen Kristalle in W. gelöst; durch Abkühlen von ca. 25° auf 2° Kristalle von **I**. Löslichkeit des Fe-haltigen **I** in W. ca. 1%. Es enthält kein Riboflavin. Zur Entfernung von Fe wurde eine konz. Lsg. des **I**-Fe-Komplexes bei Zimmertemp. durch Zugabe von Citronensäure auf $p_H$ 4,7 gebracht, 1 g Harz (Dowex 1)/10 g **I** zugesetzt, abfiltriert, die Lsg. auf $p_H$ 6,5 eingestellt u. dialysiert. Das Fe-freie **I** wurde mit A. in gleicher Weise wie Fe-**I** umkristallisiert. Seine Löslichkeit in W. ist 20mal größer. Die Lsgg. von Fe-**I** sind rötlichbraun; maximale Lichtabsorption bei 470 mμ, N-Geh. 16,6%, Fe-Geh. (spektrophotometr.) mit o-Phenanthrolin u. Ascorbinsäure, $p_H$ 3,2) 0,159 ±0,003% entsprechend dem niedrigsten Mol.-Gew. von 35100. Durch Elektrophorese erhaltene Beweglichkeits-$p_H$-Kurven von Fe-**I** u. Fe-freiem **I** sind angegeben. (J. biol. Chemistry **191**. 173—80. Juli 1951. New York, New York Univ., Coll. of Med., Dep. of Chem.) WOLFGANG ALBRECHT. 4070

**J. A. V. Butler**, **B. E. Conway** und **D. W. F. James**, *Der Zustand von Thymonucleinsäurelösungen und der Einfluß bestimmter Reagentien darauf*. Vff. beobachteten bei Verss. über die Diffusion von *Nucleinsäure* — ohne Salzzusatz —, daß die vordere (Lösungsm.)-Front eine beträchtliche Zeit scharf bleibt u. sich in das Lösungsm. hinein fortbewegt. Die zurückgelegte Strecke ist dabei der Quadratwurzel der Zeit proportional. Vff. erklären die scharfe Front mit der Annahme, daß die vorderen Moll. nicht frei in das Lösungsm. diffundieren können, da sie von den hinteren zurückgehalten werden. Dies wäre der Fall, wenn die Lsg. ein Gel wäre, die Moll. also durch ein Netzwerk miteinander verbunden sind. Bei Salzzusatz erhält man ähnliche Verhältnisse, aber schon geringe Salzzugabe vermindert das Vordringen in das Lösungsm. beträchtlich. Die große Strukturviscosität u. die Strömungsdoppelbrechung verd. Lsgg. von Nucleinsäuren werden gleichfalls durch ein Gel-Netzwerk erklärt. Verss. haben gezeigt, daß die *Thymonucleinsäure* verschied. Konfigurationen, von denen einige kompakter sind als andere, haben kann. Es ist möglich, daß anwesende Fremdionen die kompaktere Form begünstigen. Bei einer Gelstruktur bewirkt Salzzusatz eine Verminderung des Doppelschichtenpotentials, damit kann die Vereinigung der Doppelschichten zweier Partikel möglich werden. Der erste Salzeffekt wird die Verminderung der Quellneigung sein, in extremen Fällen kann der Zusammenbruch des Gels u. das Ausfallen von Metallsalzen der Nucleinsäure folgen, wie es bei der Zugabe von 2- u. 3wertigen Ionen auch eintritt. Die Verminderung der Viscosität durch Salzzusatz kann aufgehoben werden, indem man die Salze durch Dialyse entfernt. Verschied. Reagentien hingegen vernichten das Gel irreversibel. Bis-[chloräthyl]-sulfid u. Bis-[chloräthyl]-methylamin verändern Lsgg. von Nucleinsäuren in NEWTONsche Lsgg. geringer Viscosität. Es scheint, daß die Best. des Mol.-Gew. der Teilchen dieser Lsgg. bessere Werte für die Größe der Teilchen, die das Gel-Netzwerk aufbauen, liefert, als Bestimmungen, die bei unbehandelter Nucleinsäure gemacht werden. Die Teilchen bestehen aus Ketten, die 40—400 einzelne Nucleinsäurereste enthalten u. deren Länge in der gestrecktesten Form 300—3000 Å beträgt. (J. Chim. physique Physico-Chim. biol. **48.** 609—11. Nov./Dez. 1951. London, Chester Beatty Res. Inst., u. Royal Cancer Hosp.) HEYNS. 4090

---

F. **Radt**, Elsevier's encyclopaedia of organic chemistry. 1st supplement to Vol. XIV, Pt. 2: Triterpenes. London: Cleaver-Hume Pr. 1953. (407 S.) £ 11,—.

# E. Biologische Chemie. Physiologie. Medizin.

## $E_1$. Allgemeine Biologie und Biochemie.

**Maurice Javillier**, *Magnesiumbedarf der Pflanzen, der Tiere und des Menschen.* Zusammenfassende Besprechung, überwiegend unter Berücksichtigung eigener Unterss. u. Beobachtungen, über die Notwendigkeit des Mg für die Lebewesen (Verss. bei Aspergillus niger, chlorophyllhaltigen Pflanzen u. Tieren, über die physiol. Rolle u. den Bedarf der höheren Pflanzen, der Tiere u. des Menschen, bei dem als täglicher Mindestbedarf vorläufig 250 mg angenommen werden. (Alimentat. et la Vie **40.** 73—88. 1952. Paris, Acad. des Sci.) SCHWAIBOLD. 4100

**H. G. Rothweiler**, *Die Beeinflussung der Gastrulation und Neurulation bei Triton im allgemeinen Sauerstoffmangel.* Ungefurchte Keime von *Triton taeniatus* u. *alpestris* wurden nach 2—6tägiger Entw. in 2,1% $O_2$ u. 97,9% $N_2$ (Normaldruck) fixiert u. histolog. untersucht. Befund: deutliche Entwicklungsverzögerung, schwere Beeinträchtigung der Gastrulationsbewegungen, vereinzelt partielle Exogastrulation, Beeinträchtigung der Neurulation, meist asymm. Neuralanlage. 3 Möglichkeiten der Wrkg. des $O_2$-Mangels: Behinderung der Materialbewegung u. damit der orts- u. zeitgerechten Unterlagerung, induktive Minderleistung des durch $O_2$-Mangel geschädigten Induktors, direkte Störung des präsumptiven Neuralektoderms durch $O_2$-Mangel. (Roux' Arch. Entwicklungsmechan. Organismen **145.** 333—46. 1952. Freiburg/Br., Univ., Pathol. Inst. Ludwig-Aschoff-Haus.) K. MAIER. 4150

**Georg Kriszat**, *Die Wirkung von Adenosintriphosphat, Muskeladenylsäure, Hefeadenylsäure und Adenosin auf die Teilung des Seeigeleis bei Anwendung von Hemmungsfaktoren.* Unters. der Teilung von Eiern verschied. Seeigelarten unter dem Einfl. von Hemmungsfaktoren, wie hyperton. u. hypoton. Seewasser, Dinitrophenol u. Dinitrokresol. *Adenosintriphosphat* (I), *Adenylsäure* u. auch *Adenosin* heben die teilungshemmende Wrkg. der schädlichen Faktoren etwa in demselben Ausmaß auf, wobei nicht nur eine vermehrte Anzahl von Teilungen auftritt, sondern auch regelmäßigere u. weitgehendere. Die Wrkg. von I ist also nicht unmittelbar auf die „energiereiche" Phosphatbindung zurückzuführen. (Exp. Cell Res. **3.** 584—96. Sept. 1952.) LOHMANN. 4150

**B. R. Seshachar**, *Die biologische Bedeutung der Nucleinsäuren.* Zusammenfassende Darst. mit umfangreicher Literaturangabe. (Half-Yearly J. Mysore Univ., Sect. B **12.** 77—102. März 1952.) LOHMANN. 4150

**H. J. Whiteley** und **F. N. Ghadially**, *Mitotische Aktivität in der Kaninchenhaut und ihre Verwandtschaft zur chemischen Carcinogenese.* Vff. finden bei Kaninchen in der akt. Zone der Haarfollikel eine gegenüber der ruhenden Zone ca. 50mal höhere mitot. Aktivität. Es besteht dagegen kein Unterschied in den Aktivitäten der beiden Zonen der Epidermis. Vff. vertreten die Ansicht, daß bei Pinselung mit Cancerogenen die Carcinomentw. in der akt. Zone der Haarfollikel, nicht aber in der Epidermis beginnt. (J. Pathol. Bacteriol. **64.** 651—53. Juli 1952. Sheffield, Univ., Dep. of Pathol.) REISS. 4160

**Paul E. Steiner** und **John H. Edgcomb**, *Cancerogenität von 1.2-Benzanthracen.* Erzeugung von Sarkomen durch subcutane Injektion von 5 mg *1.2-Benzanthracen* (I) (5 Proben verschied. Herkunft) in Tricaprylin bei C 57-Mäusen. Der cancerogene Index liegt zwischen 2,6 u. 18,5. Die Induktionszeit beträgt im Durchschnitt 236—438 Tage (niedrigster Wert 161 Tage). Die cancerogene Wrkg. äußert sich bei Weibchen stärker als bei Männchen (nach 6 Monaten weisen 30% der weiblichen u. 18% der männlichen Tiere Tumoren auf). Die minimale Dosis wurde zu 0,01—0,03 interpoliert. Eine Verdoppelung der n. Dosis von 5 mg auf 10 mg hatte keine Erhöhung der Tumorrate zur Folge. (Cancer Res. **12.** 657—59. Sept. 1952. Chicago, Ill., Univ., Dep. of Pathol.) REISS. 4160

**William O. Russell** und **Leonard R. Ortega**, *Methylcholanthreninduzierte Tumoren bei Meerschweinchen. Mit einem Überblick über die Literatur der mit polycyclischen carcinogenen Kohlenwasserstoffen erzeugten Tumoren bei dieser Tierart.* Subcutane Injektion von *Methylcholanthren* (I) in Sesamöl (insgesamt 30 mg I bei 3 Injektionen; Konz.: 10 mg/ml) führt bei 39 von 73 Meerschweinchen zur Bldg. von Tumoren (17 Fibrosarkome, 10 Osteosarkome u. 12 Liposarkome). Die Induktionszeit beträgt 170—588 Tage. Transplantationsverss. verlaufen negativ. Beschreibung der patholog. Veränderungen. (A. M. A. Arch. Pathol. **53.** 301—14. April 1952. Houston, Tex., M. D. Anderson Hosp. for Cancer Res., Univ. of Texas, Dep. of Pathol., u. St. Louis, Washington Univ., School of Med., Dep. of Pathol.) REISS. 4160

**Esther Maculla Leise, Elizabeth K. Harvey** und **Audrey B. Schwanfelder**, *Die Wirkung des Tumorwachstums auf die Ascorbinsäurekonzentration von Mäuseorganen.* Vgl. der einzelnen Organe (Leber, Milz, Gehirn, Nieren, Nebennieren, Blut) verschied. Mäusestämme hinsichtlich ihres Geh. an Ascorbinsäure (I). 14—21 Tage nach Transplantation eines Mäuse-Mammacarcinoms, eines bronchogenen Carcinoms der Maus, eines menschlichen Hypernephroms oder des BROWN-PEARCE-Kaninchencarcinoms ist der I-Geh. in allen Geweben von DAB- bzw. C3H-Mäusen entweder unverändert oder erhöht. Bes. bei DAB-Tieren ist ein beträchtlicher Anstieg des I-Geh. der Nieren u. der Leber festzustellen. Bei C3H-Mäusen steigt nach Transplantation des Mammacarcinoms der I-Geh. der Nebennieren u. Nieren bedeutend an. Bei C57BL-Tieren bewirkt die Transplantation des Mammatumors dagegen einen Abfall des I-Geh. in allen Geweben. (Cancer Res. **12.** 640—42. Sept. 1952. New Haven, Conn., Yale Univ., School of Med., Dep. of. Pathol.) REISS. 4160

**Esther Maculla Leise, Audrey B. Schwanfelder** und **Elizabeth K. Harvey**, *Die Wirkungen von Ascorbinsäure- und Rutinapplikation auf die Transplantabilität eines Hepatoms und auf die Ascorbinsäurewerte von Mäuseorganen.* Intramuskuläre Injektion von *Ascorbinsäure* (I; 2,5 mg), *Rutin* (II; 2,5 mg) oder von I u. II einen Tag um den anderen, beginnend mit dem Tag der Transplantation, führt bei C57L($F_1$)-Mäusen mit C 954-Transplantationshepatom zu einer Heraufsetzung der Latenzzeit von 9—12 auf 18—21 Tage. Kein Unterschied in der Tumorhäufigkeit. Bei C57L($F_x$)-Mäusen erhöht sich die Tumorquote von 35 auf 37% nach II, auf 52% nach I u. auf 80% nach I + II. Kein Einfl. bei DBA- oder C57BR-Tieren (resistent gegen das Hepatom). Herabsetzung des I-Geh. der Milz von Mäusen mit Transplantationshepatom auch nach Injektion von I. Gegen das Hepatom resistente Tiere zeigen dagegen keine Veränderung des I-Geh. der Milz. Best. des I-Geh. in Leber, Nieren, Gehirn, Nebennieren u. Blut nach I, II oder I u. II. (Cancer Res. **12.** 643—46. Sept. 1952. New Haven, Conn., Yale Univ., School of Med., Dep. of Pathol.) REISS. 4160

**Raymond G. Gottschalk** und **Arthur Grollman**, *Die Wirkung von Cortison und ACTH auf transplantierte Mäusetumoren.* Tägliche intramuskuläre Injektionen von 1 mg *Cortisonacetat* (I)/Tag bis zum Tode bewirken bei Mäusen mit transplantiertem Mammacarcinom eine Verlangsamung des Tumorwachstums sowie eine Verlängerung der Lebenszeit. Geringere Dosen waren ebenso wie Injektionen von 0,075 bzw. 0,5 mg ACTH (II) wirkungslos. Mäuse mit einem ascitesbildenden Sarkom waren weder durch I noch durch II zu beeinflussen. (Cancer Res. **12.** 651—53. Sept. 1952. Dallas, Tex., Univ. of Texas, Southwestern Med. School, Dep. of exper. Med., u. Houston, Tex., Baylor Univ., Coll. of Med., Dep. of Pathol., u. Veterans Administr. Hosp.) REISS. 4160

**Leonard Kreisler**, *Wirkung von Heparin auf das Wachstum eines transplantablen Lymphosarkoms bei Mäusen.* Intravenöse Injektionen von 5 bzw. 15 USP-E. *Heparin* (I) alle 12 Std. 7 Tage lang, beginnend mit dem Tag der Transplantation eines Lymphosarkoms, sind bei Mäusen des C3H/Jax-Stammes ohne Einfl. auf das Wachstum der Tumoren. Vf. beobachtet eine Erhöhung der Blutgerinnungszeit von 49 Sek. auf 7,8 Min. 30 Min. nach I-Injektion bzw. auf 2,6 Min. 10 Std. nach I (5 E.). Bei 10 E. I liegen die Zeiten bei 4½ Std. nach 30 Min. bzw. 1,8 Min. nach 10 Stunden. (Science [Washington] **115.** 145—46. 8/2. 1952. Bar Harbor, Maine, Roscoe B. Jackson Mem. Labor., u. Brooklyn N. Y., Waldemar Med. Res. Found.) REISS. 4160

**H. W. Rumsfeld jr., C. C. Clayton** und **C. A. Baumann,** *Wirkungen von Atabrine und verschiedener verwandter Verbindungen auf die Entwicklung von durch Azofarbstoffe erzeugten Lebertumoren. Atabrin* (**I**), *Auramin* (**II**) u. *Chinin* (**III**) haben bei gleichzeitiger Fütterung mit *Dimethylaminoazobenzol* (**IV**) keinen Einfl. auf die Tumorquote. Bei Fütterung von **I** jeweils zwischen 2 Gaben von *3'-Methyl-4-dimethylaminoazobenzol* wird die Tumorhäufigkeit ebenso erhöht wie bei Zwischenfütterung von **IV**, *2-Acetylaminofluoren* oder *Urethan.* **II** u. **III** haben dagegen auch hier, ebenso wie Methylcholanthren, keinen Einfluß. Der **I**- bzw. **II**-Geh. der Leber nach Verfütterung von **I** bzw. **II** ist bedeutend; er wird durch gleichzeitige Fütterung mit **IV** nicht verändert. Nach **I** ist im Gegensatz zu **II** u. **III** der Riboflavingeh. der Leber erniedrigt. (Cancer Res. **12**. 671—76. Sept. 1952. Madison, Wis., Univ. of Wisconsin, Coll. of Agricult., Dep. of Biochem.) REISS. 4160

**Howard E. Skipper, Leonard L. Bennett jr.** und **L. W. Law,** *Wirkungen von A-Methopterin auf den Einbau von Formiat in die Nucleinsäuren von empfindlichen und resistenten leukämischen Zellen.* Vff. untersuchen den Einfl. von *A-Methopterin* (**I**) (3 mg/kg intraperitoneal) auf den Einbau von $^{14}C$-Formiat (**II**) (2 $\mu$C) in die Nucleinsäuren der Leukämiezellen u. der Eingeweide (Leber, Milz, Dünndarm, Nieren, Hoden) von Mäusen mit subcutan implantierter Leukämie. Die Aufnahme von **II** in die Desoxyribonucleinsäure- u. Ribonucleinsäurefraktionen der Leukämiezellen u. der Eingeweide wird durch **I** bei Mäusen mit gegen **I** empfindlicher Leukämie inhibiert, desgleichen bei Aufnahme in die Eingeweide von Mäusen mit gegen **I** resistenter Leukämie. Die gegen **I** resistenten leukäm. Zellen selbst nehmen dagegen nach **I** mehr **II** auf als die Kontrolltiere. (Cancer Res. **12**. 677—79. Sept. 1952. Birmingham, Ala., Southern Res. Inst., u. Bethesda, Md., U. S. Public Health Service, Nat. Inst. of Health, Nat. Cancer Inst.) REISS. 4160

---

**George Wolf,** Chemical induction of cancer. Cambridge, Mass.: Harvard. 1952. (264 S. m. Abb. u. Diagr. $ 3,50.

## E₂. Enzymologie. Gärung.

**Richard B. Cohen, Kwan-Chung Tsou, Selma H. Rutenburg** und **Arnold M. Seligman,** *Die colorimetrische Bestimmung und der histochemische Nachweis von β-D-Galaktosidase.* Da die Spezifität der Glykosidasen mehr im Zuckerteil als im Alkoholteil des Substrates bedingt ist u. da die Arylglykoside rascher als Alkylglykoside gespalten werden, ergab sich eine neue colorimetr. Meth. unter Verwendung von Bromnaphthylglykosiden: das abgespaltene Bromnaphthol kann mit *tetrazotiertem o.o'-Dianisidin* (= *Naphthanil Diazo Blue B*; DU PONT; **I**) zu einem in $CHCl_3$ lösl. u. in dieser Lsg. colorimetr. bestimmbaren Azofarbstoff gekuppelt werden. Als Substrat für *β-Galaktosidase* (**II**) dient *6-Brom-2-naphthyl-β-D-galaktosid*, von dem 15 mg in 10 cm³ dest. W. im Sieden gelöst werden, worauf 55 cm³ dest. W. + 20 cm³ Phosphat-Citratpuffer ($p_H$ 4,95) zugesetzt werden. Nach Einw. von 0,6 cm³ der dem zentrifugierten Homogenisat aus tier. Gewebe überstehenden Fl. auf 5 cm³ des Substrates (37°; 2 Std.) wird mit 0,5 cm³ 0,2 mol. $Na_3PO_4$ auf $p_H$ 7,5—7,8 gebracht (Optimum für Kupplung) u. 1 mg **I** (gelöst in 1 cm³ kaltem W.) zugesetzt. Nach 1 Min. wird mit 2 cm³ 80%ig. Trichloressigsäure enteiweißt, der Azofarbstoff mit 10 cm³ $CHCl_3$ extrahiert u. die durch Zentrifugieren geklärte Lsg. im KLETT-Colorimeter gemessen. — Für **II** wird folgendes ermittelt: $p_H$-Optimum = 5; keine Hemmung durch D-Galaktose; dagegen starke Hemmung, wenn mehr Methylalkohol zugesetzt wird, als bei Herst. des Substrates verwendet wurde; Hemmung durch Fe, Zn, Hg u. Diazoniumsalze; geringe Aktivierung durch Mg. Der Geh. an **II** war hoch in Niere, Nebenniere, Thyreoidea, Milz u. Pankreas von Ratten, Meerschweinchen, Hund u. Mensch, niedrig in den übrigen Organen; im Darm fand sich wechselnde Aktivität. — Histochem. Nachw. läßt sich bei der geringen Aktivität u. der Empfindlichkeit der **II** gegen Diazoniumsalze nur nach vollständiger Hydrolyse durchführen, erfordert aber genaue Beachtung der Vorschriften des Originals. **II** fand sich im Cytoplasma der Epithelzellen; sie fehlte in den Kernen, im Bindegewebe u. im Muskel. — *6-Brom-2-naphthyl-β-D-tetraacetylgalaktopyranosid*, $C_{24}H_{25}O_{10}Br$, nicht krist., sintert bei 68—70°; $[\alpha]_D^{23}$ —35,1° (2,5% in $CHCl_3$). — *6-Brom-2-naphthyl-β-D-galaktopyranosid*, $C_{16}H_{17}O_6Br$, umkrist. aus Methanol, sintert bei 198°, F. 205°; $[\alpha]_D^{23}$ —51,8° (3% in Pyridin); in W. sind $<$0,1 mg/cm³ löslich. (J. biol. Chemistry **195**. 239—49. März 1952. Boston, N. Y., Harvard Med. School, u. Cambridge, Mass., Harvard Univ., Chem. Labor.) HESSE. 4210

**Richard B. Cohen, Selma H. Rutenburg, Kwan-Chung Tsou, Michael A. Woodbury** und **Arnold M. Seligman,** *Die colorimetrische Bestimmung von β-D-Glucosidase.* (Vgl. vorst. Ref.) Im Anschluß an die vorst. referierte Arbeit über *β-D-Galaktosidase* beschreiben Vff. die Synth. von *6-Brom-2-naphthyl-β-D-glucopyranosid* (**I**). **I** wird durch *β-Glucosidase* (**II**) der Rattenniere (Optimum $p_H$ 5, mit beträchtlicher Wrkg. zwischen $p_H$ 4 u. 6, geringe Wrkg. bei $p_H$ >7; 37°) 6mal schneller gespalten als das nichtbromierte Glucosid. — Zur Best. der **II** läßt man 5 Std. bei 37° auf **I** einwirken, macht mit Trinatriumphosphat alkal., kuppelt mit tetrazotiertem o.o'-Dianisidin, säuert mit Trichloressigsäure an, extrahiert mit $CHCl_3$ u. bestimmt die gebildete Farbe colorimetrisch. — **II** findet sich in einer Anzahl von tier. Geweben; sie scheint von β-Galaktosidase (vorst. Ref.) verschieden zu sein. In Pankreas (Meerschweinchen), das höhere Aktivität als andere Organe aufweist, ließ sich **II** mit Hilfe von **I** auch histochem. nachweisen. — *6-Brom-2-naphthyl-β-D-tetraacetylglucopyranosid*, $C_{24}H_{25}O_{10}Br$, nach HELFERICH aus β-D-Glucopyranosepentacetat + 6-Bromnaphthol + p-Toluolsulfonsäure, Kristalle aus Methanol, F. 142—143°. — *6-Brom-2-naphthyl-β-D-glucopyranosid* (I), $C_{16}H_{17}O_6Br$, aus dem vorigen durch Deacetylierung (in wasserfreiem Methanol mittels Na); feine Nadeln, F. 206—207°; $[\alpha]_D^{23}$ —36° (2,2% in Pyridin). Kann aus Methanol unter Aufnahme von 1 Mol Methanol umkrist. werden: $C_{16}H_{17}O_6Br + CH_3OH$, F. 198—200° (nach Entfernen des Lösungsm. durch 5std. Trocknen in der Trockenpistole über $P_2O_5$). (J. biol. Chemistry **195**. 607—14. April 1952.) HESSE. 4210

**Hugo Koch**, *Bestimmung der Serumdiastase auf photometrischem Wege.* Die für die Pankreasdiagnostik wichtige Best. der *Serumdiastase* (I) erfolgt zweckmäßiger durch Ermittlung des Depolymerisationsgrades von Stärke (**II**) als durch Messung des Zuwachses an Reduktionspotential nach der Meth. von OTTENSTEIN. Die Blaufärbung, die **II** mit Jod liefert, ermöglicht eine photometr. Best. des **II**-Geh. einer Lösung. Beschreibung einer Meth., bei der in einem Puffergemisch Serum auf **II**-Lsg. einwirkt u. nach Unterbrechung der Enzymeinw. durch Eiweißfällung **II** nach Jodzusatz photometr. ermittelt wird. In 0,3 cm³ Pufferlsg. (11,876 g $Na_2HPO_4$ ad 1000,0 cm³, 9,078 g $KH_2PO_4$ ad 1000,0 cm³; $p_H$ 6,0) 0,1 cm³ Serum oder Capillarblut u. 2,0 cm³ 0,06% **II**-Lsg. (0,03 g lösl. **II** „MERCK", 50,0 cm³ 0,9%ig. NaCl-Lsg., 5 Min. kochen, Volumenverlust durch Auffüllen auf 50,0 bzw. 45,0 bei Verwendung von Serum bzw. Blut auffüllen) geben, sofort 20 Min. bebrüten (37°), 1 cm³ Sulfosalicylsäure zusetzen, Nd. abzentrifugieren, 0,5 cm³ der Fl. abpipettieren, mit 4,0 cm³ Jodlsg. (0,2 cm³ 0,1 n$J_2$-Lsg. + 50,0 cm³ W.) mischen u. Extinktionsdifferenz gegenüber Leervers. (0,4 cm³ Puffer an Stelle von 0,3 cm³ + 0,1 cm³ Serum) im Kompensationsphotometer (LEITZ, Filter Nr. 600, 2584—608 mμ) bestimmen. Der Extinktionsmodul dient als Maß der **I**-Aktivität. Durch Multiplikation mit 81 erhält man die Konzentrationsabnahme in mg-%. (Dtsch. med. Wschr. **77**. 1481—82. 21/11. 1952. Osnabrück, Marienhospital, Med. Abt.) K. MAIER. 4210

**L. Balozet**, *Die diastatischen Eigenschaften der Skorpiongifte. Hämolysine (Lecithinasen)* wurden nachgewiesen im Gift von *Scorpio maurus* (*Scorpionidae*), aber nicht in den Giften der *Buthidae*. Die Skorpiongifte (**I**) sind (in vitro) nicht oder (bei *Androctonus australis*) kaum koagulierend. Die **I** der Buthiden wirken nicht gerinnungshemmend, im Gegensatz zu dem **I** von *Sc. maurus*. Eine proteolyt. Wrkg. wurde in keinem Falle gefunden. Das **I** des *Sc. maurus*, welches für Wirbeltiere ungefährlich ist, besitzt also als einziges diastat. Eigenschaften. (Arch. Inst. Pasteur Algérie **30**. Nr. 1. 1—10. 1952. Algier, Inst. Pasteur d'Algérie.) J. KEIL. 4210

**L. A. Zeitlin**, *Phosphoamidaseaktivität des Hirns der Ratte.* Vf. kommt auf Grund seiner Verss. zur Auffassung, daß das Rattengehirn über zwei Fermente mit Phosphoamidaseeigg. verfügt. Das eine ist leicht durch W. extrahierbar, wird durch Mg-Ionen aktiviert u. durch Ca-Ionen gehemmt, während das andere an „Strukturproteine" gebunden ist u. durch Ca-Ionen aktiviert wird. Die Tatsache, daß wiederholtes Auswaschen bzw. Ausfällen der „Strukturproteine" die Fermentaktivität nicht beeinträchtigt, sondern sie sogar erhöht, spricht für das Vorhandensein bestimmter akt. Gruppierungen im Mol. der wasserlösl. Proteine, die diesen den Charakter eines Enzyms verleihen, welches die Phosphoaminosäuren spaltet. Die Adenosintriphosphataseaktivität kann nicht mehr als spezif. Eig der „Strukturproteine" angesehen werden, da diese die Fähigkeit haben, auch aus anderen Quellen (vom Bindungstyp N—P) Energie freizumachen. (Биохимия [Biochemie] **17**. 208—13. März/April 1952. Moskau, Inst. für exp. Biol. der Akad. der Wiss. der UdSSR.) RENTZ. 4230

**A. P. Barchasch**, *Phosphorhaltige Kohlenhydrate und die Fermente des Kohlenhydratstoffwechsels im Gewebe der lactierenden Milchdrüse.* Im Gewebe der lactierenden Milchdrüse schwankt der Geh. an *Lactose* zwischen 0,1 u. 1%. Freie Monosaccharide (*Glucose, Galaktose*) werden nicht gefunden. Der Geh. an säurelösl. Gesamt-P ist gleich 0,1%, wovon $^1/_4$—$^1/_5$ auf das Orthophosphat entfällt. Es wurde ferner im lactierenden Gewebe ein schwer hydrolysierbarer u. leicht lösl. Phosphorsäureester gefunden, der möglicherweise mit dem *Propandiolphosphat* ident. ist. Galaktosephosphorsäureester fanden sich nicht. Von Fermenten war die Galaktokinase nicht nachweisbar, wohl aber *Hexokinasen* u. eine *Phosphoglucomutase*. Die Atmung von Schnitten des Milchdrüsengewebes ist durch die Größe $Q_{O_2}$ = 4,2 charakterisiert. Nach Homogenisieren des Gewebes geht die Atmungsfähigkeit fast völlig verloren ($Q_{O_2}$ = 0,14—0,3). Eine Synth. der Lactose ließ sich nur in den Schnitten feststellen, nicht jedoch in den Homogenaten. (Биохимия [Biochemie] **17.** 167—78. März/April 1952. Moskau, Bach-Inst. für Biochem. der Akad. der Wiss. der UdSSR.) RENTZ. 4230

**P. A. Kolessnikow,** *Über Chinone und die Lokalisation der Phenoloxydase bei Kok-Saghyz.* Unters. verschied. Teile von Kok-Saghyz auf Vorliegen von freien Chinonen (I) auf jodometr. Wege, wobei sorgfältig auf Abwesenheit von die Ergebnisse dieser Meth. verfälschenden Verbb. geprüft wurde, ergab außer im ruhenden Samen u. im Latex in allen Teilen der Pflanze Ggw. von **I**. Die Prüfung verschied. Pflanzenteile auf Phenoloxydaseaktivität wies auf einen gleichen Verlauf mit dem Ort der Lokalisation der **I** bildenden Stoffe hin. Auch im Latex findet sich Phenoloxydase, aber da Ausgangsstoffe für die **I**-Bldg. fehlen, treten diese hier nicht auf. (Доклады Академии Наук СССР [Ber. Akad. Wiss. UdSSR] [N. S.] **85.** 847—50. 1/8. 1952. Moskau, Bach-Inst. für Biochem. der Akad. der Wiss. der UdSSR.) ULMANN. 4230

**T. Wikén** und **O. Richard,** *Untersuchungen über die Physiologie der Weinhefen.* 1. Mitt. *Zur Kenntnis der Wachstumsbedingungen einer auxoautotrophen, schweizerischen Kulturweinhefe.* Die „*Fendant*"-Hefe (I) erwies sich bei der Beobachtung ihres Wachstums auf *Glucose* (**II**), *Mineralsalze* (**III**) u. als N-Quelle *Ammoniumsulfat* (**IV**) oder vitaminfreies *Caseinhydrolysat* (**V**) enthaltenden Nährlsgg. mit u. ohne (+)-Biotin (**VI**) u./oder Mesoinosit (**VII**) als ein auxoautotropher Stamm. Das **I**-Wachstum wurde durch photoelektr. Messung der Lichtabsorption ($\lambda$ = 660 m$\mu$) bestimmt. **I** synthetisiert seine Zellbestandteile in einer chem. definierten Nährlsg., die nur **II**, **III** u. **IV** enthält. **IV** kann durch **V** ersetzt werden. Die Zugabe von mehr als 0,0025—0,025 mg **VI** pro 1 Liter u. mehr als 0,25—2,5 mg **VII** pro Liter verursacht nur eine geringe Wachstumsvermehrung. **I** wurde in 8 Monaten in synthet. vitaminfreier Nährlsg., die **II** als C- u. Energiequelle, **III** u. als N-Quelle **IV** enthielt, 120mal überimpft. (Antonie van Leeuwenhoek **17.** 209—26. 1951. Zürich, TH, Inst. für landw. Bakteriol. u. Gärungsbiol.) CARLS. 4270

**T. Wikén** und **O. Richard,** *Untersuchungen über die Physiologie der Weinhefen.* 2. Mitt. *Wachstumsbedingungen weiterer auxoautotropher, schweizerischer Kulturweinhefen.* (1. vgl. vorst. Ref.) Ähnlich wie die bereits früher untersuchte schweizer. Kulturweinhefe „*Fendant*", eine gegen A. sehr widerstandsfähige Kaltgärhefe, sind auch die beiden Kulturhefen „*Herrliberg*" u. „*Salenegg*" hinsichtlich Wuchsfaktoren autotroph (auxoautotroph). Sie zeigen in Nährlsgg., die Glucose, Mineralsalze u. $(NH_4)_2SO_4$ oder Caseinhydrolysat als N-Quelle enthalten, ohne Zusatz von Vitaminen n. Wachstum. *Biotin* (**I**), *Pyridoxin*, *Thiamin* u. *Pantothensäure* (**II**) haben, einzeln oder in verschied. Kombinationen zugesetzt, keine wachstumsstimulierende Wrkg., während *Mesoinosit* in Konzz. >0,25—2,5 mg/1000 $cm^3$ Nährlsg. eine beträchtliche Wachstumszunahme auslöst (maximale Wrkg. mit 25 mg/1000 $cm^3$). Kombination mit **I** oder **I** + **II** bewirkt keine weitere Wachstumssteigerung. Die Annahme der *Auxoheterotrophie* bei Kulturhefen kann nach diesen Befunden nicht ohne weiteres verallgemeinert werden. (Antonie van Leeuwenhoek **18.** 31—44. 1952. Zürich, ETH, Inst. für landw. Bakteriol. u. Gärungsbiol.) K. MAIER. 4270

**J. G. B. Castor** und **J. F. Guymon,** *Über den Mechanismus der Bildung höherer Alkohole während der alkoholischen Gärung.* Es wurde der zeitliche Ablauf der A.- u. Fuselölbldg. mit der Hefezellvermehrung u. der Abnahme von Valin, Leucin u. Isoleucin bei der Vergärung von Grapefruitsaft untersucht. Die genannten Aminosäuren fallen innerhalb der ersten 25 Std. auf ganz niedrige Werte ab u. steigen darauf sehr wenig, aber stetig an. Das Hefewachstum hört prakt. nach 45—50 Std. auf, während sowohl die A.- als auch die Fuselölbldg. bis zu 170 Std. fortschreitet. Die nach 25 Std. verbrauchten Aminosäuren sind jedoch nicht für die Fuselölbldg. verwertet worden, die bis dahin erst 34 % des aus den Aminosäuren theoret. errechneten Wertes beträgt, nach vollständigem Gärablauf jedoch 255 % dieses Wertes erreicht. Aus den Unterss. geht weiter hervor, daß die aus Aminosäuren entstehenden Zwischenprodd. (Ketonsäuren u. Aldehyde) mit den Zwischenprodd. des Zuckerabbaus, die bes. zu Anfang überwiegen, gegenüber den gleichen Enzymen in Wettbewerb treten. Andererseits hört die Fuselölbldg. mit der A.-Bldg. gleichzeitig auf, weil dieser letzte Vorgang dem Coenzym I den notwendigen $H_2$ zur Verfügung stellt. Die Vorstufen der Fuselöle werden wahrscheinlich erst bei der Hefeautolyse frei. (Science [Washington] **115.** 147—49. 8/2. 1952. Davis, Univ. of California, Div. of Viticulture, Enology Labor.) ITZEROTT. 4270

## $E_3$. Mikrobiologie. Bakteriologie. Immunologie.

**Irena Westfal,** *Der Einfluß der p-Aminosalicylsäure auf den Stoffwechsel des Tuberkulosebacillus.* Tuberkelbakterienstämme wurden in hermet. verschließbaren Kulturgefäßen gezüchtet, die mit Vorrichtungen zur Entnahme von Material zur Analyse gelöster u. gasförmiger Stoffwechselprodd. versehen sind. Ein Zusatz von 1 mg *PAS* auf 100 $cm^3$ Nährboden bewirkte einen bakteriostat. Effekt. Der N- u. C-Stoffwechsel wurde gehemmt, der Atmungsquotient von 0,96 auf 0,85 herabgesetzt. Bldg. andersartiger Stoffwechselprodd., abgesehen von $CO_2$, wurde nicht beobachtet. Die PAS-Wrkg. tritt nicht wie bei Streptomycin sofort, sondern erst in der 2.—3. Woche nach der Zugabe ein. Eine Erhöhung der PAS-Konz. auf 2 mg/100 $cm^3$ führte zu keinem besseren Ergebnis. PAS hält sich in den Kulturgefäßen ohne Wirksamkeitsverlust 6 Wochen. Auf Grund von PAS-Bestimmungen im Blut von Patienten wird eine therapeut. Tagesdosis von 10—15 g für ausreichend gehalten. (Poznańskie Towarzystwo Przyjaciół Nauk, Wydział lekarski, Prace Komisji Med. doświadczalnej **9.** 1—12. 1952.) FISCHOEDER. 4330

**C. E. Chaplin,** *Resistenz von Bakterien gegen quartäre Ammoniumdesinfektionsmittel.* Das gramnegative Bakterium Serratia marcescens, das n. durch 100 p.p.m. Alkyldimethylbenzylammoniumchlorid gehemmt wird, kann an eine 100000 p.p.m.-Lsg. adaptiert werden. Mit der Adaption verbunden ist eine leichtere Färbbarkeit, z. B. auch durch Sudanschwarz B, eine Zunahme der Ae.-A.-lösl. Fraktion von 5 auf 31% u. eine Abnahme der elektrophoret. Beweglichkeit. Durch Lipase kann die Resistenz gegen quartäre Ammoniumsalze wieder rückgängig gemacht werden. Vf. nimmt an, daß die resistenten Zellen einen höheren Lipoidgeh. besitzen. (J. Bacteriol. **63.** 453—58. April 1952. Ottawa, Can., Dep. of Agricult.) WIEDEMANN. 4330

**M. N. Meissel** und **E. M. Dikanskaja,** *Über die Natur der bakteriostatischen Wirkung des Riboflavins.* Während *Riboflavin* (**I**), in Mengen von 80—100 μg verschied. Kulturmedien zugesetzt, bei Dunkelheit die Entw. einer großen Reihe von Mikroorganismen nicht störte, starben bei Tages- oder im UV-Licht Staphylococcus aureus, Bact. coli u. Bact. subtilis ab. Achromobacter denitrificans entwickelte sich nur schlecht. Andere Organismen, wie Bact. fluorescens, Bact. prodigiosum, Endomyces magnusii, Candida crusei u. Torula latvica zeigten das gleiche Wachstum wie die Kontrollen. Aus der Tatsache, daß Stoffe wie *Tryptophan* u. *Pyridoxin* in Ggw. von **I** unter Bedingungen, die ohne **I** ohne Einw. sind, zerstört werden, spricht dafür, daß in den angewandten Kulturmedien in Ggw. von **I** Stoffe wie Aminosäuren u. Vitamine, die für die Entw. verschied. Mikroorganismen notwenig sind, zerstört werden. Die Photoaktivität des **I**, das von vielen Mikroorganismen synthetisiert u. in größeren Mengen ausgeschieden wird, dürfte zweifellos eine wichtige Bedeutung für das antagonist. Verh. verschied. Mikroorganismen haben. (Доклады Академии Наук СССР [Ber. Akad. Wiss. UdSSR] [N. S.] **85.** 1377—80. 21/8. 1952. Inst. für Mikrobiol. der Akad. der Wiss. der UdSSR.) ULMANN. 4330

**O. Ju. Wolkowa,** *Antibakterielle Eigenschaften von Heilschlämmen und die Bedingungen ihrer Bildung.* An Schlämmen verschied. Herkunft wird gezeigt, daß sie antibakterielle Eigg. besitzen, die im Sommer u. Herbst ihr Maximum erreichen. Die Verss. wurden mit pathogenen Mikroorganismen durchgeführt. (Микробиология [Mikrobiologie] **21.** 177—84. März/April 1952. Pjatigorsk, Staatl. Balneol. Inst. für kaukas. Mineralwässer.) LEBTAG. 4330

**A. Ss. Kriwisski,** *Die biologische Natur der Bakteriophagen.* Allgemeinverständliche Übersicht unter dem Gesichtpunkt, daß es sich bei Bakteriophagen um Viren der Bakterien handelt. (Природа [Natur] **41.** Nr. 10. 45—56. Okt. 1952.) ULMANN. 4331

**Eric Reiss, Edwin J. Pulaski, William H. Amspacher** und **Anthony A. Contreras,** *Penicillinempfindlichkeit von Staphylokokken.* Die *Penicillin* (**I**)-Empfindlichkeit von Staphylococcus aureus ging von 1947—1951 von 81% auf 47% zurück, die Abnahme ist nicht kontinuierlich. Der Zusammenhang der Empfindlichkeit der Kulturen von 10 verschied. Arten von Wunden wurde an 155 Fällen untersucht. Die Resistenz des Bacillus war sehr verschieden, sie lag zwischen 14,2 u. 100%, das Auftreten gesteigerter **I**-Resistenz wird auf Kreuzinfektionen zurückgeführt. (New England J. med. **246.** 611—12. 17/4. 1952. Fort Sam Houston, Tex., Brooke Army Hosp.) DOSSMANN. 4340

**F. Klose** und **H. Knothe,** *Das Verhalten von Antibioticis im bebrüteten Hühnerei gegenüber Bacterium typhi.* Vff. prüften die Wrkg. von *Penicillin* (**I**), *Aureomycin* (**II**), *Streptomycin* (**III**), *Chloromycetin* (**IV**) u. *Terramycin* (**V**) gegen Bact. typhi im bebrüteten Hühnerei. 1000 I.E. **I** wirkten gegen eine für den Hühnerembryo sonst sicher letale Dosis von Erregern baktericid. **II** u. **III**-Behandlung führte zum Überleben des infizierten Embryo, konnte jedoch die Vermehrung der Erreger auf die Dauer nicht hemmen, so daß auf einen Eingriff der Antibioticis in den Giftstoffwechsel der Bakterien geschlossen werden kann. **IV**, das in vitro baktericid wirkt, u. **V** vernichten in vivo in höchsten Dosen die Erreger, in geringeren scheinen sie wie **II** oder **III** lediglich deren Endotoxinbldg. zu hemmen. Eine Steigerung der Resistenz der geprüften Stämme gegenüber **IV** wurde beobachtet. (Aerztl. Wschr. **7.** 358—62. 18/4. 1952. Kiel, Univ., Hyg. Inst.) ZILLIG. 4340

**W. A. Alexejew,** *Die Reduktion von Sulfaten durch Erreger der Flachsröste.* Bei der anaeroben Heißröste von Flachs bei $p_H$ 7,2—9,5 entdeckte Vf. einen bisher in der Literatur

nicht beschriebenen Erreger (Name u. Beschreibung nicht angeführt), der auf synthet. Nährboden mit 0,2% $(NH_4)_2SO_4$, 0,01% $MgCl_2$, 0,1% $K_2HPO_4$, 1% Glucose, 2% Kreide, 10 ml 1%ig. $FeCl_3$ je Liter (Pufferung $p_H$ 8,5) bei 35° nach 4—5 Tagen eine Red. von Sulfaten zeigt. Schwächer ist dieses Vermögen bei Granulobacter pectinovorum u. sehr schwach bei Bac. felsineus. Die Sulfat-Red. wird auch bei der natürlichen Flachsröste bei $p_H$ 7,2—9,5 beobachtet. Im Gegensatz zu Literaturangaben über die Hemmung der Sulfat-Red. durch $H_2S$ wird eine Intensivierung der Röste durch $H_2S$ u. eine Verstärkung des Mikroflorawachstums beobachtet. (Микробиология [Mikrobiologie] **21.** 36—41. Jan./Febr. 1952. Leningrad, Allunions Wiss. Forschungsinst. für landw. Mikrobiol.)
LEBTAG. 4350

**Je. M. Gubarew, A. B. Gabrilowitsch** und **F. I. Schtulbaum,** *Über die gebundenen Lipide der Diphtheriebacillen.* Aus der trocknen Mikrobenmasse von Diphtheriebacillen extrahierte man die Lipide mit einer A.–Ae.-Lsg. + 1% HCl. Der Extrakt enthielt 66% Fettsäuren vom mittleren Mol.-Gew. 472. Phosphatide u. Sterine waren nicht nachweisbar, wohl aber Stoffe von Kohlenhydratcharakter. Eine Trennung der frei extrahierbaren u. der sogenannten gebundenen Lipide durch wiederholte Extraktion (bis zu 30mal) mit Chlf. ließ sich nicht erzielen, da Chlf. offenbar die labilen chem. Bindungen zerstört. An der Bindung der Lipide scheinen Proteine wesentlich beteiligt zu sein. (Биохимия [Biochemie] **17.** 303—06. Mai/Juni 1952. Rostow/Don, Inst. für Epidemiol. u. Mikrobiol., Biochem. Labor.) RENTZ. 4350

**W. I. Kindjakow, A. N. Bajadinow, Ss. M. Filippowitsch** und **O. Ss. Nikonowa,** *Über die Veränderlichkeit des Virus der Maul- und Klauenseuche.* Übersichtsarbeit. (Ветеринария [Tierheilkunde] **29.** Nr. 8. 21—27. Aug. 1952. Wiss. Veter. Forschungsinst. der Kasach. Zweigstelle der Allunions Lenin-Akad. für Landw.) BURGHARDT. 4374

**R. Bieling,** *Systematische und ätiologische Untersuchungen auf dem Virusgebiet.* Allg. Überblick über die Virussystematik unter besonderer Berücksichtigung der Größe der verschied. Virusarten, der Vermehrung, des Zellparasitismus, der Fermentarmut, der Hämagglutination, der Interferenz u. Selbstinterferenz. Abschließend wird die asept. Meningitis serosa behandelt, die durch vier verschied. Viren, das der Encephalomyocarditis, das der Choriomeningitis, der Mumps u. der Poliomyelitis verursacht sein kann. (Wiener klin. Wschr. **64.** ([N. F.] 7) 481—84. 4/7. 1952. Wien, Hygiene-Inst.)
WIEDEMANN. 4374

**Johan V. Hultin** und **Albert P. McKee,** *Fixierung von „neutralisiertem" Influenzavirus durch empfängliche Zellen.* Ein Gemisch von Influenzavirus u. homologem Antikörper im Überschuß kann noch 24 Std. nach der Injektion in den Hühnerembryo durch Injektion von homologem hitzeinaktiviertem Virus reaktiviert werden. Das mit einem Überschuß an Antikörpern neutralisierte Virus wird von den Zellen der Chorioallantoismembran festgehalten. (J. Bacteriol. **63.** 437—47. April 1952. Iowa City, State Univ., Coll. of Med., Dep. of Bacteriol.) WIEDEMANN. 4374

**Vicente Perez Bernabeu,** *Begriff und Klassifikation der Viruserkrankungen.* Vf. gibt einen Überblick über die Abgrenzungsmöglichkeiten (Infektionsmodus, Epidemiologie, Immunität, Morphologie) der Viren, wobei Bekanntes zusammengefaßt wiedergegeben wird. Nach dem Tropismus werden die Viropathien systematisiert in Ektodermosen mit entsprechenden Untergruppen, Endodermosen, Mesodermosen (Reticuloendotheliosen), Septikämien u. neoplast. Viruserkrankungen. Nach der Symptomatologie lassen sich Erkrankungen des Atmungssyst., des ZNS, Verdauungstrakts, Kreislaufs u. der Haut unterscheiden. (Med. españ. **28.** (**15.**) 188—96. Sept. 1952. Valencia, Fac. de Med.)
P. G. SCHEURLEN. 4374

**Paul Havens jr.,** *Die militärische Bedeutung der Virushepatitis.* Allg. Überblick über die Virushepatitis. (U. S. Armed Forces med. J. **3.** 1013—22. Juli 1952. Armed Forces Epidemiological Board.) WIEDEMANN. 4374

**G. Ss. Kitawin,** *Stimulation der Atmung und Biosynthese des Vitamins $B_2$ bei Aspergillus niger bei Einwirkung von Giftstoffen. $HgCl_2$* u. *$ZnSO_4$* erhöhen unter bestimmten Bedingungen die Atmungsintensität bei Aspergillus niger. Gleichzeitig findet man im Mycel einen erhöhten Geh. an *Riboflavin* (**I**). Von günstigem Einfl. ist auch *$NH_4NO_3$*. *Phenol* in Konzz. von 0,05—0,1% verdoppelt die Atmung u. die gebildete **I**-Menge. Die App. von SOLDATENKOW u. SHURAWSKI wird verbessert, so daß die Atmung von Pilzen schon in kürzeren Zeitabschnitten (4 Std.) bestimmt werden kann. (Микробиология [Mikrobiologie] **21.** 438—44. Juli/Aug. 1952. Kischinew, Univ.) ULMANN. 4380

**J. L. Karlsson,** *Untersuchungen über die physikalischen Eigenschaften eines Wachstumsfaktors für Entamoeba histolytica.* Es wird über die Eigg. eines Wachstumsfaktors für Entamoeba histolytica (**I**; *E.-histolytica-Faktor*), der in Kulturen von Streptobacillus sp. gebildet wurde (Leber-Proteose-Peptonmedium nach HANSEN, mit 0,1 $cm^3$ 50%ig.

Glucose, 10 mg Reisstärke, 1 $cm^3$ 0,3%ig. Na-Thioglykolat, 5000 E. Penicillin G, 10 mg Streptomycin u. 1 $cm^3$ E. histolytica mit Streptobacillus sp.-Beimpfung), berichtet. I ist stabil in Ggw. von Formaldehyd u. sehr labil gegen Hitze, Alkali u. Oxydation; er besitzt zum Teil ähnliche Eigg. wie Coenzym I, das im Test jedoch keinerlei Aktivität zeigte. Der Faktor scheint an die Zelle gebunden zu sein, ist nicht extrahierbar durch Lipoidlösungsmittel, verschwindet im Hungerzustand u. tritt mit beginnendem Stoffwechsel wieder auf; es scheint sich um ein labiles Stoffwechselzwischenprod. zu handeln, das auch in gewöhnlicher Hefe vorkommt. (Amer. J. trop. Med. Hyg. **1.** 548—51. Juli 1952. San Francisco, Calif., Univ. of California Med. Center, Div. of Pharmacol. and Exp. Therapeut.) GOEBEL. 4380

## $E_4$. Pflanzenchemie. Pflanzenphysiologie. Pflanzenpathologie.

**H.-J. Schmermund** und **H. L. Heinrich,** *Vergleichende Untersuchungen über die Wirkung von Röntgenstrahlen und schnellen Elektronen eines 6 MeV-Betatrons auf Wachstums- und Kernteilungsvorgänge von Vicia faba equina.* Angekeimte Wurzelspitzen von *Vicia fabia equina* wurden einer Bestrahlung von 500 r Röntgen- oder Elektronenstrahlung unterzogen. Bestrahlungsdaten: Röntgenstrahlen: 180 KV, Filter 0,5 mm Al, HWS 0,25 mm Cu, Fokusabstand 19,5 cm. Elektronen: 4 MeV, Abstand Austrittsfenster–Objekt 16 cm. Die bereits früher festgestellte höhere Wirksamkeit der Röntgenstrahlung wurde durch Beobachtung folgender Werte bestätigt: Gewichtszunahme, Häufigkeit von Fragment- u. Brückenbildungen in Anaphase- u. Telophasezellen, Verkürzung von M- u. m-Chromosomen in Metaphasezellen u. Veränderungen der Zellteilungsfrequenz. Die unterschiedliche Wirksamkeit wird mit der verschied. differentiellen Ionisierung u. der ungleichen Größe der entstehenden Ionisationsgruppen der beiden Strahlenarten erklärt. (Strahlentherapie **86.** 227—40. 1952. Hamburg-Eppendorf, Univ., Frauenklinik.) REUSSE. 4404

**Robert Jensen,** *Über die Isolierung und Aminosäurenzusammensetzung von „β-Globulin"-Extrakten aus Gerstensamen (Hordeum vulgare). β-Globulin* wird aus 1 mol. NaCl-Extrakt von 2000 g Gerstenkörnern durch Zugabe von $(NH_4)_2SO_4$ isoliert. Reinheit wird durch Diffusion, Elektrophorese u. Ultrazentrifugieren bestimmt. 24 std. Hydrolyse des β-Globulins mit 6 n HCl ergibt bei Chromatographie nach MOORE u. STEIN (vgl. J. biol. Chemistry **176.** [1948.] 367 u. **178.** [1949.] 53) über eine Stärkesäule mit zeitlich veränderlichem, automat. Fraktionssammler folgende qualitativ u. quantitativ bestimmten Aminosäuren: *Leucin, Isoleucin, Phenylalanin, Methionin, Valin, Tyrosin, Prolin, Glutaminsäure, Alanin, Threonin, Asparaginsäure, Serin, Glycin, Arginin, Lysin, Histidin, Cystin + Cystein* u. $NH_3$. Der *Tryptophan*-Geh. wird spektrophotometr. nach GOODWIN u. MORTON (vgl. Biochem. J. **40.** [1946.] 628) bestimmt. (Acta chem. scand. **6.** 771—81. 1952. Kopenhagen, Carlsberg Breweries, Res. Labor.) BRINCKMANN. 4420

**A. A. Kulik** und **O. I. Ssokowa,** *Änderungen der biochemischen Merkmale der Tomate „Bison" unter dem Einfluß vegetativer Hybridisation.* Bei der Aufpfropfung der Bison-Tomatenpflanze auf mehrjährige Ciphomandra entsteht eine mehrjährige Pflanze mit traubenförmiger Frucht. In der neuen Frucht sind Trockensubstanz, Säuregrad, Zuckergeh., Verhältnis Zucker/Säure u. Vitamin-C-Geh. gegenüber der Bisonfrucht stark erhöht. (Биохимия [Biochemie] **17.** 59—60. Jan./Febr. 1952. Mitschurinsk, Mitschurin-Inst. für Obst u. Gemüse.) LEBTAG. 4420

**K. Mothes,** *Chemische Physiologie der Pflanzenalkaloide.* Die Alkaloide (**I**) als „sek. Pflanzenstoffe" wirken spezif. auf die Wurzel–Sproß-Beziehung. Durch Pfropfungsverss. zwischen **I**-führenden u. **I**-freien Pflanzen wurde bewiesen, daß die Synth. von **I** hauptsächlich in den jüngeren Teilen der Wurzel stattfindet, aber charakterist. für alle wachsenden Gewebe ist. Vermutlich werden die **I** im Sproß sek. umgewandelt. Eine Erblichkeit der aufgepfropften Stoffe ließ sich bisher nicht nachweisen. (Angew. Chem. **64.** 254—58. 13/5. 1952.) KORTE. 4450

**A. M. Kusin, W. I. Merenowa** und **Ja. W. Mamul,** *Über die Aufnahme von Kohlendioxyd durch Pflanzenwurzeln.* Werden Wurzeln von 30 Tage alten Pflanzen von Phaseolus vulgaris mit $^{14}CO_2$ (**I**) versorgt, dann kann **I** bereits nach 2 Std. in der gesamten Pflanze, auch in den Blättern, nachgewiesen werden, während mit Carbonatlsg. dies erst nach 12 Std. der Fall ist. Werden Blätter u. Stengel vor dem Vers. abgetrennt, dann erreicht die von der Wurzel aufgenommene **I**-Menge 50% der Menge im Vers. mit der ganzen Pflanze. $^{14}C$ ist sowohl in den Kohlenhydraten als auch in den Eiweißstoffen der Wurzel nachweisbar. Die Aktivität ist in der isolierten Wurzel u. in der ganzen Pflanze von derselben Größenordnung. Die gleichen Ergebnisse werden mit Primula obconica erzielt, wodurch die mögliche Beteiligung der Knöllchenbakterien an diesem Prozeß ausgeschlossen ist. Die Ergebnisse berechtigen zur Annahme, daß die Pflanzenwurzeln aus den Bodengasen $CO_2$ aufzunehmen vermögen. (Доклады Академии Наук СССР [Ber. Akad. Wiss. UdSSR] [N. S.] **85.** 645—47. 21/7. 1952. Abt. biol. Wiss. der Akad. der Wiss. der UdSSR, Labor. für Biophysik, Isotope u. Strahlungen.) LEBTAG. 4450

**A. L. Kurssanow** und **M. W. Turkina,** *Atmung von Leitgewebe und Wanderung der Saccharose.* In Verss. mit Gefäßbündeln von Zuckerrübe u. Wegerich wird gezeigt, daß Saccharose (I) oder ihr sehr nahestehende unbekannte Stoffe, in welche **I** im Gefäßbündel übergeht, im Bastgewebe sich zu bewegen vermögen, u. daß diese Bewegung von einer Intensivierung der Atmung begleitet wird. Diese Tatsache spricht für die metabol. Natur der Wanderung der organ. Stoffe in den Leitgefäßen. (Доклады Академии Наук СССР [Ber. Akad. Wiss. UdSSR] [N. S.] **85.** 649—52. 21/7. 1952. Bach-Inst. für Biochem. der Akad. der Wiss. der UdSSR.) LEBTAG. 4462

**N. S. Stankow,** *Vermögen Gräserwurzeln Nährstoffe aus trockenen Böden aufzunehmen?* Durch Verss. mit Timotheusgras, Rotklee u. Luzerne wird gezeigt, daß Wurzeln aus trockenen Böden mit 7—8% Wassergeh. keine Nährstoffe aufnehmen können. Es dringen wohl einige Wurzeln in größere Tiefen (30—40 cm), die die Pflanze mit W., nicht aber mit Nährstoffen versorgen können. (Кормовая База [Futtermittel-Versorg.] **3.** Nr. 10. 35—37. Okt. 1952. Allunions Wiss. Gedroitz-Forschungsinst. für Düngung, Agrotechnik u. landw. Bodenkunde der UdSSR.) G. REICHARDT. 4470

**P. R. Govindan,** *Der Einfluß von Bor auf Ertrag und Kohlenhydratgehalt in Tomatenfrüchten.* Düngung mit B erhöht den zahlen- u. gewichtsmäßigen Tomatenertrag bei steigenden Konzz. (0,5—3,0 p. p. m.) beträchtlich. Mit dem Reifegrad der Früchte nehmen die Stärkegehh. ab u. die Gehh. an reduzierenden u. nicht reduzierenden Zuckern graduell zu. Alle Kohlenhydratfraktionen (**I**) nehmen mit steigenden B-Gaben zu. B beeinflußt demnach nicht nur die Bldg. u. Speicherung der **I**, sondern auch ihre Nutzbarmachung während des n. physiol. u. Stoffwechselprozesses. (Vgl. auch C. **1953. 875.**) (Current Sci. **21.** 14—15. Jan. 1952. Benares, Hindu Univ., Coll. of Agric., Plant Physiol. Labor.) RANG. 4470

**P. R. Govindan,** *Einfluß von Zink auf Tomatenfrüchte.* Der zahlen- u. gewichtsmäßige Ertrag an Tomatenfrüchten wird durch steigende Zn-Gaben (0,5—3,0 p. p. m.) bis zu einem Grenzwert erhöht. Durch 3 p. p. m. Zn werden Blütenknospen geschädigt u. der Fruchtertrag herabgesetzt; Maximalertrag mit 2 p. p. m. Zn. — Der Ascorbinsäuregeh. nimmt mit steigender Zn-Zufuhr u. von der Grün- bis zur Rotreife zu; Maximalgeh. in der vollreifen Frucht. — Die Gehh. der Früchte an Stärke (**I**), reduzierenden (**II**) u. nicht reduzierenden Zuckern (**III**) nehmen mit steigender Zn-Konz. graduell ab. Die Speicherung von **II** u. **III** nimmt mit fortschreitender Reife graduell zu, der **I**-Geh. ab. Der Geh. an Gesamtkohlenhydraten (**IV**) nimmt mit steigenden Zn-Gaben u. fortschreitender Reife ab. Bei vollständigem Zn-Mangel u. bei Geh. an 3 p. p. m. Zn in der Kultur ist der **IV**-Geh. etwas höher in vollreifen als in gelbreifen Früchten. (Current Sci. **21.** 15—16. Jan. 1952. Benares, Hindu Univ., Coll. of Agric., Plant Physiol. Labor.) RANG. 4470

**C. L. Mer,** *Sofort- und Nachwirkungen von Kohlendioxydkonzentrationen auf das Wachstum etiolierter Haferkeimlinge.* In Fortführung früherer Verss. (C. **1952.** 3190) untersuchte Vf. die Wrkg. höherer $CO_2$-Konzz. auf das Wachstum von Haferkeimlingen. Diese wurden im Dunkeln gezogen u. kontinuierlich von einem Luftstrom ohne (Kontrollen) oder mit Zusatz bestimmter $CO_2$-Mengen gespült. Steigende $CO_2$-Konzz. (bis 10%) übten bis zum 3. Tag nach dem Pflanzen auf das Wachstum der Mesokotylen einen zunehmend hemmenden Effekt aus, worauf eine erhöhte Wachstumsgeschwindigkeit einsetzte u. eine größere Endlänge (7. Tag) als bei den Kontrollen erreicht wurde. Als optimale $CO_2$-Konz. erwiesen sich 5%. Das Koleoptilenwachstum war während der 3 ersten Tage in Ggw. von $CO_2$ ebenfalls vermindert u. die Endlänge infolge der anhaltenden verlangsamten Entw. kürzer als bei den Kontrollen. Eine Stimulierung des Mesokotylenwachstums oder Hemmung der Koleoptilenentw. erfolgte innerhalb der untersuchten 8tägigen Periode nur, wenn $CO_2$ während der ersten 5 Tage zugeführt wurde. Wachstum der Pflanzen während der ersten 3 Tage in Ggw. von 5% $CO_2$ u. dann in Luft hatte ebenfalls eine erhöhte Wachstumsgeschwindigkeit der Mesokotylen nach anfänglicher Hemmung zur Folge, wobei jedoch etwas kleinere Endlängen erzielt wurden. Im Gegensatz zu BURTON (C. **1953. 2465**) ist Vf. der Ansicht, daß die Stimulierung des Mesokotylenwachstums durch $CO_2$ selbst u. nicht durch eine Verunreinigung hervorgerufen wird. (Nature [London] **169.** 887. 24/5. 1952. London, Imperial Coll. of Sci. and Technol., Res. Inst. of Plant Physiol.) K. MAIER. 4470

**Raffaele Ciferri,** *Verhinderung des Blühens von Tabak durch Maleinsäurehydrazid.* (Vorl. Mitt.) Prakt. Spritzverss. mit *Maleinsäurehydrazid* (**I**) u. *Phthalsäurehydrazid* (**II**) ergaben schon bei Konzz. von 100 p. p. m. eine merkliche Abnahme der Blütenbildung. Bei einer Konz. von 80 p. p. m. I trat überhaupt keine Blütenbldg. mehr ein. II in gleichen Konzz. ergab keine brauchbaren Resultate. (Tabacco **55.** 307—11. Okt. 1951.) GRIMME. 4486

**G. Gubanow,** *Die Bestimmung der Widerstandsfähigkeit der Baumwollpflanze gegenüber der Gommose.* In den Geweben der gegen Gommose widerstandsfähigen u. der anfälligen Baumwollsorten sind verschied. Pigmente enthalten. Diese haben bei den widerstandsfähigen Sorten eine hellgelbe Farbe, bei den anfälligen eine bräunliche, was bei der Selektion ausgenutzt werden kann. Behandlung der Baumwollsamen mit einer Alkalilsg. vermindert die Anfälligkeit gegenüber Keimblattgommose; dies steht in Verbindung mit einer Oxydation der Pigmente. (Хлопководство [Baumwoll-Wirtsch.] **1952.** Nr. 8. 41—45. Allunions Wiss. Forschungsinst. für Baumwolle, Zentralstat. für Züchtung.) A. JACOB. 4490

## $E_5$. Tierchemie. Tierphysiologie. Tierpathologie.

**N. P. Lissowskaja,** *Über die Polysaccharide der Milchdrüse.* Mit Hilfe verschied chem. Methoden wird nachgewiesen, daß die Milchdrüsen der Kuh von den Polysacchariden vor allem *Glykogen* enthalten, welches sich im Gewebe an Eiweiß gebunden vorfindet. Die Möglichkeit des Vorhandenseins anderer Polysaccharide, die vor allem aus Galaktose aufgebaut sind, ist nicht ausgeschlossen. (Биохимия [Biochemie] **17.** 186—94. März/April 1952. Moskau, Bach-Inst. für Biochem. der Akad. der Wiss. der UdSSR.) RENTZ. 4520

**S. Čmelik,** *Zur Kenntnis der Lipoide aus den Cystenmembranen von Taenia Echinococcus.* Germinative Membranen aus den Echinococcuscysten der Schweineleber, die im Durchschnitt 20—25 $cm^3$ Fl. enthielten, wurden nach dem Aufschneiden der Cysten abgespült u. in **Aceton** gelegt. Ungefähr 50 kg Leber lieferten ca. 750 g Membranen. Die Cystenmembranen sind arm an *Lipoiden,* der mittlere Fettgeh. beträgt 1,25% in der Trockensubstanz. Das Unverseifbare besteht auf Grund der chromatograph. Unters. aus *Cholesterin,* andere *Sterine* wurden nicht nachgewiesen. Die Lipoide enthalten ca. 50% wasserunlösl. Fettsäuren ($^1/_3$ feste, $^2/_3$ fl. Säuren, bei diesen handelt es sich in der Hauptsache um *Ölsäure*). (Hoppe-Seyler's Z. physiol. Chem. **289.** 78—79. April 1952. Zagreb, Kroatien, Hygien. Inst.) LÜPNITZ. 4520

**Chr. P. Raven, J. J. Bezem** und **Renetta P. van Loo,** *Der Einfluß von Lithium auf das osmotische Verhalten des Limnaea-Eies.* Aus frischgelegten Eiern von Limnaea stagnalis wurden je 10 Stück in Lsgg. von *LiCl* (0,005—0,2 mol.) u. parallel dazu in Lsgg. von *Harnstoff* (I) (0,01—0,4 mol.) übergeführt. Aufenthaltsdauer bis ca. 160 Minuten. Im allg. verhielten sich die Eier — mit u. auch ohne ihre Hülle — entsprechend den osmot. Gesetzen. Die 0,05 mol. LiCl-Lsg. ist für die Eier isoton., Lsgg. von 0,02 mol. u. 0,01 mol. erhöhen die Wasserdurchlässigkeit bei hüllenlosen Eiern. Abgesehen von den geringen Konzz. sind Volumenvergrößerungen etwas stärker, Schrumpfungen etwas geringer als bei den entsprechenden Lsgg. von I. (Proc., Kon. nederl. Akad. Wetensch., Ser. C **55.** 7—17. 1952. Utrecht, Univ., Zoological Labor.) LÜPNITZ. 4550

**P. F. Elbers,** *Über den Einfluß von Kalium-Ionen auf den Lithiumeffekt bei Limnaea stagnalis.* LiCl übt seine spezif. mißbildende Wrkg. auf Eier von Limnaea stagnalis in der Konz. $3 \cdot 10^{-5}$ mol. in dest. W. bei einer Behandlungsdauer von 24 Std. aus. Unter den gleichen Bedingungen wirkt KCl in der Konz. $2 \cdot 10^{-3}$ mol. tödlich. Der Zusatz von KCl zu LiCl erhöht dessen Wirkung. (Proc., Kon. nederl. Akad. Wetensch., Ser. C **55.** 74—80. 1952. Utrecht, Univ., Zoological Labor.) LÜPNITZ. 4550

**N. Millot** und **F. W. Jacobson,** *Über Melaninbildung bei niederen Organismen.* Aus der Coelom-Fl. von *Diadema antillarum philippi* scheiden sich bei Luftzutritt amöboide Zellen aus, die sich rasch auflösen u. dabei Granula freimachen, die sich gelb u. schließlich braun färben. Das Pigment in den Granula ähnelt hinsichtlich Löslichkeit u. chem. Rkk. dem Hautpigment der Diadema u. dem Melanin in anderen Tieren. Sowohl in den amöboiden Zellen als auch in der Coelom-Fl. konnten Phenolasen nachgewiesen werden, die den Oxydationsvorgang regulieren. (Z. Haut- u. Geschlechtskrankh. **13.** 298—302. 15/11. 1952. Jamaica, Univ. Coll., Hosp. of the Westindies, Zool. Inst., Dermatol. Abt.) BAUMANN. 4550

**Sven Ancher Kvorning,** *Ausscheidung von Lipoiden der Haut bei Patienten mit Parkinsonscher Krankheit.* Im Verlauf von 24 Std. nimmt bei n. Personen die Talgausscheidung der Haut kontinuierlich ab. Bei Patienten mit PARKINSONscher Krankheit bleibt die Sekretionsgeschwindigkeit sehr lange konstant; als Ursache wird eine nervöse Regulation angenommen, die bei n. Personen wirksam ist, aber bei patholog. Prozessen ausgeschaltet sein kann. (Acta dermato-venereol. [Stockholm] **32.** Suppl. 29. 201—03. 1952. Kopenhagen.) DOSSMANN. 4555

**W. I. Kashdan,** *Das weibliche Geschlechtshormon im Blut von Kaninchen.* Im Blut weiblicher Kaninchen schwankt die biol. Aktivität der Östriol- sowie der Östron–Östradiol-Fraktion im Ruhestadium zwischen 1600 u. 5000, während des Östrus zwischen 1600 u. 10000 Einheiten. Entgegen Literaturangaben kommt somit sowohl der Keton- als auch der Phenolform des Östrogens im Blut eine biol. Aktivität zu. (Доклады Академии Наук СССР [Ber. Akad. Wiss. UdSSR] [N. S.] **86.** 209—12. 1/9. 1952. Allunions Inst. für exper. Endokrinol.) RENTZ. 4559

**Bernard Rubin** und **William T. Salter,** *Wirkungen von Progesteron und einigen verwandten Steroiden auf die Kontraktion des isolierten Herzmuskels. Progesteron* hatte in synthet. Lsg. (KREBS-HENSELEIT) in Konzz. von 0,1 mg-% oder mehr negativ inotrope u. chronotrope Wrkg. auf den isolierten Herzmuskel (Katze, Meerschweinchen, Frosch). Ersatz der synthet. Lsg. durch Säugetierserum (z. B. Katzenserum) verringerte diesen Effekt auf ca. $^1/_4$. Vorbehandlung des Herzmuskels mit *Östradiol* (0,1 mg-%), *17-Oxycorticosteron* (0,1 mg-%) oder *Natriumöstronsulfat* (0,4 mg-%) konnte die Progesteronwrkg. nicht verhindern. Von diesen Verbb. verursachte *Östradiol* eine Verringerung der Kontraktionshöhe, die übrigen haben, wie auch *Natriumpregnandiolglucuronidat* (0,67 mg-%), keinen Einfl. auf die Kontraktilität. (J. Pharmacol. exp. Therapeut. **105.** 443—49. Aug. 1952. New Haven, Conn., Yale Univ., School of Med., Labor. of Pharmacol. and Toxicol.) DAUTZENBERG. 4559

**Ss. P. Nikolaitschuk,** *Der Einfluß des corticotropen Hormons der Hypophyse auf den Gehalt an Androgenen und Östron in den Nebennieren.* Wurde das corticotrope Hypophysenhormon von n. Kaninchen hypophysektomierten Ratten beigebracht, so kam es in der Nebennierenrinde derselben zu einer Erhöhung sowohl des Androgen- (um 46%) als auch des Östrongeh. (um 41,6%). (Биохимия [Biochemie] **17.** 312—16. Mai/Juni 1952. Charkow, Ukr. Inst. für exper. Endokrinol., Abt. für Histophysiol.) RENTZ. 4560

**Fred I. Gilbert jr.** und **Harry L. Arnold jr.,** *Ausbleiben der Schutzwirkung von Corticotropin gegenüber einer durch Sulfapyridin hervorgerufenen akuten hämolytischen Anämie.* Bericht über einen Fall, bei dem unter *Sulfapyridin*-Therapie (täglich 3—4 g) trotz gleichzeitiger *ACTH*-Gaben von täglich 50—60 mg eine akute hämolyt. Anämie auftrat. (J. Amer. med. Assoc. **150.** Nr. 2. 95—96. 13/9. 1952. Honolulu, TH.) KRUSEN. 4560

**Byron J. Hoffman** und **Vernon E. Powell,** *Erfolglose ACTH-Behandlung bei paroxysmaler nächtlicher Hämoglobinurie.* Vf. berichtet über einen Fall von chron. hämolyt. Anämie mit paroxysmaler nächtlicher Hämoglobinurie, der ohne sichtbaren klin. Erfolg 10 Tage mit *ACTH* behandelt wurde. Die Erythrocyten-, Leucocyten- u. Hämoglobinspiegel wurden nicht wesentlich verändert. Die Retikulocytenzahl stieg etwas an, die Blutsenkungs-Rk. war zeitweise verbessert. (Blood **7.** 1038—41. Okt. 1952. Atlanta, Ga., Emory Univ., Med. Serv.) H.-J. KOCH. 4560

**Ejnar Jarløv,** *Über Ulcus cruris und seine Behandlung.* Besprechung der Ätiologie u. Pathogenese des Ulcus. Hervorgehoben wird, daß nur beim Myxödem die Ursache in endokrinen Störungen zu suchen ist, die mit *Schilddrüsenhormonen* (**I**) zu behandeln sind. Besprechung einiger hartnäckiger Fälle, die in relativ kurzer Zeit mit **I** geheilt wurden. (Acta dermato-venereol. [Stockholm] **32.** Suppl. 29. 181—86. 1952. Kopenhagen, Nørre Hosp.) DOSSMANN. 4562

**M. Goffart,** *Untersuchungen über die Wirkung des Adrenalins auf den quergestreiften Säugetiermuskel.* 1. Mitt. *Verstärkung der maximalen Kontraktion des nichtermüdeten Muskels durch Adrenalin.* Verss. am M. tibialis der anästhesierten Katze u. am isolierten Katzenzwerchfell. *Adrenalin* (**I**) verstärkt die Muskelkontraktion bei direkter u. indirekter Reizung, wobei **I** auf die Muskelfaser selbst einwirkt u. nicht durch Kreislaufveränderungen oder Freisetzung von K aus der Leber. Die Wrkg. wird nicht durch Cocain verstärkt; sie beruht auch nicht auf der Bldg. von Histamin. **I** ist wirksamer als seine Oxydationsprodd. u. auch als Noradrenalin; es ist ebenso wirksam wie *Isopropylnoradrenalin.* (Arch. int. Physiol. **60.** 318—49. Sept. 1952. Liège, Inst. Leon Fredericq Physiol.) LOHMANN. 4569

**M. Goffart,** *Untersuchungen über die Wirkung des Adrenalins auf den quergestreiften Säugetiermuskel.* 2. Mitt. *Beeinflussung der Wirkungen des Adrenalins auf den Muskel durch das Ionengleichgewicht.* (1. vgl. vorst. Ref.) Verss. am Rattenzwerchfell. Überschüssiges *K* in der TYRODE-Lsg. verringert oder unterdrückt sogar die Steigerung der maximalen Kontraktion des nicht ermüdeten Muskels durch *Adrenalin* (**I**). Überschüssiges *Ca* erhöht u. verlängert die Wrkg. von **I**. In K-freier Lsg. begünstigt **I** das Auftreten einer Muskelkontraktur, die durch Ca verstärkt u. durch K oder in kurzem Abstand wiederholte Reize unterdrückt wird. Weitere Unterss. betreffen das Verh. K-verarmter Muskeln. (Arch. int. Physiol. **60.** 350—66. Sept. 1952. Liège, Inst. Léon Fredericq Physiol.) LOHMANN. 4569

**M. Goffart,** *Untersuchungen über die Wirkung des Adrenalins auf den quergestreiften Säugetiermuskel.* 3. Mitt. *Die Erhöhung der Kontraktionsstärke des Muskels durch Adrenalin hängt nicht von einer Freisetzung des Kaliums ab.* (2. vgl. vorst. Ref.) Die Verss. mit $^{42}K$ am isolierten Rattenzwerchfell mit *Adrenalin, Noradrenalin* u. *Isopropylnoradrenalin* sowie Reizung des Sympathicus u. Injektion sympathicomimet. Amine zeigen, daß die Verstärkung der maximalen Kontraktionen durch Adrenalin nicht auf eine Freisetzung von K aus der Muskelzelle in die intercellulären Zwischenräume zurückzuführen ist. (Arch. int. Physiol. **60.** 367—84. Sept. 1952. Liège, Inst. Leon Fredericq Physiol.) Lohmann. 4569

**M. Goffart,** *Untersuchungen über die Wirkung des Adrenalins auf den quergestreiften Säugetiermuskel.* 4. Mitt. *Die Art der Wirkung von Adrenalin auf die Muskelkontraktion.* (3. vgl. vorst. Ref.) $1 \cdot 10^{-6}$ mol. *Adrenalin,* das die maximale isometr. Kontraktion des Zwerchfelles um 5—20% steigert, wirkt ebenso wie *K* u. *Coffein* nicht dadurch, daß es den maximalen Wert des „Aktivitätszustandes" im Muskel erhöht oder die chem. energieliefernden Rkk. steigert, sondern dadurch, daß es diese Rk. verlängert. — Allg. Betrachtung. Ca. 290 Literaturangaben. (Arch. int. Physiol. **60.** 385—418. Sept. 1952. Liège, Inst. Léon Fredericq Physiol.) Lohmann. 4569

**A. M. Utewski** und **M. L. Butom,** *Der Einfluß des Zentralnervensystems auf die Bindung und Restitution des Adrenalins in der Gefäßwandung.* Zufuhr von *Adrenalin* (**I**; 0,6 cm³ 1:100000 pro kg) bewirkt am Kaninchen sowohl in der Wand der großen Arterie als auch der der Gefäße des Ohrs eine Zunahme von **I**, während *Dehydroadrenalin* (**II**; hergestellt durch Oxydation von **I** mit Natriumnitrit in saurem Medium) in gleicher Konz. zu keiner Zunahme von **I** führt, wohl aber gelegentlich zum Auftreten von **I**-ähnlichen Stoffen oder Chromogenen. Bei urethannarkotisierten Kaninchen ist der **I**-Geh. in der Gefäßwand der großen Arterien etwas erhöht, in der Wand der Ohrgefäße jedoch herabgesetzt. Zufuhr von **I** wirkt im 1. Falle steigernd, in letzterem herabsetzend. **II** ist in beiden Fällen ohne Einfluß. In den Nebennieren von Kaninchen nimmt der **I**-Geh. nach Zufuhr von **I** bzw. **II** zu. In der Urethannarkose nimmt hier der **I**-Geh. unter **I** zu u. bleibt unter **II** unverändert. Aus den Ergebnissen wird geschlossen, daß das Zentralnervensyst. die Fixation von **I** in der Gefäßwand u. die Red. von **II** in den Nebennieren beeinflußt. (Биохимия [Biochemie] **17.** 139—44. März/April 1952. Charkow, Ukr. Inst. für exper. Endokrinol.) Rentz. 4569

**W. Stöckl,** *Die Verteilung des Aluminiums im Blute von Pferd, Rind und Schwein.* Der Al-Geh. wurde im Vollblut (a), Serum (b), Plasma (c), enteiweißtem Vollblut (d) u. enteiweißtem Serum (e) nach einem modifizierten Verf. von Short sowie Strafford u. Wyatt bestimmt. Es wurden gefunden in **a** beim Rind 24,5—69,7 $\gamma$-%, beim Pferd 39,5—92,3, beim Schwein 26,9—73,9; in **b** 8,0—19,1 bzw. 9,5—23,5 bzw. 8,1—14,3; in **c** 7,0—17,3 bzw. 12,0—20,2 bzw. 7,5—16,8; in **d** 14,1—36,8 bzw. 35,0—57,3 bzw. 22,3—38,2; in **e** 0,0—5,0 bzw. 0,0—6,0 bzw. 0,0—4,0. Die Mittelwerte entsprechen nahezu dem arithmet. Mittel. (Hoppe-Seyler's Z. physiol. Chem. **289.** 107—16. April 1952. Wien, Tierärztl. Hochschule, Med.-Chem. Inst.) Lüpnitz. 4572

**Je. M. Kasakowa,** *Biochemische und morphologische Kennzahlen des Blutes von Kälbern, die in ungeheizten Ställen aufgezogen werden.* Untersucht wurden in kalten (a-Gruppe) u. in warmen Ställen (b-Gruppe) aufgezogene Kälber. Die tägliche Gewichtszunahme war bei allen Kälbern gleich, jedoch war die a-Gruppe beweglicher u. zeigte besseren Appetit. Der *Hämoglobin*-Geh. war bei a in den ersten Monaten um 3—5% geringer als bei b, stieg bei a im August bis 75% an, während er bei b 67,0% nicht überschritt. Der *Erythrocyten* (**I**)-Geh. war bei a in den ersten Monaten geringer als bei b. Von Mai an steig **I** bei a bis zu einem Maximum von 11 Millionen im Juni an. (Maximum bei b nicht über 8 Millionen.) Die Zahl der Leukocyten war bei a in den Sommermonaten geringeren Schwankungen ausgesetzt als bei b. (Советская Зоотехния [Sowjet. Tierhaltung] **7.** Nr. 10. 85—88. Okt. 1952. Lit. Veter.-Akad.) Burghardt. 4572

**H. E. Davenport, R. Hill** und **F. R. Whatley,** *Ein natürlicher, die Reduktion von Methämoglobin durch isolierte Chloroplasten katalysierender Faktor.* Rohe oder ungewaschene Chloroplastenpräpp. verschied. Pflanzen (z. B. *Avena, Pisum sativum, Sambucus nigra, Chenopodium Bonus-Henricus, Stellaria media,* weniger akt.: *Calendula sp., Brassica sp., Tropaeolum sp.,* inakt.: *Phaseolus multiflorus, Centranthus ruber*) red. im Licht, jedoch nicht im Dunkeln, Muskel-*Methämoglobin* (**I**). Nach dem Waschen zeigen die Chloroplasten, wenn nicht ein in den Rohsuspensionen enthaltener lösl. Faktor (**II**) zugesetzt wird, gegenüber **I** kein Reduktionsvermögen. **II** findet sich im Acetonblattextrakt. Die Aktivität ist der einer entsprechenden Menge der rohen Chloroplastensuspension äquivalent. In chlorophyllfreien Pflanzenteilen fehlt **II**, wie die vergleichende Unters. von Acetonextrakten aus Blättern u. Wurzeln von *P. sativum* u. *C. Bonus-Henricus* ergab. Die

Mischung von Blatt- u. Wurzelextrakten zeigt die gleiche Aktivität wie Blattextrakt allein, so daß die Ggw. von Inhibitoren im Wurzelauszug ausgeschlossen ist. Der „*I reduzierende Faktor*" (**II**) ist thermolabil, nicht dialysabel, mit nahezu gesätt. $(NH_4)_2SO_4$ fällbar u. bei $p_H$ 5—9 u. 20° stabil. Diese Eigg. deuten auf eine Kombination von **II** mit einem Protein hin. Die Geschwindigkeit der H-Übertragung bei der I-Red. durch **II** + Chloroplasten ist, auf den Chlorophyllgeh. bezogen, von der gleichen Größenordnung wie die direkte $O_2$-bildende Rk. in Ggw. künstlicher H-Acceptoren. Bei *P. sativum*-Chlorplasten betrug das $p_H$-Optimum 8. Eine 0,1—0,2 mol. Konz. verschied. neutraler Salze vermindert die Aktivität des Syst. auf ca. die Hälfte. $Cl^-$-Ion zeigte keine spezif. Wrkg. auf die Aktivität. *Äthylurethan, Phenylurethan* u. *o-Phenanthrolin* gaben in 0,35, 0,0012 u. $4,7 \cdot 10^{-3}$ mol. Konz. 50%ig. Hemmung. **II** wird möglicherweise direkt durch die belichteten Chloroplasten unter $O_2$-Bldg. red., wobei **II** als Katalysator der I-Red. wirkt. (Proc. Roy. Soc. [London], Ser. B **139**. 346—58. 24/4. 1952. Cambridge, Univ., Biochem. Labor., Agricult. Res. Council, Unit. of Plant. Biochem.) K. MAIER. 4572

**F. Jung,** *Über reversible und partielle Hämolyse.* Verss. des Vf. über partielle u. reversible Hämolyse machen es unwahrscheinlich, daß das in den Erythrocyten enthaltene Resthämoglobin adsorbiert ist. Es dürfte sich meist um das *Hämoglobin* (**I**) noch intakter Zellen handeln. Die Menge adsorbierten **I** an den Schatten ist im allg. unter 10% des Gesamtfarbstoffes der Zelle. Die von LINDEMANN vertretene Ansicht über das Vork. von polymol. **I**-Assoziaten im roten Blutkörperchen (LINDEMANN, C. **1950**. I. 569) ist sehr unwahrscheinlich. Es besteht auf Grund der zur Zeit vorliegenden Befunde kein triftiges Argument gegen das Bestehen einer echten u. mol.-dispersen Lsg. von **I** im Zellinnern. Damit dürfte die LINDEMANNsche Dissoziationstheorie der Hämolyse erheblich an Gewicht verlieren. (Naunyn-Schmiedebergs Arch. exp. Pathol. Pharmakol. **215**. 568—72. 1952. Berlin, Deutsche Akad. der Wiss., Inst. für Med. u. Biol.) KÖNIGSDORF. 4573

**M. Taubert,** *Zur Frage des Speichereisens unter besonderer Berücksichtigung des Ferritins. Ferritin* (**I**) u. *Apoferritin* (aus Leber, Milz u. Knochenmark gewonnen) verhalten sich papierchromatograph. wie Globuline. **I** hat Bedeutung für die Speicherung u. Regulation der Resorption von Fe. Der Fe-Geh. in **I** beträgt ca. 20%. — Die Unterss. von Sternalpunktaten bei perniciöser Anämie, Anämie infolge Carcinom, schwerem Infekt, oder Niereninsuffizienz, ergaben trotz erniedrigten Fe-Geh. im Serum das Vorhandensein von **I**. — Diskussion der therapeut. Notwendigkeit der medikamentösen Fe-Zufuhr. (Aerztl. Wschr. **7**. 586—88. 20/6. 1952. Gießen, Justus-Liebig-Hochschule, Med. Poliklinik.) LÜPNITZ. 4574

**Niels Harboe** und **Jens Bing,** *Serumprotein-Fraktionierung. Vergleich der Methoden von Henriques und Klausen mit der Elektrophorese.* Bei der $(NH_4)_2SO_4$-Fraktionierung nach HENRIQUES u. KLAUSEN liegen die Werte der relativen *Serumalbumin* (**I**)-Konz. um 12% höher als nach der Elektrophoresemeth. im Gebiet von 20—60% **I**. (Acta dermatovenereol. [Stockholm] **32**. Suppl. 29. 140—45. 1952. Copenhagen, Univ., Inst. of Gen. Pathol.) DOSSMANN. 4574

**Yves Derrien,** *Über mehrere γ-Makroglobuline im Serum.* Vf. untersucht 3 Seren von Personen mit Makroglobulinämiesyndrom. Diese enthalten einen Eiweißkörper, der zu den γ-Makroglobulinen gehört u. durch Elektrophorese oder Ultrazentrifugieren zunächst homogen erscheint, jedoch durch Erweiterungskurven näher charakterisiert u. bestimmt werden kann. (C. R. Séances Soc. Biol. Filiales **146**. 284—88. Febr. 1952. Upsala, Inst. de Physicochim., et Marseille, Fac. de Med. et de Pharm., Labor. de Chim. biol.) WIEGERSHAUSEN. 4574

**M. Fantino, E. Perazzo** und **D. Riffero,** *Über die Verwendung von Proteinhydrolysat peroral in der Chirurgie.* Mit einem Proteinhydrolysat (*Aminokomplex* MARXER) gelang es bei 44 von 50 Patienten, die Hypoproteinämie wieder auszugleichen. (Minerva med. [Torino] **43**. II. 739—42. 22/10. 1952. Torino, Ist. di Clin. Chir. Gen.) GERBER. 4574

**Seymour R. Roberts,** *Gesteigerte Blutungsneigung bei Hunden und Katzen.* An Hand der Literatur u. 3 eigener beschriebener Fälle werden die Ursachen der gesteigerten Blutungsneigung (Verminderung der Blutgerinnungsfaktoren, erhöhte Capillarpermeabilität, Thrombocytopenie) u. deren Behandlung aufgezeigt. Auf die bes. günstige antihämorrhag. Wrkg. von *Vitamin K* wird hingewiesen. — 19 Literaturangaben. (J. Amer. veterin. med. Assoc. **121**. 271—77. Okt. 1952. Richmond, Calif.) KRUSEN. 4574

**H. A. Thies,** *Zur Steuerung dicumarinbedingter Gerinnungsverzögerungen.* Durch *Dicumarin* bedingte Gerinnungsverzögerungen, Hypothrombinämien u. mäßige Blutungen können mit Hilfe des Kombinationspräp. *Styptobion* (**I**) erfolgreich angegangen werden. Eine Überdosierung kann aber zu Thrombosen führen. Dicumarinunverträglichkeit kann durch **I** gut beseitigt werden. (Münchener med. Wschr. **94**. 2185—89. 24/10. 1952. Hamburg, Krankenhaus Heidberg.) REICHLE. 4574

**W. D. Brown,** *Einige Wirkungen von Antikoagulantien und Protamin auf die endogene Lipämie der Schwangerschaft.* Vf. untersucht die Wirkungen von Antikoagulantien, *Heparin* (I) u. *Dextransulfat* (II), u. *Protamin* (III) auf die endogene Lipämie (L) der Schwangerschaft an der Ratte. Die sichtbare L wird durch I in vivo, nicht aber in vitro aufgehoben. Dabei können die Plasmafettsäuren um mehr als 200 mg-% abfallen. Der Abfall tritt auch im Gesamtblut auf. II zeigt nicht diese Wirkungen. Auch III bleibt ohne Einfl. auf die sichtbare L u. auf den Gesamtfettsäuregeh. des lipäm. Serums. Nach Behandlung von schwangeren Tieren mit I u. II besteht keine einfache Beziehung zwischen ihrer Wrkg. hinsichtlich verlängerter Gerinnungszeit u. Verminderung der Serumfettsäuren u. sichtbaren L der Schwangerschaft. Ein starker Nd. kann sich nach Injektion von I u. II im Serum, Plasma oder Gesamtblut von schwangeren Ratten bilden. Sein Auftreten ist nicht unbedingt gebunden an das der endogenen L; der Nd. enthält Lipoid. (Quart J. exp. Physiol. cognate med. Sci. **37.** 119—29. Aug. 1952. Birmingham, Med. School, Dep. of Pharmacol.) KÖNIGSDORF. 4574

**D. Bagdy, M. Gerendás, L. Winter** und **T. Benedek,** *Experimentelle und klinische Anwendung der aus Rinderplasma hergestellten Fibrinprodukte.* 2. Mitt. *Die Eigenschaften des Fibrinpulvers und seine Verwendung als Thrombinvehikel zur Blutstillung* (*Tierversuche*). (1. vgl. C. **1952. 6556.**) Das aus *Fibrin* (I)-Schaum hergestellte I-Pulver ist ein wertvolles *Thrombin* (II)-Vehikel. Sowohl bei einer Modellwunde als auch bei experimentellen flächigen Organwunden bei Hunden u. Hasen erwies sich das I–II-Pulvergemisch als fähig, arterielle u. parenchymatöse Blutungen schnell zu stillen. Die Resorption erfolgte nach 15—20 Tagen. (Zbl. Chirurg. **77.** 848—52. 1952. Budapest, Pharmakoindustrielle Forschungsanst., u. Univ., I. Chirurg. Klinik.) KRUSEN. 4574

**J. Julliard, B. Maupin, R. Chary, R. Theilleux, P. Nau** und **A. Loverdo,** *Transfusion von mit Radiophosphor markierten menschlichen Leukocyten und Blutplättchen beim Kaninchen.* Menschenblut wurde in vitro mit Radiophosphor ($^{32}P$) markiert, alsdann wurden die Leukocyten u. Blutplättchen abgetrennt u. Kaninchen injiziert. 30 u. 45 Min. nach der Injektion wurden die einzelnen Organe der Tiere auf ihre Radioaktivität hin untersucht. Nach Leukocyteninjektion wiesen die Lunge, bezogen auf 1 g Organ, u. die Leber, bezogen auf das ganze Organ, die größte Radioaktivität auf. Nach Blutplättcheninjektion wiesen die Milz, bezogen auf 1 g Organ, u. die Leber, bezogen auf das ganze Organ, die größte Radioaktivität auf. Nach Injektion von $^{32}P$ allein wurde keine selektive Fixation des radioakt. P gefunden. Die Radioaktivität der Leber war etwas höher als die des zirkulierenden Blutes. (C. R. Séances Soc. Biol. Filiales **146.** 211—14. Febr. 1952. Serv. central de Transfusion-Réanimat. de l'Armée, u. Inst. nat. d'Hyg.) W. BRANDT. 4576

**Ja. D. Skatin,** *A-Avitaminose der Küken.* Bei aufgetretener A-Avitaminose bei Hühnern erwiesen sich die Eier als biol. minderwertig. Es wird über Maßnahmen zur Behebung der A-Avitaminosen berichtet. (Ветеринария [Tierheilkunde] **29.** Nr. 8. 41—42. Aug. 1952. Saratow, Veter. Bakteriol. Labor.) BURGHARDT. 4587

**I. W. Jakuschewa,** *Einfluß der Nicotinsäure auf den Charakter der plethysmographischen Kurve.* Nach Einspritzung von 50 mg Nicotinsäure (I) in die linke Cubitalvene wurde festgestellt, daß I in 2 Phasen wirksam wird. Die 1. Phase, die bis zu einer halben Min. dauert, äußert sich im Absinken des arteriellen Druckes u. in einer Abnahme der Oscillation der plethysmograph. Kurve. In der 2. Phase (5—7 Min.) nehmen die Wellen der 1. Ordnung einen klareren Charakter an, die Atmungswellen (2. Ordnung) verdichten sich, die zentralen Wellen (3. Ordnung) werden seltener u. verschwinden in einigen Fällen ganz. Die Paralellität der Plethysmogramm- u. Kymogrammdaten weist darauf hin, daß I am zentralen Nervensyst. angreift. Das Fehlen einer Nullkurve in einzelnen Fällen läßt auf eine stärkere Störung des zentralen Nervensyst. schließen. (Клиническая Медицина [Klin. Med.] **30.** (**33.**) Nr. 8. 78—81. Aug. 1952. Leningrad, Inst. für Ärztefortbldg., 1. Lehrstuhl für Therapie.) BURGHARDT. 4587

**Yves Raoul,** *Folsäure.* Ausführliche Literaturübersicht über Entdeckung, Chemie, Physiologie u. Klinik der *Folsäure* (*Pteroylglutaminsäure*) sowie über deren Formyltetrahydroderiv., den *Citrovorumfaktor* (*Folinsäure*). — 208 Literaturangaben. (Produits pharmac. **7.** 449—55. Juli. 496—503. Aug. 1952. Paris, Fac. de Pharm.) IPPEN. 4587

**Otto Hövels,** *Der Einfluß der Ernährung auf den Erfolg der Rachitisprophylaxe.* Die Wirksamkeit der bei Kleinkindern zur antirachit. Prophylaxe angewandten Mittel (UV-bestrahlte Vollmilch, Vigantol) wird an Hand einer klin. Statistik besprochen, wobei sich ergibt, daß die Wrkg. dieser Mittel zum Teil durch ungeeignete Ernährung wieder zunichte gemacht wird. Dabei spielen nach der Statistik des Vf. gewisse Cerealien eine Rolle, die einen gewissen Geh. an *Phytinsäure* aufweisen (bes. Hafermehl), deren

Anwesenheit zur Bldg. von schwerlösl. Calciumphytat führt u. dadurch die Resorption des Ca im Verlauf des Stoffwechsels unterbindet. (Strahlentherapie **86.** 282—87. 1952.) REUSSE. 4587

**J. A. Wakelam,** *Vitamin $B_{12}$ und Antibiotica in der Tierernährung.* Übersicht über Vork., Eigenschaften u. Wirkungsweise von Antibioticis u. Vitamin $B_{12}$ in der Tierernährung. (Manufact. Chemist **23.** 375—78. Sept. 1952.) REISS. 4589

**M. I. Wsjakich,** *Einfluß der Kobaltzufütterung auf die Entwicklung von Schafen der Romanow-Zucht.* Die Zufütterung von *$CoCl_2$* (I) an Schafe wirkt sich günstig auf die Fleisch- u. Fettbldg. aus. Die Gewichtszunahme lag bei I-Gaben um 24% höher als bei der Kontrolle. Bei trächtigen Schafen war die I-Zufütterung auf die Entw. der Lämmer günstig. Die inneren Organe waren bei den Versuchstieren besser entwickelt als bei der Kontrolle. (Советская Зоотехния [Sowjet. Tierhaltung] **7.** Nr. 10. 92—93. Okt. 1952.) BURGHARDT. 4589

**R. W. Gee,** *Kupfer- und Kobaltmangel bei Rindern und Schafen.* Pathologie des Cu- u. Co-Mangels bei Rindern u. Schafen sowie dessen Therapie. (J. Dep. Agric., Victoria **50.** 309—11. 318. Juli 1952.) WINIKER. 4589

**P. H. Schulitz,** *Mehrfach ungesättigte Fettsäuren als lipotrope Wirkstoffe.* Übersicht. — 46 Literaturangaben. (Pharmazie **7.** 9—13. Jan. 1952. Hamburg-Wandsbek, Allg. Krankenhaus Barmbek.) KRUSEN. 4589

**K. Täufel,** *Ernährungsphysiologie und Lebensmittelchemie.* Grundsätzliche Betrachtungen. (Pharmazie **7.** 1—5. Jan. 1952. Potsdam-Rehbrücke, Inst. für Ernährungsforsch.) KRUSEN. 4589

**Nora L. Larson** und **Lawrence E. Carpenter,** *Die fäcale Ausscheidung von Aureomycin durch das Schwein.* Es wird angenommen, daß die durch Antibiotica verursachte Wachstumsförderung durch Beeinflussung der Darmflora zustande kommt. Da diese Wrkg. auch bei intraperitonealer Zufuhr solcher Stoffe auftritt (vgl. CARPENTER, C. **1951.** I. 1897) wurden bei Ferkeln vergleichende Unterss. über die Ausscheidung von *Aureomycin* (I) nach oraler oder intraperitonealer Zufuhr durchgeführt (14 Tage 160 mg I täglich). Bei beiden Arten der I-Zufuhr wurde I in den Fäces ausgeschieden (wahrscheinlich durch die Leber über die Galle). Das Maximum der I-Ausscheidung wurde bei Injektion in 73 Std. erreicht, bei Zufuhr per os in 48 Stunden. (Arch. Biochem. Biophysics **36.** 239—40. März 1952. Austin, Univ. of Minnesota, Hormel Inst.) SCHWAIBOLD. 4594

**K. Peter Eymer,** *Untersuchungen zum Fructosestoffwechsel während der Schwangerschaft.* Durch Belastung des Stoffwechsels gesunder Schwangerer mit Fructose u. nachfolgende Best. von Fructose, Glucose u. Gesamtred. wird ermittelt, daß sowohl im Frühstadium als auch gegen Ende der Schwangerschaft die Fähigkeit der Leber, aus Fructose *Glykogen* zu bilden, mehr oder minder stark herabgesetzt sein kann. Post partum ist in allen untersuchten Fällen eine verminderte Glykogenese festzustellen. Umfassende Behandlung der bereits vorliegenden Literatur über den Fructosestoffwechsel. (Arch. Gynäkol. **181.** 311—24. 1952. München, Univ., II. Med. Klinik.) BAUMANN. 4596

**Ray L. Watterson,** *Entwicklung des Glykogenkörpers des Hühnerrückenmarks.* (Vgl. Anatom. Rec. **106.** [1950.] 315 u. **109.** [1951.] 387.) Vf. untersucht die ersten Stadien in der Entw. des Vogelglykogenkörpers. Durch Sichtbarmachung der glykogenbildenden Zellen mit BESTs Carmin (geringer Glykogengeh. bewirkt Rosafärbung, großer Rotfärbung) wird nachgewiesen, daß der Glykogenkörper ursprünglich paarig angelegt ist. Erst nach schrittweiser Verschmelzung entsteht ein einheitlicher Körper. (Anatom. Rec. **113.** 29—51. Mai 1952. Evanston, Ill., Northwestern Univ., Biol. Sci.) NIESWANDT. 4596

**Ja. A. Epstein** und **G. W. Muchá,** *Der Phosphorumsatz in der salzsäurebildenden Schleimhaut des Magens.* Die Verss. wurden an der in Ringer + Glucose überlebenden Magenschleimhaut des Frosches durchgeführt (an Kaninchen u. Katzen läßt sich die sekretor. Tätigkeit wegen autolyt. Veränderungen nicht verfolgen). Die Menge der anorgan. Phosphate bleibt in der arbeitenden Schleimhaut über 4 Std. unverändert, während die Adenosintriphosphorsäure (I) sowie die schwer hydrolysierbaren Phosphate deutlich abnehmen. In der arbeitenden Magenschleimhaut ist der Geh. an I etwas höher als in der nichtarbeitenden oder atropinisierten. KCN u. Dinitrophenol legen die HCl-Sekretion still u. red. den I-Geh. auf die Hälfte, auch NaF hemmt die Sekretion, beeinflußt jedoch den I-Geh. nicht. Eine Abnahme des I-Geh. erzielt man auch durch Vagotomie. Alle Umstände, die eine oxydative Phosphorylierung verhindern, hemmen demnach die HCl-Sekretion. (Биохимия [Biochemie] **17.** 392—402. Juli/Aug. 1952. Leningrad, Inst. für exp. Med. der Akad. der med. Wiss. der UdSSR. Abt. für Biochemie.) RENTZ. 4596

**Helge Berggren** und **Ivar Cederberg,** *Die durchscheinende Zone im Dentin. Eine radioautographische Untersuchung.* An Hamstern u. Albinoratten haben Vff. gezeigt, daß die Permeabilität der durchscheinenden Zone im Dentin mittels injiziertem $^{32}P$ autoradiograph. geprüft werden kann. Durch entsprechende Diät während 6 Wochen wurde vorher eine Caries erzeugt. Die Aufnahmen zeigen, daß in der durchscheinenden Zone mehr $^{32}P$ aufgenommen wird als in deren Umgebung. (Ark. Fysik **4.** Nr. 41. 565—71. 1952. Stockholm, Roy. School of Dent., Dep. of Operat. Dent.) REUSSE. 4596

---

W. A. Selle, Body temperature: its changes with environment, disease and therapy. Springfield, Ill.: C. C. Thomas. 1952. (119 S. m. Abb.) $ 3,50.

## E6. Pharmakologie. Therapie. Toxikologie. Hygiene.

**A. Sénégas** und **H. Pourquier,** *Überblick über die Wirkung von Röntgenstrahlen und gewissen mitotischen Giften auf die Zellteilung.* Die verschied. Stadien der Zellteilung (Prophase, Metaphase, Anaphase u. Telophase) werden zusammenfassend beschrieben, ebenso die Alterationen des Zellteilungsmechanismus durch Röntgenbestrahlung. Ferner werden die sogenannten radiomimet. Stoffe, bes. *Yperit, Trypaflavin, Cortison* u. *Urethan,* mit ihren Einflüssen auf den Zellteilungsprozeß behandelt. Im Fall der Röntgenbestrahlung halten Vff. eine prim. Wrkg. auf die Ribonucleinsäure, im Fall der tox. wirkenden Radiomimetica einen noch ungeklärten Einfl. auf die Zellfermente für die ausschlaggebenden Vorgänge bei der gestörten Zellteilung. (Montpellier méd. [3] **41/42. (95.)** 614—19. Aug. 1952.) REUSSE. 4601

**B. Spargo, J. R. Bloomfield, D. J. Glotzer, E. Leiter Gordon** und **O. Nichols,** *Die histologischen Wirkungen langdauernder Ganzkörperbestrahlungen mit γ-Strahlen bei Mäusen.* Verschied. Gruppen von Mäusen beiderlei Geschlechts wurden in bes. konstruierten Boxen langdauernder γ-Bestrahlung (täglich 8 Std.) ausgesetzt. Als Bestrahlungsquelle diente eine Kapsel aus 0,5 mm starkem Pt (40mal 6,4 mm) mit $RaSO_4$ mit einem Strahlungsäquivalent von 992,5 mg Ra. Die Tiere wurden in zeitlichen Abständen von 2—16 Monaten nach Behandlungsbeginn getötet u. histolog. untersucht. Nach einer mittleren Tagesdosis von 1,1 r zeigten nur Ovar u. Thymus histolog. Effekte. Nach 6 Monaten traten primitive Ova u. Variationen der Ovarstruktur in Erscheinung, in der Thymusdrüse wurden Mastzellen beobachtet, nach 10 Monaten eine Abnahme der Lymphocyten. Nach Tagesdosen von 4,4 r traten die genannten Erscheinungen früher auf, nach 10 Monaten zusätzlich degenerative Effekte an den Testes; Mastzellen erschienen nach 10 Monaten in der Milz u. im Knochenmark. Bei 8,8 r täglicher Dosis wurden auch die Lymphdrüsen beeinflußt, die bei geringeren Dosen beobachteten Effekte traten früher auf. Gesteigerte Erythropoiese in der Milz erschien nach 6 Monaten. Abnahme der Spermatogenese wurde nach 2 Monaten beobachtet. Die Mastzellengenese trat in solchen Fällen zurück, bei denen Lymphome in der Thymus, der Milz u. dem Knochenmark erschienen. Ferner konnte eine gewisse Anämie u. definierte Lymphopenie im Blutbild in den späteren Stadien nachgewiesen werden. (J. nat. Cancer Inst. **12.** 615—55. Dez. 1951. Chicago, Ill., Univ., Dep. of Anatomy, u. Inst. of Radiobiol. and Biophys., u. Argonne Nat. Labor.) REUSSE. 4601

**Joanne Weikel Hollcroft** und **Egon Lorenz,** *Die 30 Tage-$LD_{50}$ von zwei Strahlungen unterschiedlicher Ionendichte.* Vff. diskutieren die biol. Wrkg. ionisierender Strahlen unter dem Gesichtspunkt der unterschiedlichen Ionendichte. In einem Vergleichsexperiment werden ♀ Mäuse in vivo einer Bestrahlung mit α-Strahlen u. einer solchen mit Röntgenstrahlen ausgesetzt. Die erste Gruppe erhielt Injektionen mit einer Lsg. von *RaA* u. *RaC'* im Gleichgewicht mit *Rn* u. den kurzlebigen *RaB* u. *RaC* (0,013—0,017 mC/g bzw. 33 800—44 200 erg/g). Die zweite Gruppe wurde mit 480—645 r Röntgenstrahlung behandelt (44 600—60 000 erg/g, 186 kVs, 70 mA, FHA 164 cm). Die Unters. der 30 Tage-Letalität zeigte, daß die Integraldosis zur Erzeugung einer 50%ig. Letalität nach 30 Tagen für die Röntgenstrahlen um den Faktor 1,42 größer sein muß als bei α-Strahlen. Der Befund wird eingehend diskutiert, wobei auch die Aktivitätsverteilung der α-Strahler im Körper der Versuchstiere in die Betrachtungen einbezogen wird. — 18 Literaturhinweise. (J. nat. Cancer Inst. **12.** 533—44. Dez. 1951. Bethesda, Md., Nat. Cancer Inst.; Chicago, Ill., Argonne Nat. Labor., Div. of Biol. and Med. Res.) REUSSE. 4601

**E. Thibaud** und **H. Pourquier,** *Zur Therapie mit Radioisotopen.* Zusammenfassender Bericht unter besonderer Berücksichtigung von $^{131}J$ u. $^{32}P$. (Montpellier méd. [3] **41/42, (95.)** 604—13. Aug. 1952.) REUSSE. 4601

**Lamarque, Thibaud** und **Pourquier,** *Klinische Anwendung von radioaktivem Jod ($^{131}J$) im C.A.C. de Montpellier.* Vff. bringen einen Erfahrungsbericht über die diagnost. Verwendung von $^{131}J$ bei 70 u. die therapeut. Applikation bei 24 Patienten mit Störungen an der Schilddrüse. Diagnost. wurde die Geschwindigkeit der Abscheidung des Präp. durch den Harn ausgewertet, die bei Hypothyreosen höher u. bei Hyperthyreosen niedriger liegt. Die durch GEIGER-Zähler feststellbare Ablagerung in der

Schilddrüse erlaubt ebenfalls eine diagnost. Differenzierung. In therapeut. Hinsicht wurden gute Resultate bei Hyperthyreosen u. Carcinomen an der Schilddrüse erzielt. (J. Radiol. Électrol. Arch. Électr. méd. **33.** 463—66. 1952.) REUSSE. 4601

**Werner Hellriegel** und **Waltraud Keudel**, *Über die Behandlung der Strahlendermatitis mit azulenhaltiger Salbe.* Die verschied. Stufen der Radiodermatitis werden beschrieben u. es wird über Verss. zur Beeinflussung dieses Strahleninsultes mittels Salben berichtet. An Hand mehrerer Krankengeschichten wird dann gezeigt, daß mit *Azulon-Salbe* (*1-Isopropyl-5-methylazulen* mit Vaselin–Lanolin; CHEMIEWERK HOMBURG A.G.) strahlengeschädigte Hautpartien bei 24std. Auflage der Salbe entzündungsfrei werden. Die antiphlogist. Wrkg. der Salbe ist bes. dann angezeigt, wenn langdauernde Bestrahlungsserien ohne die durch Dermatitiden erzwungenen Unterbrechungen durchgeführt werden sollen. (Strahlentherapie **86.** 241—48. 1952. Frankfurt/M., Univ., Röntgeninst.) REUSSE. 4601

**Bertil Josephson**, *Der Mechanismus der Ausscheidung renaler Kontrastmittel.* Der Mechanismus des renalen Flüssigkeitsstoffwechsels wird erläutert. Im Anschluß daran wird die Abscheidung der für Kontrastaufnahmen eingebrachten Kontrastmittel (*Umbradil, Diodrast*) über die Nieren dargestellt. In den Glomeruli der Nieren wird das Plasma filtriert, neben anderen Stoffen werden jedoch die Kontrastsubstanzen auch vom Epithel der Tubuli abgefiltert. Auf Grund dieses Mechanismus wird die Urographie eingehend diskutiert, wobei Tierverss. u. Beobachtungen am kranken u. gesunden Menschen in die Beobachtung einbezogen werden. (Acta radiologica [Stockholm] **38.** 299—306. Okt. 1952. Stockholm, St. Eric's Hosp., Central Clinical Labor.) REUSSE. 4601

**A. Perroy, R. Besson** und **Heitz**, *Spätfolgen einer Arteriographie mit kolloidalem Thoriumoxyd.* Verschied. klin. nicht deutbare Störungen im Befinden eines Patienten konnten durch sorgfältige Messungen mit dem GEIGER-Zählrohr als Spätfolge einer 15 Jahre zurückliegenden Injektion von koll. *Th* gedeutet werden. Vff. nahmen den Fall zum Anlaß, allg. Bemerkungen über die Verträglichkeit radioakt. Stoffe, wie sie für Diagnostik u. Therapie angewandt werden, zusammenzustellen. (J. Radiol. Électrol. Arch. Électr. méd. **33.** 388—92. 1952.) REUSSE. 4601

**Jacques Mercier** und **Charles Lespagnol**, *Untersuchungen über die krampfhemmenden Eigenschaften von Apocoffein. Apocoffein* (**I**; aus Coffein, HCl u. $KClO_3$) hat keine krampfhemmenden Eigg. (Verss. an weißen Ratten mit Elektroschock u. Pentetrazol [= Pentamethylentetrazol]), die auf Grund seiner Struktur erwartet werden könnten: das **I**-Mol. enthält, verbunden durch ein gemeinsames C-Atom, das *Oxazolidin-2.4-dion-* u. *Hydantoin-*Gerüst. Jede Komponente für sich wirkt krampfhemmend. (C. R. Séances Soc. Biol. Filiales **146.** 744—47. Mai 1952. Marseille u. Lille, Fac. mixtes de Méd., Labor. de Pharmacodynam. et de Pharm. chim. et Chim. organ.) DAUTZENBERG. 4607

**David B. Hurlbut** und **James M. Dille**, *Die Wirkung von Nisentil auf die intrauterinen Atmungsbewegungen des Kaninchenfötus.* Vff. untersuchten an trächtigen Kaninchen wenige Tage vor der Geburt die Wrkg. von *Nisentil* = *NU 1196* auf die Atmungsbewegungen der Föten. Genaue Beschreibung der Versuchsanordnung. Dosen von unter 5 mg/kg Körpergewicht bewirken Senkung, Dosen von 5—10 mg/kg Aufhebung der Atmung für kurze Zeit. Gaben über 10 mg töten die Mutter. Das Absinken der fötalen Atmungsbewegungen geht parallel dem Absinken der mütterlichen Atmungsrate einher u. wird als Effekt der analget. Wrkg. auf den Fötus angesehen. (Anesthesiology **13.** 71 bis 76. Jan. 1952. Seattle, Wash.) BÖHM. 4607

**H. Schmitt, A. Pelou** und **M. Pesson**, *Über einige Phenoxyisopropylamine.* Pharmakol. Unters. an Phenoxyisopropylaminen. Die Substanzen wirkten teils adrenolyt. (a), teils auf den Blutdruck (b), teils hatten sie Nicotinwrkg. (c). Folgende substituierte Isopropylamine (vgl. POLONOVSKI, PESSON u. BEDEDEU, C. R. Acad. Sci. **233.** [1951.] 1120) wurden geprüft: *β-Phenoxy-* (c), *N-Methyl-β-phenoxy-* (c, a), *N.N-Dimethyl-β-phenoxy-* (c), *Jodmethylat von N.N-Dimethyl-β-phenoxy-* (c), *N-Äthyl-β-phenoxy-* (c), *N-Oxyäthyl-β-phenoxy-* (a), *N.N-Diäthyl-β-phenoxy-* (a), *N-Isopropyl-β-phenoxy-* (a), *N-Pentamethylen-β-phenoxy-* (a), *Jodmethylat von N-Pentamethylen-β-phenoxy-* (b), *N-Cyclohexyl-β-phenoxy-* (b), *N-Methyl-N-cyclohexyl-β-phenoxy-* (b), *Jodmethylat von N-Methyl-N-cyclohexyl-β-phenoxyisopropylamin* (b). (C. R. Séances Soc. Biol. Filiales **146.** 214—16. Febr. 1952.) W. BRANDT. 4607

**M. N. Pokrowskaja**, *Versuch zur Anwendung von Disulformin bei der Behandlung von Dysenterie bei Erwachsenen. Disulformin* (**I**) ist ein neues Sulfonamidpräp., das bei schwach alkal. Rk. des Darmes kleine Mengen Formaldehyd abspaltet. Bei jeder Behandlung erhielten die Kranken durchschnittlich 24,6 g **I** innerhalb von 4—5 Tagen. — Es handelte sich hauptsächlich um mittelschwere Fälle. Die Prüfung mit 2 Serien von **I** (verschied. Art der Trocknung) ergab befriedigende Resultate. Der Stuhl wurde bis zum 6. Tage bei

53,9% bzw. 77,8% der Kranken (gegenüber 65,5% mit Disulfan) normal. Nebenerscheinungen wurden nicht beobachtet. (Клиническая Медицина [Klin. Med.] **30.** (**33.**) Nr. 5. 54—58. Mai 1952. Swerdlowsk, Med. Inst., Klinik für Infektionskrankheiten.) DU MANS. 4610

**J. H. Thomas,** *Ein Fall rezidivierender Gelbsucht nach PAS.* Beschreibung eines Falles von Gelbsucht nach *Streptomycin-* u. *PAS*-Therapie, wobei ein Rezidiv nach fast 1 Jahr therapiefreiem Zwischenraum nach erneuter Medikation auftrat. Bei Unverträglichkeitserscheinungen von PAS sollte bes. der Leber Beachtung geschenkt werden, da vermutet wird, daß PAS nicht so harmlos ist, wie angenommen wird. (Tubercle **33.** 329—31. Nov. 1952. Swansea, Chest Clinic, Glantawe Hosp.) BÖHM. 4610

**A. S. Ssorkin, W. Je. Rakint** und **O. W. Iwanowa,** *Versuch zur Anwendung des Natriumsalzes von p-Aminosalicylsäure (PAS) bei Knochen- und Gelenktuberkulose.* Patienten erhielten 4—5mal täglich je kg Körpergewicht 0,2—0,25 g (*PAS*) (I) (insgesamt 600—1000 g). Bei 57,4% der Patienten trat eine Besserung des Allgemeinzustandes u. der Knochen- u. Gelenktuberkulose ein. Bei 38,6% wurde kein Effekt u. bei 4% eine Verschlimmerung beobachtet. Bes. günstig auf die Heilung der kalten Abscesse wirkt I, wenn neben dem per os verabreichten I die Absceßhöhlen period. entleert werden. Die Fisteln schließen sich besser, wenn die I-Behandlung per os mit der Spülung der Fisteln mit einer 10%ig. I-Lsg. kombiniert wird. Auf die Lungentuberkulose übt I keine Wrkg. aus. Die Kurmenge von I darf nicht weniger als 300 g u. nicht mehr als 1000 g betragen. (Клиническая Медицина [Klin. Med.] **30.** (**33.**) Nr. 8. 66—69. Aug. 1952. Moskau, Städt. Wiss. Forschungsinst. für Tuberkulose; Eupatoria, Sanator. „Proletarier" des Gesundheitsminist. der UdSSR.) BURGHARDT. 4610

**A. N. Wosnessenski,** *Die Behandlung von tuberkulösen Erkrankungen der Atmungsorgane und des Ohres mit p-Aminosalicylsäure allein und zusammen mit Streptomycin.* 120 Patienten mit verschied. Formen der Tbc der oberen Luftwege wurden mit p-Aminosalicylsäure (I), 120 weitere mit I in Kombination mit Streptomycin (II) behandelt. I erhielten die Patienten ½ Std. vor dem Essen 4mal täglich, in der 1. Woche 6 g täglich, allmählich ansteigend bis zu 12—18 g (2 g pro 10 kg Körpergewicht). Dauer der Behandlung 2—3 Monate. Gesamtverbrauch von I 1 kg. II wurde intramuskulär morgens u. abends zu 0,25 g verabreicht (insgesamt 2—20 g). Der Allgemeinzustand der Patienten war bei I + II schlechter als bei I. Heilung mit I in 22,5%, mit I + II in 23,4% der Fälle. I ist indiziert bes. bei produktiven, ulcerösen u. infiltrativen chron. Formen der Tbc, I + II bes. bei hohen fibrilen u. subfibrilen Tempp., schweren Intoxikationen u. Dysphagien 3. Grades. Bei exsudativen akuten u. subakuten Formen der Tbc empfiehlt Vf. die Behandlung mit II allein (40—60 g). Er erzielte damit klin. Heilung in 40% u. wesentliche Besserung in 16,4% der Fälle. (Вестник Ото-Рино-Ларингологии [Nachr. Oto-Rhino-Laryngol.] **14.** Nr. 6. 48—55. Nov./Dez. 1952. Moskau, Wiss. Gebiets-Forschungsinst. für Tbc.) RENTZ. 4610

**E. Lorenz, W. Falk** und **H. Kaloud,** *Die Wirkung der Thiosemicarbazone auf das nephrotische Syndrom im Kindesalter.* 1. Mitt. Vorläufiger Bericht über die Wrkg. des Thiosemicarbazons *TB I* (*Conteben*) beim nephrot. Syndrom im Kindesalter. Behandelt wurden 3 primäre Lipoidnephrosen u. 2 sek. Nephrosen, wobei rasche Ausschwemmung des Ödems bei Besserung des subjektiven Allgemeinbefindens, günstige Beeinflussung des Serumchemismus, langsame Besserung der stark beschleunigten BKS, deutliche Abnahme der Harneiweißwerte festgestellt wurden. TB I wirkt höchstwahrscheinlich nicht kausal, sondern vorwiegend symptomatisch. (Mschr. Kinderheilkunde **100.** 315—19. Juli 1952. Graz, Univ., Kinderklinik.) K. BÖHM. 4610

**G. Blaurock,** *Zur Chemotherapie der Tuberkulose.* 2. Mitt. *Tuberkulostase durch Isonicotinsäurehydrazid.* (1. vgl. C. **1951.** I. 1037.) Durch Auffindung weiterer TB-Stämme mit prim. erhöhter Resistenz u. Unterss. über die sek. Resistenzsteigerung während bzw. nach der Therapie soll in vorausschauender Weise die erfolgreiche Handhabung der *Isonicotinsäurehydrazid*-Therapie gewährleistet werden. (Dtsch. Gesundheitswes. **7.** 941—43. 24/7. 1952. Mühlhausen/Thür., Zentralstelle für Hyg., Bakt. Abt.) LOCH. 4610

**E. G. Sita Lumsden** und **J. A. F. Swoboda,** *Isoniazid in der Behandlung der Lungentuberkulose.* Bericht über 70 Patienten, die mit *Isoniazid* (*Isonicotinsäurehydrazid*; I) behandelt wurden. Durchschnittsdosis 4—6 mg/kg für 3 Monate. Bei 60 Patienten wurde subjektive Besserung, bei 56 Gewichtszunahme festgestellt. Günstige Wrkg. auf das Fieber bei Wiederkehr des Appetites, der Körperkräfte u. des Wohlbefindens. Bei fast allen Patienten Abnahme des Hustens u. der Sputummenge. Bei 22 von 41 Fällen wurde das Sputum nach 3 Monaten Behandlung negativ. Ernsthafte tox. Wirkungen wurden nicht beobachtet, bei 5 Patienten trat in der ersten Zeit der Behandlung Haemoptoe auf. I sollte nicht länger als 8 Wochen gegeben werden, da Resistenz auftreten kann. Die gegenwärtigen

Indikationen sind: Ersatz für Streptomycin (**II**) bei der Behandlung der Tbc u. der tuberculösen Laryngitis, bei Versagen von **II** infolge Resistenz oder Unverträglichkeit oder bei Unverträglichkeit von PAS, in Verbindung mit anderen Mitteln bei Patienten mit stärkerer Toxicaemie. (Tubercle **33.** 322—29. Nov. 1952. Southend-on-Sea, Bramptom Hosp., Metropol. Region. Hosp.) K. BÖHM. 4610

**L. G. Goodwin,** *Die Chemotherapie der Tropenkrankheiten.* 2. Mitt. *Durch Rickettsien, Bakterien, Spirochäten und Würmer verursachte Krankheiten.* (1. vgl. C. **1952.** 5609.) Übersicht mit 199 Literaturangaben. (J. Pharmacy Pharmacol. **4.** 601—14. Sept. 1952. London, Wellcome Labors. of Tropical Med.) SCHLOTTMANN. 4610

**Werner Volta,** *Titeränderungen der Wassermannschen Reaktion unter der Behandlung der Syphilis mit Salvarsan oder Penicillin.* Bei Lues I—II u. II wird der durch quantitative WASSERMANN-Rk. ermittelte Titer durch *Salvarsan* günstiger beeinflußt als durch *Penicillin.* Bei mit Salvarsan behandelter seroresistenter Lues latens mit niedrigem Anfangstiter ist Penicillin erfolgversprechend. In anderen Fällen gestattet die Höhe des Anfangstiters keine Rückschlüsse auf die Prognose. Titerstürze sind während der Behandlung einer Lues latens sehr selten. (Z. Haut- u. Geschlechtskrankh. **13.** 270—75. 1/11. 1952. Hamburg, Allg. Krankenh. St. Georg, Hautabt.) FISCHOEDER. 4610

**Kjeld Bülow, Paul Søbye** und **Henning O. Juncher,** *Die Behandlung von Syphilis mit Penicillin in Verbindung mit Wismut und Salvarsan. Penicillinkonzentrationen im Plasma in Gegenwart von Wismut und Arsen.* Beschreibung von Verss. in vitro zur Erfassung des Einfl. von *Bi* u. *As* auf *Penicillin* (**I**)-Lsgg., verwendet wurden $Bi(NO_3)_3 \cdot 5\,H_2O$ u. $As_2O_3$, Temp. 20°, $p_H$ 6,5; dieser Lsg. wurden $10^3$ E. **I**/ml zugefügt. Ein Einfl. von *As* u. *Bi* auf die Abnahme der **I**-Konz. innerhalb von 24 Std. wurde nicht festgestellt, ebenso konnte bei Plasmaunterss. kein Einfl. von *Bi* u. *As* auf den Blutspiegel festgestellt werden. Verss. an einigen Patienten, deren **I**-Konz. nach **I**-Injektion allein u. 2 Tage später nach einer Kombinationsinjektion bestimmt wurde, ergaben keinen signifikanten Unterschied, woraus der Schluß gezogen wird, daß bei Syphilis Kombinationskur mit **I** + *As* bzw. *Bi* durchaus indiziert ist. (Acta dermato-venereol. [Stockholm] **32.** Suppl. 29. 75—79. 1952. Copenhagen, Rigshosp., u. Novo Terap. Labor A/S.) DOSSMANN. 4611

**M. A. Rosentul, K. R. Asstwatzaturow, L. I. Sacharowa, O. D. Bassowa** und **Je. M. Trofimowa,** *Arsenfreie Behandlung Syphiliskranker mit Penicillin und Wismut.* 109 Syphiliskranke, die aus verschied. Gründen kein As erhalten durften, wurden nur mit Penicillin (**I**) in Kombination mit Bi (**II**) behandelt, wobei man Resultate erzielte, die denen nach Behandlung mit **I** + **II** + As (wie seit 1949 üblich) in nichts nachstanden. Je nach Schwere des Falles mußte jeder Patient 1—3 **I**-Kuren u. 2—5 **II**-Kuren durchmachen (60000—80000 I.E. **I** pro kg zu 40000 I.E alle 3 Std., insgesamt 3600000 bis 4800000 I.E., danach 50 g Biochinol zu 1,25 g täglich, später 20 cm³ Bismoverol zu 1 cm³ täglich, dann alle 2—3 Tage). (Вестник Венерологии и Дерматологии [Nachr. Venerol. Dermatol.] **1952.** Nr. 5. 31—33. Sept./Okt. Zentralinst. für Ärztefortbldg., Lehrstuhl für Haut- u. Geschlechtskrankh.) RENTZ. 4611

**Thomas Anderson,** *Die neueren Antibiotica bei Infektionen der Atemwege.* Besprochen werden Infektionen a) der oberen Atemwege, b) in Kehlkopf u. Luftröhre, c) Bronchitis, d) Pneumonie, e) Keuchhusten. Bei a) ist *Penicillin* (**I**) das Mittel der Wahl; b) der Erreger Staph. aureus ist häufig **I**-resistent; da gewöhnlich Mischinfektionen vorliegen, ist Therapie mit *Chloramphenicol* (**II**), *Aureomycin* (**III**) oder *Terramycin* angezeigt; bei c) ist **I** indiziert bei Exacerbation, nicht bei chron. Fällen; d) wirksamste Behandlung mit **I**; e) beste Erfolge mit **II** u. **III**. (Practitioner **169.** 589—95. Dez. 1952. Glasgow, Univ., Dep. of Infections Diseases.) DOSSMANN. 4611

**A. A. Laptew, M. Je. Bumashnaja** und **M. Je. Feklissowa,** *Die Behandlung Pneumoniekranker mit Penicillin.* Pneumoniekranke (sulfonamidresistente Formen der kruppösen u. Herdpneumonie) erhielten je nach Schwere des Falles täglich bis zur Heilung (4—6 Tage lang) 200000—800000 E. Penicillin (**I**) intramuskulär. Die Stoßtherapie erwies sich dabei der Verabreichung in Intervallen (alle 3 Std.) in der Wrkg. als gleichwertig, ist jedoch wegen der geringeren Traumatisierung des Patienten vorzuziehen. Die Erfolge waren sehr gut. Im Gegensatz zu den Sulfonamidpräpp. treten bei der **I**-Therapie keine Nebenwirkungen auf. (Советская Медицина [Sowjet-Med.] **16.** Nr. 11. 21—24. Nov. 1952. Moskau, 1. Med. Inst., Therapeut. Fak. Klinik.) RENTZ. 4611

**A. Ss. Melik-Karamjan,** *Die Behandlung von Lungeneiterungen durch Einführung von Antibioticis in die Lunge.* Kranken, die zuvor mit 20 Millionen E. *Penicillin* (**I**) intramuskulär ohne Erfolg behandelt worden waren, wurden täglich, in leichteren Fällen jeden 2. oder 3. Tag, 400000—600000 E. **I** in 5 ml physiol. Lsg. transpleural verabreicht. Bei tuberkulösen Lungenabscessen wurden **I** u. 250000 E. *Streptomycin* abwechselnd in die perifokale Zone injiziert. Bei 12 von 55 Patienten war die Behandlung erfolglos. Bei lateralen oder sehr ausgedehnten Prozessen empfiehlt Vf. chirurg. Therapie. (Клиническая Медицина [Klin. Med.] **30.** (**33.**) Nr. 7. 23—25. Juli 1952. Taschkent, Med. Inst., Fak. für Sanitätswesen, Hyg. u. Pädiatrie, Therap. Fakultätsklinik.) BURGHARDT. 4611

**A. N. Korganowa** und **E. Ja. Skuin,** *Die Anwendung von Penicillin in der psychiatrischen Kinderklinik.* 21 Kinder mit Gehirnsyphilis u. 37 mit Encephalitiden wurden bei gleichzeitig verabreichter Schonkost mit Penicillin (I) behandelt (200000 E. täglich in 6—8 Portionen intramuskulär bzw. in 3 Portionen subcutan zusammen mit 0,5% Novocain). Gesamtverbrauch für eine Kur 2—3 Millionen E. I. Bei 18 Encephalitikern waren die Erfolge gut. Bei der Gehirnsyphilis kam es wohl zu Besserungen in 17 Fällen, jedoch wurde ein gutes Resultat nur in einem Falle erzielt. Vf. empfiehlt, die I-Therapie bei der Gehirnsyphilis mit der spezif. Therapie zu kombinieren. (Журнал Невропатологии и Психиатрии имени С. С. Корсакова [Korssakow J. Neuropathol. Psychiatr.] **52.** Nr. 10. 68—72. Okt. 1952. Gesundheitsminist. der UdSSR, Psychiatr. Inst.) RENTZ. 4611

**Günter Stüttgen,** *Zur Chemotherapie der septischen Sinusthrombose.* Vf. berichtet über die vollständige Ausheilung einer gegen Sulfonamidbehandlung resistenten sept. Sinusthrombose durch gleichzeitige Gabe von *Thrombocid, Penicillin, Streptomycin, Vitamin C* u. $B_{12}$. (Aerztl. Wschr. **7.** 362—63. 18/4. 1952. Düsseldorf, Med. Akad., Hautklinik.) ZILLIG. 4611

**I. M. Porudominski, F. I. Danski, L. I. Kreingel** und **Ss. N. Tarbejewski,** *Streptomycin in der Therapie der Gonorrhoe bei Männern.* Streptomycin (I), in der einmaligen Dosis von 0,3—0,6 g intramuskulär, erwies sich in 48 von 50 Fällen als effektvolles Mittel zur Behandlung der akuten unkomplizierten Gonorrhoe des Mannes. I ist bes. in penicillinresistenten Fällen angebracht. (Вестник Венерологии и Дерматологии [Nachr. Venerol. Dermatol.] **1952.** Nr. 5. 37—39. Sept./Okt. Gesundheitsminist. der UdSSR, Dermato-Venerol. Zentralinst.) RENTZ. 4611

**G. P. Maher-Loughnan,** *Bemerkung zur angeblichen Toxizität von Dihydrostreptomycin.* Retrospektiv wurde die tox. Wrkg. von *Dihydrostreptomycin* (I) unter besonderer Berücksichtigung der Taubheit untersucht (Krankengeschichten von 2800 Personen mit Lungen-Tbc). Aus den Ergebnissen wird geschlossen, daß der Gebrauch von I bei den in Großbritannien üblichen Dosen (1,0 täglich) keine Gefahr für das Gehör darstellt. (Tubercle **33.** 342—44. Nov. 1952. British Tuberc. Assoc., Res. Committee.) K. BÖHM. 4611

**Paolo Zoboli,** *Über den Chloramphenicolspiegel nach parenteraler Medikation.* Die intramuskuläre Injektion von *Chloramphenicol* (I; 25 bzw. 12,5% I in Diäthylacetamid, 50%ig. bzw. 25%ig.) in einer Dosis von 150 mg/kg ergibt einen maximalen Anstieg des Antibioticums im Blut nach 1 Stunde. Ein therapeut. wirksamer Blutspiegel wird 6—8 Std. aufrechterhalten. (Minerva med. [Torino] **43.** II. 742—44. 22/10. 1952. Modena, Ist. di Farmacol.) GERBER. 4611

**Calogero Vullo,** *Der Chloramphenicolspiegel im Blut nach verschiedener Verabreichung.* Aus der Beobachtung einer Anzahl mit *Chloramphenicol* (I) behandelter Kinder, bei denen die Konz. von I im Blut während der Therapie bestimmt wurde, schließt Vf., daß die Resorption von I nach peroraler Medikation günstiger ist als bei rectaler Verabfolgung. Während mit Zäpfchen die Konzentrationskurve flacher u. ausgedehnter verläuft, kann man mit einer geringeren therapeut. Dosis von 20 mg/kg Körpergewicht eine für 6 Std. ausreichende wirksame Blutkonz. erreichen, wenn die perorale Verabreichung bevorzugt wird. (Pediatria [Napoli] **60.** 473—78. 1952. Sassari, Univ., Clin. Pediatrica.) P. G. SCHEURLEN. 4611

**Antonino Castorina,** *Weiteres zur Therapie der Orientbeule.* An Hand einer kurzen Schilderung von 3 Fällen von Leishmaniosis cutanea (Orientbeule) wird die Anwendung von *Terramycinsalbe* empfohlen. (Pediatria [Napoli] **60.** 479—81. 1952. Calabria, Ist. Diagnostico di Reggio Calabria.) P. G. SCHEURLEN. 4611

**W. Rittner** und **O. Thalhammer,** *Die Lokalbehandlung der Stomatitis aphthosa mit Aureomycin.* Besprechung des Krankheitsbildes u. der Ätiologie der Stomatitis aphthosa. Behandelt wurden 10 Kinder mit *Aureomycin* (I), Vgl. der Ergebnisse mit 30 ähnlichen Fällen, die kein I erhielten. Krankheitsdauer 4,6 gegenüber 8,5 Tagen nach Therapiebeginn. I-Verabreichung als Pulver entweder gelöst in Fl. oder direkt in die Umschlagfalte der Unterlippe eingestreut, 150—250 mg I pro Tag in verschied. Gaben waren ausreichend. Vff. halten I für das bisher einzige wirksame Mittel bei dieser Krankheit. (Dtsch. med. Wschr. **77.** 1574—78. 12/12. 1952. Wien, Univ., Kinderklinik.) DOSSMANN. 4611

**G. Racca,** *Über die Behandlung der Parotitis epidemica mit p-Aminobenzoesäure, Aureomycin, Chloramphenicol und Terramycin.* Vf. behandelte insgesamt 75 Parotitis-epidemica-Fälle mit *p-Aminobenzoesäure* (I), *Aureomycin* (II), *Chloramphenicol* (III) oder *Terramycin* (IV). Keins der genannten Mittel zeigte einen nennenswerten Einfl. auf den Verlauf der Erkrankung oder bereits eingetretene Komplikationen. Jedoch wurde nach Einsetzen der III- oder IV-Behandlung im Gegensatz zur I- oder II-Behandlung kein Auftreten neuer Komplikationen beobachtet. (Minerva med. [Torino] **43.** I. 931—40. 3/5. 1952. Milano, Ospedale Malattie Infettive.) IPPEN. 4611

**E. A. Raicher** und **Je. F. Elman,** *Die Anwendung von Albomycin bei Pneumonien von Kindern in den ersten Lebensmonaten.* Pneumoniekranke Kinder erhielten 100000 bis 200000 E./1 kg Körpergewicht Albomycin (I) in physiol. NaCl-Lsg. subcutan 3mal täglich 5—14 Tage lang. Die Erfolge waren gut, am besten während der ersten 2—3 Tage der Erkrankung. Der therapeut. Effekt trat dann bereits am 2.—3. Behandlungstag ein. Rezidive wurden selten gesehen. I ist ungiftig u. hat keine Nebenwirkungen. (Советская Медицина [Sowjet-Med.] **16.** Nr. 11. 18—21. Nov. 1952. Stawropol, Med. Inst., Klinik für Kinderkrankh.) RENTZ. 4611

**Je. N. Chochol,** *Die Anwendung von Antibioticis bei der komplexen Behandlung der Dysenterie bei Kindern.* Bei akuter u. tox. Dysenterie der Kinder im Alter von ½—2 Jahren ist das *Synthomycin* (I) sehr wirksam. In schweren Fällen ist I mit Streptomycin oder Penicillin zu kombinieren. Gleichzeitig ist für geeignete Diät, Anreicherung des Organismus mit W., Zufuhr von Vitaminen, bes Vitamin C, u. frischer Luft u. vor allem für gute Pflege zu sorgen. Das Antibioticum *Sanasin* ist wesentlich weniger wirksam u. nur in Kombination mit Sulfonamiden anzuwenden. (Педиатрия [Pädiatrie] **1952.** Nr. 3. 13—18. Mai/Juni. Kiew, Med. Bogomolitz-Inst., Lehrstuhl für hospit. Pädiatrie.) RENTZ. 4611

**I. M. Porudominski, Ss. A. Artemjew** und **Je. N. Turanowa,** *Ein Versuch der Heilung von Gonorrhoe durch Synthomycin.* Synthomycin (I) wurde bei Frühformen der Gonorrhoe mit gutem Erfolg in einer Gesamtdosis von 10 g über 3 Tage verteilt (1. Tag 3mal je 1,0 g, 2mal je 0,5 g; 2. u. 3. Tag 1mal 1,0 g u. 4mal je 0,5 g) per os gegeben. I ist gut verträglich. Die Ergebnisse sind als vorläufige anzusehen. (Вестник Венерологии и Дерматологии [Nachr. Venerol. Dermatol.] **1952.** Nr. 4. 40—41. Juli/Aug. Zentral-Inst. für Haut- u. Geschlechtskrankh. des Gesundheitsminist. der UdSSR.) BURGHARDT. 4611

**Aldo Romagnoli,** *Streptokinase und Streptodornase.* Überblick über *Streptokinase* (I) u. die die Desoxyribonucleoproteide spaltende *Streptodornase* (II). I u. II können therapeut. verwandt werden bei Krankheiten von erhöhter Gerinnungstendenz, sowie bei stark fibrinhaltigen Eitermassen u. solchen, die reich an Desoxyribonucleinsäuren sind, sofern diese den Heilungsverlauf behindern. I u. II lassen sich nicht intravenös oder intramuskulär anwenden, u. bei lokaler Verabreichung wurde bei der Hälfte der Untersuchten Unverträglichkeit festgestellt, die teils durch Verunreinigungen der Präpp., teils durch Toxizität der jeweiligen Abbauprodd. bedingt sein dürfte. Therapeut. wurden bis jetzt angegangen: Hämatothorax, teilweise in Kombination mit Antibioticis. Gute Resultate. Ebenso günstig wurden Pleuritiden u. zum Teil auch Empyema der Brusthöhle behandelt. Auch die Behandlung der tuberkulösen Meningitis ließ ermutigende Resultate erkennen, obwohl dieses Gebiet noch wenig untersucht erscheint. — Prothrombin- u. Gerinnungszeit wurden jeweils nicht beeinflußt. (Pediatria [Napoli] **60.** 513—20. 1952. Napoli, Univ., Clin. Pediatrica.) P. G. SCHEURLEN. 4614

**R. A. Chaunina,** *Vergleichende sympathicolytische Wirkung von Sympatholytin und Dibenamin.* Aus Verss. mit Katzen unter Urethannarkose ergab sich, daß das nach ANITSCHKOW (Новости Медицины [Neuheiten der Medizin] **12.** [1949.] 1) hergestellte *Sympatholytin* (I) die durch Reizung der sympath. Nerven verursachte Gefäßverengung u. Kontraktion der glatten Muskeln aufheben kann. Seine Wrkg. ist 3—4mal stärker als die von Dibenamin. Für die sympathicolyt. Wrkg. von I sind größere Mengen erforderlich als für die adrenolyt. Wirkung. Die verschied. Adrenoreceptoren zeigen eine verschied. Empfindlichkeit gegenüber I u. Dibenamin. (Физиологический Журнал СССР имени И. М. Сеченова [Ssetschenow J. Physiol. UdSSR] **38.** 344—49. Mai/Juni 1952. Inst. für exp. Med. der Akad. der Med. Wiss. der UdSSR, Pharmakol. Abt.) LEBTAG. 4620

**R. Walch** und **H. P. Hoheisel,** *Über die Behandlung von vegetativen Zuständen nach Kopftrauma mit Opilon.* Mit *Opilon* (I; DIWAG, Hann.-Münden) = salzsaures Salz des *6-Acetoxythymoxyäthyldimethylamin* wurden Fälle mit traumat. Hirnverletzung behandelt. Auf I, welches sympathicolyt. Wrkg. hat, sprachen Kranke, deren Beschwerdenkomplex mit einer Überempfindlichkeit des Sympathicus einherging, gut an. Zustände vegetativen Versagens dagegen wurden durch I eher verschlimmert. Anfallweise auftretende vegetative Krisen im Sinne vegetativ-vasomotor. Anfälle konnten häufig durch

I-Injektionen kupiert werden. (Dtsch. med. Wschr. **77**. 767—68. 13/6. 1952. Bad Homburg v. d. H., Hirnverletztenheim.) W. BRANDT. 4620

**N. Je. Kornejew**, *Aufhebung der Narkose mit Chlorcalcium.* $CaCl_2$ (I) beschleunigt das Erwachen nach der Narkose mit *Hexenal* bzw. *Chloralhydrat.* I, gleichzeitig mit den Narkoticis injiziert, zeigt keine Wirkung. Wird es aber während des Schlafens gegeben, so verkürzt es die Dauer des narkot. Schlafes. I regt die Atmung stark an. Es wird intravenös in einer Menge von 0,1 g bei Kaninchen u. 0,5 g je kg Körpergewicht bei Hornvieh gegeben. (Ветеринария [Tierheilkunde] **29**. Nr. 10. 51—52. Okt. 152. Moskau, Chem.-Technol. Inst. für Fleischind.) BURGHARDT. 4621

**Bernard B. Brodie, Eleonore Bernstein** und **Lester C. Mark**, *Die Rolle des Körperfettes bei der Begrenzung der Wirkungsdauer des Thiopentals.* Hunden intravenös verabfolgtes *Thiopental* verteilt sich rasch in allen Organen (einschließlich Zentralnervensyst.), erreicht kurz nach der Injektion seine maximale Konz., die dann rasch u. in den verschied. Organen parallel abfällt. Dagegen steigt die Konz. im Fettgewebe im Laufe der ersten Std. stark, später langsamer an u. erreicht ihr Maximum nach 3—6 Std., um dann wieder langsam abzusinken. Die sehr kurze Wirkungsdauer intravenös gegebenen *Thiopentals* beruht also auf der schnellen Einlagerung ins Fettgewebe, während sein Abbau im Stoffwechsel dagegen ausgesprochen langsam erfolgt. (J. Pharmacol. exp. Therapeut. **105**. 421—26. Aug. 1952. Bethesda, Md., Fed. Sec. Agency, Publ. Health Serv., Nat. Inst. of Health, Nat. Heart Inst., Sect. on Chem. Pharmacol.; New York, N. Y., Goldwater Memorial Hosp., New York Univ., Res. Serv.) DAUTZENBERG. 4621

**Jaswant Singh**, *Laboratoriumsuntersuchungen mit Kemithal als Anästheticum bei Affen.* Als zweckmäßig zur Erreichung einer tiefen chirurg. Narkose von 30—45 Min. wurden bei Verss. an 23 Rhesusaffen 50—60 mg/kg *Kemithal* (*5-cyclohexenyl-5-allyl-2-thiobarbitursaures Na*) gefunden. Bei dieser Dosierung traten keinerlei tox. Nebenwirkungen auf, die Tiere waren rasch, ohne Exzitationsstadium, wieder munter. Nüchternheit war auf die Narkose mit *Kemithal* ohne Einfluß. (Indian med. Gaz. **87**. 193—95. Mai 1952. Delhi, Malaria Inst. of India.) DAUTZENBERG. 4621

**L. Guy Anderson, P. C. Tuckett** und **R. Kenworthy**, *Die Verwendung von Xylotox als Lokalanästheticum in der tierärztlichen Praxis.* Kurzer Bericht über gute Erfahrungen mit *Xylotox* (*ω-Diäthylamino-2.6-dimethylacetanilid*) als Lokalanästheticum in der Tiermedizin, wobei als besondere Vorteile die geringe Toxizität auch bei epidural gegebenen großen Dosen u. die schnell einsetzende gute Anästhesie hervorgehoben werden. 9 Fälle werden näher geschildert. (Veterin. Rec. **64**. 415—16. 12/7. 1952.) DAUTZENBERG. 4621

**D. T. Watts**, *Die Wirkung von Morphin und Pentobarbital auf die Äther-Hyperglykämie.* Vf. untersuchte die Wrkg. von *Morphin* (**I**) u. *Pentobarbital* (**II**) auf die Äther-Hyperglykämie (ÄH) an Kaninchen. **I** hat keinen Einfl. auf die Entw. der ÄH, **II** hingegen unterdrückt den Blutzuckeranstieg. Die mögliche Auswertung dieser Beobachtungen für die chirurg. Anästhesie wird erörtert. (Anesthesiology **13**. 33—36. Jan. 1952. Charlottesville, Va.) BÖHM. 4621

**H. F. Fraser** und **Harris Isbell**, *Wirkungsvergleich von 20 mg Morphinsulfat bei Nichtsüchtigen und früher Morphinsüchtigen.* Außer einem geringeren Absinken der Rektaltemp. u. seltenerem Auftreten von Erbrechen zeigten die früher Morphinsüchtigen (24) keine andere Rk. auf 20 mg *Morphinsulfat* subcutan wie die Nichtsüchtigen (20). Registriert wurde Pupillengröße, Rektaltemp., Puls- u. Atemfrequenz, systol. Blutdruck sowie Übelkeit u. Erbrechen. Zur Kontrolle erhielten 11 früher Süchtige u. 10 Nichtsüchtige eine Leerinjektion, auf die in keinem Falle eine Rk. eintrat. (J. Pharmacol. exp. Therapeut. **105**. 498—02. Aug. 1952. Lexington, Ky., U. S. Publ. Health Serv. Hosp., Addiction Res. Center, Nat. Inst. of Ment. Health.) DAUTZENBERG. 4621

**H. F. Fraser** und **Harris Isbell**, *Wirkungen und Suchterzeugung von α-Acetylmethadolen beim Menschen.* Einzelgaben von *d-α-Acetylmethadol* rufen bei früher Morphinsüchtigen sofort morphinähnliche Effekte hervor, die in weniger als 24 Std. abklingen. Die orale Gabe ist weniger wirksam als intravenöse oder subcutane Injektion. Demgegenüber treten bei *l-α-Acetylmethadol* morphinähnliche Wirkungen erst nach 4—6 Std. auf u. halten 24—72 Std. an. Hierbei besteht also die Gefahr kumulativer Vergiftung. Beide Verbb. u. ihr Racemat erzeugen Sucht. (J. Pharmacol. exp. Therapeut. **105**. 458—65. Aug. 1952. Lexington, Ky., U. S. Publ. Health Serv. Hosp., Addiction Res. Center, Nat. Inst. of Ment. Health.) DAUTZENBERG. 4621

**J. G. Millichap**, *Milontin, ein neues Mittel zur Behandlung des Petit mal. Milontin* (*N-Methyl-α-phenylsuccinimid*) wird an 21 Patienten (hauptsächlich Kindern) auf seine Wirksamkeit gegenüber dem Petit Mal untersucht. — Bei 5 Patienten war völlige Kontrolle der Erkrankung, bei 7 eine mindestens 80%ig. Minderung der Anfälle möglich.

3 Patienten reagierten nicht. Bei den übrigen waren die Dauer u. Schwere der Anfälle herabgesetzt. Tox. Nebenwirkungen traten bei 13 Patienten auf. Sie bestehen in Nausea, Erbrechen, Pyrexie, Schläfrigkeit, Leukopenie sowie Zeichen tubulo-glomerulärer Schädigung der Niere, die jedoch nach Absetzen des Mittels oder Minderung der Dosis schwanden. Eine Tabelle gibt Aufschluß über die optimale Dosierung für die einzelnen Lebensalter. Weitere Unterss. sind erforderlich. (Lancet **263.** 907—10. 8/11. 1952. London, Children's Dep., St. Bartholomew's Hosp.) SCHÜMANN. 4628

**David Kendall,** *Die Behandlung der Epilepsie.* Als therapeut. Mittel zur Kontrolle der Anfälle werden besprochen: *KBr, NaBr, Phenobarbiton* u. Sedativa, wie *Thiopenton-Na, Paraldehyd, Hydantoinverbb.* wie *Phenytoin, Dilantin = Na-Diphenylhydantoinat, Mesantoin = Methylphenyläthylhydantoin* unter Umständen in Kombination mit *Barbituraten,* ferner die neueren Präpp. *Tridione = Trimethyloxazolidindion-(2.4)* u. *Malidone = 3-Allyl-5-methyloxazolidindion-(2.4).* (Practitioner **169.** 678—80. Dez. 1952. Carshalton, St. Helier Hosp.) DOSSMANN. 4621

**David E. Lawrence,** *Fast tödliche hämolytische Anämie unter Behandlung von epileptiformen Krämpfen mit Tridione.* Bericht über den Fall eines Cockerspaniels, der nach 1monatiger Verabreichung von täglich 3mal 0,3 g *Tridione* [*3.5.5-Trimethyloxazolidindion-(2.4)*] an einer lebensgefährlichen hämolyt. Anämie erkrankte. Erfolgreiche Behandlung mit Bluttransfusion, *Vitamin* $B_{12}$, Leber u. *Penicillin.* (J. Amer. veterin. med. Assoc. **121.** 302—03. Okt. 1952. New York, Rego Park.) KRUSEN. 4628

**Adolfo F. Dosal** und **Jose L. del Piñal,** *Behandlung der Vorhoftachykardien.* Zur Behandlung der paroxysmalen Tachykardie werden neben der Vagusreizung (Druck auf die Carotiden u. künstliches Erbrechen sowie Aufstoßen) medikamentös *Digitalis,* vor allem die *Lanataglykoside* empfohlen. Daneben wird auch das *Chinidin* erwähnt. Außerdem wird dem *Eserin* manchmal Erfolg zugeschrieben, umgekehrt auch oft dem antagonist. wirkenden *Acetylcholin.* (Med. españ. **28.** (**15.**) 179—87. Sept. 1952. Santander.) P. G. SCHEURLEN. 4630

**Epifanio Castillo** und **Juan Esplugues,** *Die therapeutische Wirkung des Papaverins auf Herz und Gefäße.* In Dosen von 0,4—1,4 g täglich wirkt *Papaverin* bei Rhythmusstörungen des Herzens an 23 Kranken günstig. Wo nötig, wurde daneben Digitalis weiter gegeben. (Med. españ. [15] **28.** 91—98. Aug. 1952.) GERBER. 4630

**H. R. Gilmore, H. Kopelman, J. McMichael** und **I. G. Milne,** *Die Wirkung von Hexamethoniumbromid auf das Herzminutenvolumen und den Lungenkreislauf. Hexamethoniumbromid* (I) intravenös gegeben führt zur Blutdrucksenkung ohne signifikante Änderung des Minutenvolumens. Gleichzeitig wird Drucksenkung in der Pulmonararterie beobachtet. — Bei 10 liegenden Patienten wird I subcutan gegeben, die eingetretene Blutdrucksenkung läßt sich durch Senken der Füße unter die Horizontale weiter verstärken. In dieser Stellung ist das Minutenvol. vermindert. Die Verminderung ist jedoch nicht auf I zurückzuführen, da auch ohne I-Vorbehandlung eine gleiche Herabsetzung des Minutenvol. resultiert. Die mittlere Kreislaufzeit, gemessen zwischen rechtem Vorhof u. Ohr, ist nach Neigen der Füße durch I-Gaben verlängert, d. h. es liegt eine Vermehrung des Cardio-pulmonalen Vol. vor. Vff. nehmen an, daß I vasokonstriktor. Impulse für die Lungengefäße, die bei Neigen der Füße auftreten, blockt u. damit die beschriebene Rk. auslöst. (Lancet **263.** 898—902. 8/11. 1952. London, Postgraduate Med. School, Dep. Med.) SCHÜMANN. 4630

**I. I. Ssiwkow,** *Verhalten von Corglykon, einem neuen sowjetischen Präparat aus Maiglöckchen, bei der klinischen Erprobung.* An 40 Patienten mit Kreislaufstörungen wurden zunächst 0,0003 g *Corglykon* (I) in 10—20 $cm^3$ 40%ig. Glucose intravenös verabreicht u. bei Ausbleiben von Komplikationen die tägliche Dosis sofort auf 0,0006 g erhöht. Behandlungsdauer bis zu 60 Tagen. Die Wrkg. trat nach 5—30 Min. ein. Kumulation wurde nicht beobachtet. Erfolglos war I bei 5 Patienten wegen Urämie u. Rheumocarditis, bei 2 Patienten wegen degenerativer Veränderung des Herzmuskels. I ist bei Kreislaufstörungen infolge Herzklappenfehlers u. chron. Erkrankung des Herzmuskels zu empfehlen. Wenig wirksam ist I bei akuten Herzentzündungen. Die beruhigende Wrkg. von I auf das Zentralnervensyst. erreicht in Einzelfällen die eines Schlafmittels. (Советская Медицина [Sowjet-Med.] **16.** Nr. 8. 26—27. Aug. 1952. Moskau, I. Med. Inst., Therapeut. Klinik.) LEBTAG. 4630

**O. Carere-Comes, A. Squillace** und **R. Rossi,** *Über die blutdrucksenkende Wirkung der Nitroderivate, besonders des Mannithexanitrats.* An einer Reihe von Nitroderivv. (*$NaNO_2$, Amylnitrit, Glycerintrinitrat, Erythrittetranitrat, Mannithexanitrat* [I] u. *Inosithexanitrat*) wurden Beginn, Dauer u. Stärke der blutdrucksenkenden Wrkg. beobachtet. I bewirkte in einer Dosis von 3—6mal 30 mg täglich bei Arteriosklerose systol. Blutdrucksenkungen bis zu 30 mm Hg. (Minerva med. [Torino] **43.** II. 744—47. 22/10. 1952. Milano, Osp. Fatebenefratelli-Fatebenesorelle-Ciceri-Agnesi.) GERBER. 4630

**Mary Frances Poe,** *Verwendung von Methoxaminhydrochlorid als blutdrucksteigerndes Mittel während Spinalanästhesie.* Lsgg. von *Methoxaminhydrochlorid* = *Hydrochlorid von β-Oxy-β-[2.5-dimethoxyphenyl]-isopropylamin* (= *Vasoxyl*; BURROUGHS WELLCOME & CO., INC.) können sterilisiert werden, reizen die Gewebe nicht u. bewirken beim Menschen kräftigen Blutdruckanstieg, wenn sie intravenös oder intramuskulär injiziert werden. Vf. benutzte es in 200 Fällen bei mittlerer u. hoher Spinalanästhesie (SAn), bei Sattelblock u. niederer SAn. Prophylakt. Injektion hielt den Blutdruck nicht immer auf klin. erwünschter Höhe. Bei 9% wurden zusätzlich vasopressor. Mittel erforderlich. Bradycardie u. Pilomotoren-Rk. wurden öfters beobachtet, gelegentlich Klagen über Kältegefühl u. Jucken der Haut. Symptome zentraler Stimulation traten nicht auf. Kontraindikationen für die Anwendung sind cardiovasculäre Erkrankungen, Hypertension u. Hyperthyreosen. (Anesthesiology **13.** 89—93. Jan. 1952. Memphis, Tenn.) K. BÖHM. 4630

**Lauri Aro,** *Zusätzliche Erfahrungen bei der Behandlung von Schockzuständen mit Noradrenalin.* Bei Patienten mit postoperativen Schockzuständen versagt die sonst erfolgreiche Behandlung mit Noradrenalin, wenn es sich um ausgesprochen anäm. Fälle handelt. (Suomen Lääkärilehti [Finlands Läkartidn.] **1952.** 1002—06. 15/12.) BECKMANN. 4630

**P. Rössing** und **M. Gruber,** *Die Behandlung coronarer und peripherer Durchblutungsstörungen mit Noradrenalin.* Vff. berichten über Behandlungsergebnisse mit *Noradrenalin* (**I**; *Aktamin,* SCHERING) an 45 Patienten mit coronaren u. peripheren Durchblutungsstörungen. — Von 29 Patienten mit peripheren Durchblutungsstörungen verschied. Ätiologie u. Schweregrade wurden 15 beschwerdefrei, 10 deutlich gebessert. Nur 4 sprachen auf die **I**-Therapie prakt. nicht an. **I** wurde subcutan in einer Dosierung von 0,25—0,4 mg in 2—8tägigen Abständen injiziert. Wesentliche Blutdrucksteigerungen u. Beschwerden wurden bei der angegebenen Dosierung u. Applikationsart nicht beobachtet. 3 Erklärungsmöglichkeiten für den Wirkungsmechanismus werden zur Diskussion gestellt: 1. die dilatator. Wrkg. kleiner **I**-Dosen auf die Muskelgefäße; 2. die meßbare Zunahme der Durchblutung durch Beseitigung der Atonie größerer Gefäße bei gleichzeitiger Verengerung der arteriovenösen Anastomosen u. 3. die Durchbrechung eines Circulus vitiosus am Capillarsyst. u. den vorgeschalteten Gefäßen. — Die **I**-Herzwrkg. rechtfertigt seine Anwendung bei coronaren Durchblutungsstörungen im Gegensatz zum Adrenalin, das die anginären Beschwerden eher verstärkt. (Die Medizinische **1952.** 1563—65. 6/12. Berlin, Krankenhaus im Friedrichshain, Med. Klinik.) SCHÜMANN. 4630

**W. I. Susanowa,** *Der Einfluß von Methylenblau auf die dynamische Undurchgängigkeit des Darmes bei Kindern.* 35 Säuglinge (die Mehrzahl mit tox. Dyspepsie) mit dynam. Undurchgängigkeit des Darmes erhielten 1—2 $cm^3$ 1%ig. Methylenblau (**I**) in 25%ig. Glucose intravenös oder intraossal. In 27 Fällen (8 Kinder starben) wurde der allg. Zustand gebessert. Der Meteorismus verschwand, der Stuhl normalisierte sich. Im Blut nahmen die Leukocyten ab, die Neutrophilen zu. Die Phagocytose erhöhte sich. Bei mechan. Undurchgängigkeit des Darmes ist das nicht der Fall, was differentialdiagnost. Bedeutung haben kann. Von Nachteil ist die kurze Dauer der Wrkg. u. die Notwendigkeit wiederholter Injektionen. (Педиатрия [Pädiatrie] **1952.** Nr. 3. 67—68. Mai/Juni. Odessa, Med. Inst., Klin. für Kinderkrankh.) RENTZ. 4645

**Max Müller,** *Paradentose und Zahncaries.* Beschreibung des auf Spirillose beruhenden Krankheitsbildes der Paradentose u. Hinweis auf die zur Bekämpfung der Spirillen entwickelten Präpp. *Cruzylamid A* u. *Cruzylamid B* (CRUZYLA, München) sowie auf die *Cruzylan*-Zahnpaste (PRIMUS-PRODUKTION, München) als prophylakt. Mittel. (Parfümerie u. Kosmet. **33.** 51. Febr. 1952.) KLESSE. 4655

**E. v. Wasielewski, R. Werner** und **F. W. Bresser,** *Experimenteller Beitrag zur Chlorwirkung bei der Wurzelgangrän.* Bakteriolog. Unterss. mit verschied. Bakterienstämmen mit verschieden großen Mengen $Cl_2$ in verschied. Konzz. ergaben, daß Sporen von B. subtilis unter den bei Wurzelgangrän vorkommenden Keimen am widerstandsfähigsten sind; sie vertrugen noch Konzz. von 33,3% 2 Min. lang. In der gebräuchlichen TUTOCITO-Gasspritze wird ein 66—78%ig. Chlorgas entwickelt, das sich bereits in der Gasspritze in geringem Maße zu Salzsäure u. Unterchloriger Säure umsetzt. Bei den Verss. zeigte sich, daß der eigentliche Träger der Desinfektion der $O_2$ ist, u. zwar der aus der Unterchlorigen Säure im statu nascendi entwickelte, da Einblasung von reinem $O_2$ keine so guten baktericiden Wirkungen hat. — Einblasung von $Cl_2$ in Muskelgewebe (Ratte; histolog. Unterss.) verursachte je nach Menge u. Konz. leichte degenerative Veränderungen bis ausgeprägte Nekrose. Trotz der (möglichen) Gewebsschädigung sprechen die bisher erzielten klin. Erfolge bei Wurzelgangrän, chron., apikalen ostitit. Prozessen u. Cysten nicht gegen die Anwendung von $Cl_2$. Vff. nehmen an, „daß das $Cl_2$ neben der Bakterienschädigung auch das Gewebe in dem Sinne beeinflußt, daß neben der Wrkg. auf kranke Gewebspartien (Gewebsuntergang u. Demarkation bis in nichtinfiziertes Gewebe hinein) ein Reiz ausgeübt wird, wodurch eine Aktivierung regenerativer Kräfte erfolgen kann." (Dtsch. zahnärztl. Z. **8.** 130—38. 1/2. 1953. Mainz, Univ., Hygien. Inst., u. Klinik u. Poliklinik für Zahn-, Mund- u. Kieferkrankheiten.) KLESSE. 4655

**Herbert Tracksdorf,** *Gedanken über die Ionophorese.* Überblick an Hand der Literatur. (Dtsch. dentist. Z. **6.** 315—18. 14/5. 1952. Nürnberg.) KLESSE. 4655

**H. J. Kaliebe,** *Erfahrungen mit Ichthogel bei der Behandlung von Hautkranken. Ichthogel,* ein fettfreies Ichthyolemulsionspräp., bewährte sich bei verschied. Hautkrankheiten, bes. bei der Behandlung des Konstitutionstyps des Seborrhoikers. (Z. Haut- u. Geschlechtskrankh. **13.** 276—79. 1/11. 1952. Darmstadt, Krankenanstalten, Hautklinik.) FISCHOEDER. 4661

**Gg. Dioridis,** *Zur Therapie nässender Ekzeme. Günstige Erfahrungen mit intravenösen Cyanquecksilberinjektionen.* Bei 30% der Patienten ließ sich eine Abheilung von bisher therapieresistenten nässenden Ekzemen nach Verabfolgung von 3—5 Injektionen von jeweils 0,01 g *Cyanquecksilber* intravenös erreichen. Eine Besserung zeigte sich oft schon nach 1—2 Injektionen. (Münchener med. Wschr. **94.** 2189. 24/10. 1952. Athen.) REICHLE. 4661

**H. A. Crawshaw,** *Weitere Beobachtungen über die Anwendung von „Anthiomalin" bei der Behandlung der multiplen Papillome beim Rind.* Durch die beschriebenen Unterss. wurden die früheren Ergebnisse von SUMNER über die Behandlung der multiplen Papillome beim Rind mit *„Anthiomalin"* zum größten Teil bestätigt. Seine Anwendung im Beginn der Papillomatose war weniger zufriedenstellend. Als Basis für die therapeut. Behandlung werden beim männlichen u. weiblichen Tier durchschnittlich 15 $cm^3$ pro Dosis angewendet. Im Abstand von 48 Std. erfolgen 5 Injektionen. Die Dosis u. die Anzahl der Injektionen kann entsprechend der Schwere des Falles erhöht werden. Nach Angabe des Vf. wird durch die Anwendung von Lokalanästheticis in Verbindung mit dieser Therapie die Rückbldg. der Papillome wesentlich gefördert. (Veterin. Rec. **64.** 596. 4/10. 1952.) GOHR. 4661

**Robert C. Larimer,** *Behandlung des Alkoholismus mit Antabuse.* Erfahrungsbericht über die Behandlung von 118 Alkoholikern mit *Antabuse* (**I**; *Tetraäthylthiuramdisulfid*), von denen 76% geheilt wurden. In Fällen von Diabetes mellitus, arteriosklerot. Herzschäden, Leber- u. Gallenleiden u. Krankheiten des Zentralnervensyst. darf **I** nur mit Vorsicht gegeben werden. — 20 Literaturangaben. (J. Amer. med. Assoc. **150.** Nr. 2. 79—83. 13/9. 1952. Montreal, Canada, Royal Victoria Hosp.) KRUSEN. 4670

**Horace H. Hodges** und **Monroe T. Gilmour,** *Barbituratvergiftung mit Hypokalämie.* Bericht über einen Fall schwerer Barbituratvergiftung (*Seconal* u. *Phenobarbital*), bei dem eine erhebliche Hypokalämie gefunden wurde (Blutkaliumspiegel 2,6 mVal/Liter). Unter fortlaufender intravenöser Kaliumzufuhr (insgesamt 4,5 g KCl in 0,1%ig. Lsg.) trat ohne Anwendung von Analepticis Heilung ein. (Southern med. J. **45.** 742. Aug. 1952. Charlotte, N. C.). DAUTZENBERG. 4675

**K. Mayer** und **K. Sellke,** *Ein Beitrag zur chronischen Giftwirkung der Kontaktinsekticide.* In orientierenden Verss. mit *DDT, DDT-Hexachlorcyclohexan* (**I**)-Gemischen, **I** u. *p-Nitrophenyldimethylmonothiophosphat* an wenigen Kaninchen u. Mäusen konnten bei Einhaltung der Anwendungskonzz. der Insekticide bei der Behandlung der verfütterten Stoffe keine tox. Wirkungen beobachtet werden. Dagegen führten Überdosierungen zu Toxizitätserscheinungen, die beschrieben u. mit den von anderen Vff. erhaltenen Ergebnissen verglichen werden. Als Schlußfolgerung fordern Vff. vor der prophylakt. Insekticidbehandlung von Brotgetreide zur Kornkäferbehandlung eingehende Überprüfung der chron. Giftwirkungen der zu verwendenden Substanzen. (Pharmazie **7.** 17—20. Jan. 1952. Berlin, Biol. Zentralanst. für Land- u. Forstwirtsch.) KRUSEN. 4675

—, *Nervengase.* Überblick über die pharmakol. Einordnung der als Nervengas wirkenden Kampfgase [*TEPP = Tetraäthylpyrophosphat, DFP = Diisopropylfluorphosphat, Tabun* (*Dimethylaminocyanphosphorsäureäthylester*), *Sarin* (*Methylfluorphosphorsäureisopropylester*), *Zuman* (*Methylfluorphosphorsäurepinakolinester*), *Parathion*], Chemie, Giftigkeit, Vergiftungssymptome, Ausscheidung u. Abbau, Anwendungsweise, Abwehrmaßnahmen, erste Hilfe u. Behandlung der Geschädigten. (Norges Apotekerforen. Tidsskr. **60.** 289—96. Aug. 305—11. Sept. 1952.) R. K. MÜLLER. 4675

**C. Nieman,** *Toxikologische Gesichtspunkte chemischer Hilfsstoffe in Nahrungsmitteln.* Übersicht über die Anwendung von verschied. synthet. Hilfsmitteln auf dem Gebiet der Ernährungsindustrie in den Vereinigten Staaten (Kunstdünger, Mittel zur Schädlingsbekämpfung u. zur Pflanzenwuchsförderung, Antioxydantien, Farbstoffe, Desinfektions- u. Konservierungsmittel, Bestandteile des Verpackungsmaterials u. tier. Präpp.). (Chem. pharmac. Techniek **7.** 313—15. 15/8. **8.** 4. 1/9. 13—14. 15/9. 1952.) WESLY. 4675

**H. Hostettler** und **E. Flückiger**, *Ist das Aufbewahren der Käsereischotte in verzinkten Behältern für die Schweine schädlich?*. Bericht über 2 Fälle von Freßunlust bei Schweinen nach Verfütterung von Käsereischotte (Molken), die in verzinkten Gefäßen aufbewahrt worden war. Die Schotten zeigte $p_H$-Werte zwischen 4,15—4,53 u. *Zn*-Gehh. von 22 bzw. 100 mg in 100 ml. Wiedergabe von Literaturberichten über *Zn*-Vergiftungen.— 15 Literaturangaben. (Schweiz. Milchztg. **78.** 567—68. 31/10. 1952. Liebefeld, Eidg. Milchwirtsch. u. Bakt. Anstalt.) KRUSEN. 4675

**V. Lachnit**, *Neuere Ergebnisse in der Gewerbemedizin.* Übersichtsarbeit über Diagnostik, Wirkungsmechanismus, Therapie u. Prophylaxe folgender gewerbemedizin. bedeutender Stoffe: *Bzl.*, *Trichloräthylen, Blei, Phosphorsäureester* (*Bladan, Parathion*) u. *Thioglykolsäure.* (Wiener med. Wschr. **102.** 847—49. 18/10. 1952. Wien, Univ., II. Med. Klinik.) ZELLER. 4681

**Wilfried Kohl**, *Berufliche Hautekzeme im Galvanisierbetrieb und deren Verhütung.* Überblick über Arten, Entstehung u. Verhütung. (Metalloberfläche, Ausg. B **5.** 1—2. Jan. 1953. Bochum.) MARKHOFF. 4681

**W. Schneider**, *Über Hautschäden durch Mineralöle in der metallverarbeitenden Industrie.* Die Pathogenese der Hautschäden durch Mineralöle stellt sich Vf. auf Grund eigener ausführlich geschilderter Erfahrungen so vor, daß zusätzlich physikal. (Metallsplitter u. a.) u. chem. (S-Verbb., Phosphate, gechlorte cycl. Verbb., Lösungsmittel, Seifen u. Alkali) Wirkungen sich prim. im Sinne einer Abnützung geltend machen, wodurch chem. u. bakterielle Rkk. in der Tiefe des Gewebes erst ermöglicht werden. Eingehende Erörterung der Hautschutzfrage u. Mitt. der Erfahrungen u. a. mit *Lanogen 1500* (GENDORF), *Phaemosan, Arretil O* u. *S* u. *Mirasol.* (Z. Haut- u. Geschlechtskrankh. **13.** 332—35. 1/12. 1952. Tübingen, Univ., Hautklinik.) ZELLER. 4681

**John Adriani**, The pharmacology of anesthetic drugs: 3rd ed. Springfield, Ill.: C. C. Thomas. 1952. (195 S. m. Abb. u. Bibl.) $ 9,50.

**Charles Solomon and Elizabeth S. Gill**, Pharmacology and therapeutics. 6th ed. New York: Lippincott. 1952. (656 S. m. Bibl.) $ 4,50.

## F. Pharmazie. Desinfektion.

**J. L. van Eijk**, *Phytochemische Untersuchung von Erodium cicutarium.* Erodium cicutarium, dessen uteruskontrahierende Wrkg. bekannt ist, enthält Coffein, mehrere fluorescierende Verbb., Gallussäure, Lävulose, Dextrose, Raffinose u. Cholin. Diese Verbb. können die genannte Wrkg. nicht ausüben. Histamin (**I**) läßt sich auf chem. Wege nicht isolieren. Die Papierchromatographie weist auf die Ggw. von Stoffen, die mit PAULY-Reagens reagieren, u. **I** hin, ebenso auf die Ggw. von Histidin u. Glutaminsäure: Vermutlich ist eine Spur **I** anwesend, die aber allein nicht die Wrkg. auf den Uterus erklären kann. (Pharmac. Weekbl. **87.** 425—32. 21/6. 1952. Utrecht, Univ.) WESLY. 4782

**E. P. Reavley**, *Die Herstellung von Augentropfen.* Da Augentropfen nach dem British Pharmaceutical Codex u. National Formulary steril angefertigt werden müssen, werden Vorschläge zur Herst. von sterilem W. in selbst geeichten Pyrexreagensgläsern sowie zur Verwendung entsprechend geeigneter Geräte gemacht. (Pharmac. J. **169.** ([4] **115.**) 206. 20/9. 1952.) SPITALER. 4790

**Maurice F. Phillips**, *Ein Vorschlag zur Paraldehyd-Verabreichung.* Mitt. einer Vorschrift, nach der Paraldehyd in Lsg. mit Pfefferminzölemulsion, Sirup u. Traganth verarbeitet wird. Erörterung der Vorteile dieser geschmacklich verbesserten Dispensationsform. (Pharmac. J. **169.** ([4] **115.**) 206. 20/9. 1952. Hove, Lady Chichester Hosp.) SPITALER. 4790

**Anthony J. MonteBovi**, *Pfefferminzwasser-Konzentrat.* 7,5 $cm^3$ *Pfefferminzöl* werden mit 42,5 g *Tween 20* (ATLAS POWDER CO., Wilmington) gemischt u. die Mischung mit W. auf 100 $cm^3$ aufgefüllt. (J. Amer. pharmac. Assoc., pract. Pharmacy Edit. **12.** 565—66. Sept. 1951.) M.-D. LAUBSCHAT. 4790

**Silvano Casadio**, *Beobachtungen an einer Universalsalbengrundlage.* Vf. kritisiert an der von HOFFMAN (C. **1953.** 1999) angegebenen Universalsalbengrundlage die gleichzeitige Verwendung von *Zephirol* (**I**; Alkyldimethylbenzylammoniumchlorid) u. *Laurylsulfat* (**II**), da diese beiden Stoffe miteinander reagieren, wodurch die Konservierungswrkg. des **I** aufgehoben wird. Vf. schlägt deshalb die Verwendung von p-Oxybenzoesäureestern an Stelle des **I** oder eines nichtionisierenden Netzmittels (Tween, Triton, Tegin oder dgl.) anstatt des **II** vor. (Boll. chim. farmac. **90.** 439—40. Nov. 1951.) IPPEN. 4792

**Reinhard Friede**, *Synthetische Schleime als Grundlagen für Augensalben.* Besprechung von aussichtsreichen Verss. zur Anwendung von synthet. Schleimen als Grundlage für Augensalben. Es wurden herangezogen: *Polycell* bzw. *Polyfibron C-Spezial* (ST. MICHAEL, Steiermark), enthaltend 90% celluloseglykolsaures Na, 1% NaCl u. 9% $H_2O$, *Tylosen* (KALLE, Wiesbaden-Biebrich) u. die fettfreien *Dextromucidsalben* (MAIZENA-WERKE, Hamburg) unter Anwendung einer Salbenspritze (HEINTEL, Wien) für die Einführung der Salben in die Augen. (Österr. Apotheker-Ztg. **5.** 531—33. 8/9. 1951. St. Pölten, Österreich, Krankenhaus.) KERN. 4792

**Falck,** *Alte und neue Messinglegierungen.* Warnung vor der Verwendung von Messinglegierungen für Zahnersatz mit besonderer Berücksichtigung von *Ormeta* (ORMETA H. G.). (Dtsch. dentist. Z. **6.** 217—23. 2/4. 1952. München.) KLESSE. 4798

**A. B. H. Funcke, C. van der Stelt, A. M. Simonis** und **W. Th. Nauta,** *Chemische und pharmakologische Eigenschaften von 4-Amino-6-oxyisophthalsäure, Nebenprodukt bei der p-Aminosalicylsäureherstellung.* Zusammenfassende Darst. an Hand der Literatur (11 Zitate). (Pharmac. Weekbl. **87.** 65—69. 2/2. 1952. Utrecht, Univ., Pharmacol. Labor.) FRÜHWALD. 4806

**Massimiliano Fioretti,** *Synthetischer, wasserlöslicher Campher.* Vf. untersucht die Möglichkeit, den öllösl. Campher (**I**) (als Kreislaufstimulans) durch wasserlösl. **I**-Derivv. zu ersetzen. Nach ausführlichen Angaben über die Darst. von Camphersäure, Camphercarbonsäure u. Camphersulfonsäure aus synthet. **I** kommt Vf. an Hand der Literatur (15 Zitate) zu dem Schluß, daß alle diese Stoffe keinerlei **I**-artige Wrkg. besitzen, also therapeut. wertlos sind. (Boll. chim. farmac. **90.** 424—28. Nov. 1951.) IPPEN. 4806

**J. Büchi,** *Die Entwicklung des Arzneischatzes in den letzten Jahren.* 2. Mitt. *Synthetische Tuberkulostatica.* (Vgl. C. **1952.** 1872.) Übersichtsref.: Anorgan. u. organ. *Au-* u. *Cu*-Verbb., Ester der *Chaulmoograsäure,* tuberkulogenen Fettsäuren nachgebildete tuberkulostat. Säuren u. *Diaminodiphenylsulfone.* — 25 Literaturangaben. (Schweiz. Apotheker-Ztg. **90.** 257—67. 19/4. 1952. Zürich.) M.-D. LAUBSCHAT. 4806

**J. Büchi,** *Die Entwicklung des Arzneischatzes in den letzten Jahren.* 3. Mitt. *p-Aminosalicylsäure und Derivate.* (2. vgl. vorst. Ref.) Übersichtsarbeit: Darstellungsmethoden, Zusammenhänge zwischen Konst. u. Wirkung. — 29 Literaturangaben. (Schweiz. Apotheker-Ztg. **90.** 277—84. 26/4. 1952.) M.-D. LAUBSCHAT. 4806

**E. H. Vogelenzang,** *Kontrastmittel.* Übersicht über Wrkg., Anwendung, Eigg. u. chem. Zus. der Kontrastmittel. (Pharmac. Weekbl. **87.** 237—48. 12/4. 1952.) WESLY. 4828

**Heinrich Kliewe** und **Eberhard v. Wasielewski,** *Verfahren und Mittel zur Desinfektion der Luft.* Kurze Besprechung der Luftdesinfektion mit $Cl_2$, Dämpfen von Milchsäure oder $H_2O_2$. Ausführlich werden die Glykole behandelt. Verss. werden durchgeführt mit *Aerosept* (**I**)-*M*, **I**-*J* u. *Triäthylengykol* (**II**). Agglutinationstiterbestimmungen von Typhusaufschwemmungen in **I** u. **II** zeigten, daß die Desinfektion der Luft einen störenden Eingriff bei der laufenden stillen Immunisierung des Organismus nicht ausübt, da durch die Einw. der Mittel die Antigenwrkg. der Bakterien nicht erheblich beeinträchtigt wird. Von den bekannten Mitteln zeigt **II** in Dampf- oder Nebelform gute Wrkg. auf die pathogenen Keime der Luft. Etwas bessere Wrkg. entfaltet in Dampfform das glykolhaltige Präp. *Aerosan.* Der Vorteil von **I**-M liegt darin, daß seine Wrkg. unabhängig ist vom Feuchtigkeitsgeh. der Luft u. durch schwebende Staubteilchen nicht beeinträchtigt wird. **I** besitzt noch weiterhin eine gute Wrkg. auf Schimmelpilze. (Arch. Hyg. Bakteriol. **135.** 286—302. 1951. Mainz, Hygiene-Inst.) BOYE. 4834

**—,** *Sterilisierung von Injektionsspritzen für ölige Flüssigkeiten.* Es werden die 3 Möglichkeiten der Sterilisierung (heiße Luft, Dampf im Autoklaven, kochendes W. unter Druck) besprochen, die sich für diese Zwecke vollkommen eignen. (Schweiz. Apotheker-Ztg. **90.** 801—02. 1/11. 1952.) BOYE. 4836

**H. Berry,** *Herstellung und Konservierung von sterilen Lösungen für die parenterale Anwendung.* Allg. Übersicht über die Herst. u. Haltbarkeit von Injektionslsgg. verschied. Arzneimittel, wobei bes. auf die Bedeutung der Qualität des Ampullenglases, des $p_H$-Wertes u. konservierender Zusätze eingegangen wird. (Boll. chim. farmac. **90.** 429—34. Nov. 1951. London, Univ., School of Pharm.) IPPEN. 4836

**M. Borasi,** *Über die Standardisierung der Toxizitätsprüfungen von Arzneimitteln.* Krit. Betrachtung der bisher üblichen Toxizitätsteste u. Vorschläge zu deren Vereinheitlichung. (Farmaco [Pavia] **6.** 949—53. Nov./Dez. 1951. Farmitalia S. A.) IPPEN. 4880

**M. Sanz,** *Colorimetrische Bestimmung von m-Aminophenol (MAP) neben PAS.* Die Meth. zur Best. von *m-Aminophenol* (MAP) beruht darauf, daß MAP im Gegensatz zu PAS mit einem Diazoniumsalz in saurer Lsg. kuppelt. Da PAS in sehr großem Überschuß trotzdem stört, wird die Hauptmenge der PAS vor der Kupplung abgetrennt. Die beim Kuppeln von MAP mit diazotiertem p-Nitranilin entstehende Gelbfärbung wird colorimetr. gemessen. A u s f ü h r u n g: Ca. 500 mg PAS-Na, 50 mg PAS-Ca oder 50 mg N-Benzoyl-PAS-Ca werden in 2,0 cm³ $CH_3OH$ oder ca. 150 mg PAS werden in 2%ig.

methanol. NaOH gelöst u. mit reinstem Ae. auf 50 $cm^3$ aufgefüllt. 1,0 $cm^3$ der äther. Lsg. werden nach 10—15 Min. zu einem Gemisch aus 5,0 $cm^3$ einer Lsg. von 75 mg p-Nitranilin in 100 $cm^3$ n HCl, die mit $CH_3OH$ auf 500 $cm^3$ ergänzt sind, u. 0,5 $cm^3$ 1%ig. wss. $NaNO_2$-Lsg. gegeben, gemischt u. 10 Min. bei Raumtemp. stehengelassen. Dann wird bei 435 mμ u. einer Schichtdicke von 1—2 cm gegen den Blindwert (Diazoniumsalzlsg. + 1 $cm^3$ Ae.) colorimetriert. Die Extinktion E ist der MAP-Konz. proportional. Der Meßbereich ist bei 1 cm Schichtdicke 0—3 mg-% MAP. Gemessen mit dem BECKMAN-Spektrophotometer, Modell B, u. 1 cm Schichtdicke ist: % MAP = 0,144·E (bei 435 mμ)/PAS-Einwaage (in g). (Pharmac. Acta Helvetiae **27.** 270—71. 30/9. 1952. Bern, Dr. A. Wander AG.) K. F. MÜLLER. 4880

---

**Nordmark-Werke G. m. b. H.,** Hamburg (Erfinder: **Siegfried Winkler,** Moorege, Holst., *Stabile Cysteinlösungen,* dad. gek., daß sauren, neutralen oder alkal. Lsgg. von Cystein (**I**) Schwermetallkomplexbildner, wie Pyrophosphorsäure, $H_2S$ oder HCN bzw. deren Ionen in geringer Konz. zugesetzt werden. Freies **I** aus **I**-Hydrochlorid durch Rk. mit $NH_3$ unter Kühlung in Ggw. von HCN, $H_2S$ oder Pyrophosphaten. — Z. B. werden 300 (g) **I**-Hydrochlorid in 11,8 W. gelöst u. mit 2800 10%ig. $NaHCO_3$-Lsg. versetzt, die 10—20 ($cm^3$) $H_2S$ enthält, dann wird mit 200 10%ig. NaOH, die 1—2 $H_2S$ enthält, neutralisiert. **I** krist. bei —5 bzw. —10°, F. 209—210° (Zers.). — *Blutstillende* u. *Antihistaminwirkung.* (**D. B. P. 862 940** Kl. 30h vom 31/3. 1949, ausg. 15/1. 1953.) K. HEINZE. 4807

**Aktiebolaget Kabi** (Erfinder: **Hans Ferdinand Meldahl**), Stockholm, Schweden, *Herstellung von wässerigen Procainpenicillin enthaltenden Zubereitungen,* gek. durch den Zusatz von lösl. Procainsalzen, z. B. Procainhydrochlorid. Ferner können hydrophile Kolloide zugesetzt werden, wie Carboxymethylcellulose, Alginate, Pektin, Konservierungsmittel u. NaCl zur Blutisotonie. Erhöhte Haltbarkeit. (**D. B. P. 863 985** Kl. 30h vom 20/11. 1951, ausg. 22/1. 1953. Schwed. Prior. 9/9. 1949.) SCHINDLER. 4811

**Farbenfabriken Bayer,** Leverkusen (Erfinder: **Walter A. Winsten,** New York, N. Y., V. St. A.), *Reinigen von Streptomycin* von histaminartigen Begleitstoffen durch Behandeln einer das Antibioticum enthaltenden Lsg. mit Br u. Entfernung des Niederschlages. Das Verf. ist zu jedem Zeitpunkt der Streptomycinisolierung durch Adsorption u. Elution durchführbar. (**D. B. P. 863 249** Kl. 30h vom 1/11. 1949, ausg. 15/1. 1953. A. Prior. 2/10. 1948.) SCHINDLER. 4811

**Commercial Solvents Corp.,** Terre Haute, Ind., übert. von: **Winifred R. Mitchell,** Lynbrook, N. Y., V. St. A., *Herstellung von Tyrothricin* durch Züchten von Bacillus brevis in einer Glucose, Maisquellwasser u. Nährsalze enthaltenden Kultur-Fl., submers u. unter Belüftung bei 30—40°. Vgl. A. P. 2 465 338, C. **1950.** I. 2007. (**A. P. 2 602 043** vom 26/9. 1945, ausg. 1/7. 1952.) SCHINDLER. 4811

**Josef Klosa,** Lübbecke/Westf., *Gewinnung antibiotischer Stoffe* aus Flechten, z. B. aus Evernia prunastri, durch Extraktion mit A. u./oder Aceton u./oder Ae., Verdampfen des Lösungsm., Lösen in W. u. Ausfällen der Antibiotica durch Einstellen des $p_H$ auf 2—3. Die Flechten können auch mit schwachen Alkalilsgg. in W. extrahiert werden. Die Prodd. werden dann durch Ansäuern gefällt u. mit organ. Lösungsmitteln gereinigt. — Z. B. werden 100 g Flechten bei 50—80° mit 250 ($cm^3$) A. (95%ig.) 4 Std. extrahiert. Der A. wird bis auf 60 verdampft, Rückstand mit 180 W. versetzt u. mit HCl $p_H$ 3 angesäuert. Nd. wird durch Umfällen oder Kristallisieren aus A. u. Aceton gereinigt. Die antibiot. Stoffe enthalten u. a. *Evern-, Usnin-* u. *Ramalsäure.* — Wrkg. *gegen Staphylokokken, Streptokokken, Tuberkeln, Typhuserreger* u. dergleichen. (**D. B. P. 859 348** Kl. 30h vom 29/11. 1949, ausg. 15/12. 1952.) K. HEINZE. 4811

**Parke, Davis & Co.,** Detroit, übert. von: **Louis L. Bambas,** Grosse Pointe Woods, Mich., V. St. A., *Oxyäthylacylamido-biphenylketone* der Formel $R_n$[Biphenylyl]CO—CH(NH-Acyl)—$CH_2OH$ (worin n gleich 1 bzw. 2 ist, R für H, Halogen-, Nitro-, niedrigmol. Alkyl- oder Alkoxyrest steht u. Acyl gesätt. u. ungesätt., niedrigmol., aliphat. Fettsäure-, sowie durch Halogen, Carboxy-, Cyan-, Äther-, Oxy- u. Estergruppen substituierte Fettsäurereste, auch Benzoyl-, substituierte Benzoyl-, araliphat. Acyl-, Furoyl-, Pyridinoylreste usw. bedeutet) werden durch Kondensation von Biphenylylacylamidomethylketonen $R_n$[Biphenylyl]CO—$CH_2$—NH—Acyl mit Formaldehyd (**I**) in Ggw. eines alkal. Kondensationskatalysators gewonnen. **I** kann in wss. oder alkoh. Lsg. wie auch in Gasform, als Monomeres oder Polymeres u. in beliebiger Menge, bes. in 4—5fachem Überschuß, bezogen auf das Keton, angewandt werden. Als Katalysatoren sind genannt: anorgan. u. organ. Basen, anorgan. Salze saurer oder pseudosaurer organ. Verbb., wobei schwach alkal. Verbb. in Mengen von höchstens 0,05 (Mol) auf 1 Ausgangsmaterial bevorzugt werden. Die Kondensation soll bei 25—50° erfolgen u. dauert dann mit milden Katalysatoren 15 Min. bis mehrere Stunden. — Es wurden hergestellt: *4-Biphenylyl-*

*α-acetamido-k.* (*k* = *β*-oxyäthylketon), F. 166—167°; *3-Biphenylyl-α-benzamido-k.*; *4'-Methoxy-4-biphenylyl-α-phenylacetamido-k.*; *4'-Nitro-4-biphenylyl-α-acetamido-k.*; *4'-Jod-4-biphenylyl-α-benzamido-k.*; *2'-Methyl-4-biphenylyl-α-(p-toluylamido]-k.*; *4'-Nitro-6-methyl-4-biphenylyl-α-acetamido-k.*; *4'-Nitro-4-biphenylyl-α-dichloracetamido-k.*; *4'-Nitro-4-biphenylyl-α-fluoracetamido-k.*; *3'-Äthyl-3-biphenylyl-α-cyanacetamido-k.*; *2-Äthyl-4-biphenylyl-α-acetoxyacetamido-k.*; *4'-Brom-4-biphenylyl-α-succinamido-k.*; *2'.4'-Dichlor-4-biphenylyl-α-methoxypropionamido-k.*; *4'-Chlor-4-biphenylyl-α-furamido-k.*; *4-Biphenylyl-α-nicotinamido-k.*; *4-Biphenylyl-α-crotonamido-k.*; *4-Biphenylyl-α-lactamido-k.*; *4-Biphenylyl-α-dichloracetamido-k.*; *4-Biphenylyl-α-benzamido-k.* Das als Ausgangsmaterial verwendete Biphenylylacylamidomethylketon wird aus dem 4-Biphenylylbrommethylketon über das 4-Biphenylylbrommethylketonhexamethylentetramin, 4-Biphenylylaminomethylketon u. 4-Biphenylylacetamidomethylketon hergestellt. — Die Prodd. werden als Zwischenprodd. bei der Herst. von organ. Verbb. mit *antibiot. Wrkg.* gegenüber *Mikroorganismen vom Rickettsiatyp* verwendet. In der gleichen Weise werden Acylamidooxypropionaphthone der nebenst. Formel hergestellt. Gleicher Verwendungszweck. (**A. PP. 2 543 267** u. **2 545 092** vom 4/1. 1950, ausg. 27/2. 1951 bzw. vom 21/1. 1950, ausg. 13/3. 1951.) Schmauser. 4811

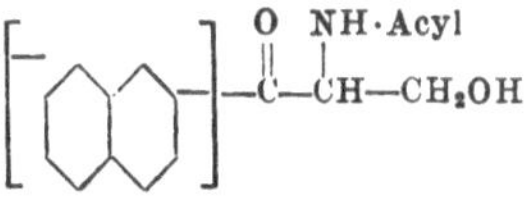


**Parke, Davis & Co.**, Detroit, übert. von: **Louis L. Bambas**, Grosse Pointe Woods, Mich., V. St. A., *Acylierte Ketoamidoalkohole* werden hergestellt, indem man Biphenylyl-α-acylamido-β-oxyäthylketonverbb. der allg. Formel $R_n$[Biphenylyl]CO—CH(NH-Acyl)—$CH_2OH$ (worin n = 1 oder 2, R = H, Halogen-, Nitro-, niedrigmol. Alkyl- oder Alkoxyrest u. Acyl = Rest einer gesätt. oder ungesätt., niedrigmol. Fettsäure bzw. Halogen-, Carboxy-, Cyan-, Äther-, Ester- oder Oxysubstitutionsprodd.; ferner Benzoyl-, substituierte Benzoyl-, araliphat. Acyl-, Furoyl-, Pyridinoylrest usw.) mit Säurehalogenid oder Säureanhydrid, womöglich in Abwesenheit von W., gegebenenfalls in Ggw. eines Acylierungskatalysators bei 10—140°, bes. 60—100°, behandelt. Statt eines inerten organ. Lösungsm. kann man das organ. Acylierungsmittel im Überschuß verwenden. Katalysatoren sind z. B. NaOH, KOH, $Na_2CO_3$, Na-Acetat, Pyridin, Chinolin, Triäthylamin, N-Äthylmorpholin, N-Methylpiperidin, N.N-Dimethylanilin, p-Toluolsulfonsäure, $H_2SO_4$. Beispielsweise wurden dargestellt: *2'-Methyl-4-biphenylyl-α-(p-toluylamido)-β-acetoxyäthylketon*, 2'-$CH_3$-Biphenylyl—CO—CH($NHCOC_6H_4CH_3$)—$CH_2O \cdot OC \cdot CH_3$, *3-Biphenylyl-α-benzamido-β-acetoxyäthylketon*, *4'-Nitro-4-biphenylyl-α-dichloracetamido-β-acetoxyäthylketon*, *4'-Nitro-4-biphenylyl-α-dichloracetamido-β-dichloracetoxyäthylketon*, *2'-Chlor-2-biphenylyl-α-cyanacetamido-β-nicotinoyloxyäthylketon*, *4'-Jod-4-biphenylyl-α-furamido-β-lactoyloxyäthylketon*, *2'-Brom-4'-methyl-4-biphenylyl-α-acetoxyacetamido-β-phenylacetoxyäthylketon*, *4'-Methoxy-4-biphenylyl-α-fluoracetamido-β-benzoyloxyäthylketon*, *4'-Äthoxy-4-biphenylyl-α-methoxypropionamido-β-succinoyloxyäthylketon*, *2-Äthyl-4-biphenylyl-α-crotonamido-β-crotonyloxyäthylketon*, *4-Biphenylyl-α-benzamido-β-acetoxyäthylketon*, *4-Biphenylyl-α-bromacetamido-β-furoyloxyäthylketon*, *4-Biphenylyl-α-benzamido-β-acetoxyäthylketon*, *4-Biphenylyl-α-acetamido-β-acetoxyäthylketon*, *4-Biphenylyl-α-dichloracetamido-β-oxyäthylketon*. — Angaben über die Darst. der als Ausgangsmaterial verwendeten Biphenylyl-α-acetamido-β-oxyäthylketone. In gleicher Weise wie die acylierten Biphenylylketoamidoalkohole werden auch die entsprechenden *Naphthylverbb.* gewonnen. Zwischenprodd. bei der Herst. anderer organ. Verbb., bes. solcher mit *antibiot. Wrkg.* gegen *Mikroorganismen* vom Rickettsiatyp. (**A. PP. 2 543 268** vom 4/1. 1950, ausg. 27/2. 1951 u. **2 545 093** vom 21/1. 1950, ausg. 13/3. 1951.) Schmauser. 4811

**Parke, Davis & Co.**, Detroit, übert. von: **Louis L. Bambas**, Grosse Pointe Woods, Mich., V. St. A., *Polyacylierte Aminodiole* der allg. Formel $R_n$[Biphenylyl]CH(O-Acyl)—CH(NH-Acyl)—$CH_2O$-Acyl (worin n = 1 oder 2; R = H, Halogen-, $NO_2$- oder niedere Alkyl- bzw. Alkoxyreste, während unter der Bezeichnung „Acyl" gesätt. bzw. ungesätt. niedere, gegebenenfalls durch Halogen, Carboxy-, Cyan-, Äther-, Ester- oder Oxygruppen substituierte Fettsäure-, Benzoyl-, substituierte Benzoyl-, araliphat. Acyl-, Furoyl-, Pyridinoyl- u. dgl. Rest zu verstehen sind) werden hergestellt durch Acylieren der Verbb. $R_n$[Biphenylyl]CHOH—CH($NHR_1$)—$CH_2OR$ mit Acylhalogenid bzw. -anhydrid inAbwesenheit von W. bei Tempp. unter 50° in Ggw. eines alkal. Katalysators (Alkali- oder Erdalkalihydroxyde, -carbonate, -oxyde, tert. Amine usw.). Erfolgt die Rk. in wss. Medium, zweckmäßig in einem 2-Phasengemisch aus W. u. einem mit W. nicht mischbaren organ. Lösungsm., so empfiehlt sich eine Temp. von 25° u. darunter sowie Verwendung eines schwach alkal. Katalysators, wie $CaCO_3$, $MgCO_3$, $BaCO_3$ usw. — **Beispiel.** 3,2 g (dl)-ψ-1-(4'-Nitro-4-biphenylyl)-2-aminopropan-1.3-diol werden einem aus 6 $cm^3$ Essigsäureanhydrid u. 6 $cm^3$ trockenem Pyridin bestehenden Gemisch zugesetzt, das Gemisch ½ Std. auf 100° erhitzt u. im Vakuum zur Trockene verdampft. Der aus $CH_3OH$ umkrist. Rückstand ist das *(dl)-ψ-1-(4'-Nitro-4-biphenylyl)-2-acetamido-1.3-diacetoxypropan.* Ferner

werden hergestellt: *(dl)-ψ-1-(4'-Nitro-4-biphenylyl)-2-dichloracetamidopropan; (dl)-reg.-1-(2'-Chlor-3-biphenylyl)-2-phenylacetamido-3-cyanacetoxy-1-benzoyloxypropan; (d)-reg.-1-(2'.4'-Dimethoxy-4-biphenylyl)-2-nicotinamido-1.3-bis-(methoxyacetoxy)-propan; (dl)-ψ-1-(2-Äthyl-4-biphenylyl)-2-acetoxylactamido-1.3-diacetoxypropan; (dl)-ψ-1-(4'-Nitro-4-biphenylyl)-2-dichloracetamido-1.3-bis-(dichloracetoxy)-propan; (l)-ψ-1-(3'-Methyl-4-biphenylyl)-2-p-toluylamido-1.3-bis-(p-toluyloxy)-propan; (dl)-reg.-1-(4'-Jod-4-biphenylyl)-2-succinamido-1.3-bis-(succinoyloxy)-propan; (d)-ψ-1-(2'-Methoxy-4-biphenylyl)-2-β.β-dimethylacrylamido-3-acetoxyacetoxy-1-furoyloxypropan; (l)-reg.-1-(4'-Brom-4-biphenylyl)-2-bromacetamido-3-propionyloxy-1-nicotinoyloxypropan;(dl)-ψ-1-(4-Biphenylyl)-2-acetamido-1.3-diacetoxypropan; (dl)-ψ-1-(4-Biphenylyl)-2-dichloracetamido-1.3-diacetoxypropan.* Den polyacylierten Biphenylylaminodiolen entsprechende *Naphthylverbb.* werden in gleicher Weise hergestellt. Verwendung beider Gruppen zur Herst. anderer *organ. Verbb.*, bes. solcher von *antibiot. Wirkung.* — Bereitung der Ausgangsstoffe ist ausführlich beschrieben. (**A. PP. 2 543 270** u. **2 545 095** vom 4/1. u. 21/1. 1950, ausg. 27/2. u. 13/3. 1951.)
SCHMAUSER. 4811

**Parke, Davis & Co.**, Detroit, übert. von: **Louis L. Bambas**, Grosse Pointe Woods, Mich., V. St. A., *Biphenylylverbindungen.* Freie Aminodiolbasen der allg.Formel $R_n$[Biphenylyl]CH(OH)—CH($NH_2$)—$CH_2OH$ (worin n = 1 oder 2; R = H, Halogen, $NO_2$ oder niederen Alkyl- bzw. Alkoxylresten) werden in strukturmäßig oder opt. isomerer Form erhalten durch Hydrolysieren eines acylierten Aminodiols der Formel ($R_n$[Biphenylyl]·CH($OR_1$)—CH(NH—Acyl)—$CH_2OR_2$ (worin n u. R wie oben, während $R_1$ u. $R_2$ = H oder Acylreste von gesätt. oder ungesätt. niedrigen, gegebenenfalls durch Halogen, Carboxy-, Cyan-, Äther-, Ester-, Oxygruppen substituierten aliphat. Säuren, Benzoesäure u. Substitutionsprodd., araliphat. Säuren, Furan-, Pyridincarbonsäuren usw. entsprechen). Die Hydrolyse wird zweckmäßig in Ggw. von Katalysatoren (HCl, HBr, HJ, $H_2SO_4$, $H_3PO_4$, NaOH, KOH u. dgl.) mittels verd. Mineralsäure bei etwa dem Kp. des Reaktionsgemisches u. gegebenenfalls in mit W. mischbarem organ. Lösungsm. vorgenommen. — Beispiel: 26 (g) dl-ψ-1-(4-biphenylyl)-2-acetamidopropan-1.3-diol werden mit 600 $cm^3$ HCl (5%ig.) erhitzt u. aus dem gekühlten Gemisch das Hydrochlorid des (dl)-ψ-1-(4-Biphenylyl)-2-aminopropan-1.3-diol abgeschieden. Mit konz. $NH_4OH$ die freie Base. Ein opt. Isomeres, wie d-ψ-1-(4-Biphenylyl)-2-aminopropan-1.3-diol kann über ein opt.-akt. Additionssalz, z. B. mit d-Weinsäure, hergestellt werden. — Weitere Beispiele für die Herst. von *(dl)-ψ-1-(4'-Methoxy-3-biphenylyl)-2-aminopropan-1.3-diol; (dl)-ψ-1-(4'-Nitro-4-biphenylyl)-2-aminopropan-1.3-diol; (dl)-reg.-1-(4'-Äthyl-4-biphenylyl)-2-aminopropan-1.3-diol; (l)-ψ-1-(3'-Brom-3-biphenylyl)-2-aminopropan-1.3-diol; (l)-reg.-1-(2'.4'-Dichlor-4-biphenylyl)-2-aminopropan-1.3-diol; (d)-ψ-1-(2-Äthoxy-2'-methyl-4-biphenylyl)-2-aminopropan-1.3-diol; (dl)-reg.-1-(3-Biphenylyl)-2-aminopropan-1.3-diol; (l)-ψ-1-(4'-Nitro-4-biphenylyl)-2-aminopropan-1.3-diol; (l)-reg.-1-(4'-Nitro-4-biphenylyl)-2-aminopropan-1.3-diol.* Den Biphenylylverbb. entsprechende *Naphthylaminopropandiole* werden in gleicher Weise hergestellt u. ebenso wie jene als Zwischenprodd. bei der Herst. organ. Verbb., bes. solcher mit *antibiot. Wrkg.*, verwendet. — Angaben über die Herst. der für die Aminodiolbasen notwendigen Ausgangsstoffe. (**A. PP. 2 543 271** u. **2 545 096** vom 4/1. bzw. 21/1. 1950, ausg. 27/2. bzw. 13/3. 1951.) SCHMAUSER. 4811

**E. Merck Chemische Fabrik** (Erfinder: **Hermann Horn**), Darmstadt, *Haltbare injizierbare Lösungen von Salzen des dreiwertigen Eisens*, dadurch, daß frisch gefälltes $Fe(OH)_3$ (**I**) mit ½ (Mol) Saccharose (**II**) u. ½ Gluconsäure (**III**) bzw. ihren Salzen in Lsg. gebracht wird. **I** wird durch Fällen mit Alkalicarbonaten oder -bicarbonaten gewonnen. **II** kann ganz oder zum Teil durch andere Zucker oder aliphat. sechswertige Alkohole (Hexite) ersetzt werden. Der gewünschte $p_H$-Wert wird durch **III** oder Alkali eingestellt. — Z. B. wird eine Lsg. von 270,3 (Teilen) $FeCl_3 \cdot 6\,H_2O$ in 400 W. mit einer Lsg. von 300 $NaHCO_3$ in 3500 W. versetzt u. das gewaschene **I** feucht in eine Lsg. von 513,2 **II** u. 98,05 **III** (89,05 Glucono-δ-lacton) in 500 W. eingetragen. Rotbraune Lsg. wird mit NaOH neutralisiert, injizierbar. — Weitere Beispiele. (**D. B. P. 862 482** Kl. 30h vom 14/5. 1950, ausg. 12/1. 1953.) K. HEINZE. 4815

—, Pharmaceutical formulas. Vol. I. 12th edn. London. Morgan Bros. 1953. (1140 S.) s. 37 d. 6.

# G. Analyse. Laboratorium.

**L. T. Hallett, R. P. Graham, N. H. Furman, H. C. Diehl, S. E. Q. Ashley** und **H. V. Churchill**, *Fortschrittsbericht des Committee on Nomenclature, Division of Analytical Chemistry, Juni 1952.* Zur Klärung der Begriffe werden Definitionen für eine Reihe von Fachausdrücken gebracht, die auf dem Gebiet der analyt. Chemie bes. im amerikan. Schrifttum üblich sind. (Analytic. Chem. **24**. 1348—49. Aug. 1952.) B. REUTER. 5000

**Ralph H. Müller** und **Seymour T. Zenchelsky**, *Instrument für die automatische Bestimmung des Schmelzpunktes.* Beschreibung eines automat. arbeitenden App. zur Best. des F. organ. Substanzen auf ±0,25°, der die Schmelztemp. beliebig lange anzeigt. (Analytic. Chem. **24**. 844—47. Mai 1952. New York, N. Y., Univ., Washington Square Coll. of Arts and Sci.) FRETZDORFF. 5018

**Hans von Ubisch**, *Heizdraht-Manometer für chemische Anwendungen.* Nach Erörterungen der theoret. Grundlagen des PIRANI-Manometers u. Diskussion über die Einflüsse der Wärmeleitfähigkeit des Gases auf den Manometerheizdraht u. die Abhängigkeit der verschied. Gase von Druck, Temp. u. Draht- u. Röhrenabmessungen des Manometers werden prakt. Vorschläge für die Ausführung von Manometerverbesserungen gemacht. Durchmesser u. Länge des Pt- oder W-Drahtes muß je nach Meßbereich gewählt werden, für Bereiche <0,1 mm Hg sind dünnere u. längere Drähte mit u. ohne Nebenschluß zu empfehlen. Eichkurven mit Drahtlängen als Parameter werden gegeben. Der Röhrendurchmesser soll zur Vermeidung von Konvektion klein sein (5 mm). Das n. Manometer liegt in einer WHEATSTONE-Brücke. Es wird eine neue Brücke mit elektron. Rückspeisung angegeben, durch die die Drahttemp. mit Verstärker u. Relais auf einen konstanten Wert geregelt wird. Meßbereich u. Genauigkeit können dadurch erhöht werden. Es werden Eichkurven des Manometers mit verschied. Gasen u. Dämpfen für Druckbereiche von 0,01—100 mm Hg mit der Rückspeisungsschaltung abgebildet. Zum Schluß wird die Verwendung des Manometers zum Suchen von Undichtigkeiten erwähnt. (Analytic. Chem. **24**. 931—38. Juni 1952. Stockholm, A. B. Atomenergi., Dep. of Phys.) MIETHING. 5026

**J. H. Fremlin**, *Eine biegsame Vakuumverbindung.* Die beschriebene Vakuumverbindung dient bes. für Systeme mit großem Durchmesser. (J. sci. Instruments **29**. 267. Aug. 1952. Birmingham, Univ., Phys. Dep. GOTTFRIED. 5026

**J. F. Johnson, R. L. LeTourneau** und **Robert Matteson**, *Ein Allzweck-Capillarviscosimeter.* Vff. geben einen Überblick über die in der Petroleumindustrie gebräuchlichen Viscosimeter. Sie kommen auf Grund ihrer Unterss. zu dem Schluß, daß das Querarmviscosimeter von ZEITFUCHS für alle Zwecke geeignet ist. Dieses war ursprünglich nur für opalescierende Öle im Bereich von 2—37000 cSt gedacht. Trotzdem wird es seit Jahren von Vff. für Viscositätsmessungen im Bereich von 0,5—100000 cSt u. bei Tempp. von —100° bis +500° für durchsichtige u. undurchsichtige Öle benutzt. Vff. beschreiben das Viscosimeter u. geben Fehlermöglichkeiten u. ihre Berechnung an. Die Vorteile des Viscosimeters sind folgende: 1. ist es für durchsichtige u. undurchsichtige Öle geeignet, 2. hat es einen sehr großen Meßbereich, 3. sind nur kleine Proben erforderlich, 4. läßt es sich leicht reinigen u. füllen u. 5. ist eine schnelle Temperatureinstellung garantiert. (Analytic. Chem. **24**. 1505—08. Sept. 1952. Richmond, Calif., California Res. Corp.) G. HEINRICH. 5040

**John Satterly**, *Bemerkungen über die Benutzung des Apparates nach Fitch zur Messung der Wärmeleitfähigkeit von dünnen Platten von schlecht leitenden Materialien.* Vf. teilt mit, daß er in einer sehr großen Reihe von Verss. mit dem App. von FITCH (Amer. Phys. Teacher **3**. [1935.] 135) nur sehr unzuverlässige Resultate erhalten hat, die unter sich mit einer mittleren Abweichung von ca. 7% übereinstimmten. (Amer. J. Physics **19**. 132. Febr. 1951. Toronto, Univ.) GOTTFRIED. 5052

**L. A. Dauncey** und **J. E. Still**, *Eine Apparatur zur direkten Bestimmung der Sättigungstemperaturen von Lösungen.* Wird ein Kristall in seine fast gesätt. bzw. übersätt. Lsg. gebracht u. dafür gesorgt, daß die Lsg. an einer Kristallfläche entlang strömt, so wird eine helle Lichtlinie (erzeugt durch eine 15 Watt-Lampe u. Blende), die die Kristallfläche im Winkel von 30—80° schneidet, dicht am Kristall nach links bzw. rechts mit dem bloßen Auge sichtbar abgebeugt, je nachdem die Lsg. über- oder untersättigt ist. Bei Sättigung findet keine Beugung statt. Auf Grund dieser Beobachtung wird eine heizbare Zelle gebaut, die gestattet, Sättigungstempp. auf ±0,05° bei Verbb., deren Löslichkeiten 30—50% betragen u. auf ±0,5° bei Löslichkeiten unter 10% genau zu bestimmen, u. zwar in großen Gefäßen bis zu 500 ml herab. Durch eine Pumpanlage wird die Lsg. aus dem Vorratsgefäß in die Zelle gebracht. Die Löslichkeitskurven von wasserfreiem u. hydratisiertem *Äthylendiamintartrat* werden mitgeteilt. (J. appl. Chem. **2**. 399—404. Juli 1952. Wembley, General Electric Co. Ltd., Res. Labor.) MOSLÉ. 5052

**M. A. du Toit Meyer**, *Eine Theorie der Rockwell-Kugelhärte.* Der abgeleitete allg. Ausdruck mit Konstanten nach MEYER stimmt mit Versuchsergebnissen gut überein. Umrechnung der Härtezahlen auf BRINNELL-Härte. (Appl. sci. Res. A **3**. 11—26. 1951. Delft, Labor. voor Techn. Phys.) BLUMRICH. 5060

**S. J. Lloyd** und **D. J. Norris**, *Ein Kugeldruckhärtemesser in Verbindung mit einem Vickersschen Projektionsmikroskop.* Es wird ein Mikrohärteprüfer beschrieben, mit dem

Härtemessungen mit Eindrucktiefen von 5—10 $\mu$ durchgeführt werden können. Die Belastungsbereiche liegen zwischen 0,1—10 g u. 10—50 g. Befriedigende Härtemessungen wurden an elektrolyt. poliertem Al u. $\beta$-Messing durchgeführt. Das Mikroskop ist derart angebracht, daß die Eindrücke laufend mkr. verfolgt werden können. (J. sci. Instruments **28.** 81—84. März 1951. Melbourne, Commonwealth Sci. and Industrial Res. Org., Div. of Tribophysics.) GOTTFRIED. 5060

**P. Grodzinski,** *Ein automatischer Härteprüfer vom Typ Bergsman mit geringer Belastung.* Es wird ein Instrument beschrieben, mit dem Härtemessungen an relativ harten Materialien bei Belastungen bis zu 3000 g ausgeführt werden können. Das Eindruckmaterial besteht aus Diamant u. hat die Form eines Doppelkegels mit der gleichen Achse, aber entgegengesetzten Kegelwinkeln; er wird in das Material senkrecht zur Kegelachse gepreßt u. hinterläßt einen bootförmigen Eindruck, von dem nur mkr. die Länge gemessen wird. Die Doppelkegelhärte $H_{DC}$ ist dann definiert durch den Ausdruck $H_{DC} = P/F = P/C \cdot l^3$ [kg/mm²], in dem P die Belastung in kg, C eine Materialkonstante des benutzten Doppelkegels u. l die Länge des Eindruckes in mm bedeuten. Verss. wurden mit gesintertem *SiC* u. *Schnelldrehlstahl* durchgeführt. (J. sci. Instruments **28.** 117—21. April 1951. London, Industrial Distributors [Sales] Ltd., Diamond Res. Dep.)
GOTTFRIED. 5060

**Robert Kunin,** *Ionenaustausch.* Literaturübersicht über die Theorie, Entw. u. Anwendung der Ionenaustauscher. — 84 Literaturangaben. (Analytic. Chem. **24.** 64—66. Jan. 1952. Philadelphia, Pa., Rohm and Haas Co.) E. JÄGER. 5062

**Theodore Vermeulen,** und **Nevin K. Hiester,** *Ionenaustauschchromatographie von spurenweise vorliegenden Verbindungen. Eine Theorie der Entwurfsplanung.* Mathemat. Ableitungen für die Wirksamkeit chromatograph. Trennungen, wenn ein oder mehrere Ionen im Vgl. zu einem Trägerion u. gegebenenfalls zu einer komplexbildenden Substanz in so kleiner Menge vorliegen, daß ihre Konzz. während der Elution sich in der Säule symm., glockenförmig mit möglichst schmalem Maximum anordnen. Hiermit stehen weitere im Original angegebene einschränkende Annahmen im Zusammenhang. — Am Beispiel einer vorgeschlagenen Einrichtung zur *Ba–Ra*-Trennung, die im Atomverhältnis $5 \cdot 10^5$ vorliegen, bis auf einen Reinheitsgrad des Ra von 99,5% durchAustausch mittels $H^+$ als Trägerion an einer Säule aus *Amberlite IR-1* (I) werden die günstigsten Bedingungen ermittelt: zweistufige Trennung durch 100fache Anreicherung des Ra in 1. Stufe, um die Hauptmenge des Ba zu entfernen, u. weitere Konzentrierung in 2. Stufe auf das $10^6$fache, wobei eine geringere Harzmenge benötigt wird; Zufuhr einer neuen Charge bereits kurz, bevor das Ba der 1. Charge im Eluiermittel erscheint, einer 3. Charge, wenn die schwach Ra-haltige Ba-Fraktion ausgeschieden ist u. ein Ba–Ra-Gemisch solcher Zus. eluiert wird, daß es in den Prozeß zurückgeführt werden muß, wodurch einer regelmäßigen Zufuhr von Chargen eine sich wiederholende Folge von Ba-, Misch- u. Ra-Fraktionen entspricht. Die Abhängigkeit der Ra-Anreicherung von der Ra-Ausbeute zeigt bei verschied. Säulenkapazitäten (s), daß ein Optimum je bei 85% Ausbeute erreicht wird u. in diesem Falle s = 600 für die 1. Stufe ,= 1800 für die 2. genommen werden muß. Unter dieser Voraussetzung werden die Arbeitsbedingungen berechnet, die von der zu wählenden Konz. der Eluier-Fl. (0,5n, 1,6n, 4n oder 8nHCl) derart abhängen, daß mit ihrem Anstieg die zu wählende anfängliche Ba-Konz. sehr stark ansteigt u. die einzuführende Lösungsmenge ebenso wie die Strömungsgeschwindigkeit in der Säule kleiner werden, das Vol. der Säule in geringerem Maße u. die beste Korngröße noch schwächer abnehmen. (Ind. Engng. Chem. **44.** 636—51. März 1952. Berkeley, Cal., Univ. of California, Dep. of Chem. and chem. Engng.) METZENER. 5062

**A. Lacourt, Gh. Sommereyns** und **J. Soete,** *Anorganische papierchromatographische Trennung im Mikrogrammaßstab. Aluminium, Uran, Eisen.* Vff. verwenden zweierlei Lösungsmittel zur Entw. u. zur Sättigung u. erhalten für die Best. von 50 $\gamma$ U bis auf $\pm 4$% genaue Werte. Zur Best. von Al u. Fe vgl. LACOURT u. Mitarbeiter (C. **1952.** **5463**). (Mikrochem. verein. Mikrochim. Acta **38.** 348—57. 1951.) H. GEHLEN. 5062

**A. Lacourt, Gh. Sommereyns** und **M. Claret,** *Papierchromatographische Trennung und Bestimmung der Anionen im Mikrogrammaßstab. Silicium, Bor, Molybdän.* Si, B u. Mo lassen sich als Anionen der entsprechenden Na-Salze papierchromatograph. trennen. Die Chromatogramme können im Mikromaßstab mit Aceton–HCl (5 Vol.-% konz. HCl) in einer mit 2-Butanon-HCl gesätt. Atmosphäre entwickelt werden. Bei B betrug die Genauigkeit der Best. $\pm 3$%. (Mikrochem. verein. Mikrochim. Acta **38.** 444—55. 1951.
H. GEHLEN. 5062

**Bruce H. Billings,** *Ein monochromatischer Depolarisator.* Beschreibung eines einfachen Depolarisators für monochromat. Licht oder Licht mit irgendeiner spektralen Charakteristik. Er besteht aus zwei phasenverzögernden Platten, deren Achsen einen

Winkel von 45° bilden. Die eine Platte verzögert linear mit der Zeit von 0 bis zu einer Wellenlänge, die zweite von 0 bis zu zwei Wellenlängen. Benutzt werden vorwiegend senkrecht zur opt. Achse geschnittene $NH_4H_2PO_4$-Kristalle, deren Phasenverzögerung durch Anlegen eines elektr. Feldes in Achsenrichtung variiert werden kann. Sie ist der angelegten Spannung proportional. Diskussion der Anregung durch sinusförmigen Wechselstrom u. des LYOT-Depolarisators für einen großen Wellenlängenbereich u. Ableitung seiner Toleranzen. Angabe der gemessenenen relativen Durchlässigkeiten für verschied. experimentelle Anordnungen. (J. opt. Soc. America **41.** 966—75. Dez. 1951. Cambridge, Mass., Baird Assoc. Inc., Res. Labor.) LINDBERG. 5064

**William A. Shurcliff,** *Ein doppelt durchlaufener virtueller Zweistrahlmonochromator.* Es wird ein Vorschlag gemacht, wie durch Ersatz der einschaltbaren Blende im PERKIN ELMER-Monochromator durch einen Präparatwechsler dieser die Eigg. eines Zweistrahlmonochromators, etwa für Zwecke der Photometrie, erlangen könnte. (J. opt. Soc. America **42.** 433. Juni 1952. Cambridge, Mass., Polaroid Corp., Res. Dep.) LINDBERG. 5064

**E. G. Walsh,** *Standardphotometrie der inneren Flamme.* Das vom Vf. entwickelte Farbkeilphotometer wurde bei der Unters. einiger Fragen der Flammenphotometrie, wie sie bei der chem. Analyse verwendet wird, benutzt. Es ergab sich, daß nach dieser Meth. hinreichend genaue Eichkurven erhalten werden können. Außerdem wurden noch der Einfl. einiger Fremdsubstanzen u. die besten Arbeitsbedingungen der Flamme untersucht. (J. sci. Instruments **29.** 23—35. Jan. 1952. Oxford, Nuffield Dep. of Clinical Med.) v. HARLEM. 5064

**L. Leyton,** *Ein verbessertes Flammenphotometer.* Beschreibung eines einfachen Flammenphotometers zur Best. von Na, K u. Ca. Der konzentr. Zerstäuber aus Glas ist in ein Brennerrohr aus Pyrex-Glas mit Prallkörper u. einem Aufsatz aus rostfreiem Stahl eingesetzt u. hat für die angegebenen günstigsten Dimensionen einen Lösungsverbrauch von 1,5 $cm^3$/Minute. Die wärmeisolierte Brennerkammer trägt 3 feste Ansätze, welche entsprechende Interferenzfilter u. Photozellen (Se-Sperrschichtzellen für Na u. Ca, gasgefüllte Cs-Zelle für K) ohne zusätzliche Optik enthalten. Der Preßluft- u. Acetylenstrom wird durch Einschaltung von Glasfritten gereinigt, u. zur besseren Überwachung des Preßluftdruckes wird ein empfindliches Manometer angegeben. Die Photoströme werden mit einem Galvanometer gemessen. Bei Verwendung von weniger als 1 $cm^3$ Lsg. ergibt sich für K eine Empfindlichkeit von $2 \cdot 10^{-5}$%, für Ca von $5 \cdot 10^{-5}$%. (Analyst **76.** 723—28. Dez. 1951. Oxford, Univ., Dep. of Forestry.) EICHHOFF. 5064

**J. Mašek,** *Die Verwendung gebogener Capillaren.* Bei Stromstärken von mehreren mA sind weite Polarographencapillaren, z. B. von 0,1 mm Durchmesser, erforderlich. Um die Tropfgeschwindigkeit niedrig halten zu können, werden sie 25—30 cm lang gewählt u. nach unten abgebogen, so daß das Hg-Vorratsgefäß ohne Abknicken des verbindenden Kunststoffschlauches beliebig gesenkt werden kann. (Radiometer Polarographics **2.** 58—59. Sept. 1952. Prag, Central Polarogr. Inst.) BLUMRICH. 5066

**H. B. Bolson** und **R. K. Drake,** *Die Bestimmung des Wassergehaltes in elektrischen Isolierungen.* Für die Best. des Wassergeh. von Transformatorspulen, Motorwicklungen usw. werden zwei Methoden beschrieben: 1. Das zu prüfende Syst. wird in *Toluol* (**I**) gekocht. Das gemeinsam mit dem **I** destillierende W. sammelt sich im Destillat unter dem **I**, das laufend dekantiert u. in das Kochgefäß zurückgeleitet wird. Bei Objekten mit 0,5—250 kg Gewicht wurde übereinstimmend innerhalb 1 Std. 75% des gesamten Wassergeh. abdestilliert. 2. Auf elektr. Wege gelingt die Best. des Feuchtigkeitsgeh. durch Messung des Leistungsfaktors mittels einer SCHERING-Brücke. Zwischen beiden Größen besteht eine typ. Abhängigkeit (Diagramme). (Gen. Electr. Rev. **54.** Nr. 11. 34—36. Nov. 1951. Gen. Electr. Co., Fort Wayne, Works Labor.) REUSSE. 5074

**Philip W. West, Paschoal Senise** und **T. S. Burkhalter,** *Bestimmung von Wasser in Alkoholen mit Hilfe von Hochfrequenzoscillatoren.* Unter Verwendung des Heterodynhochfrequenzoscillators von WEST, BURKHALTER u. BROUSSARD (C. **1951.** I. 1502 u. C. **1953.** 668) u. eines Oscillometers wurden die bin. Gemische *ein-* u. *mehrwertiger Alkohole* mit *W.* untersucht. Die Eichkurven für die Gemische von *W.* mit *Glycerin, Äthylen-* u. *Propylenglykol, Methyl-, Äthyl-, Allyl-, n-Propyl-, Isopropyl-* u. *tert.-Butylalkohol,* sowie mit *Isobutyl-, sek.-Butyl-, Isoamyl-* u. *n-Hexylalkohol* u. mit *n-Butyl-, n-Amyl-* u. *tert.-Amylalkohol* sind wiedergegeben. Bes. geeignet ist die Meth. zur Best. des Wassergeh. in A., die nur wenige Sek. erfordert. Die Genauigkeit der Best. beträgt bei 1—10% W. enthaltenden A.-Proben 0,05% (bezogen auf den Wassergehalt). (Analytic. Chem. **24.** 1250—52. Aug. 1952. Baton Rouge, La., Univ., Coates Chem. Labors.) K. F. MÜLLER. 5074

**H. T. Spengler** und **W. S. Tamplin,** *Vorgänge bei der Eis-Calorimetrie.* Das BUNSENsche Eiscalorimeter wurde nach den Vorschlägen von GINNINGS u. CORRUCCINE verbessert. Einzelheiten der Neukonstruktion werden beschrieben u. in 2 Abbildungen gezeigt. Es wird die Enthalpie, Verdampfungs- u. Schmelzwärme von *W.*, *Hg*, *NaCl*, *Heptan*, *Borsilicatglas*, *Äthylenoxyd*, *Bzl.* u. *Maleinsäureanhydrid* bei Tempp. über u. unter 0° damit bestimmt. (Analytic. Chem. **24.** 941—44. Juni 1952. South Charleston, W. Va., Carbide and Carbon Chemicals Co., Union Carbide and Carbon Corp.) MIETHING. 5084

## a) Elemente und anorganische Verbindungen.

**Leonard P. Pepkowitz,** *Mikrobestimmung von Azid durch ein Mikrokjeldahl-Verfahren.* 5—10 mg des zu untersuchenden Azids ($NaN_3$, $PbN_6$) werden auf einem Stück Zigarettenpapier abgewogen, in einen KJELDAHL-Kolben gebracht, mit 3 Tropfen 33%ig. Na-Thiosulfatlsg. befeuchtet u. mit 1 ml konz. $H_2SO_4$ u. 0,5 ml Selenoxychloridlsg. (12 g in 1000 ml konz. Schwefelsäure) nach PEPKOWITZ u. SHIVE verascht. Zur Vervollständigung der Veraschung wird noch einmal mit 2 Tropfen 35%ig. $HClO_4$ erwärmt. Durch die reduzierende Wrkg. des Thiosulfats wird $^1/_3$ des in der $N_3H$ enthaltenen N in $NH_3$ übergeführt, der in üblicher Weise aus dem Reaktionsgemisch durch Dest. in 2%ig. Borsäure u. nachfolgende Titration mit 0,05 n HCl bestimmt wird. (Analytic. Chem. **24.** 900—01. Mai 1952. Los Alamos, N. Mex., Univ. of California, Los Alamos Sci. Labor.) FRETZDORFF. G 243

**William G. Domask** und **Kenneth A. Kobe,** *Mercurimetrische Bestimmung von Chloriden und wasserlöslichen Chlorhydrinen.* An Stelle der Titration von Chloriden mit $AgNO_3$ bewährt sich nach Vff. $Hg(NO_3)_2$ vor allem, weil bei der Titration kein Nd. entsteht. Das sich bildende $HgCl_2$ ist nur sehr wenig dissoziiert. Der geringste Überschuß an Hg-Ionen bei der Titration verursacht Bldg. einer violett gefärbten Komplexverb. mit Diphenylcarbazol, das als Indicator zugesetzt ist. Entgegen CLARKE (vgl. C. **1951.** II. 1492) verwenden Vff. eine Indicatormischung bestehend aus 0,5 g *Diphenylcarbazol*, 0,05 g *Bromphenolblau* u. 0,12 g *Xylol Cyanol FF* in 100 ml 95%ig. A. u. titrieren mit n/10 $Hg(NO_3)_2$, hergestellt aus 52 g $Hg(NO_3)_2 \cdot H_2O$ + 6 ml 70%ig. $HNO_3$ auf 3 Liter aufgefüllt. — Die Probe wird mit 5 Tropfen der Indicatormischung versetzt, mit $HNO_3$ auf $p_H$ 3,6 gestellt (Umschlag von Blau nach Blaugrün) u. bis zur bleibenden Lilafärbung titriert. Dabei muß das Endvolumen der Probe 100—125 ml betragen. Einstellung der $Hg(NO_3)_2$-Lsg. erfolgt durch Titration von n/10 NaCl unter genauer Einhaltung obiger Versuchsbedingungen u. Aufstellung einer Eichkurve. (Analytic. Chem. **24.** 989—91. Juni 1952. Austin, Tex., Univ. of Texas.) BARCHET. G 247

**Ralph A. Johnson** und **Donald R. Fredrickson,** *Titration von vierwertigem Tellur mit Thiosulfat.* $H_2TeO_3$ reagiert mit Na-Thiosulfat unter Bldg. von Thelluropentathionat $[Te(S_2O_3)_2]$. Diese Rk. wird für die volumetr. Best. von $Te^{IV}$ mit Thiosulfat verwendet. Zu der wss. sauren Lsg. (0,15—0,5 $nH^+$) einer $Te^{IV}$-Verb. (1—100 mg Te in 40—50 ml) gibt man einen gemessenen Überschuß einer eingestellten Thiosulfatlsg. u. 10 ml einer frisch bereiteten 1n KJ-Lsg., läßt 3—5 Min. stehen u. titriert mit eingestellter J-Lsg. zurück. Der Titrationsendpunkt wird potentiometr. bestimmt. Bei Ggw. von Se(IV) wird mit dem Verf. die Summe Te + Se gefunden. Um Se allein zu bestimmen, benutzt man das Verf. von SOMEYA (Z. anorg. allg. Chem. **187.** [1930.] 337) in 5 n HCl. (Analytic. Chem. **24.** 866—67. Mai 1952. Urbana, Ill., Dep. of Chem., Univ. of Illinois.) FRETZDORFF. G 255

**A. E. Julius Müller,** *Neuer sehr empfindlicher Nachweis der Arsengruppe.* Aus einer *Cu(I)-Thiosulfat*-Lsg. fällt beim Zusatz von kleinen Mengen *As* nach einiger Zeit ein orangeroter Nd., von *Sb* ein rotbrauner Nd. u. von *Bi* ein schokoladenbrauner Nd. aus, der quantitativ As bzw. Sb bzw. Bi enthält u. aus Doppelsulfiden der Sulfide dieser Elemente mit Cu(I)-Sulfid besteht (höchstwahrscheinlich $Cu_3AsS_3$, $Cu_3SbS_3$, $Cu_3BiS_3$). Die Reagenslsg. soll auf 100 ml W. 5 g Na-Thiosulfat u. 0,25 g Cu-Sulfat bzw. -Acetat u. 2—3 ml Eisessig enthalten. Die auf As zu prüfende Lsg. soll neutral sein u. nicht höher als auf Zimmertemp. erwärmt werden. Die Empfindlichkeit dieses colorimetr. As-Nachw. kann auf 1:1000000 gesteigert werden. Zur quantitativen Best. wird die feine Suspension der Doppelsulfide durch Ansäuern mit 3—4 ml konz. HCl pro 100 ml Lsg. mit dem dabei aus dem Thiosulfat frei werdendem S niedergeschlagen u. abfiltriert. Nach Oxydation mit $H_2O_2$ oder konz. $HNO_3$ kann dann weiter nach MARSH-LIEBIG gearbeitet werden. (Chemiker-Ztg. **76.** 196—99. 25/3. 1952. Friedrichsdorf/Taunus.) MOSLÉ. G 265

**E. T. Saxer** und **E. W. Jones,** *Überblick über die Methoden zur Bestimmung des Aluminiums einschließlich einer Phosphatmethode zur Untersuchung von Eisenerzen und ähnlichen Stoffen.* Trennung des Al vom Fe mit Phenylhydrazin, Umwandlung von $Al(OH)_3$ in $AlPO_4$. Genaue Anweisung über die Ausführung, die Reagentien u. Genauigkeit. (Blast Furnace Steel Plant **39.** 549—52. Mai 1951. Jones & Laughlin Steel Corp.) STEIN. G 294

**M. S. Rosetta,** *Spektrochemische Bestimmung des Siliciums im Gußeisen und Beobachtung der entsprechenden Mikrostruktur.* Bei 190 spektrograph. Bestimmungen an Proben aus hochwiderstandsfähigem Gußeisen wurde gefunden, daß ihr Geh. an Mn u. Cr mit seltenen Ausnahmen untereinander u. mit der chem. Analyse übereinstimmte, während der Si-Geh. häufige Schwankungen u. Abweichungen von der chem. Analyse aufwies. Die Unterschiede sind geringer bei Verwendung größerer Elektroden (7 oder 10 mm statt üblicherweise 4 mm Durchmesser). Durch Vgl. mit der mikrograph. Struktur der Proben ergibt sich, daß solche mit Ledeburitstruktur (weiße oder graue Bruchfläche) in den seltensten Fällen eine regelmäßige Funkenbldg. zulassen u. infolge der Empfindlichkeit des Si gegenüber den Anregungsbedingungen Schwankungen des scheinbaren Si-Geh. bewirken. Bei perlit. Struktur (graue Bruchfläche) bekommt man in den meisten Fällen gute Funkenbldg. u. daher Übereinstimmung auch mit den auf nassem Wege erhaltenen Analysenwerten. Doch gibt es auch hier in einzelnen Fällen Ausnahmen, bei denen die spektrograph. Werte untereinander übereinstimmen, aber von den chem. gefundenen Werten abweichen. Einige Erklärungsverss. werden vorgeschlagen. (Spectrochim. Acta [London] **5.** 77—86. Juli 1952. Fiat Stab. Grandi Motori, Labor. chim.)
METZENER. G 354

**E. Gagliardi** und **W. Pilz,** *Über die analytische Verwendung von Trithiokohlensäure.* 1. Mitt. *Die Bestimmung des Kupfers.* $Na_2CS_3$ bzw. $(NH_4)_2CS_3$ eignen sich als Sulfidfällungsmittel an Stelle von $H_2S$. Die analyt. verwendete Lsg. ist tief orangerot gefärbt, geruchlos, infolge Hydrolyse alkal. u. in verschlossener Flasche unbegrenzt haltbar. Schwermetallionen bilden mit diesem Reagens bei tiefen Tempp. Trithiocarbonate, die beim Erwärmen quantitativ in Sulfide zerfallen, wobei die Geruchsbelästigung geringer als bei Verwendung von $H_2S$ ist. Als Beispiel wird die Fällung des Cu als CuS beschrieben unter Angabe der maximal zulässigen Säurekonzentration. Chloridionen bis zu einer Konz. von **4,6** n sind ohne Einfl. auf die Bestimmung. (Mh. Chem. **83.** 54—59. S.-B. österr. Akad. Wiss., math.-naturwiss. Kl., Abt. IIb **161.** 54—59. 1952. Graz, Univ., Inst. für Anorgan. u. Analyt. Chem.) FAASS. G 358

**G. W. C. Milner** und **R. N. Whittem,** *Elektrolyse mit kontrolliertem Potential in der Analyse von Legierungen auf Kupferbasis.* Für die automat. Kontrolle des Kathodenpotentials entwickeln Vff. eine elektron. Vorr. mit einer Empfindlichkeit u. Stabilität von $\pm 5$ mV im Bereich von 2 bis $-2$ V unter Angabe aller Einzelheiten u. wenden die App. bei der Analyse von Kupferlegierungen, wie *Messing* u. *Bronze,* auf die Abtrennung bzw. Best. von *Cu, Pb* u. *Sn* von *Fe, Mn, Ni, Al* u. *Zn* an. Dazu wird 1 g der Probe in 7,5 ml HCl (1,16) u. 5 ml W. unter Zutropfen von $HNO_3$ (1,42) gelöst. Nach der Entfernung nitroser Gase durch Kochen mit $NH_4Cl$ fügt man 2 g $N_2H_4 \cdot 2\,HCl$ u. 25 ml einer 0,04%ig. Gelatinelsg. zu, verd. auf 200 ml u. elektrolysiert Cu bzw. Cu + *Sb* bei einem Kathodenpotential von $-0,36$ V gegen die gesätt. HgCl-Elektrode. Zur Abscheidung von Pb + Sn wird anschließend der Elektrolyt mit **10** ml HCl (1,16) versetzt u. mit Cu-plattierter Elektrode bei einem Kathodenpotential von $-0,70$ V elektrolysiert, wobei man vor der Unterbrechung des Stromes den Elektrolyten mit $NH_3$ alkal. macht, um Verluste durch Auflösung zu vermeiden. Während Pb u. Sn nach Auflösen des Kathoden-Nd. mit $HNO_3$ (1,20) als $PbO_2$ u. $SnO_2$ bestimmt werden, erfolgt die weitere Analyse des mit HCl angesäuerten Elektrolyten auf Fe u. Mn durch spektrophotometr. Best. mit *Thioglykolsäure* in citronensäurehaltiger, ammoniakal. Lsg. bzw. als $MnO_4^-$ nach der Oxydation mit Perjodat in saurer Lösung. Auch die Best. von Ni kann colorimetr. als *Dimethylglyoximkomplex* in einer Ammoniumcitrat u. $J_2$ enthaltenden Lsg. erfolgen, wohingegen Al bei $p_H$ 5 in Ggw. von Hydroxylaminhydrochlorid mit *Ammoniumbenzoat* getrennt u. nach der Fällung mit *8-Oxychinolin* volumetr. bestimmt wird. Zn schließlich kann entweder aus der Differenz berechnet oder analyt. zusammen mit $Mg^{2+}$ als Oxinat in weinsaurer Lsg. gefällt, beim $p_H$ 5 getrennt u. nach der Zers. der organ. Substanz mit $K_4(Fe[CN]_6)$ unter Verwendung von *Naphthidin* als Indicator titriert werden. Die mit diesem Verf. erhaltenen tabellar. mitgeteilten Ergebnisse von 3 Legierungen stimmen ausgezeichnet mit den Standardwerten überein, wobei der Zeitbedarf jeweils nur 4—5 Std. beträgt. (Analyst **77.** 11—19. Jan. 1952. Sheffield, Naval Ordnance Inspect. Dep., Bragg Labor.) WEITBRECHT. G 358

**H. Kostron,** *Die Verfahren zur Bestimmung des Gasgehaltes von Leichtmetallen.* 1. Mitt. *Grundlagen der Bestimmungsverfahren.* 2. Mitt. *Betriebsverfahren.* 3. Mitt. *Laboratoriumsverfahren.* Dis bisher bekanntgewordenen Verff. zur Gasbest. im Betrieb u. Labor. werden mit ihren Vor- u. Nachteilen krit. gegeneinander abgewogen. Das Heißextraktionsverf. ist das einzige, dessen Ergebnisse hinsichtlich Genauigkeit u. Reproduzierbarkeit befriedigen. Jedoch kommt seine allg. Anwendung wegen seines großen apparativen Aufwandes u. der Schwierigkeit des Arbeitens im Hochvakuum nicht in Frage.

Betriebsprüfverff. beruhen darauf, daß das Entweichen des gelösten $H_2$ in Form von Blasen beobachtet u. in seinen Bedingungen festgelegt wird. Die Blasenbldg. im fl. u. festen Metall hängt jedoch auch noch von anderen Variabeln als dem Gasgeh. des Metalles ab. Es wird ein Vgl. der Ergebnisse der Betriebsverff. mit den Heißextraktionsverss. vorgeschlagen. (Metall **6.** 115—23. März 1952. Bad Godesberg.) HOCHSTEIN. 5280

## b) Organische Verbindungen.

**William C. Stickler,** *Bestimmung von Arsen in organischen Stickstoffverbindungen vom Guanidintyp.* Die Vorschrift von SCHULEK u. VILLECZ (vgl. Z. analyt. Chem. **76.** [1928.] 81) zur Best. von As in organ. Verbb. wird wie folgt geändert: Statt 10 ml verwenden Vff. 20 ml konz. $H_2SO_4$, an Stelle von 25—35 ml setzen sie 3—10 ml 30%ig. $H_2O_2$ ein (geringere Verdünnung = stärkere Wrkg. der $H_2SO_4$) u. das Hydrazinsulfat zur Red. des $As^V$ zu $As^{III}$ geben sie nicht in fester, wenig wirksamer (weil schlecht lösl.) Form, sondern in wss. Lsg. zu. Mit dieser abgeänderten Meth. gelingt es Vf., As auch in $As_2O_3$, *Arsanilsäure, 4-Guanidinophenylarsonsäure* u. *4-Guanidinophenylarsonsäure-pikrat* einwandfrei zu bestimmen. (Analytic. Chem. **24.** 1219—20. Juli 1952. New York, N. Y., Columbia Univ., Dep. of Chem.) BARCHET. 5352

**Peter F. Warfield,** *Probe auf hochaktive Methylengruppen.* Zum Nachw. hochakt. Methylengruppen verwendet Vf. ihre Fähigkeit, in Ggw. von Oxydationsmitteln mit p-Phenylendiaminderivv. (p-Diäthylaminoanilin) unter Bldg. von Farbstoffen zu reagieren, wie sie in der Farbenphotographie Verwendung finden. Die Farbe des entstehenden Reaktionsprod. hängt von der Natur der dem Methylenradikal benachbarten Gruppe ab. Ein Anwachsen der Elektronegativität der aktivierenden Gruppe ruft eine bathochrome Verschiebung der Absorption von gelb → rot → blau des entstehenden Farbstoffes hervor. Diese Rk. kann bei Verwendung bekannter Farbbildner als quantitative colorimetr. Probe auf Farbentwickler benutzt werden. Genauigkeit ca. ±5%. (Analytic. Chem. **24.** 890—91. Mai 1952. Binghamton, N. Y., Ansvo Res. and Development Labors.) FRETZDORFF. 5364

**L. Rosenthaler,** *Beiträge zum Nachweis organischer Verbindungen.* 1. Vf. gibt für die KOMAROWSKYsche Rk. (Farb-Rk. zwischen höheren Alkoholen, Salicylaldehyd u. $H_2SO_4$) folgende Erklärung: Die mit dem Aldehyd bzw. den Aldehyden unter Farbbldg. reagierenden Stoffe sind die ungesätt., unbeständigen Zwischenprodd., die sich aus den Alkoholmoll. unmittelbar nach dem Austritt von H u. OH bilden (u. nicht Olefine, wie MYLIUS u. v. FELLENBERG annehmen). Das verschied. Verh. von *n-Propanol* (**I**) u. *Isopropanol* (**II**) bei der Rk. mit *p-Oxybenzaldehyd* (**III**) u. $H_2SO_4$ (**I** gibt eine Orangefärbung, **II** höchstens eine schwache Gelbfärbung) wird durch obige Theorie erklärt. — 2. Es wird gezeigt, daß sich **I**, *Isobutylalkohol, tert.-Butylalkohol* u. *Isoamylalkohol* noch in sehr hohen Verdünnungen (1:10000 bis 1:100000) durch eine braunrote–rotbraune Farb-Rk. (fluorescierend) mit einer 1%ig. Lsg. von p-Dimethylaminobenzaldehyd (**IV**) in $H_2SO_4$ nachweisen lassen. — 3. 0,5 g einer 1%ig. Lsg. von *Linolsäure* in Eisessig u. 2 $cm^3$ $H_2SO_4$ geben mit Aldehyden Farb-Rkk.: mit *Vanillin* (**V**): braun, mit **III**: purpur, mit **IV**: braunrot, mit Glucose: hellbraun. Verdünnt man nach 4 Std. mit dem 5fachen Vol. A., so treten weitere, jedoch unbeständige Färbungen auf: die Ansätze mit **V** u. **III** werden lila bzw. lilarot. — 4. *Zimtsäure* läßt sich mit einer wss. Lsg. von *Ceriammoniumnitrat* (**VI**) zu Benzaldehyd oxydieren. Phenole geben mit **VI** teils Färbungen, teils Niederschläge. — 5. Trägt man in ein erhitztes Gemisch von Salpeter u. $H_2SO_4$ *Resorcin* in kleinen Anteilen ein, so tritt eine starke Lilafärbung auf. — 6. Rkk. der *Ascorbinsäure* (**VII**): Versetzt man die Lsg. von 0,1 g **VII** in 1 g einer 10%ig. Lsg. von KCl, KBr, KJ oder NaF mit 0,5 $cm^3$ einer 5%ig. $CuSO_4$-Lsg., so bleibt der KCl enthaltende Ansatz klar, während mit KBr u. KJ weiße Ndd. der entsprechenden Cuproverbb. entstehen; mit NaF bildet sich ein roter Nd. von elementarem Cu. — Versetzt man eine **VII**-Lsg. mit Bromwasser bis zur bleibenden Gelbfärbung, entfernt das überschüssige Br durch Luftdurchleiten u. gibt Phenylhydrazin–Natriumacetat-Lsg. hinzu, so bildet sich eine orangefarbene Trübung, bzw. ein Niederschlag. (Pharmac. Acta Helvetiae **27.** 272—76. 30/9. 1952. Bern.) K. F. MÜLLER. 5364

**R. Belcher** und **T. S. West,** *Bestimmung von Spuren von Hydrochinon.* Das bei Oxydation einer Lsg. von Hydrochinon (**I**) mit Fe(III)-Alaun in äquivalenter Menge gebildete $Fe^{++}$ wird bei $p_H$ 4,75 mittels o-Phenanthrolins (**II**) colorimetr. bestimmt. Ein Fe(III)-Überschuß wird durch $NH_4F$ maskiert. Als Vergleichslsgg. dienen mit **II** versetzte Fe(II)-Salzlsgg. entsprechender Konzentration. Erfaßbar sind 0,1—6,0 $\mu$g **I**. — A u s f ü h r u n g: 5 ml der Probelsg. werden mit 5 ml $10^{-3}$ mol. $FeNH_4(SO_4)_2$-Lsg. versetzt, mit Na-Acetat auf $p_H$ 4,75 abgepuffert. Nach 30 Min. (in Ggw. von Methacrylsäure nach 90 Min.) werden 5 ml 0,1%ig. wss. Lsg. von **II**, nach weiteren 5—10 Min.

1 ml 0,1 mol. $NH_4F$-Lsg. zugesetzt u. auf 25 ml aufgefüllt; nach frühestens 30 Min. wird photometr. der Extinktionswert bestimmt. (Analytica chim. Acta [Amsterdam] **5.** 599—602. Dez. 1951. Birmingham, Univ., Dep. of Chem.) MOISAR. G 1060

### c) Bestandteile von Pflanzen und Tieren.

**H. G. Davies** und **M. H. F. Wilkins,** *Interferenzmikroskopie und Massenbestimmung.* Vff. beschreiben das Prinzip einer neuen Meth. zur Messung des Wachstums lebender Zellen durch interferometr. Massenbest. mit Hilfe der Beziehung $M = \varphi/\chi$, wo M die M. der Substanz pro Flächeneinheit, $\varphi$ die gemessene opt. Verzögerung u. $\chi$ das spezif. Brechungsinkrement der Substanz bedeuten. Die $\chi$-Werte für verschied. in der Zellsubstanz vorkommende Verbb., die in einer Tabelle zusammengestellt sind, variieren nur wenig. Die Meth. liefert demnach angenäherte Trockengewichte, unabhängig von der Zellzus. u. der Konzentration. (Nature [London] **169.** 541. 29/3. 1952. London, King's Coll. Med. Res. Council, Biophys. Res. Unit.) CONRAD. 5660

**W. Gößner,** *Eine kontrollierbare Modifikation der Methylgrün–Pyronin-Färbung und ihre Anwendung zum histochemischen Nucleinsäurenachweis.* Beschreibung einer modifizierten Methylgrün–Pyronin-Färbung, die eine bessere Kontrolle des Färbevorganges möglich macht. Differenzierung in Isopropanol oder tert.-Butanol am geeignetsten. (Zbl. allg. Pathol. pathol. Anatom. **89.** 173—75. 14/9. 1952. Tübingen, Univ., Pathol. Inst.) REISS. 5661

**William B. Atkinson,** *Untersuchungen über die Zubereitung und Farbwiederkehr von fuchsinschwefliger Säure.* Zur Best. der optimalen Bedingungen für die Rk. von SCHIFFschem Reagens (*fuchsinschwefliger Säure*) (**I**) mit *Aldehyden* wurden spektrophotometr. einige der Faktoren untersucht, die die Farbwiederkehr bei **I** durch *Formaldehyd* (**II**) beeinflussen. Zur Darst. der *Leukobase* (**III**) aus *bas. Fuchsin* (**IV**) wurden an Stelle der Standardsubstanz $NaHSO_3$ mol. Äquivalente von $Na_2S_2O_3 \cdot 5\,H_2O$ (2,10 g), $Na_2S_2O_4$ (2,85 g), $Na_2SO_3$ (1,26 g) u. $K_2S_2O_5$ (2,22 g) als reduzierende Stoffe verwendet, die Farbwiederkehr bei 1 $cm^3$ jeder Lsg. durch 1 $cm^3$ **II** (0,02%ig) bestimmt u. photometr. mit der Rk. einer Standardlsg. von **I** verglichen. $Na_2SO_3$ u. $Na_2S_2O_4$ zeigten keinen wesentlichen Unterschied von $NaHSO_3$. $K_2S_2O_5$ entwickelte bei der Red. eine schwächere, $Na_2S_2O_3$ eine stärkere Färbung als die Standardlösung. Bei $Na_2S_2O_3$ u. $Na_2S_2O_4$ ist als nachteilig zu bewerten, daß bei der anfänglichen Red. von **IV** elementarer S ausfällt u. die Red. größeren Schwankungen unterliegt als bei den anderen Substanzen. Die Standardlsg. von **I** enthielt in 100 $cm^3$ 0,001 Mol **IV**, 0,01 Mol $NaHSO_3$ u. 0,02 Mol HCl (genaue Darst. vgl. Original). $Na_2SO_3$ u. $NaHSO_3$ sind demnach am besten geeignet, um im Reagens eine maximale Empfindlichkeit gegenüber der Red. u. minimale quantitative Schwankung der Ergebnisse zu erzielen. Zur Best. des optimalen Verhältnisses von $NaHSO_3$ zu **IV** in **III** wurden verschied. Lsgg. mit mol. Verhältnissen von 5:1 bis 100:1 hergestellt (bezogen auf den Farbstoffgeh.) u. die Farbwiederkehr nach Red. durch **II** photometr. geprüft. Als optimal erwies sich ein Verhältnis von 10:1, d. h. wenn in 100 $cm^3$ Lsg. 0,01 Mol $NaHSO_3$ u. 0,001 Mol **IV** enthalten sind. Der Einfl. von **II** (0,02%ig) in Mengen von 0,25—2,0 $cm^3$ auf je 1 $cm^3$ Standard-**I** u. Zusatz von dest. W. bis zur Gesamtmenge von 10 $cm^3$ ergab eine lineare Beziehung zwischen der angewendeten Quantität von **II** u. der red. Menge von **I**. Vf. weist auf die Bedeutung einer Standardisierung der Zus. u. Anwendung von **I** hin. (Stain Technol. **27.** 153—60. Mai 1952. Frederick, Md., Camp Detrick, Chem. Corps Biol. Labors.) ERDMANN. 5661

### d) Medizinische und toxikologische Analyse.

**D. Schenk,** *Zur Methodik der Fettbestimmung.* Allg. zum SOXHLET-Verf.; Hinweise auf die vielseitige Anwendbarkeit der Fettbestimmungsmeth. nach GERBER bei physiol.-chem. Untersuchungen. (Pharmaz. Ztg.-Nachr. **88.** 802—03. 25/10. 1952. Krefeld.) SPITALER. 5725

**Paul Hugo Schulitz,** *Die Bestimmung des Restkohlenstoffes auf nassem Wege.* Die von LIEB u. KRAINICK (Mikrochemie **9.** [1931.] 367) eingeführte Naßverbrennung enteiweißter Blutfiltrate wurde den Erfordernissen der Klinik angepaßt: An Stelle des Einengens läßt man die zur Oxydation verwendete Ag-Bichromatschwefelsäure zufließen (1:5 $cm^3$) u. fängt das übergehende W. in einem zwischen Oxydationsgefäß u. Katalysator eingeführten Gefäß in $H_2SO_4$ auf. Zur Enteiweißung wird Na–Wolframat–$H_2SO_4$ verwendet. — Als n. Rest-C-Werte wurden 90—120 mg-% ermittelt. (Hoppe-Seyler's Z. physiol. Chem. **288.** 142—49. Nov. 1951. Hamburg-Barmbeck, Allg. Krankenhaus, Chem.-physiol. Abt.) FRÜHWALD. 5727

**Donald D. Van Slyke** und **F. Marott Sinex** (unter techn. Mitarbeit von: **Jean MacMullen**), *Die Bestimmung von Polyglucose in Blut und Urin. Polyglucose* (**I**) ist ein wasserlösl., durch chem. Polymerisation von *Glucose* (**II**) hergestelltes Polymeres

(Mol.-Gew. 3000—160000). Es erweist sich im Tiervers. als nichttox. u. kann vielleicht als Plasmaersatz Verwendung finden. Bei 80° getrocknete Präpp. entsprechen nach dem C-Geh. etwa einer Zus. von $(C_6H_{10}O_5)_2 \cdot H_2O$. **I** gibt mit *Anthron* (**III**) eine Grünfärbung, bei Säurehydrolyse eine Zunahme des Geh. an red. Zucker. **I**-Best. in **II**-freiem Urin mit **III**: Urin auf ca. 0,1 mg **I**/5 cm³ verdünnen, mit **III**-Reagens wie bei Aufstellung der Eichkurve behandeln; **III**-Lsg.: 1 g **III** in 95%ig. $H_2SO_4$ (aus 475 cm³ reiner $H_2SO_4$, D. 1,84 + 25 cm³ W.); **II**-Lsg.: 111,1 mg **II** zu 100 cm³ lösen; das Farbbildungsvermögen entspricht einer Lsg. von 1 mg wasserfreier **I** (berechnet als $C_6H_{10}O_5$/cm³); Standardkurve: 1, 2, 3 u. 4 cm³ **II**-Lsg. auf 100 cm³ verd., 3mal je 5 cm³, entsprechend 0,05, 0,10, 0,15 u. 0,20 mg **I** in Küvetten mit 10 cm³ **III**-Lsg. mischen, nach 15 Min. opt. D. oder Durchlässigkeit bei 630 m$\mu$ photometr. ermitteln, opt. Dichten (= 2 — log % Durchlässigkeit) oder Logarithmen der Durchlässigkeit gegen die äquivalenten **I**-Konzz. auftragen; Standardabweichung 1,8%. — **I**-Best. in Blut oder Plasma: 1 Vol. Blut in 9 Voll. Wolframsäurelsg. (**IV**) einrühren, filtrieren, 4 × aliquote Filtratmengen (ca. 5 mg **I** enthaltend) auf 3 cm³ mit W. auffüllen, 2 der Proben mit 3 cm³ 2n HCl mischen, 2 Std. in sd. W. hydrolysieren, kalt 3 cm³ W. zugeben, mit 6 cm³ n NaOH neutralisieren, zu den nichthydrolysierten Proben 12 cm³ redest. W. geben, alle 4 Proben mit 2 cm³ alkal. $K_3Fe(CN)_6$-Lsg. (**V**) versetzen u. 15 Min. in sd. W. tauchen, sofort 3 Min. kühlen, innerhalb 1 Std. mit 0,002754 n Cerisulfat (**VI**)-Lsg., nach Zusatz von 1 cm³ 18 n $H_2SO_4$ u. 1 Tropfen verd. Indicatorlsg. (**VII**), titrieren (weißes Licht, weißer Hintergrund); mg **I**/cm³ Blut (Plasma) = 1,016 (H — U)/V, H = cm³ **VI** (-Blindwert) für hydrolysierte Farbe, U = cm³ **VI** (-Blindwert) für nichthydrolysierte, V = Vol. in cm³ von 1:10-Filtrat. **IV**: 1 Vol. Wolframat (10 g $Na_2WO_4$, 2 $H_2O$ in 100 cm³, neutral), mit 8 Voll. $^1/_{12}$ n $H_2SO_4$ mischen; **V**: 5 g rekrist. $K_3Fe(CN)_6$ u. 10,6 g wasserfreies $Na_2CO_3$ zu 1 Liter lösen; **VI**: Stammlsg. (aus 110 g wasserfreiem Cerisulfat, 35 cm³ konz. $H_2SO_4$ u. W. bis zur Lsg. in der Wärme, filtrieren, auf 1 Liter auffüllen) gegen 0,1 n $Fe(NH_4)_2(SO_4)_2 \cdot 6\,H_2O$-Lsg. einstellen u. auf 0,1377 n verdünnen; 0,002754 n **VI**: 2,000 cm³ Stammlsg. + 5 cm³ 18 n $H_2SO_4$ auf 100 cm³ (redest. W.); **VII**: 6,95 g $FeSO_4 \cdot 7\,H_2O$ zu 1 Liter lösen, 14,85 g o-Phenanthrolinmonohydrat zugeben u. lösen; zur Titration 5fach verd.; Farbumschlag: goldbraun → hellgelb. (Proc. Soc. exp. Biol. Med. **79**. 163—69. Jan. 1952. Upton, N. Y. Brookhaven Nat. Labor., Med. Dep.) K. MAIER. 5727

**Wolfgang Arnold,** *Die Überwachung von Rauschgiftsüchtigen durch den Morphinnachweis im Urin.* Nach der DECKERTschen Meth. zur Best. von *Morphin* (**I**) im Urin (vgl. Naunyn-Schmiedebergs Arch. exp. Pathol. Pharmakol. **180**. [1936.] 656; Z. anorg. allg. Chem. **112**. [1938.] 241), deren Nachteil eine gewisse Unspezifität gegenüber **I** ist, wird eine Modifikation beschrieben, die Störungen durch Eiweiß, Coffein u. Sexualhormone vermeidet. Dazu wird die Probe vorher enteiweißt u. der Essigesterextrakt zusätzlich mit Ae. ausgeschüttelt, bevor er mit Ammoniummolybdat versetzt wird. Die mit ihr erhaltenen positiven Befunde sind für **I** als spezif. anzusprechen, so daß in vielen Fällen auf die klin. Überprüfung des Patienten verzichtet werden kann. (Dtsch. Gesundheitswes. **7**. 946—50. 24/7. 1952. Leipzig, Univ., Inst. für gerichtliche Med.) DOSSMANN. 5732

---

**David F. Boltz,** Selected topics in modern instrumental analysis. New York: Prentice-Hall. 1952. (485 S. m. Abb., Diagr. u. Bibl.) $ 8,—.

# H. Angewandte Chemie.

## I. Allgemeine chemische Technologie.

**W. Oelsen,** *Die Chemie der hohen Temperaturen in Technik, Forschung und Lehre.* Übersicht über die gemeinsamen Berührungspunkte u. Fragen des Keramikers, Berg- u. Hüttenmannes, die Rkk. bei hohen Tempp. des Verbrennungsmotors, Thomasverf. des Hochofens, beim Sintern, Schmelzen u. Brennen; Erläuterung der Hauptsätze der Wärmelehre, Zustandsdiagramme u. Gleichgewichts-Rkk. an Hand vieler Beispiele. (Ber. dtsch. keram. Ges. e. V. Ver. dtsch. Emailfachleute e. V. **29**. 339—43. Okt. 1952. Clausthal, Bergakademie.) WESLY. 5800

**O. Theimer** und **F. Moser,** *Über die Auswertung von Zermahlungsexperimenten mit Hilfe von Zermahlungsfunktionen.* Die bisher übliche Darst. durch die Rückstandskurve oder durch die Verteilungskurve hat das empir. Wissen über Zermahlungsvorgänge zwar vergrößert, aber das Verständnis nicht vertieft, weil sie keine detaillierte Beschreibung der Vorgänge lieferte. G. F. HÜTTIG hat als erster eine neue Zermahlungsfunktion eingeführt, die einen tieferen Einblick in die Mühlentechnik versprach. Vff. diskutieren an Hand einer formalen Betrachtung über die Mühlenkinetik den Zusammenhang zwischen dem Zermahlungsmechanismus u. den Funktionen $\dot{N}$ u. $\dot{R}$, die die Zeitabhängigkeit der bekannten Verteilungs- u. Rückstandsfunktionen darstellen. Es wird gezeigt, daß das arithmet. Mittel $-\frac{1}{2}(\dot{N} + \dot{R}) = \dot{N}^-$ mit gewissen Einschränkungen den Angriff der Mühle auf das Mahlgut darstellt. Diese Funktion bzw. die durch die Verteilungszahl N dividierte spezif. Funktion $\dot{N}^{*-}$ gibt an, in welchen Kornklassen die Mühle gut mahlt u. in welchen schlecht. Ferner zeigen Vff., daß der von HÜTTIG eingeführte „Mahlfluß" ident. mit $-\dot{R}$ ist u. einen oberen Grenzwert für die „Zermahlungscharakteristik" $\dot{N}^-$ darstellt. Abschließend wird die Auswertung von Zermahlungsexperimenten mit Hilfe der Funktionen $\dot{N}$, $\dot{R}$ u. $\dot{N}^-$ an zwei prakt. Beispielen (Zermahlung mit ROSIN-RAMMLERscher Korngrößenverteilung u. Zermahlung von *Quarzsand*) beschrieben. (Kolloid-Z. **128.** 68–74. Sept. 1952. Graz, TH, Phys. Inst. u. Inst. für anorg. u. phys. Chem.) G. HEINRICH. 5820

**B. Waeser,** *Mischen, Rühren, Homogenisieren und Emulgieren.* Zusammenstellung der Patentliteratur. (Kolloid-Z. **121.** 81–88. Febr. 1951. Kollmar/Holstein.) HENTSCHEL. 5822

**W. E. Ranz** und **J. B. Wong,** *Niederschlagung von Staub- und Rauchteilchen auf Oberflächen- und Körpersammlern.* Vff. führten Verss. der Niederschlagung von festen u. fl. Aerosolteilchen mit verschied. Typen von Apparaten aus u. bestimmten dabei den Einfl. gewisser Apparatekonstanten. Die Ergebnisse werden mathemat. behandelt u. in Form einer Theorie gebracht, die gestattet, im Einzelfall quantitative Aussagen über die Niederschlagungswirksamkeit zu geben. (Ind. Engng. Chem. **44.** 1371–81. Juni 1952. Urbana, Ill., Univ., Engng. Exp. Station.) GERHARD GÜNTHER. 5824

**B. Waeser,** *Zentrifugieren.* Patentbericht über das Gesamtgebiet des Zentrifugierens; 1. Techn. Neukonstruktionen: Die neueste Patenttätigkeit ist noch klein, dafür aber hat das Anwendungsgebiet eine große Ausweitung erfahren. Einzelbeispiele für apparative Neukonstruktionen mit Literaturangaben. — 2. Deutsche Apparatepatente: Überblick über 271 D. R. PP. Nach 1945 liegen noch keine neuen D. B. PP. vor. — 3. Ausländ. Arbeiten: Ein Überblick über die ausländ. Arbeiten zeigt, daß die Entw. nicht wesentlich anders als in Deutschland gegangen ist. (Kolloid-Z. **123.** 140–45. Aug./Sept. 1951. Hamburg/Elmshorn.) G. HEINRICH. 5828

**Hans Rumpf** und **Fritz Kaiser,** *Weiterentwicklung des Spiralwindsichters (Wirbelsichters).* Vff. beschreiben eine zur Korngrößentrennung bestimmte Maschine, die eine Weiterentw. des bei der BASF, Ludwigshafen, entwickelten Spiralwindsichters ist. Sie enthält rotierende Sichtraumwände sowie eine sich automat. der Trenngrenze anpassende Grobgutspülung. Mit Hilfe der Maschine erhaltene neue theoret. Erkenntnisse betreffend des Verh. von Feinstauben werden diskutiert. (Chemie-Ing.-Techn. **24.** 129–35. März 1952. Augsburg, Alpine AG.) GERHARD GÜNTHER. 5828

**Wolfgang Harries,** *Molekularströmung durch zusammengesetzte Rohrleitungen.* Vf. stellt Berechnungen über den Strömungswiderstand zusammengesetzter Hochvakuumleitungen für kurze u. lange Rohrstücke an, in denen sich Widerstände (Blenden) u. Verengungen befinden. Dem Widerstand der Rohröffnungen wird ein bes. großer Einfl. zugeschrieben. (Z. angew. Physik **3.** 296–300. Aug. 1951. München.) ROEDER. 5842

**Walther Vogt,** *Einfache Vorrichtung für konstante Durchflußgeschwindigkeit durch Adsorptionssäulen.* Beschreibung eines an Adsorptionssäulen anzuschließenden Zulaufrohres, durch welches auf Grund sich automat. regulierender hydrostat. Zustände die Ablaufgeschwindigkeit der Säule gleich der Zulaufgeschwindigkeit gehalten wird. Konstruktionsbeispiele für steigenden u. fallenden Durchlauf werden an Hand von Abbildungen besprochen. (Chemie-Ing.-Techn. **23.** 580–81. 21/12. 1951. Frankfurt/M.) GERHARD GÜNTHER. 5848

**H. Engelhardt,** *Über neuere anzeigende und schreibende Gaskonzentrationsmesser mit extrem hohen Empfindlichkeiten.* (Dechema Monogr. **16.** 164–78. 1951.) P. ECKERT. 5888

---

**Jacob Rabinow,** Tacoma Park, Md., V. St. A., *Regelung der Viscosität von Flüssigkeiten.* Man mischt den Fll. feinverteilte magnet. Teilchen zu u. bringt sie darauf in ein Magnetfeld, dessen Feldstärke variiert werden kann. Die Massen dienen z. B. als Schwingungsdämpfer. — Zeichnungen, Vorrichtung. (**N. P. 79 564** vom 30/10. 1948, ausg. 31/12. 1951.) JÜRGEN SCHMIDT. 5805

**Ludvig Zahl,** Røa, Oslo, Norwegen, *Herstellung von Leimmassen für bautechnische Zwecke.* Als Leimmasse, bes. auf Beton, verwendet man 0,5 kg Kaltleim, 10 Liter W.,

10 kg Kreide, 10 kg Sand, gegebenenfalls 2 kg Asbest u. die erforderliche Menge Leinöl. Bei Zusatz von Teer u. Mennige erhält man eine bes. harte u. wasserfeste M., bes. für Abwasserrohrkitte. (**N. P. 79 398** vom 6/3. 1950, ausg. 19/11. 1951.) JÜRGEN SCHMIDT. 5813

**Badische Anilin- & Soda-Fabrik,** Ludwigshafen/Rh. (Erfinder: **Leo Kollek,** Ludwigshafen/Rh., und **Arnolf Rehbock,** Buenos Aires, Argentinien), *Abdichten poröser Werkstücke.* Man füllt die Poren mit OH-gruppenhaltigen Polyestern (aus mehrbas. Carbonsäuren u. mehrwertigen Alkoholen) u. Polyisocyanaten u. läßt die Stoffe dann aufeinander einwirken. (**D. B. P. 852 884** Kl. 22i vom 2/4. 1944, ausg. 20/10. 1952.) MAASS. 5813

**H. W. Söderström,** Laholm, Schweden, *Herstellung von Dichtungsmaterial.* Man imprägniert eine Papier- oder Pappenmasse mit einer Lsg. aus 100 (Teilen) W., 37,5 Glycerin, 9 Hornleim, 15 Melasse, 9 Sirup u. 0,15—1 Formalin. Die Mengenverhältnisse können variieren. Die Prodd. dienen bes. zum Abdichten von gegeneinander liegenden Motorflächen. (**Schwed. P. 132 066** vom 4/3. 1944, ausg. 19/6. 1951.) JÜRGEN SCHMIDT. 5813

**Houdry Process Corp.,** übert. von: **John R. Bates,** Wilmington, Del., V. St. A., *Wärmeüberträger.* Bei hierzu dienenden geschmolzenen Salzgemischen aus $NaNO_3$ u. $NaNO_2$ steigt bei längerem Gebrauch die Alkalität u. mit ihr der F. des Gemisches an. Derartige Gemische lassen sich durch Behandeln mit reduzierenden Gasen, wie $H_2$, mit $HNO_3$-Dämpfen u. NO-Gasen regenerieren. (**Can. P. 475 508** vom 15/2. 1941, ausg. 24/7. 1951. A. Prior. 17/2. 1940.) WITTHOLZ. 5815

**Visco Products Co.,** Houston, übert. von: **Willard H. Kirkpatrick,** Sugar Land, Tex., V. St. A., *Herstellung von oberflächenaktiven Kondensationsprodukten.* Man erhitzt z. B. 714 (Teile) Triäthanolamin unter Rühren mit 604 Tallöl innerhalb 9 Std. von 165 auf 252°, wobei 199 W. abdestillieren. — 1000 des erhaltenen Prod. werden mit 222 Phthalsäureanhydrid 6 Std. auf 186° erhitzt u. das Endprod. mit 700 einer geeigneten KW-stofffraktion, z. B. einem „$SO_2$-Extrakt“ aus dem EDELEANU-Verf., oder Toluol, Xylol, Gas-, Diesel- oder Bunkeröl, oder Teerlösungsmittel, verdünnt. — *Demulgatoren.* (**A. P. 2 577 198** vom 28/12. 1948, ausg. 4/12. 1951.) MÜLLER-MEININGEN. 5825

**Höganäs-Billesholms Aktiebolag,** Höganäs, Schweden (Erfinder: **E. O. Nilsson**), *Herstellung von Basenaustauschern.* Bei der Herst. von Basenaustauschern aus sulfonierten mehrkernigen aromat. KW-stoffen durch Kondensation nach Schwed. P. 125 775 (C. **1950.** I. 1894) werden die erhaltenen Kondensationsprodd. 5—15 Std. bei 150 bis 200° nachbehandelt. Hierdurch wird das Quellvermögen vermindert, die Festigkeit erhöht, aber die Austauschfähigkeit nicht beeinträchtigt. (**Schwed. P. 131 949** vom 10/12. 1947, ausg. 5/6. 1951.) JÜRGEN SCHMIDT. 5827

**Armour & Co.,** V. St. A., *Verwendung organischer Ammoniakverbindungen in konzentrierten Salzlösungen,* z. B. bei der Trennung von Mineralien durch Flotation. Es wurde gefunden, daß Verbb. organ. Ammoniakbasen mit organ. oder anorgan. Säuren sich dann in konz. Salzlsgg. ohne Gelbldg. lösen, wenn die Konz. der Ammoniakverbb. 3—15% u. die Konz. der Salzlsg. 25—70% der gesätt. Salzlsg. betragen. Als organ. Ammoniakverbb. können verwendet werden: die Chlorhydrate von Dodecyl-, Hexadecyl-, Octadecylamin oder ihre Phosphate, Sulfate, Propionate, Butyrate, Formiate. Ferner sind die aus natürlichen Fetten u. Ölen, wie Talg, Sojabohnenöl, Baumwollsamenöl, Cocosnußöl usw., gewonnenen Amine geeignet. Die Salzlsgg. können enthalten: Chloride, Iodide, Nitrate, Acetate, Chlorate, Oxalate, Citrate usw. von K, Na, Ca u. Ba. (**F. P. 994 191** vom 13/4. 1949, ausg. 13/11. 1951.) HEYNE. 5829

**Paul Claude Archambault,** Frankreich, *Reinigen von leichtverdampfbaren Flüssigkeiten* (**I**) *in einem Filterelement,* das als Füllung z. B. gekörnte Holz- oder Aktivkohle, Bimsstein oder Fasermaterial, wie Roßhaar, Metall-, Mineral-, Pflanzen-, Tier- oder Glaswolle, Metallschwamm oder Metall-, Holz-, Ebonit- oder Celluloidspäne enthält. In dem Filterelement angeordnete, in einer Imprägnier-Fl. eintauchende Dochte bewirken ein Feuchthalten der Filtermasse. I durchströmt das Filterelement im Gegenstrom. Auf diese Weise werden die Verunreinigungen von I zurückgehalten. Das Filter kann bei Verbrennungsmotoren u. Gasmasken Verwendung finden. (**F. P. 990 319** vom 5/5. 1949, ausg. 20/9. 1951.) WITTHOLZ. 5831

**Procédés Industriels & Charbons Actifs Soc. An.,** Frankreich, *Zerstörung des bei der Verwendung von pulverförmiger Aktivkohle entstehenden Schaumes.* Die Verwendung von feinpulvriger Aktivkohle, die billiger ist als gekörnte, bereitet in manchen Fällen Schwierigkeiten, weil diese Kohle einen sehr voluminösen, beständigen u. sehr schwer zerstörbaren Schaum bildet. Das Verf. besteht darin, daß der z. B. bei der Rückgewinnung von Dämpfen organ. Fll. aus Luft durch Besprühen mit einer Suspension von pulverförmiger Aktivkohle entstehende Schaum in einer besonderen App. durch Anwendung von Wärme u. Dampf in dem Maß zerstört wird, wie er entsteht. Hiermit ist gleichzeitig eine Regenerierung der Kohle u. eine Rückgewinnung der absorbierten Fll. verbunden. (**F. P. 985 434** vom 28/10. 1943, ausg. 18/7. 1951.) HEYNE. 5849

**Owens-Corning Fiberglas Corp.**, Del., übert. von: **William L. Trowbridge**, Newark, O., V. St. A., *Filter für staubhaltige Luft oder Gase.* Beliebige anorgan. oder organ. Fasern werden mit Phenolformaldehydharz zu gasdurchlässigen Filterkörpern verbunden; dann wird auf deren Oberfläche ein klebriges Polyoxyalkylenderiv. aufgebracht, das durch Rk. eines wasserfreien Hexits, z. B. Sorbit, mit einer gesätt. Fettsäure mit 10—18 C-Atomen (Laurinsäure, Palmitinsäure) erhalten wird. (**A. P. 2 579 984** vom 23/10. 1948, ausg. 25/12. 1951.) HEINSEN. 5851

**Westinghouse Electric Corp.**, Pittsburgh, Pa., übert. von: **Leonard C. Flowers**, Longmeadow, Mass., V. St. A., *Kältemittel für Kompressionskälteanlagen*, bestehend aus einer halogenierten aliphat. Verb., einem Schmieröl u. Borsäureanhydrid (I) als Stabilisator. In Mengen von ca. 1% verhindert das I in Mischungen von Chlorfluormethanen, z. B. $Cl_2F_2C$, u. Mineralöl Korrosionen in den Anlagen. (**A. P. 2 550 113** vom 3/2.1950, ausg. 24/4. 1951.) SCHINDLER. 5857

## III. Elektrotechnik.

**A. Crawford**, *Die Reinigung und Behandlung von Kohle für die Elektrodenherstellung.* Um von der Einfuhr unabhängig zu sein, hat man während des Krieges in Deutschland Elektrodenkoks aus Ruhrkohle hergestellt. Folgende drei Prozesse waren erforderlich: 1. Die Entfernung von Verunreinigungen in einem besonderen Waschvorgang, dem eine feine Mahlung u. Schaumflotation, sowie eine elektrostat. Aufbereitung folgten. Im zweiten Abschnitt wurde die Kohle nach nochmaligem Waschen u. Flotieren einer chem. Behandlung mit HF u. HCl unterworfen, um die letzten Verunreinigungen zu entfernen. In einem geplanten dritten Reinigungsprozeß sollte als Extraktionsmittel statt Säure eine Lsg. kaust. Soda in einer Konz. von 2,5% bei einem Druck von 120 at u. einer Temp. von 250° verwendet werden. Zum Schluß ist die Kohle zentrifugiert worden, wobei ein Endprod. mit einem Geh. von 10% W. u. 0,28% Asche anfiel, welches dann verkokt wurde. Der Preis des Kokses war etwa zehnmal so hoch als der des Rohmaterials. (Trans. Instn. Mining Engr. **111.** 204—19. Jan. 1952.) H. SCHÖBERL. 5952

**Eberhard Both**, *Ferrit-Werkstoffe erlauben eine bessere Planung auf magnetischem Gebiet.* Die Entw. ferromagnet. Ferrite ($MO \cdot Fe_2O_3$, M = Symbol für ein zweiwertiges Metall) hat zwischen den Massekernen u. den lamellierten weichmagnet. Werkstoffen einen Zwischenraum sowohl hinsichtlich der Permeabilitäts- wie der Verlustwerte ausgefüllt u. erlaubt daher eine stetigere magnet. Planung. Die Eigg. der techn. wichtigen Mischferrite werden beschrieben u. mit den heutigen Grundvorstellungen des Ferromagnetismus verständlich gemacht. Hauptverwendungsgebiete für die weichmagnet. Ferrite sind Fernsehablenktransformatoren u. -joche, magnet. Verstärker, Trägerfrequenzleistungstransformatoren u. Filterspulen. (Materials and Methods **34.** 76—79. Juli 1951. Fort Monmonth, N. J., Signal Corps Engng. Labor.) FAHLENBRACH. 5958

**W. F. Satterthwaite**, *Methodik neuer Entwicklungsmöglichkeiten von Ferriten.* Bericht über Anwendungsmöglichkeiten ferromagnet. Spinelle in der Hochfrequenztechnik. (Ceram. Age **59.** Nr. 6. 51—52. Juni 1952. Keasbey, N. J., General Ceramics & Steatite Corp.) STEINER. 5958

**Edward Emmerieh** und **Sol C. Klaus jr.**, *Bestimmung der elektrischen Eigenschaften ferritischer Stoffe für besondere Anwendungen.* Die nach Art der Spinelle zusammengesetzten Ferrite $Fe_2O_3 \cdot MeO$ besitzen bes. für die Fernsehtechnik wertvolle elektr. Eigg., hohe magnet. Permeabilität u. hohen Volumenwiderstand (tabellar. Zusammenstellung). Weitere techn. Anwendungen bei Antennen, Magnetophongeräten u. Induktionsöfen werden besprochen. (Ceram. Age **59.** Nr. 5. 26—29. Mai 1952.) HENTSCHEL. 5958

**F. E. O'Meara**, *Stromkreise und Röhren für höchstempfindliche Elektrometer.* Durch einen Widerstand in Nebenschluß zur Elektrometerröhre können Netzspannungsschwankungen kompensiert werden. Zur Vermeidung statist. Schwankungen in der Emission der Kathode werden FP-54-Röhren verwendet. (Rev. sci. Instruments **22.** 106—08. Febr. 1951. Oak Ridge, Tenn., Fairshild Engng. and Airplane Corp., NEPA Proj.)

H. HAUSWALD. 5978

---

**Pechiney Comp. de Produits Chimiques & Électrometallurgiques**, Paris, Frankreich, *Herstellung einer Kohlenpaste für die Elektrodenherstellung.* Man geht von pulverförmiger Kohle mit verschied. Korngrößen aus u. zerlegt zunächst in ein gröberes Korn von ca. 0,2 mm u. mehr u. eine feinere Fraktion. Die gröbere Fraktion (30—75% der Gesamtmasse) wird mit Bindemittel versetzt, bis alle Teile gut benetzt sind. Erst dann setzt man die feineren Teile zu u. mischt, bis eine homogene Mischung erhalten wird. Als Bindemittel kommen bes. Weichteere in Betracht. (**N. P. 79 294** vom 3/8. 1949, ausg. 5/11. 1951.) JÜRGEN SCHMIDT. 5953

**Connollys (Blackley) Ltd.**, Manchester, England, *Elektrische Leiter* enthalten eine oder mehrere Wicklungen von Naturseide, die direkt auf den Leiter gewickelt werden. Die Naturseide soll den natürlich vorkommenden Sericingummi noch enthalten u. wird im nassen Zustand, bes. unter geringem Erwärmen auf ca. 70°, aufgewickelt. (**N. P. 79 041** vom 2/8. 1949, ausg. 17/9. 1951. E. Prior. 16/8. 1948.) JÜRGEN SCHMIDT. 5953

**C. A. Christiansen,** Smestad, Oslo, Norwegen, *Elastische elektrische Leitung*, bestehend aus einem Lederstrumpf (I), der um einen Gummikern geflochten u. mit einer Gummikappe umgeben ist. Bes. für elektr. Durchschußleitungen aus Nylon oder anderen stark elast. Stoffen. Hierbei wird eine solche Kautschukmasse verwendet, daß sie nach dem Vulkanisieren von I fest umschlossen wird u. dieser sich sowohl in die äußere als auch in die innere Kautschukschicht musterartig einlegt. Hierdurch wird beim Bewegen ein Gleiten der einzelnen Schichten gegeneinander verhindert. (**N. P. 78 492** vom 20/8. 1949, ausg. 30/4. 1951.) JÜRGEN SCHMIDT. 5953

**Sandvikens Jernverks Aktiebolag,** Sandviken, Schweden (Erfinder: **T. G. Bjerkén** und **K. H. Lundkvist**), *Anbringen von festhaftenden, elektrisch isolierenden Schichten auf Metall, besonders Eisen und Eisenlegierungen.* Man behandelt die Metalle mit einer Belagsmasse aus je einem Teil 75%ig. $H_3PO_4$, 20%ig. Wasserglaslsg. u. 80%ig. Essigsäure durch Erhitzen auf ca. 200—500°. Die Lsg. soll außerdem einen in W. dispergierbaren Schutzstoff enthalten. Hierzu eignen sich: Gelatine, Casein, Hämoglobin, Glycerin, Bzl., Chlf., Dextrin. (**Schwed. P. 133 179** vom 19/12. 1949, ausg. 9/10. 1951.) JÜRGEN SCHMIDT. 5957

**Westinghouse Electric Corp.,** East Pittsburgh, Pa., V. St. A. (Erfinder: **J. G. Ford**). *Elektrische Wicklungen für die Anwendung in flüssigen Dielektrika.* Um elektr. Leiter für Hochspannungen in fl. Dielektrika zu isolieren, überzieht man sie zunächst mit einem porösen Isolierstoff, wie Gewebe oder Papier, u. trägt dann außen ein klebriges Bindemittel auf, um die einzelnen Windungen zusammenzuhalten. Hierzu eignen sich z. B. thermoplast. Harze, wie Polyvinylverbb., die aber so aufgetragen werden, daß das fl. Dielektrikum bis zu den inneren Isolierwicklungen durchdringen kann. — Zeichnungen. (**Schwed. P. 132 476** vom 16/10. 1941, ausg. 31/7. 1951. A. Prior. 16/10. 1940.) JÜRGEN SCHMIDT. 5957

**Aksjeselskapet Proton,** Oslo, Norwegen (Erfinder: **N. Rolfsjord**), *Kerne für Elektromagneten.* Kerne für Elektromagneten, bes. für die Tonaufnahme u. Wiedergabe, weisen im elektromagnet. Kreis einen engen nichtmagnet. Spalt auf, wobei die an den Spalt grenzenden Flächen des Magnetkernes mit einem nichtmagnet. Material elektrolyt. belegt sind. Der Belag besteht vorzugsweise aus einem nichtmagnet. Metall, bes. Cu. (**N. P. 79 150** vom 31/1. 1949, ausg. 15/10. 1951.) JÜRGEN SCHMIDT. 5959

**Aktiebolaget Kontrollinstrument,** Stockholm, Schweden, *Galvanisches Primärelement, besonders Trockenelement.* Die positive Kathode setzt sich aus einem Oxyd eines Metalls im oberen Teil des Period. Syst., bes. Hg, Mo oder W, dagegen die negative Elektrode aus Zn (Zn-Wolle) zusammen. Beide Elektroden bestehen aus feinverteiltem Material. Die Oxyde der positiven Elektrode können in Mischung mit feingepulvertem Graphit angewendet werden. Beide Elektroden lassen sich beim Zusammenbau infolge ihrer Elastizität zusammenpressen, bleiben jedoch hinreichend porös u. neigen nicht zum Zusammenbacken. (**N. P. 79 293** vom 13/2. 1948, ausg. 5/11. 1951. Schwed. Priorr. 18/2. u. 3/7. 1947 u. 15/1. 1948.) JÜRGEN SCHMIDT. 5971

**Thor H. Westby,** Chicago, Ill., V. St. A., *Gitterplatten für elektrische Bleiakkumulatoren.* Die Gitterplatte besteht aus einer Pb-Legierung mit 0,05—0,5%, bes. 0,15—0,25%, Ag, 0,05—0,5%, bes. 0,06—0,10%, Te, 3,5—2,75% Sb u. 0,5—0,75% Sn. (**N. P. 78 916** vom 21/8. 1948, ausg. 13/8. 1951.) JÜRGEN SCHMIDT. 5971

**Mallory Batteries Ltd.,** London, England, *Wiederaufladbare elektrische Zelle.* Die Bestandteile der Zelle (Ag-plattierte Cu-Folie als positive Elektrode (I), poröses Papier als Elektrolytträger, Pergamentpapier als Separator u. Zn-plattierte, amalgamierte Cu-Folie als negative I) sind bandförmig u. zu einem Wickel aufgewickelt, der in einen Becher (II) eingebracht wird. II u. Deckel, voneinander isoliert, bilden die Pole der Zelle, da die eine I des Wickels dem Boden, die andere dem Deckel anliegt, indem sie zueinander verschoben aufgewickelt werden. Als Elektrolyt dienen wss. Lsgg. von $ZnBr_2$ u./oder $CdCl_2$. Bei üblicher Bauart der Zelle ist die negative I ein Zn-plattierter, amalgamierter Cu-II, die positive I ein zu einem Stab gepreßtes Ag-Pulver. Bei flachen Zellen mit plattenförmigen Bestandteilen sind diese in je 2 umgekehrt zueinander angeordneten u. voneinander isolierten metall. Halbschalen als Pole eingeschlossen. Solche Zellen können leicht zu Batterien aufeinander aufgestapelt werden. (**E. P. 660 503** vom 13/6. 1949, ausg. 7/11. 1951. A. Prior. 12/6. 1948.) BAUR. 5971

**Chloride Electrical Storage Co. Ltd.**, übert. von: **Montefiore Barak,** Clifton Junction, Manchester, England, *Aktive Masse für Akkumulatoren.* PbO (I) oder eine Mischung aus I u. feinverteiltem Pb wird mit $H_2SO_4$ u. W. bei höchstens 50° u. in längstens 20 Min. gemischt. (**A. P. 2 575 088** vom 20/3. 1950, ausg. 13/11. 1951. E. Prior. 23/7. 1948.) BAUR. 5971

**Elektriska Aktiebolaget A. E. G.,** Stockholm, Schweden (Erfinder: **A. Weber** und **G. Herrmann**), *Elektroden,* bes. Anoden u. Abschirmungsplatten für *Hochvakuumentladungsröhren* mit leicht vergiftbaren Kathoden. Die Anoden bestehen aus Fe mit 0,01 bis 1 (%) Al oder Be u. 0,03—0,5 C. Daneben können noch 0,1—1 Mn, Cu oder Si zugegen sein. Diese Elektroden zeichnen sich durch schnelle u. vollständige Entgasung aus. (**Schwed. P. 134 049** vom 21/11. 1941, ausg. 27/12. 1951. D. Prior. 26/11. 1940.) JÜRGEN SCHMIDT. 5975

**N. V. Philips' Gloeilampenfabrieken,** Eindhoven, Holland (Erfinder: **J. Spoelstra** und **T. A. M. Gast**), *Verbinden von Teilen von elektrischen Entladungsröhren.* Um den Röhrenkolben ohne Deformierung mit dem Sockel u. auch der Stromzuführung zum Elektrodensyst. am Kopf der Röhre zu verbinden, überzieht man zunächst die entsprechenden Teile des Kolbens mit einem Gemisch aus einer Glasur mit einem tieferen F. als dem des Glases u. einem höherschm. Pulver (I), bringt die Glasur zum Schmelzen, so daß man eine rauhe Oberfläche erhält, u. verbindet dann die einzelnen Teile mit einem Bindemittel. Als I kann Glaspulver oder ein Carbid, Metall oder Metalloxyd verwendet werden. — Zeichnung. (**Schwed. P. 132 480** vom 3/3. 1949, ausg. 3/7. 1951. Holl. Prior. 6/3. 1948.) JÜRGEN SCHMIDT. 5975

**Sylvania Electric Products Inc.,** V. St. A. (Erfinder: **Keith Huestis Butler**), *Herstellung fluorescierender Leuchtmassen.* Um eine Leuchtmasse vom Typ des Halogenphosphates $3\,Ca_3(PO_4)_2 \cdot CaX_2$ (X = Cl oder F) von reproduzierbaren Eigg. zu erhalten, stellt man zunächst die einzelnen Bestandteile $CaCO_3$, $CaHPO_4$, $MnCO_3$, $Sb_2O_3$, $CaCl_2$ bzw. $CaF_2$ gesondert her u. mischt sie in den 2 bekannten Mengenverhältnissen. — Eine Mischung, die 4,9 (Grammatome) Ca + Mn, 3,0 P, 1,04 Cl bzw. F, 0,05—0,30 Sb, 0,00—0,50 Mn enthält, wird bei 1130° eine Std. lang in einem Porzellantiegel geglüht. Man erhält eine Leuchtmasse mit roter Fluorescenz. (**F. P. 985 332** vom 29/4. 1949, ausg. 17/7. 1951. A. Prior. 7/5. 1948.) HEYNE. 5975

**Westinghouse Brake & Signal Co., Ltd.,** London, England (Erfinder: **L. E. Thompson** und **A. Jenkins**), *Selentrockengleichrichter.* Der Gleichrichter enthält als Gegenelektrode eine Metallegierung, z. B. aus Cd u. Sn, mit ca. 0,5% K oder Na. (**Schwed. P. 132 473** vom 31/10. 1944, ausg. 31/7. 1951. E. Prior. 2/3. 1944.) JÜRGEN SCHMIDT. 5977

## IV. Wasser. Abwasser.

**R. T. Hukki** und **Erkki Orivuori,** *Ionenaustauscher in der Wasserreinigung.* Bericht über die Verwendung von Ionenaustauschern zum Reinigen des W. u. die Überlegenheit dieser Verff. gegenüber der Destillation. Laboratoriumsverss. mit Amberlite MB 1 werden beschrieben. (Teknillinen Aikakauslehti **42.** 413—16. 26/9. 1952.) BECKMANN. 6020

**A. J. van Breda,** *Gesonderte Reinigung gewerblicher Abwässer in einer städtischen Kläranlage.* Um die für die vorhandene Kläranlage der Stadt Rochelle, Ill. (5450 Einwohner, 1476 $m^3$/Tag Zulauf) untragbare Belastung mit 1060 $m^3$/Tag Färbereiabwasser u. 95 $m^3$/Tag Wollwaschwasser zu beheben, wird das Färbereiab- u. das Wollwaschwasser je in getrennten Leitungen von 810 m Länge zur Kläranlage geführt, das Färbereiabwasser nach Mischung mit dem häuslichen Abwasser 1 Std. mit 7,4 $m^3$ Luft je $m^3$ Beckeninhalt vorbelüftet, 2 Std. geklärt, dann in der Belebtschlammanlage 14,5 Std. bei 81 $m^3$ Luftzufuhr je kg BSB-Belastung abgebaut, 2,4 Std. nachgeklärt, notfalls gechlort; der Klär- u. Überschußschlamm werden in 2 hintereinander geschalteten Faulbehältern, das in einem Vorhaltebecken gesammelte, erforderlichenfalles mit häuslichem Abwasser verd. Wollwaschwasser in 2 weiteren Faulbehältern ausgefault. (Publ. Works **83.** Nr. 11. 54—56. 78. Nov. 1952. Sanitary Water Board of Illinois.) MANZ. 6040

**Egbert Möhlau,** *Kohlensäure, Carbonathärte und Werte der Untersuchungswässer.* Vf. erläutert die Ermittlung der freien $CO_2$ aus der Summe der aus dem HEYERschen, am Entnahmeort angesetzten Marmorzehrvers. bestimmten aggressiven $CO_2$ u. der zugehörigen freien $CO_2$ nach der TILLMANS-HEUBLEIN-Tabelle, sowie die Berechnung des $p_H$-Wertes aus der freien u. gebundenen $CO_2$ nach OLSZEWSKI-MAYER als prakt. einfache u. zuverlässige Arbeitsweise mit nur 2 titrimetr. Bestimmungen. (Lebensmittel-Ind. Ausg. B **3.** 134—35. Nov. 1951.) MANZ. 6062

**Arthur W. Busch** und **Clair N. Sawyer,** *Bestimmung des BSB von Abwasser und gewerblichen Abwässern mit dem Polarograph.* Die polarograph. $O_2$-Best. bei BSB-Unterss. ist bei Abwasser u. den geprüften gewerblichen Abwässern anwendbar; mit nur einer Messung (−1,6 V) erreicht man mit einer Eichkurve ohne Reststrommessungen die gleiche Genauigkeit wie bei der üblichen WINKLER-Technik. Bei gewerblichen Abwässern ermöglicht die Tropfelektrode sogar größere Genauigkeit u. zufolge der kurzen Untersuchungsdauer von 1,5 Min. eine erhebliche Zeitersparnis. (Analytic. Chem. **24.** 1887—91. Dez. 1952. Cambridge, Mass., Massachusetts Inst. of Technol., Sedgwick Labors. of Sanitary Sci.) MANZ. 6068

---

**Imperial Chemical Industries Ltd.,** London, England, *Behandlung von Wasser.* Um W. nach dem Kochen zu entfärben, wird es mit $H_2O_2$ in Mengen von 2—20 (Teilen) $O_2$ je Million W. behandelt. Gleichzeitig kann auch eine Behandlung mit Halogen oder Absorptionsmitteln oder anderen Stoffen zur Ausfällung mit raffinierter Kieselsäure oder mit Metallhydroxyden, bes. Fe- oder Al-Hydroxyden, erfolgen. Man erhält ein W. mit einer Farbintensität von ca. 1 HAZEN-Einheit. (**N. P. 78 330** vom 4/2. 1949, ausg. 27/3. 1951. E. Prior. 22/3. 1948.) JÜRGEN SCHMIDT. 6025

**G. M. Ornsen,** New York, N. Y., V. St. A., *Regelung der Chlorzufuhr bei der Chlorbehandlung von Wasser.* Man setzt das $Cl_2$ einem Teilstrom zu u. vermischt die so erhaltene Lsg. mit der Hauptwassermenge. Durch Veränderung des Querschnittes des Teilstromes wird dessen Geschwindigkeit u. damit die zugeführte Menge $Cl_2$ geregelt. — Vorr., Zeichnung. (**Schwed. P. 134 092** vom 21/7. 1945, ausg. 27/12. 1951. A. Prior. 21/7. 1944.) JÜRGEN SCHMIDT. 6025

**Henkel-Kemiskt-Tekniskt Aktiebolag,** Stockholm, Schweden (Erfinder: **E. Heinerth**), *Weichmacher und Wasserenthärtungsmittel,* bestehend aus einem Gemisch von Alkalicarbonaten, $CaCO_3$ in Calcitform u. gegebenenfalls Alkalisilicaten u. 0,5—1%, bezogen auf Alkalicarbonat, an wasserl. Verbb. von Al, Ti, Sn oder 3-wertigem Cr. Z. B. besteht das Gemisch aus 1,5 (Gew.-Teilen) $CaCO_3$, 1,0 $NaAlO_2$ u. 93,4 $Na_2CO_3$. Durch den letztgenannten Zusatz wird die Aussfällung von $CaCO_3$ bei der W.-Enthärtung zurückgedrängt. (**Schwed. P. 133 326** vom 18/12. 1942, ausg. 23/10. 1951. D. Prior. 2/3. 1942.) JÜRGEN SCHMIDT. 6025

**Alef Ruben Persson,** Hedemora, und **Johann Olof Naucler,** Stocksund, Schweden, *Belüften von Wasser* zur Entfernung von z. B. $CO_2$ u. zur Beseitigung von unangenehmem Geschmack u. Geruch. Das W. wird bei einer dicht am Gefrierpunkt liegenden Temp. in dünnen Schichten über durchbohrte Filterketten geführt u. atmosphär. Luft, deren Temp. anfangs unter der genannten Temp. liegt, durch die Platten geleitet, so daß in jeder Schicht ein Schaum von vielflächigen Blasen gebildet wird. Die Luft wird zurückgeführt u. mehrmals durch die Wasserschichten geleitet, so daß mindestens die 10fache Luftmenge durch eine gegebene Menge W. geführt wird. (**A. P. 2 560 978** vom 17/1. 1947, ausg. 17/7. 1951. Dän. Prior. 18/5. 1943.) REICHELT. 6027

**Hall Laboratories, Inc.,** übert. von: **E. Hall,** Pittsburgh, Pa., V. St. A., *Behandlung von Kesselwasser.* Das W. für die Dampferzeugung wird durch einen mit Säure regenerierten Kationenaustauscher u. ein Säureabsorbens geschickt, so daß es frei von Salzen ist u. nur Kieselsäure enthält, die durch K-Verbb. bei steigender Temp. als K-Silicat in Lsg. gehalten wird. (**Can. P. 476 275** vom 17/4. 1944, ausg. 21/8. 1951. A. Prior. 15/4. 1943.) WITTHOLZ. 6031

**Joseph Darius Griffin,** Johannesburg, Südafrika, *Abwasserbehandlung,* wobei der fl. Bestandteil in großem Überschuß gegenüber den Feststoffen vorhanden ist. Das Abwasser wird am Boden in den Faulbehälter eingeführt u. im Aufwärtsstrom mit einer solchen Geschwindigkeit durchgeleitet, daß die Feststoffe sich absetzen. Der ausgefaulte Schlamm wird mit dem durchströmenden W. ausgetragen. Mit dem neu eintretenden W. werden neue Feststoffe eingeführt, am Boden unter dem faulenden Schlamm abgelagert u. gleichzeitig von dem aufwärtsströmenden W. ausgewaschen u. die Bakterien im akt. Zustand gehalten. Das aus dem Behälter fließende W. wird einer aeroben Behandlung zugeführt. (**E. P. 662 647** vom 6/8. 1948, ausg. 12/12. 1951. Südafrikan. Prior. 15/8. 1947.) REICHELT. 6041

**Hercules Powder Co.,** übert. von: **Joseph N. Borglin,** Wilmington, Del., und **Irene Woodcock,** Upper Black Eddy, Pa., V. St. A., *Verringerung des biologischen Sauerstoffbedarfs* in organ. Stoffe enthaltenden wss. Fll., z. B. in Abwässern aus synthet. Harze herstellenden Betrieben u. Papierfabriken. Es werden 10—200 mg/Liter α.α-Dialkyl-arylmethylhydroperoxyd, z. B. α-Dimethyl-benzyl-hydroperoxyd, zugesetzt. (**A. P. 2 578 442** vom 30/3. 1948, ausg. 27/11. 1951.) REICHELT. 6043

**Václav Jonás,** Prag, Tschechoslowakei, *Reinigung von gärfähige organische Stoffe enthaltenden Abwässern unter gleichzeitiger Gewinnung von Futtermitteln,* z. B. Abwässern von Zuckerfabriken, Brennereien, Hefefabriken. Sie werden nach Verdünnung bis zu einem Wert nicht über 2° Bé mit schimmelbildenden Pilzkulturen, bes. mit Oidium lactis oder Monilia candida, geimpft u. bei 25—30° nach Belüftung unter Druck 6—12 Std. vergoren. Danach wird durch Zugabe von Kalkmilch ein $p_H$ von 9—11 eingestellt. Der ausgefällte Schlamm wird in Filterpressen filtriert u. nach dem Trocknen als Futtermittel verwertet. Die Alkalität des W. wird durch $CO_2$ neutralisiert. (**E. P. 662 750** vom 23/11. 1948, ausg. 12/12. 1951. Tschech. Prior. 24/11. 1947.) REICHELT. 6045

**Sergius T. Kobernick,** Salt Lake City, Utah, V. St. A., *Abwasserdestillation.* Aus dem Abwasser werden die Feststoffe abgetrennt u. als Brennstoff in einem Dampferzeuger verwertet. Hierbei wird das geklärte Abwasser vorgewärmt u. der Dampf in eine Turbine zur Gewinnung von elektr. Energie geleitet. Das Kondensat aus der Turbine u. das vorgewärmte Abwasser werden in einen Mehrfachverdampfer geleitet. Der erzeugte Dampf wird für Heizzwecke ausgenutzt u. das Kondensat in einem Behälter, in dem Geruchsbeseitigung erfolgt, für beliebige Gebrauchszwecke gesammelt. (**A. P. 2 579 932** vom 11/2. 1948, ausg. 25/12. 1951.) REICHELT. 6051

## V. Anorganische Industrie.

**Irving Gottlieb,** *Ozongenerator.* Beschreibung eines auf Grund von Gasionisation arbeitenden $O_3$-Generators. (Electronics **25.** Nr. 5. 226. 230. 234. Mai 1952. Mountain View, Calif.) MOSLÉ. H 239

**H. G. Emblem,** *Die industrielle Verwertung von Hydrazin.* Allg. Ausführungen. — 15 Literaturhinweise. (Afinidad **29.** 485—87. Sept./Okt. 1952.) WINIKER. H 243

**Aleksandar Petrunić,** *Über die Rußerzeugung in der Industrie mit einem Überblick über die Entwicklung in Jugoslawien.* Übersicht über die Entw. u. die verschied. Verff. der Rußerzeugung, mit besonderer Berücksichtigung der Verhältnisse in Jugoslawien. (Nafta [Zagreb] **3.** 158—68. Juni 1952. Kutina/Kroatien.) BECKMANN. H 260

—, *Antimonschmelzhütte in Yellow Pine. Die neue elektrische Hütte der Bradley Mining Company in Yellow Pine, Idaho, erzeugt in sechsstufigem Prozeß $Sb_2O_3$ unter Rückgewinnung von Au, Ag, Cu und Rb.* Beschreibung der Anlage u. des Verf. zur Gewinnung von $Sb_2O_3$ bzw. Sb. Die gerösteten Erzkonzentrate werden mit Kohle, $SiO_2$, $Na_2CO_3$ gemischt u. im Elektroofen bei 1700—2250° F geschmolzen. Zur Entfernung von Fe u. As wird das Metall bei 1600° F mit NaOH raffiniert, dann $Sb_2O_3$ im Konverter bei 1650° F abgetrieben. Im Rückstand befinden sich neben Sb, Cu u. Pb noch Ag u. Au. (Wld. Mining **4.** Nr. 6. 30—34. Mai 1951.) WEITBRECHT. H 266

—, *Neue in vier Etagen gebaute Chlorzelle.* Beschreibung einer Anlage zur Alkalichloridelektrolyse nach dem Amalgamverf., welche durch den Übereinanderbau von 4 Zellen u. 2 Amalgamzersetzern charakterisiert ist. Bei Anwendung von reinem W. wird ohne Eindampfen 50—73%ig. Lauge einer für die Rayonfabrikation geeigneten Reinheit erhalten. Die einzelnen Zellen sind leicht auswechselbar, ohne die Arbeit der übrigen zu stören, u. können auch zur Erzeugung von Na-Sulfid dienen. (Chem. Engng. **59.** 265—66. Juli 1952.) METZENER. H 274

---

**Phillips Petroleum Co.,** Del., übert. von: **Karl H. Hachmuth,** Bartlesville, Okla. V. St. A., *Selektive Niederdruckdesorption von Gasen,* z. B. bei der Gewinnung von $H_2$ aus Gasmischungen. — Beispiel: Ein Gasgemisch von 50 (Mol) $H_2$ u. 50 $CH_4$ wird unter Injektorwrkg. in den unteren Teil, u. 480 trockenes Absorptionsöl werden an der Spitze eines bei 100 lbs./sq.in. arbeitenden Vielstufenabsorbers eingeführt. Ein Restgas von fast reinem $H_2$ (36 $H_2$ u. 1 $CH_4$) wird an der Spitze des Absorbers abgeführt. Das mit Gas angereicherte Öl wird in einen rotierenden Separator geführt, der bei ca. 15 lbs./sq.in. mit einer Geschwindigkeit von ca. 4000 Touren arbeitet. 49 $CH_4$ u. 14 $H_2$ werden im Separator gewonnen u. das entgaste Öl mit 1000 lbs./sq.in. in den Absorber zurückgeführt. — Zeichnung. (**A. P. 2 549 968** vom 30/7. 1948, ausg. 24/4. 1951.) REICHELT. H 238

**Air Products Inc.,** Chattanooga, Tenn., V. St. A. (Erfinder: **C. R. Anderson**), *Abfüllen von Sauerstoff in Druckleitungen und Druckflaschen.* Der bei der Luftzerlegung anfallende fl. $O_2$ wird indirekt durch den von der Kolonne oben abziehenden kalten $N_2$ gekühlt u. dann komprimiert u. direkt fl., also ohne die bisher übliche Zwischenverdampfung, in die Druckflaschen gepumpt, wobei die Bldg. von Gasblasen vermieden wird. — Zeichnungen. (**Schwed. P. 134 116** vom 27/5. 1944, ausg. 8/1. 1952. A. Prior. 27/5. 1943.) JÜRGEN SCHMIDT. H 239

**Godfrey L. Cabot Inc.,** Boston, Mass., V. St. A., *Gewinnung von hydrophilem Ruß.* Man vermischt 100 g granulierten Ruß mit 300 ($cm^3$) W. u. 300 einer 10%ig. NaOCl-

Lösung. Man erhält dabei einen Schlamm mit $p_H$ 8—9, säuert diesen bis $p_H$ 2 an, filtriert, wäscht aus u. trocknet bei ca. 100°. (**E. P. 668 724** vom 23/3. 1948, ausg. 19/3. 1952.) NEBELSIEK. H 260

**International Minerals & Chemical Corp.**, übert. von: **Calvin M. Tidwell**, Middleport, N. Y., V. St. A., *Herstellung reiner Phosphorsäure.* Auf Ferrophosphor läßt man bei >100° wasserfreie $H_2SO_4$ einwirken, die ein W. entziehendes Mittel u. ein Oxydationsmittel enthält, z. B. Oleum. Es bildet sich $H_3PO_4$ u. $FeSO_4$, das in der $H_3PO_4$ unlösl. ist. Nach Abfiltrieren wird der Überschuß an $H_2SO_4$, z. B. durch Erhitzen, aus der $H_3PO_4$ entfernt. (**A. P. 2 600 813** vom 29/11. 1948, ausg. 17/6. 1952.) ZÜRN. H 264

**E. I. du Pont de Nemours & Co.**, Wilmington, Del., übert. von: **Max Frederick Bechtold**, Kenneth Square, Pa., und **Henry Moroni Stark**, Wilmington, Del., V. St. A., *Gewinnung von Tonerdehydratsolen.* Man fällt beim $p_H$ von 7—9,5 aus einer Al-Salzlsg., z. B. von $AlCl_3$, mit $NH_3$ Tonerdehydrat, wäscht mit W. nach, erhitzt den wss. Schlamm einige Std. auf 60—95° u. mahlt das erhaltene Sol in einer Kolloidmühle. (**A. P. 2 590 833** vom 20/5. 1948, ausg. 1/4. 1952.) NEBELSIEK. H 294

**Titangesellschaft m. b. H.**, Leverkusen (Erfinder: **Paul Weise**, Kurzenmoor bei Elmshorn, und **Walter Nespital**, Leverkusen), *Herstellung vorzugsweise basischer Titansulfatlösungen.* Die Ti-haltigen Rohstoffe, wie Sande, Tone, Ilmenit, Fabrikationsrückstände, werden mit einer $H_2SO_4$ von höherer als beim Aufschluß vorliegenden Konz. gemischt, dann wird zur Einleitung des Aufschlusses W. oder verd. $H_2SO_4$ unter intensiver Rührung, z. B. mittels Luft oder Gasen, zugesetzt. Man kann den Aufschluß stufenweise durchführen. (**D. B. P. 862 001** Kl. 12i vom 13/10. 1942, ausg. 8/1. 1953.) ZÜRN. H 321

**Badische Anilin- & Soda-Fabrik** (Erfinder: **Franz Drexler** und **Hans Herold**), Ludwigshafen/Rh., *Herstellung von Zirkonverbindungen.* Man läßt auf Zirkonchloride, bes. $ZrOCl_2 \cdot H_2O$, in fester oder gelöster Form wss. $H_2O_2$-Lsgg. einwirken, z. B.: $4\,ZrOCl_2 + 3\,H_2O_2 \rightarrow Zr_4O_7Cl_2 + 3\,Cl_2 + 3\,H_2O$. — Die anfallenden Sole werden z. B. für Imprägnierstoff verwendet. (**D. B. P. 851 057** Kl. 12m vom 30/4. 1944, ausg. 2/10. 1952.) NEBELSIEK. H 322

**Wyeth Inc.**, Philadelphia, übert. von: **William F. Bruce**, Havertown, Pa., V. St. A., *Herstellung von $SnF_2 \cdot KF$.* Man mischt konz. Lsgg. von $KF \cdot 2\,H_2O$ u. $SnCl_2 \cdot 2\,H_2O$ unter Fernhaltung von $O_2$ u. kühlt auf ca. 5°. Der Nd. von $SnF_2 \cdot KF$ wird abgetrennt. Die Verb. ist stabil u. kann in Glasflaschen aufbewahrt werden. Sie eignet sich z. B. zum Feuerfestmachen von Papier, sowie zur Behandlung von Zähnen. (**A. P. 2 606 812** vom 31/8. 1951, ausg. 12/8. 1952.) ZÜRN. H 327

**Electro Manganese Corp.**, Knoxville, Tenn., V. St. A. (Erfinder: **W. L. Hammerquist**), *Reinigung von Lösungen für die elektrolytische Fällung von Mangan.* Die $MnSO_4$ u. $(NH_4)_2SO_4$ enthaltenden Lsgg. werden mit 0,4—160 Teilen Al-Sulfat, berechnet auf wasserfreies Salz in 100000 Teilen Lsg., bei $p_H$ 5,5—7,5 behandelt u. filtriert. Anschließend kann man ein Fällungsmittel für Co u. Ni zusetzen, worauf man auch die 2. Fällung abtrennt. Bes. wird die Behandlung mit Al-Sulfat in 2 Stufen bei 5,5—6,5 u. $p_H$ 7,2—7,5 in der 2. Stufe durchgeführt. (**Schwed. P. 131 952** vom 1/2. 1945, ausg. 5/6. 1951. A. Prior. 1/2. 1944.) JÜRGEN SCHMIDT. H 350

**Henkel & Cie. G. m. b. H.** (Erfinder: **Erich Heinerth**), Düsseldorf, *Herstellung von reinem, basischem Nickelcarbonat.* Lsgg. von Co-haltigen Ni-Salzen werden mit nur so viel $NH_3$ versetzt, daß noch kein Nd. auftritt, dann Ni als bas. Nickelcarbonat mit $Na_2CO_3$ ausgefällt u. das $NH_3$, gegebenenfalls unter Erwärmen, durch Hindurchleiten von Luft oder inerten Gasen ausgetrieben. (**D. R. P. 761 584** Kl. 12n vom 15/7. 1941, ausg. 19/1. 1953.) NEBELSIEK. H 356

---

**James Garrett Vail and others**, Soluble silicates; their properties and uses. Vol. 2: Technology. New York: Reinhold. (690 S. m. Abb. u. Diagr.) $ 15,—.

## VI. Silicatchemie. Baustoffe.

**Hans Schulz**, *Blasen im Glas.* Vf. gibt nach kurzer Einleitung über die Frage der Blasenbldg. allg. ein Verf. zur Blasenzählung an u. stellt als Norm für die Beurteilung eine Tabelle auf. (Glas-Email-Keramo-Techn. **3**. 288. 15/8. 1952.) KÜHNERT. 6200

**Friedrich Zapp** und **Siegfried Goller**, *Die Beeinflussung des Kornaufbaues von geschlämmten Kaolinen durch Verwendung von Natriumhexametaphosphat beim Schlämmprozeß.* Bei Verss. mit $NaPO_3$ an Porzellanmassen ist festgestellt worden, daß dieses eine sehr starke Wrkg. zeigt bei einem Zusatz von ca. 0,1%, bezogen auf die Trockensubstanz, wobei sich der $p_H$-Wert nur geringfügig ändert. Aus den erhaltenen Versuchswerten geht hervor, daß das Na-Hexametaphosphat bei Einführung in den Schlämmprozeß von Rohkaolinen einen Einfl. auf den Anfall der Korngrößen des Schlämmgutes ausübt. Der erzielte Erfolg liegt darin, daß die Korngrößen, die die keram. Eigg. eines Kaolins herabsetzen, ausgeschieden oder stark red. werden u. so eine Anreicherung der vorhandenen kleinsten Größen erfolgt. (Tonind.-Ztg. keram. Rdsch. **76.** 264—66. Sept. 1952.) PISTOR. 6214

**Fritz Dahlgrün, Hans Lehmann** und **Friedrich Schmeling,** *Die Wealden-Tone des Osterwaldes, Nesselberges, Deister, Hils und Süntel.* 1., 2. u. 3. Mitt. Vff. berichten eingehend über ein großes Gebiet aus dem geolog. Horizont des Wealdens. Innerhalb der Schichtenfolge des Wealden nimmt der Kaolinitgeh. der Tone vom unteren zum oberen Wealden ab, im gleichen Verhältnis nimmt dagegen der Anteil der glimmerartigen Tonmineralien zu. Die chem. Zus. der Tone ändert sich vom Liegenden zum Hangenden durch Zunahme des CaO-, MgO-, $Na_2O$-, $K_2O$- u. $Fe_2O_3$-Gehaltes. Der $Al_2O_3$-Geh. ist bei den Tonen des Unteren Wealden mit maximal 41,2% am höchsten. Tone mit hoher Feuerfestigkeit u. heller Brennfarbe sind nur im Unteren Wealden anzutreffen. Die glimmerartigen Tonmineralien überwiegen im Deister, Hils u. Nord- bis Nordwestteil des Süntel. Die techn. wertvollsten Tonlagerstätten sind im Bereich des Osterwaldes u. Nesselberges festgestellt worden. Die Tone eignen sich für die Herst. von Feuerton-, Steingut-, Steinzeug-, Feinsteinzeug-, Töpferwaren u. für eine mittlere Qualität von Schamottesteinen. Aus den Brandschiefern kann eine Leichtschamotte sämtlicher Qualitäten hergestellt werden. Die Vorräte an Tonen sind unendlich groß. (Tonind.-Ztg. keram. Rdsch. **76.** 189—96. Juli. 228—31. Aug. 258—63. Sept. 1952.) PISTOR. 6216

**S. S. Das,** *Mechanische Eigenschaften von Silica-Erzeugnissen.* Es werden die mechan. Eigg. feuerfester Materialien, ihr Einfl. auf die Haltbarkeit, die verschied. Methoden zur Best. der mechan. Eigg. feuerfester Materialien sowie ihre Vor- u. Nachteile kurz besprochen. Die Torsionsmeth. wird bes. hervorgehoben, die Ergebnisse der Unterss. angeführt. Zwei Arten von Silicasteinen wurden zwischen 20 u. 1620° durch Beanspruchung auf Torsion untersucht. Deutliche Änderungen der elast. Eigg. bei den Umwandlungstempp. der Kieselsäuremodifikationen konnten beobachtet werden. Die Ergebnisse zeigen, daß Silicasteine der Gefahr des Abplatzens am meisten bei der Temp. ausgesetzt sind, die etwas unterhalb der Cristobalitumwandlung liegt. Die wesentliche Fähigkeit der Silicasteine, einer Belastung bei hohen Tempp. standhalten zu können, wird als charakterist. hervorgehoben. (Tonind.-Ztg. keram. Rdsch. **76.** 270—74. Sept. 1952.) PISTOR. 6218

**Aladár Vendl** und **Andor Almásy,** *Über sulfathaltige Grundwässer.* In grundwasserführendem pyrithaltigem Ton bewirkt das Hinzutreten von Luft (Bodenaushebung) Sulfatbldg.; es läßt sich nur nach genauer geolog. Unters. feststellen, inwiefern das Sulfatwasser den eingebauten Beton gefährdet u. welche Maßnahmen (Einbringen von Torfmoorerde, Fe-Sägespänen, Gras u. Luftabschluß) zur Verringerung des Sulfatgeh. bzw. zum Schutze des Betons zu treffen sind. (Acta techn. Acad. Sci. hung. **5.** 125—52. 1952. Akad. der Wiss.) MANZ. 6222

---

**Pittsburgh Plate Glass Co.,** Allegheny County, übert. von: **William O. Lytle** und **Albert E. Junge,** New Kensington, Pa., V. St. A., *Herstellung elektrizitätsleitender Überzüge auf Glas.* Der zu überziehende Glaskörper wird auf Tempp. über 400° F, jedoch nicht auf seinen F. erhitzt u. heiß mit einer wss. Lsg. einer Sn-Verb. u. eines ionisierbaren Fluorids behandelt. Hierfür kommt z. B. eine Lsg. von $SnCl_2$ u. $NH_4F \cdot HF$ in einem Gemisch aus W., Methanol u. Formaldehyd in Frage. (**A. P. 2 566 346** vom 8/9. 1948, ausg. 4/9. 1951.) HANS HOFFMANN. 6201

**Bausch & Lomb, Optical Co.,** Rochester, übert. von: **Norbert J. Kreidl,** Brighton, und **Gordon F. Brewster,** Williamson, N. Y., V. St. A., *Bariumhaltiges optisches Crownglas, insbesondere für Mehrstärkenaugengläser.* Dieses enthält 20—35 (%) $SiO_2$, 25—45 BaO, 5—10 $B_2O_3$, 1—5 $Li_2O$, 1—5 $Na_2O$, 1—5 $La_2O_3$, 3—10 $ZrO_2$ u. 1—10 $Ta_2O_5$ u./oder $Nb_2O_5$. — Beispiel: 30,12 $SiO_2$, 37,28 BaO, 2,75 ZnO, 6,76 $B_2O_3$, 1,11 $Al_2O_3$, 2,87 $Li_2O$, 1,62 $Na_2O$, 3,55 $La_2O_3$, 6,72 $ZrO_2$ u. 7,22 $Ta_2O_5$; $n_D$ 1,667; v = 50,0. (**A. P. 2 576 521** vom 15/5. 1950, ausg. 27/11. 1951.) HANS HOFFMANN. 6201

**Ivar Gustaf Teodor Setterberg,** Lyckorna, Schweden, *Feuerfeste Steine.* SiC-Körner werden mit einer nichtoxydierenden M. aus Chromit oder Magnesia u. Wasserglas, bes. $SiO_2$-reichem Wasserglas, gebunden. SiC macht ca. 75—80 (%), das Bindemittel 20—25 der Gesamtmasse aus. Die M. wird geformt, u. die Formlinge werden gegebenenfalls vor dem Gebrauch gebrannt. Die Steine haben eine sehr gute Wärmeleitfähigkeit u. sind bes. zum Auskleiden metallurg. Öfen geeignet. (**E. P. 659 260** vom 25/7. 1949, ausg. 17/10. 1951.) REINHART. 6219

**McFeely Brick Co.,** übert. von: **Frank O. Keltz,** Latrobe, Pa., V. St. A., *Feuerfester Stein.* Ganister oder $SiO_2$-reicher Sand wird gemahlen, mit CaO u. wenig geschmolzener

$Al_2O_3$ gemischt, geformt u. gebrannt. Die Prodd. sollen höchstens 1 (%) $Al_2O_3$ enthalten. — Z. B. werden 97 Sand, 2—2,85 Kalk u. 0,10—0,30 $Al_2O_3$ als Ausgangsgemisch verwendet. Die Steine sind widerstandsfähig gegen Erosion u. Absplittern u. sind bes. für die Auskleidung von metallurg., elektr. oder Koksöfen geeignet. (**A. P. 2573 264** vom 12/3. 1949, ausg. 30/10. 1951.) REINHART. 6219

**National Lead Co.**, New York, N. J., übert. von: **Stephen Florenz Urban**, V. St. A., *Feuerfeste Schmelztiegel.* $ZrO_2$ wird mit einem der Oxyde des Be, Mg, Ca, Sr u. Ba im stöchiometr. Verhältnis der Metazirkonate $MO \cdot ZrO_2$ gemischt, mit einem organ. Bindemittel versetzt u. zu Tiegeln geformt, die erst bei niedriger Temp. vorgebrannt u. dann bei 1700—1800° gesintert werden. Die Zirkonate haben folgende Feuerfestigkeiten: $MgO \cdot ZrO_2 = 2200°$, $CaO \cdot ZrO_2 = 2325°$, $SrO \cdot ZrO_2 = 2650°$ u. $BaO \cdot ZrO_2 = 2850°$. Die Tiegel dienen zum Schmelzen der Metalle Zr, Ti u. Hf u. ihrer Legierungen. (**E. P. 659 475** vom 15/9. 1949, ausg. 24/10. 1951. A. Prior. 1/10. 1948.) REINHART. 6219

**N. V. Philips' Gloeilampenfabrieken**, Eindhoven, Holland (Erfinder: **C. K. Gravley**), *Herstellung von elektromechanisch empfindlichen Körpern aus keramischen Stoffen.* Auf eine Unterlage aus nichtwärmebeständigem Material bringt man ein Fällungsmittel für die später zu verwendende Dispersion auf. Geeignet ist z. B. wss. $NH_4B_5O_8$-Lsg. mit A., verd. Ameisensäure, Essigsäure oder $CaCl_2$-Lsg., dann taucht man in eine Dispersion des keram. Stoffes, bes. Erdalkalititanat, z. B. Ba-Metatitanat, ein. Hierbei scheidet sich an der Unterlage eine Schicht des keram. Stoffes aus. Dieser wird nach dem Trocknen von der Unterlage gelöst u. durch Sintern, gegebenenfalls nach Zusatz eines Bindemittels verfestigt. Die Körper dienen zur Aufnahme von Tonschrift u. für Meß- u. Schaltapparate. (**Schwed. P. 131 978** vom 11/6. 1949, ausg. 5/6. 1951. A. Prior. 12/6. 1948.) JÜRGEN SCHMIDT. 6221

**Internationelle Siporex AB**, Stockholm, Schweden, *Herstellung von dampfgehärteten Leichtsteinen.* Bei deren Herst. aus einem Mörtel (gemahlenem Zementklinker, bas. Schlacken, $SiO_2$-reichen Mineralien oder anderen Gesteinen) u. einem Quellmittel, z. B. Metallpulver, werden alle Komponenten so ausgewählt, daß sie keine $SO_4$-Ionen enthalten oder solche beim Quellen gebildet werden. Hierdurch wird eine Bldg. von Gips, die die Festigkeit der Steine beeinträchtigt, verhindert. Die Festigkeit kann dann durch Zusatz z. B. von ungelöschtem Kalk vor dem Dampfhärten wesentlich erhöht werden. (**N. P. 78 562** vom 29/12. 1947, ausg. 15/5. 1951. Schwed. Priorr. 19/9. u. 2/12. 1947.) JÜRGEN SCHMIDT. 6229

**Corwin D. Willson**, Flint, Mich., V. St. A., *Wetterbeständige Leichtbaumasse.* Die M. besteht aus pflanzlichen u. mineral. Faserstoffen, wie Holzwolle, Holzfasern bzw. kurzen Asbestfasern, welche in eine M. eingebettet sind, die sich zusammensetzt aus ca. 80 (Teilen) Portlandzement, 5—10 Tonerdezement, 15—5 tonerdereichem Ton, 1—5 Rohton, ½—3 $CaSO_4$ u. 2—8 $CaCl_2$. (**A. P. 2 553 618** vom 15/12. 1944, ausg. 22/5. 1951.) HANS HOFFMANN. 6229

**N. V. Philips' Gloeilampenfabrieken**, Holland, *Herabsetzung der Brennbarkeit von schalldämpfenden Materialien* mit großem akust. Absorptionskoeff., wie Faserstoffplatten, dad. gek., daß die Platten einen Überzug mit einem feuerbeständigen Stoff erhalten, der nicht in Form eines zusammenhängenden Filmes, sondern als unterbrochene porige Schicht aufgebracht wird, so daß die akust., wärmedämmenden u. porösen Eigg. des Plattenmaterials erhalten bleiben. Als feuerbeständiger Stoff kann z. B. Kaliwasserglas, verd. auf 1:2 bis 1:4 mit W., genommen werden, das mittels einer Spritzpistole (Düsenweite 2 mm) aufgetragen wird. Der Abstand der Pistole von der Platte ist so zu wählen, wie er zur Bldg. einer porösen Schicht erforderlich ist. Die feuerhemmende Wrkg. kann dadurch gesteigert werden, daß auf den noch feuchten 1. Auftrag ein körniges feuerfestes Material, wie Sand oder Glaspulver, aufgestäubt wird. Durch geeignete Wahl des körnigen Materials kann die Abnahme des akust. Absorptionskoeff. auf weniger als 15% des Anfangswertes herabgedrückt werden. (**F. P. 972 954** vom 1/10. 1948, ausg. 6/2. 1951. Holl. Priorr. 2/10. 1947 u. 20/3. 1948.) HEYNE. 6229

**Aktiebolaget Ifföverken**, Bromölla, Schweden, *Herstellung von Faserstoffzementplatten.* Man behandelt die Cellulosefasern vor dem Einbetten (I) in Zement mit Harzlsgg., die sich chem. mit den Fasern verbinden, z. B. mit Lsgg. von Aminoharzen, wie Melamin- oder Carbamidharzen, gegebenenfalls zusammen mit wasserabstoßenden Stoffen, wie Kolophoniumharzen. Das Aushärten der Harze zu einer harten, die Fasern ganz umhüllenden Haut kann ebenfalls vor I oder gleichzeitig mit der Härtung der Zementmassen erfolgen. (**N. P. 78 821** vom 16/5. 1949, ausg. 16/7. 1951. Schwed. Prior. 18/5. 1948.) JÜRGEN SCHMIDT. 6229

## VII. Agrikulturchemie. Schädlingsbekämpfung.

**N. L. Galvez** und **Flaviano R. Pagador**, *Einige physikalische und chemische Eigenschaften von Wald- und Kulturböden.* Analysen von 5 Wald- u. 5 Kulturböden (seit 33 Jahren in Kultur) zeigen, daß Kulturböden an organ. Substanz, Gesamt-N u. austauschharem Ca verarmt sind u. verringerte Permeabilität aufweisen. Die Reserven an Ca, Mg u. K sind niedriger, an Na höher als bei Waldböden. Das Verhältnis $SiO_2/R_2O_3$ nimmt mit fortschreitender Kultur ab. (Philippine Agriculturist **35**. 41—46. Juni 1951. Los Baños, Laguna, Univ. of Philippines, Coll. of Agric.) RANG. 6304

**Clarence M. Wilson, Roy L. Lovvorn** und **W. W. Woodhouse jr.**, *Bewegung und Anhäufung von wasserlöslichem Bor im Bodenprofil.* Die B-Bewegung ist in hohem Maße abhängig von der Bodenzusammensetzung. Während eine Gabe von 40 lbs./1 acre Borax in sandigem Lehm restlos in 6 Monaten in den Untergrund versickert war, war auf schwerem Lehmboden nach dieser Zeit der größte Teil des in W. lösl. B noch in der Oberkrume. (Agronomy J. **43**. 363—67. Aug. 1951. Beltsville, Md.) GRIMME. 6304

**L. D. Baver**, *Die Wirkung physikalischer Eigenschaften des Bodens auf die wirkungsvolle Anwendung von Düngemitteln.* Ungünstige physikal. Bodenstruktur beeinträchtigt nicht nur die Aufnahme der Bodennährstoffe, sondern verringert auch die n. Wurzelentw. u. die mikrobiol. Aktivität. Das Wachstum von Zuckerrüben u. Mais leidet bei schlechter Bodenstruktur. Die Anwendung von Handelsdüngern muß Hand in Hand gehen mit gut regulierter Bodenstruktur. (Agronomy J. **43**. 359—63. Aug. 1951.) GRIMME. 6304

**L. J. H. Teakle**, *Die Rolle des Stickstoffs bei der Bodenfruchtbarkeit.* Die Wirkungen der direkten N-Zufuhr werden in Vgl. gestellt mit der Wichtigkeit der Stickstoffanreicherung im Boden durch Anbau von Leguminosen (bes. Luzerne). (Agric. Gaz. New South Wales **62**. 397—99. 414. 527—30. 1/8. u. 1/10. 1951. Queensland.) GRIMME. 6304

**Bel, Denizot** und **Mathieu**, *Stickstoffmineralisierung in einigen Böden von Dijon.* Organ. N-Dünger können ihre Wirksamkeit erst nach tiefgehender Mineralisation ausüben. Der Verlauf der Mineralisierung ist weitgehend abhängig von den Eigg. des Bodens, vor allem dem CaO-Spiegel u. dem $p_H$. Beispiele für 12 verschied. Böden werden in Tabellen aufgezeigt. (C. R. hebd. Séances Acad. Agric. France **37**. 537—39. 1951. Dijon.) GRIMME. 6304

**J. Iwersen**, *Zum Problem der Überschlickung leichter Geestböden.* In sich über 4 Jahre erstreckenden Verss. mit Seeschlick (250—500 $cm^3$/ha) wurden bei Hackfrüchten u. Sommerschalenfrüchten eine eindeutige Ertragssteigerung festgestellt. (Z. Acker- u. Pflanzenbau **95**. 159—82. Sept. 1952. Husum.) WINIKER. 6304

**Th. Schrader**, *Ergebnisse eines Düngungsversuches mit Ricinusschrot zu Rieslingreben.* Ein Vers., bei dem zu 830 dz Stallmist 83 dz Ricinusschrot pro ha gegeben wurden, führte zu einer 25%ig. Erhöhung der Traubenerträge bei gleichbleibendem Mostgewicht. Die Anreicherung des Bodens an wurzellösl. Kali u. Gesamthumus war bei den nur mit Stallmist gedüngten Parzellen etwas besser. (Weinbau, wiss. Beih. **6**. 33—37. April 1952. Trier.) WINIKER. 6304

**M. Domsch**, *Frischharn oder vergorene Jauche?* Bei sachgemäßer, seinem Nährstoffgeh. entsprechender Anwendung ist Frischharn dem Mineraldünger mindestens gleichwertig u. übt keinen nachteiligen Einfl. auf die Pflanzen aus. (Dtsch. Landwirtsch. **3**. 186—88. April 1952. Jena, Landesanst. für Ackerbau, Bodenkunde u. Pflanzenernährung, Abt. Bodentechnologie.) WINIKER. 6304

**H. Evans**, *Versuche zur Vermehrung von Kakaopflanzen.* Bewurzelungsverss. an Kakaoblättern u. -stämmchen. Die besten Bewurzelungsergebnisse wurden erzielt durch eine Behandlung (z. B. 24std. Eintauchen) mit einer Lsg. aus gleichen Teilen *α-Naphthylessigsäure* u. *β-Indolylbuttersäure*, u. zwar für Stammsetzlinge 8—10 mg/$cm^3$ u. für Blattsetzlinge 4—5 mg/$cm^3$. (Trop. Agric. **28**. 147—203. Juli/Dez. 1951. Trinidad, B. W. I., Cacao Res. Scheme.) J. KEIL. 6304

**R. Thate**, *Über Versuche, mit Hilfe von Wuchsstoffen das Durchrieseln der Rebblüten zu verhindern.* Die mit *24a* (Fa. GERLACH, Lübbecke/Westf.) u. *Shell-Tomatoset* (DEUTSCHE SHELL A. G., Hamburg) sowie reiner Naphthylessigsäure (I) u. K-Salz der β-Indolylessigsäure angestellten Verss. erwiesen sich als völlig negativ. I bewirkte sogar eine sehr erhebliche Verstärkung des Durchrieselns. (Weinbau, wiss. Beih. **6**. 57—60. April 1952. Neustadt/Weinstraße, Landesanst. für Wein-, Obst- u. Gartenbau.) WINIKER. 6312

**M. Klinkowski** und **H. Köhler**, *Möglichkeiten der Entseuchung fettfleckenkranken Bohnensaatgutes durch Antibiotica.* Es wurde festgestellt, daß mit Penicillin bzw. Streptomycin eine nahezu restlose Entseuchung möglich ist (Kulturfiltrate mit 300 bzw. 80 I.E.,

Behandlungsdauer 1—2 Std.). (Dtsch. Landwirtsch. **3.** 198—201. April 1952. Aschersleben, Zweigstelle der Biol. Zentralanst.) WINIKER. 6312

**H. Uhl,** *Die Anwendung von Kalkstickstoff und Feinkainit gegen die Ackerunkräuter auf Kalkböden sowie Untersuchungen über deren Keimlinge und Keimungsbiologie.* Umfassende Verss. mit Kalkstickstoff (**I**), Feinkainit (**II**) u. Mischungen von **I** u. **II** bewiesen eindeutig, daß die Unkrautbekämpfung mit Düngemitteln auch auf Kalkböden sehr erfolgreich durchgeführt werden kann. Winterweizen u. Roggen vertragen die Mittel besser als Sommergetreide (Gaben von bis zu 4 dz **I**/ha). Beim Sommergetreide beginnt man am zweckmäßigsten mit der Behandlung, wenn das Getreide drei bis vier Blätter hat. Auf schweren, kalkreichen Böden in guter Kultur erwiesen sich bes. Winterweizen u. -roggen bei Behandlung ab Januar, ohne oder bei leichtem Frost, wenig empfindlich u. erlitten selbst bei ein bis zwei Blättern keinen Schaden, wenn das Streuen auf schneefreiem Boden u. gleichmäßig erfolgte. **I** wirkt am besten im Keimblattstadium, **II** im Klein- u. Großrosettenstadium, Mischungen von **I** u. **II** wirken am besten im Keimblatt- u. Kleinrosettenstadium. Die Keimungsbiologie verschied. Kalkunkräuter wird untersucht, u. es werden von einigen Arten die Keimlinge beschrieben u. abgebildet. (Z. Acker- u. Pflanzenbau **95.** 121—58. Sept. 1952. Stuttgart-Hohenheim, Landw. Hochschule, Inst. für Pflanzenschutz.) WINIKER. 6312

**H. E. Orchard,** *Breitblättriges Pfefferkraut (Lepidium latifolium L.)* Spritzen der Unkrautpflanze mit *MCPA* u. *2.4-D* in 2%ig. wss. Lsgg. im November bis Anfang Dezember erwies sich als wirksam. Die Applikationen müssen zur Erzielung vollständiger Ausrottung der Pflanze mehrmals wiederholt werden. (J. Dep. Agric. South Australia **55.** 295—96. Jan. 1952.) RANG. 6312

**J. Hebert,** *Über das Schicksal antiparasitärer Verbindungen im Boden und ihre Sekundärwirkungen.* Die mit den verschied. Schädlingsbekämpfungsmitteln durchgeführten Verss. zeigten, daß die meisten auf die Dauer zers. werden oder (z. B. die Mineralsalze) in den Untergrund gewaschen werden. Eine Ausnahme machen nur Anthracenölhaltige Spritzmittel, welche sich in der Oberkrume anreichern, u. S-haltige Zubereitungen, welche nach Oxydation zur ungünstigen Verschiebung der Boden-$p_H$ führen können. (Ann. agronom., Ser. A **2.** 127—43. März/April. 1951. Amiens.) GRIMME. 6312

**George N. Wolcott,** *Bekämpfung von Bodenlarven in Puerto Rico.* $\gamma$-$C_6H_6Cl_6$ ist fast so wirksam gegen Phyllophaga wie Aldrin, gegen Diaprepes abbreviatus L. im Laborvers. ihm aber unterlegen. (J. écon. Entomol. **44.** 58—60. Febr. 1951. Rio Piedras, Univ. of Puerto Rico, Agricult. Exp. Stat.) LIEBNER. 6312

**A. E. Williams,** *Aerosole, ihre Verwendung als Baktericide und Insekticide.* Allg. Ausführungen. (Chem. Products chem. News [N. S.] **15.** 296—300. Aug. 1952.) WINIKER. 6312

**R. Walther,** *Erfahrungen mit E 605 in einem Samenzuchtbetrieb.* Bericht über gute Bekämpfungserfolge mit verschied. E 605-Zubereitungen bei Kohlfliege, Zwiebelfliege, Blattläusen, Schalottenfliege, Rübenaaskäfer, Erdfloh, Kohltriebrüßler, Kohlweißling, Erbsenkäfer, Blattrandkäfer, Meerrettichblattkäfer u. Meerrettichfloh. (Höfchen-Briefe Wiss. Prax. **4.** Nr. 6. 234—36. 1951. Kleinsendelbach über Erlangen.) GRIMME. 6312

**Alvaro Lozano Morales,** *Grundlegende Prinzipien zur Bekämpfung der Sumpffieber übertragenden Insekten.* Vf. berichtet über Insektenbekämpfungsaktionen (Fliegen) mit *DDT* (**I**) u. *Hexachlorcyclohexan* (**II**). Zur Anwendung kamen 50%ig. **I**-Stäube u. 21%ig. **II**-Emulsionen bzw. Mischungen hieraus, wobei Vf. eine 2malige Aktion im Jahr mit entweder 1 g/m² **I** oder 0,5 g/m² **II** oder einer Mischung aus 1 g **I** u. 0,25 g **II**/m² im Abstand von 3—4 Monaten für ausreichend hält. (Rev. Sanidad Hig. públ. **25.** 222—37. April/Mai 1951. Cáceres, Inst. Nacional Antipalúdica.) v. OSTEN. 6312

**J. H. Cronje** und **J. G. Craven,** *Die Herstellung von DDT und BHC.* Übersicht über die Herst. von DDT (Kondensation von $CCl_3CHO$ u. $C_6H_5Cl$ mittels $H_2SO_4$) u. von BHC ($C_6H_6 + 3\,Cl_2 \xrightarrow{\text{UV-Bestrahlung}} C_6H_6Cl_6$). (South African ind. Chemist **6.** 217—19. Aug. 1952.) WESLY. 6312

**H. W. Berkhout** und **N. Goossens,** *Über die Bestimmung von Calcium und Magnesium in Kalk- und Magnesiakalkdüngemitteln.* Man erhitzt die Probe in konz. HCl auf dem Wasserbad, scheidet $SiO_2$ ab u. bestimmt Ca im Filtrat in essigsaurer Lsg. bei $p_H$ 4,5 als Oxalat. Im Filtrat oxydiert man Fe u. Mn mit Br, entfernt das Al als Phosphat u. titriert im Filtrat Mg in ammoniakal. Lsg. mit Komplexon. (Chem. Weekbl. **48.** 580—82. 9/8. 1952. Maastricht, Landbouwproefstation.) WESLY. 6322

**Giovanni Picci,** *Über eine Methode zur Bestimmung des Bodenschwefels mit Aspergillus niger.* Die Nachprüfung der von MALLAVELTA, GALLI u. NOGUEIRA empfohlenen

Kulturmeth. mit dem Pilze Aspergillus niger L. ergab sehr befriedigende Ergebnisse. Als Medium für die Verss. wurde die MULDERsche Nährlsg. verwendet. (Ann. Sperimentaz. agrar. [N. S.] **6.** 1405—09. 1952. Pisa.) GRIMME. 6324

---

**Samuel Ruosch,** Visp, Schweiz, *Herstellung von kalihaltigen Nitrophosphaten.* Salpetersaure Rohphosphataufschlußprodd., deren $P_2O_5$-Geh. zu 80—85% wasserlösl. ist u. die höchstens 2—3 (Mol.) Kristallwasser je 1 $Ca(NO_3)_2$ enthalten, werden unter Zusatz von $K_2SO_4$ solange bei über 80° geknetet, bis der Geh. der M. an freier Säure unter 3% liegt. Die M. wird dann unter Kühlung zu harten Körnern granuliert. Kalk- u. Borverbb. können zugesetzt werden. (**A. P. 2 589 734** vom 6/5. 1948, ausg. 18/3. 1952. Schwz. Prior. 29/5. 1947.) KARST. 6291

**Ruth Trautmann,** Tamm, Württ. (Erfinder: **Rolf Fischer,** Ludwigsburg), *Mittel zur Erhöhung der Haltbarkeit von Schnittblumen,* bestehend aus Mischungen von Mono- u./oder Disacchariden, Al-Salzen u. alkal. Substanzen, die aus den Al-Salzen $Al(OH)_3$ ausfällen, sowie Wuchsstoffen, z. B. [Indolyl-(3)]-essigsäure. (**D. B. P. 852 010** Kl. 451 vom 20/1. 1951, ausg. 9/10. 1952.) DUTTENHÖFER. 6313

**Filtrol Corp.,** Los Angeles, übert. von: **Frederick W. Burgesser,** Compton, Calif., V. St. A., *Überziehen von Saatgut.* Man versieht die Saatkörner mit einem harten, trockenen Überzug aus 50—90 (%) feinverteiltem, natürlichem Subbentonitton u. 10—50 gepulvertem, saurem akt. Subbentonitton mit einem $p_H$ von 3,9—5,9. Die Dicke der Saatkörner soll um ein Mehrfaches gegenüber dem Originalsaatgut vergrößert werden. Beim Hinzutritt der Bodenfeuchtigkeit erweicht der Überzug u. behindert Keimung u. Wachstum der Saat nicht. Gleichmäßige Aussaat mit Maschinen. (**A. P. 2 579 733** vom 3/7. 1947, ausg. 25/12. 1951.) KARST. 6313

**Juan Antonio Alvarez Herrero,** Mendoza, Argentinien, *Mittel zur Bekämpfung besonders im Boden lebender Pflanzenschädlinge.* Es besteht aus einer unter Verwendung von Fischölseife (**I**) als Emulgator gewonnenen wss. Emulsion von $CS_2$ (**II**) u. eines als Schädlingsvertilgungsmittel geeigneten, bei n. Temp. fl. wasserunlösl. Halogenderiv. (**III**) von aromat. KW-stoffen, bes. p-Dichlorbenzol. Aus **II** u. **III** wird mit fester **I** ein Brei hergestellt, der durch Zusatz von W. eine Emulsion ergibt. Mischungsverhältnis von **III**:**II** zwischen 1:1 u. 1:2. Gegen *Rebläuse.* (**D. B. P. 844 226** Kl. 451 vom 31/12. 1949, ausg. 17/7. 1952.) KARST. 6313

**Knauber & Maas Chemische Fabrik,** Mannheim (Erfinder: **Hans Malkowsky,** Viernheim, Hess.), *Herstellung eines insekticid und baktericid wirkenden Bade- bzw. Spritzmittels für Tiere.* Kontaktinsekticide, bes. halogenierte KW-stoffe, werden in Lösungsmitteln, wie Methylalkohol u. aromat. KW-stoffen, gelöst u. mit Emulgiermitteln, wie Äthylenoxydanlagerungsprodd. oder Alkylnaphthalinsulfosäuren, versetzt, worauf Phenole u. ihre Homologen, die mit alkylnaphthalinsulfosaurem Na in eine in W. lösl. bzw. dispergierbare Form gebracht worden sind, mit der M. vermischt werden. $\gamma$-Isomere des $C_6H_6Cl_6$ u. Kresol werden verwendet. Bei Verdünnung mit größeren Mengen W. (1:1000) werden sich nicht trennende Dispersionen erhalten, die stark insekticid u. bakterizid wirken. (**D. B. P. 849 779** Kl. 451 vom 4/5. 1949, ausg. 18/9. 1952.) KARST. 6313

**Shell Development Co.,** San Francisco, übert. von: **Richard W. Whetstone,** Berkeley, Calif., V. St. A., *Epoxyhexenylidenimine* erhält man durch Rk. von 2.6-Epoxy-5-hexen-1-al (= 3.4-Dihydro-1.2-pyran-2-aldehyd) (**I**) oder einem seiner in 2- u./oder 5-Stellung alkylsubstituierten Derivv. mit prim. Aminen. — Beispiel: 300 (Teile) **I**, 232 $C_6H_5 \cdot NH_2$ u. 325 Bzl. läßt man miteinander unter Rückfluß reagieren. — *N-Phenyl-2.6-epoxy-5-hexenylidenimin* (**II**), rotes, viscoses Öl, $n_D^{20}$ 1,6025—1,6145, das in das fl. **II** bei längerem Stehen übergeht. — Weiter werden noch hergestellt: **I** + Methallylamin (**III**) → *N-Methallyl-2.6-epoxy-5-hexenylidenimin,* $C_{10}H_{15}ON$,

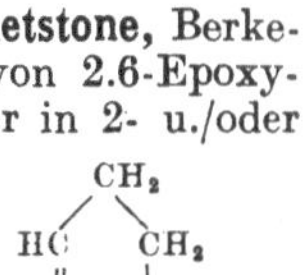

I

Kp. 76,4—77,4°, $n_D^{20}$ 1,4828. — **I** + p-Nitranilin → *dimeres N-(p-Nitrophenyl)-2.6-epoxy-5-hexenylidenimin,* F. 214—217° (Zers.). — **I** + p-Chloranilin → *dimeres N-(p-Chlorphenyl)-2.6-epoxy-5-hexenylidenimin,* $C_{24}H_{24}O_2N_2Cl_2$, F. 187—189° (Bzl.). — **I** + n-Octylamin → *N-Octyl-2.6-epoxy-5-hexenylidenimin,* $C_{14}H_{25}ON$, $Kp._{1-2}$ 107—128°. — **I** + 2-Aminopyridin → *dimeres N-(2-Pyridyl)-2.6-epoxy-5-hexenylidenimin,* $(C_{11}H_{12}ON_2)_2$, F. 138 bis 143°. — 2.5-Dimethyl-I (**IV**) + $C_6H_5 \cdot NH_2$ → *N-Phenyl-2.5-dimethyl-2.6-epoxy-5-hexenylidenimin,* $C_{14}H_{17}ON$, $Kp._1$ 110—111°; $n_D^{20}$ 1,5438. — **IV** + **III** → *N-Methallyl-2.5-dimethyl-2.6-epoxy-5-hexenylidenimin,* $C_{12}H_{19}ON$, $Kp._{1,5}$ 64—65,5°, $n_D^{20}$ 1,4740. — *Insecticide.* (**A. P. 2 566 815** vom 16/8. 1947, ausg. 4/9. 1951.)
MÜLLER-MEININGEN. 6313

**Richard Schoenwald,** Detmold, *Herstellung eines Mittels gegen Wildverbiß und dergleichen.* Rohteer u. Carbolineum werden mit solchen Mengen CaO oder anderen kalk-

haltigen Stoffen u. W. innig vermischt, so daß eine homogene, neutrale u. spritzfähige Emulsion gewonnen wird. Durch Anwendung von Tempp. $> 25^0$ u. Steigerung derselben beim Vermischen wird eine bessere Emulgierung der Endprodd. erreicht u. das Haftvermögen gesteigert. Kurz vor dem Verspritzen kann ein weiterer Zusatz von W. bis zu 100% u. mehr erfolgen. (**D. B. P. 815 579** Kl. 451 vom 7/12. 1949, ausg. 4/10. 1951.)
KARST. 6313

# VIII. Metallurgie. Metallographie. Metallverarbeitung.

**E. Spire,** *Verwendung von Gasen bei der Metallgewinnung.* Nach der Beschreibung des Ausspülens von Gasen, bes. des $H_2$-Geh. von Stahl, wird der GASAL-Prozeß u. seine Anwendung auf Entgasen von Al-, Cu- u. Ferrolegierungen u. das Entschwefeln von Stahl geschildert. (Canad. Metals **14.** 10—12. Nov. 1951. Canadian Liquid Air Co. Ltd.)
STEIN. 6380

**Wilhelm Brenner,** *Die Schalenbildung bei der Herstellung von Stahlwerkskokillen.* (Metallurgie u. Giessereitechn. **1.** 152—55. Mai 1951. Gröditz.) PAHL. 6382

**J. Oosting** und **B. Schuil,** *Die Anwendung der Röntgenuntersuchung zur Verbesserung der Gießtechnik.* Übersicht unter Berücksichtigung der künstlich radioakt. Elemente $^{60}Co$, $^{182}Ta$ u. $^{192}Ir$. Hinweis auf die notwendige Anlage eines „Fehleratlanten" zur Deutung der Aufnahmen. — Schrifttumsangaben. (Metalen **6.** 341—46. 30/9. 359—65. 15/10. 1951. N. V. G. Dikkers & Co., Hengelo, Röntgen Technische Dienst N. V., Overschie.)
RUMPF. 6382

**Erich Killing,** *Neuere Erfahrungen mit der Verhüttung von Eisenerzen im Niederschachtofen.* Bei Verss. mit einem HUMBOLDT-Niederschachtofen wird durch anfänglich getrenntes, später in einem Ofen ausgeführtes Schwelen u. Verhütten von Mischbriketts aus nicht verkokbarer Feinkohle u. Feinerzen ein sehr warmes, S-armes Gießereieisen mit zum Teil sehr niedrigen Gehh. an gebundenem C erzeugt. Verhüttet werden sowohl eisenarme als auch -reiche Erze mit verschied. Kohlensorten. Es zeigte sich, daß im Niederschachtofen die Red. durch die Kornfeinheit u. die infolge der Brikettierung sehr enge Berührung von Kohle u. Erz gefördert wird. Bei einem Möllerausbringen von 28—39% war das anfallende Roheisen bei allen mit genügend Brennstoff versehenen Möllern ausgegart u. sehr warm. Das Roheisen enthielt 3,4—4 (%) C gesamt u. 0,01—0,38 C gebunden, 1,6—4,2 Si, 0,2—9 Mn u. um 0,025 S. Die Si-Red. muß im kleinen Niederschachtofen höher sein als im Hochofenbetrieb. Die P-Red. lag in n. Grenzen. (Stahl u. Eisen **72.** 925—28. 31/7. 1952. Duisburg.) HOCHSTEIN. 6400

—, *Duktiles Eisen vereinigt die Eigenschaften von Gußeisen, Temperguß und Stahl.* Als duktiles Eisen wird Gußeisen mit sphärolith. Graphitausbildung bezeichnet, von dem die Festigkeitseigg., Wärmebehandlung u. Gefügeausbildung folgender Sorten angegeben werden: ferrit. Eisen von hoher Duktilität mit 3,6—4,2 (%) C, 1,25—2 Si, 0,35 Mn, 0,08 P u. 0,0—1,0 Ni; ferrit. Eisen von hoher Festigkeit mit 3,4—3,8 C, 2,25—3,25 Si, 0,35 Mn, 0,1 P u. 0,0—1,0 Ni; perlit. Eisen von hoher Festigkeit mit 3,2—3,8 C, 2,25 bis 2,75 Si, 0,6—0,8 Mn, 0,1 P u. 1,5—3,5 Ni. (J. Metals **4.** 1143—45. Nov. 1952.)
HOCHSTEIN. 6404

**A. Lincke,** *Nickel im Gußeisen.* Überblick. (Gießereipraxis **70.** 341—45. 25/9. 1952.)
HABBEL. 6404

**F. Roll,** *Der Werkstoff Temperguß.* Erörtert werden das Schmelzen, Formen u. Gießen von Temperrohguß, die Durchführung des Temperns u. die hierdurch bedingte Änderung der stat. u. dynam. sowie technolog. Eigenschaften. (Z. Ver. dtsch. Ing. **94.** 849—52. 1/9. 1952. Duisburg.) HOCHSTEIN. 6406

**W. E. Dennis,** *Heterogene Keimbildung von Graphit in untereutektoiden Stählen.* Zum Verständnis des Vorganges, bei dem die Desoxydation mit Al die Graphitisierung von untereutektoiden Stählen bei erhöhten subkrit. Tempp. beschleunigt, wird der Einfl. von verschied. Atmosphären während der Graphitisierung u. der Wärmevorbehandlung im austenit. Gebiet auf die Reaktionsgeschwindigkeit untersucht. Es zeigte sich, daß die schnelle Graphitisierung dieser Stähle durch die heterogene Keimbldg. des Graphits durch $Al_2O_3$-Dispersionen, welche durch Innenoxydation während der Graphitisierung gebildet werden, hervorgerufen wird. Die Geschwindigkeit der Keimbldg. scheint von dem Betrag, bis zu dem Al vor der Graphitisierung ausgeseigert ist, abhängig zu sein. — Schrifttumsangaben. (J. Iron Steel Inst. **171.** 59—63. Mai 1952. Nuffield, Royal School of Mines.) HOCHSTEIN. 6408

**C. H. M. Jenkins** und **H. J. Tapsell,** *Faktoren, die die Dauerstandfestigkeit von niedriggekohlten Stählen beeinflussen.* Übersicht über die in den Jahren *1929—1948* am NATIONAL PHYSICAL LABORATORY erhaltenen Untersuchungsergebnisse. — Schrifttumsangaben. (J. Iron Steel Inst. **171.** 359—71. Aug. 1952.) HOCHSTEIN. 6408

**H. Flood** und **K. Grjotheim**, *Thermodynamische Berechnung der Schlackengleichgewichte.* Die Gleichgewichtskonstante von Rkk. in geschmolzenen Schlacken, ausgedrückt in Verhältnissen von Ionenkonzz., wird häufig durch Konzz. beeinflußt, die nicht in die Gleichgewichtsgleichung eintreten. Ein Gleichgewicht nur zwischen Kationen, wie $\underline{Mn} + Fe^{++} = \underline{Fe} + Mn^{++}$ wird durch die Ggw. von Anionen beeinflußt. In ähnlicher Weise wird ein Gleichgewicht nur zwischen Anionen, wie $2\underline{P} + 5\underline{O} + 3O^{--} = 2PO_4^{3-}$ stark durch die Ggw. von Kationen beeinflußt. Es wird eine einfache thermodynam. Beziehung zwischen der Gleichgewichtskonstanten u. den Konzz. von Ionen, die nicht in die Gleichgewichtsgleichung eintreten, abgeleitet. Die Gleichgewichtskonstante des P-Gleichgewichts wird in erster Annäherung ausgedrückt durch: $\log K' = N_{Ca^{++}} \cdot \log K'_{Ca} + N_{Fe^{++}} \log K'_{Fe} + N_{Mg^{++}} \log K'_{Mg} + \ldots$, worin $N_{Ca^{++}}$ usw. die Kationfraktionen in der Schmelze u. $K'_{Ca}$ usw. die Gleichgewichtskonstanten in den Schmelzen sind, in denen nur das angegebene Kation vorhanden ist. Diese Gleichung wird auf die bei der *Stahl*-Herst. auftretenden Gleichgewichte angewendet u. wird durch die experimentellen Ergebnisse von WINKLER u. CHIPMAN überprüft. (J. Iron Steel Inst. **171.** 64—70. Mai 1952. Norwegen, Techn. Univ.) HOCHSTEIN. 6408

**C. Vollers**, *Die Sigma-Phase in Legierungen mit Eisen und Chrom.* Beim Erhitzen von Fe–Cr-Legierungen mit Gehh. von 25—70% Cr auf höhere Tempp. während längerer Zeit bildet sich eine spröde, nichtmagnet. Phase, Sigma-Phase, die in der Hauptsache die Verb. *FeCr* enthält u. einen ungünstigen Einfl. auf die Eigg. des Materials haben kann. Da diese Erscheinung auch bei manchen rostfreien u. hochhitzebeständigen Stählen auftritt, werden die hauptsächlichsten Literaturdaten hierüber zusammengestellt. Es wurde gefunden, daß die Bldg. der Sigma-Phase durch *Mn*, *Si*, *Mo*, *Nb*, *N* gefördert wird, während *C* u. *Zr* sie verhindern oder verzögern. *Ni* hat anfänglich einen positiven Einfl. auf die Bldg. der Phase, da aber seine Tendenz zur Bldg. von Austenit größer ist als die zur Bldg. der Sigma-Phase, nimmt die Empfindlichkeit für die Bldg. der Sigma-Phase bei austenit. Cr–Ni-Stählen, bei denen die Sigma-Phase auftreten kann, mit größerem Ni-Geh. ab. *Ti* verzögert anfangs die Sigma-Bldg., da es aber ein Carbidbildner ist, fördert es möglicherweise die Sigma-Bildung. Von Einfl. auf die Bildungsgeschwindigkeit kann auch die Wärmebehandlung der Werkstücke u. die Kaltbearbeitung sein. Die spezif. Eigg. der Sigma-Phase, die mitgeteilt werden, bringen eine beträchtliche Herabsetzung der mechan. Eigg. in Cr-Legierungen u. Cr–Ni-Legierungen, ferner gelegentlich eine Abnahme des Korrosionswiderstandes. Es werden dann die Empfindlichkeit einiger techn. vielfach verwendeter rostfreier u. wärmebeständiger Stähle für die Bldg. der Sigma-Phase besprochen u. schließlich einige Hinweise gegeben für die Erkennung der Sigma-Phase u. für ein Schnellverf. zur Erkennung der Empfindlichkeit eines Stahls für die Bldg. derselben. — 29 Literaturzitate. (Metalen **6.** 199—206. 15/6. 223—27. 30/6. 1951. Amsterdam, Koninklijke Shell-Labor.) RUMPF. 6410

**W. G. R. De Jager**, *Kupfer und Kupferlegierungen.* 4. Mitt. *Mit Nickel legierte Bronzen.* Zuss. u. Eigg. von Maschinen- u. Lagerbronzen u. von Bronzen, die zum Gießen unter Druck geeignet sind, werden in Anlehnung an amerikan. Daten zusammengestellt. (Metalen **6.** 218—19. 15/6. 255—56. 15/7. 292—93. 15/8. 1951. Metaalinst. T. N. O.) RUMPF. 6432

**W. G. R. De Jager**, *Kupfer und Kupferlegierungen.* 5. Mitt. *Mit Nickel legierte Manganbronzen.* (4. vgl. vorst. Ref.) Zusammenstellung der Zuss. u. Eigg. bekannter Ni–Mn-Bronzen unter besonderer Berücksichtigung der Korrosionsbeständigkeit. (Metalen **6.** 328—29. 15/9. 366—68. 15/10. 1951.) RUMPF. 6432

**M. Tournaire** und **M. Renouard**, *Der Einfluß von Zirkonium auf die Eigenschaften und das Gefüge von Superduralumin, insbesondere bei Schmiedestücken.* Gefunden wird, daß bei einem ganzen oder teilweisen Ersatz des Mn-Geh. der Legierung durch 0,25% Zr die Schmiedestücke gute Festigkeitseigg. sowie ein feines u. gleichmäßiges Gefüge besitzen. Mehr als 0,25% Zr darf nicht zugesetzt werden. (J. Inst. Metals **80.** 593—97. Juli 1952. Paris, Comp. Générale du Duralumine et du Cuivre.) HOCHSTEIN. 6442

**H. K. Hardy**, *Die Ausalterungsmerkmale der ternären Al–Cu-Legierungen mit Cadmium, Indium oder Zinn.* Härte–Ausalterungszeit-Kurven wurden zwischen 30 u. 24° für Al–Cu-Legierungen mit 2, 3 oder 4% *Cu* u. mit 0,01 oder 0,05% *In* oder *Sn* aufgenommen. Eine Unters. an ähnlichen Legierungen, die geringe Gehh. an *Cd* enthielten, wurde durch den Verlust an Cd aus der Werkstückoberfläche während der Salzbadwarmbehandlung begrenzt. Der Verlust kann jedoch in Legierungen von handelsüblicher Reinheit vollständig vernachlässigt werden. Die Ggw. von In oder Sn begünstigte Einzelstufen-Alterungskurven. Zweistufige Alterungskurven wurden nur in bin. Al-Legierungen mit 4% Cu bei 130° ermittelt. Der Alterungsvorgang wurde beschleunigt u. die Spitzenwerte der Härte wurden wesentlich erhöht bei bestimmten Tempp. im Vgl. zu den entsprechenden bin. Al–Cu-Legierungen. Die Ggw. von Cd, In oder Sn erleichterte die Keimbldg. der GUINIER-PRESTON-Zone. — Schrifttumsangaben. (J. Inst. Metals **80.** 483—92. Mai 1952. Stoke Poges, Bucks., Fulmer Res. Inst.) HOCHSTEIN. 6442

**J. A. Ramsey,** *Die Regenerierung von polykristallinem Aluminium.* Röntgenunterss. zeigten, daß nur einige wenige Körner in einer polykristallinen Probe bis zu einer starken Ausdehnung regeneriert werden. Der Hauptanteil der Körner regenerierte sich nur teilweise. Mkr. Prüfungen ergaben, daß die Regenerierung von der Ggw. von Knickbändern abhängig war. Wenn die Bänder genügend dicht gepackt waren, regenerierten sich sowohl der Werkstoff zwischen den Bändern als auch die Bänder selbst. — Schrifttumsangaben. (J. Inst. Metals **81.** 61—66. Okt. 1952. Melbourne, Australien, Univ.) HOCHSTEIN. 6442

**J. Trotter,** *Elektronenmikroskop-Untersuchungen vom Gleiten im Aluminium während des Kriechens.* Die langsame Verformung einer Probe von 99,98%ig. Al bei 200° wurde untersucht. Hierbei zeigte sich, daß die Gleitzonen nicht aus Bündeln von langen parallelen Gleitlamellen von der Art bestehen, wie sie von HEIDENREICH u. SHOCKLEY bei Raumtemperaturverformung gefunden wurden, sondern aus innigen Abschnitten von prim. u. Quergleitung bestand. Eine direkte Folgerung hiervon ist, daß die Richtung der Gleitzone nicht mit der Spur der Gleitfläche zusammenfällt, sondern weit von ihr entfernt sein kann. — Schrifttumsangaben. (J. Inst. Metals **80.** 521—23. Mai 1952. Teddington, Middlesex, Nat. Phys. Labor.) HOCHSTEIN. 6442

—, *Das Aralditverbinden von Leichtmetall.* Zum Verbinden von Leichtmetallen werden Äthoxilinkunstharze, normalerweise als Warmkleber u. ohne Druck, verwendet. Die Festigkeit der Verbindungsstellen ist in Richtung der Verbindungsebene (Schub bzw. Abscherung) gut, dagegen senkrecht dazu (Zug, Aufreißen u. Schälen) gering. Aushärtungstemp. u. -dauer beeinflussen die Festigkeit aushärtbarer Al-Legierungen, bes. vom Al–Mg–Si-Typ. Aushärtungstempp. zwischen 160—180° ergeben für das Harz u. die Al–Mg–Si-Legierung maximale Eigenschaften. Kaltverfestigte Al-Legierungen (Rein-Al, Al–Mn, Al–Mg) dürfen beim Verbinden nicht über 160° erhitzt werden. (Aluminium **28.** 14—19. Jan./Febr. 1952.) KLEFFNER. 6442

**G. A. Mellor** und **R. W. Ridley,** *Das Kriechen bei 250° und 300° von einigen Cerhaltigen Magnesiumlegierungen.* Unterss. bei 250, 300 u. 316° über das Kriechverh. von Mg–Ce mit u. ohne Zusatz eines dritten Elementes. Bei 250° entsteht eine geringe Verbesserung durch Zusätze von Si u. Zr. Einen nur kleinen Einfl. haben Ag, Li, Zn u. Co, während Cd u. Al schädlich sind. Die besten Ergebnisse bei 300 u. 316° wurden bei Gußlegierungen erhalten, die ca. 2% Ce oder Seltene Erden u. 1% Mn enthielten. Gewalzte u. bes. gegossene Mg–Ce-Legierungen mit niedrigem Mn-Geh. können durch eine Wärmebehandlung verbessert werden. Die Dauerstandfestigkeit hängt in der Hauptsache von der Ggw. feiner Ausscheidungen ab, wobei Mn offenbar ein Grobwerden der $Mg_9Ce$-Teilchen verhindert. — Schrifttumsangaben. (J. Inst. Metals **81.** 245—53. Jan. 1953. Teddington, Middlesex, Nat. Phys. Labor.) HOCHSTEIN. 6444

**Herbert Wisniowski,** *Fehler, deren Ursachen und Vermeidung bei Magnesiumformguß.* Die neuerdings von Al-Gießereien als rein einheim. Stoffe aufgenommenen *Mg-Legierungen* werden nicht immer mit Erfolg verarbeitet. Darum werden in ausführlicher Weise grundlegende Unterschiede zwischen den Verarbeitungsarten von Al u. Mg beschrieben u. techn. Anweisungen für Gießereien gegeben. Nach Besprechung der chem. u. physikal. Eigg. werden die charakterist. *Gießfehler* durch Salzeinschlüsse, $H_2$, Schaum, Oxydhäute ausführlich erklärt, die durch unsachgemäßes Arbeiten in der Schmelzerei u. beim Gießen verursacht werden. Hingegen sind Grobkorn u. Haarrisse, Brandstellen, Lunker, Risse, Stöße, Schläge, Schwefelblasen u. Schülpen *Fehler,* die auf schlechte Arbeitsweise *in der Formerei* zurückzuführen sind; 25 photograph. Abbildungen von Schadstücken. — Fehler, wie Kohlenblasen, Beizfehler, Vergütungsfehler, sind nicht auf die Gießerei zurückzuführen, jedoch in diesem Zusammenhange von Interesse. 6 Mikroabbildungen von Schliffen. (Metallurgie u. Giessereitechn. **1.** 290—98. Okt. 323—24. Nov. 1951. Bitterfeld.) ROTTER. 6444

**J. Segard,** *Prüfung von Titan.* Allg. Betrachtungen über Ti-Metall, seine besonderen Eigg. u. Verarbeitungsmethoden, bes. Punktschweißbarkeit. Angaben über die Ergebnisse der mechan. technolog. Prüfung von Ti-Blechen, bes. bei erhöhter Temp., wobei auf die Gefahr der irreversiblen Gasaufnahme bei Tempp. oberhalb 540° hingewiesen wird. Auf die Möglichkeit, die Aufnahme von O u. N bei erhöhter Temp. durch keram. Überzüge zu verhindern, u. auf die daraus folgenden verbreiterten Anwendungsmöglichkeiten bei Strahltriebwerken wird kurz eingegangen. (Welding Engr. **37.** Nr. 3. 24—27. März 1952.) WERNER. 6448

**Thomas Redden** und **Mary Jane Field,** *Metallographie der Titanlegierungen mit Sauerstoff, Kohlenstoff und Stickstoff.* Ti unterliegt bei 1625° einer allotropen Umwandlung einer dichtgepackten hexagonalen α-Phase in eine raumzentrierte kub. β-Phase. Vff. untersuchen den Einfl. von $O_2$, $N_2$ u. C auf diese Umwandlungstemperatur. Für die Herst. der Legierungen werden Ti-Schwamm, $TiO_2$ als $O_2$-, chem. reines Sn-Pulver als $N_2$- u. Graphitpulver als C-Quelle benutzt. Die erhaltenen Ti-Proben mit 0,25 (%) $O_2$, mit 0,25 $N_2$ oder 0,25 C werden an Luft einer ½ oder 1 std. Wärmebehandlung zwischen 1300 u. 1800° F, die unlegierten Ti-Proben einer Wärmebehandlung zwischen 1575 u. 1700° F unterworfen. Die Festigkeitswerte der legierten Proben zeigen nach den verschied. Wärmebehandlungen keine besondere Abweichung. Es wird kein Härteanstieg nach Abschrecken von einer über der Umwandlungstemp. liegenden Temp. festgestellt. Verunreinigungen von Fe erniedrigen die Umwandlungstemperatur. Fe zusammen mit $O_2$, $N_2$ u. C verbreitert den Umwandlungsbereich. Das Erscheinen von Titancarbiden beweist die geringe Lösung von C in der β-Phase, der Mangel an Titancarbid unterhalb der krit. Temp. die größere Lösung in der α-Phase. $O_2$ u. $N_2$ zeigen bei 0,25% vollkommene Lösung sowohl in der α- als auch in der β-Phase. Proben mit 100% β-Phase zeigen das typ. WIDMANSTÄTTENsche Gefüge. (Steel **129.** Nr. 21. 88—90. 19/11. 1951. Schenectady, N. Y., Gen. Electr. Co., Res. Labor., u. Wateroliet, N. Y., Allegheny Ludlum Steel Corp.) KLEFFNER. 6448

**W. G. Creasy** und **G. Wright,** *Eine Methode zur Abschätzung der Wickeleigenschaften von Wolframdraht.* Da die Bruchlast, Fließgrenze u. Dehnung keine guten Bezugsmöglichkeiten ergeben, wird eine Drillingsprüfung angewendet. Der W-Draht wird längs seiner Achse mit 1500 Umdrehungen/Min. u. unter Belastung verdrillt u. die Anzahl Umdrehungen gezählt, bis der Draht bricht oder um 1 mm schrumpft. (Research **4.** 323—25. Juli 1951. Preston, Lancs., Siemens Electric Lamps and Supplies.) KLEFFNER. 6480

**A. P. Ssemenow,** *Verbindung von Metallen bei gemeinsamer plastischer Verformung.* Untersucht wurden Proben in Form von dünnen Blechen u. kleinen Zylindern aus *Al, Pb, Cu, Cd, Sn, Ni, Zn,* die zu Paaren aus gleichem Metall durch beiderseitig angreifende Stempel unter starker Verformung zusammengepreßt wurden. Bestimmt wurde der spezif. Druck, der bis zur Entstehung einer festen Bindung der, vorher metall. sauberen, Innenflächen erforderlich war, unter besonderer Berücksichtigung der Einflüsse der Temp., der elast. Vorspannung u. der plast. Verformung. Alle Arten der Energieerhöhung des Kristallgitters fördern das Zustandekommen einer metall. Bindung. Offensichtlich ist hierfür, außer einem guten Kontakt sauberer Oberflächen, die Erreichung eines bestimmten energet. Zustandes der Oberflächenatome (eines energet. Schwellwertes der Bindungsfähigkeit) erforderlich. Es ergeben sich Hinweise zur Beurteilung der Reibungsvorgänge, des Sinterns metall. Pulver, der Vorgänge beim Bearbeiten mit Schneidwerkzeugen, usw. (Доклады Академии Наук СССР [Ber. Akad. Wiss. UdSSR] [N. S.] **86.** 125—28. 1/9. 1952. Inst. für Maschinenkunde der Akad. der Wiss. der UdSSR.) EHMCKE. 6490

**A. A. Milne,** *Die Schmierung von Stahloberflächen mit Molybdändisulfid.* Es werden Verss. beschrieben, bei denen eine Stahloberfläche zuerst phosphatiert wird, bevor ein $MoS_2$-Film aufgebracht wird. Der Reibungskoeff. $\mu$ ist bei 0,5 kg/cm² u. 20° 0,1, bei 19 kg/cm² u. 150° $\mu = 0{,}04$. (Research **4.** 93. Febr. 1951. Thorntonhall, Nr Glasgow, Mechan. Engng. Res. Organis. Lubrication Div.) KLEFFNER. 6528

**Pierre A. Jacquet** und **A. R. Weill,** *Über die Rißbildung einer Aluminium-Magnesiumlegierung bei Berührung mit Quecksilber.* Inhaltlich ident. mit C. **1952.** 4213. (Rev. de l'Aluminium **27.** 442—51. Dez. 1950. **28.** 4—10. Jan. 1951; Metallurgia [Manchester] **44.** 206. Okt. 1951.) HOCHSTEIN. 6540

---

**Dominique-Jean-Baptiste Grasso,** Haute Loire, Frankreich, *Direkte Reduktion von Metalloxyden.* Die Oxyde, bes. Eisenoxyde, werden durch CO oder durch ein CO-haltiges Gas red., indem den Eisenoxyden ungelöschter Kalk beigemischt wird, der das bei der Red. entstehende $CO_2$ abbindet. Bei Verwendung eines CO-, $CO_2$- u. $H_2$-haltigen Reduziergases werden ca. 80% des im Gas enthaltenen $H_2$-Geh. zurückgewonnen, während bei der Red. der gesamte CO-Geh. als Reduktionsmittel verbraucht wird. Das Verf. wird bei Atmosphärendruck oder nur wenig erhöhtem Druck durchgeführt. (**F. P. 987 929** vom 17/4. 1943, ausg. 21/8. 1951.) HOCHSTEIN. 6381

**Vanadium Corp. of America,** übert. von: **Jerome Strauss,** New York, N. Y., V. St. A., *Vorlegierung zum Zusetzen zu Gußeisen oder Stahl* besteht aus 3—20 (%) *Cu,* 5—25 *Mg,* 20—45 *Si* u. 20—60 *Fe.* Vorzugsweise sind die Gehh. 5—12 Cu, 7—14 Mg, 25—38 Si u. 35—55 Fe u. ist das Verhältnis Si:Mg zwischen 2:1 u. 6:1 u. das Verhältnis Mg: Cu zwischen 1:2 u. 4:1. — Bes. geeignet zur Herst. von Grauguß mit kugeligem Graphit. (**A. P. 2 555 014** vom 7/9. 1950, ausg. 29/5. 1951.) HABBEL. 6405

**International Nickel Co., Inc.,** New York, N. Y., übert. von: **Keith Dwight Millis,** Rahway, **Albert Paul Gagnebin,** Red Bank, und **Norman Boden Pilling,** Westfield, N. J., V. St. A., *Vorlegierung* zum Zusetzen zu *Gußeisen*-Bädern, um das Gußeisen zu entschwefeln, seine Eigg. zu verbessern u. den Graphit in eine kompakte, bes. kugelige Form zu bringen, besteht aus 12—20 (%) *Mg,* 25—50 *Si,* bis 12 *Fe* u. Rest mindestens ca. 40 *Ni.* Vorzugsweise sind ca. 18 Mg, ca. 28 Si u. ca. 8 Fe vorhanden. Bis 1 *Ca* kann zugegen sein. (**A. P. 2 563 859** vom 3/8. 1949, ausg. 14/8. 1951. E. Prior. 22/3. 1947.) HABBEL. 6405

**James Jordan Laboratory,** übert. von: **James Fernando Jordan,** Huntington Park, Calif., V. St. A., *Legieren von Gußeisen mit Magnesium* zur Herst. von kugeligem Graphit. Das Mg wird in die Gußeisenschmelze in Form von Mg-Carbid gegeben; dann wird das Mg enthaltende Gußeisen vergossen, gegebenenfalls nachdem es mit *Si* geimpft wurde. (**A. P. 2 543 853** vom 3/7. 1950, ausg. 6/3. 1951.) HABBEL. 6405

**Mond Nickel Co., Ltd.,** London, England, *Härten von Gußeisen.* Graues Gußeisen mit 2,25—3,25 (%) *C,* 1,5—3 *Si,* 0—1 *Mn,* 7—10 *Ni,* 3—4,5 *Cu,* wobei die Summe der Ni- u. Cu-Gehh. 14% nicht übersteigen darf, 1—4 *Cr,* Rest *Fe* mit den üblichen Verunreinigungen wird durch Erhitzen auf eine Temp. von 537—565° gehärtet. Auch kann das legierte Gußeisen durch eine schnelle Abkühlung von einer Temp. zwischen 870 u. 980° auf 480° weich gemacht werden, worauf nach einer Bearbeitung die Härtung durch Erhitzung auf eine Temp. von 537—565° vorgenommen wird. (**E. P. 669 798** vom 3/8. 1950, ausg. 9/4. 1952. A. Prior. 6/8. 1949.) HOCHSTEIN. 6405

**Edward Percival Harris** und **Frederick John Trostler,** London, England, *Gewinnung einer Bleilegierung aus Akkumulatorenplattenschrott.* Die Platten, welche aus einem Gitter aus einer Sb-haltigen Pb-Legierung u. einer PbO-Füllung bestehen, werden in einem sich drehenden Trommelofen unter gleichzeitiger Zertrümmerung unter Vermeidung einer Oxydation der Sb–Pb-Legierung auf 500—600° erhitzt. Die geschmolzene Legierung wird von den nichtmetall. Bestandteilen getrennt. (**E. P. 658 568** vom 14/4. 1949, ausg. 10/10. 1951.) HANS HOFFMANN. 6431

**Crane Packing Ltd.,** Slough, Buckinghamshire, England (Erfinder: **Edwin J. Coleman**), *Metallhaltige Preßmasse zur Herstellung von Gleitlagern, Dichtungsringen oder dergleichen Maschinenteilen* besteht aus einem pulverförmigen Gemisch eines faserigen Füllstoffes, wie Asbest (**I**), einer Metallegierung aus 84 (%) *Pb,* 12 *Sb* u. 4 *Sn, Graphit* (**II**) u. einem in der Hitze härtungsfähigen *Harz.* Zur Herst. der Mischung werden deren Bestandteile auf heißen Walzen vermengt, so daß die festen Bestandteile in dem Harz gleichmäßig verteilt werden, welches gleichzeitig hierbei eine Verhärtung erfährt. Die entstehende M. wird gepulvert u. unter Druck u. Hitze verformt. Beispiel für die Zus. einer pulverförmigen Preßmasse: 22,4 **I**, 27,8 Sn, 14,1 **II**, 35,2 Harz u. 0,5 Zn-Stearat. (**E. P. 656 475** vom 26/2. 1948, ausg. 22/8. 1951. A. Prior. 31/5. 1945.) HANS HOFFMANN. 6431

**Otto Nielsen,** Hamburg, *Kupferlegierungen* bestehen aus 0,01—0,1 (%) *Si,* 0,02 bis 0,2 *Fe,* Rest *Cu* u. werden mittels einer Vorlegierung aus 25 Fe, 30 Si, 2 *Al,* Rest Cu erschmolzen. Die Legierungen sind O-frei u. beständig gegen alternierendes Glühen in oxydierender u. reduzierender Atmosphäre u. eignen sich für Gegenstände, die einer Schweißverarbeitung unterworfen werden. (**D. B. P. 848 709** Kl. 40b vom 30/5. 1951, ausg. 8/9. 1952.) GÖTZE. 6433

**Gebr. Borchers Akt.-Ges.** (Erfinder: **Gerhard Hermanns**), Goslar, Harz, *Aufarbeiten von armen Kobalt–Nickel–Kupfer-Speisen.* Speisen mit ca. 50—55 (%) *Fe,* 1—10 *Cu,* 8—13 *As,* 4—12 *Co,* 4—12 *Ni* u. 4—6 *S* werden mit $Na_2S$ oder einem Gemisch aus $Na_2SO_4$ u. C in einem Flamm- oder Gefäßofen eingeschmolzen, worauf die erhaltene Reichspeise von dem noch nahezu das gesamte Cu u. Fe enthaltenden, prakt. Ni- u. Co-freien $Na_2S$-Stein getrennt wird. (**D. B. P. 853 519** Kl. 40a vom 5/4. 1941, ausg. 27/10. 1952.) HANS HOFFMANN. 6435

**Niels Sofus Borch,** Kopenhagen, Dänemark, *Entschwefeln von Nickelstein.* Ein Gemisch von ungeröstetem u. geröstetem Ni-Stein wird in ununterbrochenem Arbeitsgang zweistufig in der Weise geröstet, daß in der ersten Stufe die Hauptmenge des S bis herab zu ca. 1% in $O_2$-reicher Atmosphäre bei ca. 1000° verbrannt wird u. anschließend die Austreibung des Rest-S bis nahe an S-Freiheit herab bei Tempp. zwischen 1100 u. 1300° in $O_2$-armer Atmosphäre vorgenommen wird. Das Verf. wird zweckmäßig in einem Drehrohrofen unter Gegenstrombewegung von Röstgut u. Röstgasen durchgeführt. (**D. B. P. 852 907** Kl. 40a vom 5/1. 1938, ausg. 20/10. 1952.) HANS HOFFMANN. 6435

**United States of America,** übert. von: **George Westby,** Boulder City, Nev., V. St. A., *Elektrolytische Chromgewinnung.* Dem aus einer sauren $Cr_2(SO_4)_3$-Lsg. bestehenden Elektrolyten werden 0,02—10, bes. 0,4—1 (g/Liter) $J_2$ u. 0,002—5, bes. 0,07 Mannitol im Kathodenabteil der elektrolyt. Zelle zugesetzt. Der Anolyt, in der $J_2$ zu Jodat oxydiert wird, wird abgezogen, mit Reduktionsmitteln behandelt u. wieder dem Katholyten zugeführt. Die Zusätze erhöhen die Stromausbeute. (**A. P. 2 577 833** vom 23/7. 1949, ausg. 11/12. 1951.) MARKHOFF. 6437

**Versuchswerkstatt Terlan der F. E. S. Ges. m. b. H.**, Terlan, Italien, *Halbmetalle*, bes. für elektr. Widerstandswerkstoffe, bestehen aus Metalloxyden mit feinstverteilten eingelagerten Metallpartikeln bzw. aus Metall mit eingelagerten Metalloxydpartikeln. Sie werden hergestellt, indem der feinverteilte Anteil durch Oxydation bzw. Red. mittels durch die Schmelze eines Metalles bzw. Metalloxydes perlender oxydierender bzw. reduzierender Gase erzeugt wird. Es kann aber auch der feinverteilte Anteil durch Einleiten von Metalldampf in geschmolzenes Metalloxyd erzeugt werden. (**Oe. P. 172 324** vom 5/2. 1949, ausg. 25/8. 1952.) GÖTZE. 6471

**General Aniline & Film Corp.**, New York, N. Y., übert. von: **Joseph M. Lambert**, und **Franklin A. Hamm**, Easton, Pa., V. St. A., *Erzeugung von feinkörnigen Metallpulvern.* Zur therm. Zers. von $Fe(CO)_5$ unter Bldg. von feinkörnigem Eisenpulver mit gleichförmiger Korngröße wird das Carbonyl vor seinem Eintritt in den Zersetzungsraum einer Bestrahlung ausgesetzt derart, daß sich ein Teil des Carbonyls unter Bldg. von Metallteilchen zers., die dann als Keime für die spätere Zers. in der Zersetzungskammer dienen. Als Strahlenergie wird vorzugsweise UV-Licht, ein Elektronenbeschuß oder ein radioakt. Element, z. B. ein radioakt. Isotop von Fe, verwendet. — Abbildung. (**A. P. 2 604 442** vom 12/5. 1950, ausg. 22/7. 1952.) HOCHSTEIN. 6475

**Glidden Co.**, Cleveland, O., übert. von: **Joseph E. Drapeau, jr.**, Calumet City, Ill., **James H. Smith** und **Richard J. Halsted**, Hammond, Ind., V. St. A., *Herstellung von gesinterten Eisengegenständen.* Es wird ein Sintergemisch aus Eisenpulver, das mindestens zum größten Teil mit einem 4—30 Gew.-% betragenden Cu-Überzug überzogen ist, der durch thermochem. Rk. zwischen dem Eisenpulver u. feinverteiltem Cu-Oxyd bei Tempp. zwischen ca. 540 u. 815° in einer nichtoxydierenden Atmosphäre entstanden ist, verwendet. Außerdem enthält dieses Gemisch in einer Menge von 0,1—2 Gew.-% ein pulverförmiges Flußmittel aus Alkalimetallcarbonat, Alkalimetallnitrat oder Alkalimetallborat in Glasform sowie CaO. Die Sinterung des Gemisches wird in einer reduzierenden Atmosphäre bei Tempp. zwischen 982 u. 1205° durchgeführt, worauf die gesinterte M. unter nichtoxydierenden Bedingungen abgekühlt wird. (**A. P. 2 610 118** vom 17/6. 1948, ausg. 9/9. 1952.) HOCHSTEIN. 6475

**E. I. du Pont de Nemours & Co.**, Wilmington, Del., übert. von: **Paul M. Leininger**, Grand Island, und **Hugh Farrell**, Niagara Falls, N. Y., V. St. A., *Aufkohlen von Stahl.* In ein aus 25—75% Natrium-Kaliumcarbonat u. 75—25% Natrium-Kaliumchlorid bestehendes fl. Salzbad wird feinverteilte Kohle bei Tempp. zwischen 845 u. 955° im Überschuß zugesetzt u. verrührt. Dann wird in das Schmelzbad ein Gas, wie $CO_2$, $O_2$, Stickoxyde, Dampf, Luft u. dgl., eingeleitet, das mit der Kohle des Bades unter Bldg. von CO zu reagieren vermag. In dieses Bad werden die zu zementierenden Stahlgegenstände eingesetzt. Die Aufkohlungsaktivität des Bades wächst in den ersten 20—24 Std. allmählich an u. bleibt dann im wesentlichen konstant. (**A. P. 2 568 860** vom 22/1. 1948, ausg. 25/9. 1951.) HOCHSTEIN. 6493

**Artemas de Forest Holden**, Detroit, Mich., V. St. A. (Erfinder: **Artemas de Forest Holden**, Detroit), *Salzbadgruppe aus zwei oder mehr Bädern.* Zur Wärmebehandlung von Metall u. Legierungen, die nacheinander in die Bäder eingebracht werden, bestehen die auf Tempp. zwischen 927 u. 260° erhitzten Bäder aus Mischungen von Stoffen, die keine $O_2$-Moll. enthalten. Hierbei wird das Verf. so durchgeführt, daß einerseits aus einem Bad durch das behandelte Metall in das nächstfolgende Bad hereingeschlepptes Salz keine Bestandteile hereinbringt, die in diesem nicht bereits schon vorhanden sind u. andererseits das eingeschleppte Salz auch über einen längeren Zeitraum eine qualitative Veränderung in der Zus. des besagten Bades nicht herbeiführt. Zweckmäßig enthält das erste Bad im wesentlichen Alkalimetallchloride u. Alkalimetallfluorid u. das nächstfolgende Bad oder die nächstfolgenden Bäder außer den Alkalisalzen noch Zinkchlorid in einem %-Geh. bis zu 80% der Zus des Bades. (**D. B. P. 842 950** Kl. 18c vom 3/10. 1950, ausg. 3/7. 1952. A. Prior. 18/5. 1944.) HOCHSTEIN. 6493

**Walter Reinecken**, Düsseldorf-Gerresheim, *Oberflächenhärten von Werkstücken aus härtbaren Stählen.* Das ganze Werkstück wird zunächst auf eine Temp. unterhalb der Härtetemp. durchgreifend vorgewärmt, dann die Oberflächenschicht durch kurzzeitiges Eintauchen in eine oberhalb der Härtetemp. des Stahles erhitztes Tauchbad schnell auf Härtetemp. gebracht u. darauf das Werkstück abgeschreckt. Hierbei wird ein Tauchbad verwendet, dessen F. unterhalb der Temp. liegt, auf die das zu härtende Werkstück zuvor durchgreifend vorgewärmt wurde, u. die Badtemp. wird so eingestellt, daß sie nur ca. 100° oder wenig mehr über der n. Härtetemp. des Stahles liegt. Als Tauchbad kann ein aufkohlendes u./oder nitrierendes Salzbad verwendet werden. (**D. B. P. 843 422** Kl. 18c vom 3/8. 1950, ausg. 7/7. 1952.) HOCHSTEIN. 6493

**Metropolitan-Vickers Electrical Co. Ltd.**, London, England (Erfinder: **Leonard Massey** und **Russell John Todd**), *Schweißmittel* besteht aus gepulvertem Schweißmetall, Flußmittel u. Siliconöl („*D. C. 200*"). Die Mengenverhältnisse werden so gewählt, daß eine Paste entsteht. Das Mittel liefert gute Schweißnähte u. läßt sich gut lagern. (**E. P. 664 018** vom 4/10. 1949, ausg. 2/1. 1952.) MARKHOFF. 6507

**Deutsche Werft Akt.-Ges.** (Erfinder: **Gerhard Adler**), Hamburg, *Schnittkanten-Konservierung zur Förderung der Schweißfähigkeit.* Die Kanten der Platten werden durch Aufstreichen eines Mittels, das schweißungsfördernd u. feuchtigkeitsabweisend wirkt u. sich im Schmelzbad neutral verhält, wie Lsgg. von Kunst- u. Naturharzen, Silicate mit Beimengungen von Ferrotitan, Mn, Ferrosilicium, Graphit, $CaCO_3$, gegen Korrosion geschützt. (**D. B. P. 851 296** Kl. 49h vom 17/4. 1951, ausg. 2/10. 1952.) MARKHOFF. 6507

**Franz Göbel**, Rheine/Westf., *Schweißmittel für Grauguß und Temperguß* besteht aus 1 (Teil) Harz, 3 Borax u. 12 verd. $NH_4OH$. Die Bestandteile werden unter Erhitzen zu einer zähfl. M. zusammengerührt, die sich gut auftragen läßt u. reinigend u. oxydlösend wirkt. (**D. B. P. 851 156** Kl. 49h vom 9/3. 1951, ausg. 2/10. 1952.) MARKHOFF. 6507

**Machlett Laboratories, Inc.**, übert. von: **John Glenn Warner**, Springdale, Conn., V. St. A., *Verschweißen von Beryllium mit anderen Metallen, wie Kupfer.* Zwischen Be u. Cu wird eine dünne Schicht einer Cu–Be-Legierung mit höchstens 5,1% Be gelegt, die Flächen aufeinandergepreßt u. mittels Durchleiten von elektr. Strom unter Vakuum erhitzt. Die Schweißstellen sind dicht u. gegen hohe Temp. beständig. — Abbildung. (**E. P. 659 043** vom 31/10. 1949, ausg. 17/10. 1951. A. Prior. 11/12. 1948.) MARKHOFF. 6507

**Ingenieursbureau „Lemet Chromium" H. von der Horst, N. V.** (Erfinder: **Hendrik von der Horst**), Hilversum, Holland, *Schützen reibungsbeanspruchter Metallflächen, besonders von Zylinderbohrungen.* Die Metalloberfläche wird mit einer von feinen Poren u. Spalten durchsetzten Cr-Schicht überzogen. Eine solche wird erhalten, wenn man den Cr-Überzug auf der aufgerauhten Oberfläche niederschlägt u. nach der elektrolyt. Abscheidung die Stromrichtung kurze Zeit umkehrt. Diese Nachbehandlung kann in dem Verchromungsbad oder in einer gesonderten sauren oder alkal. Lsg. vorgenommen werden. Die erhaltene rissige Cr-Schicht nimmt Schmieröl auf. (**D. R. P. 758 779** Kl. 48a vom 12/12. 1939, ausg. 28/7. 1952. E. Prior. 21/2. 1939.) MARKHOFF. 6519

**Soc. Industrielle de Fournitures pour l'Electrolyse**, Frankreich, *Glänzender Chromüberzug auf Zink.* Vor dem galvan. Überziehen werden die Körper am negativen Pol in einem stark alkal. Ni-Phosphatbad 3—5 Min. einem Strom von 1—5 V ausgesetzt, u. gewaschen. Cu u. Alkalicyanid im Elektrolyten beschleunigen der Niederschlag. Der Cr-Überzug ist sehr korrosionsfest. — Beispiel. (**F. P. 992 626** vom 20/7. 1944, ausg. 22/10. 1951.) HOLM. 6519

---

**D. S. Clark** and **W. R. Vorney**, Physical metallurgy for engineers. London: MacMillan. 1953. (XIV + 568 S. m. Abb.) 48 s.

**Gilbert Everett Doan**, The principles of physical metallurgy, 3rd. ed. New York: McGraw-Hill. 1953. (342 S. m. Abb., Diagr. u. Bibl.) $ 5,50.

**O. Kudra** und **Je. Gitman**, Elektrolytische Gewinnung metallischer Pulver. Kiew: Verlag der Akad. der Wiss. der UkrSSR. 1952. (144 S. m. Abb.) 7 Rbl. 75 Kop. [russ.].

## IX. Organische Industrie.

**A. J. Krajkeman**, *p-Oxybenzoesäure und ihre Ester.* Überblick über die Herstellungsverff. von p-Oxybenzoesäure u. ihre Trennung von Salicylsäure sowie ihrer Methyl-, Äthyl-, Propyl-, Butyl- u. Benzylester u. deren Na- u. Zn-Salze. Eigg. der aliphat. Ester. Anwendung als Konservierungsmittel in kosmet. Präpp. u. Nahrungsmitteln. (Perfum. essent. Oil Rec. **43.** 187—90. 213. Juni 1952. London, W. J. Bush & Co. Ltd.) MÜHLMEISTER. H 1250

---

**Stanolind Oil & Gas Co.**, übert. von: **Scott W. Walker** und **Vesta F. Michael**, Tulsa, Okla., V. St. A., *Trennung der O-haltigen, vorzugsweise öllöslichen organischen Verbindungen, wie Alkohole, Aldehyde, Ketone, aus Lösungen in Kohlenwasserstoffen* erfolgt durch Behandeln der KW-stofflsg. mit einer wss. Lsg. eines nicht oberflächenakt. Salzes einer vorzugsweise öllösl. Carbonsäure (I) u. Abscheiden der wss. Schicht, enthaltend die öllösl. O-haltigen Verbindungen. Als I sind bes. die aliphat. Carbonsäuren, auch gemischt, mit weniger als 12 C-Atomen geeignet. Der Extraktionslsg. kann man noch eine alkal. Verb. u. gegebenenfalls noch, bis 10%, niedrigsd. Alkohole (Methanol, A.)

zusetzen. — Zeichnung. (**E. P. 655690** vom 11/8. 1948, ausg. 1/8. 1951. A. Prior. 29/8. 1947.) G. KÖNIG. H 550

**Badische Anilin- & Soda-Fabrik** (Erfinder: **August Weickmann**), Ludwigshafen/Rh., *Herstellung von Alkyl- bzw. Aralkylchloriden,* dad. gek., daß man aliphat. oder araliphat. ein- oder mehrwertige Alkohole mit $COCl_2$ in ihre Chlorkohlensäureester überführt u. diese mit katalyt. Mengen von tert. Basen (I) bis zur Beendigung der CO-Abspaltung erwärmt. An Stelle der freien **I** kann man die entsprechenden Salze, wie Chloride, Acetate, Benzoate, verwenden. — Chlorameisensäure-(**II**)-äthylester ergibt mit Triäthylamin u. Pyridin bei 60° Äthylchlorid. **II**-Dodecylester → Dodecylchlorid; **II**-Benzylester → *Benzylchlorid*; aus dem Dichlorkohlensäureester des Hexandiols-(1.6) erhält man *1.6-Dichlorhexan,* $Kp._4$ 67°. (**D. B. P. 857 350** Kl. 12o vom 13/5. 1943, ausg. 27/11. 1952.) G. KÖNIG. H 590

**N. V. de Bataafsche Petroleum Mij.,** Den Haag, Holland (Erfinder: **Denham Harman,** San Francisco, Calif., V. St. A.), *Sauerstoff und Schwefel enthaltende organische Verbindungen.* Man leitet $O_2$ oder ein $O_2$-haltiges Gas zweckmäßig zwischen ca. 0 u. 200°, bes. Überdruck in eine Fl., welche eine Verb. mit einer oder mehreren Thiolgruppen, bes. ein Alkanthiol u. eine olefin. Verb. mit vorzugsweise 3—20 C-Atomen, u. gegebenenfalls Reaktionsbeschleuniger enthält, freie Radikale bildende Stoffe, wie organ. Peroxyde. Zweckmäßig verwendet man 0,1—10 (Mol), bes. ca. 1 Thiol je 1 Olefin, u. als Peroxyd Di-tert.-butyldiperoxalat, -malonat, -benzoat, Di-tert.-butylperoxyd, tert.-Alkylperoxyalkane, wie 2.2-Bis-(tert.-butylperoxy)-butan. Als Diole sind genannt: Methan-, Eikosan thiol, 1.4-Butandithiol, 3-Methylcyclohexylmethan-; 1.4.6-Hexantri-; Benzolthiol; 3-Chlorbutan-; 4-Bromcyclohexanmethanthiol, 2-Mercaptoäthanol, γ-Mercapto-α.β-dimethylbuttersäure, 2-Mercaptodiäthylsulfon, Octanthiol, 2-Methylpropanthiol; als Olefine: 1-Decen, 1-Hexen, 1.3-Pentadien, Isobutylen, Cyclohexen, 1-Eikosen, Styrol, Diallyläther, Triallylglyceryläther, Divinyläther, 3-Pentenylbutyläther, Vinyloctyläther, Vinyloxybenzol, Vinylacetat, Allylchlorid, 1.3-Dichlorpropen, Allylalkohol, Diallylsulfid, Allylmercaptan, 1-Cyclohexenol, 3-Propenylphenol. — Man leitet z. B. $O_2$ unter Druck von 20 cm $H_2SO_4$ in eine Lsg. aus 0,5 Isobutylmercaptan, 0,5 Hexen, 0,0146 Di-tert.-butyldiperoxalat bei 10° ca. 24 Std. ein u. erhält durch Dest. *Isobutylhexylsulfid,* $n_D^{20}$ 1,4569—92, *Isobutylhexylsulfon,* F. 130,6—131,6° u. *Isobutyl-2-oxyhexylsulfid,* $C_4H_9 \cdot S \cdot CH_2 \cdot CH(OH)C_4H_9$. — 1-Decen u. Octylmercaptan werden in einem weiteren Beispiel umgesetzt. (**D. B. P. 831 841** Kl. 12o vom 13/11. 1949, ausg. 18/2. 1952. A. Prior. 15/11. 1948.) KRAUSS. H 600

**N. V. de Bataafsche Petroleum Mij.,** Den Haag, Holland (Erfinder: **Denham Harman,** San Francisco, Calif., V. St. A.), *Sulfonate* erhält man durch Addition eines Olefins an eine in W. Bisulfit-Ionen liefernde Verb. im Verhältnis 0,25—2 Mol Olefin je Äquivalent Bisulfit-Ion in Ggw. von 1—5 Volumenteilen wss. Methanol oder A., welche 30—95 Vol.-% Alkohol je Raumteil Olefin enthalten, in Ggw. von 0,25—5 Mol.-% eines anorgan. Oxydationsmittels (Na-, K-, Pb-, Ca-, Mg-, Co-, Ba-, Ni-, Ag-Nitrat oder -Nitrit, $NaClO_4$ $K_2Cr_2O_7$, $HClO_4$, $HNO_3$) u. Erhitzen auf nicht über 200°. Als Olefine sind genannt: Äthylen, Propylen, Butylen, tert.-Amylen, 2-Decen, Cyclohexen, Styrol, Cyclopenten, Vinylnaphthalin, 1.4-Hexadien, 1.4-Cyclohexadien, 1-Eikosen; als Bisulfit-Ionen liefernde Verbb.: Na-, K-Metabisulfit, Na-, $NH_4$-, K-, Li-, Ca-, Methylaminbisulfit, $H_2SO_3$. — In mehreren Tabellen ist die Wrkg. von verschied. Mengen Bisulfit u. Olefinen, von $C_4H_8$ bis $C_{16}H_{32}$, verschied. Arten polarer Lösungsmittel, verschied. Reaktionszeiten, Reaktionstempp. u. Katalysatormengen auf den Reaktionsablauf angegeben. (**D. B. P. 831 993** Kl. 12o vom 14/3. 1950, ausg. 18/2. 1952. A. Prior. 21/3. 1949.) KRAUSS. H 600

**Farbenfabriken Bayer** (Erfinder: **Karl Brodersen,** Wolfen, und **Mathieu Quaedvlieg**), Leverkusen, *Trennung der bei der unvollständigen Sulfochlorierung von Kohlenwasserstoffen, besonders hochmolekularen Paraffinkohlenwasserstoffen entstehenden Gemische.* Der in diesen enthaltene sulfochlorierte Anteil wird mit tert. Basen in der Wärme in ein Anlagerungsprod. übergeführt, wodurch Schichtenbldg. erfolgt u. somit eine Abtrennung möglich ist. — Ein zu 50% sulfochloriertes Paraffin–KW-stoffgemisch der FISCHER-TROPSCH-Synth. mit Kp. 230—320° wird mit Pyridin 3 Std. auf 70° erwärmt. Aus der abgeschiedenen Anlagerungsverb. läßt sich das Paraffinsulfonat mit einem Restölgeh. von weniger als 3% gewinnen. (**D. B. P. 849 107** Kl. 12o vom 16/11. 1944, ausg. 11/9. 1952.) KRAUSS. H 600

**E. I. du Pont de Nemours & Co.,** übert. von: **William F. Gresham** und **Ambrose McAlevy,** Wilmington, Del., V. St. A., *O-haltige organische Verbindungen* (I) gewinnt man bei der Rk. von olefin. Bindungen enthaltenden organ. Verbb. (**II**) mit CO u. $H_2$ u. einem, in einem inerten Lösungsm. (**III**) gelösten Katalysator (**IV**), bestehend aus einem lösl. Salz von Co, Ni, Cu, bei 125—350° u./oder erhöhtem Druck (50—3000 at). Ein äquimol. Verhältnis von $CO:H_2$:olefin. Verb. ergibt die besten Ergebnisse. Polymerisations-

verhinderer u. andere Salze, die als Reaktionsbeschleuniger oder als Puffer wirken, z. B. K-Acetat, Na-Propionat, können vorhanden sein. Entsprechend den angewandten **II**, wie Mono- oder Diolefine, arylsubstituierte Olefine, ferner Äther, Ester, Carbonsäuren, Ketone, Aldehyde, Säureanhydride, Alkohole, Halogenide, erhält man die verschiedensten **I. IV**, bes. Co-Salze, werden in W. oder einem anderen inerten **III** (gesätt. KW-stoffe, aromat. KW-stoffe oder gesätt. O-haltige organ. Verbb., wie Äther oder Ester) angewandt. — Eine Mischung von 5,42 g K- u. 4,58 g Co-Acetat in 100 $cm^3$ dest. W. u. 28 g $C_2H_4$ werden mit CO u. $H_2$ bei 175—182° u. einem Druck von 600—700 at behandelt. Man erhält 2,5 g Propionaldehyd u. 10,8 g *α-Methyl-β-äthylacrolein*, $Kp._{102}$ 76°, F. des 2.4-Dinitrophenylhydrazons 161,1°. (**A. P. 2 564 104** vom 7/6. 1945, ausg. 14/8. 1951.)
G. KÖNIG. H 670

**Emery Industries, Inc.**, Cincinnati, O., V. St. A. (Erfinder: **C. G. Goebel**), *Erhitzen von ungesättigten Carbonsäuren.* Gemische von Mono- u. Polyolefinsäuren werden in Ggw. von W. erhitzt, wobei das W. eine Decarboxylierung verhindert u. die Säuren polymerisiert werden. Der Partialdruck des W. soll zwischen 2,8 kg/$cm^2$ u. dem Sättigungsdruck liegen. (**Schwed. P. 132 340** vom 20/6. 1947, ausg. 17/7. 1951. A. Priorr. 20/6. u. 6/7. 1946.)
JÜRGEN SCHMIDT. H 800

**John I. Ritter**, Yonkers, N. Y., V. St. A., *Amide* erhält man durch Rk. von aliphat. Nitrilen mit Olefinverbb. in Ggw. von $H_2SO_4$ oder Sulfonsäuren. — Z. B. wird die Lsg. von je 1 Mol Diisobuten u. $CH_3CN$ in 200 ($cm^3$) Eisessig (**I**) in 500 **I** mit einem Geh. von 1 Mol 95%ig. $H_2SO_4$ gegeben u. bei Raumtemp. einige Std. stehengelassen, mit 3—4 Vol. W. verd. u. *N-Octylacetamid*, $(CH_3)_3C \cdot CH_2 \cdot C(CH_3)_2 \cdot NH \cdot CO \cdot CH_3$, F. 97—98°, erhalten. — Weitere Beispiele zur Herst. von: *N-tert.-Butylacetamid*, F. 98°. — *N-tert.-Amylacetamid*, F. 78—79°. — *N-Octylmalonamid*, F. 119—121° (aus Bzl.). — *N-Äthylphenylacetamid*, F. 85—86°. — *Äthyl-N-octylmalonamid*, F. 64—65° (aus Ligroin). — *N-tert.-Amylacrylamid*, F. 92—93°. — *N-tert.-Malonamid*, F. 143—144°. — *N-tert.-Amylphenylacetamid*, F. 98°. — *N-Isobornylacetamid*, F. 144°. — *N-Octylcarbamid*, F. 114—115° u. *N-Octylbiuret*, F. 188—190°. — *N-Octylcaprylamid*, $Kp._2$ 159—161°. — *N-Octylcaprinsäureramid*, $Kp._2$ 171—173°. — *N-tert.-Butylcaprinsäureamid*, $Kp._2$ 156 bis 159°. — *N-tert.-Butylmyristamid*, F. 57—58° (aus Isopropanol–W.). — *N-tert.-Butylstearamid*, F. 73—73,5° (aus $CH_3OH$). — *N-(α-Phenyläthyl)-acetamid*, F. 71—72°. — *N-Isobornylbenzamid*, F. 130°. — *N-Isobornylformamid*, F. 72—73°. — *N-Octyl-β-oxypropionamid*, $Kp._{3-4}$ 163—164°. — *tert.Amylcarbamid*, F. 156—158°. — *N-(Dimethylphenylcarbinyl)-acetamid*, F. 97,5—98,5°. — *N-(β-Phenylisopropyl)-acetamid*, F. 88 bis 98°. — *N-tert.-Octylstearamid.* — *N-Isobornylzimtsäureamid*, F. 153°. — *Di-N-tert.-butyloxamid*, F. 176°. — *Di-N-isobornylsuccinamid*, F. 130°. — *Di-N-tert.-octylmalonamid*, F. 108°. — *N-tert.-Octylformamid*, $Kp._2$ 110°. — *N-(α-Phenyläthyl)-carbamid*, *-benzamid* u. *-formamid*. — Ausgangsstoffe für plast. Massen, Fasern, Filme, Weichmacher, Therapeutica, Wasch-, Netzmittel u. dergleichen. (**A. P. 2 573 673** vom 7/5. 1950, ausg. 30/10. 1951.)
MÜLLER-MEININGEN. H 800

**E. I. du Pont de Nemours & Co.**, übert. von: **Benjamin W. Howk** und **Carl M. Langkammerer**, Wilmington, Del., V. St. A., *Cyanäthylierungen* von Verbb. mit akt. H-Atomen, z. B. $CH_3 \cdot CO \cdot C_2H_5$ (**I**), Isobutyraldehyd u. dgl. führt man durch mit gegebenenfalls an 1 oder 2 C-Atomen aliphat. substituiertem Acrylnitril (**II**) in Ggw. polyquaternärer $-NH_4-OH$-Anionenaustauschharze, die z. B. erhalten werden, wenn man ein vernetztes Polyvinylpyridin mit 5%ig. NaOH behandelt u. dann mit **I** wäscht. Beispiel: 576 (Teile) **I** u. 106 **II** werden am Rückflußkühler, der 30 des erwähnten Harzes enthält, so daß der Rücklauf unter Kühlung auf 20—30° den Katalysator durchfließt, 22 Std. erhitzt, mit $H_2SO_4$ angesäuert u. im Vakuum eingeengt. Man erhält 84,4 (43,4%) *γ-Methyl-γ-acetopimelonitril*, F. 65—66°. — Dest. des Filtrats ergibt 51,5 (29%) *4-Methyl-5-ketocapronitril*, $Kp._{0,2}$ 54°. — Weiter wird beschrieben die Herst. von: *1.1.1-Tricyanäthylaceton*, F. 152—154°. — *5-Ketocapronitril*, $Kp._{0,5}$ 106°. — *4-Äthyl-5-ketocarponitril*, $Kp._{0,2}$ 67°, $n_D^{20}$ 1,4365. — *γ-Äthyl-γ-acetopimelonitril*, F. 107—109°. — *4-Methyl-4-formylvaleronitril*, $Kp._{0,15}$ 56°; $n_D^{25}$ 1,4360. — *β-Oxypropionitril*, $Kp._{0,3}$ 62°; $n_D^{25}$ 1,4330. — *2.2'-Dicyandiäthyläther*, $Kp._{0,3}$ 82°; $n_D^{25}$ 1,4410. (**A. P. 2 579 580** vom 18/9. 1950, ausg. 25/12. 1951.)
MÜLLER-MEININGEN. H 800

**Röhm & Haas Co.**, Philadelphia (Erfinder: **Melvin David Hurwitz**, Philadelphia, und **Robert Wilson Auten**, Jenkintown), Pa., V. St. A., *Isocyanate* erhält man durch Abspaltung von Halogenwasserstoff aus einem N-Halogenformamid der Formel HCON(X)R (X = Cl oder Br, R = organ. Rest); z. B. *Methylisocyanat* aus N-Methyl-N-chlorformamid bei 80—85° u. in Ggw. von Chinolin als Katalysator. Analog: *Butylisocyanat*, Kp. 116°; *tert.-Butylisocyanat*, Kp. 84—85°; *tert.-Octylisocyanat*, Kp. 167 bis 170°; *Dodecylisocyanat*. (**D. B. P. 859 157** Kl. 12o vom 26/6. 1951, ausg. 11/12. 1952. A. Prior. 30/6. 1950.)
BRÖSAMLE. H 890

**American Cyanamid Co.**, New York, N. Y., übert. von: **Ralph E. Sayre,** Stamford, Conn., V. St. A., *Herstellung von Estern der Isothiocyansäure,* die als *Insekticide* sowie als Zwischenprodd. für die Herst. von *Flotationsmitteln* usw. bekannt sind, indem symm. bzw. asymm. 1.3-disubstituierte Thioharnstoffe mit fl. $CS_2$ bei Tempp. über 100°, bes. 150—250°, u. Drucken von 100—500 lbs./sq.in. umgesetzt werden. $H_2S$ wird laufend entfernt. Statt von fertigen 1.3-disubstituierten Thioharnstoffen kann auch von prim. Aminen ausgegangen werden, die je nach Art der Substituenten in 1- oder 2-stufigen Verff. in die substituierten Thioharnstoffe übergeführt werden. Bei Verwendung eines durch eine Arylgruppe substituierten prim. Amins gelangt man nach Zusatz von $CS_2$ unmittelbar zu den Thioharnstoffen, während stärker bas., also alicycl. u. aliphat prim. Amine ein 2-Stufenverf. gemäß den Gleichungen: $2RNH_2 + CS_2 \rightarrow RHN{-}CS{-}SNH_3R \rightarrow RHN{-}CS{-}NHR + H_2S$ erfordern. — Beispiele für die Herst. von *Phenylisothiocyanat; o-Tolylisothiocyanat; Cyclohexylisothiocyanat; n-Butylisothiocyanat.* (**A. P. 2 548 741** vom 12/3. 1948, ausg. 10/4. 1951.) SCHMAUSER. H 890

**I. G. Farbenindustrie Akt.-Ges.,** Frankfurt/M. (Erfinder: **Walter Bock,** Köln, und **Otto Schmauss,** Leverkusen), *γ.γ'-Diaminodipropyläther des 1.4-Tetramethylenglykols.* Man setzt Butin-2-diol-(1.4) mit Acrylnitril zum *β.β'-Dicyandiäthyläther* des *Butin-2-diols-(1.4)* ($Kp._8$ 228—232°) um u. red. mit $H_2$, RANEY-Co u. $NH_3$-Zusatz. $Kp._8$ 156—160°. (**D. R. P. 750 064** Kl. 12q vom 28/8. 1942, ausg. 28/8. 1952.) LANGER. H 920

**Curt Schuster,** Ludwigshafen/Rh., *α-Amino-γ-lactone* durch Rk. von α-Chlor- u. α-Brombutyrolacton mit so viel sek. Amin, als zur Substitution des Halogenatoms u. Bindung des dabei freigesetzten Halogenwasserstoffes erforderlich sind. — Beispiel: Zur Bldg. von *α-Dimethylaminobutyrolacton* werden 420 Teile α-Chlorbutyrolacton mit 700 Volumenteilen 50%ig. wss. Lsg. von Dimethylamin 8 Std. auf 130° erhitzt. F. des Pikrates 162°. Analog aus N-Monoäthylanilin u. α-Brombutyrolacton → *α-Äthylphenylaminobutyrolacton. — Zwischenprodd. für die Herst. von Farbstoffen u. Textilhilfsmitteln.* (**A. P. 2 605 268** vom 26/10. 1949, ausg. 29/7. 1952. D. Prior. 9/11. 1948.) MATTHAES. H 950

**Farbwerke Hoechst, vormals Meister Lucius & Brüning** (Erfinder: **Johannes Heyna** und **August Bauer**), Frankfurt/M.-Höchst, *Äthyleniminverbindungen des Si* der allg. Formel (**I**), in der die H-Atome des Äthyleniminringes durch Alkylreste ersetzt sein können, n = 3, 2, 1, R = 1, 2 oder 3 gleiche oder verschieden organ. Reste mit Ausnahme von α.β-Alkyleniminresten, erhält man durch Rk. der entsprechenden Chlorsilane mit Äthylenimin(**II**) oder α.β-Alkyleniminen in Ggw. säurebindender Mittel. Aus **II** u. Tributoxychlorsilan erhält man in Bzl. in Ggw. von Triäthylamin bei 20—25° *Tributoxyäthyleniminosilan,* $Kp._1$ 100°. — *Dibutoxydiäthyleniminosilan,* $Kp._2$ 93—94°. — *Diäthylaminotriäthyleniminosilan,* $Kp._{10}$ 100°. — *Dimethoxydiäthyleniminosilan,* $Kp._{11}$ 49—50°. — *Dimethyldiäthyleniminosilan. — Dibenzyldiäthyleniminosilan,* $Kp._{0,5}$ 168—170°. — *Dibenzyldi-(C-methyläthylenimino)-silan* $Kp._{0,1}$ 173°. Verwendung zur Veredlung von *Textilien* u. in der *Kunststoffindustrie.* (**D. B. P. 834 990** Kl. 12o vom 2/10. 1948, ausg. 27/3. 1952.) KRAUSS. H 980

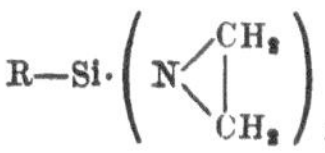

**Universal Oil Products Co.,** übert. von: **Herman Pines** und **Vladimir N. Ipatieff,** Chicago, Ill., *Alkylieren aromatischer Verbindungen* erfolgt durch Einw. olefin. Bindungen enthaltender organ. Verbb. bei 250—475° u. 1—75 at in Ggw. eines durch Halogenwasserstoff, bes. HF, aktivierten $Al_2O_3$, wobei der Anteil des gebundenen Halogens 5—30 Gew.-% betragen soll. Dem Katalysator kann man auch andere säurebildende oder sauer wirkende Stoffe, wie HCl, Alkylchloride, in Mengen von 0,01—10 Gew.% zusetzen. Das Verhältnis von aromat. Verb. zu olefin. Verb. soll zwischen 2 bis 20:1 liegen. Die Ggw. $H_2$ enthaltender Gase ist vorteilhaft. An Stelle von $Al_2O_3$ kann man auch synthet. hergestellte $SiO_2$–$Al_2O_3$-Verbb., ferner mit Säuren behandelte Erden verwenden. — Bzl. u. 2-Buten ergeben bei 360—370° u. 40 at in Ggw. von $Al_2O_3$, aktiviert durch HF, dimeres Buten ($C_8H_{16}$), Butylbenzole, bestehend aus *tert.-Butyl-* u. *sek.-Butylbenzol,* u. *Dibutylbenzol.* (**A. P. 2 584 103** vom 16/7. 1949, ausg. 5/2. 1952.) G. KÖNIG. H 1010

**Farbenfabriken Bayer** (Erfinder: **Ernst Kalckbrenner**), Leverkusen, *Herstellung von Nitrophenolalkyläthern,* z. B. *p-Nitrophenetol,* aus Nitrochlorbenzolen u. wasserhaltiger alkoh. Alkalilauge. Das ausreagierte Reaktionsgemisch wird ohne vorherige Aufarbeitung einer Nachbehandlung mit Alkylierungsmitteln unterworfen. (**D. B. P. 858 557** Kl. 12q vom 7/3. 1944, ausg. 8/12. 1952.) FABEL. H 1060

**Deutsche Hydrierwerke Akt.-Ges.,** Düsseldorf (Erfinder: **Winfried Hentrich,** Riehen, Basel, Schweiz, und **Erik Schirm,** Cubatao, Brasilien), *Diacylimidabkömmlinge* entstehen durch Quaternisierung von Verbb., die prim., sek. oder tert. Aminogruppen neben Sulfocarbonimid- bzw. Disulfonimidgruppen enthalten. — *N-Betainyl-3-nitrobenzolsulfonamidchlorid*, aus Dimethylaminoacetyl-3-nitrobenzolsulfonimid u. Dimethylsulfat in Sodalsg. u. Lösen des Reaktionsprod. in HCl; F. 262°. (**D. B. P. 844 156** Kl. 12q vom 10/9. 1943, ausg. 17/7. 1952.) LANGER. H 1090

**California Research Corp.**, San Francisco, übert. von: **William G. Toland jr.**, Richmond, Calif., V. St. A., *Reinigung von Benzolpolycarbonsäuren* (**I**). Man suspendiert nicht > 20% **I** enthaltende Gemische in bei 400—750° F. sd. KW-stoffölen u. erhitzt die Suspension bei 20—200 mm Hg auf 415—750° F. (d. h. unterhalb des F. der Mischung); dabei sublimieren die **I**. Beschrieben wird die Reinherst. von *Terephthalsäure* (**II**) u. *Pyromellithsäureanhydrid* sowie die Trennung von **II**-*Isophthalsäure*-Gemischen. (**A. P. 2 578 326** vom 6/9. 1949, ausg. 11/12. 1951.) MÜLLER-MEININGEN. H 1240

**Nepera Chemical Co. Inc.**, übert. von: **Bernard F. Duesel**, Yonkers, und **Sidney Gister**, New York, N. Y., V. St. A., *Reinigung von Mandelsäure* (**I**) erfolgt durch Überführung der Rohsäure in ein komplexes Alkalisalz, das man mit einem organ. Lösungsm. auswäscht u. dann zerlegt. — Beispiel: Aus NaCN u. $C_6H_5$·CHO erhältliches Mandelsäurenitril wird mit HCl hydrolysiert, mit 40%ig. NaOH auf $p_H$ 3,5 gestellt u. der Nd. mit Aceton gewaschen. Das Salz wird in sd. W. suspendiert u. mit konz. HCl auf $p_H$ 1,8 gestellt; durch Kühlen auf 10°, Filtrieren u. Waschen mit Eiswasser wird reine **I** erhalten. (**A. P. 2 562 861** vom 23/11. 1949, ausg. 31/7. 1951.) MÜLLER-MEININGEN. H 1250

**Badische Anilin- & Soda-Fabrik**, Ludwigshafen/Rh. (Erfinder: **Hans Krzikalla**, Heidelberg, und **Ernst Woldau**, Burgkirchen/Alz), *Herstellung schwefelhaltiger Kondensationsprodukte*, dad. gek., daß man wasserlösl. Polyalkohole in Polyxanthogenate umwandelt u. diese mit veresternd wirkenden Mitteln behandelt. — Z. B. wird aus 1.4-Butandiol über das Dixanthogenat mit Benzylchlorid der *Dibenzyldixanthogensäureester des 1.4-Butandiols*, F. 76°, erhalten. Weitere Prodd. erhält man mit monochloressigsaurem Na, Chloraceton u. Äthylbromid. *Weichmacher*, *Vulkanisationsbeschleuniger*, *Schädlingsbekämpfungsmittel u. Zwischenprodukte.* (**D. B. P. 840 841** Kl. 12o vom 7/5. 1943, ausg. 5/6. 1952.) SCHINDLER. H 1280

**Phillips Petroleum Co.**, übert. von: **John C. Hillyer**, Bartlesville, Okla., V. St. A., *4-Vinyl-1-cyclohexan* (**I**) u. *1.3-Butadien* (**II**) erhält man durch 5—50 Sek. langes Erhitzen von 1.5-Cyclooctadien (**III**) auf 650—100° F., bei gewöhnlichem oder erhöhtem Druck. — Man leitet z. B. ein auf 600° vorgeheiztes Gemisch aus 2,25 (Mol) $N_2$ u. 1 **I** durch eine auf 800° F. erhitzte Zone. Druck 737 mm, Erhitzungsdauer 17,9 Sek.; man kühlt das Reaktionsprod. mit Trockeneis u. erhält durch fraktionierte Dest. 52,8(%) **I** u. 18,5 99,5%ig. **II**. (**A. P. 2 574 481** vom 17/8. 1949, ausg. 13/11. 1951.)
MÜLLER-MEININGEN. H 1810

**General Mills Inc.**, Del., übert. von: **Donald T. Warner** und **Owen A. Moe**, Minneapolis, Minn., V. St. A., *Herstellung von Cyclohexenverbindungen.* Durch Einw. von 2 Mol ungesätt. Aldehyde, z. B. Acrolein (**I**), Methacrolein oder Crotonaldehyd, auf unsubstituierte Malonester oder Cyanessigsäureester werden Cyclohexenverbb. der allg. Formel **II** erhalten, in der $R_1$ = CN u. COO·Alk., $R_2$, $R_3$ u. $R_4$ = H oder $CH_3$ ist, aber $R_2$ u. $R_3$ nicht beide $CH_3$ u. $R_2$ u. $R_4$ = H sind, wenn $R_1$ = CN ist. Man läßt z. B. **I** in Ggw. von Na-Alkoholat auf Äthylmalonat einwirken u. isoliert über das 2.4-Dinitrophenylhydrazon den erhaltenen *γ.γ-Dicarbäthoxybutyraldehyd*, der mit einem weiteren Mol **I** unter Abspaltung von W. das *1-Formyl-5.5-dicarbäthoxycyclohexen* bildet, Kp.$_{0,7}$ 124—133°. Analog wird aus Cyanessigsäureäthylester über den *γ-Carbäthoxy-γ-cyanobutyraldehyd* das *1-Formyl-5-carbäthoxy-5-cyanocyclohexen*, Kp.$_{1,2}$ 142—144°, hergestellt. (**A. P. 2 575 376** vom 21/10. 1949, ausg. 20/11. 1951.) DERSIN. H 2060

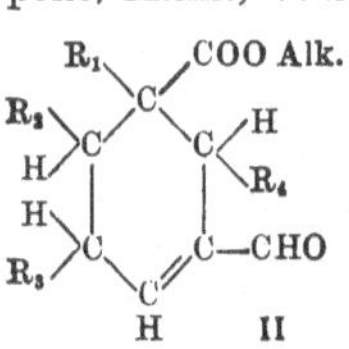
II

**Farbenfabriken Bayer**, Leverkusen-Bayerwerk (Erfinder: **Walter Lorenz**, Wuppertal-Elberfeld), *Herstellung von 2.2.2-Trichlor-1.1-di-(p-nitrophenyl)-äthan* (**I**), dad. gek., daß man 2.2.2-Trichlor-1.1-diphenyläthan nitriert. F. des **I**, aus Butylalkohol, 164°, Heil- u. Schädlingsbekämpfungsmittel. (**D. B. P. 857 044** Kl. 12o vom 23/12. 1944, ausg. 27/11. 1952.) G. KÖNIG. H 2210

## X. Färberei. Organische Farbstoffe.

**Dow Chemical Co.**, Midland, Mich., V. St. A. (Erfinder: **K. E. Stober**), *Gleichmäßiges Färben von thermoplastischen aromatischen Polyvinylharzen.* Geschmolzene Polystyrole u. ein fl. Gemisch des Färbemittels werden bei ca. 200° kontinuierlich einer Mischzone zugeführt u. aus dieser, z. B. durch Auspressen aus Düsen, gemeinsam abgezogen. (**Schwed. P. 133 209** vom 18/3. 1949, ausg. 9/10. 1951.) JÜRGEN SCHMIDT. 7021

**N. V. de Bataafsche Petroleum Mij.**, Den Haag, Holland (Erfinder: **G. E. Rumscheidt**), *Auftragen von Stoffen*, wie Farbstoffen oder Stabilisatoren auf Reaktionsprodd. von hochmol. ungesätt. Verbb. mit anorgan. Säuren oder Säureanhydriden. Die Reaktionsprodd., die in Form von *Fäden, Fasern*, Geweben, Bändern, Filmen u. dgl. vorliegen können, werden in gequollenem Zustand mit den aufzutragenden Stoffen behandelt. Bes. werden Reaktionsprodd. aus *Kautschuk* u. $SO_2$ mit *Farbstoffen* behandelt. (**Schwed. P. 132 511** vom 3/9. 1948, ausg. 31/7. 1951. Holl. Prior. 16/4. 1948.) JÜRGEN SCHMIDT. 7021

**Monsanto Chemical Co.**, St. Louis, Mo., V. St. A., übert. von: **Donald Howard Powers** und **Elmer Harold Rossin**, *Drucken und Färben von Textilgut*. Man behandelt mit einer wss., Pigmente enthaltenden Emulsion von Mischpolymerisaten aus (substituiertem) Styrol u. Maleinsäureanhydrid u. erhitzt das Textilgut auf 94—160°, zweckmäßig 110—160°. Die Färbung wird wasch- u. knitterfest. (**E. P. 659 078** vom 15/4. 1948, ausg. 17/10. 1951. A. Prior. 1/5. 1947.) MÖLLERING. 7021

**Imperial Chemical Industries Ltd.**, London, England (Erfinder: **G. T. Douglas, A. Lowe, S. Robinson** und **W. Todd**), *Bedrucken von Textilien*. Man verwendet eine Druckpaste, die ein Pigment u. außerdem eine Verb. der allg. Formel $R(O—CO—NH—CH_2—A—X)_n$ enthält. In der Formel bedeuten R einen organ., bes. aliphat. Rest, A eine Atomgruppe, die ein aliphat. oder heterocycl. tert. Amin bildet, oder Thioharnstoff oder einen substituierten Thioharnstoffrest, X ein Säureanion u. n eine ganze Zahl $>$ 1. Geeignet sind z. B.: *Tristearin-tri-[carbamatmethylpyridin]-trichlorid, Tristearin-tri-[carbamatmethyltrimethylammonium]-trichlorid, Dimethylharnstoffdimethyläther, Terephthalyl-bis-[oxyäthylencarbamatmethylpyridin]-dichlorid*. Die gefärbten Textilien werden anschließend bei 100—150° therm. nachbehandelt, um die Farbstoffe auf den Geweben zu fixieren. (**Schwed. P. 133 770** vom 16/1. 1948, ausg. 4/12. 1951. E. Prior. 17/1. 1947.) JÜRGEN SCHMIDT. 7023

**Sandoz Akt.-Ges.**, übert. von: **Samuel von Allmen** und **Hans Eggenberger**, Basel, Schweiz, *1-Amino-4-bicyclohexylaminoanthrachinon-2-sulfonsäuren* der allg. Zus. I (Y u. X = H, Cl oder Br), die tier. Fasern u. Superpolyamide in lebhaften, klaren, sehr walk- u. bleichechten blauen Tönen färben u. sich sogar bei Anwendung eines neutralen Färbebades durch gute färber. Eigg. auszeichnen, erhält man durch Rk. einer dem nebenst. Formelbild entsprechenden, ein Halogenatom in 4-Stellung enthaltenden Anthrachinonverb. mit p-Aminobicyclohexyl (**II**).

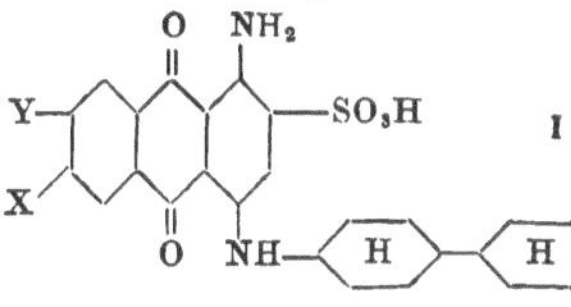

I

Befindet sich in 2-Stellung der Anthrachinonverb. ein Halogenatom, so wird dieses durch Behandlung mit Alkalisulfiten in die Sulfonsäuregruppe übergeführt. — Die Kondensation von **II** mit 1-Amino-4-brom-, 1-Amino-4-brom-6.7-dichlor-, 1-Amino-4-brom-7-chloranthrachinon-2-sulfonsäure, sowie mit 1-Amino-2.4-dibrom- u. 1-Amino-2.4-dibrom-6-chloranthrachinon wird beschrieben. (**A. P. 2 589 980** vom 23/5. 1949, ausg. 18/3. 1952. Schwz. Prior. 28/1. 1948.) ROICK. 7059

**Celanese Corp. of America**, übert. von: **Clarence E. Hieserman**, Cumberland, Md., V. St. A., *1.4.5.8-Tetraaminoanthrachinone* großer Reinheit, die frei sind von Triaminoanthrachinonen u. daher auf Celluloseacetat klare blaue Töne von ausgezeichneter Lichtechtheit, einer verbesserten Echtheit gegen Verbrennungsgase u. von guter Abendfarbe ergeben, erhält man dadurch, daß man ein Gemisch (I) acetylierter 1.5- u. 1.8-Diaminoanthrachinone bei 0—5° in Ggw. von Borsäure [ca. 0,15—0,25 (Gewichtsteile) auf 1 I] u. konz. $H_2SO_4$ (ca. 5—6 auf 1 I) mit Mischsäure nitriert, die $NO_2$-Gruppen mit Na-Sulfid bei ca. 75—80° red., die $CH_3CONH$-Gruppen mit $H_2SO_4$ zu freien $NH_2$Gruppen mit $H_2SO_4$ hydrolysiert u. gewünschtenfalls gleichzeitig bei 130—135° mit $CH_3OH$ partiell methyliert. (**A. P. 2 562 314** vom 25/5. 1948, ausg. 31/7. 1951.) ROICK. 7059

**Ciba Akt.-Ges.**, Basel, Schweiz, *Küpenfarbstoff*. 4-Aminoanthrachinon-2.1(N)-1′.2′(N)-benzacridon behandelt man mit einem 3.4-dibrombenzoylierenden Mittel, z. B. 3.4-Dibrombenzoylchlorid, zweckmäßig in einem indifferenten Lösungsm., wie o-Dichlorbenzol. — Man erhält einen Farbstoff in Form blauer Kristalle, der die pflanzliche Faser aus violetter Hydrosulfitküpe in echten blauen Tönen färbt. (**Schwz. P. 279 834** vom 19/10. 1944, ausg. 17/3. 1952. **Zusatz zu Schwz. P. 277 307; C. 1953. 1405.**) ROICK. 7061

**General Aniline & Film Corp.**, New York, N. Y., übert. von: **David I. Randall** und **Tellis A. Martin**, Easton, Pa., V. St. A., *Kohlenwasserstofflösliche Phthalocyanine*. Chlormethylierte Metallphthalocyanine mit z. B. 1—6 Chlormethylgruppen setzt man bei 100—160° mit prim. oder sek. Monoaminen oder heterocycl. Mono-NH-Basen, die mindestens 4 C-Atome u. keine wasserlöslichmachenden Gruppen, wie $SO_3H$-, COOH- oder OH-Gruppen, aufweisen, um. Die erhaltenen Prodd. sind sowohl in KW-stoffen, wie

Bzn., PAe., Bzl., als auch in Lösungsmitteln, wie Dioxan, lösl., wobei sie sehr lichtechte blaue bis grüne Lsgg. ergeben. Sie können auch als Pigmentfarbstoffe für Öldruckfarben u. zum Färben von Kunstharzen, bes. Polyvinylharzen, verwendet werden. — 10 (Gewichtsteile) Cu-Tri-(chlormethyl)-phthalocyanin gibt man langsam unter Rühren zu 100 auf 80—90° erwärmtes Diisobutylamin, erhitzt das Reaktionsgemisch im Verlauf von 1 Std. bis zum Kp. (135—137°), erhitzt weitere 4 Std. unter Rückfluß, kühlt auf 70° herunter, verd. mit 400 Volumteilen A., filtriert, wäscht mit A. u. dann mit Aceton u. trocknet. Die erhaltenen 8,9 des Prod. schlämmt man zur weiteren Reinigung in 200 Volumteilen warmem Bzl. auf, filtriert Verunreinigungen ab, konz. das Filtrat auf dem Dampfbad unter vermindertem Druck u. verd. mit Aceton. Das erhaltene *Cu-Tri-(diisobutylaminomethyl)-phthalocyanin* ist lösl. in Bzl., PAe., Dioxan u. verd. Säuren u. unlösl. in Aceton, A. u. Wasser. — Ähnlich werden erhalten: *Cu-Tri-(didecylaminomethyl)-*, *Cu-Tri-(stearylaminomethyl)-*, *Cu-Tri-[di-(2-äthylhexyl)-aminomethyl]-*, *Cu-Tri-(α-naphthylaminomethyl)-*, *Cu-Tetra-(butylaminomethyl)-*, *Cu-Tetra-(octylaminomethyl)-*, *Cu-Tetra-(decylaminomethyl)-*, *Cu-Tetra-(dibutylaminomethyl)-*, *Cu-Tetra-(diisobutylaminomethyl)-*, *Cu-Tetra-(diamylaminomethyl)-*, *Cu-Tetra-(dioctylaminomethyl)*, *Cu-Tetra-(didecylaminomethyl)-*, *Cu-Tetra-(cyclohexylaminomethyl)-*, *Cu-Tetra-(4-dodecylphenylaminomethyl)-*, *Cu-Tetra-(N-phenyl-N-äthylaminomethyl)-*, *Cu-Tetra-(N-butyl-N-phenylaminomethyl)-*, *Cu-Tetra-(morpholinylmethyl)* , *Cu-Tetra-(piperidylmethyl)-*, *Cu-Tetra-[di-(2-äthylhexyl)-aminomethyl]-phthalocyanin.* Ferner kann ein gemischtes Cu-Tetra-(dialkylaminomethyl)-phthalocyanin bei gleichzeitiger Verwendung mehrerer verschied. Amine erhalten werden. (**A. P. 2 547 972** vom 10/1. 1950, ausg. 10/4. 1951.) ROICK. 7073

**Farbenfabriken Bayer** (Erfinder: **Max Coenen**), Krefeld-Uerdingen, *Cyaninfarbstoffe*, die sich z. B. zum Färben von Gebilden aus Celluloseestern eignen, erhält man durch Rk. von ω-Cyanacetylderivv. von heterocycl. Methylenbasen der Zus. **I** ($R_1$ = Äthylen, Vinylen oder Arylen, $R_2$ = Alkyl, Aralkyl oder Aryl, X = N, S, O, Vinylen oder Methylen) mit aromat. oder heterocycl. Aldehyden. — Durch 3 std. Sieden unter Rühren u. Rückfluß von 1.3.3-Trimethyl-2-methylen-ω-cyanacetyl-indolin mit 4-Oxybenzaldehyd in Methanol in Ggw. von Piperidin erhält man ein gelbrotes Pulver, das Acetatseide (**E**) klar goldgelb färbt.

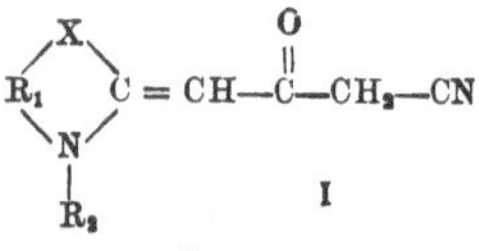

— Ähnlich aus 1.3.3.5-Tetramethyl-2-methylen-ω-cyanacetyl-indolin u. p-Dimethylaminobenzaldehyd ein roter Farbstoff, der **E** orangegelb färbt, u. aus 5-Methoxy-1.3.3-trimethyl-2-methylen-ω-cyanacetylindolin u. 1.3.3-Trimethyl-2-methylenindolin-ω-aldehyd rotgelbe Kristalle, die **E** klar orange färben. (**D. B. P. 824 818** Kl. 22e vom 2/10.1948, ausg. 13/12. 1951.) ROICK. 7077

—, *The Dyeing of Nylon Textiles.* Published by Imperial Chemical Industries Ltd., Dyestuffs Division. Manchester, England. 1952. (163 S. m. Tab.).

Nach einer kurzen Beschreibung der Herst. sowie der physikal., chem. u. technolog. Eigg. von Nylon wird auf die Vorbereitung des Garnes u. der Textilien (Waschen, Bleichen, Fixieren) vor dem Färben eingegangen. An Hand von Färbevorschriften wird das Färben mit Dispersions-, Solacet-, sauren Woll-, Direkt-, Ultralan-, Chrom- u. Küpenfarbstoffen behandelt. Die entsprechenden Farbstoffe sowie deren Echtheitseigg. werden tabellar. angeführt. Abschließend wird ein Überblick über die Theorie des Färbevorganges (Aufziehkurven) gegeben. P. ECKERT. 7020

## XIa. Farben. Anstriche. Lacke. Naturharze.

**J. H. Frydlender,** *Die Styrolharze. Ihre Bedeutung für Anstriche.* Überblick über Herst. u. Verwendung von Anstrichen auf Styrolharzbasis. — 8 Literaturhinweise. (Rev. Produits chim. **54.** 169—75. 31/8. 1951.) WINIKER. 7106

**M. Fonteyn,** *Der Anstrich von Metallbauten und Kunstwerken.* Für Haltbarkeit eines korrosionsschützenden Außenanstrichs auf Metall sind bestimmend: Untergrundvorbereitung, Anstrichaufbau, äußere Bedingungen (Abwesenheit von Feuchtigkeit auf Metalluntergrund, Orientierung u. Lage der Flächen), Gesamtfilmdicke u. Schichtenzahl, Elementbldg., namentlich bei Metallen wie Fe–Cu, Al–Fe, Zn–Fe, sowie Anstrichausführung u. Wahl geeigneter Pigmente u. Bindemittel für Grund- u. Deckanstriche. (Ossature métallique **17.** 543—48. Nov. 1952. Vilvorde, Belgien, Usines Georges Levis.) SCHEIFELE. 7106

**P. A. Dunn,** *Industrielle Einbrennlacke auf der Basis von Äthoxylinharzen.* Überblick über die Entstehung der Äthoxylinharze (I) sowie die Eigg. u. Anwendungen von Lacken auf I-Basis. (Paint, Oil Colour J. **122.** 988—90. 31/10. 1952.) SCHEIFELE. 7106

**K. H. Prestle,** *Über die Verwendung von Steinkohlenteerharzen als Grundlage in der farbigen Anstrichtechnik.* Allg. Ausführungen. (Bitumen, Teere, Asphalte Peche verwandte Stoffe **3.** 205—06. Aug. 1952.) WINIKER. 7106

**Otto Löwe,** *Krater in ofentrocknender Asphaltschwarzemaille.* Schwarzlacke auf der Grundlage von Asphalt, Asphaltit, Stearinpech u. Leinöl bzw. -standöl zeigen zuweilen bei Einbrenntempp. zwischen 100 u. 150° Kraterbldg., die möglicherweise durch den Paraffin- oder S-Geh. der Asphalte bedingt ist. Zur Vermeidung der Kraterbldg. ist es ratsam, die Schwarzlacke jeweils vor dem Verarbeiten etwas über 100° im Ölbad aufzuwärmen. Zugabe von etwas Leinöl in das erwärmte Material verzögert das Wiederauftreten der Krater. (Ind.-Lackier-Betrieb. **20.** 7—8. Jan. 1952.) SCHEIFELE. 7106

**Otto Löwe,** *Zur Kraterbildung bei Asphaltschwarzlacken.* Kraterbldg. wird vorwiegend in Gilsonitlacken ohne Stearinpechzusätze beobachtet. Zusatz von Pigmenten (Schwarzen) u. Verreiben beeinflußt die Kraterbldg. nicht. Zugabe von fettem Öl wirkt besser als die von akt. Lösern, ohne jedoch die Erscheinung sicher beseitigen zu können. (Ind.-Lackier-Betrieb **20.** 179—80. Sept. 1952.) SCHEIFELE. 7106

---

**Michael Barthel & Co., Chemische und Mineralöl-Werke G. m. b. H.,** Regensburg (Erfinder: **Erich Asser,** Oberhof, Rottach-Egern, Tegernsee), *Verbesserung von Steinkohlenteerpech für lacktechnische oder andere technische Zwecke,* dad. gek., daß dem Steinkohlenteerpech zunächst die darin enthaltenen Teeröle durch Auswaschen, z. B. mit Benzin-KW-stoffen, entzogen werden, worauf der in dem Rückstand vorhandene C durch Auflösen des bei der Vorbehandlung zurückgebliebenen Lackharzes in Benzol-KW-stoffen oder Solventnaphtha oder dgl. von diesem getrennt wird. (**D. B. P. 858 124** Kl. 22h vom 16/2. 1945, ausg. 4/12. 1952.) GRÄGER. 7097

**Standard Oil Development Co.,** Del., übert. von: **John D. Garber,** Cranford, **William J. Sparks,** Westfield, und **David W. Young,** Roselle, N. J., V. St. A., *Kunstharze für Überzüge und Lacke.* Bei dem „Gyro"-Spaltverf. von Mineralölen fällt als Nebenprod. ein „Dripolen" genanntes Gemisch von ungesätt. Verbb. des Siedebereichs 40—180° an. Der hieraus gewonnene Schnitt von 125—180°, der frei von Aromaten ist, wird in einer Menge von 40—95% mit 60—5% Diisobutylen gemischt u. in Ggw. eines FRIEDEL-CRAFTS-Katalysators zu einem fast wasserhellen u. gelfreien Harz polymerisiert. (**A. P. 2 559 498** vom 9/3. 1946, ausg. 3/7. 1951.) MÖLLERING. 7097

**Deutsche Hydrierwerke Akt.-Ges.,** Düsseldorf, *Quellungs-, Gelatinierungs- und Weichmachungsmittel.* Als solche werden Monoaryl- bzw. Monoaralkyläther 2-wertiger, in der C-Folge durch Heteroatome nicht unterbrochener Alkohole mit wenigstens 5 u. höchstens 10 C-Atomen verwendet; z. B. *1.6-Hexandiolmonokresyläther*; *1.6-Hexandiol-mono-o-chlorphenyläther*; *2-Methylhexandiol-(1.6)-monophenyläther*; *1.5-Pentandiolmono-xylyläther* u. *1.5-Pentandiolmononaphthylmethyläther.* — Zusatz zu den verschiedensten *Lacken.* (**D. B. P. 855 439** Kl. 22h vom 27/7. 1943, ausg. 13/11. 1952.) GRÄGER. 7097

**Binney & Smith Co.,** übert. von: **Bernhard J. Mellwig,** Easton, Pa., V. St. A., *Trägermasse für Künstlerfarben,* bestehend aus einer Triäthanolaminölsäureseife, Ölsäure, Stärke, Dextrin, Glycerin, $CH_2O$ u. Wasser. Weitere Rezepte mit Stearinsäure, Gummi arabicum u. Sorbit. Die M. ist wasserlöslich. Pigmentzusätze nach Wahl. (**A. P. 2 594 273** vom 28/12. 1948, ausg. 29/4. 1952.) SCHINDLER. 7107

**Lewis Berger & Sons Ltd.** (Erfinder: **Leslie Ernest Wakeford, Frank Armitage** und **Donald Helmsly Hewitt**), London, England, *Lösungspolymerisation von Styrol.* Eine Lsg. von verhältnismäßig niedermol. Polystyrol, z. B. vom Mol.-Gew. 9000—12000, wird erhalten, wenn man eine Lsg. von Styrol in einem Lösungsm., das ein oder mehrere monocycl. oder dicycl. α-Terpene, wie Dipenten oder α-Pinen, enthält oder daraus besteht, einige Zeit erhitzt. Neben den Terpenen kann das Lösungsm. noch einen aromat. KW-stoff, wie Xylol, u./oder einen aliphat. KW-stoff, wie Lackbenzin, enthalten. Diese Polymerisatlsgg. eignen sich als *Anstrichmittel.* (**D. B. P. 844 351** Kl. 39c vom 23/12. 1949, ausg. 21/7. 1952. E. Priorr. 3/11. 1944 u. 7/9. 1945.) HERBST. 7107

**U.S. Rubber Co.,** New York, N. Y., übert. von: **Pliny O. Tawney,** Passale, N. J., V. St. A., *Mischpolymerisat,* bestehend aus 1 (Mol) Estern von Olefinalkoholen (Allyl-, Methallyl-, β-Allyloxyäthylalkohol) mit Acryl-, Adipin-, Phthal-, Malein-, Fumar- oder Itaconsäure, 0,2—10 Crotonaldehyd u. 0,8 Styrol, Methacrylat, Diäthylfumarat oder Vinylacetat. Das bei 60° polymerisierte Gemisch gibt ein in Aceton lösl. Harz, das sich mit Trockenstoffen zu härtbaren *Lackfilmen* verarbeiten läßt. (**A. P. 2 560 495** vom 30/12. 1948, ausg. 10/7. 1951.) SALZMANN. 7107

**Dow Chemical Co.,** übert. von: **Arthur J. Barry,** Midland, Mich., V. St. A., *Polysiloxane,* die die Struktureinheit [—SiH(R)—O—] aufweisen, wobei R einen wenigstens 2 C-Atome enthaltenden Alkylrest, einen Aralkyl- oder einkernigen Arylrest bedeutet, erhält man durch Hydrolyse von Monoorganodihalogensilanen $RSiHX_2$ (X = Halogen) bei ca. 5° oder tiefer u. in Ggw. eines inerten organ. Lösungsm., z. B. Ae., sowie zweckmäßig einer Puffersubstanz, z. B. $NaHCO_3$. Es werden z. B. Äthyl-, Propyl-, Butyl-, Amyl-, Benzyl-, Phenyl-, p-Tolyldichlorsilan hydrolysiert, auch Gemische, wie $C_{12}H_{25}\cdot SiHCl_2$ u. $C_{14}H_{29}SiHCl_2$, wobei fl. Polysiloxane erhalten werden, die sich z. B. für die Herst. von *Überzügen* auf Metallen oder keram. Material eignen. (**A. P. 2 590 812** vom 30/3. 1946, ausg. 25/3. 1952.) BRÖSAMLE. 7107

**American Cyanamid Co.**, New York, übert. von: **Edwin H. Dafter jr.**, Stamford, Conn., V. St. A., *Gelierte Dispersionen von Mischpolymerisaten*, die beim Aufpressen des Harzes als *Überzugsmaterial* nicht fließen, erhält man durch gemeinsames Polymerisieren einer Lsg. eines noch ungesätt. Polyesters in Äthylacetat mit einer bei 100° sd., eine $CH_2{=}C\langle$ -Gruppe aufweisenden Verb. (Diallylphthalat), in Ggw. eines Beschleunigers. Nach 1½ Std., wenn das Harz geliert, werden 0,01—0,05% eines Verzögerers (Hydrochinon) zugegeben. Man erhält eine spritz- u. streichbare M. für klare hochglänzende Holz-, Leder-, Gewebe- u. Papierüberzüge (gegebenenfalls mit 45% $TiO_2$) u. zur Herst. von Sperrholz. (**A. P. 2 562 140** vom 28/6. 1947, ausg. 24/7. 1951.) SALZMANN. 7107

**Theodor Kotthoff** (Erfinder: **Lothar Barensfeld**), Köln, *Mehrfarbiges Lackieren von Holz.* Nach einem die Poren nicht füllenden deckenden Anstrich wird in diesen eine Farbe anderen Farbtons eingerieben, worauf noch ein transparenter Lack aufgetragen werden kann. (**D. B. P. 844 565** Kl. 75c vom 13/5. 1950, ausg. 21/7. 1952.) E. WEISS. 7107

**Egon Meier**, Friedberg, Hessen, *Herstellung von Anstrichmassen.* Den zur Bldg. von Calciumoxychlorid [$3\,Ca(OH)_2\cdot CaCl_2\cdot 12\,H_2O$] (**I**) verwendeten Rohstoffgemischen wird neben der Farbe W. im Überschuß zugefügt, so daß sich erst nach Verdunsten eines Teils des W. **I** bilden kann. (**D. B. P. 855 438** Kl. 22g vom 28/5. 1950, ausg. 13/11. 1952.) GRÄGER. 7107

**Badische Anilin- & Soda-Fabrik**, Ludwigshafen/Rh. (Erfinder: **Guido Schultze**, Heidelberg, und **Hans Gerlich**, Mannheim), *Mittel zum Schutz von Metallgegenständen.* Es enthält Destillationsrückstände von Paraffinoxydationsprodd. bzw. deren Verseifungsprodd. u. daneben aus Kolophonium u. Carbonsäuren mit wenigstens 1 Doppelbindung im Mol., bes. Acryl- oder Maleinsäure, gewonnene Addukte bzw. deren Verseifungsprodd., sowie gegebenenfalls weitere an sich bekannte Stoffe, bes. Farbstoffe, Streck- oder Lösungsmittel. Das Mittel ergibt einen trockenen *Film* von guter Oberflächenhärte u. Elastizität, der durch die üblichen Lösungsmittel wieder leicht entfernt werden kann. (**D. B. P. 858 119** Kl. 22g vom 1/2. 1951, ausg. 4/12. 1952.) GRÄGER. 7107

## XIb. Plaste (Kunstharze. Plastische Massen).

**P. H. A. Geel**, *Weichmacher für Polyvinylchlorid.* Übersicht über die Eigg. von Weichmachern, die Eigg., die sie dem Endprod. verleihen müssen, u. ihre Einteilung (Phthalsäureester, Ester von zweibas. Säuren mit geraden C-Ketten, Fettsäureester, Phosphatweichmacher, polymere Weichmacher, aromat. Cl-Derivv., Glykolester). (Plastica [Delft] **1952.** 307—09. Okt. Amsterdam, Keyser & Mackay.) WESLY. 7172

**R. De Boer**, *Einige Anwendungen von Polyvinylacetat.* Die Eigg. von Polyvinylacetat (**I**) werden aufgezählt. Die wichtigste Eig., auf der die meisten Anwendungsarten beruhen, ist die gute Adhäsion an verschied. Materialien. **I** wird in Lsg. u. als Emulsion angewandt. Die Anwendungen von **I**-Emulsionen als Holzleim, als Buchbinderleim u. Papierleim werden im einzelnen beschrieben. (Plastica [Delft] **5.** 275—78. Sept. 1952. N. V. Lijm- en Gelatinefabriek.) WESLY. 7172

—, *Elektrische und sonstige Eigenschaften von Kunststoffen mit Glaseinlage.* Durch Variation des Harzbindemittels lassen sich die Eigg. von Kunststoffen mit Glasfasereinlage stark verändern. — Tabellar. Wiedergabe der Kennzahlen solcher Materialien. (Brit. Plastics **25.** 382—85. Nov. 1952.) SCHEIFELE. 7204

---

**Shell Development Co.**, San Francisco, übert. von: **Richard R. Whetstone**, Orinda, **William J. Raab**, Berkeley, und **Seaver A. Ballard**, Orinda, Calif., V. St. A., *Kondensationsprodukt.* α.β-Ungesätt. Aldehyde, wie Acrolein (**I**), u. Derivv. von polyolefin. Säuren geben Addukte, die durch Katalysatoren, wie Al-Isopropylat (**II**), zu Weichmachern für Kunstharze polymerisiert werden. — 150 (Teile) Tungöl u. 50 **I** werden 3 Std. auf 170 bis 190° erhitzt. Nicht umgesetztes **I** wird bei 2 mm Hg abdest. u. das Prod. in $CCl_4$ u. mit 0,5% **II** zu einem gelösten, filmbildenden Harz bei Raumtemp. polymerisiert. — Analog verfährt man mit **I** u. Octadecadiensäuremethylester. (**A. P. 2 568 426** vom 6/6. 1949, ausg. 18/9. 1951.) MÖLLERING. 7171

**Dow Chemical Co.**, Midland, Mich., V. St. A., *Spinn- und schmelzbare Mischpolymerisate* aus Vinylidenchlorid u. Vinylchlorid (**I**). Man polymerisiert das Gemisch in wss.

Emulsion, indem man durch Abziehen von monomeren I-Dämpfen den Dampfdruck im Syst. konstant hält, bis der Druck durch Auspolymerisation spontan fällt. (**E. P. 660 940** vom 17/6. 1949, ausg. 14/11. 1951.) MÖLLERING. 7173

**Vincent J. Frilette,** New York, N. Y., V. St. A., *Mischpolymerisation von Styrol und ungesättigten Dicarbonsäurepolyestern* wird durch Zusatz eines organ. Peroxyds (ca. 0,5—5% Benzoyl-, Laurylperoxyd) u. eines Oxyds oder Hydroxyds von Mg (ca. 5—50%), Ca (ca. 0,5—5%), Sr u. Ba ohne Zusatz von Wärme beschleunigt. — Maleinsäureanhydrid wird mit Diäthylenglykol verestert u. bei 200—210° unter Durchleiten von $N_2$ polymerisiert, dann setzt man etwas Hydrochinon u. Styrol zu u. erhält eine leicht viscose Fl., die nach weiterem Zusatz von Benzoylperoxyd u. MgO nach 4 Std. sich verdickt u. nach weiteren 5 Std. zu einem festen Harz erhärtet. — Weitere Beispiele. (**A. P. 2 568 331** vom 26/6. 1947, ausg. 18/9. 1951.) KRAUSS. 7173

**Badische Anilin- & Soda-Fabrik,** Ludwigshafen/Rh. (Erfinder: **Fritz Stastny,** Weinheim, und **Rudolf Gäth,** Ludwigshafen/Rh.), *Poröse Massen aus Polymerisaten.* Die Kunststoffe nicht lösende oder nur wenig quellende Fll., die sich in den monomeren Ausgangsstoffen oder Vorkondensaten noch lösen u. deren Kpp. niedriger als die Erweichungspunkte der Kunststoffe liegen (z. B. PAe., Hexan oder Cyclopentan), werden in diesen homogen verteilt u. die Massen auf Tempp. oberhalb des Kp. der Fll. erwärmt. Beispiele mit *Polystyrol, Polyisobutylen* u. *Polymethacrylsäuremethylester.* (**D. B. P. 845 264** Kl. 39b vom 28/2. 1950, ausg. 14/8. 1952.) SALZMANN. 7173

**Union Carbide & Carbon Corp.,** New York, N. Y., übert. von: **Samuel M. Livengood,** Pittsburgh, Pa., V. St. A., *Wasserlösliche, höhermolekulare Polyoxyalkylenglykolester* erhält man durch Veresterung von Polyoxyalkylenglykolen mit einem Durchschnittsmol.-Gew. von wenigstens 4000 mit einem Säurehalogenid von gesätt., aliphat. oder Benzoldicarbonsäuren im Mol.-Verhältnis 1: 0,5 bis 1: 2 in Ggw. eines flüchtigen Lösungsm., wobei man den Halogenwasserstoff durch Einleiten eines inerten Gases entfernt. — Polyoxyäthylenglykol (Mol.-Gew. 6000) wird mit Succinylchlorid in Bzl. $1^3/_4$ Std. unter Durchleiten von $N_2$ erhitzt, dann erhitzt man noch bei 60 mm Hg auf 180° u. erhält nach dem Abkühlen ein zähes, wasserlösl. Wachs mit einem Mol.-Gew. von 47200. In weiteren Beispielen wird als Säurekomponente Phthalylchlorid, Oxalylchlorid, Adipylchlorid, Sebacylchlorid verwendet. Verwendung als *Imprägnier-, Klebmittel,* für *Schuhcremes, Poliermittel, Wasserfarben, Dispergiermittel,* als *Bindemittel* für keram. Massen u. Pigmente, *Salbengrundlagen* u. Zusatzmittel für *Schmiermittel.* (**A. P. 2 567 076** vom 6/11. 1947, ausg. 4/9. 1951.) KRAUSS. 7177

**N. V. de Bataafsche Petroleum Mij.,** La Hay, Holland, *Trennung von Polymeren und Monomeren in unvollständig polymerisierten Estern* mit zwei Doppelbindungen. Man löst z. B. ein zu 20—40% polymerisiertes Diallylphthalat bei 20—30° (einmal oder mehrmals bei Lacken u. Formpulvern) in einem bin. Flüssigkeitsgemisch [Aceton (I) u. W. oder I bzw. Bzl. u. Isopropanol], wobei sich zwei Flüssigkeitsschichten bilden, u. trennt die beiden Fraktionen. Das eine Lösungsm. (Aceton) kann auch schon vor der Polymerisation zugegeben werden. (**Schwz. P. 278 598** vom 21/4. 1948, ausg. 1/2. 1952. A. Prior. 21/4. 1947.) SALZMANN. 7177

**Bayerische Stickstoff-Werke Akt.-Ges.** (Erfinder: **Emil Hey**), Berlin, *Herstellung von Kondensationsprodukten aus Cyanamid und Formaldehyd* gemäß D. R. P. 730 697, dad. gek., daß als harzbildende Komponente *Melamin* verwendet wird. — Z. B. wird ein Gemisch aus 72 (g) Cyanamid–$CH_2O$-Verb., 126 Melamin, 300 $CH_2O$ (30%ig.) u. 200 W. auf ca. 60° erwärmt; dabei scheidet sich rasch ein hydrophobes Harz aus, das sich nach dem Verkneten mit Holzmehl bei 160—165° zu glatten u. harten Gegenständen von großer Kochbeständigkeit verpressen läßt. (**D. R. P. 754 411** Kl. 39c vom 1/5. 1942, ausg. 22/9. 1952. **Zusatz zu D. R. P. 730 697; C. 1943. I. 2759.**) HERBST. 7181

**N. V. Centrale Suiker Mij.** und **Leonhard Jan Kantebeen,** Holland, *Entfärbungsharze.* Aminaldehydkondensationsprodd. werden bei über 60° oxydiert, z. B. mit $H_2O_2$, $KClO_3$, $KNO_3$ oder bes. $HNO_3$, gewaschen u. getrocknet, wobei bei 105—110° leicht explosive Zers. eintreten kann, die durch Phenole, wie Resorcin (I), verhindert werden kann. Die Harze können nach Gebrauch als Entfärbungsmittel durch Behandeln mit kaltem verd. Alkali, dann mit verd. Säure u. Waschen wieder regeneriert werden. — Eine Lsg. von 50 (g) m-Phenylendiamin, 20 I, 30 $cm^3$ 25%ig. Salzsäure u. 150 $cm^3$ W. wird bei 40° mit 110 $cm^3$ Formol versetzt, worauf die Rk. bei 70—80° erfolgt. Man zerkleinert, wäscht u. trocknet das Harz bei 110° 24 Std. u. erhitzt es dann mit 25%ig. $HNO_3$ bis zur lebhaften Entw. nitroser Gase, wäscht u. trocknet, behandelt mit sehr verd. Lauge u. Säure u. gibt dann z. B. dunkelbraunes Apfelpektin oder eine Rohzuckerlsg. zu, die zu 98% entfärbt wird. (**F. P. 978 848** vom 11/1. 1949, ausg. 18/4. 1951. A. Prior. 12/1. 1948.) PANKOW. 7181

**N. V. Centrale Suiker Mij.** und **Leonard Jan Kantebeen,** Amsterdam, Holland, *Herstellung von synthetischen Harzen,* die organische Atomkomplexe binden können. Man kondensiert Amino- oder Iminoverbb. mit Aldehyden u. behandelt die feinverteilten Kondensationsprodd. mit Oxydationsmitteln bei $>60^0$. (**Finn. P. 25 431** vom 10/1. 1949, Auszug veröff. 30/11. 1951. A. Prior. 12/1. 1948.) JÜRGEN SCHMIDT. 7181

**Badische Anilin- & Soda-Fabrik,** Ludwigshafen/Rh. (Erfinder: **Hans Krzikalla,** Heidelberg, und **Tim Toepel,** Ludwigshafen/Rh.), *Härtbare Kondensationsprodukte* entstehen, wenn man etwa äquivalente Mengen eines diprim. Alkohols u. Harnstoff solange erhitzt, bis 40—70% Diurethan gebildet sind, u. die erhaltene Schmelze dann mit $CH_2O$ umsetzt. — Beispiele: Kondensation von 1.4-Butandiol u. 1.6-Hexandiol mit Harnstoff u. $CH_2O$. (**D. B. P. 852 450** Kl. 39c vom 7/8. 1949, ausg. 16/10. 1952.) . LANGER. 7181

**Dynamit-Akt.-Ges. vorm. Alfred Nobel & Co.,** Troisdorf (Erfinder: **Peter Pinten,** Köln), *Plastische Polyesterurethane,* gek. durch einen Zusatz von hochsd. hauptsächlich aromat. oder hydroaromat. KW-stoffen, z. B. Anthracenöl, Bitumen oder Pech. (**D. B. P. 855 911** Kl. 39b vom 13/10. 1944, ausg. 17/11. 1952.) SALZMANN. 7181

**British Celanese Ltd.,** übert. von: **James Wotherspoon Fisher** und **Edward William Wheatley,** Spondon, England, *Behandlung von Polymeren aus zweibasischen Carbonsäuren und Hydrazinen,* die eine vernetzende Hydrazid- (—CONHNHCO—) oder 1.3.4-Oxdiazol-Gruppe enthalten, zwecks Erhöhung der inneren Viscosität. Ein mit 20%ig. HCl hydrolysierbares Polymerisat aus Hydrazin (I) u. Sebacinsäure wird im Autoklaven 2 Std. mit 150% wss. 24%ig. I-Lsg. (oder $NH_4OH$) bei 21 at auf 220⁰ erhitzt. Das Prod. hat einen F. von 250⁰ u. einen N-Geh. von 26,4%. In HCOOH bzw. m-Kresol gelöst oder im Schmelzfluß läßt es sich zu Filmen u. Fäden verarbeiten. — Der gleiche Effekt wird bei der Einw. von Anilin, Monomethylhydrazin oder Äthylamin erzielt. (**E. PP. 654 273** vom 12/3. 1948 u. **654 288** vom 12/7. 1948, beide ausg. 13/6. 1951.) SALZMANN. 7181

**National Aluminate Corp.,** übert. von: **David G. Braithwaite,** Chicago, Ill., V. St. A., *Kationenaustauscher.* 1 (Teil) des bei der Reinigung von Petroleumölen mit $H_2SO_4$ anfallenden Säureschlamms, z. B. der Zus. 24,6 (%) Mineralöl; 40,9 Sulfonsäuren; 28,5 $H_2SO_4$; 2,9 Unlösliches u. 2,3 W., wird mit 0,25—0,5 Furfurol u. 0,25—0,5 W. auf 60—100⁰ erhitzt, wobei in 15—30 Min. Gelbldg. erfolgt. Das Gel wird bei 90—100⁰ getrocknet, zerkleinert u. dann mit $ClSO_3H$ oder 20—30%ig. Oleum bei 25—100⁰ behandelt. Das erhaltene *Harz* wird anschließend mit $Na_2CO_3$ in das Na-Salz übergeführt. (**A. P. 2 538 553** vom 6/10. 1948, ausg. 16/1. 1951.) KRAUSS. 7185

**Dow Corning Corp.,** Midland, Mich., V. St. A., *Kondensation von Organosiloxanpolymeren* zu Prodd. von höherem Mol.-Gew. erfolgt durch Erhitzen auf 50—30⁰ in Ggw. von säureaktivierten Bleicherden. Ein säurefrei gewaschenes Hydrolysat von Phenyläthyldichlorsilan wird als 50%ig. Toluollsg. mit 1% säureaktiviertem Ton 6,5 Std. auf 200⁰ erwärmt. Die Mischung bildet dann ein festes Gel. (**E. P. 650 208** vom 8/12. 1948, ausg. 14/2. 1951.) MÖLLERING. 7189

**Badische Anilin- & Soda-Fabrik** (Erfinder: **Robert Stadler,** Heidelberg, **Walter Daniel** und **Rudolf Haase**), Ludwigshafen/Rh., *Mischungen und Formkörper aus Polyisobutylen* u. Füllstoffen (Ruß, Graphit), gek. durch einen Geh. an Polyvinylmethylketon. Herst. von Folien u. freitragenden Rohren. (**D. B. P. 854 846** Kl. 39b vom 8/11. 1941, ausg. 6/11. 1952.) SALZMANN. 7205

**Rudolf Decker und Hellmuth Holz** (Erfinder: **Hans Scheidemandel**), München, *Formbare Massen aus Polyvinylverbindungen.* Wss. Polyvinylacetatemulsionen werden mit pulvrigem CaO, das mit Weichmachern (der Lackindustrie) angerieben worden ist, u. Füll-, Farb- u. Hartstoffen vermischt. Herst. von Kitten, Schleif- u. Poliermitteln. (**D. B. P. 854 844** Kl. 39b vom 24/5. 1944, ausg. 6/11. 1952.) SALZMANN. 7205

**Espe G. m. b. H., Fabrik pharmazeutischer Präparate,** Seefeld (Erfinder: **Werner Schmitt** und **Robert Purrmann,** Starnberg), *Selbsterhärtende Massen,* die vom plast. in den festen Zustand übergehen, erhält man aus β-Dicarbonylverbb. fl. oder plast. Konsistenz (Acylacetone, Acylacetophenone oder o-Acylphenole), die man mit Verbb. mehrwertiger Metalle anmischt. — Beispiel: Mit $H_3PO_4$ präpariertes ZnO wird mit einer Lsg. von 5 g Polyvinylacetat in 10 cm³ Caprylaceton vermischt. (**D. B. P. 853 970** Kl. 39b vom 22/10. 1950, ausg. 30/10. 1952.) SALZMANN. 7205

**Max Rock,** Haßloch, Pfalz, *Herstellung von Baukörpern.* Hoch- oder Tiefmoortorf wird nach dem Zerkleinern u. kurzer Lufttrocknung mit kondensations- oder polymerisationsfähigen, erhärtenden Kunststoffen, gegebenenfalls unter Zusatz von S oder $CH_2O$, vermischt u. gegebenenfalls unter Anwendung von Wärme, bei einem Druck von ca. 200 atü zu Körpern gepreßt. (**D. B. P. 837 067** Kl. 80b vom 30/12. 1949, ausg. 21/4. 1952.) HANS HOFFMANN. 7205

## XII. Kautschuk. Guttapercha. Balata.

**G. W. Oserow** und **M. A. Oserowa,** *Ein neues Verfahren zur Behandlung der Samen des Kok-Saghyz vor der Aussaat.* Die schwer keimenden Samen des Kok-Saghyz müssen, um ein besseres Aufgehen zu erzielen, stratifiziert werden. Wie Vff. zeigen, führt jedoch eine Behandlung der Samen mit verschied. Chemikalien zu noch besseren Resultaten. Die günstigste Wrkg. zeigte eine 1%ig. Lsg. von KCl (72 Std. Einw.) oder auch KOH mit anschließender 48std. Lagerung in feuchtem Zustand. Wird nur in W. eingeweicht, so sind 120 Std. notwendig. Die Wrkg. der Chemikalien beruht auf einer teilweisen Zerstörung u. einer Auflockerung der Samenhülle. (Доклады Академии Наук СССР [Ber. Akad. Wiss. UdSSR] [N. S.] **83.** 311—14. 11/3. 1952. Minsk, Weißruss. Obst- u. Gemüse-Versuchsstat.) ULMANN. 7222

**Avery A. Morton,** *Alfin-katalysierte Kautschuke. Eine neue Polymerenart.* Überblick über Entw., Eigg. u. Verwendungsmöglichkeiten. — 16 Literaturhinweise. (Rubber Age [New York] **72.** 473—76. Jan. 1953. Cambridge, Mass., Massachusetts Inst. of Technol., Dep. of Chem.) WINIKER. 7224

**Luis Pascual Mejias,** *Beitrag zur Kenntnis einiger Vulkanisationsbeschleuniger.* Allg. Ausführungen unter besonderer Berücksichtigung von Diphenylguanidin, Mercaptobenzothiazol u. Zn-Dithiocarbamat. (Goma [2] **1.** 11—12. Febr. 1953.) WINIKER. 7228

**W. M. Rowski,** *Über die Aussichten der Kultur der Eukommia in Mittelasien.* Erfahrungen mit 10 Jahre alten Bäumen haben gezeigt, daß sie in Usbekistan u. anderen Gegenden Mittelasiens auf bewässerten Böden gut fortkommen u. auch winterliche Kälte überstehen. Sämlinge sind dagegen frostempfindlicher u. auch empfindlicher gegenüber sommerlicher Hitze. Auf Plantagen sind von 1 h mit 4440 Bäumen im Alter von 10 Jahren aus den Blättern 266 kg *Guttapercha* (I) zu erwarten, bei 13jährigen bis zu 355 kg. Durchschnittlicher Geh. der getrockneten Blätter an I 2,5—3,5%. (Лесное Хозяйство [Forst-Wirtsch.] **5.** Nr. 4. 16—18. April 1952.) ULMANN. 7240

**Je. Ss. Choroschaja, A. A. Awilow, P. A. Alexejewa** und **T. A. Kalaschnikowa,** *Eine Schnellmethode zur Bestimmung des Aschegehaltes.* Es wird eine vereinfachte Aschenbestimmungsmeth. für Gummi, Kunstleder, Kautschuk beschrieben, die auf der Anwendung von Verbrennungstiegeln aus wärmefestem, nichtrostendem Stahl mit vergrößerter Bodenfläche beruht. Tiegeldurchmesser 5 cm, Randhöhe 8 mm, Wandstärke 1,0—1,5 mm, Einwaage 1,0—1,5 g, Temp. des Muffelofens 750—850°, Verbrennungsdauer 10—15 Min., Glühdauer 2—3 Min., Abkühlung auf einer Metallfläche 2—3 Minuten. (Легкая Промышленность [Leicht-Ind.] **12.** Nr. 4. 28—29. April 1952.) ZELLENTIN. 7248

---

**Hein Ruck** (Erfinder: **Hein Ruck** und **Paul Gerhard Hartke**), Hamburg, *Abbau von Naturkautschuk* mit >10% Dioctylphthalat bei 200—280° unter Rückgewinnung der hierbei freiwerdenden Bestandteile. Verwendung der fl. Abbauprodd. für Korrosionsschutzüberzüge u. als Binder für Kunststoffe, auch in Verbindung mit Bitumen, der freigewordenen Anteile als Lösungsmittel. (**D. B. P. 852 153** Kl. 39b vom 23/1. 1951, ausg. 13/10. 1952.) OVERBECK. 7223

**United States Rubber Co.,** New York, N. Y. (Erfinder: **Philip Timothy Paul,** Naugatuck, Conn.), V. St. A., *Plastifizierungsmittel für Kautschuk* von der Formel R—NH—(aromat.)—S—S—(aromat.)—NH—R (R = Acyl). Die N-Atome stehen in o-Stellung zum S, z. B. Di-(acylaminoaryl)-sulfid, bes. 2.2′-Dithio-bis-benzanilid, oder 2.2′-Dithio-bis-acetanilid. (**D. B. P. 851 843** Kl. 39b vom 20/9. 1950, ausg. 9/10. 1952. A. Prior. 16/2. 1944.) OVERBECK. 7227

**Deutsche Shell Akt.-Ges.,** Hamburg, und **Metallgesellschaft Akt.-Ges.,** Frankfurt/M. (Erfinder: **Carl Zerbe,** Hamburg), *Weichmacher für Kautschuk*: Hochsd. Rückstandsöle von paraffin. Erdölen, deren Geh. an festen Paraffin-KW-stoffen nicht < 7% ist u. die mit leichteren paraffin. Erdölfraktionen auf die gewünschte Viscosität eingestellt werden, bes. mit solchen KW-stoffen, die mit konz. $H_2SO_4$ zur Harzbldg. neigen, z. B. Extrakte von Mineralölen mit selektiven Lösungsmitteln, wie $SO_2$, Phenol, Furfurol usw., oder mit Destillaten von Abfallsäuren aus der Mineralölraffination, oder mit natürlichen Erdölen, die reich an ungesätt. u. aromat. Verbindungsgruppen sind, die mit konz. $H_2SO_4$ zur Harzbldg. neigen. (**D. B. P. 851 842** Kl. 39b vom 2/10. 1948, ausg. 9/10. 1952.) OVERBECK. 7227

**Polyplast Gesellschaft für Kautschukchemie m. b. H.,** Hannover, *Verteiler für Kautschukmischungen,* bestehend aus nitrierten polycycl. KW-stoffen, z. B. von der Reinigung des Erdöls nach dem Furfurol-Selektiv-Extraktions-Verf. oder aus Braunkohlenteer- oder Schiefergesteinölen, bes. in Verbindung mit Lösungsvermittlern mit polaren Gruppen, auch in wss. Emulsion, u. auch in Verbindung mit Polyvinylchlorid. Anwendung in Mengen von 10% der Füllstoffmenge. (**D. B. P. 852 296** Kl. 39b vom 12/1. 1950, ausg. 13/10. 1952.) OVERBECK. 7227

**English Clays Lovering Pochin & Co. Ltd.,** St. Austell, Cornwall, England, *Behandlung von Ton.* Um Ton als *Füllstoff* in *Kautschuk* geeignet zu machen, überzieht man die einzelnen Tonteilchen mit einer organ. Base, so daß sich ein Reaktionsprod. aus den sauer reagierenden Tonteilchen u. den Basen bildet u. der Ton einen $p_H$-Wert von ca. 6,3 annimmt. Man kann auch den Ton zunächst mit etwas Säure behandeln u. anschließend mit z. B. Cetyltrimethylammoniumhydroxydlsg. bis auf $p_H$-Wert 7 neutralisieren. Als organ. Basen dienen z. B. quaternäre Basen oder auch Benzylamin oder bas. Farbstoffe. (**Dän. P. 73 454** vom 2/11. 1948, ausg. 26/11. 1951. E. Prior. 11/11. 1947.) JÜRGEN SCHMIDT. 7227

**Metzeler Gummiwerke Akt.-Ges.** (Erfinder: **Heinz Vieweg**), München, *Herstellung von Schaumkautschuk.* Zu Schaum geschlagene Blähmittel u. Geliermittel sowie Vulkanisiermittel enthaltende Kautschukmilch wird erst nur so hoch erhitzt, daß das Blähmittel die im entstandenen Gel vorhandenen Zellwände zertrümmert, u. dann erst so hoch, daß die Vulkanisation einsetzt. (**D. B. P. 851 845** Kl. 39b vom 9/6. 1951, ausg. 9/10. 1952.) OVERBECK. 7229

**François Chassaing,** Alfortville, Frankreich, *Herstellung von Kautschukartikeln.* Durch Koagulieren wärmeempfindlicher Kautschukmilch in Hohlformen hergestellte Kautschukformkörper werden durch Erzeugung von Innendruck gebläht u. dann wieder druckentlastet, wobei ein Großteil des Serums ausgeschieden wird. Die Körper werden dann in ein Wasserbad von ca. 60° gebracht, worin sie weiter auf die ursprüngliche Größe einschrumpfen u. fast den ganzen Rest des Serums abgeben, worauf sie getrocknet u. vulkanisiert werden. (**E. P. 659 136** vom 24/4. 1949, ausg. 17/10. 1951. **A. P. 2 583 683** vom 30/5. 1949, ausg. 29/1. 1952. Beide F. Prior. 10/5. 1948.) OVERBECK. 7231

**Firestone Tire & Rubber Co.,** Akron, übert. von: **Wendell S. Cook,** Houghton, Mich., V. St. A., *Wiederverwendung bzw. Brauchbarmachen von vulkanisierten, konjugierten Dienpolymeren* (natürlichem oder synthet. Kautschuk, Butadien–Styrol-, Butadien–Acrylnitril-, Chlorbutadienpolymeren). Die vulkanisierten Abfallstoffe werden mit dem Reaktionsprod. aus 1 (Mol)$S_2Cl_2$ u. 2 eines Polyalkylcyclohexanols (Dialkylcyclohexanol, Diamylcyclohexanol) erhitzt. — Z. B. werden 100 (Teile) synthet. vulkanisierter Kautschuk (GR–S-Typ) mit einer Dipentenfraktion, Kp. 173—201°, 6 Cumaronindenharz, F. 115—125°, u. 1,5 des Reaktionsprod. aus Diamylcyclohexanol + $S_2Cl_2$ 4 Std. auf 377° F erhitzt. Nach dem Trocknen u. Vermahlen läßt sich das Prod. zu Fellen auswalzen. (**A. P. 2 560 048** vom 29/6. 1949, ausg. 10/7. 1951.) KRAUSS. 7233

## XIII. Ätherische Öle. Parfümerie. Kosmetik.

**Paolo Rovesti,** *Über die ätherischen Öle physiologisch verschiedener Arten von Ocimum menthaefolium Hochst. von Erythräa.* Die in den wärmeren Landesteilen vorkommende Abart liefert durch Dest. ein vorwiegend *Campher* u. *Cineol* enthaltendes äther. Öl, während in den äther. Ölen dreier weiterer Abarten bis zu 73% *Estragol* bzw. *Anethol* bzw. *Citral* enthalten sind. Ferner kommt noch eine zwischen der Campher bzw. Estragol enthaltenden Abart liegende weitere Art vor. Physikal. Konstanten u. Ergebnisse der chem. Analyse der äther. Öle werden angeführt. (Riv. ital. Essenze, Profumi, Piante officin., Olii veget., Saponi **34.** 247—55. 15/6. 1952.) STEINER. 7262

**Domenico La Face,** *Über einige in Calabrien gewonnene Konkrete.* Durch Petrolätherextraktion gewonnene konkrete Extraktöle sowie absol. Extraktöle u. durch Wasserdampfdest. erhaltene Fraktionen von Blütenölen Calabriens (bittere Orange, Lavendel, Narzisse, Salbei, Tuberose) werden hinsichtlich ihrer Konstanten mit solchen anderer Provenienz verglichen. Wesentliche Unterschiede konnten nicht gefunden werden, nur ist der Geh. an Absoluten bei den calabres. Prodd. meist etwas höher. — 39 Literaturhinweise. (Riv. ital. Essenze, Profumi, Piante officin., Olii veget., Saponi **34.** 537—39. 15/11. 1952.) STEINER. 7262

**Adriano Fayaud,** *Iriswurzel und Irisöl.* Kultur, Ernte u. Verarbeitung von *Iris pallida La Marck* zu Iris konkret mit 10—12,5%, Iris absol. mit 80—85% u. alkoh. myristinsäurefreier Essenz mit 12,5—15% Iron. (Soap, Perfum. Cosmet. **25.** 1057—59. Okt. 1952. Mailand, Esperis S. A.) MÜHLMEISTER. 7262

**Ulrich Weber,** *Brasilianisches Menthol.* Übersichtsbericht über die Kultur der mentholreichen japan. Pfefferminze in Brasilien (Staat São Paulo) u. über die dort üblichen Gewinnungsmethoden. (Parfümerie u. Kosmet. **32.** 384—86. Dez. 1951.) FIEDLER. 7262

**M. Gattefossé,** *Biochemische Kosmetik.* Es wird über den Metabolismus berichtet, den verschied. Bestandteile von Hautcremes nach ihrer Resorption erleiden. Z. B. geht Äthylenglykol durch Oxydation in Glykolaldehyd, Glykolsäure u. schließlich in Oxalsäure über, die als Ca-Salz in den Nierensteinen abgelagert wird. Ähnliche Oxydation erfolgt bei Propylenglykol u. bei aromat. Bestandteilen wie Benzylalkohol, Vanillin, Aceton, Campher u. dergleichen. (Riv. ital. Essenze, Profumi, Piante officin., Olii veget., Saponi **34.** 265. 269. 15/6. 1952.) STEINER. 7284

**Paola Morini,** *Erfahrungen über die Verwendung des Norvalins als einer für die Hauternährung geeigneten Substanz.* Norvalin (α-Aminovaleriansäure) ist wegen seiner troph. u. euderm. Wrkg. ein sehr gutes Hauternährungsmittel, wie sich aus durchgeführten toxikolog., dermatolog. u. kosmet. Verss. ergeben hat. (Riv. ital. Essenze, Profumi, Piante officin., Olii veget., Saponi **34.** 261—62. 15/6. 1952.) STEINER. 7284

**John Rae,** *Holunderblüten. Ihre medizinische und kosmetische Verwendung.* Die Herst. eines Holunderblütenwassers wird beschrieben. Es wird auf eine mindestens 12 Monate lange Lagerung der Destillate hingewiesen. Es folgen eine neuere Zus. von Holundersalbe u. zwei Vorschriften für kosmet. fl. Creme u. Gelee für die Hände. (Manufact. Chemist **23.** 472. Nov. 1952.) BOYE. 7284

**Maria Pezzoni,** *Experimenteller Beitrag zur kosmetischen Verwendung des Squalans.* Das durch Hydrierung von Squalen erhaltene Squalan $C_{30}H_{62}$ wird wegen seiner Ungiftigkeit u. wegen seines Hautdurchdringungsvermögens wie auch wegen seiner guten euderm. Eigg. für die Hautpflege empfohlen. (Riv. ital. Essenze, Profumi, Piante officin., Olii veget., Saponi **34.** 256—58. 15/6. 1952.) STEINER. 7284

**Nadia Avalle,** *Ungesättigte Fettsäuren und ihre Verwendung in der Kosmetik.* Ungesätt. Fettsäuren, vor allem *Linolsäure* dienen vorteilhaft dazu, der Haut Nährvitamine u. Vorbeugungsmittel gegen Runzelbldg. zuzuführen. Bes. empfohlen wird für diesen Zweck das desodorisierte, bis zu·55% ungesätt. Fettsäuren enthaltende Öl der mexikan. Riesenschildkröte u. der ägypt. Schildkröte, das auch als akt. Bestandteil in Schönheitsmasken u. für Lecithin u. Cholesterin enthaltende Hautcremes verwendet werden kann. (Riv. ital. Essenze, Profumi, Piante officin., Olii veget., Saponi **34.** 263—64. 269. 15/6. 1952.) STEINER. 7284.

**E. Chadwick** und **G. Pears,** *Lösende, anfeuchtende und mischende Agentien in der Kosmetik.* Anforderungen an flüchtige u. nichtflüchtige fixierende Lösungsmittel u.deren Eigg. für die Verwendung in Nagellacken, Parfüms, Haarfarben. Mehrwertige Alkohole halten den Feuchtigkeitsgeh. z. B. von Cremes unabhängig von äußeren Einflüssen konstant. Das Entmischen der Prodd. verhindern Ester aliphat. Alkohole von $C_2$—$C_8$ mit ein- u. mehrbas. Fettsäuren bis $C_{16}$. — 6 Tabellen, 6 Diagramme, 16 Zitate. (J. Soc. Cosmetic Chemists **2.** Nr. 3. Nov. 1951; referiert nach Soap, Perfum Cosmet. **25.** 1043—50. Okt. 1952.) MÜHLMEISTER. 7284

**M. Pezzoni,** *Entfernung überflüssiger Haare.* Allg. Ausführungen über Enthaarungsmittel unter Berücksichtigung von Verff., die Elektrolyse bzw. Elektrokoagulation anwenden. — Rezeptbeispiele nach einigen Patenten. (Riv. ital. Essenze, Profumi, Piante officin., Olii veget., Saponi **34.** 550—52. 15/11. 1952.) STEINER. 7284

**J. A. Demi,** *Moderne Shampoons in der Haarpflege.* Zur Befreiung der Kopfhaut von Krusten werden Shampoons empfohlen, die Sulfonate der Alkohole $C_{12}$—$C_{14}$, $MgSO_4$ sowie aromat. Bestandteile, Fettsäureester, Vitamine, Hormone u. a. enthalten. Für die eigentliche Haarwäsche wird Na-Laurylsulfonat, überfettet u. mit verschied. Zusätzen versehen, vorgeschlagen. (Riv. ital. Essenze, Profumi, Piante officin., Olii veget., Saponi **34.** 268—69. 15/6. 1952.) STEINER. 7284

**P. Vélon,** *Cremeanalysen.* Unter Anlehnung an bekannte Methoden werden Angaben zur Feststellung der Natur von Cremes sowie zur Best. von W., Asche, Polyalkoholen, Fettsäuren, Basen u. KW-stoffen gemacht. (Riv. ital. Essenze, Profumi, Piante officin., Olii veget., Saponi **34.** 259—60. 15/6. 1952.) STEINER. 7294

---

**Deutsche Hydrierwerke Akt.-Ges.** (Erfinder: **Gustav Lietz** und **Walter Gellendien**), Düsseldorf, *Abschminkmittel* aus Estern der Phthalsäure bzw. deren Homologen mit aliphat. Alkoholen mit 8—22 C-Atomen, z. B. Dodecylalkohol. (**D. B. P. 861 589** Kl. 30h vom 17/6. 1944, ausg. 5/1. 1953.) E. PETERSEN. 7285

**Anne Klenk,** Stuttgart, *Herstellen einer Masse zur Pflege der Gesichtshaut.* Ein Milchprod., z. B. Milchpulver oder -konzentrat, wird mit Kartoffel-, Reis- oder Maisstärke u. gegebenenfalls W. innig gemischt u. die Mischung für kurze Zeit gequollen. (**D. B. P. 861 588** Kl. 30h vom 2/10. 1948, ausg. 5/1. 1953.) E. PETERSEN. 7285

## XV. Gärungsindustrie.

**T. K. Walker** und **A. E. Wiles**, *Asporogen filmbildende Hefen, die als Verunreinigungen von Brauereihefen und Bieren vorkommen.* Sechzehn filmbildende Hefestämme wurden aus abgezogenen Bieren u. Preßhefe isoliert, ihre Stellung im Syst. wurde ermittelt u. ihr Wachstum in Bier untersucht. 13 gehörten zur Species Candida mycoderma (Reess) Lodder u. van Rij. (J. Inst. Brewing **58.** ([N. S.] 49.) 140—45. März/April 1952. Manchester, Coll. of Technol.) HAEVECKER. 7506

**W. F. Krutschinin** und **W. N. Stabnikow**, *Die Rumherstellung.* Allg. Ausführungen. (Виноделие и Виноградарство СССР [Weinbereit. Weinbau UdSSR] **12.** Nr. 10. 16—20. Okt. 1952.) M. GORDIENKO. 7536

**B. V. S. Seed**, *Praktische Anwendung reiner Hefekultur zur Obergärung.* Es werden Versuchsbrauansätze beschrieben, in denen eine von 12 Hefetypen, die aus der bisher verwendeten Brauhefe isoliert wurden, bes. wünschenswerte Eigg. bzgl. Flockung aufwies, gleichzeitig mit der Fähigkeit, genügend Zellen in Suspension zu halten, um eine befriedigende Nachgärung zu gewährleisten. Die Vorteile eines solchen auch in der Braupraxis möglichen Verf. sind, daß ein gelegentlicher Wechsel der Hefe aus unbekannter Quelle nicht mehr notwendig ist, die Hefe ohne Furcht vor Infektion länger verwendet werden kann u. dadurch von einem Brauansatz zum anderen die Gleichmäßigkeit sichergestellt ist. (J. Inst. Brewing **58.** ([N. S.] 49.) 124—29. März—April 1952. Birmingham, John Davenport & Sons Brewery, Ltd.) HAEVECKER. 7544

**N. F. Ssajenko**, *Die Verwendung reiner Hefekulturen bei der Weinbereitung.* Allg. Ausführungen. (Виноделие и Виноградарство СССР [Weinbereit. Weinbau UdSSR] **12.** Nr. 7. 50—53. Juli 1952. Moskau, Zweigstelle des Inst. „Magaratsch".) v. WILPERT. 7554

**N. W. Ossipow**, *Die Herstellung von sowjetischem Wermutwein.* Es wird der technolog. Prozeß zur Herst. des sowjet. Wermutweines (erstmalig 1946) beschrieben. (Виноделие и Виноградарство СССР [Weinbereit. Weinbau UdSSR] **12.** Nr. 10. 52—55. Okt. 1952. Moskau, Zweigstelle des Inst. „Magaratsch".) M. GORDIENKO. 7554

**I. G. Kowal** und **P. Ja. Pasyrew**, *Kohlensäureverluste beim Filtrieren und Abfüllen von Reservoirchampagner.* Durch Best. von $CO_2$ (I) vor u. nach dem Abfüllen wurde ermittelt, daß bei Gleichbleiben von Temp. u. I-Druck kein I aus dem Champagner im Reservoir entweicht, auch wenn die Füllung des Reservoirs mit Wein bei dieser Operation stark zurückgeht. Die Hauptverluste entstehen bei Filtrationen u. Abfüllen in warme Flaschen, also bei plötzlichem Temperaturanstieg. Diese Verluste können bei vervollkommneter Technik weitgehend vermindert werden. (Виноделие и Виноградарство СССР [Weinbereit. Weinbau UdSSR] **12.** Nr. 7. 27—29. Juli 1952. Krasnodar, Inst. für Nahrungsmittelind.) v. WILPERT. 7554

**D. A. Dymtschischin**, *Likördosierung bei der Champagnerbereitung.* Tabelle zur Berechnung des Likörzusatzes zum Wein bei der Herst. des Champagners. (Виноделие и Виноградарство СССР [Weinbereit. Weinbau UdSSR] **12.** Nr. 10. 27—28. Okt. 1952. Kischinew, Bessarab. Kombinat für Champagnerweine.) M. GORDIENKO. 7554

**L. Rosenthaler**, *Zur Theorie der Komarowskyschen Reaktion.* Die KOMAROWSKYsche Rk. zum Nachw. von Fuselöl in A. beruht auf einer Rotfärbung, die eintritt, wenn man die zu untersuchende Fl. mit Salicylaldehyd u. Schwefelsäure versetzt. Vf. diskutiert die bestehenden Vorschläge zur Klärung des Reaktionsmechanismus u. stellt fest, daß bisher keiner den experimentellen Tatsachen gerecht wird. Vf. schlägt vor, als Träger der Farb-Rk. ungesätt., unbeständige Zwischenprodd. anzusehen, die sich unmittelbar aus den in der Test-Fl. vorhandenen höheren Alkoholen durch Wasserabspaltung bilden sollen; diese Zwischenstoffe sollen dann mit den im Reaktionsgemisch vorhandenen Aldehyden die farbigen Verbb. liefern, während sie ohne Aldehyde die stabilen, farblosen Olefine oder Polymerisate geben. (Chemiker-Ztg. **76.** 374—75. 5/6. 1952. Bern.) ZIMMER. 7596

**R. G. Ault** und **A. G. R. Whitehouse**, *Bestimmung von Zink in Bier und Braumaterialien.* Nach der Feuchtveraschung mit Schwefel- u. Salpetersäure u. Extraktion mit Dithizon, wird das Zink abgetrennt u. colorimetr. als roter Dithizonkomplex bestimmt. Die Meth. ist genau u. gibt gut reproduzierbare Werte bis zu 0,001 mg Zn. Die Unters. verschied. Biere ergab im Durchschnitt selten mehr als 0,1 p.p.m., gelegentlich bis zu 0,25 p.p.m.-Malz, Hopfen u. Hefe enthalten bemerkenwerte Mengen Zn, dagegen konnte kein Zn in den Brauzuckern nachgewiesen werden. Die Hauptmenge des Zn im Malz wird in den Körnern zurückgehalten. (J. Inst. Brewing **58.** ([N. S.] 49.) 136—39. März/April 1952. Birmingham, Mitchells & Butlers Ltd., Cape Hill Brewery.) HAEVECKER. 7600

**T. L. Parfentjewa,** *Ein Berechnungsverfahren zur Bestimmung der Gefriertemperatur des Weines.* Tabelle zur Berechnung der Gefriertemp. verschied. Dessertweine in Abhängigkeit vom Alkohol- u. Zuckergehalt. (Виноделие и Виноградарство СССР [Weinbereit. Weinbau UdSSR] **12.** Nr. 6. 13—19. Juni 1952. Krasnodar, Inst. für Nahrungsmittelind.) M. GORDIENKO. 7606

---

**Henkel & Cie. G. m. b. H.,** Düsseldorf, *Herstellung von Nährlösungen für submers wachsende Fadenpilze.* Kok-Saghyz-Wurzeln werden nach weitgehender Zerkleinerung bei saurer Rk. mit W. ausgezogen u. die erhaltenen Kohlenhydratlsgg. gegebenenfalls vollständig oder teilweise hydrolysiert. (**D. B. P. 856 286** Kl. 6b vom 24/11. 1943, ausg. 20/11. 1952.) KETTNER. 7507

**E. Hultin och L. Nordström,** Stockholm, Schweden, *Herstellung von Enzymen,* die Dextran in einfachere Zucker aufspalten können. Man züchtet Schimmelpilze, bes. *Penicillium-* u. *Verticilliumarten* in Nährlsgg., welche Dextran enthalten, worauf man das Enzym in an sich bekannter Weise aus den Pilzmassen extrahiert. Z. B. verwendet man eine Nährlsg., die ca. 20 g Dextran im Liter enthält. (**Schwed. P. 133 157** vom 27/10. 1948, ausg. 9/10. 1951.) JÜRGEN SCHMIDT. 7509

**Vàclav Jonàs,** Prag, Tschechoslowakei, *Herstellung von eiweißreichen Stoffen.* Man stellt eiweißreiche Stoffe durch Schnellgärung unter gleichzeitiger chem. u. biol. Reinigung von Hefe-Fll. her, wobei die Fll. mit starken Hefesätzen aus Schimmelpilzen, wie *Oidium lactis, Fusis sporium moschatum, Monilia Candida,* beimpft werden u. die Gärung bei 25—30°, $p_H$ 6 in 2—18 Std. durchgeführt wird. (**N. P. 79 017** vom 23/11. 1948, ausg. 3/9. 1951, u. **Finn. P. 25 720** vom 23/11. 1948, Auszug veröff. 31/5. 1952. Beide Tschech. Prior. 24/11. 1947.) JÜRGEN SCHMIDT. 7579

## XVI. Nahrungs-, Genuß- und Futtermittel.

**P. von Pohlheim** und **H. Kummer,** *Über die Benennung und Wertbeurteilung von Mühlennachprodukten des Weizens und Roggens.* Unterss. an 56 Weizen- u. 14 Roggenabfällen ergaben, daß die Summe der wertbestimmenden Nährstoffe, ausgedrückt durch die Wertzahl W = 100 — (W. + Rohfaser + Asche), nicht zur eindeutigen Charakterisierung u. Wertbeurteilung geeignet ist. Der Stärkegeh. bietet hierfür eine zuverlässige Grundlage. Für Kleien, Bollmehle, Futtermehle u. Nachmehle des Weizens u. Roggens werden Grenzwerte für den Stärkegeh. mitgeteilt. (Landwirtsch. Forsch. **4.** 195—204. 1952. Augustenberg, Bad. Landw. Versuchs- u. Forschungsinst.) WINIKER. 7670

**E. F. Seeborg** und **M. A. Barmore,** *Der Einfluß der Vermahlungsfeuchtigkeit auf Mehlausbeute, Mehlasche und das Vermahlungsverhalten des Weizens.* 3 Pacific-Northwest-Weichweizen wurden bei Feuchtigkeiten von 9—17% vermahlen u. die Ausbeute beim Schroten u. Mahlen an Mehl u. Kleie wurde bestimmt. Mit steigender Feuchtigkeit vermindert sich die Mehlausbeute, jedoch werden Mehle niedrigeren Aschegeh. erhalten. (Northwestern Miller **248.** Nr. 2 Milling Product Sect. 1a. 14a—17a. 8/7. 1952.) HAEVECKER. 7670

**Werner Bötticher,** *Beerenkontrolle 1952 im Bayerischen Wald.* Analysenzahlen von frischen, unvergorenen Himbeeren [Trockensubstanz, OECHSLE-Grade, Gesamtsäure (berechnet als Weinsäure), $p_H$]. (Ind. Obst- u. Gemüseverwert. **37.** 402—03. 20/11. 1952. München, Landesverein Bayer. Konservenfabrikanten e. V.) WINIKER. 7688

**A. Kalischek,** *Zusammensetzung und Kennzahlen von Himbeermuttersäften der Ernte 1952 aus dem Bayerischen Wald.* Die Ergebnisse der Himbeerunterss. 1952 [OECHSLE-Grade, Gesamtsäure (als Weinsäure), flüchtige Säure (als Essigsäure), nichtflüchtige Säure (als Weinsäure), Gesamtzucker (als Invertzucker), Gesamtextrakt, zuckerfreier Extrakt, Asche, Alkalität, Alkalitätszahl] werden besprochen u. mit den Durchschnittswerten früherer Jahre verglichen. (Ind. Obst- u. Gemüseverwert. **37.** 404—06. 20/11. 1952. Weihenstephan, Inst. für landwirtsch. Technol.) WINIKER. 7688

**Ohler,** *Beobachtungen über die Entstehung der Kahmebildung bei im Anbruch stehenden sterilisierten Gurken in 10/1 kg-Dosen.* (Ind. Obst- u. Gemüseverwert. **37.** 307—08. 25/9. 1952.) WINIKER. 7690

**J. Koch,** *Über die Wirkung der Filtrationsenzyme bei der Fermentierung der Fruchtsäfte.* Kurzer Überblick an Hand der Literatur (9 Hinweise) u. Bericht über eigene Verss., denen zufolge ein wirksames Filtrationsenzym bei Vorhandensein von 10 Pektaseeinheiten ein Pektase:Pektinase-Verhältnis von 1: 2 bis 1: 3 besitzen muß (1 Pektase- bzw, Pektinaseeinheit = die von 1 g handelsüblichem Fermentpräp. aus 1%ig. Pektinlsgg. abspaltbaren mg $-OCH_3$ bzw. —CHO). (Ind. Obst- u. Gemüseverwert. **37.** 303—07. 25/9. 1952.) WINIKER. 7706

**C. L. Cutting,** *Neuere britische Forschung über die Probleme beim Räuchern und Trocknen von Fisch.* Beschreibung der in England üblichen Arbeitsweise beim Räuchern u. Trocknen von Fisch mit Abb. einiger Öfen. Neuerdings trocknet man den vorher gekochten u. zerlegten Fisch im Vakuum sowie in Warmluft. Solcher Trockenfisch bindet beim Wässern das W. besser als gesalzener u. dann getrockneter Fisch. — 17 Schrifttumshinweise. (Tidsskr. Hermetikind. **38.** 409—12. Aug. 1952. Aberdeen, Dep. of Scient. and Ind. Res., Torry Stat.) Borchers. 7752

**R. Dawidow** und **W. Belowskaja,** *Der Säuregehalt von frisch gemolkener Milch.* Der Säuregrad von frisch gemolkener Milch stieg bei allen Gruppen der Versuchstiere im Juli u. fiel im Oktober ab. Diese Erscheinung steht möglicherweise mit Veränderungen in der Zus. der Futterrationen im Zusammenhang. (Молочная Промышленность [Milch-Ind.] **13.** Nr. 7. 27—30. Juli 1952. Moskau, Landw. Timirjasew-Akad.) M. Gordienko. 7756

**A. R. Waldman,** *Erhöhung des Vitamingehaltes der Milch.* An Hand zahlreicher Beispiele wird auf die Wichtigkeit einer geeigneten Fütterung, bes. im Winter, unter Zugabe von Vitaminkonzentraten hingewiesen, um den Geh. der Milch an Vitamin A, D, C u. an Vitaminen des B-Komplexes in n. Höhe zu halten u. damit auch den Gesundheitszustand des Viehes zu erhöhen. (Социалистическое Животноводство [Sozialist. Tierzucht] **14.** Nr. 12. 8—12. Dez. 1952.) Ulmann. 7756

**Gerhard Jordan,** *Über die Wirkung eines praktisch unschädlichen Entkeimungsmittels („Mx") auf die Milch und deren Keimgehalt.* Verss. mit dem Entkeimungsmittel *Mx* (I, Komplexverb. von Metallsalzen mit sulfosauren Benzolderivv.) ergaben, daß ein I-Zusatz (1 : 400) infolge Hemmung des Bakterienstoffwechsels die Gerinnungszeit der Kuhmilch auf das ca. 15fache verlängert. Die Redoxvorgänge in der Milch, bes. die bakteriell bedingten, werden gehemmt. (Arch. Hyg. Bakteriol. **136.** 390—97. 1952. Freiburg/Breisgau, Univ., Hyg.-Inst.) Winiker. 7756

**N. C. Angevine,** *Herstellung von Buttermilch mittels Kulturen.* Ratschläge zur Herst. u. Behandlung von Buttermilch u. der erforderlichen Kulturen. (Dairy Wld. **31.** 22—26. Okt. 1952. St. Louis, Mo., Meyer-Blanke Co., Labor. Div.) Fresenius. 7756

—, *Elektronisches $p_H$-Kontrollverfahren für Rahm.* Im Robichaux-Verf. wird die Säure des Rahms fortlaufend durch eine $p_H$-Kontrollapp. gemessen, die die Zugabe von Neutralisierungsmittel automat. je nach Säuregrad des Rahms regelt. (Butter, Cheese Milk Products J. **43.** 26—27. Okt. 1952.) Fresenius. 7756

**A. Chmelew,** *Verbesserung der Qualität des Schmelzkäses.* Es werden Maßnahmen zur Verbesserung der Qualität von Schmelzkäse besprochen. (Молочная Промышленность [Milch-Ind.] **13.** Nr. 7. 22—23. Juli 1952. Minist. für Fleisch- u. Milchind. der UdSSR.) M. Gordienko. 7760

**W. Wunder,** *Cyprinin, das neuzeitliche Trockenfutter für den Karpfen in Körnerform.* Kurzer Überblick über die Karpfenfütterung unter besonderer Berücksichtigung von Cyprinin, einem protein- u. vitaminhaltigen Trockenfutter. (Allg. Fischerei-Ztg. **76.** 325—26. 15/8. 1951. Erlangen, Zool. Inst.) Winiker. 7786

—, *Bestimmung des Reifens von Erbsen. Objektive Prüfmethoden.* Das bisher zur Reifezustandsprüfung von Erbsen für Konserven übliche Zerdrücken zwischen den Fingern wurde durch chem. u. physikal. Methoden ersetzt, von denen sich bes. das Tenderometer bewährt hat. Dieses aus Stator u. Rotor bestehende, elektr. angetriebene Gerät mißt die Weichheit u. Härte von 300 g Erbsen u. anderen Stoffen mittels der zum Zerschneiden erforderlichen Kraft in kg/cm². In einer Tabelle werden Werte für Tenderometerzahl, Ausbeute u. Qualität, in einem Diagramm diese Zahlen bezogen auf chem. Inhaltsstoffe von Erbsen angegeben. (Tidsskr. Hermetikind. **38.** 420—22. Aug. 1952.) Borchers. 7810

**W. Pilnik** und **G. Rothschild,** *Über die Bestimmung von Pektinstoffen und Alginaten in Mischung.* Ein aliquoter Teil der wss. Lsg. der Ausgangsstoffe ($p_H$ 4—5) wird mit dem doppelten Vol. A. oder Aceton gefällt, der Nd. filtriert u. decarboxyliert. Der erhaltene Uronsäurewert entspricht dem Pektin- + Alginsäuregehalt. Ein anderer aliquoter Teil der gleichen Lsg. der Ausgangssubstanz wird mit Pektinaseextrakt versetzt u. nach einigen Std. gefällt. Der Nd. enthält nur noch Alginate; er wird decarboxyliert. Der gefundene Wert an Uronsäure entspricht dem Alginsäuregehalt. Auch läßt sich in einem dritten aliquoten Teile der Veresterungsgrad titrimetr. oder durch $CH_3OH$-Best. ermitteln. (Mitt. Gebiete Lebensmittelunters. Hyg. [Bern] **42.** 409—12. 1951. Rehovot, Israel, Central Citrus Products Res. Labor.) Liebner. 7814

**Th. Brouwer,** *Mikrochemischer Nachweis von Theobromin und Coffein in Kakaoprodukten.* Man entfettet die Probe mit PAe., vermischt sie mit MgO in feuchtem Zustand, extrahiert mit Chlf., verdampft das Chlf. u. extrahiert den Rückstand mit Ae., wobei Coffein (I) u. Spuren Fett in Lsg. gehen u. reines Theobromin (II) zurückbleibt. Man versetzt die Lsg. von **II** in $HNO_3$ mit $AgNO_3$ u. erhält nadelförmige Kristalle des Doppelsalzes **II**-Nitrat–$AgNO_3$. **I** bildet mit $HgCl_2$ nadelförmige Kristalle. (Chem. Weekbl. **48.** 582—83. 9/8. 1952. 's-Gravenhage, Rijksbur. voor Onderzoek van Handelswaren, Labor.) WESLY. 7832

**Hans-Wilhelm Scharpenseel,** *Kritische Beobachtungen zur Notwendigkeit der Ligninbestimmung bei der Berechnung des Produktionswertes der Rauhfuttermittel.* Es wurde festgestellt, daß der Anteil der unverwertbaren Zellmembranbestandteile (Lignin + Cutin + Suberin) an der Rohfaser sowohl bei verschied. Pflanzen, die bei Stärkewertbest. mit dem gleichen Rohfaserabzug behandelt werden, als auch bei der gleichen Pflanze starken Schwankungen unterliegt. Vf. hält es daher für angezeigt, den Einfl. des Ligninanteils auf den Produktionswert durch Respirationsverss. genauer zu ermitteln. (Landwirtsch. Forsch. **4.** 205—10. 1952. Bonn, Univ., Inst. für Tierzucht u. Tierfütterung.) WINIKER. 7868

---

**Standard Oil Development Co.,** Elizabeth, N. J., V. St. A., *Vorübergehendes Wasserabstoßendmachen von wasserlöslichem Gut, wie Speisesalz, Hustendrops.* Man führt das Gut kurze Zeit — bis 15 Min. — durch eine Zone, in der es der Einw. von verdampften organ. Siliciumverbb., z. B. Methyltrichlorsilan oder Dimethyldichlorsilan, ausgesetzt wird. Anschließend kann das Gut noch getrocknet werden, z. B. NaCl bei 112°. (**E. P. 662 664** vom 21/4. 1949, ausg. 12/12. 1951.) MÖLLERING. 7631

**Sutcliffe, Speakman & Co. Ltd.,** übert. von: **Fred Howard,** Leigh, England, *Verpackungspapier für Lebensmittel* (**I**). Um eine Geruchsabgabe der **I** zu verhindern, ist eine von 2 verbundenen Papierbahnen im wesentlichen undurchlässig u. die andere mit feinverteilter Aktivkohle gefüllt. Die gefüllte Schicht kann mit $CH_2O$ imprägniert sein u. bei der Stoffbereitung mit Harzen aus $CH_2O$ u. Harnstoff oder Melamin naßfest geleimt werden. (**A. P. 2 593 146** vom 26/11. 1946, ausg. 15/4. 1952. E. Prior. 19/10. 1945.) G. VOGEL. 7635

**Henkel & Cie. G. m. b. H.** (Erfinder: **Wolfgang Gündel, Willy Offermann, Eckart Meyer** und **Hedwig Fuchs**), Düsseldorf, *Verhütung des Auskeimens gelagerter Hackfrüchte,* die sich als Lebensmittel, Futtermittel oder für techn. Zwecke verwenden lassen, durch Behandlung der einzulagernden Hackfrüchte mit *Phenylcarbaminsäure-isopropylestern.* (**D. B. P. 853 248** Kl. 53c vom 2/10. 1948, ausg. 23/10. 1952.) MAASS. 7679

**H. P. Cannon & Son, Inc.,** übert. von: **Richard W. Harris,.** Bridgeville, Del., V. St. A., *Konservierung von Pfeffer* durch direkte Einw. von Dampf auf gewürfelten Pfeffer bis auf 180° F, Entfernung des entstandenen Saftes, Einfüllen der heißen Würfel in Dosen, Bedecken mit einer auf ein $p_H$ von 4,5 eingestellten wss. Lsg. einer organ. genießbaren Säure, wie Citronensäure bei 180—212° F, 1 Min. langes Erhitzen der verschlossenen Dose u. schnelles Abkühlen auf 120° F. (**A. P. 2 587 466** vom 11/5. 1950, ausg. 26/2. 1952.) MAASS. 7715

**Jacques-Nicolas Wiser,** Frankreich, *Behandlung von Milch.* Die pasteurisierte, ca. 85° heiße Milch, Magermilch oder Sahne wird mit zweckmäßig filtrierter u. gereinigter Luft oder mit $N_2$, die unter Druck eingeleitet werden, behandelt, bevor sie wieder abgekühlt wird. Man bemißt den Luftstrom so, daß auf 1 Liter Milch ca. 1 Liter Luft von n. Druck kommt. — Vorrichtung. (**F. P. 992 917** vom 29/9. 1944, ausg. 24/10. 1951.) GRÄGER. 7757

**Van Hees G. m. b. H.,** Wiesbaden, *Herstellung eines voll löslichen Milchkonzentrates oder Milchpulvers* durch Zusatz von Salzen der anhydr. Phosphorsäuren, wie Pyro-, Meta- u. Polyphosphorsäuren, einzeln oder im Gemisch, zu der einzudickenden oder zu trocknenden Milch. (**D. B. P. 853 250** Kl. 53e vom 6/11. 1948, ausg. 23/10. 1952.) MAASS. 7757

**Herbert Petrovicki** und **Friedrich Schaffernak,** Heidelberg, *Verarbeitung von Molke* unter Abtrennung unerwünschter Bestandteile (**I**), bes. Salze, durch Einstellung der Fl. während oder nach der Entfernung der **I**, aber vor der Konz. bzw. dem Trocknen, auf $p_H$ ca. 8—5, bes. 7—5. (**D. B. P. 857 884** Kl. 53e vom 26/5. 1949, ausg. 1/12. 1952.) MAASS. 7757

**De Laval Separator Co.,** New York, übert. von: **George J. Strezynski,** Poughkeepsie, N. Y., V. St. A., *Quarkgewinnung* durch Homogenisieren eines kontinuierlichen Milchstromes, Einlaben der unter 5% Fett enthaltenden Milch erst unter Umrühren u. dann unter Ruhighalten der Milch in Behältern bis zur Bldg. einer sauren Mischung von schwerem Quark u. leichterer Molke, Abziehen der Mischung am unteren Teil des Behälters u. Abtrennung des Quarks von der Molke durch Zentrifugieren, wobei der Quark am äußeren u. die Molke am inneren Teil der Zentrifuge abgeführt werden. — Vorrichtung. (**A. P. 2 574 508** vom 2/6. 1947, ausg. 13/11. 1951.) MAASS. 7761

## XVII. Fette. Seifen. Wasch- u. Reinigungsmittel. Wachse. Bohnermassen usw.

**Nederlandse Organisatie Voor Toegepastnatuurwetenschappelijk Onderzoek Ten Behoeve Van De Voeding,** Utrecht, Holland, *Antioxydans für fett- und ölhaltige Lebensmittel,* bestehend aus einem Zusatz von 0,005—0,01% Tetraalkylthiuramdisulfid, z. B. Tetramethylthiuramdisulfid. (**E. P. 652 082** vom 10/12. 1948, ausg. 18/4. 1951. Holl. Prior. 22/12. 1947.) LÜTTGEN. 7871

**Synergic Foundation, Inc.,** New York, N. Y., V. St. A., *Raffinieren und Entfärben fetter Öle.* Man behandelt sie bes. im Gegenstromverf. mit n. gasförmigen KW-stoffen, z. B. Propan, nahe der krit. Temperatur. (**E. P. 652 376** vom 6/8. 1947, ausg. 25/4. 1951. A. Prior. 8/12. 1939.) LÜTTGEN. 7875

**Aktiebolaget Separator,** Stockholm, Schweden (Erfinder: **S. H. B. Zachariassén**), *Reinigung von Ölen.* Man reinigt die Öle durch Zentrifugieren, wobei sie der Zentrifuge durch die zentrale Achse zugeführt werden. Damit während des Passierens des Zuführungsrohres (**I**) keine unerwünschte Erwärmung der Öle erfolgt, bes., wenn bei tiefer Temp. zentrifugiert werden soll, ist **I** nach außen gegen Wärme isoliert, entweder durch festes Isoliermaterial oder durch einen konzentr. Kanal, durch den eine Kühl-Fl. fließt. (**Schwed. P. 133 859** vom 11/9. 1948, ausg. 11/12. 1951.) JÜRGEN SCHMIDT. 7875

**J. R. Short Milling Co.,** Chicago, Ill., V. St. A., *Oxydieren von fetten Ölen* (**I**). Man löst in **I** in Ggw. von fl. oxydierenden Enzymen $O_2$ unter Druck u. Erwärmen. Die erhaltenen Peroxyde der **I** dienen als Bleichmittel für **I**, Fette, Wachse, Backwaren usw. (**E. P. 650 116** vom 9/3. 1948, ausg. 14/2. 1951. A. Prior. 10/3. 1947.) LÜTTGEN. 7879

**Henkel Kemiskt-Tekniskt Aktiebolag,** Stockholm, Schweden (Erfinder: **F. Pernthaler**), *Kontinuierliche Sulfonierung von Fettstoffen und anderen sulfonierbaren Stoffen und Neutralisierung der Sulfonate.* Sowohl die Sulfonierung als auch die Neutralisierung werden in schnellaufenden, kühlbaren Behältern mit eingebauten Begrenzungswänden durchgeführt, wobei die Sulfonierung an den inneren Begrenzungswänden, die Neutralisierung an den äußeren Begrenzungswänden stattfindet. Dieses Verf. der Schwed. PP. 107 873 (Hauptpatent) u. 129 156 (Zusatz), vgl. C. **1944.** I. 1465, wird dahin abgeändert, daß an Stelle eines kühlbaren Behälters eine Vorr. verwendet wird, wie sie für die Zerstäubungstrocknung bekannt ist. — Zeichnung. (**Schwed. P. 132 339** vom 14/2. 1945, ausg. 17/7. 1951. D. Prior. 14/2. 1944.) JÜRGEN SCHMIDT. 7885

**V. D. Anderson Co.,** V. St. A., *Vorrichtung zur Wiedergewinnung des Lösungsmittels bei der Extraktion von Ölen,* z. B. von Sojaöl oder Leinöl. — Zeichnung. (**F. P. 975 427** vom 24/11. 1948, ausg. 5/3. 1951.) M. F. MÜLLER. 7895

**H. Schou,** Juelsminde, Dänemark, *Dispergierungsmittel für die Herstellung von Margarine,* bestehend aus Gemischen von *1.2.4-Tri-[acyloxy]-benzol,* bes. *1.2.4-Tri-[acetyloxy]-benzol,* mit partiellen Estern höherer Fettsäuren, z. B. partiell mit Stearin-, Palmitin- oder Ölsäure verestertem Glycerin. Solche Veresterungsprodd. gewinnt man z. B. durch Umesterung von 100 (Teilen) gehärtetem Fett mit 20 Glycerin. (**Schwed. P. 134 078** vom 30/5. 1949, ausg. 27/12. 1951.) JÜRGEN SCHMIDT. 7901

**J. K. O. H. Holmberg,** Stockholm, Schweden, *Herstellung von Seife.* Das an die Verseifung sich anschließende Aussalzen u. gegebenenfalls Schleifen der Seifen erfolgt bei Tempp. merklich $>$ 100°, bes. bei 150—200°, jedoch $<$ F. der wasserfreien Seife. Gegebenenfalls kann man diese Behandlungen unter erhöhtem Druck durchführen. Man erhält eine elektrolytarme Seife. — Zeichnung. (**Schwed. P. 132 645** vom 29/11. 1949, ausg. 7/8. 1951.) JÜRGEN SCHMIDT. 7907

**Victor Wolf Ltd.** (Erfinder: **Richard Rowe**), Manchester, England, *Gewinnung von Polyglycerinen aus Glycerinpech,* gek. durch die Verwendung von Dioxan als Extraktionsmittel. (**E. P. 663 672** vom 14/6. 1949, ausg. 27/12. 1951.) LÜTTGEN. 7909

**British Celanese Ltd.,** London, England, *Waschblätter* aus einer Folie von wasserlösl. Cellulosederivv. u. einer oberflächenakt. Substanz. — Z. B. 12 (Teile) Methylcellulose (**I**), 5 Alkylsulfonat (**II**), 2 Carboxymethylcellulose, 4 Kieselgur (**III**), 2 Ka-Oleat oder 12 **I**, 20 **II**, 5 Triäthanolamin, 4 **III**. (**E. P. 656 210** vom 7/10. 1948, ausg. 15/8. 1951.) K. HEINZE. 7913

**Imperial Chemical Industries Ltd.,** London, und **Frederick Joseph Pollok,** Troon, *Metallputzmittel,* bestehend aus Schleifmaterial (Chinaerde, Kieselgur) in einer wss. Lsg. von anionakt. Reinigungsmitteln u. wasserlösl. Methylcellulose mit mindestens 0,55 Alkalicarboxymethylgruppen pro Anhydroglucoseeinheit u. einer Viscosität von $>$ 100 Centistokes in 1%ig. Lösung. (**E. P. 649 162** vom 14/5. 1948, ausg. 17/1. 1951.) LÜTTGEN. 7917

## XVIII a. Holz. Cellulose. Zellstoff. Papier. Papierdruck. Celluloid. Linoleum.

—, *Griffe in die heutige Celluloseforschung.* Übersicht über die Fortschritte der Celluloseforschung in den letzten 10 Jahren (Aufbau der Celluloseketten, Bldg. der Cellulose in der Pflanze). (Plastica [Delft] **5.** 221—25. Juli 1952.) WESLY. 7954

—, *Griffe in die heutige Celluloseforschung.* (Vgl. vorst. Ref.) Nach der von RÅNBY entwickelten Theorie bilden sich Fibrillen aus einem Enzymmol., das aus seiner Umgebung niedrigmol. Bestandteile aufnimmt u. ein Cellulosenetz aufbaut. Röntgenograph. Unterss. werden angewandt, um Aufschluß über den Anteil verschied. Cellulosefasern an kristallinen Stoffen u. über deren Einfl. auf die Fasereigg. zu erhalten. (Plastica [Delft] **5.** 257—60. Aug. 1952.) WESLY. 7954

**Theodor Kleinert,** *Neue Wege zur Sulfitablaugenverwertung.* Es werden die Bedingungen aufgezeigt, die eine wirtschaftliche Verwertung der Sulfitablauge ermöglicht. Bes. geeignet ist die Verwertung der Fällungsprodd. der Ablauge auf organ. Düngemittel unter gleichzeitiger Gewinnung des S in Form von $H_2SO_3$, die dann auf $H_2SO_4$ weiterverarbeitet werden kann. Weitere Einzelheiten werden besprochen. (Österr. Papier-Ztg. **58.** Nr. 7. 15. Juli 1952.) P. ECKERT. 7962

**F. Wultsch** und **H. Salzer,** *Untersuchungen über die Eignung der Naßentrindungsverfahren für ungeflößtes Alpenholz.* Es wird über Verss. berichtet, die sich vor allem mit der Ermittlung der Schäl- u. Holzverluste sowie mit techn. Fragen beschäftigen. (Österr. Papier-Ztg. **58.** Nr. 4. 5. 7. 9. April. Nr. 6. 15. 17. Juni 1952.) P. ECKERT. 7974

—, *Landwirtschaftliche Rückstände für die Papierherstellung.* Bericht über die mechan. u. chem. Aufarbeitung von Stroh u. Zuckerrohrrückständen zur Papiererzeugung u. deren Verwendungsmöglichkeit. (Wld. Paper Trade Rev. **138.** 1142—44. 9/10. 1952.) GNAUCK. 7974

**A. Roudier,** *Schutz der Cellulose durch Hemicellulosen in einigen Papierstoffen.* Wird Papierstoff aus Stroh 5 Std. mit 0,225 g/Liter Oxalsäure ($p_H$ 3,05) hydrolysiert, so wird die gesamte Arabinose entfernt, Xylose tritt im Hydrolysat nur in ganz geringen Mengen auf. Bei entsprechender Behandlung mit 2,25 g/Liter Oxalsäure ($p_H$ 2) bzw. n/2 $H_2SO_4$ bleibt im Hydrolysat die Arabinosemenge konstant, die Xylosemenge ist gestiegen, geringe Glucosemengen. Papier, aus so vorbehandelten Stoffen hergestellt hat geringere physikal. Festigkeit als aus unbehandelten Stoffen. — Hydrolysiert man Baumwolllinters u. Papierstoff aus Stroh unter den gleichen Bedingungen (vgl. oben), so wird der Polymerisationsgrad der Cellulose bei Linters stärker herabgesetzt als bei Strohpapierstoff. Daraus wird auf einen Schutz der Cellulose durch die Hemicellulosen des Strohs geschlossen. Umgekehrt wird auch Xylan, das durch milde Extraktion von der Cellulose getrennt wurde, schon durch kochendes W. zers., während es im Zusammenhang mit der Cellulose einer weit stärkeren Säurebehandlung standhält (vgl. obige Resultate). Es kann also auch von einem Schutz der Hemicellulosen durch die Cellulose gesprochen werden. Ggw. von Lignin ist auf den Effekt ohne Einfluß. Tabellen über die Ergebnisse der Hydrolysenverss. u. der DP-Messungen. Die DP-Messungen an Cellulose aus Strohpapierstoff wurden nach Hydrolyse u. Extraktion der Hemicellulosen mit 12%ig. NaOH vorgenommen. (Assoc. Techn. Ind. Papetière **5.** Bull. Nr. 7. 444—45. Nov. Suppl. zu: Papeterie **73.** Dez. 1951.) ROSSOW. 7974

**Aurelio Zatti,** *Filze für Papierfabriken.* Sehr ausführliche Darst. u. Klärung aller Fragen, die mit der Verwendung von Filzen in der Papierindustrie zusammenhängen. (Papeterie **74.** 145—53. März. 221—29. April. 307—15. Mai. 355—63. Juni. 417—25. Juli. 478—85. Aug. 1952.) HEINRICHS. 7974

**M. Argy,** *Die Fabrikation von gummiertem Papier.* Die steigende Bedeutung der Herst. von gummierten Papieren erfordert spezielle Anlagen sowie Kontrollverff. für die Prüfung der Rohstoffe u. Endprodukte. Vf. beschreibt Maschinen zur Verwendung von Gummi arabicum, Dextrin u. starken Klebstoffen sowie solchen für Klebstreifenrollen (mehrere Zeichnungen). Hinweise aus der Praxis für laufende Betriebskontrollen. (Papeterie **74.** 274—81. Mai 1952.) HEINRICHS. 7986

**S. R. Sheeran,** *Polyvinylalkohol und Polyvinylacetat in der Papierindustrie.* Polyvinylalkohol (I) ist lösl. in W. u. niederen Alkoholen. I wird allein oder mit anderen wasserlösl. Prodd. zusammen, wie Stärke, Casein usw., zur Herst. öl- u. fettdichter Überzüge mit gutem Pigmentbindevermögen auf Papier benutzt. Durch Mischung mit Dimethylolharnstoff oder Trimethylolmelamin in Ggw. von $NH_4$-Salzen u. Erhitzen auf 90 bzw. 65° C wird I teilweise gegen W. beständig. I erhöht die Festigkeit des Papiers u. verhindert das Durchschlagen von Druckfarbe u. Asphalt. Polyvinylacetat, in Emulsion verwendet, gibt hochglänzende, zähe, fettdichte u. lichtechte Überzüge. Es kann auch als

Klebstoff für Papier, Cellophan, Porzellan u. a. in Emulsion oder zu Heißversiegelungen eingesetzt werden. (Wld. Paper Trade Rev. **138**. 1382—88. 30/10. 1952. Wilmington, Del., E. I. du Pont de Nemours & Co., Vinyl Prod. Div.) H. BECKER. 7986

**Kurt Engel,** *Rohstoffe und Herstellung von Lederpapieren, Papiervliesleder und Faserleder.* Die verschied. Stoffe von lederähnlichem Griff, Aussehen u. teilweise auch Festigkeit auf Basis Papier u. Zellstoff sind: 1. *Lederpapier,* ein gleichmäßig durchgefärbtes Papier von 60—120 g/m² mit einem Farbstrich u. Decklack. Als Farbstrich werden Pigmente mit Caseinleim u. Kunststoffemulsionen oder Latex, als Decklack Casein u. Formalin oder Schellack verwendet. Lederpapiere werden genarbt u. auf Pappe kaschiert, haben aber nur geringe Festigkeit. 2. *Papiervliesleder,* Lösch- oder Vliespapier aus reinem Zellstoff von 100—400 g/m² wird mit Latex oder Kunsstoffemulsion getränkt, bis das Prod. zu 50% aus Kunststoff besteht. Der Zellstoff kann vor dem Tränken mit Harnstoffharzen oder Polyäthylenimin versetzt werden, damit er dabei nicht zu leicht reißt. 3. *Faserleder,* Lederabfälle werden in schwach alkal. Lsg. zerfasert u. mit ca. 10% Natronzellstoff gemischt. Im Holländer werden Latex oder Kunststoffemulsion zugegeben, diese dann mit Alaun auf die Fasern gefällt u. in dicken Platten gegossen, die wie stark gegerbtes Kernleder aussehen u. für Schusohlen u. ä. verwendet werden. (Wbl. Papierfabrikat. **80.** 703—04. Mitte Okt. 1952. Niederlahnstein.) H. BECKER. 7986

**Paul Schorning** und **Vazgen Jacopian,** *Über eine neue Schnellmethode zur Bestimmung des Gesamtzuckers bzw. der reduzierenden Substanz in Hydrolysaten von Kohlenhydraten.* Nach einem Überblick über die bisher gebräuchlichen Methoden zur Best. der reduzierenden Substanz gehen Vff. auf eine neue, von ihnen entwickelte Meth. ein. Sie verzichten auf die Verwendung von Seignettesalz u. J. Als Oxydationsmittel bedienen sie sich des p-Toluolsulfochloramid-Na (I). Die Best. wird wie folgt durchgeführt: Bldg. der entsprechenden Menge $Cu_2O$ in bekannter Weise aus der vorhandenen reduzierenden Substanz. Oxydation des gebildeten $Cu_2O$ durch den größten Teil des zugemessenen überschüssigen 0,1 n **I**. Zerstörung des überschüssigen **I** mittels einer bestimmten Menge von überschüssiger 0,1 n $Na_3AsO_3$ mittels tropfenweise zugegebenen 0,1 n **I**. Rücktitration des nicht verbrauchten $Na_3AsO_3$ mittels tropfenweise zugegebenen 0,1 n **I**. Die prakt. Durchführung der neuen Bestimmungsmeth. wird eingehend beschrieben. (Faserforsch. u. Textiltechn. **3**. 437—40. Nov. 1952. Teltow-Seehof, Inst. für Faserforschung der Dtsch. Akad. der Wiss. zu Berlin.) P. ECKERT. 8006

---

**Aktiebolaget Svenska Fläktfabriken,** Stockholm, Schweden (Erfinder: **B. E. Löfgren**), *Trocknen von Holz.* Das Holz wird in 2 hintereinandergeschalteten Kammern getrocknet, wobei das Trockenmittel im Gegenstrom durch die beiden Kammern geführt wird. In der 2. Kammer ist ein Kreislauf vorgesehen; das abziehende feuchtigkeitshaltige Trockenmittel dient zur Vorwärmung der Frischluft. Hierbei soll in der 1. Stufe das Holz nicht die Temp. der Verflüchtigung von Harz erreichen. In der 2. Kammer soll die Trockentemp. niedriger sein als in der ersten, aber es soll eine gleichmäßige Durchwärmung erfolgen, so daß auch die Feuchtigkeit aus dem Innern des Holzes entweichen kann. — Zeichnung. (**Schwed. P. 132 565** vom 6/5. 1946, ausg. 31/7. 1951.) JÜRGEN SCHMIDT. 7953

**Achille Jenet,** Belgien, *Kaltimprägnierung von Holz.* Das Imprägnierungsmittel besteht aus schwerem Kreosotöl, Leichtöl, Bzl., Goudronöl u. enthält außerdem eine geringe Menge, ca. 5%, Dinitrophenol als fungiciden u. antisept. Wirkstoff. Die Imprägnierung erfolgt im Autoklaven unter red. Druck. Das Mittel verleiht dem Holz bes. Festigkeit u. Widerstandsfähigkeit gegen Temperatureinflüsse. (**F. P. 991 999** vom 6/8. 1949, ausg. 12/10. 1951. Belg. Priorr. 24/9. 1948 u. 8/2. 1949.) WITTHOLZ. 7953

**Aktiebolaget Rosenblads Patenter,** Stockholm, Schweden (Erfinder: **S. G. Lindberg**), *Direktes Erhitzen von Bahnen aus Cellulose-, Papier- oder Pappemassen auf der Naßseite von Trockenmaschinen.* Man leitet diese Bahnen auf der Naßseite der Trockenmaschinen zunächst über Saug- u. dann durch Preßwalzen. Hierbei wird über den Saugwalzen Naßdampf oder wenig überhitzter Dampf kondensiert u. die in der M. enthaltene Luft im wesentlichen durch das warme Kondensatwasser ersetzt. Hierdurch wird die Leistung der Trockenmaschine wesentlich erhöht. (**Schwed. P. 133 230** vom 22/12. 1947, ausg. 9/10. 1951.) JÜRGEN SCHMIDT. 7981

**Hellefors Bruks Aktiebolag,** Fredriksberg, Schweden, *Verfahren zur Verhinderung des Verharzens von Sieben und Filzen bei der Herstellung von Papier und Karton.* Das untere Sieb- oder Filztrum wird mit angesäuertem W. ($p_H$-Wert 4,5—5,5) bespritzt. Diesem können sauer reagierende Salze, wie Aluminiumsulfat oder -chlorid, oder Säuren, wie $H_2SO_4$, zugemischt werden. — Vorrichtung. (**E. P. 659 784** vom 24/2. 1949, ausg. 24/10. 1951. Schwed. Prior. 26/2. 1948.) ZIERHOLD. 7985

**Chemical Mfg. Co.**, Dublin, Irland, übert. von: **John Alexander Montgomerie**, Cambuslang, Schottland, *Streichmasse zur Herstellung von Druckpapier*, bestehend aus wss. alkal. Lsg. von Casein (I), in der ein vegetabil. Harz (II) dispergiert ist, von dem wenigstens ein Teil als Alkalimetallresinat vorliegt, wobei das Verhältnis von II:I =1:1 bis 1:3 betragen kann. (**A. P. 2 566 529** vom 14/2. 1948, ausg. 4/9. 1951.) ZIERHOLD. 7987

**Interlake Tissue Mills Co.**, Toronto, Can., *Feucht bleibendes antiseptisches Papier*, dad. gek., daß es mit einer Lsg. von o-Oxyphenyl-Hg-chlorid (1:50000—200000) oder einer ähnlichen organ. Hg-Verb. getränkt. ist. Zweckmäßig ist noch Glycerin beigemischt. (**E. P. 663 515** vom 16/6. 1947, ausg. 27/12. 1951.) G. VOGEL. 7987

**Philip Carey Manufacturing Co.**, übert. von: **George Arthur Fasold**, Mount Healthy, und **Howard E. Callahan**, Silverton, O., V. St. A., *Gegen Feuer widerstandsfähiges, dampfdichtes Papier*. Die Bahn wird mindestens auf einer Seite mit einer Emulsion (I) überzogen u. getrocknet. I besteht aus 70—95 (%) einer M., die 30—60 Bitumen (F. 38 bis 71°) u. 40—70 Alkalisilicat ($SiO_2$:Alkalioxyd = 1,6—4:1) enthält, u. 5—30 eines Feuchthaltemittels (II), wie Glycerin, Äthylen- bzw. Propylenglykol oder Sorbit. Als II wird auch Triäthylphosphat verwendet. (**A. PP. 2 568 849** vom 14/5. 1947 u. **2 568 850** vom 11/4. 1951, beide ausg. 25/9. 1951.) G. VOGEL. 7987

**Edward Sydney Hole**, London, England, *Druckformen und Matrizen*. Sie bestehen aus Papier, das mit einem in der Wärme erstarrenden Material (II) imprägniert ist, u. einer Rückenschicht aus zuvor vulkanisiertem Kautschuk (I). Eine oder beide Seiten der I-Schicht werden während der Vulkanisation mit Leinwand oder dgl. überzogen, so daß sich II bei der Formung der Platten oder Matrizen unter Erwärmung u. Druck mit der I-Schicht vereinigen kann. (**E. P. 658 725** vom 4/7. 1949, ausg. 10/10. 1951.) BAUR. 7989

---

**R. H. Clapperton**, Modern paper making. 3rd. rev. edn. London: B. Blackwell. 1952. (XVI + 526 + XLVIII S. m. Abb.) s. 45,—.

**A. Voet**, Ink and paper in the printing process. London: Interscience Pubns. 1952. (225 S. m. Abb.) s. 46,—.

## XVIIIb. Textilfasern.

**K. H. Barnard**, *Die Entwicklung der Textilharze während des Jahres 1952*. Im Rahmen einer Übersichtsarbeit werden Fragen der Verarbeitung, der Ausrüstung der Wollwaren mit Harzen u. deren Verh. gegenüber der Behandlung mit Cl sowie deren Einfl. auf die Schrumpfung behandelt. Ferner wird auf die Stabilisierung der Baumwolltextilien u. auf die Ausrüstung von Reyon mit Harzen eingegangen. (Canad. Textile J. **69**. Nr. 24. 59—62. 21/11. 1952.) P. ECKERT. 8032

**H. Rath**, *Moderne Verfahren der Wollveredlung*. Zusammenfassende Übersicht. (Dtsch. Textilgewerbe **54**. 1204—08. 1. Dezemberheft 1952.) A. v. KÖNIG. 8060

—, *Hitzebeständigkeit des Acetatreyon*. Die in der Literatur angeführten Zersetzungswerte von 95—105° C (203—221° F) für Acetat sowie der Festigkeitsverlust des Acetatreyon über 200° F werden auf Grund von Verss. der CELANESE CORP. bestritten. Es wurden Garnmuster verschieden lang bei 105° C (221° F) sowie bei 70° F u. einer relativen Luftfeuchtigkeit von 65% gelagert u. dann auf Festigkeit u. Dehnung untersucht. Ein Festigkeitsunterschied konnte nicht festgestellt werden, dagegen betrug die Dehnung im ersteren Fall 21%, im letzteren 25%. Ferner wurde Acetatreyon mit einer Ausgangsfestigkeit von 1,05 g/den. u. einer Dehnung von 22,7% während einer Woche bei 105° C gelagert. Nach Ablauf dieser Zeit betrug die Festigkeit 1,06 g/den. u. die Dehnung 23%, nach einer weiteren Woche 1,01 g/den. u. 22,6%. Aus den Verss. ergibt sich, daß durch die Lagerung der Faser unter den angeführten Bedingungen eine Änderung der Eigg. nicht herbeigeführt wird. (Brit. Rayon Silk J. **29**. Nr. 342. 60. Nov. 1952.) P. ECKERT. 8076

**I. S. Margolin**, *Bestimmung der Knitterfestigkeit von Geweben*. Inhaltlich ident. mit der in C. **1953**. 1580 referierten Arbeit. (Faserforsch. u. Textiltechn. **3**. 459—61. Nov. 1952.) P. ECKERT. 8096

**Friedrich Winkler**, *Zur Theorie der Berstfestigkeit von Folien*. Aus der Theorie der Durchbiegung einer kreisförmigen Platte mit verschwindender Biegungssteifigkeit werden Formeln für die Berechnung der größten bei der Berstfestigkeitsprüfung auftretenden Spannung u. Dehnung entwickelt. Auf von anderer Seite aufgestellte Formeln wird eingegangen. (Faserforsch. u. Textiltechn. **3**. 449—58. Nov. 1952. Teltow-Seehof, Abtlg. Textilprüfung im Inst. für Faserstoff-Forsch. der Dtsch. Akad. der Wiss. zu Berlin.) P. ECKERT. 8096

---

**Badische Anilin- & Soda-Fabrik** (Erfinder: **Ernst Plötz**, Ludwigshafen/Rh., und **Erwin Weinhardt**, Graz), *Carbonsäureamide*. Man setzt α-1.2-Alkyleniminocarbonsäureester von niedrigmol. Alkoholen mit $NH_3$ oder prim. u. sek. Aminen um. — Beispiel: Rk. von Äthyleniminoessigsäureäthylester + Äthylendiamin in Bzl. bei 10—20°. — Zwischenprodd. für Herst. von Textilhilfsmitteln. (**D. B. P. 855 565** Kl. 12p vom 17/12. 1942, ausg. 13/11. 1952.) UNGER. 8029

**I. G. Farbenindustrie Akt.-Ges.** (Erfinder: **Wilhelm Fitzky, Albert Hendschel** und **Hans Persiel**), Frankfurt/M., *Öl- und harzartige Kondensationsprodukte.* Man kondensiert Methylolverbb. von aliphat. Aldehyden mit beliebigen Carbonsäuren oder deren Anhydriden. — Beispiele: Adipinsäure + Trimethylolacetaldehydlsg., Trimethylolacetaldehyd + Eisessig oder Phthalsäureanhydrid, usw. — *Textilhilfsmittel* usw. (**D. R. P. 759 030** Kl. 39c vom 10/1. 1940, ausg. 10/11. 1952.) UNGER. 8029

**Arkansas Co., Inc.**, übert. von: **Alton A. Cook**, Glen Ridge, und **Ira Sapers**, Newark, N. J., *Oberflächenaktive Stoffe* erhält man durch Rk. von 1 (Mol) einer Fettsäure $C_8—C_{24}$, bes. $C_{10}—C_{18}$, mit 0,10—0,5 eines Alkoxypolyglykols vom Mol.-Gew. 200—1000 bei 110 bis 120° u. anschließend mit 0,5—1,5 eines gesätt.-aliphat. prim. oder sek. in W. lösl. Amins bei 115—130°. — Man erhitzt z. B. 200 (Teile) Laurinsäure (**I**) mit 175 Methoxypolyäthylenglykol vom Mol.-Gew. 350 in Ggw. von 1—2 einer alkylaromat. Sulfonsäure ca. 1 Std. auf 110—120°, steigert dann die Temp. auf 120—130°, setzt langsam 115 Diäthanolamin zu u. hält die Temp. ca. 2 Std., bis nur noch 10% **I** vorhanden sind. Nach Abkühlen erhält man eine gelbe viscose Fl., die als Emulgator, *Netz-* u. *Reinigungsmittel*, bes. für *Textilien*, verwendet werden kann. (**A. P. 2 593 413** vom 20/12. 1949, ausg. 22/4. 1952.) MÜLLER-MEININGEN. 8029

**Société Rhodiaceta**, Seine, Frankreich, *Behandeln von Textilstoffen mit Polyvinylestern.* Man schlichtet Textilfasern, bes. Kunstseidenfäden, mit Lsgg. von Polyvinylestern in organ. Lösungsmitteln, denen man höhersd. Verdünnungsmittel, welche die als Schlichtemittel verwendeten Polyvinylderivv. nicht lösen, u. in den Lösungsmitteln u./oder Verdünnungsmitteln lösl. Plastizierungsmittel zusetzt; dem Entschlichtungsbade setzt man alsdann Verbb. zu, die auf die Polyvinylester eine hydrotrope Wrkg. ausüben, bes. xylolsulfonsaures Na (**I**). Zum Schlichten von Strähnen aus Celluloseacetatkunstseide verwendet man z. B. ein Bad aus 10 (Teilen) Polyvinylacetat, 3 Trikresylphosphat, 10 Bzl. u. 17 Tetrahydronaphthalin. Die Neigung der Fäden zum Verkleben u. gleichzeitig die Schwierigkeiten des Abspulens werden hierdurch vermindert. Das Entschlichten der fertigen Gewebe erfolgt in einem Bade, das 5—10 g Seife je Liter mit einem Zusatz von 5 g **I** enthält. (**F. P. 995 905** vom 21/9. 1949, ausg. 11/12. 1951. It. Prior. 6/10. 1948.) RAETZ. 8031

**J. Bancroft & Sons Co.**, V. St. A., *Knitterfeste Appretur für Leinen- und Baumwollgewebe.* Das Gewebe wird mit einer wss. Lsg. eines Umsetzungsprod. aus einer mehrbas. Säure u. Harnstoff behandelt. — Die Lsg. wird folgendermaßen bereitet: 60 (kg) Orthophosphorsäure (75%ig.) u. 40 Dicyandiamid läßt man mit 60 W. reagieren, dann fügt man 120 Harnstoff hinzu, füllt mit W. auf 175 Liter auf u. gibt zuletzt $NH_3$ u. $CH_2O$ hinzu. Das Gewebe wird mit dieser Lsg. behandelt, ausgedrückt, getrocknet, dann 6 Min. bei 160° gekocht, gewaschen u. getrocknet. Gegebenenfalls kann noch einmal mercerisiert werden. (**F. P. 973 934** vom 22/10. 1948, ausg. 16/2. 1951. A. Prior. 7/4. 1948.) WITTHOLZ. 8033

**North American Aviation, Inc.**, Del., V. St. A., *Verformen von Phenol-Formaldehydharz enthaltenden plattenförmigen Materialien im C-Zustand.* Diese Stoffe werden bei Drucken $>$17 at u. bei ca. 150° verformt, indem man die M. zwischen 120 u. 175° so schnell u. für so kurze Zeit erhitzt, daß eine Verkohlung oder Blasenbldg. nicht stattfindet; das Material verbleibt während des Abkühlens in den Formen. Man kann z. B. *Textilien* mit solchen Harzen imprägnieren, die Harze in den C-Zustand überführen u. anschließend die Ware verformen. Die Erhitzungsdauer soll bei ca. 3,3 mm Dicke nicht mehr als 3 Min. betragen. — Zeichnungen. (**N. P. 79 008** vom 8/5. 1946, ausg. 3/9. 1951. A. Prior. 11/11. 1943.) JÜRGEN SCHMIDT. 8037

**Standard Oil Development Co.**, Del., übert. von: **Winthrope C. Smith**, Elizabeth, N. J., V. St. A., *Mehrschichtiges Gewebe.* Als Bindemittel für Gewebe, auf die ein Polymeres mit Zusätzen von ZnO, Ruß, Stearinsäure, S, Tetramethylthiuramdisulfid u. Se-Diäthyldithiocarbamat unter Vulkanisieren aufkalandriert worden ist, dient ein Mischpolymerisat aus Isobutylen u. 2,45% Isopren (JZ. 1,6), Füll- u. Gleitmitteln, Chinondioxim, PbO u. Naturharz, das zu 10—30% in einem Gemisch von Naphtha mit etwas Isopropylalkohol gelöst wird. Verwendung für *wasserfeste Kleidungsstücke* u. Schuhe. (**A. P. 2 553 427** vom 12/5. 1945, ausg. 15/5. 1951.) SALZMANN. 8037

**United States Rubber Co.**, New York, N. Y., übert. von: **Dwight L. Schoene** und **Victor S. Chambers**, Naugatuck, Conn., V. St. A., *Verätherung von hydroxylgruppenhaltigen Polymeren.* Polysaccharide, wie Stärke, Dextrine, Cellulose, regenerierte Cellulose, werden mit einem Monovinylsulfon der Formel $CH_2{=}CHSO_2R$ (R = Alkyl mit 1—4 C-Atomen) bei n. oder erhöhter Temp. in Ggw. von Alkali zweckmäßig in einem Lösungsm. behandelt. — In warmer wasserlösl. Stärke wird mit Methylvinylsulfon u. Benzyltrimethylammoniumhydroxyd 20 Min. erhitzt. Nach dem Ausfällen in A. wird etwas HCOOH zugesetzt. Nach dem Aufschwemmen mit frischem A. wird das Prod. zu einem dünnen Film verformt u. getrocknet. In gleicher Weise kann Wäschestärke, Filtrierpapier, Viscose u. Baumwolle behandelt werden. (Beispiele). Verwendung zum *Wasserabstoßendmachen* von Textilien. (**A. P. 2 539 704** vom 7/7. 1948, ausg. 30/1. 1951.) KRAUSS. 8037

**J. Bancroft & Sons Co.**, V. St. A., *Unzerreißbare Gewebe.* Um eine feste Appretur auf *Baumwoll*-Gewebe zu erhalten, imprägniert man dieses mit einer wss. Lsg. von 80 bis 20% Methylolmelamin u. 20—80% methyliertem Methylolmelamin. Nach dieser Behandlung trocknet man das Gewebe u. erhitzt es, um die Harze durch Polymerisation in den wasserunlösl. Zustand überzuführen. (**F. P. 987 754** vom 2/6. 1949, ausg. 20/8. 1951. A. Priorr. 3/6. 1948 u. 4/5. 1949.) WITTHOLZ. 8045

**Michael I. V. Houet**, Frankreich, *Chemisches Rösten von Fasermaterial.* Man läßt auf die frischen oder getrockneten Rohfasern eine Peroxydlsg., z. B. 5—10%ig. $KMnO_4$ einwirken. Nach dem Waschen behandelt man mit einem Reduktionsmittel, wie 3—5%ig. $NaHSO_3$. In besonderen Fällen kann auch das Peroxydbad erwärmt werden. Man erhält eine reine, weiche Fasermasse. (**F. P. 971 170** vom 23/8. 1948, ausg. 15/1. 1951.) WITTHOLZ. 8049

**American Cyanamid Co.**, New York, übert. von: **Arthur S. Nyquist**, Cos Cob., Conn., V. St. A., *Imprägnieren von Proteinfasern*, bes. von *Wolle*, aber auch von Kunst- u. Pflanzenfasern. Man weicht z. B. wollene Stoffe in einer 10%ig. Lsg. (oder wss. Dispersion) eines teilweise polymerisierten Poly- oder Mischpolymerisates aus 75 (Teilen) Äthylacrylat, 25 Äthoxyäthylacrylat, 0,2 Benzoylperoxyd (**I**) in Toluol unter Zugabe weiterer 5% **I** u. Spuren von Co-Naphthenat, ein. Nach dem Abpressen u. Trocknen wird der Stoff 9 Min. auf 143° erwärmt; er schrumpft nach 5maligem Waschen um 5,3%. (**A. P. 2 565 259** vom 17/5. 1947, ausg. 21/8. 1951.) SALZMANN. 8061

**Benjamin Rocafort de Lancoga**, Spanien, *Musterimitation auf Haarfellen.* Nach dem Gerben werden die Felle mit der Haarseite auf Holz- oder Zinkplatten aufgeheftet u. getrimmt, anschließend mit in verd. $NH_3$ gelöstem Eiweiß überzogen u. zwischen clichierten Bronzeplatten gepreßt. (**F. P. 987 866** vom 8/6. 1949, ausg. 28/8. 1951.) WITTHOLZ. 8067

**Chryssex Ltd.**, Lindley, übert. von: **Arthur James Baron**, Mellor, und **Harold Neville Sykes**, Almondbury, England, *Entfernen der Chrysaliden* (I) *aus Seidenkokons.* Die Kokons werden gequetscht oder gerollt, an einem schmalen Ende geöffnet u. die I-Reste herausgeschüttelt; dann wird mit dem Abhaspeln der Seide begonnen. (**A. P. 2 565 164** vom 9/10. 1945, ausg. 21/8. 1951. E. Prior. 6/11. 1944.) SALZMANN. 8069

**Camille Magot**, Frankreich, *Fäden, Borsten und Haare aus thermoplastischem Material.* Durch Trockenverspinnen thermoplast. Substanzen, wie Cellulosederivv., Superpolyamide, Polyvinylharze, wird ein Faden mit großem Durchmesser hergestellt, erhitzt u. durch Zug auf das gewünschte Kaliber gebracht, wobei der Zug bis nahe an die Bruchbelastung geht. Das Verf. kann mehrmals wiederholt werden. (**F. P. 982 968** vom 9/8. 1943, ausg. 18/6. 1951.) WITTHOLZ. 8071

**Courtaulds Ltd.**, London, England (Erfinder: **J. Wharton** und **R. B. Hall**), *Herstellung von Viscosefäden.* Man preßt die Viscose durch ein saures Fällbad, das ein oder mehrere Metallsalze enthält, u. behandelt die Fäden beim Austreten mit einem Öl, das eine öllösl. kationenakt. Verb., bes. Ölsäureäthanolamid oder Ölsäurepolyamide, enthält. Hierdurch werden harte Ablagerungen an den Steuereinrichtungen, wie Rollen u. Fadenführungen, vermieden. (**Schwed. P. 133 902** vom 2/2. 1949, ausg. 11/12. 1951. E. Prior. 18/2. 1948.) JÜRGEN SCHMIDT. 8075

**Soc. d'Électro-Chimie, d'Électro-Métallurgie et des Aciéries Électriques d'Ugine**, Seine, Frankreich, *Entschwefeln von regenerierten Cellulosen.* Man behandelt Kunstseiden u. Fasern aus regenerierter Cellulose entweder unmittelbar nach dem Verspinnen oder als Spinnkuchen, Strähnen, Gewebe, Fertigerzeugnisse oder als gemischte Textilstoffe mit einer Lsg. von $NaClO_2$, gegebenenfalls unter Zusatz eines alkal. Persulfates, wie $K_2S_2O_8$, oder in Ggw. einer schwach alkal. Verb., wie $NaHCO_3$, $Na_2B_4O_7$ oder $Na_2HPO_4$. Man erhält so eine weitgehend entschwefelte Ware von verbessertem Aussehen. — Beispiele. (**F. P. 982 165** vom 14/1. 1949, ausg. 7/6. 1951.) RAETZ. 8075

**General Aniline & Film Corp.**, New York, übert. von: **Harry Wilhelm Grimmel** und **Alfred Guenther**, Providence/Warwick Neck, V. St. A., *Verbesserung der Farbechtheit von Fäden aus Cellulosederivaten*, die saurem, $NO_2$-haltigem Rauch- u. Leuchtgas ausgesetzt werden. Die Fäden werden in irgendeiner Verarbeitungsstufe, vorzugsweise während des Färbens (Anthrachinon- oder Azofarbstoff) mit der wss. Dispersion eines Imidazolins (z. B. 2-Phenyl-1.3-dibenzyl-, 2-Phenyl-1.3-difurfuryl- oder 2-Furfuryl-1.3-dibenzylimidazolidin) behandelt. (**E. P. 648 651** vom 13/8. 1948, ausg. 10/1. 1951. A. Prior. 9/10. 1947.) SALZMANN. 8075

**Svit, Národní Podnik,** Gottwaldov, Tschechoslowakei (Erfinder: **J. Prochazka**), *Herstellung von Kunststoffen.* Man vermischt Lactame mit aromat. Verbb., die bei höherer Temp. in den Lactamen lösl. sind u. nicht mit $NH_2$- u. COOH-Gruppen reagieren, z. B. Styrol, Polystyrole, Carbazole u. andere polymerisierbare KW-stoffe. Das Gemisch wird $>200^0$ polymerisiert. Als höhere KW-stoffe können auch Naphthalin, Anthracen, Phenanthren oder Diphenyl verwendet werden. Diese Zusatzstoffe, deren Menge bis 50% betragen kann, ermöglichen eine zufriedenstellende Polymerisation, wobei die Viscosität des Polymerisates abnimmt u. dessen *Verspinnen* erleichtert wird. (**Schwed. P. 132 975** vom 19/4. 1943, ausg. 18/9. 1951. D. Prior. 18/4. 1942.) JÜRGEN SCHMIDT. 8081

**Monsanto Chemical Co.** (Erfinder: **R. G. Fordyce** und **G. E. Harn**), V. St. A., *Herstellung von Mischpolymerisaten für Spinnmaterial.* Man mischt 75—97% Acrylsäurenitril mit 2—18% Methacrylsäurenitril u. 1—10% Vinylacetat, erhitzt in wss. Emulsion in Ggw. eines Stabilisators u. trennt das Mischpolymerisat ab. — Man füllt einen 3fach tubulierten, 3 Liter fassenden Rundkolben mit 1 Liter W., 0,1 g Seife von sulfoniertem Acajouöl u. 1 g K-Persulfat u. erhitzt diese Mischung bei 86° unter Rückfluß u. lebhaftem Rühren. Dann fügt man tropfenweise während 4 Std. 200 g einer Mischung von 84% Acrylsäurenitril, 11% Methacrylsäurenitril u. 5% Vinylacetat hinzu. Nach Beendigung der Zugabe steigt die Temp., u. man entfernt die nicht umgesetzten Monomeren durch Wasserdampfdest., wobei 23 g Ausgangsmaterial zurückgewonnen wird, wenn die Temp. 99° erreicht hat. Man filtriert die wss. Suspension des Mischpolymerisates, wäscht u. trocknet bei 80°. Die Ausbeute beträgt 87,1%; die durch Verspinnen erhaltenen Fäden zeichnen sich durch hohe Festigkeit aus. (**F. P. 974 774** vom 9/11. 1948, ausg. 26/2. 1951. A. Prior. 14/11. 1947.) WITTHOLZ. 8081

**E. I. du Pont de Nemours & Co.,** Wilmington, Del., übert. von: **James Robert Blizzard,** Buffalo, N. Y., V. St. A., *Lösen von Polymerisaten,* bes. von *Polyacrylnitril.* Dieses wird in feiner Verteilung (20-Maschensieb) von einem 40° warmen Luftstrom mitgerissen (59,2 g Polymeres in 1 Min.) u. mit 51° warmem Dimethylformamid mittels eines besonderen Düsensyst. vermischt, so daß eine 16%ig. Dispersion entsteht. Letztere wird in einem Rührwerkskessel 25 Min. auf 100° erhitzt u. die Lsg. unmittelbar danach *versponnen.* — Zeichnungen. (**A. P. 2 573 949** vom 21/12. 1946, ausg. 6/11. 1951.) SALZMANN. 8081

## XIX. Brennstoffe. Erdöl. Mineralöle.

**Walther Gothan,** *Die Entstehung der Kohle.* Nach einer histor. Einleitung werden besprochen die Struktur der Kohle, der Kohlungsprozeß, die Nebengesteine der Kohle, das Großgeschehen bei der Ablagerung der Kohlenschichten, die Rolle der Grundstoffe der Pflanzen bei der Bldg. u. Reifung der Kohle sowie einige eigentümliche Spezialkohlen (Boghead- u. Kannel-Kohle). (Dtsch. Akad. Wiss. Berlin. Vortr. u. Schr. **1951.** 3—51.) BOYE. 8126

**E. Boult, H. R. Thirsk** und **H. E. Blayden,** *Die Natur der durch Pyridinextraktion von Kohle erhaltenen Lösung.* Pyridinextrakte von Kohlen werden allg., wie Extrakte mit Äthylendiamin, als koll. Dispersionen angesehen, obwohl das durchschnittliche Mol.-Gew. der in ihnen vorhandenen Substanzen nur die Größenordnung von 500—1400 umfaßt. Die von den Vff. hergestellten elektronenmkr. Aufnahmen von Filmen verd. u. verdampfter Pyridinextrakte zeigten ein ähnliches Aussehen, wie es auch andere Autoren beobachtet hatten. Die Prüfung von Partikeln durch Elektronenbeugung hatte nur verschwommene Bilder ergeben. Vff. entfernten nun aus der auf einen Objektträger aufgebrachten verd. Pyridinextraktlsg. einer Kohle ($\beta\gamma$-Fraktion) oder aus chloroformlösl. Anteilen ($\gamma$-Fraktion) durch rasches Erhitzen auf 180—200° im $N_2$-Strom u. einstd. Evakuieren ($10^{-2}$ cm Hg) das Solvens. Mit den durch Kollodium- oder „Formvar"-Filmen aufgenommenen Rückständen wurden dann elektronenmkr. Aufnahmen erhalten, bei denen die früher beobachtete Struktur verschwunden u. lackähnliches Aussehen der Rückstände ohne differenzierte Substanzteilchen zu beobachten war. Es wird daher mit den bisher benutzten Geräten eine Auflösung der Teilchenstruktur für schwierig gehalten. Weiterer Bericht soll folgen. (Nature [London] **170.** 317—18. 23/8. 1952. Newcastle-upon-Tyne, King's College, Dep. of Phys. Chem. and Coke Research.) WINGCHEN. 8126

**E. Hindmarch** und **P. L. Waters,** *Schaumflotation von Kohle.* Es werden zunächst die Grundzüge der Flotation, die zur Flotation benötigten Chemikalien u. die übrigen ausschlaggebenden Faktoren dargelegt. Es wird weiter berichtet über die Flotation minderwertiger Kohlen u. über neue Apparate zur Schaumflotation. — Zeichnungen u. Fließschema werden gegeben. (Colliery Guardian **183.** 411—15. 11/10. 1951.) BOYE. 8134

**W. T. Cosby,** *Die Verwendung von Butan in kleinen Gaswerken.* Vf. gibt einen kurzen Überblick über die Eigg. von Flüssiggasen, bes. Butan, u. die Butan–Luft-Gemische. Er beschreibt eine Anlage zum Abfüllen von Butan aus Kesselwagen u. anschließendem Mischen mit Luft, welches Gemisch dann der weiteren Verwendung zugeführt wird. Der wichtigste Teil der Anlage ist die eigentliche Mischvorrichtung. Es werden drei verschied. Ausführungsarten solcher Vorrichtungen beschrieben. Vf. zählt die verschied. Vorzüge der Verwendung von Butan–Luft-Gemischen auf, wobei als wichtigste Eig. die Freiheit von S erwähnt wird. (Gas Wld. **136.** 703—09. 20/9. 1952.) ROSENDAHL. 8156

**Jerome J. Morgan,** *Vergasung von Kohlenwasserstoffen zur Gewinnung eines Gases, das dem Naturgas der Stadtgasversorgung zugesetzt werden soll.* (Vgl. C. **1953.** 3175.) *Ölgas mit hohem Heizwert aus Brennölen mit hohem Kohlenstoffgehalt.* Es werden verschied. Verff. an Hand von Skizzen eingehend beschrieben. (Gas Age **110.** Nr. 7. 30—37. 25/9. Nr. 8. 38—44. 9/10. 1952.) ROSENDAHL. 8156

**E. J. Reeves,** *Entscheidende Volumenänderungen bei Kohlenwasserstoffmischungen.* Werden gesätt. KW-stoffe bei geringem Druck u. gewöhnlicher Temp. gemischt, dann treten Volumenänderungen auf. Diese Beobachtung steht im Gegensatz zu der Annahme, daß ideale Lsgg. entstehen u. daß volumetr. Änderungen nur bei hohem Druck u. Tempp. vorkommen. Im Bereich von 0—15 Vol.-% an niedrigmol. Komponenten ist die Kontraktion eine Funktion des Mol.-Gew. der Mischkomponenten. — 14 Literaturhinweise. (Petroleum Processing **7.** 478—79. April 1952. Beaumont, Tex., Magnolia Petroleum Co., Refining Div.) K. O. MÜLLER. 8194

**R. G. Atkinson,** *Moderne Mischanlage für Motorenöle.* Bebilderter Bericht über eine automat. arbeitende Mischanlage, in der Ungenauigkeiten, Fehlerquellen, Verunreinigungen u. Feuchtigkeit ausgeschaltet sind. (Petroleum Processing **7.** 470—74. April 1952. Standard Oil Co., O.). K. O. MÜLLER. 8204

**J. W. Anderson** und **H. K. Hughes,** *Spektroskopische Bestimmung des Vanadiums in den Rückständen von Heizölen.* Da die chem. Best. des V in den Destillationsrückständen der Heizöle nicht einfach ist, arbeiteten Vff. eine spektrograph. Meth. aus, nach der Gehh. an V noch in Proben mit 0,02% Aschen- u. 0,0004% V-Geh. bestimmt werden konnten. Bei dem Verf. wurden 10—15 g des zu untersuchenden Öls zunächst durch Anzünden in einer Porzellanschale verascht u. dann über Nacht bei 500—600° im Muffelofen nachgeglüht, ein etwaiges Spritzen durch Ggw. von W. wird durch Zugabe einer geringen Menge A. vermieden. Bei der Spektralaufnahme diente als Bezugselement Ti, das der Asche zusammen mit $SiO_2$ u. Graphit zugesetzt wurde. Das Gemisch wurde auf Kohleelektroden abgefunkt. Der Geh. an V wurde durch Vgl. der Intensität der Linie Ti 2956,1 Å mit V 2977,5 Å bestimmt, zur Kontrolle dienten die V-Linien 2955,8 u. 2955,6 Å. Der verwandte BAUSCH & LOMB-Spektrograph hatte in diesem Bereich eine lineare Dispersion von 0,25 mm/Å. (Analytic. Chem. **23.** 1358—61. Okt. 1951. Brooklyn, N. Y., Socony-Vacuum Labor.) ROEDER. 8252

**John F. Kinder,** *Die Bestimmung des Gesamtgehaltes an Alkylderivaten des Benzols in einzelnen Fraktionen des rohen Erdöls. Eine Ultraviolettmethode.* Vf. arbeitete ein Verf. zur Best. des Geh. an Alkylderivv. des *Bzl.* einschließlich *Tetralin* in einzelnen Erdölfraktionen aus, das im wesentlichen in der Ermittlung des Absorptionskoeff. E der Lsgg. des Öls in Isooctan im Bereich 240—212 m$\mu$ besteht. Der Geh. an Benzolderivv. ergibt sich auf Grund eines in Erdölfraktionen gültigen Mittelwertes aus der Absorption bei 215 m$\mu$ in Gew.-% nach: % = 100 A/63,8·c, wo A = $\log_{10}$ ($J_0$/j) u. c = Konz. in g/Liter. Der Wert fällt zu hoch aus bei großem Geh. an Tri- u. Tetraalkylderivv., zu niedrig bei großem Geh. an Monoalkylderivaten. Sind in der zu untersuchenden Fraktion Anteile von Bzl. u./oder Naphthalin vorhanden, so sind diese vorher durch Dest. zu entfernen. Das Verf. ist für Fraktionen mit Kp. zwischen 200 u. 395° F bestimmt, die höchstens 0,2% Naphthaline enthalten können; bisher ist es nur auf Fraktionen mit niedriger Br-Zahl angewandt worden. Vergleichsweise sind Analysen nach der ASTM-Meth. durchgeführt worden. Als Genauigkeit der neuen, sehr schnellen Meth. werden ±0,5 Gew.-% angegeben. (Analytic. Chem. **23.** 1379—82. Okt. 1951. Harvey, Ill., Sinclair Res. Labor., Inc.) ROEDER. 8252

**Henry A. Stiff jr.** und **Lawrence E. Davis,** *Methode zur Voraussage der Neigung von Ölfeldwässern, Calciumcarbonat abzusetzen.* Durch $CO_3$-, $HCO_3$-, Cl- u. Ca-Bestimmungen in 0—20%ig. NaCl-Lsgg. mit wechselndem Zusatz von $CaCl_2$, $Na_2CO_3$, HCl nach Einstellung des Gleichgewichts bei 0, 30 u. 50° wurden die K-Werte der LANGELIERschen

Gleichung für den Stabilitätsindex experimentell ermittelt u. in Kurven für Tempp. von 0—90° u. $\mu$-Werte von 0—3,6 wiedergegeben. Die statist. Prüfung der errechneten Indexwerte zeigte ein Maximum in der Nähe der O-Werte. Mit den K-Werten kann zunächst das Verh. beim Anwärmen beurteilt u. zweckmäßige Maßnahmen eingeleitet werden. (J. Petroleum Technol. **4.** Petroleum Trans., AIME 213—16. Sept. 1952. Dallas, Tex., Atlantic Refining Co.) MANZ. 8252

**John Hansen, Paul Skiba** und **C. R. Hodgkins,** *Eisenbestimmung in gebrauchten Schmierölen durch spektrochemische Analyse.* Vff. arbeiteten zur Best. des Fe-Geh. in Schmierölen ein spektrochem. Verf. aus, nach dem es möglich war, in der halben Zeit gegenüber der chem. Bestimmungsmeth. Ergebnisse zu erhalten u. noch einen Fe-Geh. von 0,0003% quantitativ zu erfassen. Der Fe-Geh. in Schmierölen wird zur Charakterisierung der Abnutzung von Maschinen benutzt. Vff. benutzten Co als inneren Standard, das als Kobaltnaphthenat (1,35 g Co/Liter Xylol) größter Reinheit dem zu untersuchenden Öl zugesetzt wurde (1 ml Lsg. auf 20 g Öl). Das Gemisch wurde in zylindr., $^1/_4$″ tief ausgehöhlte Graphitelektroden von $^1/_4$″ Durchmesser getropft, bei denen auf dem Boden der Bohrung ein Kegel von 60° Scheitelwinkel stehengeblieben war, u. dort durch eine Brennerflamme verascht, wobei es sich als nützlich erwies, die Elektroden noch zusätzlich zu heizen. Nach der Veraschung wurden die Zylinderwände entfernt, so daß der mit der veraschten Probe bedeckte Konus stehenblieb, zwischen dem u. der Gegenelektrode bei der anschließenden Bogenentladung der Funken spielte. Die Best. des Fe-Geh. geschah durch Vgl. der Schwärzung der Co-Linie 3044,0 Å mit einer oder mehreren Fe-Linien 2953,9; 2966,9; 2994,4; 2999,5; 3000,9; 3008,1; 3009,6 oder 3020,6 Å. Relative Genauigkeit ca. $\pm$5%. (Analytic. Chem. **23.** 1362—65. Okt. 1951. Linden, N. J., Standard Oil Development Co., Esso Labor.) ROEDER. 8258

**J. S. Wiberley, R. K. Siegfriedt** und **L. J. DiPaola,** *Die Untersuchung von gebrauchten Schmierölen auf in n-Pentan und in Benzol unlösliche Bestandteile. Ein Vorschlag zur Abänderung der ASTM-Methode in ein Halbmikroverfahren.* Vff. entwickelten ein Verf. zur Best. der in n-Pentan u. Bzl. unlösl. Bestandteile in Schmierölen, das sicherer, einfacher, um das Doppelte schneller, besser reproduzierbar u. geeigneter für Serienunterss. ist als das ASTM-Verfahren. In einem Zentrifugenglas werden 1,2 ml Öl eingewogen u. dann mit einer Pentankoagulierungsmischung (10 ml n-Butyldiäthanolamin auf 1 Liter n-Pentan) auf die 10 ml-Marke aufgefüllt. Nach innigem Verrühren wird 5 Min. zentrifugiert u. anschließend die überstehende Fl. abgesaugt. Zum Rest werden 5 ml Pentan zugefügt, wieder 5 Min. zentrifugiert u. wieder die überstehende Fl. entfernt. Anschließend wird in gleicher Weise mit einer Pentan–A.-Mischung (1:1) gewaschen u. zentrifugiert (A.: 95%ig). Nach dem Abtrennen der überstehenden Fl. wird der Rest 20 Min. bei 105° getrocknet, gekühlt, gewogen u. der Geh. an pentanunlösl. Bestandteilen in Gew.-% bestimmt. Bei der Best. der in Bzl. unlösl. Bestandteile wird wie vorher verfahren, nur werden statt der Trocknung des Unlösl. im Zentrifugenrohr 5 ml Bzl.–A.-Mischung (1:1 nach Vol.) zugegeben u. wie vorher gerührt, zentrifugiert u. die überstehende Fl. abgetrennt. Das gleiche Verf. wird anschließend mit 5 ml reinem Bzl. wiederholt, danach getrocknet, gekühlt u. gewogen. Im Gegensatz zum ASTM-Verf. stört hier eine etwaige auftretende Koagulation nicht. (Analytic. Chem. **23.** 1369—73. Okt. 1951. Brooklyn, N. Y., Socony-Vacuum Labor.) ROEDER. 8258

---

**N. V. Philips' Gloeilampenfabrieken,** Eindhoven, Holland (Erfinder: **A. M. I. Hoogendam**), *Verbrennen von dampfförmigen Kohlenwasserstoffen mit farbloser Flamme.* Man führt die KW-stoffe durch ein Rohr zu, das Öffnungen von höchstens 1,5 mm Durchmesser in der Nähe des Endes des Zuführungsrohres aufweist. Durch diese Öffnungen wird Verbrennungsluft mit solcher Geschwindigkeit zugeführt, daß das Gemisch nach Zutritt der Luft sich in turbulenter Strömung befindet. (**Schwed. P. 132 725** vom 1/6. 1945, ausg. 21/8. 1951. Holl. Prior. 31/5. 1944.) JÜRGEN SCHMIDT. 8129

**Aluminium-Industrie-Akt.-Ges.,** Lausanne-Ouchy, Schweiz, *Rückgewinnung von Wärme bei der Herstellung von Kunstkohle aus feingepulvertem Koks und einem Bindemittel, besonders Steinkohlenteer.* Man erhitzt das Gemisch aus Kohle u. Bindemittel in einem Mehrkammerofen elektr., wobei in den Kammerwänden Kanäle vorgesehen sind, durch die Luft strömt; diese entnimmt hierbei den sich abkühlenden Kammern Wärme u. überträgt sie auf gerade in der Aufheizung befindliche Kammern. Außerdem werden die beim Aufheizen in den Kammern entwickelten brennbaren Dämpfe diesen Kanälen zugeleitet, in denen sie verbrennen u. die zurückgewonnene Wärmemenge erhöhen. — Vorr., Zeichnung. (**N. P. 79 209** vom 5/8. 1948, ausg. 22/10. 1951. Schwz. Prior. 26/9. 1947.) JÜRGEN SCHMIDT. 8133

**Joseph Thompson Brown,** Alkrington, England, *Behandlung von ammoniakalischen Flüssigkeiten und anderen Ablaugen aus Gaswerken,* die lösl. Sulfide mit oder ohne $O_2$

absorbierende Stoffe enthalten, durch mehrmaliges Umpumpen. Dabei läßt man durch Injektoren Luft zur Oxydation der Fl. ansaugen. Die belüftete Fl. wird durch lange Saugrohre, 15—20 Fuß, in geringer Tiefe, nicht mehr als 12 Zoll, unter dem Flüssigkeitsspiegel, in den Kessel gepumpt. (**E. P. 661 058** vom 30/12. 1949, ausg. 14/11. 1951.) REICHELT. 8157

**Soc. d'Étude et d'Éxploitation des Procédés „Ducelliers-Isman"**, Algerien, *Methangewinnung aus Pflanzenstoffen ohne Vorgärung an der Luft.* Stroh wird mit Jauche oder anderen Gärmitteln u. Oxydationsmitteln, z. B. 1—2‰ $KNO_3$ in Verbindung mit Alkali- oder Erdalkalisalzen, wie 5‰ Phosphat oder Superphosphat, vergoren. Durch diesen Zusatz wird die Buttersäuregärung unterdrückt u. nur Raum für die Methangasbldg. gelassen. (**F. P. 987 273** vom 24/5. 1949, ausg. 10/8. 1951.) WITTHOLZ. 8163

**Universal Oil Products Co.**, Chicago, übert. von: **Lyman C. Huff**, Wilmette, Ill., V. St. A., *Mehrstufige katalytische Schwelung von bituminösen Feststoffen*, wie Ölschiefer, Kohle, Braunkohle. Das Einsatzprod. mit dem Si–Al-Katalysator (I) wird von Stufe zu Stufe mit jeweils höherer Temp. durch überhitzten Dampf transportiert. In den einzelnen Stufen wird ein Teil des **I** abgeschieden u. in die vorhergehende rückgeführt. In der letzten Stufe wird **I** durch Abbrennen regeneriert. — Zeichnungen. (**A. P. 2 573 906** vom 18/12. 1944, ausg. 6/11. 1951.) V. HUHN. 8181

**Svenska Skifferoljeaktiebolaget**, Örebro, Schweden (Erfinder: **F. Ljungström**), *Entgasen von Brennstofflagern*, bes. *Schieferlagern*, in situ. Man bringt in das Brennstofflager 2 Serien von Bohrungen herunter, von denen eine zur Zuführung von Wärme, bes. durch Gase oder auf elektr. Wege dient, während durch die andere die vergasten u. verdampften Brennstoffe abgezogen werden. Auf eine Zuführungsbohrung kommen mindestens 3, besser 6 Abzugsbohrungen, die geometr., z. B. an den Ecken eines Sechseckes, um das Zuführungsbohrloch angeordnet werden. — Zeichnungen. (**Schwed. P. 132 991** vom 19/12. 1946, ausg. 25/9. 1951.) JÜRGEN SCHMIDT. 8181

**Petrolite Corp. Ltd.**, Wilmington, Del., übert. von: **Melvin De Groote**, University City, Mo., V. St. A., *Brechen von Erdölemulsionen* mit einem Demulgiermittel, bestehend aus hochmol. Oxypropylierungsprodd. von wasserunlösl., xylolunlösl. Polypentaerythriten mit mindestens 8 OH-Gruppen u. deren Derivv.; die Komponenten sollen folgenden Bedingungen entsprechen: a) Die ursprüngliche mehrwertige Komponente (**I**) darf keine zusammenhängende Kette von 8 C-Atomen enthalten; b) Mol.-Gew. des Oxypropylierungsendprod. (**II**) durchschnittlich 5000—65000; c) **II** soll xylollösl. sein; d) die Xylollöslichkeit von **II** soll dem Grad der Oxypropylierung entsprechen; e) **I** durchschnittlich 7 Gew.-% von **II**; f) vollständige Rk. zwischen **I** u. Propylenoxyd. Beispiele für **I**: Tri-, Tetra-, Heptapentaerythrit. (**A. P. 2 552 533** vom 16/11. 1949, ausg. 15/5. 1951.) UNGER. 8191

**Petrolite Corp. Ltd.**, Wilmington, Del., übert. von: **Melvin De Groote**, University City, Mo., V. St. A., *Brechen von Erdölemulsionen* mit einem Demulgiermittel, bestehend aus hochmol. Oxypropylierungsprodd. monomerer Polyaminoverbb.; die Komponenten sollen folgenden Bedingungen entsprechen: a) Die urprüngliche Polyaminokomponente (**I**) darf keine zusammenhängende Kette von 8 C-Atomen enthalten; b) Mol.-Gew. von **I** nicht über 10000 u. mindestens einige reaktionsfähige H-Atome; c) **I** muß wasserlösl. sein; d) das Oxypropylierungsendprod. (**II**) muß wasserunlösl. sein; e) Mol.-Gew. von **II** durchschnittlich 5000—100000; f) die Wasserlöslichkeit von **II** muß dem Grad der Oxypropylierung entsprechen; g) Verhältnis von Propylenoxyd zu den ursprünglich vorhandenen reaktionsfähigen H-Atomen 5:125; h) **I** durchschnittlich 20 Gew.-% von **II**; i) vollständige Rk. zwischen Propylenoxyd u. **I**; j) **I** soll mindestens 1 bas. N-Atom enthalten; k) **I** soll eine C-Atomkette mit 2 N-Atomen, die mindestens einmal durch ein O-Atom unterbrochen ist, enthalten. — Beispiele für **I**: Triglykoldiamin, $NH_2-CH_2-CH_2-O-CH_2-CH_2-O-CH_2-CH_2-NH_2$; Tetraglykoldiamin, $NH_2-(CH_2)_2-O-(CH_2)_2-O-(CH_2)_2-O-(CH_2)_2-NH_2$. (**A. P. 2 552 534** vom 4/3. 1950, ausg. 15/5. 1951.) UNGER. 8191

**Standard Oil Development Co.**, Elizabeth, N. J., übert. von: **John G. Browder**, Houston, und **Alvin R. Smith**, Baytown, Tex., V. St. A., *Süßen von säurehaltigen Erdöldestillaten.* Nach Zusatz von nicht mehr als (1 Mol-%) Naphthensäure u. nicht mehr als 5 einer Alkalihydroxydlsg. wird das Destillat zur Umwandlung der Mercaptane in Disulfide der Einw. eines milden Oxydationsmittels ausgesetzt. Als solches kann ein freien $O_2$ enthaltendes Gas dienen. (**A. P. 2 569 370** vom 19/2. 1949, ausg. 25/9. 1951.) V. HUHN. 8193

**Shell Development Co.**, San Francisco, übert. von: **Robert C. Jones**, Berkeley, und **Augustus W. Clark**, Oakland, Calif., V. St. A., *Gewinnung von öllöslichen Petroleumsulfonaten* (*Mahoganysulfonaten*) aus ihren Mischungen mit Mineralölen. Die Mischung wird mit W. auf 290—450° F in fl. Phase unter Druck erhitzt, wodurch sich 2 Schichten bilden. Die Ölschicht wird abgetrennt; die wss. Schicht enthält die Sulfonate u. anorgan. Salze, aus der die Sulfonate durch Abkühlen rein abgeschieden werden können. (**A. P. 2 559 439** vom 27/9. 1949, ausg. 3/7. 1951.) KRAUSS. 8195

**Socony-Vacuum Oil Co., Inc.**, New York, N. Y., übert. von: **Ronald A. Baker,** Los Angeles, Calif., V. St. A., *Verhinderung der Korrosion bei der Extraktion von Mercaptanen.* Bei der Regenerierung starker, wss. Alkalilsgg., aus denen Petroleummercaptane in der Hitze abdest. werden, setzt man als Oberflächenschutz für die Stahlgefäße 0,1—1% Alkaliphosphate zu (Na- oder K-Hexameta-, Di-, Tri- oder Tetraphosphate). (**A. P. 2 572 301** vom 22/6. 1944, ausg. 23/10. 1951.) KRAUSS. 8195

**Badische Anilin- & Soda-Fabrik,** Ludwigshafen/Rh. (Erfinder: **Mathias Pier,** Heidelberg, **Ernst Donath,** Pittsburgh, Pa., V. St. A., und **Fritz Christmann,** Ludwigshafen/Rh.), *Hochleistungskraftstoffe aus Kohlenwasserstoffgemischen.* Man geht von Selektivextrakten aus, die aus vorwiegend paraffin. u. naphthen. KW-stoffgemischen gewonnen wurden u. in der Hauptsache aus naphthen. KW-stoffen bestehen (Siedebereich 80—380°). Diese werden bei 450—550° von im Kreislauf geführtem $H_2$ über Oxyden von Mo, Cr oder V, die auf Träger aufgebracht sind (akt. Tonerde), bei mehr als 15, höchstens 100 at reformiert, wobei der $H_2$-Partialdruck höchstens 40 at (ca. 20—80% des Gesamtdruckes) beträgt. Von den aus dem Reaktionsraum kommenden, $H_2$-haltigen Gasen wird ohne weitere Zugabe von $H_2$ eine Menge von 0,4—4 $m^3$ je kg Ausgangsstoff in den Reaktionsraum zurückgeführt. (**D. B. P. 856 492** Kl. 23b vom 12/3. 1941, ausg. 20/11. 1952.) UNGER. 8205

**Standard Oil Development Co.,** übert. von: **Joseph E. Neudeck,** Union, N. J., V. St. A., *Motortreibmittel,* bestehend aus Bzn., dem 0,5 (Vol.-%) Solventöl u. 2 Dimethylcarbinol zugesetzt sind. Durch den Zusatz soll der Kaltstart erleichtert werden. (**A. P. 2 579 692** vom 9/12. 1949, ausg. 24/12. 1951.) DERSIN. 8205

**Universal Oil Products Co.,** Chicago, übert. von: **Louis Schmerling,** Riverside, und **Joseph A. Cheniceck,** Bensenville, Ill., V. St. A., *Stabilisierung von Spaltbenzin.* Man setzt diesem 0,0001—0,1% 1-(p-Oxyphenyl)-piperidin oder -4.4-dimethylpiperidin zu. Die Herst. der Verbb. erfolgt durch Erhitzen von Hydrochinonen u. Piperidin oder von 1.5-Dibrom-3.3-dimethylpentan mit p-Aminophenol in Ggw. von Dioxan als Lösungsmittel. (**A. P. 2 573 933** vom 8/2. 1949, ausg. 6/11. 1951.) DERSIN. 8205

**Standard Oil Development Co.,** übert. von: **Dilworth T. Rogers,** Summit, N. J., V. St. A., *Rostschützender Zusatz zu Motortreibmitteln,* die $Pb(C_2H_5)_4$ u. ein Alkylhalogenid, z. B. Äthylendibromid, enthalten, bestehend aus Partialestern von Monocarbonsäuren mit 8—24 C-Atomen u. mehrwertigen aliphat. Alkoholen, wie Pentaerythrit, Polyglycerin, Sorbit u. dgl., z. B. Pentaerythritmonooleat. (**A. P. 2 585 843** vom 8/1. 1949, ausg. 12/2. 1952.) DERSIN. 8205

**Universal Oil Products Co.,** Chicago, Ill., V. St. A. (Erfinder: **V. Haensel**), *Verbesserung der Klopfeigenschaften von Benzin.* Man behandelt das Bzn. bei ca. 315—540° u. 3,4—68 at über einem Katalysator aus $Al_2O_3$ mit 0,01—1(%) Pt u. ca. 0,1—3 $F_2$ oder 0,5—5% $Cl_2$, wobei ca. 0,5—10 (Mol) $H_2$ je 1 fl. Ausgangsmaterial zugesetzt werden. Der Durchsatz soll 0,5—10 fl. Ausgangsmaterial je Std. u. Vol. Kontakt betragen. (**Schwed. P. 133 521** vom 27/11. 1948, ausg. 6/11. 1951. A. Prior. 28/11. 1947.) JÜRGEN SCHMIDT. 8207

**Standard Oil Development Co.,** übert. von: **Harry W. Rudel,** Roselle Park, und **Jones I. Wasson,** Union, N. J., V. St. A., *Schmieröl für Dampfturbinen,* bestehend aus Mineralschmieröl, dem 0,1—0,5% thioäthersubstituierte Tetra- oder Hexahydrophthalsäuren oder deren Ester zugesetzt sind, z. B. 1-Pentadecylmercapto-5-methyltetrahydrophthalsäure (**I**), 1.4-Di-(pentadecylmercapto)-5-methylhexahydrophthalsäure (**II**) oder der Monopentadecylthioester von **I** u. **II**. (**A. P. 2 595 169** vom 25/1. 1946, ausg. 29/4. 1952.) DERSIN. 8221

**Standard Oil Development Co.,** übert. von: **John P. McDermott,** Roselle, N. J., V. St. A., *Oxydationsschutzmittel für Mineralöle,* bestehend aus Verbb. der allg. Formel $[(RO \cdot CH_2CH_2O)_2P(:S)-S-]_2$, in der R ein KW-stoffrest mit 1—7 C-Atomen, auch Phenyl- oder Tolyl- sein kann. Die Verbb. werden durch Erhitzen von „Cellosolve", d. h. Verbb. der Formel $RO \cdot CH_2CH_2OH$, in der R dieselbe Bedeutung wie oben hat, mit $P_2S_5$ zwecks Bldg. einer substituierten Thiophosphorsäure u. anschließende Oxydation, z. B. mit $J_2$, $FeCl_3$ oder $NaNO_2 + H_2SO_4$, erhalten. (**A. P. 2 591 577** vom 28/3. 1950, ausg. 1/4. 1952.) DERSIN. 8221

**Standard Oil Development Co.,** Elizabeth, N. J., übert. von: **Raymond L. Heinrich,** Baytown, Tex., V. St. A., *Oxydationsbeständiges Schmieröl,* bestehend aus einem α-Olefinpolymeren mit Schmieröleigg., z. B. polymerem Octen-(1), dem 0,1—2,5% Carbazol zugesetzt sind. (**A. P. 2 595 140** vom 1/12. 1950, ausg. 29/4. 1952.) DERSIN. 8221

**Dow Chemical Co.**, übert. von: **Le Grand Morell** und **Amos T. Knutson**, Midland, Mich., V. St. A., *Schneideöl für die Metallbearbeitung.* Man löst oder emulgiert chlorierte, $>140^0$ sd. aliphat. KW-stoffe, z. B. chloriertes Bzn. oder Kerosin, in Mineralöl, so daß das Gemisch 0,02—3% gebundenes Cl enthält. (**A. P. 2 585 820** vom 2/7. 1934, ausg. 12/2. 1952.) DERSIN. 8221

**„Holifa" Fröhling & Co.** (Erfinder: **Fritz Zage**, Hohenlimburg, Westf.), *Ziehmittel für kalt zu verformendes Material.* Man fällt wasserunlösl. Salze der Stearinsäure oder anderer Fettsäuren in Ggw. von in der Lsg. suspendiertem $CaCO_3$ aus. Keine Trennung der Mischungspartner beim Ziehvorgang, Einschränkung des Steinverschleißes auf $^1/_3$—$^1/_4$. Diese Ziehmittel verändern ihre Wirksamkeit während des Gebrauches nicht. (**D. B. P. 864 305** Kl. 23c vom 4/8. 1951, ausg. 22/1. 1953.) UNGER. 8221

---

**Charles Harold Fisher**, Carburation, 3rd rev. ed. New York: Anglobks. 1952. (371 + 294 S. m. Abb. u. Diagr.) $ 5,75.

## XXI. Leder. Gerbstoffe.

**G. H. Green**, *Enthaarung mit Hilfe von Enzymen.* Es wird versucht, eine möglichst vollständige Literaturübersicht (60 Hinweise) des Gebietes zu geben, wobei tier., Pilz-, Bakterien- u. pflanzliche Proteasen getrennt zusammengestellt werden. (J. Soc. Leather Trades' Chemists **36.** 127—34. April 1952. Milton Park, Egham, Surrey, Brit. Leath. Manuf. Res. Assoc.) STADLER. 8334

**K. H. Gustavson** und **M. Nestvold**, *Der Einfluß des Gerbungsgrades auf das Säurebindungsvermögen von vegetabilisch gegerbtem Kollagen.* Eine völlig gleichmäßige Verteilung auch sehr geringer Gerbstoffmengen ist Voraussetzung für die durchgeführten Versuche. Nach einer Meth. von RODDY wird das in Aceton gelöste Gerbmittel (Mimosa-Quebracho) in die mit Aceton zuvor völlig entwässerte Haut eingebracht u. dann durch Entzug des Lösungsm. mittels W. eine gleichmäßige Gerbung eingeleitet. Das Bindungsvermögen so gegerbten Kollagens für HCl wird schon bei den niedrigsten aufgenommenen Gerbstoffmengen etwas vermindert, bleibt aber bis zu den höchsten untersuchten Durchgerbungen weiter unbeeinflußt. An gegerbtem Hautpulver wurde festgestellt, daß Anionen u. Kationen der Salzsäure in äquivalenten Mengen aufgenommen werden. Das Bindungsvermögen des Kollagens für Polymetaphosphorsäure wird durch den irreversibel gebundenen vegetabil. Gerbstoff etwas stärker beeinflußt. Eine Vorbehandlung mit Gerbsäure vermindert das Bindungsvermögen des Kollagens für HCl um 25%, für Polymetaphosphorsäure um ca. 40%. (J. Soc. Leather Trades' Chemists **36.** 105—12. April 1952. Stockholm, Schweden, Garverinaringens Forskningsinst.) STADLER. 8336

**R. Schubert**, *Der gegenwärtige Stand der Lederzurichtung mit Polymerisationsprodukten.* Überblick. (Leder **3.** 221—25. Sept. 1952. Ludwigshafen/Rh., BASF.) WINIKER. 8340

—, *Schimmelfeste Behandlungen von Leder.* Kurze Darst. über Herst. von schimmelfesten Ledern mittels p-Nitrophenols bzw. seines Na-Salzes. (Leather Manufacturer **62.** Nr. 3. 11—13. März 1951.) H. G. FRÖHLICH. 8340

**A. Panzer** und **W. Niebuer**, *Ein Beitrag zur Analyse von Lickerölen.* Vff. entwickelten eine Meth. zur Unters. von Lickerölen, welche auf der Trennung des wasserlösl. sulfonierten bzw. emulgierbaren Bestandsteils von Neutralfett (+ Unverseifbares) durch Ausschütteln mit einem Gemisch von 50%ig. A. u. einem mit W. nicht mischbaren organ. Lösungsm. (bes. PAe.) beruht. Die Meth. ist nicht quantitativ in dem Sinne, reicht aber für die Gerbereipraxis aus. Lickeröle, die mehr oder weniger mit Emulgatoren (kationakt. oder nichtionogene Prodd.) enthalten, können nach dieser Meth. meist nicht untersucht werden. (Leder **3.** 219—20. Sept. 1952. Krefeld, Chem. Fabrik Stockhausen u. Co., Chem. Laborr., u. Neumünster, Norddeutsche Lederwerke A. G.) WINIKER. 8366

**L. M. Hill**, *Die Bestimmung von Trikresylphosphat in kollodium-zugerichteten Ledern.* Die Best. kleiner Mengen Trikresylphosphat im Leder neben viel Protein, vegetabil. Gerbstoffen, tier. u. pflanzlichen Ölen u. in Ggw. von Farbpigmentstoffen ist mit den üblichen Methoden ungenau. Für eine genaue Best. werden, wie vom Vf. angegeben, die Lederstücke mit $H_2SO_4$–$HNO_3$ unter Zugabe von $KNO_3$ oder mit $H_2SO_4$–$HNO_3$–$HClO_4$ ohne oder am besten mit Zugabe von Na-Molybdat als Katalysator aufgeschlossen. Das dabei entstandene Orthophosphat wird dann nach der von SIMMONS u. ROBERTSON (vgl. C. **1951.** I. 629. II. 281) angegebenen Meth. als Molybdänvanadatphosphorsäure spektrophotometr. bestimmt. (J. Soc. Leather Trades' Chemists **36.** 113—19. April 1952. Grahamstown, South Africa, Leath. Ind. Res. Inst.) STADLER. 8368

**P. J. Dwyer**, *Eine neue Methode zur Bestimmung der elastischen Eigenschaften von vegetabilisch gegerbtem Sohlleder.* Mit einem genau beschriebenen u. abgebildeten Gerät wird die Elastizität von Bodenleder dynam. bestimmt, wobei der Einfl. eines Lederstückes bestimmten Ausmaßes, das als obertes Ende in ein Pendel eingebaut wird, auf die Abnahme der Schwingungen dieses Pendels beobachtet wird. Gemessen wird die Zeit, in der das Pendel von einer Schwingung von 30° auf eine solche von 10° zurückgegangen ist, u. daraus dann die Elastizität des Leders abgeleitet. (J. Soc. Leather Trades' Chemists **36**. 119—26. April 1952. Lane Cove, N. S. W., Australien, Austr. Leath. Res. Assoc.) STADLER. 8368

**Böhme Fettchemie G. m. b. H.,** Düsseldorf (Erfinder: **Friedrich Schmitt,** Düsseldorf, und **Alfred Jeremias,** Gründringen bei Nagold, Württ.), *Haltbarmachen von Blößen* durch Behandeln mit Salzen u. Trocknen. Man behandelt die enthaarten Felle oder Häute mit niederen organ., bes. aliphat. Säuren, die ganz oder teilweise mit $NH_4OH$ neutralisiert sein können, gegebenenfalls bei Ggw. von $NH_4$-Salzen anderer Säuren u./oder von Fettalkoholsulfonaten oder sonstigen säure- u. salzbeständigen Netzmitteln. (**D. B. P. 857 123** Kl. 28a vom 23/7. 1944, ausg. 27/11. 1952.) v. SCHILLER. 8335

**Farbenfabriken Bayer,** Leverkusen (Erfinder: **Rudolf Bauer,** Köln, und **Detlef Delfs,** Leverkusen), *Herstellung von Gerbstoffen.* Vorwiegend 2-Oxynaphthalin-6-sulfonsäure enthaltende, mit geringen Überschüssen an $H_2SO_4$ hergestellte Sulfonierungsprodd. von $\beta$-Naphthol werden mit Phenolen u. $CH_2O$ bei 40—120°, bes. 95—100°, behandelt. (**D. B. P. 860 061** Kl. 12q vom 22/11. 1941, ausg. 18/12. 1952.) FABEL. 8337

**Badische Anilin- & Soda-Fabrik,** Ludwigshafen/Rh. (Erfinder: **Richard Alles,** Heidelberg), *Herstellung von Gerbstoffen* durch Rk. von Ligninsulfonsäuren mit aromat. Oxyverbb. (Phenol, Resorcin, Brenzöl) u. Aminosulfonsäuren in saurer Lsg. unter Mitwrkg. von $CH_2O$ u. gegebenenfalls Harnstoff. (**D. B. P. 858 558** Kl. 12q vom 21/11. 1942, ausg. 8/12. 1952.) FABEL. 8337

**Badische Anilin- & Soda-Fabrik,** Ludwigshafen/Rh. (Erfinder: **Kurt Eder,** Hirschhorn, und **Friedrich Wilhelm Guthke,** Ludwigshafen/Rh.), *Herstellung von Gerbstoffen.* Mehrwertige aromat. Oxyverbb. (Brenzcatechin, Dioxydiphenylsulfon) werden mit Aminoarylsulfonsäuren u. $CH_2O$ umgesetzt. (**D. B. P. 858 559** Kl. 12q vom 1/8. 1942, ausg. 8/12. 1952.) FABEL. 8337

**Badische Anilin- & Soda-Fabrik,** Leverkusen (Erfinder: **Hermann Noerr** und **Gustav Mauthe,** Opladen), *Herstellung von Gerbstoffen.* Die aus Dioxydiphenylsulfonen u. $CH_2O$ im Molverhältnis 2:1 unter energ. Bedingungen erhältlichen Methylenverbb. werden mit Ligninsulfonsäuren oder aromat. Sulfonsäuren u. $CH_2O$ umgesetzt. (**D. B. P. 858 560** Kl. 12q vom 11/7. 1942, ausg. 8/12. 1952.) FABEL. 8337

**Farbwerke Hoechst, vormals Meister Lucius & Brüning** (Erfinder: **Christoph Thomsen**), Frankfurt/M., *Herstellung synthetischer Gerbstoffe* aus Kondensationsprodd. von sulfoniertem $\beta$-Naphthol (**I**) u. Phenolalkoholen. Das Reaktionsprod. von **I** mit einem fl. Reaktionsprod. aus Phenol (**II**) u. $CH_2O$ (**III**) [höchstens 1 (Mol) **III** auf 1 **II**] wird einer Nachbehandlung mit **III** u. gegebenenfalls einer weiteren mit Harnstoff u. **III** unterworfen. (**D. B. P. 858 561** Kl. 12q vom 7/7. 1939, ausg. 8/12. 1952.) FABEL. 8337

**Farbwerke Hoechst, vormals Meister Lucius & Brüning** (Erfinder: **Ernst Koch** und **Walter Pense**), Frankfurt/M., *Herstellung von Gerbstoffen* durch Kondensation von Sulfonsäuren mehrkerniger aromat. KW-stoffe mit $CH_2O$ unter Zusatz von teilweise sulfonierten Phenol–$CH_2O$-Kondensationsprodd. während dieser Kondensation. (**D. B. P. 858 562** Kl. 12q vom 7/7. 1942, ausg. 8/12. 1952.) FABEL. 8337

**Badische Anilin- & Soda-Fabrik,** Ludwigshafen/Rh. (Erfinder: **Carl Craemer,** Heidelberg, **Kurt Messner,** Weinheim/Bergstraße, **Otto Bächle,** Leverkusen, und **Gustav Sinn,** Opladen), *Verbesserung der Naßfestigkeit von Leder* u. Lederaustauschprodd. auf Faserbasis. Man behandelt mit Lsgg. oder Dämpfen von *Di-* oder *Polyisocyanaten.* Die Wasseraufnahme von lohgarem Rindleder, das 30 Min. in eine 10%ig. Lsg. von Hexamethylendiisocyanat in Essigester gelegt war u. anschließend bei Raumtemp. getrocknet wurde, beträgt nach 24std. Wässern 76(%) gegenüber 135 bei unbehandeltem Leder. (**D. B. P. 857 425** Kl. 28a vom 25/3. 1942, ausg. 27/11. 1952.) v. SCHILLER. 8341

**Monsanto Chemical Co.,** St. Louis, Mo., übert. von: **Marion W. Harman,** Nitro, W. Va., V. St. A., *Harzartige Kondensationsprodukte,* die sich als *Lederersatz* zum Besohlen von Schuhen eignen, erhält man durch Rk. von *Phenol, Resorcin* oder *Hydrochinon* mit *Bis-N.N'-(2-benzothiazylmercaptomethyl)-harnstoff* bei ca. 175—180°. Die Verfahrensprodd. sind in verd. NaOH-Lsg., Aceton u. A. löslich. (**A. P. 2 607 757** vom 10/6. 1950, ausg. 19/8. 1952.) BRÖSAMLE. 8353

## XXIV. Photographie.

**Jeanne Gaultier du Marache,** *Anwendungen des Fourier-Integrales auf photographische Abbildungen.* Vf. untersucht mit Hilfe der FOURIER-Analyse die Beugungsbilder von Linienrastern u. ihre photograph. Wiedergabe. (Cahiers de Physique **1952**. Nr. 39. 5—56. Sept. Besancon, Fac. des Sci., Labor. de Physique.) W. GÜNTHER. 8590

**Franz Evva**, *Der Einfluß der Polydispersität und der Solvatation auf die Lichtstreuung der Silberhaloid–Gelatine-Suspensionen.* Für die quantitative Auswertung von Trübungsmessungen bei Halogensilber–Gelatine-Emulsionen ist es wichtig, den Zusammenhang zwischen Teilchengröße u. Lichtstreuung zu kennen. Neben der prakt. zu vernachlässigenden echten Lichtabsorption wird die Lichtstreuung von der Polydispersität, d. h. von der Größe der Halogensilberkörner, u. von der Solvatation der Gelatine beeinflußt. Frühere Arbeiten (vgl. C. **1953.** 163. 1590) ergänzend, prüft Vf. die Auswrkg. dieser Faktoren unter den Versuchsbedingungen der AMMANN-BRASSschen Meth. (Kolloid-Z. **110.** [1948.] 105) u. entwickelt eine Möglichkeit zur Berechnung der Trübung von AgCl-Suspensionen im Falle verschied. Polydispersität. An einem Beispiel wird der Einfl. der GAUSSschen u. der lognormalen Kornverteilung auf die Trübung gezeigt, woraus sich ergibt, daß die Trübung der Suspensionen von der Polydispersität nur wenig abhängt. Es wird darauf hingewiesen, daß unter den Versuchsbedingungen der AMMANN-BRASSschen Meth. (schneller Einguß des $AgNO_3$ in die Chlorid–Gelatine-Lsg.) eine annähernd gleichmäßige Kornverteilung gewährleistet wird. Bei Verwendung stark absorbierender Gelatinen hängt die Lichtstreuung vom $p_H$ der Emulsion ab. Bei abnehmendem $p_H$ (4—5) nimmt die Lichtstreuung ab. Bei einzelnen Gelatinen ist diese Wrkg. schwach, bei anderen sehr stark. Zur Erklärung dieser Erscheinung nimmt Vf. an, daß die Gelatinesolvathülle mit elast. Eigg. versehen ist. Die Gelatinesolvathülle kann, entsprechend der Adsorptionsfähigkeit der Gelatine u. der Kettenlänge ihrer Makromoll., massiver oder lockerer die AgCl-Teilchen umgeben, je nach dem Ionenzustand der Emulsionen. Analog dieser Tatsache ändern sich die opt. Verhältnisse in der Solvathülle u. damit auch die Lichtstreuung der Teilchen, woraus Rückschlüsse auf die Reifungseigg. der Gelatine gezogen werden können. Zwischen dem Adsorptionsvermögen der Gelatine u. dem Solvatationseffekt bestehen gewisse Parallelen. Der gleiche Effekt tritt auch bei der Verwendung von Polyvinylalkohol–Gelatine-Mischungen auf. Das Wachstum der AgCl-Teilchen bleibt in nur Polyvinylalkohol als Schutzkolloid enthaltenden wss. Lsgg. (bei Konzz. von 1—8%) aus. In verd. Lsgg. (1%) beginnt das Wachstum bereits bei Anwesenheit von verhältnismäßig wenig Gelatine (10—20% der gesamten Schutzkolloidmenge). Man kann also die opt. Eigg. der Solvathülle mit der Änderung des Polyvinylalkohol–Gelatine-Verhältnisses beeinflussen. Es wird angenommen, daß der Polyvinylalkohol gegenüber der Gelatine eine starre Solvathülle bildet, die wegen ihrer elektrostat. u. ster. Eigg. die Körner viel massiver als die Gelatine umgibt. Auch mit Hilfe ultramkr. Beobachtungen können in der Lichtstreuung der Teilchen in extremen Fällen visuelle Unterschiede festgestellt werden. — 27 Literaturangaben. (Z. wiss. Photogr., Photophysik Photochem. **47.** 145—83. Okt. 1952. Vác, Ungarn, Opt.-feinmechan. Forschungslabor., photochem.-techn. Abt.) W. GÜNTHER. 8600

**Manfred Gussmann** und **Hilmar Mehnert**, *Extrem feinkörnige und doch gut ausgeglichene Negative — Voraussetzung für das gute Bild.* Vff. berichten über ihre Prüfverss. an verschied. Feinkornentwicklern. Die Körnigkeit eines Negativs hängt außer von der Verwendung einer geeigneten Emulsion von der richtigen Belichtungszeit, von der Art des verwandten Entwicklers, von der Entwicklungszeit u. der Entwicklungstemp. ab. Für höchste Ansprüche an die Bildqualität wird neben den p-Phenylendiamin-Entwicklern der von der Fa. PERUTZ konfektionierte Feinkornentwickler W 665 nach WINDISCH, der o-Phenylendiamin als wirksame Substanz enthält, empfohlen. (Bild u. Ton **5.** 332—39. Nov. 1952. Dresden, TH, Wissenschaftl.-Photograph. Inst.) W. GÜNTHER. 8618

**A.-H. Cuisinier**, *Die Herstellung von Papieren für künstlerische Zwecke.* 2. Mitt. (1. vgl. Photographe **42.** Oktoberheft 1952.) Vf. gibt eine Reihe von Rezepten u. Vorschriften zur Herst. von Photopapieren für künstler. Zwecke: Leimdruck, Albumingummidruck, Bichromatgummidruck, Pigmentdruck (Verff. nach GREENHALL u. nach KAMMERER). (Photographe **42.** 392—95. 5/11. 1952.) W. GÜNTHER. 8624

**Kurt Meyer** und **Wolfgang Brune**, *Beiträge zur Farbentwicklung.* 5. Mitt. *Über das Verhalten von Farbentwicklern gegen bindemittelfreie Silbersalze.* (4. vgl. C. **1952.** 6477.) Vff. untersuchten das Verh. von Farbentwicklern, wie *Diäthyl-p-phenylandiamin* (**I**), gegenüber bindemittelfreien Silbersalzen in Abwesenheit von Farbkupplern. Die vier untersuchten Entwickler mit 3,1 g **I** u. 80 g $K_2CO_3$ im Liter unterschieden sich im Geh. an *Sulfit* u. *Hydroxylaminsulfat.* Es wurden folgende mol. Verhältnisse untersucht: I:$Na_2SO_3$:$NH_2OH$ wie 1:2:0, 1:3:0, 1:1:2 u. 1:2:4. Zur Oxydation diente n/1-ammoniakal. $AgNO_3$-Lsg.; das Bromsilber wurde frisch hergestellt aus äquivalenten Mengen n/1-$AgNO_3$- u. n/1-KBr-Lsgg., zu denen das Farbentwicklergemisch hinzugefügt wurde. Die Einwirkungsdauer, d. h. die Zeit, die verstreichen muß, bis Konzentrationsänderungen in kürzeren Zeiträumen nicht mehr auftreten, betrug bei Verwendung ammoniakal. $AgNO_3$-Lsg. 30 Min., bei Verwendung von gefälltem AgBr 60 Minuten. — Die Versuchsergebnisse zeigen, daß sowohl bei der Oxydation mit ammoniakal. $AgNO_3$ als auch mit gefälltem AgBr bei den Farbentwicklern, die nur Sulfit, nicht jedoch Hydroxylamin enthalten, im Gegensatz zu den Oxydationen mit Luftsauerstoff auf 1 Mol oxydierte Farbentwicklersubstanz nur 1 Mol Sulfit verbraucht wird. Dabei ist die Ggw. von Cu-Salzen ohne jeden Einfluß. Es wird angenommen, daß I durch Silbersalze unmittelbar oxydiert wird, worauf sich sek. das Oxydationsprod. mit Sulfit zu einer Sulfosäure umsetzt (vgl. nebenst. Formel).

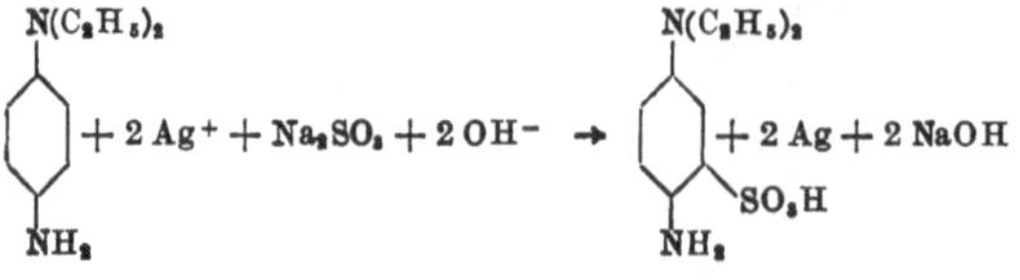

Hierbei wird jedoch nicht die stöchiometr. Menge Silbersalz verbraucht, sondern wesentlich mehr: bei ammoniakal. $AgNO_3$ im Durchschnitt ca. 3 Mol u. bei gefälltem AgBr ca. 8—10 Moll. (Tabellen vgl. Original). Die Entstehung der Sulfosäure konnte durch Bldg. eines blauen Azomethins nachgewiesen werden. (Z. wiss. Photogr., Photophysik Photochem. **47.** 129—36. Okt. 1952. Wolfen u. Berlin-Grünau.) W. Günther. 8630

**Wolfgang Brune** (unter Mitarbeit von **Ursula Kronacher**), *Beiträge zur Farbentwicklung. 6. Mitt. Über die Oxydation von Farbentwicklern mit Emulsionsbromsilber in Abwesenheit von Farbkupplern.* (5. vgl. vorst. Ref.) Vf. untersucht die Oxydation von Farbentwicklern, wie Diäthyl-p-phenylendiamin (I) durch AgBr in Abwesenheit von Farbkupplern. Er stellt sich die Aufgabe, das mol. Verhältnis zwischen der entwickelten Silbermenge aus dem AgBr einer Emulsionsschicht u. der oxydierten I-Menge zu ermitteln. Es wird festgestellt, daß 1 Mol I 2 Mol AgBr zu 2 Ag-Atomen reduziert. Hierbei kann als gesichert angenommen werden, daß auch die Farbentwicklersubstanz einen ähnlichen Oxydationsmechanismus durchläuft wie Hydrochinon, indem sich aus dem Diamin ein Diimin bildet, das sich mit Sulfit zu einer Diaminsulfosäure umsetzt.

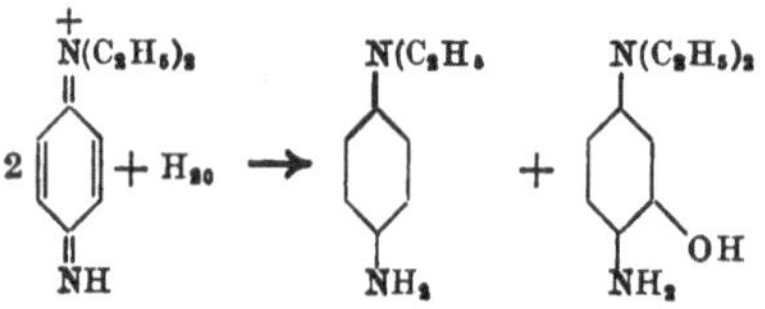

Ob dabei eine dem Hydrochinon analoge Disproportionierung als Neben-Rk. abläuft (vgl. obenst. Formel), ist noch ungeklärt. (Z. wiss. Photogr., Photophysik Photochem. **47.** 137—44. Okt. 1952. Berlin-Grünau.) W. Günther. 8630

---

**General Aniline & Film Corp.**, New York, übert. von: **Thomas R. Thompson** und **Lee C. Hensley**, Binghamton, N. Y., V. St. A., *Thiazolon-Sensibilisatoren.* Substituierte Thioamide I werden mit α-Halogen- oder α-Dihalogenessigsäuren oder mit α-Halogenpropionsäuren durch Zusammenschmelzen oder 5—60 Min. langes Erhitzen in einem Lösungsm. auf 70—120° erhitzt, wobei Farbstoffe der nebenst. Formel entstehen.

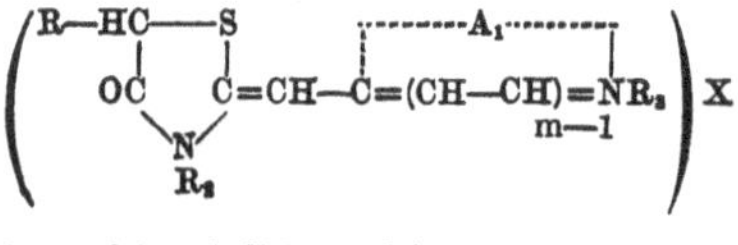

Hierbei bedeutet $A_1$ den Rest eines in Cyaninfarbstoffen üblichen heterocycl. N-Ringes, R ein H- oder Halogenatom oder $CH_3$, $R_2$ eine Alkyl-, Allyl-, Aryl- oder Aralkylgruppe, $R_3$ eine Alkyl- oder Aralkylgruppe, X einen Säurerest, m = 1 oder 2. Als Thioamide werden z. B. verwendet: α-(3-Äthylbenzthiazolyliden)-thioacetanilid, α-(3-Methyl-6-benzthiazolyliden)-, α-(1-Äthyl-3.3.5-trimethylindolyliden)-thioacetanilid, α-(3-Äthylbenzthiazolyliden)-N-allylthioacetamid, α-(3-Äthyl-5-methoxybenzselenazolyliden)-, α-(3-Äthyl-4.5-diphenyloxazolyliden)- u. α-(3-Äthyl-5.6-dimethylbenzoxazolyliden)-thioacetanilid, α-(3-Äthylbenzthiazolyliden)-thioaceto-o-toluidid u. α-(3-Äthyl-6-methoxybenzothiazolyliden)-thioaceto-α-naphthalid, hergestellt nach Schneider, Ber. dtsch. chem. Ges. **57.** [**1924.**] 522 bis 532. — Beispiel: Aus 25 g α-(3-Äthylbenzothiazolyliden)-thioacetanilid u. 25 g Bromessigsäure erhält man durch 10 Min. langes Erhitzen in Butanol auf 110° 34,9 g I, F. 233—234°. (**A. P. 2 536 986** vom 18/11. 1947, ausg. 2/1. 1951.) Kalix. 8605

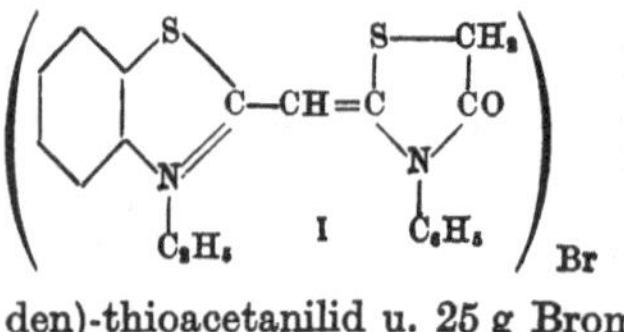

Herausgeber u. verantwortlich für den Inhalt: Prof. Dr. Maximilian Pflücke, Berlin W 8, Jägerstraße 22/23, Fernsprecher: 200481, 201464. Redaktion: Chefredakteure Dr. Eugen Klever und Prof. Dr. Maximilian Pflücke. Verlag: Akademie-Verlag GmbH, Berlin NW 7, Schiffbauerdamm 19 (Fernsprecher 425571, Postscheckkonto Berlin 35021) u. Verlag Chemie, GmbH, Weinheim/Bergstraße (Postscheckkonto Frankfurt/M. 145314 u. Berlin [West] 7430, Fernsprecher: Weinheim 2017). Bestell- u. Verlags-Nr. dieses Heftes: 1007/124/21. Das Chemische Zentralblatt erscheint wöchentlich.
Satz u. Druck: VEB Leipziger Druckhaus, Leipzig. III/18/203. V. 53.
Veröffentlicht unter der Lizenznummer 1212 des Amtes für Literatur und Verlagswesen der Deutschen Demokratischen Republik.
Printed in Germany.

FSC
www.fsc.org
MIX
Papier | Fördert gute Waldnutzung
FSC® C083411

Kolibri 360 GmbH
Ferdinand-Jühlke-Straße 7
99095 Erfurt, Deutschland
produktsicherheit@kolibri360.de